中国海洋大学教材建设基金资助

海洋生态学

唐学玺　李永祺　主编

中国海洋大学出版社
·青岛·

图书在版编目（CIP）数据

海洋生态学 / 唐学玺，李永祺主编. --青岛：中
国海洋大学出版社，2024. 11. -- ISBN 978-7-5670
-4037-3

Ⅰ. Q178.53

中国国家版本馆 CIP 数据核字第 20249LM303 号

HAIYANG SHENGTAIXUE

海洋生态学

出版发行　中国海洋大学出版社
社　　址　青岛市香港东路23号　　　　　邮政编码　266071
网　　址　http://pub.ouc.edu.cn
出 版 人　刘文菁
责任编辑　孙玉苗　丁玉霞　李　燕　　电　　话　0532-85901040
电子信箱　94260876@qq.com
印　　制　青岛国彩印刷股份有限公司
版　　次　2024 年 11 月第 1 版
印　　次　2024 年 11 月第 1 次印刷
成品尺寸　185 mm × 260 mm
印　　张　41.5
字　　数　766 千
印　　数　1—4000
审 图 号　GS 鲁（2024）0536 号
定　　价　98.00 元
订购电话　0532-82032573（传真）

发现印装质量问题，请致电 0532-58700166，由印刷厂负责调换。

总　前　言

　　海洋是生命的摇篮、资源的宝库、风雨的故乡，是贸易与交往的通道，是人类发展的战略空间。海洋促进着经济的繁荣，见证着社会的进步，承载着文明的延续。随着科技的发展和资源开发需求的日益增加，海洋权益成为世界各国竞争的焦点之一。

　　我国是一个海洋大国，大陆海岸线长度约1.8万千米，海域总面积约473万平方千米。这片广袤海域蕴藏着丰富的资源，是我国经济、社会持续发展的物质基础，也是国家安全的重要屏障。我国是世界上利用海洋最早的国家，古人很早就从海洋获得"舟楫之便""渔盐之利"。早在2 000多年前，我们的祖先就开启了"海上丝绸之路"，拓展了与世界其他国家的交往通道。郑和下西洋的航海壮举，展示了我国古代发达的航海与造船技术，比欧洲大航海时代的开启还早七八十年。然而，由于明清时期实行闭关锁国的政策，我国错失了与世界交流的机会和技术革命的关键发展期，经济和技术发展逐渐落后于西方。

　　中华人民共和国成立以后，我国加强了海洋科技的研究和海洋军事力量的发展。改革开放以后，海洋科技得到了迅速发展，在海洋各个组成学科以及海洋资源开发利用技术等诸多方面取得了大量成果，为开发利用海洋资源、振兴海洋经济做出了巨大贡献。但是，我国毕竟在海洋方面错失了几百年的发展时间，加之多年来对海洋科技投入的严重不足，海洋科技水平远远落后于海洋强国，在海洋科技领域仍处于跟进模仿的不利局面。

　　我国已开始了实现中华民族伟大复兴中国梦的征程。党的十八大提出了"提高海洋资源开发能力，发展海洋经济，保护海洋生态环境，坚决维护国家海洋权益，建设海洋强国"的战略任务。2013年，习近平提出建设"一带一路"的合作倡议。党的二十大指出要"加快建设海洋强国"。这些都进一步表明了海洋开发利用对中华民族伟大复兴的重要性。

实施海洋强国战略，海洋教育是基础，海洋科技是脊梁。培养追求至真至善的创新型海洋人才，推动海洋技术发展，是涉海高校肩负的历史使命！在全国涉海高校和学科快速发展的形势下，为了提高我国涉海高校海洋科学类专业的教育质量，教育部高等学校海洋科学类专业教学指导委员会根据教育部的工作部署，制定并由教育部发布了《海洋科学类专业本科教学质量国家标准》，并依据该标准组织全国涉海高校和科研机构的相关教师与科技人员编写了"高等学校海洋科学类本科专业基础课程规划教材"。本教材体系共分为三个层次。第一层次为涉海类本科专业通识课教材：《普通海洋学》；第二层次为海洋科学专业导论性质通识课教材：《海洋科学概论》《海洋技术概论》和《海洋工程概论》；第三层次为海洋科学类专业核心课程教材：《物理海洋学》《海洋气象学》《海洋声学》《海洋光学》《海洋遥感及卫星海洋学》《海洋地质学》《化学海洋学》《海洋生物学》《海洋生态学》《海洋资源导论》《生物海洋学》《海洋调查方法》等。这套教材将由中国海洋大学出版社陆续出版发行。

本套教材覆盖海洋科学、海洋技术、海洋资源与环境和军事海洋学等四个海洋科学类专业的通识与核心课程，知识体系相对完整，难易程度适中，作者队伍权威性强，是一套适宜涉海本科院校使用的优秀教材。

当然，由于海洋学科是综合性学科，涉及面广，且由于编写团队知识结构的局限性，教材中的不当之处在所难免，希望各位读者积极指出，我们会在教材修订时认真修正。

最后，衷心感谢全体参编教师的辛勤努力，感谢中国海洋大学出版社为本套教材的编写和出版所付出的劳动。希望本套教材的推广使用能为我国高校海洋科学类专业的教学质量提高发挥积极作用！

教育部高等学校海洋科学类专业教学指导委员会

主任委员　吴德星

2023年3月22日

前　言

约占地球表面积71%的海洋，是生命的摇篮，也是地球生物最大的生存空间，孕育着种类繁多的海洋生物，为人类社会可持续发展提供了重要自然条件和资源基础。

海洋生态学（marine ecology）是研究海洋生物的结构、功能及与其生活环境相互联系、相互作用的规律的一门科学，是生态学的重要组成学科，是海洋资源（尤其是渔业资源）开发与利用、海洋生态环境保护和海洋综合管理的重要科学基础之一，对构建海洋命运共同体有重要作用。

进入21世纪，随着海洋调查设备和技术手段的不断完善，海洋科学得到了全面快速的发展，人们对海洋的认识从近浅海拓展到深远海，海洋生态学领域的研究也随之延伸至深海、远海和两极生态系统。伴随着一些新的海洋生态学现象的发现和探索，人们对海洋生态学的认识不断更新，海洋生态学的理论和技术体系日益完善，在解决当前全球性问题，如全球环境变化、社会经济可持续发展等重大问题上发挥着越来越重要的作用。

为此，我们在多年授课、研究和应用的基础上，编写了《海洋生态学》，力求总结出海洋生态学领域的新知识和新观点，做到基础理论介绍系统深入、应用实践叙述具体鲜明。在内容上，本书注重海洋生物生态类群和典型海洋生态系统两个方面；在编写安排上，本书按照绪论、理论基础、海洋生物生态类群、典型海洋生态系统和应用的顺序依次呈现。在每一章最后都附有本章小结、思考题和拓展阅读资料，以利于学生进一步思考和研读。为了满足读者深入研究的需要，本书还附有翔实的参考文献。

本书的绪论部分由李永祺撰写，理论基础部分由赵妍撰写，海洋生物生态类群部分由于子山、朱丽岩、刘云、杨世民、杜国英、李文涛、王影和刘吉文撰写，典型海洋生态系统部分由张鑫鑫撰写，应用部分由唐学玺、赵新宇、臧宇、赵一蓉、尚帅、刘乾、陈军和曲同飞撰写。全书由唐学玺和于子山统稿。

特别感谢中国海洋大学出版社给予的支持和帮助。

由于编者水平有限，书中难免存在疏漏和不妥之处，敬请读者批评指正。

唐学玺
2023年12月于中国海洋大学

目　　录

理论基础篇

海洋生物生态类群篇

典型海洋生态系统篇

应用篇

绪　论

本部分阐明海洋生态学的定义、研究对象和意义，概述海洋生态学的发展历程，简述海洋生态学的主要研究内容和方法。

一、海洋生态学的定义、研究对象和意义

海洋生态学（marine ecology）是生态学的重要分支学科，与淡水生态学（freshwater ecology）和陆地生态学（terrestrial ecology）是兄弟姐妹。因此，海洋生态学的定义也衍生于生态学的定义。

（一）生态学的定义

Ecology一词由日本东京帝国大学的学者三好学在1895年译为"生态学"，后经武汉大学张挺教授引入我国。

在生态学的不同发展时期，学者从各自的专业角度出发，提出了生态学的定义。这些定义大致可分为两类：一类称为传统（orthodoxy）或经典定义，研究内容主要限于自然的生物生态问题；另一类为扩张（expansionism）或非传统定义，研究内容侧重于生态学的原理在社会、经济和人文领域的应用。1945年，苏联生态学家卡什卡洛夫（Кашкаров）提出生态学研究生物的形态、生理和行为的适应性，是"研究生物对环境的适应性科学"。美国生态学家奥德姆（Howard Thomas Odam）1953年在其著作《生态学基础》（*Fundamentals of Ecology*）中，将生态学定义为"研究生态系统的结构与功能的科学"。我国著名生态学家马世骏提出，生态学是研究生命系统与环境系统之间相互关系及其作用机制的科学。我国自然科学基金委员会在1997年出版的"自然科学学科发展战略调研报告"——《生态学》一书中提出：生态学是研究生物生存条件、生物及其群体与环境相互作用的过程及其规律的科学；其目的是指导人与生物

圈（即自然、资源与环境）的协调发展。上述的定义，反映了生态学从理论走向应用实践。两类定义之间的差异主要在于是否将人类活动纳入考虑。

（二）海洋生态学的定义

较多海洋生态学家沿用海克尔提出的定义。例如，《中国大百科全书　大气科学　海洋科学　水文科学》（第一版，1987）将海洋生态学释义为"研究海洋生物及其与海洋环境间相互关系的科学"。李冠国等人认为"海洋生态学是研究海洋生物的生活方式的科学"（《海洋生态学》，2011）。

不少学者指出：当前尤应关注人类活动对海洋生态的影响，即关注人类活动对海洋生态过程、生态系统的影响；海洋生态学应当打破科学的界限，与经济学和社会学融合（Kaiser，2011）。海洋生态学的定义应当反映新时期的要求，建议定义为"研究海洋生态系统的结构、生态过程以及与周围环境的相互关系，探索海洋生物对极端环境的适应性，评估、预测自然和人为压力对海洋生态系统的影响及生态维育的科学"。

（三）海洋生态学的研究对象

海洋生态学的研究对象，包括生活在海洋（包括河口）的所有生物及其生活环境。为深入研究，海洋生态学通常按生态系统结构的层次，划分为个体生态学（autecology）、种群生态学（population ecology）、群落生态学（community ecology）和生态系统生态学（ecosystem ecology）。

个体生态学以海洋生物个体为研究对象，研究海洋环境因子（如水温、盐度、溶解氧、光、营养盐等）对海洋生物的影响及海洋生物对环境的适应机制。

种群生态学研究在一定栖息地同一物种集合群组成的有机统一整体。种群不是个体之间的简单相加，有一定的组织结构和遗传的稳定性，能自动调节大小。种群内个体之间可以交配。种群生态学的研究内容包括性别比例、年龄结构、数量变动和调节、迁移、洄游以及种群内个体之间的相互关系等。

群落生态学研究在一定空间范围内，海洋动物、植物、微生物的种群组成，以及它们之间的复杂关系，包括群落的结构、种类组成、优势种、分布、营养关系，以及与生活环境的相互作用等。

生态系统生态学主要研究海洋生物群落与其栖息地环境所构成的自然系统，阐明海洋生态系统的结构、功能，测定和分析系统的物流、能流和信息流，揭示人类活动和自然因素对海洋生态系统的影响。生态系统研究的空间尺度，应根据目的、条件而定，可以局限于一个海湾，也可扩大到全球海洋。

除此之外，海洋生态学的研究对象通常还按生态类型，划分为浮游生物（浮游植物、浮游动物）、底栖生物、游泳生物生态学；按生物栖息地，分为潮间带、河口、海湾、上升流、深海、海山生态学等；按生物类别，划分为微生物（或微型生物）、软体动物、甲壳动物、鱼类、海洋哺乳动物生态学等；按典型生态系统，划分为珊瑚礁、红树林、海藻场、海草床生态学等。另外，海洋生态学与其他学科交叉，形成诸多新的学科，如海洋环境生态学、海洋生态灾害学、海洋生态动力学等。

由上可见，海洋生态学研究对象已多样化，内容极为丰富，已发展成一个较为庞大的学科群。

（四）海洋生态学研究的意义

海洋约占地球表面积的71%，是地球生物圈中最大的生态单元。海洋是生命的摇篮，发生了从单细胞到多细胞、从原核生物到真核生物、从无脊椎动物到脊椎动物的生命演化过程。深入开展其生态学的研究，有助于对生命起源及生物如何从简单到复杂演化的科学理解，加深对各类生物对环境适应性和分布规律的认识。

海洋生物不仅满足人类的蛋白质需求，是药物的宝库，是人类生存和可持续发展不可或缺的物质基础，还在调节全球气候、减轻温室效应以及生源要素（如碳、氮、磷、硫等）良性循环方面做出重要贡献。多姿多彩的海洋生物还是人类精神文明的重要源泉。要了解海洋生物的分布、繁殖、活动规律，必须对生态过程、机制进行深入的研究。

当前，海洋与陆地一样，也存在资源和环境问题。保护海洋生态系统健康，对已受损的海洋生态系统进行修复和恢复，是关系到人类可持续发展的一项要务。生态好，文明则兴。习近平提出的"绿水青山就是金山银山"，高度地概括了良好生态与经济发展的关系。用生态学的理论引领经济发展，将有助于解决人类面临的人口、资源、环境危机。建设海洋生态文明，构建海洋命运共同体，迫切需要海洋生态学的理论和实践的支撑。

二、海洋生态学的发展简史

（一）国外海洋生态学的发展历程

回顾海洋生态学研究的历史，可将海洋生态学的发展过程大致分为4个时期。

第一个时期是海洋生态学的萌芽时期（19世纪以前）。在这一时期，科学家通过多次海洋调查，增加了海洋地理学的知识，也顺便观察并记录了一些海洋生物，对海洋中的生物有了初步的了解和认识。比如，1674年，荷兰人列文虎克（Antonie Philips van Leeuwenhoek）在荷兰海域最先发现海洋原生动物。1768—1779年，英国人詹姆斯·库克（James Cook）进行了3次海洋探险，完成了环南极航行，并进行了科学考察，获取了一批关于大洋的深度、表层水温以及珊瑚礁的资料。

第二个时期是海洋生态学的创立时期（19世纪至20世纪初）。这一时期海洋生态学研究主要是定性描述，对海洋的探索由探险转变为更加深入的、以生物调查为主的海洋综合考察，海洋研究得到深化，成果众多。19世纪，英国博物学家福布斯（Edward Forbes）率先用底拖网采集并观察底栖生物样品，发现不同的物种出现在不同深度，提出海洋生物垂直分布的分带现象，被称为海洋生态学的奠基人。英国的"挑战者"（HMS Challenger）号于1872—1876年的调查涉及了北极以外的所有大洋，发现了大量新种，初步分析了海洋生物与海洋环境的关系。1887年，德国的汉森（Christian Andreas Victor Hensen）首先使用了"plankton"（浮游生物）一词。1891年德国的海克尔（Ernst Heinrich Haeckel）首先提出"benthos"（底栖生物）和"nekton"（游泳生物）两个名词。这是迄今仍然沿用的海洋生物三大生态类群。1859年，福布斯等所著的《欧洲海的自然史》（*The Natural History of European Seas*）一书，被认为是海洋生态学的第一部论著。

第三个时期可以认为是海洋生态学的发展时期（20世纪初至20世纪中叶）。这一时期海洋生态学研究的主要特点之一是在大量定性研究的基础上开展定量研究。另外，这一时期调查船只、测量仪器明显改进，调查方法更加先进和规范，获得了大量的深海资料，促进了深海生态学的研究。1935年，英国植物学家坦斯利（Arthur George Tansley）提出生态系统概念。美国生态学家林德曼（Raymond Laurel Lindeman）在明尼苏达赛达伯格湖（Cedar Bog Lake）经多年潜心研究，提出了著名的生态营养动力学"十分之一定律"，使海洋生态学进入定量和以生态系统研究为中心的阶段。

第四个时期是海洋生态学的黄金时期（20世纪中叶至今），涌现出了一批新发现和重大成果。例如，海洋新生产力、原绿球藻的发现，生物泵、微型生物碳泵、微食物环和海洋微食物网的提出等等，大大推进了海洋生态学的发展。1977年，美国科学家利用"阿尔文"（Alvin）号深潜器，在东太平洋加拉帕戈斯裂谷水深2 500 m的洋底首次发现了繁盛的热液生物群落。随后在世界各大洋底发现了众多热泉、冷泉生物群落，有力证明了在海洋深处存在不以太阳光能为能源的"暗"生态系统。在此期间，通过大洋底部深海钻探，科学家又发现了大洋底的深部存在着处于旺盛代谢状态、数量庞大的微生物世界——深部生物圈（deep biosphere）。深部生物圈的微生物处于高温、高压环境中，具有嗜压、嗜热、嗜碱、嗜酸等生物特性，向人类展示了未知但丰富的基因库，为研究生命起源提供了新的启示，是海洋生态学发展的里程碑。

上述重大成果的取得，主要得益于科学技术的进步，先进的深海、大洋采样、钻探设备和新技术的应用；得益于众多的海洋科学考察，包括国际重大海洋科学研究合作计划的实施。这些国际海洋科学研究合作计划有全球海洋生物普查计划（CoML）、国际生物多样性计划（DIVERSITAS）、千年生态系统评估（MA）、南大洋海洋生态系统与生物资源（BIOMASS）、全球海洋生态系统动力学研究（GLOBEC）、深海钻探计划（DSDP）、大洋钻探计划（ODP）、全球有害藻华生态学与海洋学研究计划（GEOHAB）、全球变化下有害藻华研究计划（Global HAB）以及海洋生物地球化学和生态系统整合研究（IMBER）等等。

另外，20世纪80年代以来，国外陆陆续续出版了有关海洋生态学的著作和教科书，如20世纪80年代Otto Kinne主编了5卷的*Marine Ecology*，James W. Nybakken编著了*Marine Biology: An Ecological Approach*，2005年Michel J. Kaiser等人编著了*Marine Ecology: Process, Systems and Impacts*，等等。

（二）我国海洋生态学的发展历程

海洋生态学的发展，与对海洋的探索、开发利用紧密相关。中国海洋科学及海洋生态学的发展大致经过了以下阶段。

1. 开始探索海洋

我国是世界上最早探索海洋的国家之一。早在公元前4世纪，我国先民已开始在海上航行。北宋时期指南针开始用于航海。1405—1433年，郑和先后率船队七下"西洋"，渡南海至爪哇，穿越印度洋到达非洲。《郑和航海图》中不仅绘有中外846个海岛，而且还分出11种地貌类型。成书不晚于西汉初期（前2世纪到前1世纪）的《尔雅》一书中即记有海洋动物和海藻。8世纪，窦叔蒙所著《海涛志》建立了世界上最早的潮汐推算图解表。唐朝段公路所著《北户录》记载了9种蟹的形态特征。宋代，我国有些沿海地区已开始养殖珍珠贝。1596年，明朝屠本畯编撰的海产动物志《闽中海错疏》记载了福建沿海的许多水产品。然而，中国封建社会长期苟延，明清时期"禁海""迁海"的消极政策重创了我国的海洋文明。特别是鸦片战争之后，受帝国主义的欺压和掠夺，国家处于极度贫弱的状态，无力发展海洋事业。我国的海洋科学远远落后于西方国家。

2. 向西方学习，又遇国难

20世纪上半叶，我国一些学者效仿西方国家，进行了零星的近海调查研究，并成立了海洋研究机构。1927年，中山大学费鸿年组织海南岛沿海生物调查。1934年，中国科学社生物研究所等单位组织海南生物科学采集团。1935年6—12月中央研究院动植物研究所组织渤海和山东半岛沿海生物调查。1935—1936年，以张玺为首的胶州湾海产动物采集团先后发表了4期采集报告及一些门类（如软体动物、甲壳动物和原索动物）的研究论文。1936年，《厦门大学学报》发表了金德祥的《福建省海洋生物采集调查报告》等。1935年，国立北平研究院在烟台附设渤海海洋生物研究室，拟对渤海海洋生物开展研究。1936年，中央研究院决定在山东青岛和浙江定海设立海洋生物研究所。1937年，中国最早的海洋生物研究所——青岛滨海生物研究所成立。我国海洋科学刚要起步，但因日本侵略，国难当头，只能止步。

第二次世界大战结束，中华民族取得了抗日战争的伟大胜利。我国的海洋科学研究又艰难地起步。例如，1946年，山东大学、厦门大学和台湾大学分别创立了海洋研究所，厦门大学还开设海洋学系。

3. 中华人民共和国的诞生开创了海洋事业的新时代

中国海洋生态学的研究，可以认为是从1949年以后开始的。国家重视海洋事业，在中华人民共和国成立初期即将海洋科技列入国家发展规划，着力于建立海洋科研机构，在高校设立海洋系和海洋专业，建造调查船只，采购仪器和设备。中央和沿海省（市、区）还设立专项进行海洋科学调查和研究，如1953年的烟（台）威（海）渔场调查。1958年至1960年，我国开展了第一次全国海洋综合调查（包括水文、化学、生物、生态等）。全国沿海有60多个单位600多名人员参加。这次综合调查，动用船舶50多艘，完成了4个海区91条断面624个大面站327个连续站的调查，出版了《海洋调查暂行规范》、《全国海洋综合调查资料》（共10册）、《全国海洋综合调查图集》（共14册）。我国有史以来首次较全面掌握了近海海洋要素的基本特征和变化规律，基本摸清了"家底"，为深入开展近海生态学研究积累了宝贵的基础资料。

从1980年起，我国开始对南极、南大洋进行科学考察，先后在南极建立了长城、中山、昆仑、泰山、秦岭5个考察站。南大洋生态系统、南大洋磷虾的生态是科考重点项目。1999年以来，我国已对北冰洋进行了多次综合考察，北极气候变化对北太平洋环流及邻近海洋资源的影响是研究的核心内容。

为解决国民经济和社会发展中重大关键问题，科技部设立了着重支持首创性研究的计划——攀登计划。1994年，曾呈奎院士作为首席科学家，率领中国科学院海洋研究所、青岛海洋大学（今中国海洋大学）、中国水产科学院黄海水产研究所和国家海洋局第一海洋研究所（今自然资源部第一海洋研究所）申报的"海水增养殖生物优良种质和抗病力的基础研究"项目入选。该项目通过5年的刻苦研究，取得了许多创新性成果，形成了《海水养殖生态环境的保护与改善》等8部专著，为后续国家重点基础研究发展计划（"973计划"）海洋项目打下了坚实的学科和队伍建设基础。20多年来，国家支持的有关海洋生态学研究内容的"973计划"项目先后有"海水重要养殖生物病害发生和抗病力的基础研究"（1999—2004）、"海水养殖动物主要病毒性疫病暴发机理与免疫防治的基础研究"（2006—2011）、"我国近海有毒赤潮发生的生态学、海洋学机制及预测防治"（2001—2006）、"我国近海藻华灾害演变机制与生态安全"（2010—2014）、"中国近海水母暴发的关键过程、机理及生态环境效应"（2011—2015）、"人类活动引起的营养物质输入对海湾生态环境影响机理与调控原理"（2015—2019）等。

由原国家海洋局组织实施的"我国近海海洋综合调查与评价专项"（简称"908专项"），经国务院2003年9月正式批准，于2004年正式启动，2012年10月通过验收。在8年的调研工作中，中央和沿海省（市、区）80余家涉海单位的海洋工作者参与了工作（共30 000人次），动用了500多艘船只和飞机、遥感等先进海洋调查仪器设备，获得了大量调研成果。该专项最终形成的成果有2 036册数据集、约6.7万幅图件、3 364份技术报告、58份政策建议与公报、196部专著和3 200多篇论文。该专项是1949年以来国家投入最大、参与人数最多、调查范围最大、调查研究学科最广、采用技术手段最先进的一项重大海洋基础性工程，在我国海洋调查和研究史上具有里程碑的意义（刘赐贵，2012）。苏纪兰院士组织了国内海洋科学专家，历时4年，在尽可能反映"908专项"调研成果的基础上，总结了近四五十年来国内外学者在我国海区的研究成果，写成了巨著《中国区域海洋学》（共8册），其中包括《生物海洋学》（主编孙松）、《渔业海洋学》（主编唐启升）、《海洋环境生态学》（主编李永祺）各1册。自2007年起，海洋公益性行业科研专项实施。在10多年的时间内，该专项支持了几百项涉及海洋各领域的研究项目，其中有几十项是海洋生态学的研究项目。

进入21世纪，我国制订了开展远洋、深海研究的计划，加大了深海探测设备、技术的自主研发，努力赶超国际先进水平。我国先后对太平洋、大西洋、印度洋进行科学调查研究。在2007年7月"大洋一号"科考船执行大洋科考第19航次任务期间，首次在西南印度洋发现了新的热液区，并成功地取得了"黑烟囱体"的样品。之后，我国又在各大洋发现了几十处热液和冷泉区。

中国科学院战略性先导科技专项"热带西太平洋海洋系统物质能量交换及其影响"（2013—2018），经过5年的努力，在国际上率先开展热液喷口流体温度梯度原位探测，在马努斯海盆热液区探明20余个热液喷口（最高温度344℃），使用自主研发的深海热液喷口流体温度仪和拉曼光谱仪获得了热液喷口周围的温度梯度和物质组成数据。该专项在国内首次开展水深1 800～2 000 m的热液区深海大型生物的原位培养、环境胁迫、水族箱培养等试验，实现了深海热液大型生物的实验室培养，成为继日本和德国之后第3个可以在实验室进行深海热液大型生物培养的国家，证明水深超过1 500 m的深海大型生物不可培养的观点是错误的。2016年，中国科学院"探索一号"科考船利用自主研发的万米设备在马里亚纳海沟进行综合科考。这是我国首次在水深11 000 m海沟成功进行无人深潜及探测，标志着我国深海探索进入了万米水深的行列，宣示了我国海洋科技能力实现了以"跟踪"为主向"并行""领先"为主的转变。

迄今，我国已发射了数颗海洋卫星，在海洋观测现场传感器技术、海洋观测平台技术、海洋观测通用技术、深海生物采样和摄像技术上均已取得了突破性进展。中国科学院海洋研究所、南海海洋研究所、深海海洋研究所、声学研究所，自然资源部所属海洋研究所，以及中国海洋大学、天津大学、同济大学、厦门大学、中山大学等高校均拥有大洋、深海科学研究和技术设备研发的优秀团队。

三、海洋生态学研究内容与学习方法

（一）研究内容

海洋生态学研究，应围绕学科的基础，瞄准学科的发展趋势和前沿，尤其是根据国家经济和社会发展的需要，突出重点，深入开展。研究内容大致可以分为以下几个方面。

1. 加强基础研究，致力理论创新

生活在海洋中的生物种类繁多。海洋中到底有多少种生物，至今仍是海洋生命科学中的一个基本问题。Mora等人（2011）基于模型估计，全球有870万种真核生物，其中约220万种生活在海洋中。如按此数估计，全球约86%的物种和海洋中91%的物种仍然没有被发现。原核生物的种类可能比真核生物多几倍。每种生物都有其独特的生活方式和对环境的适应性。目前我们的认知还非常有限。因此，海洋生物多样性，生物种群数量、分布和生态特性，是海洋生态学的基础研究内容。

人们往往会向海洋生态学家提出许多科学问题。比如，海洋中无处不在、数量巨大的病毒，对海洋生态系统健康是福是害？为什么有些海洋生物有世代交替现象？为什么有些生物既可在海水中生活，又可在淡水中生活？作为哺乳动物的鲸为什么可以潜到水深几百米甚至上千米处？斑海豹为什么在冰上产仔，而不在海里产仔？生命起

源于海洋，现在海洋环境是否还能孕育出新的物种？要想科学地回答此类问题，就离不开海洋生态学的知识。

1949年以后，我国进行了大量海洋调查，积累了许多资料。对已有和今后海上调查以及室内生态实验数据进行深入分析，找出规律，获得有价值的新发现、新假说、新理论，促进海洋生态学水平更上一层楼，很有必要。

2. 经济、社会需求，科学提供支撑

随着人类大力开发利用海洋，我国和世界许多海洋国家都面临渔业资源衰退、环境污染、海域富营养化、生态灾害频发、海岸带生态破坏，以及全球气候变化、海水酸化和水中溶解氧降低等严重生态问题。这些问题的解决，需要各国政府从政策、资金、管理、人才、教育和科技等多方面综合施策。因为这些问题与海洋生态密切相关，所以从生态学角度提供有关的知识和思路，将有助于破解难题。

比如，全球气候变暖，北极冰盖加速融化，对海洋生物分布格局有什么影响，有何对策？海区渔业资源变动，急需初级和次级生产力的基础资料，南极磷虾到底能捕获多少数量而不会导致南大洋生态系统损害？海洋牧场如何健康发展，大量向海域投放人工鱼礁对海洋环境有何长期影响？这些均与海洋渔业可持续发展密切相关。当前，海洋微塑料污染问题引起世人关注。据估计，每年向海洋输入的塑料有七八百万吨，目前有超过1 400万吨微塑料静卧海底。微塑料对海洋生物的影响途径、影响程度尚未清楚。我国对有毒有害藻华、大型水母暴发等生态灾害，虽进行了大量研究，在世界上处于先进的水平，但仍未破解生态灾害暴发的不确定性和预测难题。比如，有毒有害藻华的胞囊和有些大型水母的螅状体可以在海底存活几年、几十年，是什么生态因子把它们"叫醒"并暴发成灾仍是个谜。全球最重要的有害藻华原因种——塔玛亚历山大藻（*Alexandrium tamarense*），在有的海域不产生麻痹性贝毒素，而在有的海域却成为主要产毒素种，在这方面起支配作用的生态因子是什么？诸如此类问题的解决，均有待海洋生态学研究出力。

针对我国生态受损的状况，党的十九大报告提出"实施重要生态系统保护和修复重大工程，优化生态安全屏障体系"的重大举措。国家发展和改革委员会、自然资源部会同科技部、财政部、生态环境部等有关部门，编制和发布了《全国重要生态系统保护和修复重大工程总体规划（2021—2035年）》，"海岸带生态保护和修复重大工程"是规划中九大工程之一。这项海洋重大工程中有六大保护和修复重点工程：粤港澳大湾区生物多样性保护、海南岛重要生态系统保护和修复、黄渤海生态保护和修复、长江三角洲重要河口区生态保护和修复、海峡西岸重点海湾河口生态保护和修复、北部湾滨海湿地生态系统保护和修复。显然这是国家对海洋生态研究工作者提出的要求和期待。

3. 开展深海研究，揭示生态奥秘

深海的水深标准，至今尚未统一。有人主张水深200 m以深海域为深海，因为大洋真光层的最大水深为200 m。但更多人主张水深1 000 m以深海域为深海，因为在水深200 m和1 000 m之间的水层仍有微弱光，是弱光区（twilight zone），且水深千米以深的水温相对稳定，环境与上层有较大的差异。在深海底部再深处，还存在一个深部生物圈。

深海的"暗"生态系统和深部生物圈的发现，是海洋科学领域具有里程碑意义的重大成果，是当前和今后海洋大科学研究的热点。对这两个生态系统的研究具有战略意义。我国深海生态学研究虽然起步晚了一点，但已有了显著的进展。我国有能力为世界深海生态学研究做出更大的贡献。

根据生态系统能量来源的多样性，有的学者提出可将海洋划为三大生态系统，即海洋光生态系统（能量来自太阳）、"暗"生态系统（能量来自化能合成）和大洋底部生态系统（深部生物圈，能量来源可能是地球核心的热能或辐射能）。由于能量来源不同，以及所处海洋环境的差异，各系统的结构和功能显然会有明显的不同。其结构、功能、生态过程和变化规律有待去揭示。深海海山、海底平原、海沟、热液区、冷泉区的地形、地貌、水深、水动力特征差异明显，同相应的生物群落构成次一级生态系统。深入开展生态研究应以生态系统为中心议题进行。

海洋三大生态系统以及各自的层次不等的次一级生态系统，彼此之间并不是相互隔绝的。在深入了解各系统的结构、功能和信息流的基础上，应加强各系统之间及相应生物群落与环境相互关联的研究，体现海洋大科学研究的整体性和系统性思维。

4. 运用高新技术，构建智慧生态

"工欲善其事，必先利其器。"纵观海洋生物学和海洋生态学的发展史，重大的研究进展都离不开先进的技术、设备和方法的运用。要深入开展海洋生态学研究，离不开测温、测压、测流、测深、分析各生源要素等的高新仪器，以及分析叶绿素含量和海鱼、海鸟、海兽等迁徙、集群的卫星遥感技术的发展。在海中或在海底建立原位实验和生态观测站，广泛运用分子生物学技术是揭示生态过程和机制的重要手段。运用5G、6G的信息技术构建智慧海洋生态是今后重要的发展方向。

5. 加强学科交叉，助推海洋科学

学科交叉是学术思路的交融，是系统辩证思维的体现。自然现象复杂多样。仅以一种视角研究事物，必然有很大的局限性，不可能揭示其本质，也不可能深刻地认识其全部规律。因此，唯有从多角度，采取交叉思维的方式，进行跨学科研究，才可能形成正确完整的认知（路甬祥，2005）。

生态学的定义和研究内容就意味着要进行学科交叉。生态学的发展也证明必须进行不同学科的交叉。比如，要科学评估海洋生态系统服务功能的价值，必须与经济学相结合；海洋自然保护区的建设，离不开有效的管理；只有将海洋、大气、陆地、生物多圈层的相互作用作为一个整体进行研究，才能深刻地揭示和预测全球气候变化对海洋生态系统的影响，提出科学的对策；对东海生态灾害的研究，必须结合长江、黑潮两大水体的理化分析……

海洋生态学与相关学科的交叉、融合，不仅能助推海洋其他学科的发展，也势必孕育出海洋生态学一系列新的分支学科，如海洋环境生态学、海洋恢复生态学、海洋生态动力学、海洋化学生态学、海洋生态经济学、海洋生态管理学、海洋生态文明学和海洋分子生态学等。

（二）学习方法

根据海洋生态学课程的特点，建议学习时注意以下几点。

1. 认真阅读，带着问题学

学习海洋生态学，一方面要认真听老师讲课，因为老师在讲课时会对重点、难点进行分析，提供解决问题的思路和方法，补充许多教材中没有的知识和信息；另一方面要认真阅读本课程的教材，在深入理解的基础上进行归纳和分析，认真思考教材中提出的思考题。另外，尽可能地阅读各章所提供的拓展资料，扩展知识的深度和广度。

2. 重视实践，致力于应用

学习海洋生态学，要学习唯物辩证法，坚持理论联系实际。不能把自己关在教室，要到海洋经济、海洋环境保护、海洋生态文明建设、海洋生态修复、海洋公园建设的一线去学习、调研，在实践中增长实际本领。不仅在学术刊物上发表研究成果，而且提倡把研究成果落实在经济、社会"大刊物"上。

3. 瞄准前沿，勇于攀峰

进入21世纪，海洋事业和海洋科学发展迅速，涌现出许多新发现、新成果，呈现出许多新动向。在学好生态学的基础上，应当关注学科的新发展、新成就。年轻人要勇于探索，不因循守旧，勇攀科学高峰。

4. 虚心学习，为国多做贡献

海洋生态学的知识，广、深如大洋。目前我们对海洋的认识，充其量不超过

5%。为此要发奋学习，向老师学，向有经验的人学，向相关学科的同学学习、请教。学习海洋生态学，不仅要有扎实的海洋生物学基础，还应有丰富的海洋学、海洋环境学和社会学、经济学的知识。只有刻苦、虚心学习，才能成为名副其实的海洋生态学家。

本章小结

本章详细阐述了海洋生态学的定义、研究对象和研究意义，从世界海洋生态学发展简史和中国海洋生态学发展简史两个方面讲述了海洋生态学的发展历程，介绍了海洋生态学的研究内容和学习方法，向学生提出了学习要求。

思考题

（1）如何理解生态学的定义？

（2）海洋生态学如何为国家经济建设和社会发展服务？

（3）海洋生态学的主要研究内容与发展趋势有哪些？

拓展阅读

李冠国，范振刚.海洋生态学［M］.2版.北京：高等教育出版社，2011.

李永祺，王蔚.浅议海洋生态学定义［J］.海洋与湖沼，2019，50（5）：931−936.

李永祺，唐学玺.中国海洋生态学的发展和展望［J］.中国海洋大学学报（自然科学版），2020，50（9）：1−9.

李永祺，王蔚.深海生态学研究进展和几点建议［J］.海洋与湖沼，2020，51（6）：1267−1274.

Kasier M J, ATTRILL M J, JENNINGS S, et al. Marine ecology: processes, systems, and impacts［M］. 2nd ed. Oxford: Oxford University Press, 2011.

理论基础篇

第一章　海洋环境

本章第一节详细介绍世界海洋的分布和中国海的分布，以及海洋水层和水底地质环境的划分。海水具备特殊的理化条件，为海洋生命提供了特殊的生存环境。生态因子是指环境中影响生物生长发育等直接或间接的因素。生物在环境中受各个生态因子综合作用，其中最重要的作用规律为利比希最小因子定律和谢尔福德耐受性定律。本章还详细介绍了光照、温度、盐度、波浪和海流、海水中的溶解和颗粒态物质，包括这些环境因子在海洋中的水平分布和垂直分布，以及与海洋生物的相互作用关系等。

第一节　海洋环境概述

一、世界海洋在地表的分布

（一）海洋在地表的分布

地球表面由陆地和海洋组成，其中大部分是海洋。地球表面海洋面积为 $3.61 \times 10^8 \ km^2$，占地表总面积的70.8%，陆地面积为 $1.49 \times 10^8 \ km^2$，占地表总面积的29.2%。地球上陆地是分离的、不统一的，而海洋是相互连通的，构成统一的世界大洋。在地球表面，海洋包围和分割所有的陆地。

地球表面的海陆分布不均衡，南半球和北半球海洋面积分别占海洋总面积的56.9%和43.1%，而不论南北半球，海洋面积均大于陆地面积：北半球海洋面积和陆地面积分别约占北半球总面积的60.7%和39.3%，南半球海洋面积和陆地面积所占南半球总面积的比例分别约为80.9%和19.1%。以经度0°、北纬38°的点和经度180°、南纬47°的点为两极，把地球分为两个半球，这两个半球分别是地球上包含最大面积的陆地和海洋的半球，被称为"陆半球"和"水半球"。陆半球陆地面积约占47%，海洋面积约占53%，约集中了全球陆地面积的81%，是陆地在一个半球内的最大集中。水半球陆地面积约占11%，海洋面积约占89%，约集中了全球海洋面积的63%，是海洋在一个半球内的最大集中。

（二）全球海洋的划分

根据海洋要素特点和形态特征，将其分为主要部分和附属部分，主要部分为大洋（ocean），附属部分为海（sea）、海湾（bay）和海峡（strait）。大洋是海洋中面积较大的部分，一般远离大陆，面积广，约占海洋总面积的90%；深度大，一般大于2 000 m。大洋具有独立的潮汐系统和强大的洋流系统。从地理学的角度，世界上的大洋被大陆分割成彼此相通的4个大洋，即太平洋（the Pacific Ocean）、大西洋（the Atlantic Ocean）、印度洋（the Indian Ocean）和北冰洋（the Arctic Ocean）。太平洋、大西洋和印度洋靠近南极洲的水域，在海洋学上具有特殊意义。它具有自成体系的环流系统和独特的水团结构，既是世界大洋底层水团的主要形成区，又对大洋环流起着重要作用。因此，从海洋学的角度，一般把三大洋在南极洲附近连成一片的水域称为南大洋（the Southern Ocean）。国际水文组织于2000年确定南大洋为一个独立的大洋，定义为从南极洲的海岸向北延伸到南纬60°的海域。因此，在海洋学研究中，世界海洋被划分为五大洋。

海是海洋边缘与陆域毗邻或交错的部分，隶属各大洋，以海峡或岛屿与大洋相通或相隔。海的深度较小，一般在2 000 m以内；海的面积较小，约占海洋总面积的9.7%。据统计，全球有54个海。海的温度和盐度等水文要素受大陆影响，各种环境因子变化剧烈，并有明显的季节变化。海没有独立的潮汐系统，潮波多由大洋传入。另外，海没有独立的洋流系统。

海按照所处的位置可以分为陆间海、内海和边缘海。陆间海位于大陆之间，面积和深度较大，如位于亚洲、欧洲和非洲之间的地中海，南、北美洲之间的加勒比海。内海深入大陆内部，深度一般不大，水文特征受大陆影响强烈，如波罗的海和渤海。陆间海和内海一般只有狭窄的水道与大洋相通，海水理化性质与大洋有明显差别。边缘海位于大陆边缘，以半岛、岛屿或群岛与大洋分开，但水流交换通畅，如东海、日本海等。

海湾是大洋或海延伸进陆地，且深度逐渐减小的水域，如渤海湾、北部湾等。海湾水域有着与海和大洋不同的水动力学机制，是陆海相互作用剧烈的区域，受人为因素的影响相对较大，故海湾生态环境是海洋环境研究中的一个重要区域。

海峡是两侧被陆地或岛屿封闭，是连通两个海或洋的较狭窄水道。海峡最主要的特征是流急，特别是潮流速度大。

二、中国海域

我国濒临渤海、黄海、东海、南海及台湾以东海域，跨越温带、亚热带和热带。大陆海岸线北起鸭绿江口，南至北仑河口，长达1.8万多千米，岛屿岸线长达1.4万多千米。海岸类型多样，大于10平方千米的海湾160多个，大中河口10多个，自然深水岸线400多千米。

渤海是半封闭性内海，大陆海岸线从老铁山角至蓬莱角，长约2 700千米。沿海地区包括辽宁省（部分）、河北省、天津市和山东省（部分）。海域面积约7.7万平方千米。渤海是北方地区对外开放的海上门户和环渤海地区经济社会发展的重要支撑。海区开发利用强度大，环境污染和水生生物资源衰竭问题突出。

黄海海岸线北起辽宁鸭绿江口，南至江苏启东角，大陆海岸线长约4 000千米。沿海地区包括辽宁省（部分）、山东省（部分）和江苏省。黄海为半封闭的大陆架浅海，自然海域面积约38万平方千米。沿海优良基岩港湾众多，海岸地貌景观多样，沙滩绵长，是我国北方滨海旅游休闲与城镇宜居主要区域。淤涨型滩涂辽阔，海洋生态系统多样，生物区系独特，是国际优先保护的海洋生态区之一。

东海海岸线北起江苏启东角，南至福建诏安铁炉港，大陆海岸线长约5 700千米。沿海地区包括江苏省部分地区、上海市、浙江省和福建省。自然海域面积约77万平方千米。东海面向太平洋，战略地位重要，海岸曲折，港湾、岛屿众多，沿岸径流发达，滨海湿地资源丰富，生态系统多样性显著，是我国海洋生产力最高的海域。

南海大陆海岸线北起福建诏安铁炉港，南至广西北仑河口，大陆海岸线长5 800多千米。沿海地区包括广东、广西和海南三省。自然海域面积约350万平方千米。南海具有丰富的海洋油气矿产资源、滨海和海岛旅游资源、海洋能资源、港口航运资源、独特的热带亚热带生物资源，同时也是我国最重要的海岛和珊瑚礁、红树林、海草床等热带生态系统分布区。南海北部沿岸海域，特别是河口、海湾海域，是传统经济鱼类的重要产卵场和索饵场。

三、海洋环境的主要分区

海洋学家和海洋生态学家为了研究工作的需要，将海洋环境进行了划分。

（一）海底地形分布

海洋环境的划分与海底地形的分区密切相关。海底地形包括海岸带、大陆边缘和大洋底。

海岸带：海岸带是海陆交互的地带，是在波浪、潮汐和海流等作用下形成的。联合国2001年6月"千年生态系统评估"项目将海岸带定义为"海洋与陆地的界面，向海洋延伸至大陆架的中间，在大陆方向包括所有受海洋因素影响的区域；具体边界为位于平均海深50 m与潮流线以上50 m之间的区域，或者自海岸向大陆延伸100 km范围内的低地，包括珊瑚礁、高潮线与低潮线之间的区域、河口、滨海水产作业区，以及水草群落"。

大陆边缘：大陆边缘是大陆与大洋之间的过渡带，按构造活动性分为稳定型和活动型。稳定型大陆边缘由大陆架、大陆坡和大陆隆三部分组成（图1-1）。大陆架（continental shelf）是大陆淹没在相对较浅的海面下的部分，直到海底坡度显著增加的大陆坡折（shelf break）（大陆缘）为止。一般大陆破折的深度为100～200 m。陆源的泥沙大抵至此为止，为近岸浅海渔业生产的主要区域。从大陆架向外倾斜度突然加大，一般为4°～5°，在较深处可达45°，此处被称为大陆坡（continental slope）。大陆隆（continental rise）是大陆坡下方缓缓趋向洋底的扇形地。

大洋底：大洋底是大陆边缘之外的大洋海底全部部分。大洋底包括深海平原、洋中脊和深海海沟。

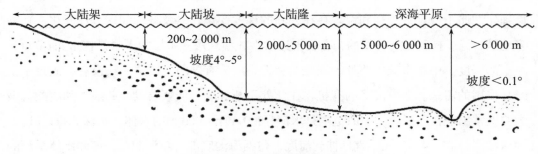

图1-1　海底地形分布及水深

（改编自李冠国和范振刚，2003）

（二）海洋环境的水层划分

海洋环境的水层划分如图1-2所示。从水平方向，水层环境可以分为浅海区（或近海区，neritic zone）和大洋区（oceanic zone），大洋区在垂直方向上又有分区。

浅海区是海洋中位于大陆架以上的深度较浅的水体。浅海区的水平距离取决于海底倾斜缓急程度。例如，渤海、黄海和东海大部分浅海区面积相当广。日本东海岸和南美西海岸近海离岸不远水深就超过200 m，甚至达到数千米。这类浅海区的范围就相当小。而美国东北部海域海底坡度很小，大陆架很宽，浅海区的范围比较大。浅海区环境的理化因素具有季节性和突然性的变化。盐度变化幅度较大，一般低于大洋，有时可能很低（如波罗的海）。由于受大陆径流的影响，海水中的营养盐和有机物很丰富。这些特点使得浅海区的生物种类十分丰富，浮游植物（主要是硅藻）的生产量很大。许多生活在浅海区的生物是广温性和广盐性的种类。与大洋区相比，浅海区是底栖生物的主要栖息、索饵场所和一些经济鱼类的产卵场，形成了许多重要的渔场。浅海区通常在200 m等深线以内。这一深度一般是大陆架的外缘。

大洋区是大陆缘以外的海域，占了世界海洋大部分。它的主要环境特点是空间广阔，垂直幅度很大。大洋区海水所含的源自大陆的碎屑很少或完全没有，因而透明度大，呈现深蓝色。大洋环境的理化因素在空间和时间上的变化不大，海水化学成分比较稳定，盐度普遍较高，营养盐含量较沿岸浅海低，因此生物种类较少，种群密度相对较低。深海环境条件终年比较稳定，只有少量动物生存。

垂直方向上，大洋区水层可以分为上层（epipelagic zone）、中层（mesopelagic zone）、深层（bathypelagic zone）、深渊层（abyssopelagic zone）、超深渊层（hadalpelagic zone）。上层的上限是水表面，下限是在水深200 m左右的深度。该水层为真光层，太阳辐射透入该水层的光能量可以满足光合生物光合作用的需求。该水层理化性质不稳定，光强和温度存在剧烈的梯度变化，以及昼夜和季节性变化。在许多地区，温度梯度是无规律的，存在不连续性或温跃层。中层的下限是在水深1 000 m左右的深度。中层水域主要处于弱光层和无光层，有微弱光线透入或没有，满足不了光合作用的需求。上方沉降的有机物在此处不断分解，低氧层以及硝酸盐和磷酸盐最大浓度常出现在此区。深层的范围是水深1 000 m至4 000 m的水体。水深4 000 m以下为深渊层，它从4 000 m一直延伸到海底，包括海沟底部。超深渊层是海洋水体最深的部分，为水深6 000 m以深的区域。深层和深渊层均处于无光层，无太阳光透入，水温低，压力大。

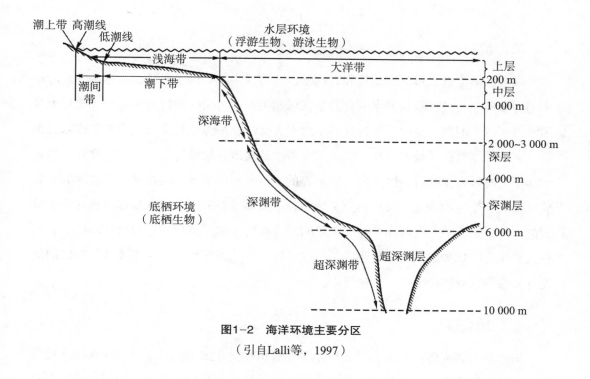

图1-2　海洋环境主要分区
（引自Lalli等，1997）

第二节　影响海洋生命的特殊性质

　　海洋是地球生命的摇篮。现在生活在海洋中的动物门类，比淡水和陆地的要多。海洋和陆地为生命提供了截然不同的理化环境。从海洋表层到超深渊层都有生物存在。

一、浮力

　　海水的密度要比空气高得多，因此海水的浮力比空气大得多。陆生生物一般需要很高比例的支撑结构克服重力的作用，比如树干和骨骼，而海洋中的动物和植物因为受到强大的浮力，支撑结构都不复杂，比如大型海藻和鱼类。另外，海洋中生活着大量的浮游植物和浮游动物，它们都不能自主运动或只有微弱的自主运动能力，只能依靠海水浮力漂浮生活。正是因为海水的浮力大，许多体形巨大的生物，甚至重达上百吨的鲸也能在海水中自由运动，而这样体积庞大的生物在陆地是罕见的。

二、溶解性

海水能够溶解大量的无机物和有机物，为海洋生物提供了必要的生存条件。海洋中的许多现象、过程都和海水的含盐量密切相关。因为精确测定海水绝对含盐量十分困难，所以人们以"盐度"来近似表示海水含盐量。虽然在近岸海域受淡水输入的影响，海水的盐度存在较大波动，但是大洋海水的盐度一般维持在30～35。此外，尽管大洋不同海域海水盐度会因蒸发、降水等的不平衡而有差异，但构成海水盐度的主要成分一般不受生物和化学反应的显著影响，主要离子在海水中的含量和比例几乎是恒定的（Marcet原则）。海洋中存在大量的变渗动物，如果没有稳定的盐度环境，它们将无法生存。比如，潮间带的生物处于盐度剧烈变化的环境中，洪水或暴雨导致的盐度骤降会导致潮间带生物的大量死亡。

三、透光性

海水具有透光性。海水的透光性使得浮游植物能在海水几百米以浅的水深生长繁殖，为整个海洋生态系统的物质循环和能量流动提供了基础。在浑浊的河口等近岸水域，透射入水的阳光随着深度增加迅速减少，仅能到达水深十几米的地方。在这些海域的浮游植物生产力往往受到光照不足的限制。

四、流动性

海水具有流动性。在风、天体引力、密度差异和地形等的作用下，海水在不断流动。海水通过流动输送海洋中的物质，实现全球尺度的循环。同时，海水流动使得海水中的物质得到充分混合，海洋生物就能够源源不断地获得营养。另外，海水运动还能对浮游生物起到输送的作用。

五、稳定性

海水具有很大的比热容，能够吸收和保存大量的热量，因此海水中的温度变化要远小于陆地。海洋中的很多动物为变温动物，变温生活使得动物能够将更多的能量用于生长发育，而不是维持自身温度。

第三节 海洋生态因子

一、生态因子的定义和作用规律

（一）生态因子的定义

任何生物都不是独立存在的，而是与周围的事物存在联系的，生活在一定的环境下。生态因子（ecological factor）是指环境中影响生物生长、发育、生殖、行为、分布等直接或间接的因素。

生态因子按传统分类方式可以分为非生物因子（abiotic factor）和生物因子（biotic factor）。非生物因子指光照、温度、盐度、湿度、氧气等理化因子。生物因子指各生物之间的各种关系，包括捕食、寄生、竞争和互利共生等。生态因子按其性质分类可分为气候因子、土壤因子、地形因子、生物因子和人为因子等。

生态因子对生物个体的作用有以下特征：任何生物所接受的都是多个生态因子综合的作用，其中有一个或少数几个生态因子起主导作用，但是这些生态因子都不可缺少，一个生态因子的缺失不能由另一个生态因子来代替。如果某一生态因子的量不足，有时可以由其他生态因子来补偿。另外，环境中各种生态因子不是孤立存在的，而是彼此联系、相互作用的。由于生物生长发育不同阶段对生态因子的要求不同，生态因子对生物的影响也不是一成不变的，而是具有阶段性的。

（二）限制因子的作用规律

1. 限制因子和利比希最小因子定律

尽管生物生存、生长、发育和繁殖等生命活动依靠其栖息环境中各个生态因子的综合作用，但是，其中必然有一种或几种生态因子是对生物的生存和繁殖具有限制作用的关键因子。任何一种生态因子如果接近或超过生物的耐受极限而阻碍其生存、生长、繁殖或扩散，就称为该生物的限制因子（limiting factor）。

最小限制定律最初由施普伦格尔（Carl Sprengel）提出，后来又由利比希（Justus Freiherr von Liebig）推广。利比希提出，植物的增长受限制因子（即最稀缺的资源）的限制，而不是受可利用的总资源限制，即利比希最小因子定律（Liebig's law of the minimum）。之后，这一理论扩大到环境中的物理因子，如光照、温度等。

但是该定律仍有一定局限性。Ronald Good提出某些生态因子共同作用而不是孤立地起作用。其一，一个处于低水平状态下的生态因子有时可以通过其他生态因子的适当水平得到部分补偿。其二，利比希定律只是在能量和物质流入、流出处于平衡状态下才适用。在不稳定的状态下，许多因子的量及其作用处于剧烈的变动中，很难确定哪一个单一因子是限制因子。其三，如果一种物质或其他环境条件的存在对生物吸收另一种物质起一定的限制作用，则后一种物质即使含量在生物的需求量以上，也会起到限制作用。

2. 生态幅和谢尔福德耐受性定律

生物对生态因子的耐受范围称作生态幅（ecological valence）。不同的生物类群的生态幅往往不同，这与生物对环境长期适应而形成的生物学特性不同有关。例如，潮间带生物周期性暴露于空气中，长期经受着极大的温度和盐度波动的影响，同时还遭受到海流和波浪的侵袭。因此，与浅海和大洋中的生物相比，它们拥有更宽的温、盐生态幅。具有宽广生态幅的生物叫作广适性生物，反之叫作狭适性生物。生态幅与环境决定了生物的分布区。

不仅不同性质的生态因子（如温度、盐度、光照）对生物的影响不同，而且一种生态因子过量和不足都会对生物生存和繁殖产生限制作用。因此，生物对任何一种生态因子的适应都有最大量和最小量的限制，它们之间的幅度称为耐受限度（tolerance limit），高于最大量和低于最小量都叫作

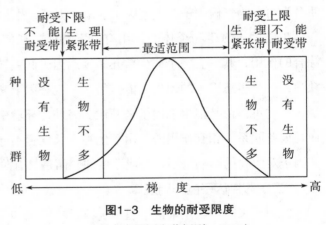

图1-3　生物的耐受限度
（引自李冠国和范振刚，2003）

超出耐受极限（图1-3）。一旦生态因子超出生物的耐受极限，生物生存、生长、发育和繁殖等生命活动将受到显著抑制，甚至死亡。生态因子对生物生存范围的限制作用称为谢尔福德耐受定律（Shelford's law of tolerance），这是由美国动物学家谢尔福德（Victor Ernest Shelford）在1913年提出的。生物可能通过调节其活动范围避开耐受极限，保证本身代谢正常条件下消耗的能量最低。

耐受定律内容如下：一种生物对不同生态因子的耐受范围不同，不同种生物对同一种生态因子的耐受范围也是不同的。例如，南极鱼和沙漠斑鳉生活环境差别大，

对温度的耐受范围也差别巨大。南极鱼对温度耐受范围为−2～2℃，而沙漠斑鳉为10～40℃。同种生物在不同的发育阶段对多种生态因子的耐受范围不同。例如，鲤鱼的产卵下限温度为18℃，而卵发育的温度范围为14～20℃。由于生态因子的相互作用，当某个生态因子不是处在最适状态时，生物对其他生态因子的耐受限度也会下降。对主要生态因子耐受范围广的生物种，其分布也广。但对个别生态因子耐受范围广的生物，可能受其他生态因子制约，分布不一定广。同一种生物的不同种群，长期生活在不同生态环境下，对多个生态因子会形成有差异的耐受范围。

限制因子的概念具有实用价值。例如，某一海洋生物种群数量增长缓慢，而并非所有生态因子对该种海洋生物的生存和繁衍都具有同等重要性。只有找出可能的限制因子，通过实验确定生物与生态因子的定量关系，才能解决增长缓慢的问题。

二、海洋环境中的主要生态因子

（一）温度

1. 海洋中温度的水平分布和垂直分布

（1）水平分布。海水比热容大，加上海流的运动，使得海水温度变化幅度远小于大气和陆地，为海洋生物提供了稳定的生存条件。海洋表层水温的变化主要取决于太阳辐射和大洋环流两个生态因子。海洋表层水温因时因地而异。例如，在同一海域，夏季的水温要明显高于冬季的水温；在同一季节，低纬度的水温要明显高于高纬度的水温；在同一纬度的海域，有暖流经过处水温高，有寒流经过处水温低。各大洋的表层水温也有所差异。其中太平洋表层水温最高，平均为19.1℃；印度洋次之，为17℃。太平洋的表层温度较高是因为其热带和副热带的面积较大，其表层水温高于25℃的面积约占66%，而大西洋表层水温高于25℃的面积仅占18%。

海洋表层水温伴随纬度的变化而变化，主要呈现为由赤道向两极逐渐递减。到了极圈附近，海洋表层水温降至0℃左右。南北半球的表层水温也有明显的差异。北半球的年平均水温比南半球相同纬度带内的年平均水温高2℃左右，尤其在大西洋南、北半球纬度50°～70°特别明显，相差7℃左右。这种现象的主要原因一方面是南赤道流的一部分跨越赤道进入北半球，另一方面是北半球的陆地阻挡了来自北极冷水的流入，而南半球和南极海域直接相通。与海洋表层水温相关的气候现象厄尔尼诺（El Niño），主要指出现在赤道东太平洋的表层水温异常持续升高的现象（有时比常年高5～6℃），其出现频率并无规律，平均每4年发生一次，可引起全球气候异常变化。

（2）垂直分布。对整个地球的大洋而言，约75%的水体温度在0～6℃，50%的水体温度在1.3~3.8℃，表层水体温度较高。海洋表层以下的水温受太阳辐射的影响减小，环流情况也明显不同，所以水体温度与表层水体温度的差异较大。表层以下的水体温度大体上随深度的增加而不断递减。在低纬度海域，暖水区仅限于近表层之内，这是因为太阳光的红外光（热能）仅能影响到海水表层，其下便是温度垂直梯度较大的水层——温跃层（thermocline），它的水温迅速递减，通常位于100~500 m深度。以温跃层为界，其下是水温梯度较小的冷水区。低纬度海域太阳辐射强度常年变化不大，形成的温跃层属于永久性温跃层（permanent thermocline）。在温跃层的下方，大部分海水长年保持在2.8℃左右，海底水温可能更低（0.6~1.9℃）（图1-4）。

在中纬度海域，由于受到动力（风、浪、流等）和热力（蒸发、降温等）等因素的影响，常会形成混合层。在混合层的下方，特别是中纬度海域的夏季，由于表层升温，可形成很强的温跃层，称为季节性温跃层（season thermocline）。在冬季，由于表层降温，对流过程发展，混合层向下扩展导致季节性温跃层消失。有趣的是，在季节性温跃层生消的过程中，有时会出现"双跃层"的现象，这是在混合过程中混合深度不同导致的（图1-4）。

高纬度海域不存在永久性跃层，在冬季上层盐度跃层常会出现逆温现象，其深度在100 m左右。逆温现象指的是当海面温度急剧下降时，水体温度大幅度下降的情况仅发生在表层，而较高的水温出现在次表层，改变了自上而下温度降低的状况的现象。

在1 000 m以下的海域，水体温度随着深度的增加而不再有明显的变化（图1-4）。

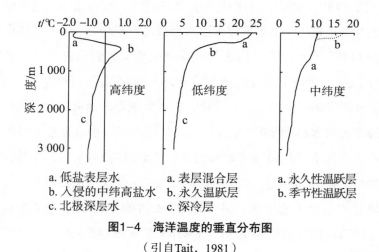

图1-4　海洋温度的垂直分布图

（引自Tait，1981）

2. 温度与海洋生物的关系

海水温度对海洋生物的分布有着重要影响。相较于陆地上的生物，海洋生物生活在温度相对稳定的环境中，因此海洋生物对温度的变化极为敏感。不同生物所能忍受的温度范围不同。根据耐受温度范围，海洋生物可分为广温性（eurythermic）和狭温性（stenothermic）种类。广温性海洋生物多分布于沿海岸带，如肉足虫。狭温性海洋生物包括喜冷性和喜热性两类，前者常见于寒冷海域，比如飞马哲水蚤、鳟、企鹅等，后者多为热带种类，比如石珊瑚。

海洋上层生物根据水温适应能力具体分为暖水种（warm-water species）、温水种（temperate-water species）和冷水种（cold-water species）。暖水种分为热带种（tropical species）和亚热带种（subtropical species）。其中，热带种适宜温度在25℃以上，发源地在赤道附近的热带海域，在中国多分布于南海南部、东海东部的热带海域；亚热带种的适宜温度在20~25℃，在中国分布于东海西部和东北部、南海北部近岸亚热带海域。温水种分为暖温种和冷温种。其中，暖温种的适宜温度在12~20℃，冷温种的适宜温度在4~12℃。它们的发源地在中纬度的温带海域，在我国多分布于渤海和黄海。冷水种包括寒带种和亚寒带种，前者适宜温度在0℃左右，后者在0~4℃。冷水种发源地位于极地海洋及邻近寒冷海域，在我国多分布于渤海和黄海近岸。

南北半球高纬度的海洋生物在系统分类上表现出密切的关系，但是在热带海域这些种类消失，这种现象被称为两极分布（bipolar distribution）或两极同源（biopolarity）。但某些广盐性和广深性的冷水种，其分布可能从南北半球的高纬度海域表层穿越赤道深水层而形成连续的群体分布，这是不同于两极分布的另一种分布模式，被称为热带沉降（tropical submergence）。温度对海洋生物的迁移也有一定影响。海洋生物的洄游主要包括产卵洄游、索饵洄游和越冬洄游3种。可以通过对温度的变化来预测海洋生物的迁移距离以及迁移方向，以此达到对海洋生物进行有效管理和保护的目的。

3. 海洋温度的测量方法

海洋温度的观测已有200多年的历史，经历了水桶观测、机舱引水（engine room intake，ERI）观测、船体感应观测、卫星遥感观测等一系列方法的演化。海洋温度的观测手段分为直接观测和间接观测。早期的观测以直接观测为主，但误差较大，主要受人为因素影响。20世纪80年代，卫星遥感开始应用于海洋温度观测，有效扩大了观测范围，提高了时空分辨率，但也会受到风、水汽、气溶胶、火山爆发等因素的干扰。

（二）光照

1. 光在海洋中的垂直分布和水平分布

在陆地上，光合作用多数发生在地面或地面以上，并且随着海拔的升高，光照度不会发生明显的变化。在海洋中，情况大有不同。到达海面的太阳辐射能因海水的反射而损失。进入海水的太阳光又因海水吸收、悬浮物质的吸收与散射，光照度逐渐衰减。其衰减规律可用下式表示：

$$K = (\ln I_0 - \ln I_D)/D \qquad\qquad (1-1)$$

$$I_D = I_0 e^{-KD} \qquad\qquad (1-2)$$

式中，e为自然对数的底数；I_D表示海洋深度D处的光照度；I_0表示海表面的光照度；K为平均消光系数。K值的大小与水体干净程度有关，一般近岸$K \approx 1$，多数浅海$K \approx 0.1$。

（1）水平分布。光在海洋生态系统中作为一个重要的生态因子，是海洋绝大多数生命活动的能量来源，但并不是所有的太阳光都能被利用。在所有的太阳辐射中，红外光（波长＞760 nm）约占43%，紫外光（波长＜380 nm）约占7%，其余为可见光。红外光很快被吸收并转为热能。波长小于290 nm的紫外光被臭氧层中的臭氧所吸收，只有波长在290～380 nm范围内的紫外光才能到达地球表面，但是进入海洋后也会被迅速吸收、散射。只有波长380～760 nm的可见光可透入水层供光合作用使用，这部分光被称为光合作用有效辐照（photosynthetically active radiation，PAR）（图1-5）。

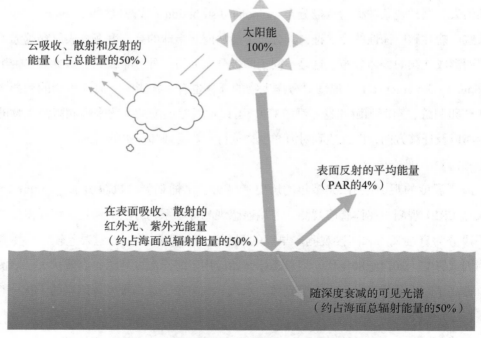

图1-5 太阳辐射在大气与海洋中的吸收与散射

（重绘自Lalli 等，1997）

地球接收到太阳光的光照度由太阳直射点向两极逐渐递减。太阳光也具有明显的纬度梯度。低纬度地区短波长的光多。随纬度的增加，长波长的光增多，可供使用的可见光增加。从日照时间来看，在热带海域，一天中白天与黑夜各约12 h；在温带海域，夏季光照时间超过12 h，冬季光照时间小于12 h；到了两极报点，为持续6个月的低能光照和6个月的黑暗交替。

（2）垂直分布。不同波长的太阳光辐射深度不同。在清澈的海洋中，蓝光的透射能力最强，透射深度最大，而红光的透射深度最小；在沿岸海域，由于清澈程度较低，所以蓝光被吸收，绿光的透射深度最大。太阳光的辐射强度在海水中是随着深度增加而衰减的。海洋在垂直方向上，主要呈现3个层次（图1-6）。其中，最上层为透光层，也称真光层（euphotic zone 或 photic zone），真光层的下界是以光合作用效率与呼吸作用效率相等的深度（补偿深度）来定义的。该层有足够的太阳光来为植物进行光合作用提供能量。真光层最深为200 m。真光层下方为弱光层（disphotic zone），其延伸至水深1 000 m左右的位置。该层相较于真光层光照度减弱，使植物光合作用的量小于其呼吸消耗的量。最底层为无光层，顾名思义则是没有从海面透入的具有生物学意义的光照的一层，其从弱光层下方延伸至海底。在该层，由于没有太阳光，植物无法生存，但存在一些肉食性和碎屑食性的动物。

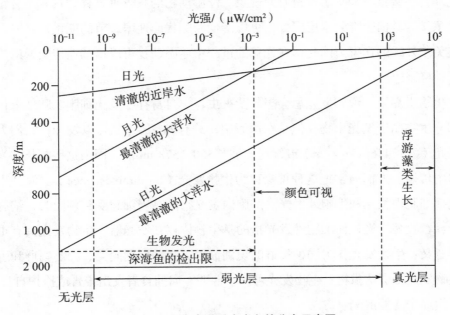

图1-6 光在海洋垂直方向的分布示意图

（引自Lalli和Parsons，1997）

2. 光与海洋生物的关系

与陆地相比，在海洋中光照经常不足，并且随着深度的增加，光照度逐渐减弱，光谱组成也发生变化。但光合色素中的叶绿素a仅可以利用辐射光谱中的一部分，主要负责吸收红光（最大吸收波长为680 nm）和蓝光（最大吸收波长为430 nm）。为了适应海洋环境，许多藻类出现了辅助色素，帮助它们有效利用水下的绿光和蓝光，包括叶绿素b、β类胡萝卜素、岩藻黄素、藻青素等。另外，昼夜长短的变化，为植物的开花以及动物的季节性行为，如鸟类的迁移、昆虫的冬眠，提供了最可靠的信号。这种普遍存在于生物中，对日照长度的变化所发生反应的现象，被称为光周期现象（photoperiodism或photoperiodicity）。

光在海洋中的垂直分布，使得不同光需求的海洋生物分布在海洋中的不同深度。各种浮游藻类和底栖藻类在海洋中的垂直分布与光照有密切的关系。其中，底栖藻类受光照的影响尤为明显。浮游动物也受光照的影响。一般浮游动物的幼体接近于表层，而成体常栖息于深层。

很多海洋动物特别是浮游动物在夜晚光照度低时升到表层，而在黎明来临前又重新下降，以此来适应光照度的变化，这种现象被称为昼夜垂直移动（diel vertical migration）。具有这种现象的种类包括浮游甲壳类、水母、栉水母、毛颚类、翼足类等。此外，一些鱼类和头足类也有此现象。浮游动物的昼夜垂直移动具有十分重要的生态学意义。其白天降到水层深处，可以降低新陈代谢速率，节约能量，并躲避捕食者和避免紫外线的伤害。同时，在迁移的过程中浮游动物可以增加遗传交换的机会，有利于种群繁殖。

在生物世界里，说到发光总会想起萤火虫，它自身存在发光细胞。陆地上仅有很少一部分生物属于发光生物，但是在深海中，约有90%的生物可以发光，它们大多数发出蓝光（波长446～464 nm）或绿光（波长500～578 nm），因为这些波长的光更易在海水中传播。人们通常把这种现象称为生物发光（bioluminescence）。海洋生物发光又包括细胞内发光和细胞外发光。细胞内发光指的是当细胞受到刺激时，细胞质中的发光颗粒收缩发光；而细胞外发光指的是生物体存在发光器。生物发光具有重要的生态学意义：生物发光作为同种集群的识别信号，帮助识别同类、控制集群和引诱异性；生物发光可引诱猎物；生物发光可用于照明、向捕食者发出警告或掩护自身。

3. 海洋中光照的测量方法

海洋光学主要研究海洋对光的散射、反射、吸收等，以及光在水体中的传播规律。海洋光学参数的获取一直是海洋光学的重要研究内容。次表层参数的获取可以改进海色反演模型，对全球变化和碳循环的研究具有重要的意义。海洋光学参数的测量还可以提供更准确的水体后向散射系数，改善海色遥感的反演模型，提高反演精度。目前常用的海洋光学参数是通过高光谱吸收衰减测量仪、高光谱后向反射仪等仪器进行现场测量获取的，但这种测量方式操作烦琐并且不能大规模进行。随着遥感技术的发展，光学遥感成为研究的重要手段。利用传感器对海洋进行远距离非接触观测，有效增加了测量范围，但这种测量方式受水体光学性质的约束，光学参数是通过基于大量现场数据开发的算法来计算的，误差较大。李志国等（2016）提出了一种利用激光雷达水下后向散射信号测量海洋光学参数的新方法，并且给出了利用该方法获取海水悬浮物后向散射系数和水体消光系数的具体反演算法。

（三）盐度

1. 海洋中盐度的水平分布和垂直分布

盐度（salinity）指的是1 kg海水中碳酸盐全部转化为氧化物，溴和碘被氯所取代，所有有机物均完全氧化时，所含全部可溶性无机物的总质量（g）。其简单的定义为溶解于1 kg海水中的无机盐的总质量（g）。海水中无机离子中，氯离子和钠离子的含量最高，分别占55.04%和30.61%（表1-1）。海水盐度是海水含盐量的定量量度，是海水重要的理化性质之一。

表1-1　盐度34.8条件下海水的主要和次要组分

	离子	所占百分比/%
主要组分	Cl^-	55.04
	Na^+	30.61
	SO_4^{2-}	7.68
	Mg^{2+}	3.69
	Ca^{2+}	1.16
	K^+	1.10
次要组分	HCO_3^-	0.41
	Br^-	0.19
	H_3BO_3	0.07
	Sr^{2+}	0.04

引自沈国英等，2010。

（1）水平分布。海水的盐度在水平方向随着纬度的变化而变化（图1-7）。在低纬度海域，降水量高于蒸发量，盐度较低；在副热带海域，蒸发量大于降水量，盐度较高。在赤道海域，海水的盐度约为34.5；在纬度20°～30°的海域，海水的盐度约为36；而到了温带地区，海水的盐度下降至与赤道海域相近；在两极地区，盐度最低，约为34。远离海岸的大洋表层水盐度变化不大（34～37），平均为35。浅海受大陆淡水的影响，相较于大洋盐度较低，且波动范围比较大（27～30）。尽管大洋海水的盐度是可变的，但其主要离子组分的含量比例受生物和化学反应的影响不显著，几乎是不变的，这称为"Marcet原则"，或者称为"海水组分恒定性规律"。

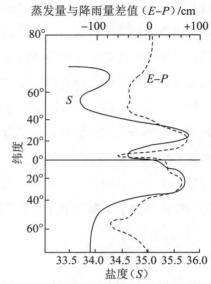

图1-7　不同纬度年均表层盐度（实线）及年平均蒸发量与降雨量差值（虚线）

（引自Lalli 和 Parsons，1997）

（2）垂直分布。由大洋表层向下在一定深度范围内，海水盐度随深度的增加而增大。大洋表层水的盐度在34～36。其下是大洋次表层高盐度水：南、北半球副热带表层的高盐度水下沉后向赤道方向的次表层扩展。大洋次表层高盐度水以下为大洋中层低盐度水：从南北半球的中高纬度表层水下沉之后向低纬度方向扩展。大洋中层低盐度水以下为大洋的深层水和底层水：高纬度和低纬度上层的低盐度水下沉后向大洋的海底扩散。

2. 盐度与海洋生物的关系

水生生物对海洋的渗透压有一定的适应范围，可通过代谢来调节体液渗透压。当体液与周围海水渗透压存在差别时，水由浓度低的一边向浓度高的一边渗透，直到两边的渗透压相等，达到渗透平衡（osmotic balance）。根据渗透压可将海洋动物分为渗压随变动物、低渗压动物和高渗压动物。渗压随变生物的体液渗透压与海水的渗透压相近或相等。低渗压动物大部分为硬骨鱼类，它们常通过鳃（盐细胞）主动排出多余的盐分、减少尿的排出量或者提高尿液的浓度，以此来调节体内渗透压。高渗压动物大部分为软骨鱼类，它们需要通过鳃主动吸收盐离子并在体内积累尿素等物质来维持体内的高渗透压。

根据海洋生物对海水盐度的敏感程度，将对盐度变化敏感的生物定义为狭盐性生物（stenohaline），将对海水盐度的变化有很强适应性的生物定义为广盐性生物（euryhaline）。盐度的升高或降低常伴随海洋物种数目的减少。这是因为海洋动物以狭盐性种类为主。一旦海水盐度发生明显变化，物种无法适应，数量就会逐渐降低直至灭绝。

3. 海水盐度的测量方法

盐度是影响水文、生物分布等的重要因素。海水盐度的测定具有重要意义。

海水盐度的测定迄今为止经历了3个阶段。第一个阶段是以化学方法为基础的氯度盐度测定。在20世纪初期，丹麦的海洋学家Knudsen等人提出了海水氯度和海水盐度的定义，二者通过公式进行换算，而海水氯度使用硝酸银滴定法测定。这一方法使用了70年之久。第二阶段是以电导法为基础的盐度测定。海水的电导率取决于其温度和盐度的性质，通过测定其电导率和温度就可以求得海水的盐度。在20世纪60年代初期，从各大洋和黑海、地中海等不同海域取了135个水样进行测定，最后建立了海水盐度与电导率的关系。第三阶段是提出了实用盐度标度，建立了盐度为35的固定盐度参考点，重新建立了盐度和电导率的关系。

（四）潮汐、波浪和海流

潮汐、波浪和海流是海洋中决定生物分布和繁殖的重要环境因子。

1. 潮汐

在天体（月球、太阳）的作用下，表面海水周期性的运动称为潮汐（tide）（图1-8）。它属于波浪运动，又可称为潮波。

潮汐

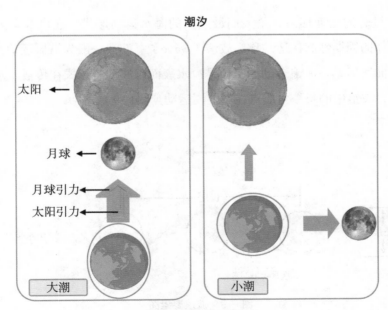

图1-8　潮汐示意图

（1）潮汐的分类。潮汐按照周期的长短，可分为以下几种。正规半日潮：在一个太阴日（约24时50分）发生两次高潮和两次低潮，从高潮到低潮和从低潮到高潮的潮差几乎相等。不正规半日潮：一个朔望月期间，大多数日子一个太阴日内发生两次高潮和两次低潮，少数日子（当月赤纬较大的时候）一个太阴日内的第二次高潮很小，半日潮特征不显著。正规日潮：在一个太阴日内只有一次高潮和一次低潮。不正规日潮：一个朔望月期间的大多数日子具有日潮型的特征，少数日子（当月赤纬接近零的时候）则具有半日潮的特征。

（2）潮汐的生态影响。潮汐是所有海洋现象中较早引起人们注意的，与人类的关系极为密切，如水产养殖、捕捞、环境保护等都受潮汐现象的影响。潮间带是海陆相互作用的生态交错带。潮汐直接影响海陆界面和潮间带的生态过程。被倾倒至潮间带海域的废物可以通过潮汐的冲击带动进入海洋，因此，潮汐影响海洋的自净能力。此外，潮汐现象形成的潮流是海岸带沉积物运移、沉积的重要动力。强大的潮流可以侵蚀松散沉积物，形成潮滩；细粒物质可以在潮流的作用下长期保持悬浮状态，并被携带到远处。潮汐现象还直接影响潮间带生物的生存状态和生物多样性。潮汐可以通过改变潮间带的沉积状态，改变此区域的海洋生物组成和分布。潮汐使潮间带区域在一定时间内暴露在空气中，影响潮间带生物的生存。在潮间带，不同分布高度的生物受潮汐的影响也不同。

2. 波浪

海浪有显著的运动形态，是人们最熟知的海水运动形式。在风等动力因素作用下，海面水体的周期性起伏运动称为波浪（wave）。波浪一般为谐振运动，即做正弦曲线或余弦曲线运动。波浪运动的实质是海水表面以波动的形式在传播。水体并不随波向前运动，波浪中的每一水质点在做圆周运动（图1-9）。

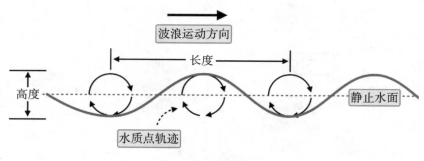

图1-9　波浪要素图

（1）波浪的分类。波浪按照其形成的动力可分为以下几种。

风浪（wind wave）：风作用于海面产生风压。海面海水在风压推动下形成的波浪称为风浪。小风浪形成后，海水表面张力能使海面水分子复平，这样的波称为表面张力波。若风浪较大，海面水分子不能靠表面张力复平，而要靠重力作用复平，这样的波称为重力波。

地震波（seismic wave）：由地震特别是海底地震产生的海面波浪称为地震波。地震波一般波能高，规模大。

潮波（tidal wave）：由引潮力作用形成的海洋表面的波动称为潮波。它的主要特点是周期长。

涌浪（swell）：属长波，指海面上由其他海区传来的，或者当地风力迅速减小、平息，或者风向改变后海面上遗留下来的波动，可达很远。

内浪（internal wave）：两个不同密度水团的界面上的波浪，通常在海面上难直接观测。船只经过会受其影响，甚至不能前进。

波浪按照断面的几何形态可分为正弦波（sine wave）和摆线波（trochoidal wave）；按照传播方式可分为进行波和驻波；按照波长与水深的关系可分为深水波（deep water wave）和浅水波（shallow water wave）。

（2）波浪的生态影响。波浪是引起海水温度、盐度、密度等改变的重要因素。波浪能够使深层较冷的水体连同其中的营养盐输送到海洋上层，对海洋生物尤其生活在沿岸带的种类影响较大。

3. 海流

海流（ocean current）是指海水因受气象因素和热盐效应的作用在较长时间内大体上沿一定路径的大规模流动。海流是海水的主要运动形式。海流长达数百千米以至上万千米，宽几十千米至几百千米，深达数百米。海流的速度一般为0.4～1.85 km/h，最快为2.5 m/s。海流有自己的温度、盐度、密度、水色、透明度和化学成分以至生物种类。一般高温海流呈蓝色，低温海流呈绿色。海流表面流速大，深层流速小，两者有时方向不一致，以至一定深度方向正相反。海流主要是由海面上的风力驱动或海水的温盐变化形成的。

（1）海流的分类。海流可分以下几类。

风海流（wind current）：是由风驱动形成的风生环流。北半球的大洋表层环流为顺时针，南半球的为逆时针，其产生原因与风向和地转偏向力密切相关。

密度流（density current）：盐度和温度不同引起海水密度差，导致水平压强梯度所形成的海水流动。以直布罗陀海峡两侧为例：西侧大西洋表层的盐度是35，温度为15.5℃；东侧地中海盐度为37，温度为13.5℃。地中海表层因密度大，海水从大西洋流入地中海，形成密度流。

上升流（upwelling）：上升流是很常见的水体运动。一般由海水层化效应引起的海水上升速度较小，而只有在层结不稳定时才会引起较大速度的海水上升，此时的水体上升称为上升流。在我国浙江沿岸，风、地形、台湾暖流和潮汐等多种因素共同作用引起了海水的上升流。上升流加快了海洋物质的再分配。

（2）海流的生态影响。海流在海洋内部的能量、热量、物质输送以及污染物的漂移等方面起着传递和连接的作用，把世界各大洋联系在一起。大洋自表面至深、底层都存在着海流，其空间和时间尺度都是连续的，但其速度在不同海域各不相同。海流在由一个海域向另一海域运动的过程中，可把较暖的海水带至较冷的海域，使海面空气增温；同样，也可以把较冷的海水带至较暖的海域，使海面气温降低，从而起着调节气候的作用。比如，如果没有大西洋环流，欧洲的气候将会变得十分寒冷。不同源地的海流，其海水理化性质不同，其交汇时就会发生不同水团的混合。比如：寒流和暖流交汇会导致水体的大面积混合，从而底层营养盐被翻涌到表层，刺激初级生产力，形成大规模的渔场。世界四大渔场中的北海道渔场、纽芬兰渔场和北海渔场都是寒暖流交汇形成的，另外一个渔场——秘鲁渔场的形成与沿岸上升流有关。此外，海流对船舶运输、海上建筑物以及军事活动等都有重要的影响。

（五）溶解物质

海洋中溶解的物质既有无机物，也有有机物；既有气体，也有固体。海水中各项溶解物质的含量、分布、存在状态以及转移过程都与海洋生物息息相关。

1. 溶解气体

大气中的所有气体都可以溶解在海水中，主要包括氮气、氧气、二氧化碳、惰性气体和其他人类生产过程中释放到大气中的气体成分。在海洋中的化学过程、生物过程、地质过程和放射性核素衰变过程中，也会产生一些气体，如一氧化碳、甲烷、氢气、硫化氢、氧化亚氮、氡气和氦气等。海水中不同气体的溶解度不同，这与气体本身性质和海水状态相关。一般来说，海水中气体溶解度与海水的温度和盐度成反比。所有气体在海洋中的含量、分布、来源，在海洋与大气的界面上的通量及其变化等都有一定规律，目前研究得最为详细的是氧气和二氧化碳在海水中的存在及变化规律。

海洋表层海气交换充分，光合作用旺盛，氧气一般处于饱和甚至过饱和的状态。表层氧饱和的水体向深层运动，向深水提供氧。随着深度增加，光合作用减弱，而异

养作用对氧气的消耗逐渐增强，氧含量
迅速降低，在200 m附近水层出现最小
含氧层。深度继续增加，海水中有机物
含量下降，耗氧量也急剧下降，加上极
区富氧水在深层的补充，海水深层氧气
含量有所回升。全球大洋溶解氧的垂
直分布如图1-10所示。表层氧饱和水
体向深层运动主要发生在南极洲周边海
域。那里的海水温度低、含盐度低、密
度大、富含溶解氧，在南极周边海域不
断下沉，达到洋底后流向低纬度海域，
沿途给大洋底部水体补充氧。另外，太

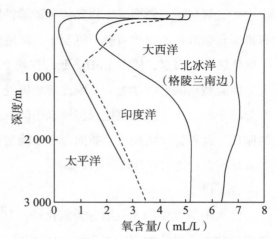

图1-10　全球大洋溶解氧的垂直分布图
（引自Diretrich，1963）

平洋赤道南侧有一下降流，把表层海水带到中层，向中纬度海域流去。海水中的氧主
要是由真光层中的生物消耗的。海水中动植物死后，降解过程中的生物化学反应所需
要的氧可能比呼吸消耗更多，这种氧化反应至少有80%发生在浅水层。随着深度的增
加，耗氧量急剧减少。

海水中的二氧化碳含量与海洋生物分布、大陆径流、海气交换、固体悬浮物质和
海洋沉积物等有密切的关系，因而有明显的区域分布和垂直分布。海洋表层水和大气
中的二氧化碳交换处于动态平衡状态。因为浮游植物的光合作用，所以海洋表层的二
氧化碳处于不饱和状态。随着深度的增加，光合作用越来越弱，而有机质的分解作用
占据优势，加上二氧化碳的溶解度随着压力的增加而增加，因此二氧化碳的浓度越来
越高，在最小含氧层最高。在最小含氧层以下，由于有机质的匮乏，分解作用释放的
二氧化碳变少，二氧化碳的浓度又有所下降。

二氧化碳在海水中有多种存在形式，可以用以下反应方程式来表征：

$$CO_2+H_2O \leftrightarrow H_2CO_3 \leftrightarrow HCO_3^- +H^+ \leftrightarrow CO_3^{2-} +2H^+$$

这一过程控制着海水的pH。海水的pH在通常情况下呈弱碱性，为8.1左右，因此
海水中的二氧化碳多以碳酸氢根离子（HCO_3^-）的形式存在。由于工业生产排放的二
氧化碳的增加，大气中二氧化碳浓度增加。当表层海水中二氧化碳的分压大于大气中
二氧化碳的分压时，海水向大气中放出二氧化碳，反之亦然。但总的来说，大气中的
二氧化碳主要由高纬度低温海域来吸收，低纬度高温海域则放出少量二氧化碳。在真
光层中，海洋植物吸收二氧化碳进行光合作用，合成有机物，有的动物和植物利用海

水中的二氧化碳和钙形成生物壳体和碳酸钙组织，因此二氧化碳的含量较低。这些含有机碳和碳酸钙的生物残骸下沉至中、深层海水中，一部分有机质被氧化，分解出的二氧化碳溶于海水，使海水pH降低，有利于碳酸钙的溶解。深层海水的温度低、压力大，使碳酸钙的溶解度加大，因此碳酸钙处于不饱和状态，这使得生物残体的碳酸钙部分溶于海水中。上升流把深层海水中的二氧化碳带到上层，形成二氧化碳在海洋中的循环。此外，大陆径流不断向海洋中输送有机质和碳酸钙等物质，因而河口和近海二氧化碳含量比大洋高。

2. 无机盐

海水中最重要的无机组分为氯化钠，其占海水总无机组分的80%以上。海水的主要组分和次要组分如表1-1所示。除此之外，海洋中还有一些与浮游植物的生长密切相关的无机营养盐，如硝酸盐、磷酸盐、硅酸盐。虽然它们在海水中的浓度很低，其含量的变化对海水盐度并无影响，但是因其是限制浮游植物生长和初级生产力的重要因素，其含量和变化的研究具有重要的生态学意义。

3. 溶解有机物

有机物一般依据在海水中的存在形式分为3类：溶解有机物（DOM）、颗粒有机物（POM）和挥发性有机物（VOM）。DOM是自然界中普遍存在的一类复杂的混合物。目前，大多数海洋DOM使用孔径为0.7 μm的玻璃纤维膜过滤分离，它包括通过滤膜且之后在实验分析过程中不因蒸发而丢失的有机物质部分，以及在过滤过程中没有被截留的胶体颗粒。海洋是最大的动态有机碳储库（约662 Gt碳）。海洋中DOM是海洋微食物环的起点，在海洋生物地球化学循环中发挥着重要的作用。

（1）DOM的分类。DOM主要成分是浮游植物的分泌物、动物的分泌物和排泄物、生物死亡后的分解产物，包括一部分溶解态的有机污染物。DOM具体包括氨基酸、单糖和多糖、类脂类物质、维生素和有机污染物等。

（2）DOM的生态影响。DOM根据其生物可利用性可分为活性DOM（liable DOM，LDOM）、半活性DOM（semi-liable DOM，SLDOM）和惰性DOM（recalcitrant DOM，RDOM）。活性DOM能够被细菌直接吸收利用，启动海洋微食物环，形成细菌生产力。RDOM的含量最高，约占海洋DOM的95%，是一个巨大的碳汇。RDOM难降解，在海洋中停留时间极长。无机悬浮物上所吸附的有机物能进一步吸附和浓缩细菌，在颗粒表面进行生物化学过程。另外，如果DOM以共价键或配位键与多价金属离子发生络合作用，形成有机络合物，能使铜离子等有毒的重金属离子毒性降低，甚至转化为无毒物质。一些近岸底栖褐藻能分泌大量多酚化合物，影响其他生物的生长。

（六）颗粒态物质

1. 颗粒态有机物

海水中的颗粒态有机物主要是海洋生物的代谢产物、分解物和碎屑等。陆地上包括人类在内所有生物的活动所产生的颗粒有机物也可通过大气或河流进入海洋。许多颗粒态有机物在水层中直接被吞食，进入碎屑食物链。海洋中悬浮颗粒的存在能够影响海洋水体的水色和透明度。

2. 颗粒态无机物

海水中的颗粒态无机物主要是指海水中悬浮的泥沙。悬浮的泥沙是指在风、波浪等外力作用下悬浮于海水中的泥沙颗粒。海水中泥沙的来源主要有河流入海泥沙、沙滩及岛屿侵蚀泥沙、风沙等。大颗粒的泥沙很快能够沉降并沉积到海底，形成海洋沉积。而小颗粒的悬沙在水体浪、流的作用下，沉降较慢，能够在海水中悬浮较长时间，并随水体到处移动。

3. 胶体物质

海洋中含有丰富的胶体颗粒。根据国际纯粹与应用化学联合会（IUPAC）的定义，水体中的胶体是指粒径为1~1 000 nm的微粒和高分子，主要由三大类组成：活的有机体（病毒和小的细菌）、聚合有机物质（如多糖、蛋白质、缩氨酸、富里酸、腐殖酸以及细胞的碎片）和无机颗粒（如铁锰的氧化物、二氧化硅和黏土矿物）。胶体在海洋生物地球化学循环中起着非常重要的作用，其与海洋科学的各个方面都密切相关。胶体不仅影响着海水中光的散射与吸收，而且还可以充当"种子"，形成大颗粒的聚集体，对沉积过程有着很大影响。此外，胶体的表面特性控制着自由态和吸附态离子在海水中的分配及其行为。

本章小结

通过对本章的学习，大家需要掌握以下内容：世界海洋的分布和中国海的分布，海洋水层和水底地质环境的划分；海洋环境与陆地环境的不同；光、水温、盐度、波浪、流、海水中的溶解物质和颗粒态物质等一系列生态因子的分布和特点，以及它们作用于生物的两大定律：利比希最小因子定律和谢尔福德耐受性定律。

思考题

（1）世界海和中国海的分布是怎样的？

（2）什么是环境和生态因子？

（3）什么是限制因子和生态幅？说明利比希最小因子定律和谢尔福德耐受性定律的主要内容及二者的区别。

（4）如何用辩证统一的观点来理解生物与环境的关系？举例说明。

（5）简述光、水温、盐度的分布规律及其生态作用。

（6）海水中的溶解物质和颗粒态物质分别有哪些？它们有哪些生态作用？

拓展阅读

李冠国，范振刚. 海洋生态学［M］. 北京：高等教育出版社，2011.

罗秉征. 海洋生态学［J］. 地球科学进展，1993，8（5）：94-96.

沈国英，黄凌风，郭丰，等. 海洋生态学［M］. 3版. 北京：科学出版社，2010.

杨展，李希圣，黄伟雄. 地理学大辞典［M］. 合肥：安徽人民出版社，1992.

Barnes R S K, HUGHES R N. 海洋生态学导论［M］. 王珍如，杨湘宁，等译. 北京：地质出版社，1990.

Lalli C, PARSONS T R. Biological oceanography: an introduction［M］. 2nd edition. Oxford: Elsevier Butterworth-Heinemann, 1997.

Shelford V E. Some concepts of bioecology［J］. Ecology, 1931, 12(3): 455-467.

Yonge C M. Marine ecology［J］. Nature, 1959, 183(4659): 420-421.

第二章　海洋生态系统概述

本章按照种群—群落—生态系统的顺序，首先介绍生态系统的基本组成——种群和群落的概念和在生态学中常用的统计学参数，以及海洋中种群、种间关系和群落的特点，然后介绍生态系统的定义、结构和功能，再进一步介绍海洋生态系统的特点。

第一节　海洋生物种群

一、种群的基本概念和统计学参数

（一）种群的基本概念和特征

1. 种群的概念

种群（population）是指一定时间内栖息于一定空间的同种生物的集合群。种群是物种经过长期适应环境后形成的生命组织层次，是物种的具体存在单位，也是物种繁殖和进化的基本单位。种群由个体组成，但不是个体的简单相加，而是个体间通过相互作用构成的有机整体，因此种群更加稳定。"物竞天择，适者生存"中的优胜劣汰对于个体是不利的，而对于整个种群来说却是有利的。种群系统内个体的多样性及其复杂的相互关系，构成了种群系统的复杂性。

2. 种群的特征

（1）数量特征。种群最基本的特征为数量特征，即种群是由多个个体所组成的，种群的统计学参数皆基于数量来体现。在自然环境中，种群的数量是不断变动的，受4个种群参数（出生率、死亡率、迁入率和迁出率）的影响。这些参数继而又受种群的年龄结构、性别比率、内分布格局和遗传组成的影响。

（2）空间特征。种群的个体在空间中的配置就是种群的分布方式。种群大体上有3种分布类型，分别是均匀分布、随机分布和集群分布（图2-1）。

① 均匀分布（uniform dispersion）是指当环境中均质相当时，种群个体之间的距离保持均匀一致而形成的分布格局。均匀分布往往发生在植物群体中。自然条件下植物在竞争阳光或水分时有可能形成均匀分布，人工栽植的群落也是典型的均匀分布。

② 随机分布（random dispersion）是指种群中每一个个体的位置均不受其他个体的影响，或者说一定空间内每一个个体出现的概率都是相等的，由此形成的无规律的分布状态。随机分布并不常见。当某个物种首次入侵一块裸露空地，且该地的环境较为均一时可形成随机分布。例如，在北美东北海岸潮间带泥沙滩上生活着一种蛤（*Mulinia lateralis*），其中的个体会随着海潮的冲刷而呈现随机分布。

③ 集群分布（aggregated dispersion）是最常见、分布最广泛的一种分布，在气候、温度、繁殖行为、社会行为等的影响下，个体常常聚集在一起而形成斑块。植物的集群分布往往更容易受到动物和人类活动的影响。

均匀分布

随机分布

集群分布

图2-1　种群分布类型

（引自孙儒泳等，2002）

不同种群的分布往往不同，同一种群在不同环境下也会呈现不同的分布，种群内的分布格局也总是处于变动之中。有些物理模型能够模仿出某段时间内的种群分布，但这种方法不能全面准确地描述分布格局，有待进一步发展。

（3）遗传特征。组成种群的个体彼此间可进行交配，而每个个体都携带一定的基因组合，因此每一个种群是一个独特的基因库（gene pool），与不同地理位置的种群具有基因的差异。同时，种群中个体之间通过交换遗传因子而促进种群的繁荣。

（二）种群的统计学参数

1. 种群大小和种群密度

一个种群所包含的个体的数目称为种群大小（population size），但实际上大多数种群往往很难以绝对数量加以度量，而是以种群的密度作为相对的度量。单位面积或单位体积内含有的种群的个体数目称为种群密度（population density）。种群密度是个变量，它会随着季节、时间、气候条件、食物量等变化而变化。当环境条件适宜时，种群密度会增大。种群密度的上限一般是由物种的个体大小和物种所处的营养级决定的。一般来说，生物个体越小，单位面积或体积内能容纳的个体数目越多；而物种所处的营养级越低，种群密度会越大。种群密度对种群的数量有一定的调节作用，每一个物种都有其最适宜的种群密度，在此密度下种群增长处于最快状态。种群密度过高或过低都会影响种群的正常增长。当种群密度过高时，种内竞争加大，使物种个体数量减少至稳定值附近；当种群密度过低时，又会对种群自身的繁殖等产生影响，甚至会导致物种的灭绝。每一种生物种群都有自己的最适密度（optimum density），这就是所谓阿利氏规律（Allee's law）（图2-2）。阿利氏规律对于濒临灭绝的珍稀动物的保护有特别重要的指导意义。要保护这些珍稀动物，首先要保证其具有一定的密度，若数量过小或密度过小，就可能导致保护失败。

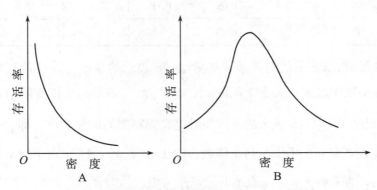

A. 在某些种群增长中，种群密度越小，存活率越高；

B. 另一些种群，在种群中等大小时最有利，过疏和过密都是有害的。

图2-2　阿利氏规律

（引自Odum，1971）

2. 出生率和死亡率

出生率（natality）和死亡率（mortality）是影响种群增长最重要的因素。出生率是指物种单位时间内产生新个体的数量。出生率分为最大出生率和实际出生率。最大出生率是指种群在理想条件下能达到的最大的出生率，实际出生率是指一定时间内种群在特定条件下实际繁殖的数量。死亡率是指物种单位时间内死亡的个体数量。死亡率分为最低死亡率和实际死亡率。最低死亡率是指种群在最适宜环境下的死亡率，即种群个体均活到了生理寿命（最适条件下的平均寿命）才死亡。生理寿命比生态寿命（在特定环境中的实际平均寿命）要长得多。实际死亡率是指在特定条件下的实际死亡的个体数量。

生命表（life table）又称为寿命表或死亡率表，可以用来预测某一年龄组的个体能活多少年，还可以看出不同年龄组的个体数量比例。生命表是由许多行和列构成的表，第一列表示年龄组成，自上而下从低龄到高龄排列，其他各列记录各项参数。下面我们以一个假设的生命表（表2-1）为例来说明其一般构成及各种符号的含义。

表2-1　一个假设的生命表

x	n_x	d_x	l_x	q_x	L_x	T_x	e_x
1	1 000	450	1	0.45	910	2 180	2.18
2	820	410	0.82	0.5	690	1 270	1.55
3	560	80	0.56	0.14	385	580	1.04
4	210	30	0.21	0.14	150	195	0.93
5	90	10	0.09	0.11	45	45	0.5
6	0		0.00				

如表2-1所示，x表示的是年龄或年龄组；n_x表示的是该年龄组最开始的存活个数；d_x表示的是该年龄组在观察期间的死亡个体数；l_x表示的是该年龄组开始时存活的个体的百分比，即$\frac{n_x}{n_1}$；q_x表示的是该年龄组在观察期间的死亡率，即$\frac{d_x}{n_x}$；L_x表示的是该年龄组在观察期间的平均生活个体数，即$(n_x+n_{x+1})\div 2$；T_x表示的是种群全部个体的寿命之和，即$T_x=\sum_{x=1}^{\infty}L_x$；$e_x$表示的是该年龄组开始时存活个体的平均生命期望，即$\frac{T_x}{n_x}$。

根据生命表可以制作存活曲线（图2-3）。存活曲线以年龄（平均寿命）为横坐标，以存活数为纵坐标。曲线A表示种群在接近生理寿命之前的死亡率很低，直到末期才开始升高，许多大型动物符合这一特点。曲线B表示每个时期的死亡率基本保持不变，各年龄段的死亡率是相等的，许多鸟类符合这一特点。曲线C表示幼体死亡率很高，之后的死亡率低而稳定。例如，牡蛎的浮游幼虫期死亡率很高，而幼虫一旦固着于合适的基底，死亡率就会降低。

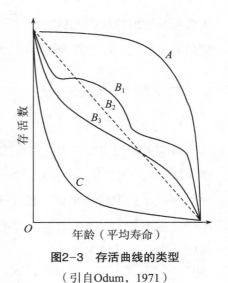

图2-3　存活曲线的类型

（引自Odum，1971）

3. 年龄结构

年龄结构（age structure）是指各个年龄段的个体数量在该种群中的分布情况，是种群的重要特征，既能影响出生率，又能影响死亡率。年龄结构常常用年龄金字塔来表示。年龄金字塔的最底部代表年纪最小的年龄组，顶部代表年纪最大的年龄组，每层的宽度代表该年龄段占种群中个体数量的比例，越宽代表所占比例越大，因此可以通过观察年龄金字塔来判断种群的年龄结构。

种群的年龄结构通常分为3种类型：扩张型、静止型、收缩型（图2-4）。

（1）扩张型金字塔底部极宽，顶部极窄，说明该种群存在大量的幼龄个体和极少的老龄个体，反映出出生率远高于死亡率，因此种群呈现出增长的趋势。

（2）静止型金字塔从底部到顶部缓慢变窄，说明该种群中的幼龄个体和老龄个体数量相差不多，反映出出生率微微高于死亡率，因此种群呈现出稳定增长的趋势。

（3）收缩型金字塔底部较窄而顶部较宽，说明该种群中的幼龄个体比中老龄个体数量少，反映出出生率低于死亡率，因此种群呈现出衰退的趋势，即种群数量会逐渐减少。

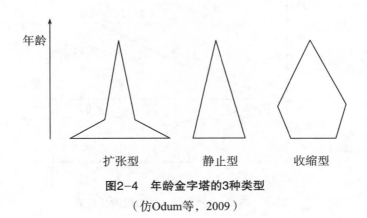

图2-4　年龄金字塔的3种类型

（仿Odum等，2009）

4. 性比

性比（sex ration）就是性别比例，是指种群中雄性个体与雌性个体数量的比例。

大多数种群的性比能维持在1：1，即雌雄个体数量各占一半。一般在幼龄阶段雄性比例会高于雌性，在老龄阶段雌性比例会高于雄性。

二、种群的增长、衰退和灭绝

（一）种群的增长

种群的数量主要取决于种群的出生率（B）和死亡率（D），还受到迁入率（I）和迁出率（E）的影响，一般情况下选取特定的时间段（无迁入与迁出），设b、d分别为每个个体的出生率和死亡率，即$B=bN_t$，$D=dN_t$。则：

$$N_{t+1}-N_t=（b-d）N_t \qquad (2-1)$$

在种群增长的前期，假设生物可以连续进行繁殖，且资源不受限制，则种群会呈现指数增长的趋势（图2-5），假设$r=b-d$，则：

$$\frac{dN}{dt}=rN \qquad (2-2)$$

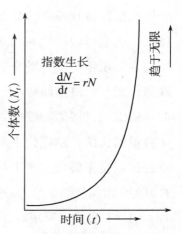

图2-5　种群指数增长模型
（引自Emmel，1976）

此方程即为指数型增长曲线，即J形增长曲线（图2-5）。因此，当$r>0$时，种群数量会增长；当$r<0$时，种群数量会减少；当$r=0$时，种群数量不变（图2-6）。

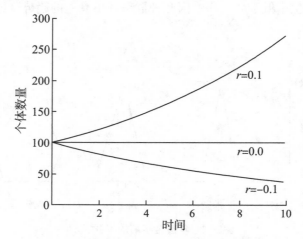

图2-6　不同r值对应的个体数量增长趋势
（仿Hastings，1997；引自孙儒泳，2001）

当种群数量到达环境容纳量时，由于资源等受到限制，种群数量的增长率逐渐减小至$r=0$，此时种群增长出现停滞，即到达种群增长的稳定期（图2-6）。假设环境容纳量为K，每增加一个个体的影响为$1/K$，则种群的增长曲线呈S形，可以得出方程：

$$\frac{dN}{dt} = rN\left(\frac{K-N}{K}\right) \qquad (2-3)$$

此方程即为逻辑斯蒂方程（logistic equation），又称为Verhurst-Pearl逻辑斯蒂模型。当$N \to 0$时，$\frac{K-N}{K} \to 1$，$rN\left(\frac{K-N}{K}\right) \to r$，则种群数量越小，其实现瞬时增长率的可能性越大；当$N \to K$时，$\frac{K-N}{K} \to 0$，$rN\left(\frac{K-N}{K}\right) \to 0$，则种群增长会趋于停滞。

例如，赤潮的早期爆发就是典型的J形增长，由于沿岸大量氮、磷元素富集，且空间广阔，赤潮藻数量急剧增长。随着赤潮藻向高纬度迁移，温度逐渐降低，资源逐渐减少，赤潮藻呈现S形增长趋势，种群数量达到其环境容量，数量增长停滞。随着时间的继续增加，环境中的营养物质消耗殆尽后，种群数量开始减少，直至最终消亡（图2-7）。

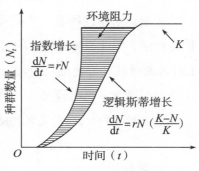

图2-7　种群增长型

（引自Kendeigh，1974）

（二）种群的波动和衰退

当种群在一个有限的空间中增长时，种群密度上升而引起种群增长率下降的这种自我调节能力往往需要一段时间，这就是种群调节的时滞，它是种群数量产生波动的一个重要因素。

在逻辑斯蒂方程中加入时滞后，公式可以写成：

$$\frac{dN}{dt} = rN\left(\frac{K-N_{t-T}}{K}\right) \qquad (2-4)$$

其动态曲线有很多类型（图2-8），取决于rT之积。如果r值不变，则时滞（T）越长，种群数量越不稳定。它表示"S"形增长中当种群数量达到环境负载能力时，将可能下降或波动（图2-8）。

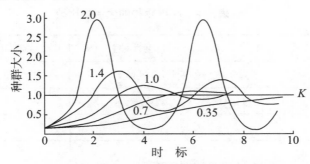

图2-8　种群在不同时滞条件下的逻辑斯蒂增长

（引自Krebs，1978）

45

可以看出，种群数量的变化趋势呈正弦波动。当种群数量增加到最大值时到达稳定期，一段时间后进入衰退期；当种群数量低到一定值后又重新进入指数增长；如此反复。具时滞的种群增长模型更能反映很多种群的增长情况，即开始时呈S形曲线增长，然后出现有中等程度的超越和超补偿波动现象。

（三）种群增长的生态对策（ecological strategy）

1962年，Mac Arthur首先提出r对策（r-strategy）物种与K对策（K-strategy）物种的概念。r对策物种的种群密度很不稳定，出生率高，寿命短，个体小，常常缺乏保护后代的机制，当超过环境容纳量后种群数量会迅速下降，但种群增长速率较高，且繁殖能力极强，因此数量在很少的时候也不容易灭绝。大部分的浮游生物都是r对策物种。K对策物种的种群密度较为稳定，出生率低，寿命长，个体大，具有较完善的后代保护机制，通常不具有较强的扩散能力，适应于稳定的栖息环境。一般的大型哺乳类动物都是K对策物种。r对策者和K对策者的比较如图2-9和表2-2所示。

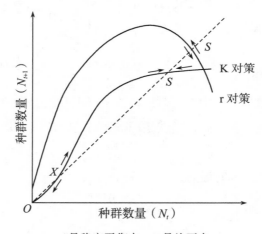

S是稳定平衡点，X是绝灭点

图2-9　r对策与K对策物种的种群数量增长趋势

（引自尚玉昌等，1992）

表2-2　r和K物种的生活史比较

	r对策（机会性种）	K对策（平衡种）
气候	易变化/不可预测	稳定/可预测
成体大小	小	大
生长率	高	低
性成熟时间	早	晚

续表

	r对策（机会性种）	K对策（平衡种）
繁殖周期	短	长
后代数	多	少
扩散能力	高	低
种群大小	有变化，通常低于环境的承载力	相对稳定，达到或接近环境承载力
竞争能力	低	高
死亡率	高；非种群密度制约	稍低；密度制约
寿命	短	长
水层生物与底栖生物比值	高	低

引自沈国英等，2010。

（四）种群的灭绝

一般来说，当一个种群的个体数量减少到对同一群落中其他种群的影响微不足道时，这个种群就可能处在生态灭绝（ecological extinct）的状态。引起种群数量变化的原因有很多，自然环境和生物群落的变化都会造成一定的影响，其中，自然灾害有可能消灭一个种群中一定数量的个体，甚至导致一个地域的种群的灭绝。特别需要注意的是，现如

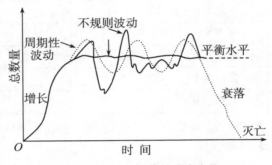

图2-10　种群数量的动态变化

（引自Clarke，1954）

今人类的干预已经成为造成种群衰退的重要原因。种群数量的动态变化见图2-10。

在海洋中，人类捕捞活动的不断加强对经济物种的持续生存构成严重威胁。当物种的生长率较低、个体较大、成熟较晚时，人类的过度捕捞会造成该种群数量不断减少，直至达到增殖能力完全受破坏的程度，从而使种群出现衰退和灭亡。而该种群的灭亡会造成所在食物链的中断，对上一营养级和下一营养级都会造成一定的影响。如加勒比僧海豹（*Monachus tropicalis*）曾是生活在夏威夷群岛北部的一个种群。15世纪人类涉足这些岛屿后，就开始捕杀这些在陆地上活动笨拙的海豹来充饥。随着人类捕捞工具的进化，对海豹的捕杀进一步加剧，最终于2008年宣布了该种群在美国的灭绝。

三、海洋中的种间关系

两个种群之间可以互不影响，也可以相互影响，且影响的对象、好坏及程度各有不同。根据种群之间的不同影响，我们将种间关系分为以下几类：原始合作关系（protocooperation）、中性关系（neutralism）、竞争关系（competition）、捕食关系（predation）、寄生关系（parasitism）和共生关系（symbiosis）。其中，共生关系又分为偏利共生关系（commensalism）、偏害共生关系（amensalism）和互利共生关系（mutualism）。表2-3列举了两个种群之间可能的相互关系。

表2-3　两个种群之间可能的相互关系

类型	物种		种间关系的特征
	甲	乙	
原始合作	+	+	对两个种群都有利，但不是必然的
中性	0	0	两个种群彼此不受影响
竞争	−	−	相互抑制
捕食	+	−	种群甲杀死或吃掉种群乙中的部分个体
寄生	+	−	种群甲寄生于种群乙中的部分个体
偏利共生	+	0	对种群甲有利，对种群乙无特殊影响
偏害共生	−	0	对种群甲有害，对种群乙无特殊影响
互利共生	+	+	两个种群彼此有利

注：0表示无有意义的相互影响；+表示对种群生长或其他特征有益；−表示对种群生长或其他特征抑制。

引自李冠国等，2003。

（一）原始合作关系

原始合作又称为互惠共生，是指当两个种群在一起时，双方均可从中获得利益，但是二者不以对方的存在作为自己生存的条件。鼓虾（*Alpheus*）与虾虎鱼（Gobiidae）之间就是原始合作关系。鼓虾擅长挖洞，遇到危险或捕食时可以利用那只大的螯射出水流"子弹"，但视力极差。鼓虾与虾虎鱼共居。鼓虾负责挖掘和清理洞穴，而虾虎鱼负责警戒。还有一个例子是蟹和海葵之间的互利。很多蟹的壳上有海葵附着，这类海葵大部分属于*Calliactis*、*Paracalliactis*和*Adamsia*这3个属。蟹和海葵的原始合作关系是很密切的。蟹得到海葵的保护，并可借助海葵刺细胞作为捕获食物和进攻的武器；而海葵可以随蟹移动，并以蟹摄食过程中产生的食物碎屑为食（图2-11）。

图2-11　蟹和海葵的原始合作关系

（引自Nybakken，1982）

（二）中性关系

中性关系是指两个种群彼此互不影响、毫不相干。这种关系在自然界可能极少或根本不存在，因为在任何一个生态系统中，所有的种群都可能存在着间接的关系。

（三）竞争关系

竞争关系通常发生在两个种群共同利用同一资源的情况下，即生态位发生部分重合。所谓资源，通常情况下指阳光、氧气、水分、营养物质和空间等。当该资源短缺时，其中一个种群会凭借自身优势获取更多的资源，从而抑制另一种群的发展，甚至导致另一种群的消失。苏联生物学家高斯（G. F. Gause）曾用双小核草履虫（*Paramecium urelia*）和大草履虫（*Paramecium caudatum*）做过一个著名的实验。该实验证明，两种草履虫在竞争食物资源的过程中，种群增长快的双小核草履虫将增长慢的大草履虫排挤掉了。由此得出了种间竞争（interspecific competition）的一个重要原理：高斯假说。高斯假说可概括为生态位相近或相同的两个种群不能在同一空间内长期共存。

生态位（niche）这个术语是由美国鸟类学家格林内尔（J.Grinnell）首先提出的，其含义可以概括为一种生物在群落中（或生态系统中）的功能或作用，或者说某一物种的个体与环境之间特定关系的总和。生态位不仅说明生物居住的场所，而且也要说明它吃什么、被什么动物所吃、它的活动时间、与其他生物的关系以及它对群落发生影响的一切方面。

生物群落中某一物种所栖息的理论上最大空间，即没有竞争种的生态位，称为基础生态位（fundamental niche）。而当出现竞争种时，该物种只能占据基础生态位的一部分，这一部分实际占有的生态空间，就称为实际生态位（realized niche）。竞争种越多，该物种占有的实际生态位就越小。在同一地区内，生物的种类越丰富，种间为了共同食物（营养）、生活空间或其他资源而出现的竞争就越激烈，这样，某一特定物种占有的实际生态位就可能越小（图2-12）。

种群之间的竞争关系可以用理论模型进行说明。最早的竞争模型来自Lotka（1925）和Volterra（1926），该模型以逻辑斯蒂方程为基础。设N_1和N_2为两个发生竞争的物种，在不发生竞争的情况下各自的环境负荷量为K_1和K_2，每个物种中个体的最大瞬时增长率分别为r_1和r_2，下面两个微分方程可以分别描述两个物种相互竞争时，每个物种的增长情况：

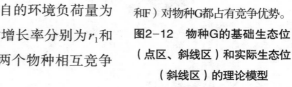

6个竞争物种（A、B、C、D、E和F）对物种G都占有竞争优势。

图2-12 物种G的基础生态位（点区、斜线区）和实际生态位（斜线区）的理论模型

（引自尚玉昌等，1996）

$$\frac{\mathrm{d}N_1}{\mathrm{d}t} = r_1 N_1 \left(\frac{K - N_1 - \alpha N_2}{K_1} \right) \qquad (2-5)$$

$$\frac{\mathrm{d}N_2}{\mathrm{d}t} = r_2 N_2 \left(\frac{K - N_2 - \beta N_1}{K_2} \right) \qquad (2-6)$$

式中，α表示每个为N_2个体所占的空间相当于α个N_1个体，β表示为每个N_1个体所占的空间相当于β个N_2个体。

从理论上讲，当两个物种发生竞争的时候，会发生以下3种结局：① 物种1获胜而物种2被排除；② 物种2获胜而物种1被排除；③ 物种1和物种2共存。

种间竞争的例子有很多。例如，东海原甲藻（*Prorocentrum donghaiense*）在剧毒卡尔藻（*Karlodinium veneficum*）滤液中的生长受到了明显抑制，接种2 d后藻密度开始低于对照组，培养至12 d时，东海原甲藻的密度接近于初始藻密度。

（四）捕食关系

捕食关系即一种生物的部分身体或整个身体为另一种生物所食，即猎物（prey）与捕食者（predator）之间的关系。捕食从某种程度上说其实推进了物种演化。通常情况下，捕食者容易捕食猎物种群中的老弱病残个体，会使猎物的种群素质整体提高，同时捕食者可以起到控制猎物种群数量的作用；而捕猎能力较弱的捕食者也会因捕不到猎物，无法获得充足的营养而饿死，从而被淘汰。海洋中常见的捕食关系为大型鱼类捕食小型鱼类、小型鱼类捕食浮游动物、浮游动物捕食浮游植物等。

（五）寄生关系

寄生是指一个种群的个体寄居于另一个种群的个体身上，通过寄居而获取自身生长繁殖的养分，同时对宿主造成不同程度的伤害的现象。一般来说，寄生者在最初寄生时产生的毒害效应最大，而随着二者长期伴生一段时间后，毒害作用渐渐缓和。缩头鱼虱（*Cymothoa exigua*）是寄生甲壳动物，其雌虫会穿过鱼鳃进入鱼的口腔，用前端足抓住鱼舌吸取血液直至鱼舌完全萎缩，随后占据鱼舌的位置，完成寄生。

（六）偏利共生关系

偏利共生是指两个种群共生，对一个种群有利而对另一个种群既无利也无害。例如，裂唇鱼（*Labroides dimidiatus*）专门从其他大型鱼类的口腔和鳃部啄食寄生虫和甲壳动物等，在为这些鱼类进行清洁的同时获得食物，又被称为鱼类的"清洁工"。鲫鱼（remora）依靠头顶扁平的卵圆形吸盘吸附在鲨鱼等大型游泳动物身上，利用这些动物进行"长途旅行"，减少自身运动的能量消耗。

（七）偏害共生关系

偏害共生是指两个种群共生，对一个种群有害而对另一个种群既无利也无害。海参与潜鱼之间就是偏害共生。潜鱼（Carapidae）会钻入海参（Holothuroidea）的肛门并吞食海参的内脏，甚至会在海参体腔内完成交配，随后潜鱼在海参泄殖腔内完成共生。

（八）互利共生关系

互利共生是指两个种群共生，对两个种群都有利，且二者必须同时存在，否则不能存活。互利共生的典型代表是虫黄藻和造礁石珊瑚虫。虫黄藻（zooxanthella）是与海洋无脊椎动物共生的黄褐色单细胞藻类。在与造礁石珊瑚虫共生时，虫黄藻可以从造礁石珊瑚虫那里获得其代谢产物二氧化碳、氮和磷，进行光合作用；同时，虫黄藻生产的有机物可以直接转移到造礁石珊瑚虫体内，而光合作用吸收的二氧化碳可以显著促进碳酸钙的生成，还能提供部分氧气供造礁石珊瑚虫生长发育。

第二节　海洋生物群落

一、群落的基本概念和统计学参数

（一）群落的基本概念和特征

1. 概念

生物群落（biotic community）为特定时间和空间中各种生物种群之间以及它们与环境之间通过相互作用而有机结合的具有相对独立成分、结构和功能的复合体。群落是一个相对于个体和种群而言的更高层次的生物系统，它具有个体和种群层次所没有的特征和概念。

2. 群落的基本特征

（1）具有一定的种类组成。每个群落都是由一定的植物、动物、微生物种群组成的。因此，种类组成是区别不同群落的首要特征，而一个群落中种类成分以及每个物种个体数量的多少，则是度量群落多样性的基础。

（2）群落中各物种之间相互联系、相互影响。生物群落并不是种群的任意组合。一个群落必须适应其所处的无机环境和其内部生物种群之间的相互竞争，因此其内部种群的相互关系必须取得协调与平衡。物种之间的相互关系还需要随着群落的不断发展而发展和完善。

（3）群落具有一定的结构。生物群落是生态系统的一个结构单元。每一个生物群落本身除具有一定的种类组成之外，还具有自己的结构，具体表现在空间上的成层性（包括地上和地下）、物种之间的营养结构、生态结构以及时间上的变化等。群落的类型不同，结构也不同。

（4）群落具有自己的内部环境。生物群落对环境具有重要影响，并产生群落环境。生物不仅对环境具有适应作用，同时对环境也有巨大的改造作用。随着群落发育到成熟阶段，群落的内部环境也逐渐发育成熟。群落内的环境如光照、温度、湿度和土壤等都会发生改变。不同的群落，其群落内部环境存在着明显的差异。

（5）群落具有一定的分布范围。群落分布在特定地段或特定生境上，不同群落的生境和分布范围不同。无论从全球范围还是从区域角度讲，生物群落都是按一定的规律分布的。

（6）群落具有一定的动态特征。生物群落是生态系统中具生命的部分，处于不停运动的状态。群落的运动形式包括季节动态、年际动态、演替与演化。

（7）群落具有边界特征。在自然条件下，如果环境梯度变化较陡，或者环境梯度自然中断（如地势变化较陡的山地垂直带，陆地环境与水生环境的边界处，如池塘、湖泊、岛屿等），那么分布在这样环境条件下的群落就具有明显的边界，可以清楚地加以区分；而处于环境梯度连续缓慢变化地段（如草甸草原和典型草原之间的过渡带、典型草原与荒漠草原之间的过渡带等）的群落，则不具有明显的边界。

（二）群落的统计学参数

1. 按群落成员型分类

（1）优势种。优势种（dominant species）是群落中数量和生物量所占比例最多的一个或几个物种，也是反映群落特征的种类。例如，造礁石珊瑚虫是珊瑚礁生物群落的优势种；条纹隔贻贝为藻场沿岸潮间带的优势种；大型褐藻是藻场生物群落的优势种。优势种也是群落内部能量流动和物质循环的重要环节。如果优势种被去除，群落将失去原来的特征，同时将导致群落性质和环境的改变。由此可见，优势种对维持群落和生态系统的特征具有重要作用。北方海域群落的优势种较为集中，而南方海域群落的优势种可能由多个种组成，优势度不太明显，因而优势种的确定较不容易。

优势种的优势度（Y）有多种表示方法，式（2-7）是测定优势度的一种方法：

$$Y=\frac{n_i}{N} \cdot f_i \qquad (2-7)$$

式中，n_i 为第 i 种的个体数，f_i 为该种在各站位出现的频率，N 为每个种出现的总个体数。徐兆礼等（1989）在研究东黄海浮游动物优势种时，为了把优势种数目控制在一定范围内，规定当 $Y>0.02$ 时该种为优势种。杜飞雁等（2013）2007—2008年在大亚湾开展实验，对浮游动物种类组成和优势种进行了研究，结果表明大亚湾浮游动物种类组成的季节变化明显、种类更替频繁，优势种组成简单、季节变化明显，单一种的优势地位显著，进一步说明部分地区海洋生物群落简单化趋势明显。

（2）关键种。群落的关键种（keystone species）是对群落的组成结构和物种多样性（包括生态系统的稳定性方面）具有决定性作用的物种，而这种作用相对于其丰度而言非常不成比例。如果海洋中的关键种由于某种原因（如人为捕获）而消失，就会导致其他一些物种的丧失或被其他一些物种所取代。以海藻场生态系统为例，海藻场生态系统的优势种是大型褐藻，在海藻场中生存着各种各样的鱼类、无脊椎动物，而海洋哺乳动物海獭则为关键种。海獭捕食海胆，控制着海藻场海胆的数量。如果海獭被大量捕杀，海胆就会无节制繁殖而将海藻啃食殆尽，海藻场生态系统随之崩溃。由此可见，关键种对群落结构的控制主要是通过捕食作用来实现的，因此又称为关键捕食者或关键被食者。除此之外，还有关键竞争者、关键互惠共生种等作用方式。关键种在生物群落结构中起着重要作用，其消失或衰退会导致整个群落结构发生根本性变化，因此关键种成为物种多样性保护的优先对象。

（3）冗余种。生态系统中一些物种在功能上是冗余的，它们的丢失对生态系统的功能没有影响或影响不大，这类物种称为冗余种（redundant species）。冗余种从群落中被去除后，它的功能作用可被其他物种所代替，群落的结构、功能不会受到太大影响。因此，其在保护生物学实践中常常未被过多关注。但当生态系统遭到破坏或环境恶化时，冗余种可能转变为重要的优势种或关键种。我们需要以辩证的观点来看待冗余种的作用。

2. 按物种的多样性分类

（1）生物多样性。生物多样性是指生物的多样化和变异性以及物种生境的生态复杂性，它包括植物、动物和微生物的所有种及其组成的群落和生态系统。生物多样性可以分为遗传多样性、物种多样性（species diversity）、生态系统多样性和景观多样性4个层次。其中，遗传多样性是指地球上生物个体中所包含的遗传信息的总和；物种多样性是指地球上生物有机体的多样化。

在不同的群落中，生物种类、数目可能有很大差异。一般认为，群落中种的数目越多，物种多样性就越高。物种多样性具有两种含义：其一是种的数目或丰富度（species richness），它是指一个群落或生境中物种数目的多寡；其二是种的均匀度（species evenness或equitability）。

（2）多样性指数。多样性指数是反映丰富度和均匀度的综合指标。测定多样性指数的公式有很多，这里仅介绍其中有代表性的两种。

辛普森多样性指数（Simpson's diversity index）。辛普森多样性指数是基于"在一个无限大小的群落中，随机抽取两个个体，它们属于同一物种的概率是多少"这样的假设而推导出来的。辛普森多样性指数=随机取样的两个个体属于不同种的概率=1−随机取样的两个个体属于同种的概率。

假设物种i的个体数占群落中总个体的比例为P_i（$P_i=n_i/N$），那么随机取物种i两个个体的联合概率就为P_i^2。如果我们将群落中全部物种（S）的概率合起来，就可得到辛普森多样性指数D，即

$$D=1-\sum_{i=1}^{S}P_i^2 \qquad (2-8)$$

香农−维纳多样性指数（Shannon-Wiener's diversity index）。香农−维纳多样性指数用来描述种的个体出现的紊乱和不确定性。不确定性越高，香农−维纳多样性指数也就越高。其计算公式为

$$H'=-\sum_{i=1}^{S}P_i\log_2 P_i \qquad (2-9)$$

式中，H'为香农−维纳多样性指数；P_i是第i种的个数与该样方总个数的比值，S为样方种数。

香农−维纳多样性指数包含两个因素：其一是种类数目；其二是种类中个体分配上的均匀性（evenness）。种类越多，多样性越高；同样，种类间个体分配的均匀性升高，多样性也会提高。香农−维纳多样性指数的应用，在浮游动物、鱼类等方面都

曾见过。但在鱼类和底栖动物中应用时，每个种的个体数相差可能较大，以个体数来计算不太恰当，此时可以用生物量来代替个体数，或同时用个体数和质量分别计算，加以比较。如以质量（生物量）w计算：

$$H' = -\sum_{i=1}^{s} (w_i/w) \log_2 (w_i/w) \qquad （2-10）$$

Pielout（1975）提出了一个计算均匀度（J'）的公式：

$$J' = H'/\log_2 S \qquad （2-11）$$

即均匀度等于实际多样性与理论上最大的多样性的比值。均匀度的大小衡量了群落中各物种个体数的差异程度。各物种个体数完全相同的集合，其均匀度$J'=1$。

二、群落的结构及其稳定性

（一）群落的结构

1. 空间结构

生物群落的空间结构包括垂直结构和水平结构。群落的垂直结构最直观的特征就是它的成层性。海洋中大多数群落都有垂直分布或成层现象。海洋浮游动物和浮游植物也表现出明显的垂直分布现象。例如，鱼类可分为表层鱼类、中上层鱼类和底层鱼类。海洋生物群落垂直分布主要是由环境因素的垂直变化决定的（图2-13）。海洋的表层多为绿藻，其下多为褐藻，再下层多为红藻，说明影响海水中藻类分布的主要因素是光照，随着海水深度的增加，光照减弱，藻类分布的种类出现差异。

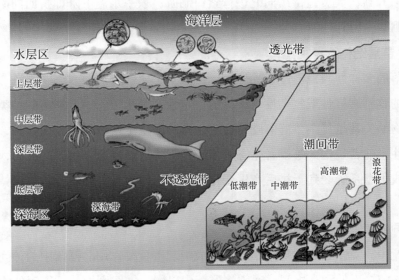

图2-13　海洋生物的空间分布

（引自https://www.exploringnature.org/）

　　海洋生物群落的结构特征不仅表现在垂直方向上，也表现在水平方向上。群落的水平结构是指在群落生境的水平方向上的分布，常呈镶嵌分布。比如Gray（1981）在对欧洲潮间带小型多毛类的研究中，发现在盐度18～55、温度4～34℃时，多毛类呈现斑状分布。

　　2. 时间结构

　　群落的时间变化又称时间节律，具有普遍性、规律性和周期重复性。随着时间变化，群落的优势种也会改变。群落的时间变化主要包括日节律、月节律、季节节律、年节律和潮汐节律等。

　　日节律亦称昼夜节律，是生物最基本的节律。浮游动物昼夜垂直移动是昼夜节律的典型例证。月节律与物种的繁殖有密切联系，如多毛类沙蚕属（*Nereis*）中某些种类只在夏季每月的满月和半月时进行繁殖。潮汐节律在潮间带生物群落组成物种上表现得尤为明显，比如，营穴居生活的海仙人掌（*Cavernularia habereri*）退潮时身体缩入洞穴，停止捕食等活动；涨潮时身体伸出洞穴，并展开触手不断地从海水中摄食细小的有机颗粒和碎屑等。许多海洋生物群落组成物种表现出明显有规律的季节变化。例如近岸海域的浮游植物，在春季前期，由于水体富营养化，多生活着大型硅藻类和小型鞭毛藻类；随着营养盐减少，藻类种数增多；直到夏季后期，由于营养盐浓度低，一些耐受低营养盐的小型金藻等开始占优势。年节律主要表现为生物的洄游现象。以我国东海的大黄鱼为例：大黄鱼在每年春季从外海回到东海进行生殖洄游；随着气温逐渐升高，大黄鱼持续向北进行索饵洄游；秋季水温下降即折回向南，到冬季进行越冬洄游，回到外海。

（二）群落结构的稳定性

　　1. 群落的多样性与稳定性

　　群落的物种多样性或复杂性与群落的稳定性紧密相关。一个群落的种类越多，其中各种生物的关系越复杂，群落就越稳定。群落的稳定性包括两方面含义，即群落的弹性和抗性。前者是指群落或者生态系统受到干扰后恢复原来状态的能力；而后者指的是群落或生态系统受到干扰后产生变化的大小，即衡量受外界干扰而保持原来状态的能力。

　　2. 影响群落结构稳定的因素

　　（1）竞争。竞争在生物群落结构的形成中起着重要作用。群落中的种间竞争出现在生态位比较接近的种类之间。通常将群落中以同一方式利用共同资源的物种集团，称为同资源种团（guild）。同资源种团内的种间竞争十分激烈。图2-14表示竞争2种资源（资源1、资源2）的2种植物（A、B）和5种植物（A、B、C、D、E）的共存区范围。由此可见，许多种植物在竞争相同资源中能够共存。

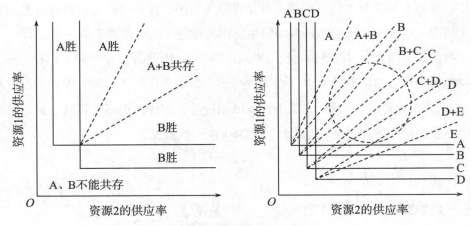

虚线圈出5种植物的共存区范围。

图2-14　2种植物（左）和5种植物（右）竞争2种资源的共存区范围
（引自孙儒泳等，1993）

（2）捕食。捕食对形成生物群落结构的作用，因捕食者是泛化种还是特化种而异。具选择性的捕食者对群落结构的影响与泛化捕食者不同。如果被选择的喜食种属于优势种，则捕食能够提高多样性。如图2-15所示，潮间带常见的滨螺（*Littorina littorea*）是捕食者，尤其喜食藻类，如浒苔。随着其捕食压力增加，藻类的种数也在增加，说明捕食作用提高了物种的多样性，其原因是滨螺把竞争力强的浒苔的生物量大大压低了。但如果没有滨螺，浒苔占了优势，藻类多样性就会随之降低。

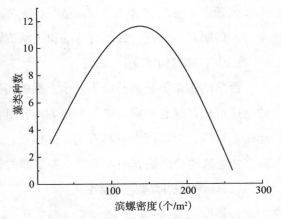

图2-15　藻类种数与滨螺密度的关系
（引自孙儒泳等，1993）

（3）干扰。干扰（disturbance）是指平静的中断，对正常过程的打扰和妨碍。自然生物群落不断经受着各种干扰，而干扰往往会造成连续群落中的断层现象。干扰造成的断层，有的在干扰停止的条件下会逐渐恢复，有的也可能被周围群落的任何一个种侵入且该种发展为优胜者，哪一种是优胜者完全取决于随机因素，这就称为抽彩式竞争（competitive lottery）。例如，澳大利亚珊瑚礁群落有上千种鱼，每一直径3 m左右的礁块中可能生活着50种以上的鱼。在这样的群落中，具有空的生活空间成为关键因素。据调查，由3种热带鱼个体所占据的120个小空间里，如果该群落发生干扰而产生断层，在原有领主死亡后新的领主种是完全随机的，没有规律性。由此可见，在此群落中高多样性的维持决定于许多相同生态物种对空隙的抽彩式竞争。

干扰的频率和次数对群落稳定性的影响不同。美国生态学家康奈尔（J.H.Connell）提出中等程度的干扰能维持高多样性，并指出：如果干扰频繁，则先锋种不能发展到演替中期，多样性就会较低；如果干扰间隔期过长，多样性也不是很高；只有中期干扰程度能使多样性维持最高水平。这被称为中度干扰假说。

三、群落的生态演替

（一）生态演替的概念和特征

1. 概念

群落的生态演替（ecological succession）是指一定区域内，群落随时间变化，由一种类型转变为另一种类型的生态过程。在特定地区中，群落由一个到另一个的整个取代顺序，称为演替系列（sere）。演替系列按过渡性群落的顺序，可以分为系列期、发展期或先锋期，最后到达的稳定系统则叫作顶级群落（climax community）。

2. 生态演替的特征

群落的生态演替具有以下几个方面的特征：首先是预见性，即生态演替具有一定的顺序过程，具有一定规律、一定方向；其次是自控性，即虽然生态演替中物理因素起一定作用，但群落本身起着主导的作用；最后是稳定性，即生态演替一定是向着群落结构越来越稳定的方向发展的，即演替的顶点是稳定的生态系统。

（二）演替的类型和基本过程

1. 类型

按演替的起始条件，演替可分为原生演替和次生演替。

原生演替（primary succession）：这种演替是指在从未被占据的区域，或者在一个起初没有生命的地方所发生的演替。例如，由于海洋火山突然爆发，把某个岛上动植物全部毁灭了。几年以后，又有新的绿色植物侵入这一荒芜之地，一直发展到成为一个相对稳定的顶级群落。这种地区是研究原生演替理想的地方。

次生演替（secondary succession）：这种演替是在生态系统被破坏，但并未完全被消灭的地方所发生的演替。在这种情况下，演替过程不是从一无所有开始的，原来群落中的一些生物和有机质被保留下来，附近的有机体也很容易侵入。因此，次生演替比原生演替更为迅速。

按控制演替的主导因素，演替可划分为自源演替和异源演替。

自源演替（autogenic succession）或自发演替，指由群落内部生物学过程所引发的演替。自源演替的显著特点是群落环境由于群落中某种群的活动而改变，这种改变的环境对其本身不利，而对其他物种有利，该种群从而被另外的物种所取代。

异源演替（allogenic succession）或称为被动演替，即由外部环境因素的作用所引起的演替。气候变动、人类生产等改变环境的活动、污染等引起的演替就属于异源演替。如果异源演替过程超过自源演替过程，生态系统就不可能保持相对的稳定，甚至可能消灭。

按群落代谢特征，演替可分为自养演替和异养演替（图2-16）。

自养演替（autotrophic succession）中，光合作用所固定的生物量积累越来越多，例如裸岩→地衣→苔藓→草本→灌木→乔木的演替过程。而异养演替（heterotrophic succession）一般出现在受污染的水体中，此时由于细菌和真菌的分解，有机物质随演替进行而减少。例如，图2-16中的对角线代表群落生产（P）与群落呼吸（R）相等；对角线左侧$P>R$，属于自养演替；右侧$P<R$，属于异养演替。因此，P与R的比率是群落演替方向的指示，也是表示污染程度的指标。

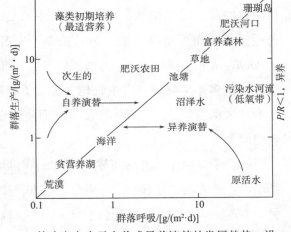

箭头方向表示自养或异养演替的发展趋势。沿对角线的群落，在一年中的消耗量大致与生产量相等，因此可以视为代谢顶级群落。

图2-16　按群落代谢进行分类，各种群落型的地位异养演替群落输入有机物质或依存以前的贮存或积累而生活。

（引自Odum，1971）

2.演替的基本过程

演替包括以下两个基本过程。

（1）生物入侵、定居和繁殖。外来生物的入侵（invasion）即繁殖体的传播过程，这是群落变化和演替的基础。定居（ecesis）即少数强有力的先锋入侵者在新环境中生长发育并通过繁殖建立种群的阶段，与此同时，它们也逐渐改变环境为其后入侵者创造适宜的环境条件。例如，长江口盐沼植物群落呈明显的带状分布，各植物群落类型沿高程从低到高的空间分布格局，也反映了其群落演替的序列：光滩裸地→海三棱藨草（*Scirpus triqueter*）群落→芦苇群落。而互花米草（*Spartina alterniflora*）的入侵，打破了这一原有格局。在盐度较高的滩涂，海三棱藨草将可能完全消失，其可能的演替序列为光滩裸地→互花米草群落→芦苇群落；而在盐度较低的滩涂，其演替序列为光滩裸地→海三棱藨草群落→互花米草群落→芦苇群落。

（2）竞争。在演替中由于物种增加，不同物种对环境资源可能有同样的要求，从而产生物种间的竞争。竞争的结果是群落中各物种成分的比例和优势度出现差异，最终形成物种之间的生态位分化和相互制约的关系，成为稳定的群落。

3. 海洋生物群落演替实例

（1）潮间带群落演替实验。美国科学家苏泽（W. P. Sousa）对加利福尼亚南部的岩石潮间带的演替过程做过研究。首先，在开始的一个月左右时间，裸岩面上开始附着绿藻。因此在第一阶段优势种主要是绿藻。如果不受干扰，这种单一栽培将通过无性繁殖而持续下去，抵抗抑制所有其他物种的入侵。但是由于粗腿厚纹蟹（*Pachygrapsus crassipes*）的选择性摄食，打破了绿藻的单一的无性繁殖。而后，生长较慢的多年生红藻抢占生长地，替代了绿藻，成为优势种。一些摄食藻类孢子的小型软体动物如贻贝，随即增多，从而使藤壶（*Chthamalus fissus*）得到了更多的生长空间。

（2）珊瑚礁生物群落演替。观察海洋生物群落演替影响的最简单方法之一是通过珊瑚礁。一方面，在起初没有生命的地方，初级演替发生，植物随着时间逐渐增长。另一方面，当植物和动物受到干扰时，二次演替发生。火山爆发，熔岩形成了没有生命的空白石板。珊瑚沉积并开始在熔岩流上生长。这使珊瑚成为r对策物种，因为它是最先在此繁殖的物种。而后，一代代珊瑚堆叠形成礁石。该表面允许其他物种生存和生长。

德国科学家弗里克（A. Fricke）对加勒比珊瑚礁的演替做了研究，发现珊瑚礁由以珊瑚为主转变为以藻类为主，珊瑚逐渐由褐藻和绿藻取代，而后多种丝状蓝细菌成为优势种。

第三节　海洋生态系统

一、生态系统的定义

（一）定义

生态系统（ecosystem）是指在一定时间和空间范围内，生物群落与非生物环境通过能量流动、物质循环、物种流动和信息传递所形成的一个相互联系、相互作用并具有自我调节机制的复合体。生态系统是生物学的一个组织层次，是生态学研究的核心。在结构和功能完整的前提下，生态系统没有空间大小、形成时间长短和层次复杂性的限制。大到包容万千的海洋，小到降水后形成的小池塘，自然环境看起来千差万别，生物组成也各不相同，但是它们都可以被称为生态系统。

（二）组成和特点

生态系统中，生物部分和非生物部分两者缺一不可。海洋生态系统的生物部分即海洋生态类群（将在本书"海洋生态类群篇"详细论述）；而非生物部分即海洋环境（在第一章已经详细介绍）。生态系统是生态学的基本研究单位，它不仅是空间上的地理单元，也是结构上的功能单元。自然生态系统都是开放系统，具有输入和输出过程以维持平衡。总体而言，生态系统具有联系性、相互作用性、整体性、灵活性和普遍性5个特点。联系性，即生态系统的生物组分之间及其与非生物组分之间相互联系，"系统"一词也强调了联系性的特征。相互作用性，即生态系统中生物与生物之间、生物与非生物环境之间存在相互作用关系，组分之间相互依赖、相互制约。整体性，即在一定空间内，生物组分及非生物组分是有机结合为一个整体的。灵活性，即生态系统的大小没有限制，可以根据情况和需要灵活界定，一个池塘或整个地球都可以被界定为一个生态系统（生态系统的概念有丰富的内涵和无限的灵活性，这在生态系统的研究中有重要意义）。普遍性，即整个地球是一个生物圈，大小各异的生态系统分布其上；生态系统的概念可应用于不同领域的研究中，从生物多样性到能量流动和物质循环过程等等，均用到生态系统这一概念。

（三）海洋生态系统的定义

海洋生态系统（marine ecosystem）是全球生态系统的重要组成部分，占有一定的空间，包含一定的相互作用、相互依赖着的生物和非生物组分，主要通过能量流动和物质循环，使生物性与非生物性组分之间以及生物性组分之间联结成为一个整体，并表现出一定的系统特性。根据海洋自然环境划分，海洋生态系统有河口、海湾、红树林、珊瑚礁、海草、海岛、滨海湿地、潟湖、上升流、大洋、浅海、深海、热泉、冷泉等多种自然生态系统，也有人类干预或构建的海洋人工或半人工生态系统，如人工鱼礁、盐田、池塘等生态系统。

二、生态系统的结构

生态系统的结构，一般指生态系统的营养结构或空间结构。生态系统的营养结构即食物链。生态系统的生产者与消费者以及消费者之间通过食物链连成一个整体，食物链上的每一个环节称为营养级。海洋生态系统中的食物链主要有牧食食物链、碎屑食物链和微食物网3种（将在第三章进行详细介绍）。

生态系统的空间结构是指自然生态系统的生物成分（自养和异养成分）具有空间分布特征，即在垂直方向上是分层的，在水平方向上是分带的。一般来说，在垂直方向上，生态系统的上层通常是绿色植物，初级生产水平较高，光合作用旺盛，被称为"绿色带"；下层主要分布着消费者，异养代谢旺盛，被称为"褐色带"。各级消费者往往就位于下层的不同垂直空间中。

海洋生态系统的垂直结构一般如下。浮游植物分布在上层的真光层海水中，行使光合作用和初级生产的功能。浮游动物通常分布在真光层及其以下相邻的水层中，而且具有昼夜垂直运动的特性。底栖生物生活在海底。游泳生物依据其生态特性分布于相应的水层，分为上层、中上层和下层3种类型。在水平方向上，海洋生态系统生物成分通常表现出分带分布现象，最典型的例子是海岸带生物沿潮上带–潮下带的水平分带现象。例如，在岩石底质类型的海岸上，一般潮上带是滨螺带，潮间带是藤壶或紫贻贝带，潮下带是海藻带（图2-17）。生态系统生物成分的空间特征与环境因子在空间上的梯度分布特征密切相关。

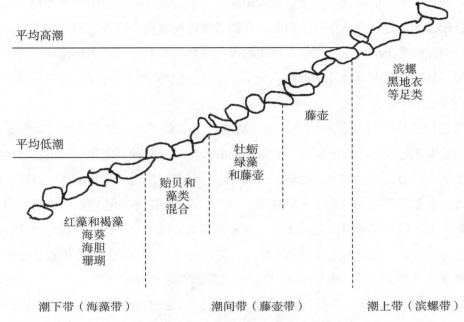

图2-17 一个岩石海岸的横截面的生物带状分布

（引自Odum，1971）

三、生态系统的功能

（一）生态系统的基本功能

生态系统的基本功能就是物质循环、能量流动和信息传递。生态系统是通过物质循环、能量流动和信息传递将各个组成成分相互联结构成的一个网络复杂的整体。

物质是维持生命的基础，而生态系统的物质循环是生物生长繁殖和生命延续的基本条件。任何物质或元素都处在循环的某一阶段，它们在生态系统中生物有机体和无机环境之间的循环过程就叫作生态系统的物质循环。总体来说，生态系统的营养物质循环是在环境、生产者、消费者和分解者之间进行的。生产者通过光合作用或者化能合成作用将无机元素变为有机质，有机质沿着食物链和食物网被各级消费者所利用，最终又被分解者分解，变为无机元素回到非生物环境中。具体来说，物质循环是通过不同的元素循环来完成的，海洋生态系统中主要的元素循环将在第五章详细介绍。

生态系统中的能量流动是指初级生产者固定的太阳能或化学能沿着食物链传递，最终抵达各级消费者，为消费者的生长、繁殖和其他生命活动提供能量。能量流动的载体是食物链和食物网，也就是说，能量流动是需要物质为载体来完成的。能量流动和物质循环有本质的区别。能量是从太阳开始，沿着食物链由初级生产者到消费者一级一级传递的。能量流动是有方向的。在能量流动的过程中始终有部分能量通过热量散失，因此能量流动是不可逆的。物质则可在生物界和非生物界循环出现，被生物重复利用，从一个生态系统迁移到另一个生态系统，循环不止。海洋生态系统的能量流动将在第四章详细介绍。

信息传递是生态系统的另一个重要功能。生态系统的信息流不像物质流是循环的，也不像能量流是单向的，而一般是双向的，是种群与种群之间以及生物与生物之间出于某种目的，通过物理、化学和行为等多种形式，传递信息和需求的过程。信息传递将生态系统各组分联系成一个整体，并具有调节生态系统稳定性的作用。信息传递有如下多种形式。营养信息的传递：在某种意义上说，食物链、食物网就代表着一种信息传递系统。化学信息的传递：生物代谢产生的物质，如酶、维生素、生长素、抗生素、性引诱剂均属于传递信息的化学物质。物理信息的传递：声、光、色、吸引、排斥、警告、恐吓等均属于物理信息。行为信息的传递：生物之间的识别、威胁、挑战、炫耀等均属于行为信息。近年来，海洋生态系统中的信息传递也取得了很多的研究进展，在此举两个例子。

1. 海洋生物间的化感作用（allelopathy）

化感作用是指一种生物释放特殊的化学物质从而影响周围其他生物的正常生长和发育的现象。这种影响既可以是抑制，也可以是促进，它们所释放的化学物质通称为化感物质。化感作用在陆生植物、水生高等植物、藻类、细菌、珊瑚虫以及真菌中均有发现。目前发现的化感物质大多是生物的次生代谢产物，这些物质一般相对分子质量较小，结构简单，容易挥发或溶解到周围环境中。1984年，美国科学家赖斯（E. L. Rice）将植物的克生物质总结为14类：水溶性有机酸链醇、脂肪醛酮；简单的不饱和内酯；长链脂肪酸和多炔；苯醌、萘醌、蒽醌和合苯醌；简单酚、苯甲醛、苯甲酸及其衍生物；肉桂酸及其衍生物；香素类；黄酮类；单宁；萜类和甾类化合物；氨基酸和多肽；生物碱和氰醇；硫化物和芥子油苷；嘌呤和核苷（Rice，1984；黄京华等，2002；王峰等，2000）。其中，最常见的是低相对分子质量的有机酸、酚类和萜类化合物（俞叔文，1990；孙文浩，1990）。化感物质在自然界中并不是以孤立的方式单独起作用的，它不仅受环境条件的影响，而且还与其他化学成分相互作用，共同对生物生长产生影响。化感物质主要通过蒸发、淋溶和分解等方式进入周围环境。在海洋生态系统中，已知珊瑚虫与海绵动物之间、大型海藻与微藻之间、微藻与微藻之间、微藻与细菌之间都可以通过化感作用互相影响，以达到竞争有限的资源和空间的目的。

2. 海豚的声信号通信

海豚是海洋中的高等哺乳动物之一，与陆生高等动物一样，海豚可以通过声信号交流。声信号是海豚用来探测周围环境和信息交流的途径。根据信号的不同形式，海豚的声信号可分为回声定位信号（click）、通信信号（whistle）和应急突发信号（brust pulse）3种。其中，回声定位信号主要用于在运动和捕食中的回声探测，通信信号主要用于不同个体间的联络和情感表达，而应急突发信号则一般在海豚受惊、打斗等突发情况下发生。不同海豚种类声信号的频率和种类不同，具有种间差异性。随着海上运输和海洋工程建设的发展，海洋噪声污染也成了干扰海豚间声信号传递的重要因素。另外，高强度的噪声还可能造成鲸类的听力损伤和器官损伤，并使其产生焦虑情绪。研究表明，许多鲸的集体"自杀"或与海洋中的噪声污染密切相关。

噪声污染与鲸的集体"自杀"

噪声会使海洋动物改变生活规律，如改变浮游和潜水规律，更改音量和节奏等发音的形式，甚至导致它们无法避开障碍物而发生致命的碰撞。譬如，白鲸这类会发声的海洋哺乳动物，对噪声污染的反应最为强烈。在距离船舶50千米时，白鲸就会产生一系列反应，如迅速游离船舶、游出水面呼吸、改变潜水时间。长期受此影响，其种群中个体数量减少，发声会更加尖锐。据科学家研究，声呐产生的噪声会干扰鲸利用声音捕食的能力，使某些鲸特别是突吻鲸受到惊吓，导致它们冲出水面，造成危险的后果，比如鲸集体跃上海岸"自杀"。

（二）海洋生态系统的功能特点

海洋生态系统物质循环和能量流动的特点如表2-4所示。海洋生态系统的主要初级生产者是浮游植物，相对于陆地生态系统中的主要初级生产者（大型高等植物），它们个体小、生长周期短、生物量低，但数量大、周转率高。海洋生态系统中的主要初级消费者是浮游动物，浮游植物生产的产物基本上要通过浮游动物这个环节才能被其他动物间接利用。相对于陆地生态系统中的初级消费者，浮游动物也表现出个体小、生长周期短、生物量低，但数量大、周转率高的特点。海洋的生物多样性高，生物种类繁多，食物联系复杂多样。通常情况下，海洋生态系统的食物链较长，一般为

4~6个营养级,如大洋区的食物链的长度达到6个营养级。食物链越长和处于同一营养级上的生物种类越多,食物网往往就越复杂。

浮游植物在个体大小、结构和组成方面的特点,使得海洋浮游动物对初级生产的利用率很高。据估计,浮游动物对浮游植物的利用效率可以超过总海洋初级生产量的90%。而陆地高等植物体有许多部分为坚硬的组织结构,如蜡质化、木质化、栓质化、角质化和矿质化的组织,很难被植食性动物利用。据估计,陆地植食性动物对其利用效率在50%以下。

表2-4　海洋生态系统的功能特点

	特点
初级生产者	个体小,生长周期短,生物量低,周转率高
浮游动物	对浮游植物的利用率可达超过海洋初级生产量的90%
食物链和食物网	食物链长且复杂,一般为4~6个营养级 包括牧食食物链、碎屑食物链和微食物网

(三)海洋生态系统与其他生态系统的对比

海洋生态系统与淡水生态系统合称水生生态系统。水生生态系统与陆地生态系统相比,它们在系统的结构、功能等方面有很多共同点,但又因生境与生物的异质性,在结构和功能上表现出一定的差异性。

海洋生态系统与陆地生态系统的主要区别有:海洋中的生产者体形较小,主要由体形极小(2~25 μm)、数量庞大、种类繁多的浮游植物和一些微生物所组成;海洋为消费者提供了更广阔的活动场所,因此海洋动物比海洋植物种类更加丰富。对于许多生物而言,陆地生态系统存在重要的地理障碍;生产者转化为初级消费者的物质循环效率更高;海洋生物分布范围广,海洋面积大且连续分布,有利于海洋生物的扩散和迁移。

海洋生态系统与淡水生态系统的主要区别如下:海洋生态系统中物种种类丰富、数量极大,而淡水生态系统中物种的种类和数量相对较少;海洋生态系统的营养结构比较复杂,而淡水生态系统的营养结构相对简单;海洋生态系统的抵抗力稳定性比较强,恢复力稳定性比较弱,而淡水生态系统恰恰相反;海洋生态系统的无机环境和淡水生态系统的无机环境相差比较大。

本章小结

在本章的学习中，需要掌握种群、群落和海洋生态系统的一系列基本概念以及它们彼此的包含关系；对种群和群落的学习需要围绕着概念、统计学参数和生态学特征3个方面；需要掌握生态系统的定义、结构和功能，以及海洋生态系统相比陆地生态系统和淡水生态系统所具备的特点。

思考题

（1）什么是生态系统？生态系统的结构和功能是什么？

（2）海洋生态系统有哪些特殊性？

（3）什么是种群？种群具有哪些特定的统计学参数？种群是怎样发展和灭亡的？

（4）海洋中的种间关系具体包括哪些？

（5）什么是群落？群落有哪些特定的统计学参数？

（6）什么是群落演替？群落演替的特点是什么？

拓展阅读

奥德姆，巴雷特.生态学基础：第五版［M］.陆健健，王伟，王天惠，译.北京：高等教育出版社，2009.

常杰，葛滢.生态学［M］.北京：高等教育出版社，2010.

尼贝肯.海洋生物学：生态学探讨［M］.林光恒，李和平，译.北京：海洋出版社，1991.

尚玉昌.普通生态学［M］.2版.北京：北京大学出版社，2002.

孙儒泳，李庆芬，牛翠娟，等.基础生态学［M］.北京：高等教育出版社，2002.

孙儒泳.动物生态学原理［M］.3版.北京：北京师范大学出版社，2001.

第三章 海洋食物网

本章的主要内容是食物链和食物网，介绍了食物链的基本类型（牧食食物链、碎屑食物链和微食物网）。食物链和食物网是能量流动的基础和载体，因此本章进一步介绍了基于食物网的能流分析和粒径谱的应用，以便读者深入了解海洋中的能量流动过程。

第一节 海洋食物网的基本类型

一、食物链和食物网的定义

（一）食物链

食物链（food chain）是指在生态系统中，摄食者与被摄食者形成的线性的营养关系，通常由植物、细菌等开始，以顶级捕食者结束。它本质上是表示物质和能量以食物的形式从有机体转移到有机体的顺序。这一名词最早是由阿拉伯作家贾希兹（Jāhiz）在9世纪提出的，后来通过英国生物学家、生态学家埃尔顿（C.Elton）于1927年出版的一本书得到了普及。食物链的长度是一个变量。它为生态系统的能量流动提供途径。

（二）食物网

每种动物的食物都不是单一的，所以各个食物链之间一定会有所交叉，将相互关联的食物链连接起来，就构成了复杂的、多方向的网状结构，即食物网（food web）。图3-1就是由几条食物链构成的海洋食物网。

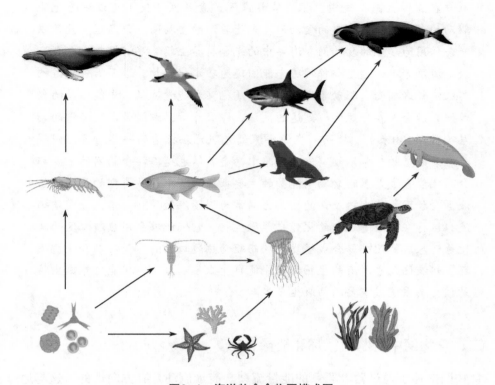

图3-1 海洋牧食食物网模式图

食物网能更确切地表达生物之间的营养关系。食物网是自然界普遍存在的现象，在生态系统长期发展过程中逐步形成，对维持生态系统的平衡有重要作用。每一种生物都不能独立地、不受制约地存在，各种生物通过食物网联系在一起，它们之间的直接或间接相互作用保证了各种生物种群得以长期生存，保持种的数量相对平衡。一般说来，生态系统中的食物网越复杂，生态系统抵抗外力干扰的能力就越强，其中一种生物的消失不致引起整个系统的失调。也就是说，复杂的食物网是生态系统保持稳定的重要条件。

相较于陆地的食物网，由于海洋中的初级生产者和消费者主要为个体微小的浮游植物和浮游动物，且海洋生物种类繁多，海洋生态系统的食物网结构要复杂得多，食物链更长，而且通常牧食食物链、碎屑食物链和微食物网是相互交错的。

光能驱动的食物网和黑暗中的食物网

在海洋生态系统中，根据能量来源，食物网（链）可以分为光能驱动的食物网和黑暗中的食物网。光能驱动的食物网，顾名思义就是以光合作用为起点的食物网。海洋中的光合自养生物（浮游植物、大型海藻、海草等）通过光合作用将光能固定为碳水化合物，进而沿食物链被各级消费者捕食，驱动了海洋中的物质循环和能量流动。光能驱动的食物网只能分布在光照能够到达的区域，即海岸带、潮间带以及海洋的表层（最深200米）。然而，在海洋深处光照无法抵达的一些地方，同样存在着旺盛的生命活动。这些黑暗中的食物网也是海洋食物网的重要部分。化能合成是黑暗食物网能量的主要来源。其中，最典型的是海底热液区食物网。海底热液区的生产力通常为周围海区的3～5倍，原因是热液口区存在着数量巨大的化能自养微生物。它们能够利用热液口区的硫化氢还原二氧化碳并合成糖类，从而驱动热液口区的能量流动和物质循环。热液区几乎所有的生物都有化能自养微生物共生，化能自养微生物是该生态系统最重要的初级生产者。

二、食物网中的物质循环和能量流动

食物网描述了通过营养联系的能量流动。能量流动是有方向性的，这与通过食物网的物质循环相对应。能量流动"通常包括生产、消耗、同化、非同化损失（粪便）和呼吸"。通常，能量流动（E）可以定义为代谢（P）和呼吸（R）的总和，即 $E = P + R$。

生物量代表储存的能量。营养和能量的浓度与生物量的关系是可变的。例如，许多植物纤维对草食动物来说是不可消化的，这使得牧食食物链中的营养成分少于碎屑食物链。有机物通常以糖类、脂质和蛋白质的形式提供能量。这些聚合物具有双重作用，既可以提供能量，也可以构建生物基础。起到能量供应作用的部分可以产生能量和营养物质。因此，营养物质和能量是新陈代谢的基础。不同的消费者在摄食过程中将能量转化为营养物质，这些营养物质一方面构建生物基础和为生物的新陈代谢提供能量，另一方面作为热量或者排泄产物散失。能量流动图说明了从一个营养级到另一个营养级的转移的速率和效率。实际情况是，每个营养级的生物量从链的底部到顶部减少，这是因为随着熵的增加，每次传输能量都会损失到环境中。通常，只有10%～20%的生物体能量传递给下一个生物体，其他的能量则大部分作为热量散失或者被排泄。

三、海洋食物链和食物网的基本类型

（一）牧食食物链

在海洋生态系统中，传统食物链分为牧食食物链（grazing food chain）和碎屑食物链（detritue food chain）两种基本类型，这两类食物链之间的区别是初级消费者的能量和营养来源。

牧食食物链是指自各种浮游植物开始，到植食性动物，进而到各级肉食者的一种食物链。该食物链中，能量和养分的来源是有生命的植物的生物量或净初级生产力。

按照环境和生物特征，海洋中的牧食食物链通常可分为三类：

大洋食物链：微型浮游生物（如小型鞭毛藻）→小型浮游动物（如原生动物）→中型浮游动物（如肉食性小甲壳动物）→大型浮游动物（如磷虾）→食浮游生物种类（如鱼）→食鱼种类（如乌贼）。

大陆架食物链：该类型食物链分为水层和顶层。水层：小型浮游生物（如硅藻、绿藻）→小型浮游动物（如桡足类）→食浮游生物种类（如鲱鱼）→食鱼种类（如鲨）；底层：小型浮游生物（如硅藻、绿藻）→底栖植食者（如多毛类）→底栖肉食者（如鳕）→食鱼种类（如鲨）。

上升流区食物链：大型硅藻→食浮游生物种类（如鳀鱼）或者大型浮游动物（如磷虾）→浮游生物捕食者（如鲸）。

（二）碎屑食物链

碎屑食物链即以碎屑为起点的食物链。碎屑可以广义地定义为任何形式的非生物有机物，包括不同类型的植物组织（如大型水生植物的组织）、动物组织（腐肉）、死亡的微生物、粪便及生物体分泌物（如细胞外聚合物、细胞外基质）。这些碎屑包含着许多生化成分，包括与植物细胞壁和真菌相关的特殊聚合物，如脂肪、核酸、蛋白质、其他多糖，以及这些聚合物的单体成分：单糖、氨基酸、核苷酸和核苷、脂肪酸和其他脂肪族化合物以及芳香族化合物。

在海洋生态系统中，海洋浮游植物的初级生产力仅有少部分被植食性动物直接利用，剩余的大部分以碎屑的形式进入生态系统，并进入能量流动和物质循环过程。碎屑的来源有多种，比如在大型藻类密布的海区，大型藻类的残体很多，因此形成了大量有机碎屑。当然，在大陆架浅海区（特别是河口、港湾）的底层，除了有较多大型底栖藻类和海草的碎片之外，还有各种来自水层生物的碎屑，以及底栖动物的粪团及

死亡残体产生的大量有机碎屑，所以碎屑的含量很丰富，有的海域有50%左右的总初级生产力是通过碎屑的形式结合到食物链中的。碎屑也是微生物、浮游动植物的附着地，它们会形成海洋碎屑聚集体，发生有机碎屑分解等生物生态过程，提高有机碎屑的营养和可食性。

海洋碎屑食物链在生态系统能量流动和物质循环过程中的作用比陆地的重要得多。碎屑是很多底栖消费者和部分浮游和游泳生活的滤食者的重要食物来源。摄食碎屑的海洋动物复杂多样，从无脊椎动物到大型鱼类，甚至包括滤食性的哺乳类。因此，碎屑食物链支撑着许多海洋生态系统顶级捕食性鱼类的产量，而这些鱼类通常都是重要的渔业资源。例如，海洋生态系统顶级捕食者大西洋鳕（*Gadus morhua*）是重要的渔业捕捞对象，其营养关系中就有碎屑—虾—鳕这一营养通道。东海、黄海渔业资源一般分为中上层鱼类、底层鱼类、虾蟹类和头足类四大类别，其中后三大类别皆受到碎屑食物链的强大支持。

传统观念认为牧食食物链对海洋生态系统物质循环和能量流动的贡献最大，实则不然。

首先，碎屑食物链与牧食食物链是紧密相连的，二者经常通过以下方式发生联系：① 捕食者从两条链中捕食；② 矿化和固定化可溶性营养物质；③ 物质自然流向碎屑池，这是由所有已死亡生物体和未被同化的生物体造成的结果。在食物网中，碎屑的来源以及碎屑发生的特定形式等方面有所不同，因此，从碎屑中获取能量和养分可能会增加各营养级相互作用的强度和牧食食物链中营养层级的数量。还有一种可能是，从碎屑食物链中捕食的食物也可能会削弱牧食食物链中自上而下的捕食关系，因为随着捕食者捕食的多样化，对捕食关系的影响可能会更加分散。

其次，碎屑对近岸和大洋表层和底层的能量流动（和物质流动）起联结作用，也可以对生境造成一定影响。在中上层水生系统中，颗粒形式和溶解形式的碎屑充当着物理结构，影响光的穿透和水的温度。由于有高浓度的颗粒碎屑，许多河口、水库、湖泊和冰川融水都是浑浊的。悬浮在水环境中的颗粒碎屑对光的衰减会降低光合速率，并降低依赖视觉的捕食者的捕食效率。例如，在热带湖泊中，可溶性有机碳降低了光合速率，从而减少了初级生产力，减弱了红外光（主要的热源）和紫外线，并改变了温跃层的深度，从而改变了湖泊中群落的结构和功能。在中纬度海区，夏季初级生产力衰退时，异养生物的营养也有一部分依靠春季水华期形成的碎屑来维持。因此，碎屑是所有海洋生态系统中重要的养分库，在养分循环和食物网动态中起着重要作用。

此外，在一些特殊的海洋生态系统中，如红树林、海藻场、海草床等生态系统，碎屑食物链占据主导地位。以大型海藻场为例，大约只有10%的海藻可以直接被海胆、海星等生物摄食，进入牧食食物链，另外约90%是通过碎屑或溶解有机质的形式进入碎屑食物链的。

（三）微食物网

1.海洋微食物网的构成

美国科学家波默罗伊（L. R. Pomeroy）于1974年提出了的微生物食物链（microbial food chain）这一概念，将微食物网作为一个单独的概念区别于传统的牧食食物链与碎屑食物链，强调了异养细菌在海洋食物链中的作用。1983年，美国海洋微生物学家阿所姆（F. Azam）等人提出了微食物环（microbial loop）这一概念，认为微食物环的组成为"可溶性有机物—异养细菌—原生动物—后生动物"。此后，包括纤毛虫、异养细菌在内的微食物网受到海洋生态学家的广泛关注。海洋中有大量的可溶性有机物，它们来源于浮游生物和细菌的分泌、各类动物的排泄、死亡残体和粪团的分解等。可溶性有机物可以被细菌摄食，即细菌的二次生产（bacterial secondary production）。细菌被原生动物（主要为鞭毛虫和纤毛虫）或不同时期桡足类幼体所捕食，捕食的个体有可能被重新矿化，为细菌或浮游藻类所再次利用（微食物环），也可能为小型浮游动物所捕食继而成为较大的颗粒有机物，从而进入牧食食物链（图3-2）。另外，一些原核的自养藻类，如蓝细菌（Cyanobacteria）和原绿球藻，也可以通过光合作用直接进行生产，成为微食物网的组成部分。因此，以异养细菌或原核藻类为起点的营养关系都是微食物网的组成部分。目前，微食物网的定义包含海洋生态系统中所有粒径小于200 μm的生物的营养关系。

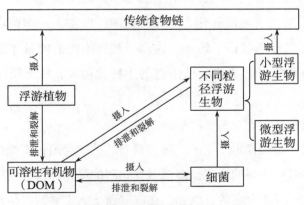

图3-2　海洋微食物网的基本组成

在微食物网内，生物按照粒径可分为3类：

微微型浮游生物（picoplankton）是指颗粒在0.2～<2 μm之间的浮游生物，主要包括自养的聚球藻（属于蓝细菌）、原绿球藻和真核微微型藻类以及异养细菌。微微型生物构成微食物网物质和能量的核心，其中，微微型自养生物是初级生产者的重要成员，而异养细菌的二次生长则是微食物网的驱动力。微微型生物被原生动物（或小型浮游动物）捕食还是被病毒感染，在不同环境中将会影响到微食物环对主食物链的贡献以及微食物网内的碳流向。

微型浮游生物（nanoplankton）主要指粒径在2～<20 μm之间的浮游生物，主要是异养鞭毛虫。异养鞭毛虫喜欢捕食细胞大小为0.4～0.8 μm且有代谢活性的大个体细菌。

小型浮游生物（microplankton）是连接中型浮游动物（meso-zooplankton）与微微型生物和微型浮游动物的中间环节，主要指纤毛虫，主要捕食浮游细菌和微型浮游动物。小型浮游生物是微食物网与主食物链耦合的关键环节，向下控制能量在微食物环内的传递，向上影响海洋食物的产出。

2. 微食物网的特点和生态学意义

微食物网有以下特点：① 组成微食物网的生物个体小，都属于微微型、微型或小型的浮游生物。② 能量转换效率高。各营养层次的能量转换效率可高达50%。③ 营养物质更新快。各营养级的物种体形小，世代时间短，单位体重的营养物质再矿化率高。

微生物在海洋生态系统能流（尤其是在微食物网）中不仅是分解者，而且是生产者。首先，自养生物包括自养微生物，在微微型浮游生物类群对初级生产力贡献中，蓝细菌占有很大比重。其次，自由生活的异养微生物可将光合作用过程中释放出的溶解有机碳（DOC）再次转化为颗粒有机碳（POC）（细菌本身），并被微型浮游生物所利用。只有通过这个转换，这部分初级生产的能量才能到达后生动物，这是形成微食物环的基础。再次，微生物的生物量很大，在上层生态系统中的作用是举足轻重的。

3. 影响海洋微食物网的要素

海洋微食物网并不是稳定不变的，环境要素的改变会通过影响各营养级生物的变动来打破整个海洋微食物网的稳定。海洋微食物网的结构和功能在很大程度上是由占主导地位的初级生产者所决定的。例如，在以硅藻土为主要初级生产者的系统，初级生产通过传统食物网被传递或通过沉积作用从系统损失。相反，在由单细胞蓝细菌占据的系统中，大部分能量和碳将在微食物网内部光合层内循环。因此，影响浮游植物粒径结构的环境要素会影响海洋微食物网的结构和稳定。在贫营养海区，微微型浮游生物是主要的初级生产者；而在富营养海区，微型和小型浮游生物构成主要的初级生产者。另外，富营养化的海湾具有较高的初级生产力，引起DOC浓度升高，为细菌生长提供有利的底质条件。细菌生物量和生产力升高将提高营养级较高的生物的生产力。

浮游植物水华发生时，大量藻体裂解后，水体中的DOM会显著升高，增加的DOM刺激异养细菌的生产。另外，全球气候变暖将导致混合层深度变浅、海水层化加剧。这将造成深层水营养盐向表层水的输送减少，表层水中浮游蓝细菌、鞭毛藻和浮游甲藻的丰度增加，"微食物链"逐渐取代"经典食物链"。当然，海水酸化、冰川融化等因素也同样会改变海洋微食物网的结构。

第二节　食物网在能流分析中的应用

一、营养层次和能流分析

（一）营养层次和简化食物网

自美国生态学家林德曼（R. L. Lindeman）1942年提出营养级的概念以来，营养级一直是生态学的中心主题。营养级将生态系统划分为不同的能量处理阶段。一个营养级不是一个物种的集合，单个物种常常可以执行与两个或两个以上营养级相对应的功能。只有在简单的生态系统结构中，特别是在食物链中，营养级和物种之间才有简单的对应关系。而在大多情况下，生态系统中生物之间的取食和被取食关系并不像食物链所表达的那么简单。一种生物可以取食多种被食者，同时又可能被多种生物取食。可见，生态系统中的生物成分之间通过食物传递关系存在普遍联系，食物链彼此交错连接，形成一个网状结构，即食物网。

海洋中的食物网是非常复杂的，生态系统中的一个种群并不是固定消费其低一个营养级的种群。例如，一个被确定为第五营养级的物种主要取食第四营养级的物种，但可能同时也摄食第三、第二营养级的食物，而且其幼体和成体的食物往往也处于不同的营养级。此外，有大量的能量是沿着碎屑食物链传递的，而初级碎屑物从严格意义上说很难归入某一特定的营养级。因此，如果以每个物种为基础来描绘生态系统的营养关系，虽然能真实地反映客观实际，但绘制出来的食物网非常复杂，不可能完整地进行分析。图3-3所示大西洋鲱（*Clupea harengus*）不同生命阶段的摄食关系就是一个经典例证。

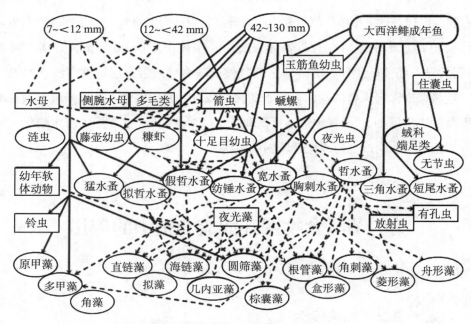

图3-3　大西洋鲱生活史不同阶段的摄食关系
（引自Hardy，1924）

可以看出，以物种为基础来分析生态系统能流结构过于繁杂。因此，在1974年，英国科学家斯蒂尔（J. H. Steele）在分析北海食物网中的能量流时最早采用"简化食物网"的观点：将那些取食同样的被食者并具有同样的捕食者的不同物种（或物种的不同发育阶段）归并在一起作为一个"营养物种"。以"营养物种"来描述的食物网就是"简化食物网"。图3-4所示为斯蒂尔以这种方法分析得到的北海食物网，其包括4个营养层次，并划分为水层和底栖2个营养通道，但生物种类仅划分上层鱼类、底层鱼类和大鱼等。后来的很多有关食物网的研究采用了这种思想。如图3-5所示即中国学者唐启升绘制的黄海简化食物网和营养结构图。

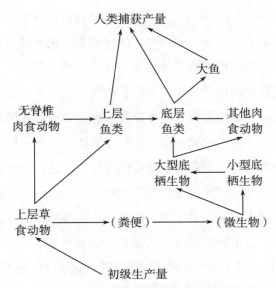

图3-4 根据主要生物类群绘制的北海食物网

（引自Steele，1974）

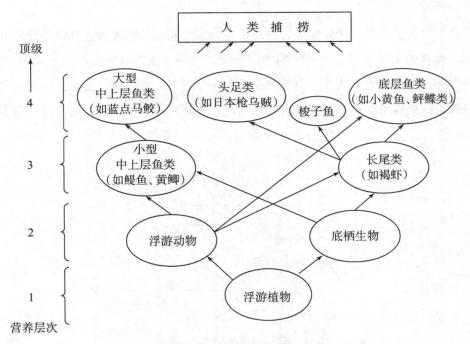

图3-5 黄海简化食物网和营养结构

（根据1985—1986年主要资源种群生物量绘制；引自唐启升，1993）

可以看出，以简化食物网结构来分析复杂食物网具有可操作性。具体来说，简化食物网就是将营养地位相同的不同物种（包括同一物种的相应发育阶段）归并在一起，称之为营养层次（trophic level），其相当于食物链营养级的概念。营养层次以功能地位划分，不同于生物学分类上的物种，而由营养级别上处于相同地位的一类物种所组成。例如，将所有小型单细胞浮游植物（包括碎屑）归为第一级营养层次，浮游动物或其他无脊椎动物的幼体或摄食浮游植物的鱼类归为第二级营养层次。每一营养层次划分为若干功能群，功能群中各物种取食同类猎物或被相同捕食者猎食，彼此之间生态位有明显重叠。功能群内物种是可以相互取代的。在不同年份（或季节）中功能群可以由不同的种类组合，但它们的作用没有改变。这种分析方法就可将复杂的食物网能流结构简化为"具有相互作用的简单食物链"加以研究。在简化食物网研究中特别重视在营养层次转化中起重要作用的种类，这些种类称为营养层次关键功能种，或简称关键种（与决定群落种类组成的关键种含义有区别）。以关键种为中心的食物网已成为一种研究趋势。对关键种的确认，不仅要看它与其他种类（包括捕食者和被食者）的关系，也要看它在群落结构中的地位，如优势度大小。

（二）营养层次的测定

1. 食性分析法

食性分析法又称生物观察法，是根据种群实际同化的能源确定其营养级的方法。以混合食料的某种鱼所处营养级的确定为例，该种鱼的营养级大小 = $\sum$（鱼类各种食料生物类群的营养级大小 × 其出现频率百分组成）。图3-6示浅海食物网中各营养级的关系。食碎屑动物的营养层次较难确定。在研究近岸生态系统能流时，通常把它

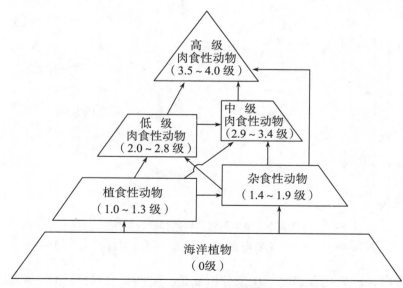

图3-6　浅海食物网中各营养级的关系

（引自邓景耀等，1988）

们视为与植食性动物同一营养级。食性分析法适用于较高营养层次（个体较大）的消费者，对低营养层次的分析则有较大难度。而且此方法是分析消化道的食物残留物，其结果容易受食物被消化的难易程度的影响。

2. 稳定同位素法

稳定同位素法又称生物标志物法，是利用生物体内的稳定碳和氮同位素比值准确定量描述食物网中主要物质（碳源）的来源和生物种的营养层次的一种方法。这是利用了一种元素具有不同同位素（化学性质相同，但质量不同），并且同位素相对丰度在不同营养级间具有差异的特征。在生物学传递过程中，较重的同位素会滞留而产生富集。碳元素具有稳定同位素 ^{12}C 和 ^{13}C，^{13}C 与 ^{12}C 丰度比值用 $\delta^{13}C$ 表示。自然生态系统中，$\delta^{13}C$ 值主要由碳源控制，随营养层次的富集不明显（富集因子小于0.1%），所以稳定碳同位素比值主要用来确定物种的食物组成，以及追踪生态系统中的主要物质（碳源）的来源。稳定氮同位素比值由于富集因子较高（0.3%~0.5%），主要用来确定物种在食物网中的营养层次。

生物标志物法还包括脂肪酸组成法和特征脂肪酸法。脂肪酸分析应用于食物网研究基于3个基本事实：① 生物对脂肪酸的合成和改造能力具有差异性。通常低等的浮游植物对脂肪酸的合成、改造能力最强，浮游动物、无脊椎动物的能力较低，到了脊椎动物，这种能力几乎丧失。② 脂肪酸在代谢过程中具有保守性。碳水化合物和蛋白质在消化时会被完全分解，而脂肪被消化后释放出脂肪酸，这些脂肪酸不会被完全分解，基本会被组织以原来的形式吸收。③ 脂肪酸的可保存性。脂肪会在生物体内储存并形成能量储存库，并在需要时重新释放出。因此，依据生物体对能量的吸收和储存速度，其体内的脂肪酸可以反映天、周、月累积的食物。将脂肪酸用于食物网物质流动的示踪有3种思路：① 利用脂肪酸组成的横向对比对食物组成相似与差异做出判断。假定同一进化阶梯的生物具有相似的合成、消化、储存食物脂肪酸的能力，那么，如果它们的脂肪酸组成具有差异或者发生了变化，就可以说明它们的食物组成是不同的，但不能确定它们的食物组成具体是什么。② 使用特定脂肪酸的纵向对比来判定捕食关系。特定脂肪酸只能被特定的生物合成，一旦在高营养级生物中发现，就可以认定捕食关系。③ 定量分析。基于捕食者的代谢系数和食物脂肪酸组成数据库的统计模型来定量计算各种食物来源对捕食者的贡献。

特征脂肪酸标志物的筛选往往需要经过室内培养实验，采用复杂的统计方法，如聚类分析、主成分分析等。自脂肪酸开始用于食物网营养关系研究以来，大量的研究已经筛选出相对可靠的特征脂肪酸及其来源，见表3-1。

表3-1　食物网特征脂肪酸及其来源

来源	特征脂肪酸	参考文献
硅藻	C20：5n-3 C16：1/C16：0 > 1.6 $\sum C16/\sum C18 > 2$	Parrish等，2000
甲藻	C20：5n-3/C22：6n-3 > 1 C22：6n-3；C18：4n-3 C20：5n-3/C22：6n-3 < 1	Pond等，1998 Parrish等，2000
浮游细菌	$\sum C15+\sum C17$ C18：1n-7	Rajendran等，1993
陆地植物	长链脂肪酸，> 24个碳 C18：2n-6+C18：3n-3	Wannigama等，1981 Parrish等，2000；Budge等，2001
海草	C18：2n-6+C18：3n-3	Kharlamenko等，2001
浮游动物	C20：1+C22：1；C18：1n-9	Kattner等，2008 Peterson等，2002
褐藻	C18：1n-9	Johns等，1979
红藻	C20：5n-3/C20：4n-6 > 10	Khotimchenko等，1990

引自Alfaro，2008。

利用营养层次和功能群对食物网进行简化后再进行能流分析。图3-7是斯蒂尔（1974）简化了北海食物网后进行的能流分析。根据初级生产量和年捕捞量来确定最低和最高营养层次的能量，中间营养层次的能量根据合理的传递率（transfer rate）来估计。

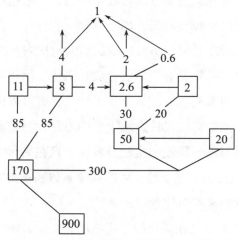

图3-7　北海简化食物网的能流模型

数字表示生产和转移的能量［kJ/（m²·a）］

（引自Steele，1974）

二、粒径谱的概念和应用

以粒径大小为标准也能够简化食物网，建立某一粒径范围内生物量与其生物个体大小之间的简单关系，作为描述生态系统的重要基础，可以促进生态系统研究。

（一）粒径谱的概念

粒径谱是表示生物量或数量与粒径大小关系的曲线，首先由谢尔登（R. W. Sheldon）和帕森斯（T. R. Parsons）于1967年提出。粒径谱理论对于研究海洋生态系统的结构与功能具有重要的意义。粒径谱理论将生物按照粒径大小进行分类，并假设能量流动沿着粒径增长的方向，可以在同一曲线中表现出不同粒径个体生物量的关系，有效地推测某一群落的代谢率、生产率、死亡率等。

把海洋生态系统中的生物，无论个体大小，从微生物和浮游植物到浮游动物，直至鱼类和哺乳类，都视为"颗粒"，并以等效球径（equivalent spherical diameter，ESD）表示其大小，称为粒级，那么，对于某一生态系统，其各粒级上的生物量分布将遵循一定的规律，即顺营养层次向上，总生物量略有下降。把对数转换后的粒级对应于生物量作图，生物量在对数粒级上的分布曲线就称为粒径谱（particle size spectra）。谢尔登等研究大西洋和太平洋表层与深层海水中颗粒的分布，提出了粒径谱理论，即对数转化之后，在相等间隔的粒级尺度上，生物体的总生物量是一致的。斯普鲁尔斯（W. G. Sprules）和穆纳瓦尔（M. Munawar）对粒径谱进行标准化，把各个粒级上的平均生物量进行对数转化，粒级也进行对数转化，分别作为平面图形的二维坐标，这种双对数图形称为标准化粒径谱（normalized size spectra），在平衡状态下粒径谱一般是一条有着很低斜率的直线。图3-8利用以10为底的对数级数表示南太平洋（高生产力区）和赤道太平洋（低生产力大洋区）食物链中不同粒径生物的平均生物量变化。

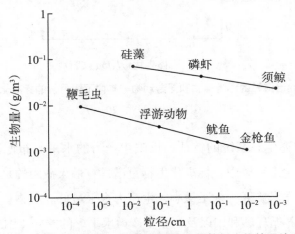

图3-8　南太平洋和赤道太平洋食物链中不同粒径生物的平均生物量

（引自Lalli等，1997）

采用等效球径表示颗粒大小，可以避免颗粒个体形态差异所造成的不便，然而等效球径相同的个体可能质量相差很大，阻碍了粒径谱的发展。为了便于研究能量流动和不同系统间的比较，能量被提倡作为粒径大小的单位。布德罗（P. R. Boudreau）和迪基（L. M. Dickie）采用能量为粒径单位，提出了能量化的生物量谱（biomass spectrum）。标准化了的生物量谱采用双对数坐标：横坐标为个体生物量，以所含能量的对数级数表示；纵坐标为生物量密度，以单位面积下所含能量的对数级数表示。生物量谱适用于几乎所有水域生态系统，包括海洋和淡水、水层和底栖。

（二）粒径谱在海洋生态系统中应用

标准化生物量谱有两个重要的参数——斜率和截距。这两个参数用来描述图形的基本特征，具有重要的生态学意义。

斜率可以用来描述生物量变化的趋势，并且简化了类群之间更进一步的比较。布德罗和迪基利用北大西洋乔治海滩的资料编制了这一海域各月的生物量谱，反映该生态系统的动态变化，其中，斜率代表生态转换效率（图3-9）。可以看出3月、4月的生态转化效率最低。

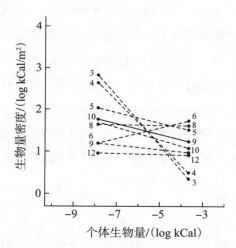

图3-9　乔治海滩的浮游植物和浮游动物一年内不同月份的标准化生物量谱

（引自沈国英等，2010）

截距可用来描述生态系统的特征，反映生产力的水平。布德罗和迪基的研究表明：所研究的几个生态系统中，标准化生物量谱具有最大截距的是乔治海滩，生产力水平最高；在太平洋涡旋区，截距最小，生产力水平最低。生物量谱截距的差异反映了不同生态系统营养循环、利用以及初级生产力水平上的差异（图3-10）。

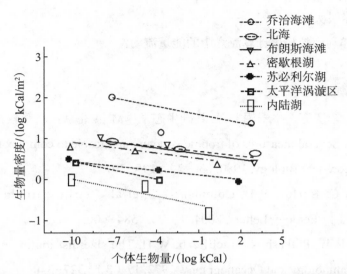

图3-10　利用浮游植物、浮游动物、底栖生物和鱼类的总平均值编制的远洋生态系统标准化生物量谱

（引自Boudreau等，1992）

　　粒径谱能够反映生态系统的状态和动态变化，而且对环境的变化非常敏感，所以能作为环境监测工具。粒径谱中的生物量用所含能量值表示即是能量谱。它以能量生态学的观点和方法，把复杂的海洋生态系统、千头万绪的食物网和所有的捕食与被捕食关系，所有成员的种群数量变动和受控因素等简洁地表示出来。粒径谱理论对于宏观地研究海洋生态系统的状态和动态有重要意义，为全球海洋生态系统动力学的研究提供了有力的工具。特别是对生态系统内部许多复杂的关于能量流动和营养层次的问题的解决，都能提供全新的认识视角。

本章小结

　　在本章的学习中，需要掌握食物链的三大基本类型，包括牧食食物链、碎屑食物链和微食物网；掌握基于食物网的能流分析和粒径谱的应用，深入了解海洋中的能量流动过程。

思考题

（1）什么是食物链和食物网？

（2）海洋中有哪三种食物链类型？它们分别具有什么特征？

（3）海洋微食物网的组成和生态学意义是什么？

（4）利用食物网的相关知识，可以计算海洋中的能量流动。什么是简化食物网？

怎样计算营养层次？

（5）怎样利用粒径谱计算海洋中的能量流动？

拓展阅读

孙儒泳，李庆芬，牛翠娟，等. 基础生态学［M］. 北京：高等教育出版社，2002.

Levine S. Several measures of trophic structure applicable to complex food webs［J］. Journal of Theoretical Biology, 1980, 83（2），195－207.

Moore J C, Berlow E L, Coleman D C, et al. Detritus, trophic dynamics and biodiversity［J］. Ecology Letters, 2004, 7（7）: 584－600.

Sheldon R W, Prakash A, Sutcliffe Jr. W H. The size distribution of particles in the ocean［J］. Limnology and Oceanography, 1972, 17（3）: 327－340.

Steele J H. The structure of marine ecosystems［M］. Cambridge, MA and London: Harvard University Press, 1974.

第四章　海洋中的能量流动

能量流动是生态系统的主要功能之一。本章主要介绍海洋中的能量流动过程，主要包括海洋初级生产力、海洋次级生产力和海洋中的分解过程。初级生产力是海洋能量流动的基础和起点，是海洋能量流动过程的核心。主要介绍了初级生产力相关概念、测定和估算方法、在全球海洋和中国近海的分布，以及影响初级生产力的因素。在次级生产力方面，主要介绍其相关概念、影响因素和测定方法。本章还以主要的分解者为划分依据，详细介绍海洋中的分解过程。

第一节　海洋初级生产力

一、海洋初级生产力的概念和影响因素

（一）海洋初级生产力的相关概念

1. 海洋中的初级生产者

与陆地上丰富且结构复杂的高等植物不同，海洋中的初级生产者大多是结构简单、没有器官分化的藻类。其中，微小的单细胞浮游植物占据着主导地位。海洋浮游植物贡献了海洋总初级生产力的90%，是海洋中最重要的初级生产者。海洋浮游植物大约有5 000种，大小从1 μm到1 000 μm不等，从属于不同的门类，绝大多数不能为人类肉眼所见（表4-1）。研究表明，海洋中的初级生产者之所以个体微小，与海洋中

营养盐浓度远低于陆地土壤中的有关。个体微小的植物通常具有比较大的比表面积，即表面积与体积之比（S/V），能够增强其对营养盐的吸收能力。因此，与陆生植物相比，海洋浮游植物具有更高的营养盐吸收速率。

表4-1　海洋浮游植物生态功能类群

类群	说明
超微型浮游生物	细胞大小小于2 μm的光能自养生物
蓝细菌	光合原核生物，细胞大小小于2 μm，属于蓝细菌门，如聚球藻和原绿球藻
真核超微型浮游生物	细胞较小，但具有高级细胞结构
微型鞭毛虫	包含多个门和纲的生态学集群：隐藻门、定鞭藻门、绿枝藻纲和普林藻纲
硅藻	隶属于不等鞭毛门硅藻纲
腰鞭毛虫	隶属于双鞭毛虫门甲藻纲

引自龚骏等，2020。

海洋中另外5%～10%的初级生产力由海洋底栖植物所完成。海洋底栖植物包括单细胞底栖藻类、大型海藻、海草。因为光照的局限性，它们只分布在光照能够抵达海底的浅海区和潮间带地区。大型底栖植物的分布面积只占浮游植物的0.1%，但其生产力却可以占到总初级生产力的10%。大型底栖植物中的大型海藻生长速度极快。例如，美国加利福尼亚海域的巨藻每天能够生长50～60 cm，净产量超过1 000 g/（$m^2 \cdot a$），这个数据是非常可观的。一般来说，大洋浮游植物的初级生产力大概为1 g/（$m^2 \cdot a$）。我国山东半岛的桑沟湾，尽管底栖植物只生长在狭窄的潮间带，但其初级生产力占该海域总初级生产力的37%以上。在一些特殊的生态系统，比如红树林、海草场和海藻床生态系统，大型底栖植物在初级生产力上更是占据着主导地位。

2. 海洋初级生产的基本过程

与陆地的初级生产者一样，海洋中的初级生产者主要也通过光合作用来完成初级生产的基本过程。光合作用是指植物细胞内的叶绿素和光合辅助色素吸收光能，通过一系列的化学反应产生O_2，同时把光能固定成稳定的化学能贮存在糖类中的过程。

光合作用分为光反应和暗反应两个基本过程。光反应是在光的参与下完成的。叶绿体中的光合色素吸收光能，色素分子中的电子获得能量，经过一系列化学反应，最终将能量合成三磷酸腺苷（ATP）或还原型辅酶Ⅱ（NADPH）。储存在ATP或NADPH中的能量并不稳定，需要在暗反应过程中将CO_2转化为稳定的糖类。暗反应是在叶绿体基质中完成的。海洋植物全部为C_3植物，即CO_2的还原过程为三羧酸循环，限速酶为核糖酮-1，5-双磷酸羧化酶/加氧酶（Rubisco）（图4-1）。

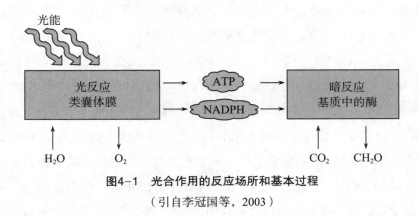

图4-1　光合作用的反应场所和基本过程

（引自李冠国等，2003）

3. 海洋初级生产力的基本概念

海洋自养生物通过光合作用或化能合成作用制造有机物的速率称作海洋初级生产力（marine primary production）。海洋初级生产力常以单位时间（日或年）单位面积生产的有机碳量 $[mg/(m^2 \cdot d)$ 或 $mg/(m^2 \cdot a)]$ 来表示。

总初级生产力（gross primary production）是指光合作用中生产的有机碳总量。不过，海洋植物与其他生物一样，昼夜都进行连续不断的呼吸作用，消耗掉一部分生产出来的有机碳。总初级生产力扣除生产者呼吸消耗后其余的产量即为净初级生产力（net primary production）。净初级生产力=总初级生产力-自养生物的呼吸消耗。

美国阿拉斯加大学的达格代尔（R. C. Dugdale）和戈林（J. J. Goering）在1967年提出了新生产力的概念，认为进入初级生产者细胞内的任何一种元素都可划分为两大类，即在真光层再循环的和从真光层外输入的。因此，初级生产力也相应地分为新生产力和再生生产力两部分：由新生氮源（来源于真光层外）支持的那部分初级生产力称为新生产力，由再生氮源（真光层内再循环）支持的那部分初级生产力称为再生生产力。新生产力的研究对精确评估海洋生态系统对全球气候变化的调节作用，以及深层次阐明生态系统的结构和功能有重要意义。

（二）影响海洋初级生产力的因素

在海洋生态系统中，影响海洋初级生产力的生态因子主要是控制初级生产者生长的光照和营养盐，以及能够直接或间接影响这两个因素的物理过程，比如海水的温度、透明度、垂直运动和水平运动。此外，浮游动物的牧食过程也会影响浮游植物的生物量，进而影响初级生产力。下面，我们详细介绍这些生态因子对海洋初级生产力的影响。

1. 光照

浮游植物的光合作用与光照度的关系如图4-2所示。在低的光照度下是倾斜的直线，说明光合作用速率与光照度成线性正比关系。在光照度增加到一定程度后，光合作用速率到达最大值（P_{max}），此时的光照度被称为饱和光强（saturation light intensity）。如果光照度继续增加，光合作用速率就会显著下降，产生光抑制（photoinhibition），这可能是叶绿素在强光下降解造成的。此外，强光下光合作用速率的下降还可能由于光线刺激呼吸作用加强，产生光呼吸（photorespiration），造成光合作用产物的损失。在P-I曲线上，呼吸量与光合作用量相等的点称为补偿点，这一点发生在补偿光强（I_c）处。在海洋生态系统中，那里被标注为真光层的下界。由于光抑制的发生，在一些自然海区光合作用最旺盛的区域往往不是位于最表层，而是在次表层。光合作用强度随水深而迅速增大，达到P_{max}后再随水深增大而呈指数式下降。I_k和P_{max}具有种间差异性，即便是同一个种，P_{max}也会随环境的温度、营养盐供应的不同而有改变。

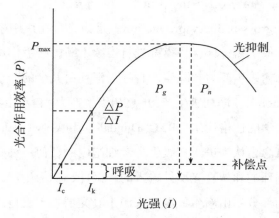

图4-2 光合作用对光照度变化的反应

（引自Parsons等，1984）

在光抑制之前的曲线可用下式表示：

$$P_g = \frac{P_{max}[I]}{I_k + [I]} \tag{4-1}$$

式中，P_g和P_{max}分别表示总初级生产力和最大光合生产速率，I_k是当$P = P_{max}/2$时的光强，称为光合作用的半饱和常数（half-saturation constant），这个常数的范围为$10 \sim 50 \, \mu E \, (m^2 \cdot s)$，$I$为现场光强。

减去呼吸作用，则上述公式变为：

$$P_n = \frac{P_{max}[I-I_c]}{I_k+[I-I_c]} \qquad (4-2)$$

式中，P_n为净初级生产力，I_c为补偿光强。

2. 营养盐

生物体的大分子物质主要包括糖类、蛋白质、脂类和核酸等，构成这些物质的主要元素有碳、氮、磷、氢、氧等以及一些微量元素，如铁、铜、锌、锰，它们与构成细胞结构性成分和维持正常细胞功能（包括离子传递、酶活性和渗透调节等）有关。浮游植物需要的大量营养元素主要为氮和磷，另外硅藻还需要大量的硅元素构建硅质外壳。在海水中，氮营养盐的主要存在形式为硝酸盐、亚硝酸盐、铵盐和有机氮（主要为尿素）。不同氮营养盐形态在不同海区的配比不同。一般来说，由于人类活动和淡水输入，近岸海水硝酸盐和尿素的含量较高，而大洋海水的氮营养盐主要来源于真光层内的再循环，因此铵盐的含量较高。浮游植物对不同氮营养盐的吸收情况也不同，一般来说，浮游植物优先吸收铵盐，因其可以直接用于合成氨基酸。浮游植物对硝酸盐的吸收速率也很快，其进入浮游植物细胞后要先经过硝酸盐还原酶的作用还原为铵盐用于物质合成。只有一部分浮游植物能够吸收尿素等有机氮源，其中包括一些赤潮种。研究发现，近海海水尿素含量的逐年升高，可能导致对其有高吸收能力的甲藻暴发，形成赤潮。海水中的磷分为无机磷（主要为磷酸盐和亚磷酸盐）和有机磷。在无机磷不足的情况下，许多浮游植物种群能够利用海水中的有机磷。研究发现，浮游植物利用有机磷的过程是由胞外的碱性磷酸酶（alkaline phsophatase，AP）完成的，因此碱性磷酸酶被认为是表征海区磷酸盐不足的一种生物标志物。

碱性磷酸酶与海区磷限制

海区中，大多数浮游植物不能直接利用溶解有机磷（dissolved organic phosphate，DOP）。当遭受磷限制时，浮游植物会诱导碱性磷酸酶的表达，它的作用是能够将溶解有机磷水解成浮游植物可以直接利用的正磷酸盐形式。因此，碱性磷酸酶活性（alkaline phosphatase activity，APA）可用来指示海区浮游植物的磷胁迫状态。在海区中，APA往往与磷的循环速率、DOP的生物可利用性及磷的有效浓度（生物可利用的磷浓度）有关。

（1）浮游植物对营养盐的吸收模式。浮游植物对营养的吸收模式符合酶促动力学曲线（图4-3），即米氏方程（Mechaelis-Menten equation）。公式如下：

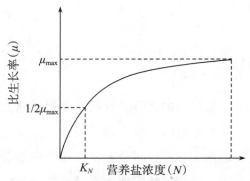

图4-3　营养盐浓度与藻类生长率的关系
（引自Kaiser等，2005）

$$\mu=\mu_{max} \cdot N/(K_N+N) \qquad (4-3)$$

式中，μ是特定营养盐浓度N时的生长率。藻类的生长率随着营养盐浓度升高而增大，到达饱和时则不再增大，此时藻类的生长速率为最大生长率（maximal growth rate，μ_{max}）；K_N是生长率等于$1/2\ \mu_{max}$时的营养盐浓度，称为半饱和常数。

　　浮游植物的瞬时增长速率（μ）随着环境营养盐浓度的变化而变化，而其μ_{max}和K_N则是一个常数，不随环境营养盐浓度的变化而变化，但具有种间差异性。不同浮游植物种拥有不同的μ_{max}和K_N，使它们能够在不同的营养环境中体现出各自的竞争优势，而不同种的μ_{max}和K_N也能反映出其在环境中的生长趋势和竞争情况。图4-4为根据不同的μ_{max}和K_N划分的浮游植物两两竞争的模式。如图4-4a所示，种1（S_1）的μ_{max}大于种2（S_2），K_N相同，因此二者在一定的营养盐水平之下以相同的生长速率增长。营养盐浓度超过这个水平，种1因为μ_{max}较大而超过种2的生长。因此在营养盐水平较高的情况下（比如春季河口和近岸海域、上升流区），种1将占据竞争优势。如图4-4b所示，两种具有相同的μ_{max}，但它们在不同的营养盐浓度下达到该值，即种1的K_N小于种2，因此种1在营养盐水平较低的情况下（大洋海水）就能达到最大生长速率，从而占据竞争优势。如图4-4c所示，两种具有不同的μ_{max}和K_N，随着营养盐浓度的变化，两个种的竞争优势不断发生变化。在较低的营养盐浓度下，种2因生长快而占据优势；而在较高的营养盐浓度下，种1因最大生长率较大而占据竞争优势。这种根据浮游植物自身的生长参数来预测其在环境中竞争能力的方法又称为trait-based ecology，由美国科学家利奇曼（E. Litchman）在2003年首次提出。

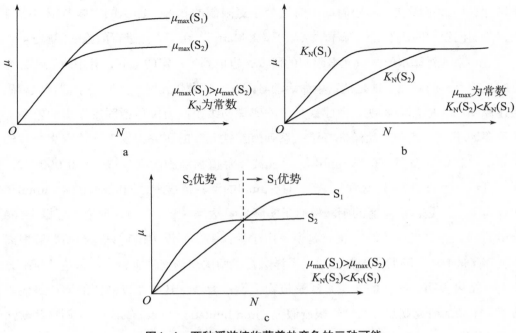

图4-4　两种浮游植物营养盐竞争的三种可能

（引自张志南等，2000）

（2）海洋中的营养盐限制。海洋中浮游生物的元素组成决定了参加海洋生物地球化学循环的元素比例。浮游植物按照一定的比例吸收营养元素，而这些营养元素按照此比例最终通过有机物的再矿化回到无机环境中。这个恒定的比例由科学家雷德菲尔（A. C. Redfield）首次发现。他发现浮游生物以及深层海水中的碳、氮和磷的比例都是相同的，这个比例为106∶16∶1，这就是雷德菲尔德化学计量比（Redfield ratio）。尽管不同浮游植物的生化组成不一样，上述比例变化范围也很大，但总体上认为浮游植物按照此比例吸收氮、磷营养盐。

按照雷德菲尔德化学计量比，海水中氮∶磷为16∶1时，浮游植物可以充分吸收海水中的营养盐。然而，在自然海水中，无机氮和磷的比例往往与16∶1相差甚远，即出现氮限制或磷限制的状态。根据利比希最小因子定律，氮∶磷>16∶1时，认为该海域处于磷限制的状态，而氮∶磷<16∶1时为氮限制。海洋中的大部分区域处于氮限制的状态，只有在河口区春季大量营养盐输入的时候，才会出现磷限制的状态。对海洋中氮、磷营养盐限制的研究由来已久。是氮限制还是磷限制，除了通过直接测定营养盐含量，计算氮磷比来判断外，还可以通过现场营养盐添加实验（resource limitation assay，RLA）来分析。比如Zhao等（2014）在墨西哥湾沿岸进行了一系列RLA，发现只有在额外添加氮或氮、磷同时添加时，当地浮游植物生物量才会出现显

著增加，因此推断在该实验时间，海区处于氮限制的状态。RLA的实验范围可小可大，范围比较大的比如美国海洋学家马丁（J. Martin）在南大洋进行的施铁实验。

近年来，对海水中微量元素限制的研究，也取到了一定的进展，其中研究最为充分的是铁元素的研究。铁是植物生命活动必需的一种微量元素，如叶绿素的合成和硝酸还原酶的合成都需要铁，因此铁是影响海洋初级生产力（包括固氮作用的效率）的重要因子。马丁在南大洋进行了一系列海洋铁元素的研究，发现在德雷克海峡外海表层水铁的含量只有0.16 nmol/kg。若按浮游植物细胞的碳：铁 = 100 000：1，碳：氮=6.6：1计算，这些铁只能生产16 μmol的浮游植物碳，同时消耗2.44 μmol硝酸根离子。但是，该海区的硝酸根离子实际含量达24.8 μmol/kg，理论上可提供160 μmol浮游植物碳的生产率。也就是说，由于受铁限制，浮游植物只能利用硝酸根离子现存量的1/10。随后，他在赤道太平洋进行了两次现场施铁实验，面积达几百平方千米。结果表明，施铁的效应是浮游植物生物量大增，其中尤以硅藻的增长最快。马丁关于铁的研究观点称为"铁限制假说（iron-limitation hypothesis）"，而这些缺铁的海域被称为HNLC（high nitrogen low chlorophyll）海域。后续的研究发现，全球的HNLC海域主要集中在副热带太平洋海域、赤道太平洋海域以及南大洋。

（3）新生产力与营养盐供应的关系。根据定义，支持新生产力的无机硝酸盐是由真光层之外提供的，包括来源于真光层下方（大洋区通常的情况）或是由陆源输入（沿岸区通常的情况）的，而再生生产力则取决于真光层内的营养盐再循环。因此，新生产力在总生产力中的比例就与真光层无机营养的外来输入通量密切相关。在沿岸海区，由大陆补充的营养盐较多，新生产力相应地较高；同样的，在上升流海区，硝酸盐可从真光层下方大量向上补充，其新生产力也比较高。而在远离大陆的贫营养大洋区，由真光层下方向上的无机营养盐（NO_3^-）输入量通常很小，新生产力就较低。真光层营养盐的来源、供应特征与各海区的理化、水文因素等特征有关。

3. 温度

植物的光合作用包含一系列酶促反应，因此易受温度影响，温度过高或者过低都会影响酶的活性，从而影响光合作用效率。与陆地相比，海水的温度相对恒定，温度波动较小，因此海洋浮游植物光合作用受温度的直接影响也较小。海洋浮游植物还可以通过调节自身酶数量与酶活力的关系，来维持较高的光合作用效率。研究发现，中肋骨条藻在培养的最适温度和亚最适温度下，光合作用效率基本保持不变，因为其可以通过增加酶合成的途径，来弥补酶活力下降导致的总酶活力的不足。在海洋生态系统中，温度对浮游植物光合作用和生产力的影响主要是间接作用，即表层海水温度高、密度低时形成海水层化，影响海水的垂直混合，阻止营养盐自下而上的补充，导致表层水营养盐不足，从而限制浮游植物的初级生产。垂直混合对初级生产力的影响将在下文详细论述。

4. 牧食作用

牧食作用对初级生产力的影响主要表现在植食性浮游动物对浮游植物的摄食上。比如：在中高纬度海域，春季浮游植物暴发性增殖，而浮游动物的摄食会引起硅藻现存量的下降；而在相对稳定的热带海区，浮游植物现存量的增加部分可很快地被快速生长的浮游动物所消耗，浮游植物和浮游动物生物量一年中也没有大的变化。另外，与浮游植物相比，浮游动物的生长周期较长，生长速率慢，因此其生物量高峰期的出现比浮游植物要晚一些，同时也给了浮游植物生物量持续增长一段时间的机会。浮游动物通过摄食，不仅仅限制浮游植物的生长，而且在摄食藻类后也可以通过新陈代谢和细菌的作用释放出藻类所需的营养物质促进浮游植物的生长。

5. 初级生产力的物理控制

光照和营养盐是控制初级生产力的两个核心生态因子。在海洋环境中，复杂多变的物理变化导致不同海域光照和营养盐的斑块分布，从而直接或间接影响初级生产力的分布。初级生产力的物理控制主要包括海水的垂直混合、海水的水平运动以及海洋锋面等。

（1）海水的垂直混合。海水的垂直结构与初级生产的大小密切相关，因为海水的垂直混合直接影响海水中的光照和营养盐供应情况。海水的垂直结构由海水的密度决定。如果表层海水的密度大于底层海水的，则海水处于垂直混合的状态，充分混合的这部分海水被称为混合层。然而，如果表层海水的密度下降，比如热带海域和夏季的温带海域，表层海水温度上升导致密度下降，海水则形成上层密度低而下层密度高的稳定结构，这一现象被称为海水层化（stratification）。此时混合层以下出现密度急剧变化的水层，被称为密度跃层（pycnocline）。出现层化的海水上层与下层的物质和气体不能进行交换。海水表层的营养盐因为浮游植物的光合作用被大量消耗，而海水底层因为有机质的再矿化而无机营养盐充分。层化的海水中，底层营养盐无法补给到表层。

初级生产的积累除了需要足够的营养盐外，还需要充分的光照。光照是随着海水深度不断衰减的，光合作用效率也随着光的衰减不断降低，而海洋中的总呼吸作用效率是基本恒定的。随着光合作用效率的不断降低，在某一深度浮游植物的光合作用效率和呼吸作用效率相同，这个深度被称为"临界深度（critical depth）"，临界深度时光合作用的积累量仍大于呼吸作用的消耗量。随着光合作用效率的持续降低，植物24 h中光合作用所产生的有机物质全部为维持其生命代谢所消耗，没有净积累量（净生产量），我们称此深度为补偿深度（compensation depth）。补偿深度处的光强称为补偿光强（compensation light intensity）。在补偿深度的上方有初级生产力的积累，而下方则没有。通常，补偿深度被当成是真光层的深度，真光层的深度与光衰减速率成反比。在近岸区，真光层深度仅十几米至几十米，而在大洋区可能到达一百米。在海洋环境中，只有初级生产存在净积累的情况下，浮游植物生物量才能得到累积，其春季暴发（spring bloom）的情况也才可能发生，而要想保证真光层内的浮游植物生长，真光层内必须有充分的营养盐，即真光层必须在混合层以上，这就是"临界深度假说（critical depth theory）"的核心内容。人们在对北大西洋浮游植物生物量的研究中发现，浮游植物生物量的累积与海水层化密切相关。浮游植物暴发增殖均出现在季节性温度跃层（导致海水层化）之后，其年际变化取决于海水表层温度的变化。

（2）海水的水平运动。海水运动主要是通过引起表层与底层的混合，从而使底层营养盐补充到表层，以支持初级生产的。能够控制初级生产的海水运动主要包括大洋表层环流、大洋中的辐聚和辐散以及近岸上升流等。海洋中存在许多不同尺度的环流，在科里奥利力（地转偏向力）的作用下，这些环流引起海水的水平辐聚和辐散。如图4-5所示，北半球的科里奥利力向右，因此逆时针环流产生辐散型海水运动，表层海水向周围运动，底层海水涌升到表层，将营养盐带到表层，从而产生初级生产力的高值区。而顺时针环流则产生辐合型海水运动，表层海水向中心移动，底层海水无法涌升到表层，从而产生初级生产力的低值区。南半球因科里奥利力向左，因此情况与北半球相反，即逆时针环流产生辐合，顺时针环流产生辐散。以表层大洋环流为例：全球表层环流在北半球呈顺时针，形成辐合海水运动，水环流方向将表层水导向中心从而加深温跃层，此时便不会有富含营养盐的底层水到达表层，就会形成海洋生产力较低的区域，如北大西洋的马尾藻海辐合涡流区；南半球表层环流呈逆时针，因科里奥利力的方向与北半球相反，也为辐合涡流，亦形成低生产力区域（图4-5）。然而，在赤潮两侧，大洋环流均为由西向东，但因科里奥利力方向相反，海水则形成了沿赤道两侧的辐散型运动，形成赤道上升流和初级生产力的高值区。近岸上升流则是由风和科里奥利力共同作用产生的，近岸上升流区也是初级生产力的高值区。

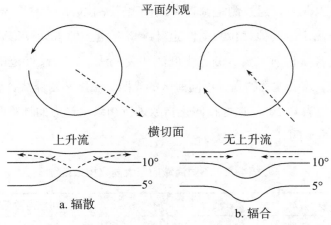

图4-5 北半球辐散、辐合海水的垂直和水平运动方向

（引自张志南等，2002）

（3）海洋锋面。

海洋锋面（ocean front）是指物理化学特征明显不同的两种水团的交汇处或过渡带。海洋锋面形成在风系、地形或者不同大洋环流的交汇处。海洋锋面带最重要的特点是温度、盐度和密度等物理水文要素有明显的水平梯度。海洋锋面的主要类型包括大洋环流横过大陆架突然变浅，流速变快形成的陆架波折锋；入海河流携带高营养盐和淡水与海水交汇形成的河流卷锋；南极大陆周围亚热带水与南大洋水交汇处的南极锋；等等。海洋锋面区因为有两种不同水团交汇，海水混合明显，所以初级生产力都比邻近海域高。

二、海洋初级生产力的测定和估算

测定海洋初级生产力的方法，简单来说分为直接测定和间接测定两种方法。直接测定法即 ^{14}C 法，是指通过 ^{14}C 同位素示踪的方法：在现场海水中加入一定量的 $NaH^{14}CO_3$，然后置于与原采样处相同的光、温度条件下一段时间；取出水样并过滤后测定滤物（即浮游植物细胞）的 ^{14}C 放射性强度，然后根据相关公式换算为初级生产力。这种方法在海洋初级生产力现场调查中被广泛应用，几乎成为标准测定方法。应当指出，浮游植物细胞会将相当一部分光合作用产物以可溶性有机物形式释入海水。这部分初级生产的产物未被测定，因而这种方法的测定结果被认为是低估的数值。

间接测定法主要是通过测定采样点的叶绿素含量，通过同化指数（Q）来间接计算初级生产力。同化指数是初级生产力与叶绿素含量的比值，这个数值在一定程度上是一个常数，因此可以通过测定调查海区代表性站位叶绿素含量与对应的[14]C法测值之间的关系来确定。其他站位只需测定叶绿素含量，即可计算得到初级生产力的值。测定叶绿素含量目前主要有分光光度法和荧光法，在大尺度范围内还可以采用水色遥感扫描法。需要注意的是，不同海区的光照、温度和营养盐含量不同，同化指数也是不一样的（表4-2）。在选择同化指数进行初级生产力的计算时，要尽量选择相同海域、相同季节的。

表4-2　不同海域的最大同化指数范围

海域	最大同化指数范围
一般情况	2～14
低温（2～4℃）	2～3.5
高温（8～18℃）	6～10
低营养盐（如黑潮区）	0.2～1.0
高营养盐、高温（如热带沿岸）	9～17

引自Lalli和Parsons，1997。

另外，通过测定光合作用过程产生的氧气也可以间接计算初级生产力。测氧法主要采用"黑白瓶法"，即将现场水样分别装入黑、白（透明）瓶中，同样置于与原采样处相同的条件下一段时间（几小时以内），然后分别以碘量法（Winkler法）测定光合作用的氧净增量（白瓶）和因呼吸作用的氧减少量（黑瓶）。测定结果结合光合作用熵就可计算净初级生产量和总的初级生产量。由于无法将水样中的浮游植物细胞与异养细菌、原生动物等微细消费者分离开来，所以测氧法的测定结果更适于用来表示微型生物群落的代谢率或群落净生产力。

海洋遥感技术的应用使得人们对于大范围、大尺度海洋初级生产力的估算成为可能。从海表面反射的可见光谱（400～700 nm）与叶绿素浓度有关，海水因叶绿素增多而由蓝变绿，可以被卫星感知，从而估算浮游植物的生物量以及初级生产力。卫星测量有深度穿透的局限性，精度不高，但可以用于大尺度初级生产力，如全球初级生产力的估算。首个海洋水色遥感装置为1978年美国航空航天局（NASA）安装的海岸带水色扫描仪（coastal zone color scanner，CZCS）。1996年，NASA又开发了光合作用有效辐射（PAR）波长范围更广、精度更高的SeaWiFS以及能够检测荧光信号的MODIS。

结合对全球各海区初级生产力的调查数据和海洋遥感卫星数据，人们对全球海洋初级生产力的总量有了初步的估计。Kaiser（2005）对全球不同海区初级生产力的量的总结如表4-3所示，由此表计算得到全球海洋总初级生产力的值为3.76×10^{10} t/a。根据卫星遥感的表层浮游植物生物量信息估计，海洋的总初级生产力为$4 \times 10^{10} \sim 5 \times 10^{10}$ t/a。值得一提的是，早在遥感卫星技术应用之前，人们对全球初级生产力就曾有过初步估算，然而当时的估算值均大致在2×10^{10} t/a，比现今的估算值低很多。原因可能是忽略了海洋中的溶解态有机碳和超微型浮游植物。

表4-3 不同海区的初级生产力

海区	年总产量/（10^9 t/a）
温带西风带	16.3
热带、亚热带信风带	13.0
沿岸水	6.4
盐沼、河口、大型底栖植物	1.2
珊瑚礁	0.7

三、初级生产力的全球分布

由于光照分布和水文条件的巨大差异，初级生产力在全球海洋的分布极不均匀。近岸水域的初级生产力普遍较高，其次为赤道两侧（赤道上升流区）北半球温带亚极区和南大洋锋面区，而南北两半球的热带、亚热带大洋区和北冰洋海区初级生产力均很低。

全球海洋初级生产力还存在显著的时间分布，主要表现为季节分布。温带、热带和极区海洋初级生产力的季节分布如图4-6所示（近岸有所不同）。可以看到，热带海域因为全年表层水温较高，存在稳定的温跃层，海水垂直混合受到阻碍，因此表层营养盐得不到补充，全年初级生产力均很低。而极区海洋因为光照不足，仅在光照和温度相对较高的夏季出现一个短暂的初级生产力高峰。温带海域则因为温度和光照的季节变化，呈现初级生产力的双周期型分布：冬季，表层水温较低，温跃层消失，海水垂直混合均匀，表层营养盐含量较高，但由于光照和温度的限制，初级生产力水平较低。春季，光照和温度逐渐适宜，因此形成第一个初级生产力的高峰。夏季，因表层海水温度持续升高，温跃层形成，营养盐的补充受到阻碍，表层海水营养盐匮乏，初级生产力水平降低。秋季，表层海水温度降低，温跃层消失，垂直混合加剧，因此出现第二个初级生产力的高峰。

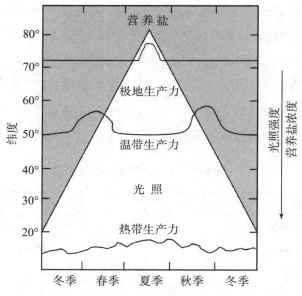

图4-6 初级生产力在不同纬度地区的季节变化

（引自沈国英等，2010）

英国科学家朗赫斯特（A. R. Longhurst）结合卫星数据和水文、风场、气象条件，将海洋划分为4个基本生物群区（biome），即信风带生物群区（trade-winds biome）、西风带生物群区（westerlies biome）、极地生物群区（polar biome）和近岸生物群区（coastal biome），基本反映了海洋初级生产力的全球分布和产生机制。其中，信风带生物群区位于西风带和极区海洋之间：北半球为北太平洋和北大西洋的温带海洋，处于大洋气旋辐散环流区，底层营养盐充分补充到表层，形成初级生产力的高值区。南半球为西风漂流形成的南极环流区，有大风和强湍流混合，导致海水垂直混合加强，硝酸盐含量很高，但由于海域部分海区缺铁形成HNLC海域，HNLC海域的初级生产力水平不高。西风带生物群区主要位于南北纬30°之间的亚热带海区，该区域处于大洋表层环流的辐聚区域，加之表层海水温度较高，温跃层较深，表层营养盐得不到补充，因此初级生产力普遍偏低，被称为大洋海域的"沙漠地带"。但是在赤道两侧，因为赤道上升流的缘故，出现两条狭长的初级生产力高值区。极区生物群区位于两极地区，极地海区常年温度偏低，营养盐丰富，光照成为初级生产力的最大限制因素，因此极区海洋仅在夏季光照较强时出现一个初级生产力的高值区。

近岸海域因为有陆源营养盐的供应，所以初级生产力水平极高。近岸海域贡献了全球初级生产力的50%以上。近岸海域氮、磷营养盐充足，一般不成为限制因子，很少出现持久性的温跃层，有大量的陆源碎屑进入，导致光衰减速度较慢，真光层深度较浅，因此没有持久性的温跃层和营养盐供应充分。温带近岸海域初级生产力可能不呈明显的双周期型，整个夏季都有较高的产量。而由于营养盐的及时补充，热带海域近岸初级生产力可能为外海的10倍以上。

四、中国近海初级生产力的分布

中国近海浮游植物叶绿素和初级生产力研究开始于20世纪60年代。在80年代以后对中国海域的叶绿素和初级生产力进行了较为系统的调查和研究，研究范围包括海湾、河口、沿岸带、陆架以及开阔海域，并对不同生境中浮游植物分布特征和理化因子的关系形成了一定认识。随着研究的深入，有关初级生产力的分布研究已逐渐从观测转向分布和调控机制探索，观测手段从单一实测转向与模型、遥感相结合，而机制的探索则逐渐与种群、细胞、色素水平实验生态学和分子生物学相结合，研究尺度从中小尺度的时空变化向大尺度、长期变化发展。

渤海是温带内陆海，其初级生产力的分布和变化受陆地影响，并呈现显著的时空变化。研究表明，渤海初级生产力水平呈现从近岸到外海递减的趋势，并具有显著的季节变化。不同研究表明渤海叶绿素a和初级生产力水平的季节变化规律略有不同；但春季的初级生产力水平始终最高；夏、秋两季的初级生产力水平整体较高，但随当年水文气候变化而不同；冬季初级生产力水平一般较低。

黄海和东海是典型的陆架海洋生态系统，受大陆和气温影响显著，同时也是近岸富营养化程度较高、受人类活动影响较大的海域，初级生产力水平较高。黄海和东海的初级生产力主要受沿岸水、陆架混合水、河口冲淡水和黑潮水的影响。其中，沿岸水和冲淡水一般呈现较为显著的低盐、高悬浮体浓度、低透明度和富营养特征，黑潮水的特征为高盐、低悬浮体浓度、高透明度和寡营养，陆架混合水的理化特征则介于前两者之间。

沿岸水主要受季风影响，夏季自南向北，冬季自北向南。季风使沿岸水垂直混合剧烈，水中悬浮颗粒物含量较高，光衰减严重，初级生产受光限制影响，初级生产力水平整体偏低 $[<100\ g/(m^2 \cdot d)]$。河口冲淡水主要是指长江口入海处受长江淡水影响的海域。夏季长江口大量冲淡水输入带来大量营养盐，形成初级生产力的高值区 $[>1\ 000\ g/(m^2 \cdot d)]$；春、秋两季淡水输入量次之，初级生产力高值区的面积缩小；而冬季是长江的枯水期，加之温度较低，初级生产水平也较低。陆架混合水受淡水影响小于长江口区域，初级生产力水平整体呈现温带海域的双周期型变化，同时受海域中其他海水运动的影响（如黄海冷水团、黄海暖流）。春季初级生产力水平到达高峰［可达2 000 g/（m² · d）］，夏季和冬季初级生产力水平较低，秋季出现一个短暂的初级生产力高峰。黑潮水是中国近海理化性质最为稳定的水团，其表层水终年呈现高温、高盐、高溶解氧、寡营养的特征，表层水之下是低温、高盐、低溶解氧、高营养盐的黑潮次表层水。黑潮表层和次表层水的消长是影响东海外陆架浮游植物分布最重要的要素之一。黑潮水影响的海域整体营养盐水平较低，微微型浮游植物主导初级生产力水平。

南海是中国也是西北太平洋最大的半封闭深水边缘海，纵跨热带和亚热带，地理位置独特。南海常年盛行季风，冬季为强大的东北季风，夏季为西南季风，常年受由季风控制的环流的影响。整体来说，南海的初级生产力主要受营养盐限制，陆坡及开阔海区最高，沿岸带由于受到水体透明度和稳定性的影响，所以生产力比较低。冬季因环流影响，营养盐相对丰富，初级生产力最高［300～500 g/（m² · d）］，春、夏、秋季均较低。其初级生产力的主要贡献者为微微型浮游植物。

第二节　消费者与次级生产力

一、消费者的次级生产过程

海洋中的净初级生产力被浮游动物所利用，浮游动物又被更高级的消费者所摄食，在这个过程中，一部分能量用于海洋动物生长、发育与繁殖，另一部分能量则伴随呼吸消耗、热量散失过程流失掉。净初级生产力中被消费者吸收用于组织器官生长与繁殖新个体的部分称为次级生产力（secondary production）。简单来说，海洋中所有的消费者个体都是次级生产力的表现形式。

最初的净初级生产力沿食物链被不同营养级的生物所利用，在这个过程中不断有能量散失，因此生态系统中次级生产力总量比初级生产力总量少很多。海洋生态系统最重要的初级生产者是浮游植物，其捕食者浮游动物对其有着极高的捕食效率。生态学家巴列拉（I. Valiela）于1984年估算了海洋环境中各类动物在不同海域的生物量与产量，表征了海洋次级生产力的大致范围，如表4-4所示。海洋动物利用海洋植物的效率为陆地动物利用陆地植物效率的5倍，因此，海洋的初级生产力总和虽然只有陆地初级生产力的1/3，但海洋的次级生产力总和却比陆地的高得多。目前，全球海洋次级生产力的统计资料较少。惠特克（R. H. Whittaker）在1973估算得到全球净次级生产力的值约为1.376×10^9 t/a，而陆地为3.72×10^8 t/a。

生态学中关于次级生产力的研究，经常用到周转率（turnover rate）这个概念来比较不同动物对食物的利用效率和次级生产力水平。周转率（P/B）是一定时间内种群生产力与平均生物量的比率。不同生物的周转率不同，但是对于同种生物来说，周转率基本是不变的。海洋生物类群中，浮游动物的年周转率变化范围一般是10～30，比浮游植物的周转率低一个数量级，其中，植食性种类比肉食性种类的高，小型浮游动物比大型浮游动物的高。底栖生物的周转率差异也很大，小型底栖动物如线虫、猛水蚤类和某些多毛类动物，其年周转率大约是10，而大型种类如端足类甲壳动物、环节动物和多数双壳类软体动物，年周转率多在1～2。一般认为，鱼类的年周转率比浮游动物的至少又低一个数量级。海洋生物中，细菌的周转率最高，年产量和平均生物量的比值可达1500。由此可以发现，个体越小（或生活周期越短）的生物种类，周转率越高，即其能够被有效消费的生物量比率越高。因此，小型浮游动物因其周转时间短、产量高，意味着它们是海洋生态系统中的重要次级生产者。

表4-4　各海区动物的生物量与产量

动物种类	海区	采样深度/m	生物量（干重）/（g/m³）	产量/［g/（m²·a）］
浮游动物	近岸水域	1～30	122	15.3
	大陆架	30	25	6.4
	陆架间断区	200	108	5.5
	外海区	200	20	5.7
底栖动物	河口区	0～17	5.3～17	5.3～17
	近岸区	18～80	1.7～4.8	0.9～12
	大陆架	0～180	23	2.6
	大陆斜坡	180～730	18	2.4
	深海	＞3 000	0.02	—
水层鱼类	大陆架	0～180	2.6	0.3
	大陆斜坡	100～730	10.6	1.3
底层鱼类	大陆架	0～180	8.6	0.3
	大陆斜坡	180～730	4	0.2

引自沈国英等，2010。

二、影响次级生产力的因素

影响次级生产力的因素主要包括环境因素（温度和水文条件等）和生物因素（捕食压力、个体大小和食物种类等）。

（一）温度

海洋中的生物多为变温动物，温度与动物的新陈代谢速率有密切关系。温度升高会使生物的生长速率变快，提高生物产量，缩短卵的孵化时间和生物世代周期。因此，在适温范围内，温度升高能够提高生物的次级生产力。但是，温度升高也伴随着呼吸消耗的增多和次级生产力的损失，所以如果温度持续升高，生物就会消耗大量的能量，不利于生长，影响生物产量。

（二）食物

同种生物能够取食不同的食物，不同食物的同化效率不同。食物质量越高，动物的同化效率越高，其生长效率就越高。一般来说，肉食性动物有较高的同化效率；植食性动物同化效率的范围变化较大；而因为碎屑食物的营养成分复杂多变，所以动物对碎屑食物的同化效率变化最大。

（三）个体大小

个体小、结构简单的生物，用于维持新陈代谢的以热量耗散的能量小于个体大、结构复杂的动物，因此个体小的生物周转率高，生长速度快，生物量高，次级生产力高。

三、海洋次级生产力的估算

海洋中的各级消费者数量、个体大小和分布各有不同，差异巨大，因此海洋次级生产力的估算主要是对不同消费者生物量的估算。估算次级生产力的方法很多，本书仅选取部分介绍。

（1）P/B系数法。生产力可由年均生物量进行估计，即年均生产力=年均生物量×（P/B系数）。同一种群的P/B系数相对稳定，可以从资料中获得。虽然P/B系数具有相对稳定性，但一般只限于在相同或类似的生境下。在不同的生境中，由于受到各种理化因子（特别是温度）作用，P/B系数可能表现出较大的变异性。因此，在使用该方法时应考虑到环境因子对P/B系数的影响，否则结果将出现较大的误差。

（2）最大生物量法。研究人员研究发现，特定生态系统中的生物类群的生产力与一年中观察到的最大生物量存在着比例关系，比值一般接近于1.5。因此，只要得到该生境中该生物类群的最大生物量，就能估算其年生产力。

第三节　海洋中的分解过程

一、分解作用的定义

在海洋生态系统中，初级生产者将光能固定的太阳能转化为初级生产力，初级生产力随着捕食的过程沿食物链不断传递，构成各级次级生产力，不断进行着物质循环和能量流动的过程。生态系统中的物质之所以能够循环起来，是因为还存在将有机物分解转化为无机物的过程，这个过程就是分解过程（decomposition）。分解过程是一个复杂的过程。颗粒有机物逐渐被降解为溶解有机物，复杂的有机物逐渐分解为较简单的有机物，最终转变成无机物，有机物中贮存的能量也以热的形式逐渐散失。分解过程的最后一步，就是无机元素被释放到环境中的过程，这个过程又称为矿化作用（mineralization）。

有机物的分解过程主要分为3个阶段：第一个阶段被称为淋滤阶段（leaching phase），即在物理作用下，DOM从有机物中分离出来的过程。这些溶解有机物可直接被异养细菌所吸收，启动微食物网。淋滤的过程不需要生物参与。第二个阶段为分解阶段。这个阶段由微生物主导，即在微生物分泌的酶的作用下，颗粒态有机物被降解为DOM，进一步降解为糖、脂肪酸和氨基酸等小分子有机物用于细菌自身的生长。第三个阶段为耐蚀阶段，自然界中有些有机物极难被微生物分解，最终长期稳定地在自然界中存在。

二、海洋中的主要分解过程

海洋中的分解过程是由各种各样大大小小的分解者共同完成的。这些分解者将海洋生态系统中的动植物遗体和动物的排泄物等所含的有机物转换为简单的无机物。有机物在分解的过程中会产生不同粒径和不同营养组分的颗粒有机物，这些颗粒有机物组成碎屑食物链的起点，为不同粒径、不同种类的生物提供相应的食物。在一些特殊的海洋生态系统，比如红树林、海藻场、海草场，碎屑食物链占总能量流动的90%以上，是能量流动的主要渠道。与此同时，分解作用还不断改变着沉积物中有机质的含量和理化性质，使其变得更适宜生物的生存和发展。在生态系统中，动植物残体的完全分解需要依赖不同种类、不同级别的分解者的逐次作用，没有一种分解者能独立将动植物残体完全有效地分解。海洋中的主要分解者包括细菌、真菌、放线菌、病毒、原生动物和后生动物。

（一）细菌、真菌和放线菌

海洋中的细菌、真菌、放线菌等微生物类型共同参与海洋有机物的分解和无机物的再生过程。海洋中分解有机物的代表性菌群中，分解有机含氮化合物者有分解明胶、鱼蛋白、蛋白胨、多肽、氨基酸、含硫蛋白质以及尿素等的微生物；利用碳水化合物类者有主要利用淀粉、纤维素、琼脂、褐藻酸、几丁质以及木质素等的微生物；此外，还有降解烃类化合物以及利用芳香族化合物（如酚）的微生物。海洋细菌、真菌、放线菌分解有机物的终极产物如氨、硝酸盐、磷酸盐以及二氧化碳都直接或间接地为海洋植物提供主要营养，在海洋无机营养再生过程中起着决定性的作用。

目前尚不知细菌、真菌和放线菌等微生物类型在分解过程的相对贡献率分别是多少，但细菌数量在微生物总菌数中占有绝对优势。细菌在海洋中分布很广，是很重要的分解者，它们具有分解有机物的各种酶，可以分解有机物。细菌能吸收分解过程中产生的溶解有机营养物质，并通过代谢释出无机物质；另一些较难分解的有机物仍保留在环境中，需较长时间和不同类型的、不同级别的分解者渐次作用才能逐渐分解。

海洋真菌是另一类重要的分解者。不同于细菌，大多腐生营养真菌会形成分歧网状系统的菌丝，可以分解较厚的有机物。

（二）病毒

海洋中存在数量巨大的病毒。海洋病毒的丰度是细菌和古菌总和的15倍之多。病毒能够裂解细菌，从而将细菌生物量转化为可溶性或颗粒态的有机物。病毒裂解可以将物质从有机体转移到颗粒态和可溶态有机物库中，这一过程被称为病毒分流（viral shunt）。由病毒分流所产生的颗粒态或溶解态有机物，或重新被细菌吸收利用，或沉降到透光层以下，将碳转移到深海。研究表明，在海洋表层每天有20%～40%的细菌被病毒裂解，这个数量是十分可观的。病毒裂解释放的物质数量和组成都会影响微生物群落和全球地球化学循环。近期的研究表明，病毒也能通过诱发浮游植物细胞的程序化死亡从而导致浮游植物细胞死亡。计算水环境样品中病毒丰度的传统方法主要包括空斑试验、最大可能数法、透射电子显微镜、落射荧光显微镜和流式细胞术。近年来，高通量测序比如宏基因组学在病毒多样性研究中的应用，极大地拓展了我们对海洋病毒研究的深度。

（三）原生动物

原生动物也是海洋生态系统中重要的营养物质再生者，它们主要摄食细菌和微微型自养浮游生物，通过排泄过程完成分解作用。与后生动物相比，原生动物具有很高的生物量和代谢速率，因此排泄速率和物质循环再生速率都很高。原生动物营养盐再生速率与多种因素有关，包括食物质量和动物自身的生长状态等。食物的营养质量低、含氮量低，动物自身处于快速增长阶段时，氮的再生效率低；而当食物的营养质量高，且动物生长处于稳定状态时，氮的再生效率高。

（四）后生动物

后生动物的分解过程也是通过排泄来完成的，但是与原生动物和细菌等相比较，后生动物在营养盐再生过程中的作用较为次要。在后生动物中，浮游动物通过摄食和代谢作用将颗粒有机物转化为无机物，促进营养盐的再生。底栖动物通过捕获悬浮物或沉降物为食，对营养盐的再生过程有相当的作用。后生动物的营养盐再生效率与食物丰度有关，如食物中氮含量高，排氨效率就相对较高。

海洋中的"雪"

海雪（marine snow）起源于海洋上部真光层的有机物生产活动、被囊动物有尾类抛弃的"住屋"粒及其他有机碎屑。它们在细菌的作用下凝聚为白色的絮状物，像雪花一样不断飘落，因此称作海雪。海雪富含多糖，具有吸附和聚集的特性，能吸附各种颗粒物质、浮游植物、细菌和原生动物等。海雪中的细菌密度为 $10^8 \sim 10^9 \, mL^{-1}$，而原生动物含量则高达 $10^6 \, mL^{-1}$。海雪的代谢活性比周围海水要高好几个数量级。

三、分解作用的生态学意义

分解作用最重要的生态学意义就是分解光合作用所产生的有机物，维持生产与分解的平衡。全球每年通过光合作用生产的有机物总量大致等于被分解的物质总量（Odum，1971）。因此，分解作用大致保持着地球上有机物与无机物的平衡。分解作用将有机物分解为无机物，为植物的生长提供无机营养盐，同时植物光合作用继续合成有机物，保证物质循环的顺利进行。如果没有分解作用，植物就无法继续生长，生态系统就会面临崩溃。与光合作用相反，分解作用是吸收氧气、释放二氧化碳的过程，所以当分解作用与光合作用处于平衡时，大气中氧气和二氧化碳的收支就会保持相对平衡。大气成分的稳定对全球生物的生存和发展都有重要的意义。

本章小结

在本章的学习中，需要掌握海洋初级生产力、海洋次级生产力和分解的基本概念；掌握海洋初级生产力的测定方法、分布和影响因素；掌握海洋次级生产力的影响因素和测定方法；掌握海洋中的各类分解者及其分解过程的特点。

思考题

（1）什么是初级生产力？海洋中的初级生产者有哪些？

（2）影响海洋初级生产力的有哪些因素？

（3）海洋初级生产力有哪些测定方法？全球海洋初级生产力是怎样分布的？

（4）什么是次级生产力？次级生产力有哪些测定方法？次级生产力有哪些影响因素？

（5）什么是海洋中的分解过程？海洋中有哪些分解者和分解过程？

拓展阅读

李冠国，范振刚. 海洋生态学［M］. 2版. 北京：高等教育出版社，2011.

沈国英，黄凌风，郭丰，等. 海洋生态学［M］. 3版. 北京：科学出版社，2010.

Benke A C. Secondary production, quantitative food webs, and trophic position［J］. Nature Education Knowledge, 2011, 3（10）: 26.

Castro P, Huber M E. Marine biology［M］. 7th edition. New York: McGraw-Hill Highter Education, 2008.

Kaiser M J, Attrill M J, Jennings S, et al. Marine ecology: processes, Systems, and Impacts［M］. Marston: Oxford University Press, 2011.

Martin J H. Glacial-interglacial CO_2 change: the iron hypothesis［J］. Paleoceanography and Paleoclimatology, 1990, 5（1）: 1−13.

Redfield A C. The biological control of chemical factors in the environment［J］. Science Progress, 1960, 11: 150−170.

Sverdrup H U. On conditions for the vernal blooming of phytoplankton［J］. ICES Journ of Marine Science, 1953, 18（3）: 287−295.

第五章 海洋中的物质循环

物质循环是生态系统的另一大主要功能。本章主要介绍海洋中主要的物质循环过程，包括碳循环、氮循环、磷循环和硫循环，详细介绍了以上元素循环在海洋中循环的基本过程和影响因素。本章还介绍了生物地球化学循环的定义以及近年来海洋生物地球化学循环研究的热点问题。

第一节 海洋中的主要元素循环

碳是海洋生命的基础。碳元素的生物地球化学循环是其他元素循环的基础，是海洋中最重要的元素循环。氮、磷、硫是生物生长发育最重要的大量元素，是组成生物体核酸、氨基酸等成分的基本元素。氮、磷、硫循环与包括碳循环在内的生物地化循环有着密切的关系。在本节的内容中，我们将详细讲述海洋中的碳循环、氮循环、磷循环和硫循环。

一、海洋碳循环

（一）碳在海洋中的主要形式

碳是地球上生命有机体的关键组成元素，在环境中以二氧化碳、溶解无机碳（dissolved inorganic carbon，DIC）以及有机化合物等多种形式不断循环。碳循环是生物圈健康发展的重要标志。对地球上各个碳库的循环过程及动态变化的研究，是认识碳循环与气候变化、生态系统、人类活动相互作用的关键所在。海洋是地球中最重要的有机碳库。据测算，海洋每年吸收的二氧化碳量占人类向大气排放总量的 30% ~ 50%。

1. DIC

海水的碳以多种形式存在，包括DIC、DOC和POC，DIC：DOC：POC近似为 2 000：38：1。其中，DIC是主要存在形式，包括碳酸氢根离子（HCO_3^-）、碳酸根离子（CO_3^{2-}）以及碳酸（H_2CO_3）。北太平洋中层的DIC浓度在全球海区浓度最高。海洋是一个开放的系统，DIC一方面与当地气候因素紧密相关，另一方面又会受到发生于海水–大气界面处二氧化碳气体交换和水体中光合作用–呼吸作用的影响。由于DIC在海洋碳库的含量最高，快速、准确地测定海水中无机碳的组成形式及含量，对于了解整个海洋二氧化碳的吸收、转化和迁移过程，以及进一步了解全球气候变化和全球碳循环都有着重要意义。常见的测定海洋中DIC的方法包括质量法、平衡压力法、气相色谱法和电化学传感器法等。

2. DOC

DOC和POC有密切联系，二者以能否通过0 ~ 0.45 μm孔径的滤膜来划分。DOC常指能通过0.45 μm滤膜的有机分子，按其来源又可分为海洋生物有机体降解产生和陆源降解产生。外海海水中通常以海洋生物有机体就地降解产生为主，而近岸海水中通常以陆源降解产生为主。DOC作为海洋中的重要碳储库，其含量仅次于总无机碳含量。DOC在海水中的水平分布特征为近岸区浓度较高，大洋区浓度较低；在垂直方向上的分布特征是100 m以上水体中DOC浓度较高，100 ~ 200 m处有一个大跃层，跃层以下深层水中DOC浓度较低，并且不同的海区DOC的分布具有一致性。海水中DOC按类别主要分为氨基酸类、核苷、碳水化合物、腐殖质等。常见的测定海洋中DOC的方法包括差减法和直接法两种。

3. POC

POC指的是不溶于水的有机颗粒物质，在碳循环中有重要地位。POC一般包括有生命的和无生命的悬浮颗粒，但不同海区、不同深度海水中的POC来源不同，按来源可分为陆源、海源和海底沉积物的再悬浮。其中，陆源POC包括河流入海、大气沉降等，是近岸海区POC的重要来源；海源主要指的是海洋中的小型浮游动物（纤毛虫类、肉足虫类等）、浮游植物（硅藻、甲藻等）等海洋生物残骸或其代谢产物，是大洋中POC的主要来源；而海底沉积物的再悬浮则是海底边界层、海陆架、陆坡POC的主要来源。常见的测定海洋中POC的方法包括重铬酸盐湿氧化法和高温燃烧法等。

（二）海水中碳循环的基本过程

在海水中，碳的垂直输送与水平输送是海洋碳循环的关键环节，这不仅会影响碳在海洋中的分布，更会影响海水对二氧化碳的吸收能力，进而影响海洋对气候变化的调节力和控制力。

1. 碳的垂直输送

Isla等（2002）研究发现，大部分沉入海底的POC来源于其上方的真光层，残留POC占71%~83%，所以到达海底的POC有1/5~1/3参加再循环。二氧化碳进入海水体系后，真光层浮游植物的光合作用将二氧化碳吸收并转为有生命的POC，这一部分有机碳通过食物链、食物网被转至浮游动物和游泳动物。各级消费者的排泄以及浮游动植物的死亡、分解会产生大量碎屑、聚集体等非生命POC，非生命POC沉降速度与颗粒的粒径大小有关。海洋中POC量的垂直分布规律是：表层及次表层数量最多，下方逐渐减少；在深水层其量相对稳定，因为水层越深，意味着POC所经过的路径越长，被食碎屑动物和微生物消耗的时间就越长，所剩的POC量就越少。

POC的输出通量在不同的区域存在差异，与初级生产力呈非线性相关，并且受季节、营养盐供应方式及海水混合程度与平流扩散等很多因素的影响，通常是从大洋区向浅海区递增的。Suess（1980）根据在多个海区观测到的不同水层碳通量（C_{flux}）与真光层生产力（C_{prod}）之间的比值，总结出海洋不同深度（z）的碳垂直通量（图5-1），并得出二者的关系式：

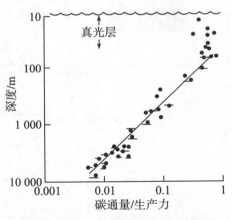

图5-1　海洋垂直碳通量和初级生产力与不同深度的关系

（引自Suess，1980）

$$C_{flux} = C_{prod}（0.023\,8\,z + 0.212）$$

式中，$z \geqslant 50$，$r^2 = 0.75$。

2. 碳的水平输送

河口和近海陆架是海陆气交汇的区域，水浅且动力过程复杂，营养盐丰富，初级生产力较高，全球14%~30%的净初级生产力发生在这一区域。海洋环流、边界流和上升流、水平对流以及地形的作用，可以引起碳和营养盐的水平输送，最终向大洋区次表面转移，提高外海区的二氧化碳储存能力，这被称为近海陆架生物泵。根据模型估计，碳的水平输送可以使近海和大洋分别增加0.08 t/a和0.2 t/a的吸收通量。POC的水平分布从内陆架到斜坡呈减少趋势，但在陆架断裂处，由于上升流提高了初级生产力而出现局部极大值。

3. 海洋碳循环的基本过程

海洋碳循环的基本过程可以简单概括为：大气中的二氧化碳溶解在表层海水中，被海水中的浮游植物通过光合作用固定下来，形成有机碳的最初形式，即初级生产力；浮游植物被浮游动物捕食，通过海洋牧食食物链完成有机碳的传递过程；此外，海洋生物的有机碎屑还能够启动碎屑食物链，与牧食食物链同时存在。在这些过程中，多种形式的有机碳被转移到海底，如活体生物、碎屑、死亡生物的残体等。在海水中，有机碳被微生物利用分解，形成无机碳又回到海水中。还有一部分碳元素变为生物的碳酸钙外壳或骨骼，比如珊瑚、鱼类的骨骼，离开碳循环而在海底沉积下来（图5-2）。

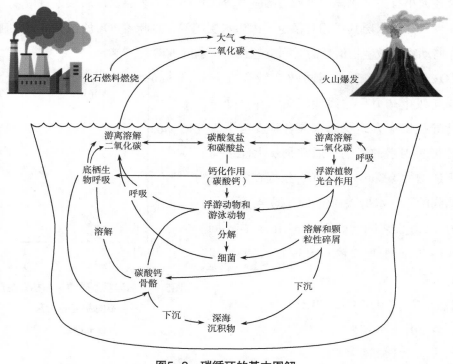

图5-2　碳循环的基本图解

（引自Lalli等，1997）

（三）生物泵在海洋碳循环中的作用

1. 生物泵的定义

生物泵（biological pump）指的是通过生物代谢来实现元素与物质的分散和转移。它包括有机物生产、消费、传递、沉降和分解等一系列过程。传统理论认为，生物泵在海洋中的作用主要是通过浮游植物的光合作用来实现的。浮游植物通过光合作用将二氧化碳转变为有机碳，而这一部分有机碳最终以颗粒沉降的方式进入下层海水，从而改变海-气界面二氧化碳通量和海水中有机碳的垂直通量。

海洋碳循环除了存在生物泵外，还存在另外两方面。第一方面是碳酸盐泵（carbonate pump）。某些海洋生物的细胞壁或外壳是由钙离子和碳酸根离子结合而成的碳酸钙，这被称为钙化作用（calcification）。比如，原生动物有孔虫有钙质外壳，它们被摄食后形成的残留物可向海底沉降构成钙质软泥。这些碳酸钙成分的物质沉积到海底的过程就是碳酸盐泵，它实质上也是一种生物泵。第二方面是物理泵（physical pump），即垂直混合和陆架上升流输入。它与环流密切相关，其原理是在高纬度的低温海水将大气中的二氧化碳溶解并带入深海。海洋中最大的物理泵是全球热盐环流：到达北大西洋高纬度的盐度较高、较温暖的表层水，在冬季冷却，下沉至较大深度，此过程被称为"深层水的形成"；之后开始向南，在南大洋加入新形成的寒冷的南极底层水，延伸海流经大西洋、印度洋、太平洋，在太平洋和印度洋上升至表层，并流回大西洋形成环流。

2. 生物泵在海洋碳循环中的作用

随着工业的发展，石头、煤和化石燃料被大量使用，导致空气中二氧化碳的含量持续增加，由此引发的温室效应（greenhouse effect）愈发严重，将使气候变暖，海平面上升，对全球生态系统和人类的生活产生严重影响。生物泵的作用主要是通过二氧化碳的转化实现碳的向下转移和营养盐的消耗，升高表层水的碱度，从而降低水中$p(CO_2)$，促进大气二氧化碳向海水中扩散。但生物泵对海洋吸收人为二氧化碳的直接影响很小，它的作用在于决定当前海-气二氧化碳通量的分布，以及具有使海-气二氧化碳平衡发生巨大变化的潜力。

许多研究者设想通过提高某些海区的新生产力，加速生物泵的运转以提高海气界面碳通量。海洋调查发现，南大洋的氮、磷、硅含量相当丰富，但缺乏铁，初级生产力只有亚热带近海区的1/10甚至更少。有学者认为，如果铁充足，仅南极洲海域通过生物泵过程对二氧化碳的净汇就可以增加1~2 Gt/a。有科学家曾经将2 t铁粉人工加入澳大利亚霍巴特市西南1 930 km处的南大洋海域，随后对其进行监测，发现浮游植物的数量以及含碳量都有明显的增加，并且浮游植物转变为以大的硅藻为主。但这种人工加入铁的做法存在很多争议，比如物理因素风力的影响。

蓝碳计划

"中国蓝碳计划"是一项气候计划，也是一项社会计划，更是一项巨大的市场和产业计划。海洋是地球上最大的碳库，是陆地碳库的20倍、大气碳库的50倍。"蓝碳"指的是近岸、河口、浅海、深海生态系统中可保持的碳。"中国蓝碳计划"的内涵包括陆海统筹、减排增汇、生态系统健康、沿海经济和社会的可持续发展，对外服务于我国应对气候问题国际谈判，对内支撑海洋生态健康和沿海经济社会可持续发展，是落实21世纪海上丝绸之路倡议的助推器。

（四）海洋碳循环与气候变化的相互反馈

人类活动使大气中二氧化碳含量逐渐增加，有效辐射就会相对减少，海水表面的温度也会增高，海水稳定度加大，导致海洋吸收二氧化碳的能力减弱，这是全球气候变化对海洋碳吸收产生的负效应。通常海洋对气候的反馈作用主要通过3条途径（陈泮琴等，2004）实现：大气中的水汽主要来源于海洋；海洋拥有很大的热容量，对温度的变化速率起着决定性作用，通过海洋内部的环流可以重新分配整个气候系统内部的能量；自工业革命以来，大气中有近乎1/2的碳被海洋吸收了。海洋碳循环与气候变化的相互反馈是一个长期的过程，需要很长的周期。国内外对此的研究已经取得了很大进展，但也有很多不确定性，比如古时期的碳循环至今仍不清楚；海洋是最大的碳储存库，但很多反馈机制仍然不清楚；需要深入研究。

二、海洋氮循环

（一）氮在海洋中的主要形式

氮的生物地球化学循环（氮循环，nitrogen cyle）是整个生物圈物质与能量循环的关键组成，也是海洋生态系统物质循环的重要组成部分。氮在海洋中的存在形式多样，并且不同形态之间不易发生转换。溶解无机氮（DIN）主要为氮气，其数量众多且性质稳定，需要固氮生物的特殊酶系统分解与转化才能被生物利用。除了氮气外，海水中主要还有硝态氮、氨氮、亚硝态氮3种无机化合氮，它们都是生物可以利用的重要氮源。有机氮可分为颗粒有机氮（PON）、溶解有机氮（DON）、胶态有机氮（CON）和挥发性有机氮（VON）4种，主要为蛋白质、氨基酸、脲和甲胺等一系列含氮有机化合物。它们在海水中的浓度超过无机氮化合物，其中有一部分可被微生物或其他消费者所利用。

（二）不同形态氮在海洋中的含量与分布

氮是经常限制海洋产量的元素。在多数的海洋表层水中，硝态氮和氨氮含量都很低，通常不超过0.5 μmol/L，因此氮成为初级生产力的限制因子。在氮受限制的海区，只有某些蓝细菌可以固定氮气，这些物种的发育也限制了其他浮游植物的生长。而在真光层的下方，营养盐受细菌的作用被硝化而生成硝酸盐，所以硝态氮的含量相较于表层要明显增多；而氨氮的含量通常甚微，它们的最大值通常出现在温跃层内或其上方的水层之中。硝酸盐的含量一般在大洋中呈垂直分布，随着深度的增加而增加。在深水层中，由于含氮化合物的不断氧化，积累着丰富的硝酸盐。在水平方向上，硝酸盐的分布随着纬度的增加而增加，太平洋和印度洋的硝酸盐含量要高于大西洋的硝酸盐含量，近岸浅海的硝酸盐含量一般要高于大洋水的硝酸盐含量，与河流补充以及有机物丰富的浅水底层的分解作用更为旺盛有关（表5-1）。

表5-1　不同海域中各种氮形态的含量

单位：μmol/L

氮形态	大洋水		沿岸水	河口
	表层 （0～100 m）	次深层 （＞100 m）		
硝态氮	0.2	35	0～30	0～350
亚硝态氮	0.1	＜0.1	0～2	0～30
氨氮	＜0.5	＜0.1	0～25	0～600
DON	5	3	3～10	5～150
PON	0.4	＜0.1	0.1～2	1～100
氮气	800	1 150	700～1 100	700～1 100

引自Antia等，1991。

注：大洋区为平均值，沿岸、河口为含量范围。

（三）海洋中不同形态氮的相互转化

氮循环对生命的存在和持续有关键作用，本质上是生物驱动的氮的转化、利用及循环的过程，包括固氮作用、硝化作用（nitrification）、反硝化作用（denitrification）和氨化作用（ammonification）。不同形态的氮之间的转化如图5-3所示。

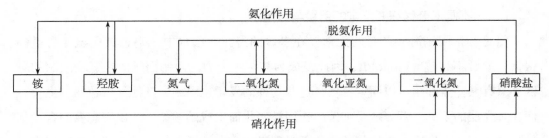

图5-3 海洋中不同形态氮的转化

1. 固氮作用

固氮作用在整个海洋氮循环中是最重要的一个环节，主要指的是固氮原核微生物通过固氮酶的催化将海水中溶解的氮气转化为氮库中被固定的组分。生物固氮弥补了因脱氮作用造成的损失，同时也是海洋新生产力的组成部分。

固氮生物不仅可以通过固氮作用来支持自身的生长，还能通过一系列细胞过程释放结合态氮来缓解氮限制。常见的海洋固氮生物主要包括蓝细菌类、光合细菌类、异养细菌。对海洋固氮生物的研究表明，在不同的海洋环境中海洋固氮生物的种类多样，固氮方式也多种多样。按照固氮生物的生物习性和固氮条件的特殊性可以将其分为自生固氮生物、共生固氮生物和联合固氮生物3类。它们既有异养型，又有自养型；既有需氧型，也有厌氧型。固氮生物生活习性和代谢类型的多样性也揭示了生物固氮体系的多样性。

固氮生物对环境的某些因子具有敏感性，其中最主要的就是海水中营养盐的影响。铁是生物固氮酶表达活性的关键辅助元素。有研究报道，当固氮生物以氮气为主要氮源时，对铁的需求相对于可利用其他氮源（硝态氮、氨氮）时要明显增高。海水中的常量营养盐（硝酸盐和磷酸盐）对固氮有抑制作用，因为固氮生物也可以利用这些营养盐。而固氮生物必须吸收磷酸盐才能正常生长，因此如果磷酸盐的含量过低也会限制固氮作用。

2. 硝化作用和反硝化作用

硝化作用指的是氨基酸脱下的氨在有氧条件下，经亚硝化细菌和硝化细菌的作用转化为硝酸的过程。其分为两步：首先，亚硝化细菌将铵根（NH_4^+）氧化为亚硝酸根（NO_2^-）；其次，硝化细菌再将亚硝酸根氧化为硝酸根（NO_3^-），其中硝化细菌的硝化作用必须有氧气的参与。相反，反硝化作用则是在厌氧条件下，微生物将硝酸盐及亚硝酸盐还原为气态氮化物和氮气的过程。在海洋环境中，反硝化作用一方面减少了初级生产者的可利用氮，另一方面也可以减轻硝态氮过多造成的海水富营养化程度及对生物的毒害作用。

3. 氨化作用

一部分的硝酸盐通过亚硝酸盐直接还原转化成为氨氮，只是这部分硝态氮所占比例非常少，且与有机氮的降解产生的氨氮相比并不重要。但是Eyre等（2002）对法国南部的沿岸咸水湖沉积研究发现，大约有33%的缺氧环境中的硝酸盐参与此反应，并以氨氮的形式通过沉积–水体界面回到水体中。氨化作用在氮循环中的重要性在各种沉积环境有很大的差别，需要更多的研究。

（四）氮元素在海洋中的再生和补充

1. 氮元素的再生

营养盐被浮游植物吸收转化成有机氮，并通过浮游动物的摄食、各级浮游动物之间及鱼类等的捕食继续在食物链中传递。在这个过程中有相当一部分氮，由于溶出、死亡、代谢排出等离开食物链重新回到水体中，这就是营养盐的再生过程。

（1）浮游植物胞外溶出。在河口和沿岸区域，大约30%的净初级生产力被浮游植物溶出，而约20%的被浮游动物捕食。可见，由浮游植物胞外溶出产生的有机物是不可忽视的。尽管有研究表明浮游植物细胞倾向于贮存氮，Lancelot等（1983）研究发现以鞭毛藻为主的浮游植物，其胞外溶出与无机氮浓度负相关。而在缺氧和细菌存在时，胞外溶出氮就会增加，分别占细胞内氮的10%～20%和3%～12%。溶出产物主要包括蛋白质、氨氮以及少量的亚硝酸盐和氨基酸。

（2）浮游动物及鱼类的溶出和排泄。浮游动物溶出产物的主要形式是氨氮，当然还包括脲、氨基酸、蛋白质等。不同种类的浮游动物溶出速率并不相同。对马尾藻海的桡足类进行研究发现，氮溶出速率还与动物干重有显著的相关性，个体较小的动物的溶出速率比个体较大的快。

（3）有机碎屑。动物新陈代谢后的排泄物和死亡的浮游生物的个体、组织等是海洋有机碎屑库的主要来源。这些颗粒物在沉降和随水团运动的过程中，一部分被浮游动物滤食，另一部分则被细菌降解成为氨和小分子溶解有机氮。细菌在海洋有机物转化中的作用越来越被人所重视，对有关微生物环的研究也越来越多，产生的溶解有机氮在海洋氮循环中的作用也越来越不容忽视。

2. 氮元素的补充

海洋中氮的补充包括物理输入和生物输入两种方式。其中，物理输入主要通过大气沉降、水平输送和垂直混合3种途径。大气中氮的输入主要包括雨、雪及大气沉降，相对水平输送和垂直混合，其对营养盐的贡献要小得多。但在某些沿岸排放较少、降水量较多的海区，大气沉降比例则可能较大。比如，1989—1992年对德国湾的研究发现，河流输入占70%，而大气沉降占30%左右。在沿岸、河口及陆架区域，河流输入、沿岸的污水排放占营养盐输入的绝大部分，潮汐、风、对流扩散等作用影响其分布。比如，在纳拉甘西特湾，大约有99.5%的氮和99.7%的磷来自河流输入及污水排放；在沿岸或大洋上升流区或是存在有季节性温跃层的温带海域，海水的垂直混合也是表层氮元素补充的重要途径，富含营养盐的底层水通过垂直混合被输送到真光层，成为这些地区浮游植物营养盐的主要来源之一，并影响着浮游生物的季节变化。

（五）海洋中氮循环的基本过程

海洋中氮循环的基本过程如图5-4所示。海洋中无机氮的来源主要包括：海水中氮气与大气进行交换，固氮细菌通过固氮作用将海水中的氮气转变为生物学可利用的氮；河流等淡水输入带来了大量的硝酸盐和铵盐，这些新氮进入海洋生物学循环的总氮池。能被浮游植物所吸收利用的无机氮（硝酸盐、亚硝酸盐和铵盐）和有机氮（尿素等）在海水表层被浮游植物迅速吸收利用，变为蛋白质、核酸等生物大分子。这些生物大分子最终被微生物所分解并完成再矿化过程，无机氮则以氨盐的形式释放出来，从而完成氮元素的循环过程。在微生物代谢的过程中，硝化作用、反硝化作用均参与其中。

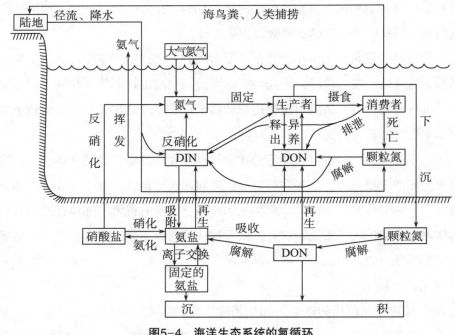

图5-4　海洋生态系统的氮循环

（引自Valiela，1995）

三、磷循环

磷是生物体中重要的营养元素之一。磷是核酸、细胞膜和骨骼的主要成分，而且生物体细胞内的一切生化作用所需的能量，都是通过含磷的高能磷酸键在二磷酸腺苷（ADP）和ATP之间的可逆性转化提供的。磷的作用不可替代。以前的研究并不认为磷是海洋中代表性的限制元素。但随着人类活动，含有较高氮磷比的营养盐进入海洋，在许多海区，磷也成为限制性因子。此外，磷元素也是赤潮暴发的重要原因之一。在海洋生态系统中，海洋生物对磷的利用状况能影响初级生产、种类分布和生态系统的生物组成。因此，磷循环是海洋生态系统生物地球化学循环中很重要的部分。

（一）海洋中磷的形态和分布

1. 海水中磷的形态和分布

海水中的磷主要包括溶解态和颗粒态的形式。溶解态磷主要包括溶解有机磷（DOP）和溶解无机磷（DIP）两种。DIP在大洋中约占总磷量的90%，主要以正磷酸盐的形式存在，其中磷酸氢盐约占87%，其次是磷酸盐约占12%，磷酸二氢盐的含量很少。溶解活性磷（SRP）是生物可利用的溶解磷，其主要成分是正磷酸盐，不过也包括一些其他无机磷及部分易水解的有机磷。值得注意的是，磷酸盐有两个重要的化学特性：一是在有氧条件下易被吸附在无定形氢氧化物、碳酸钙和黏土矿物颗粒上；二是磷酸盐离子能与钙离子、铝离子和三价铁离子等阳离子结合成难溶性沉淀物。DOP的成分比较复杂，主要是以磷核蛋白、磷脂及其分解产物的形式存在，来源于浮游植物活体细胞渗滤或死亡细胞自溶以及各种颗粒有机碎屑的分解。

DIP和DOP的含量在海洋中与深度及离岸远近有关，且两者的分布趋势并不相同。一般情况下，DIP的含量随着离大陆距离的增加而减小；DOP含量高值一般出现在近岸海域的表层水体中，随着离岸距离的增大和水体层次的加深而减小。在底层水体中，DOP含量一般维持在0.3 μmol/L以下。在近岸海域，DOP占总磷池的0～50%，而在外海海域，DOP对总可溶解磷（TDP）的贡献可达到75%。DOP含量的垂直分布则是表层最高。虽然表层中部分DOP可被细菌水解为DIP，浮游植物和自养细菌在DIP缺乏的情况下也会水解一部分DOP，但总体上，DOP在表层含量是最高的。随着深度的增加，DOP不断被细菌分解为DIP，其含量也不断降低，输入深海的DOP仅有一小部分（图5-5）。由于DOP中不同组分被矿化的难易程度并不相同，不同深度层的DOP组分不完全一致。

海水中的颗粒态磷（PP）主要为含有机磷和无机磷的生物体碎屑以及磷酸盐矿物

颗粒、吸附磷和海洋沉积物中磷。大洋中颗粒态磷含量的变化也与其深度和离岸距离有关。其数值变动范围较大，从0.03 μmol/L到＜l0 μmol/L。受河流输送的影响，近岸海域水体中颗粒态磷含量要高于大洋。在一些河口和海湾内，颗粒态磷含量较高，并成为磷的主要存在形态。颗粒态磷的含量在海洋水层中也具有明显的垂直分布，表层最高，在浅水区的真光层，颗粒态磷可占其总量的80%，随着深度增加，颗粒态磷不断被分解，含量下降，因此在深水层中的含量很低。

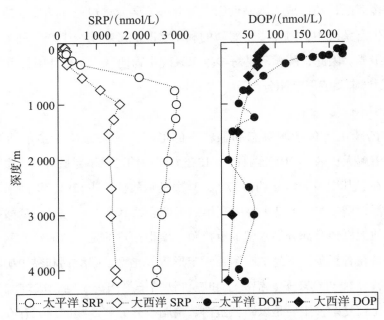

图5-5　太平洋与大西洋SRP与DOP含量的垂直分布图

（引自Paytan等，2007）

2. 沉积物中磷的形态和分布

沉积物中的磷包括有机形态磷和无机形态磷。有机形态磷（OP）主要包括与核酸、磷脂、磷蛋白等含磷有机化合物。无机形态磷的种类较多，成分也比较复杂，是指沉积过程中吸附在颗粒物表面的溶解性磷酸盐以及与水体中的铝、铁、钙、锰等金属离子结合的磷，包括不稳态磷、铁结合磷、铝结合磷、闭蓄态磷、钙结合磷（自生钙结合磷和原生碎屑磷）。一般认为，不稳定或弱结合态磷易进入水体被生物所利用；与铁、铝结合的非磷灰石磷是潜在的活性磷，在一定条件下也能进入水体被生物利用；而与钙结合的磷、惰性磷和有机磷则难被生物利用。

沉积物中磷的分布和埋藏率与沉积物的氧化还原状态密切相关。在氧化性沉积物中，由于富含铁和锰，当有机磷不断被分解释出溶解磷酸盐时，部分磷酸盐将通过吸附以及形成矿物而被消耗，因此在氧化型沉积层中磷埋藏率较高。而在还原性沉积物中，还原性环境会影响黏土表面对磷的吸附。此外，由于细菌的作用和硫化氢的存在，三价铁离子被还原为二价铁离子，这个还原过程导致一些无定形的氢氧化铁溶解，使之不能吸附磷酸盐，且三价铁离子被还原为二价铁离子后，其吸附磷酸盐的能力下降很多。因此，在还原性沉积物中，间隙水的磷酸盐浓度在一定深度范围内随深度增加而迅速上升。在沿岸浅海区，可能由于这里沉降的有机物丰富及氧化型沉积层较浅，这个垂直分布的特点特别明显（图5-6）。在氧化-还原界面附近及其上方也有一部分磷酸盐会与三价铁离子形成磷酸铁再沉淀或再吸附在无定性氢氧化物颗粒上，但总的来说，可溶性磷酸盐从还原性沉积中释出的速率要比再沉淀的速率快，因此还原环境中高浓度的溶解磷酸盐也会迁移（扩散）到其上方，从而补充到沉积物的上覆水中。在近岸区，这种溶解磷酸盐的向上扩散和补充对满足浮游植物的磷需求具有重要意义。

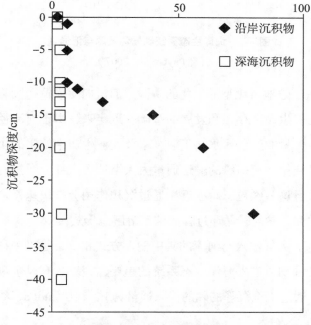

图5-6　沿岸和深海沉积物芯样中溶解磷酸盐浓度垂直分布图

（引自 Paytan 等，2007）

（二）海洋生态系统中磷的输入和损失

1. 磷的输入

海洋中的磷主要是通过陆地风化作用形成的。风化后的磷进入海洋主要通过以下途径：河流输送、大气沉降、火山活动等（图5-7）。

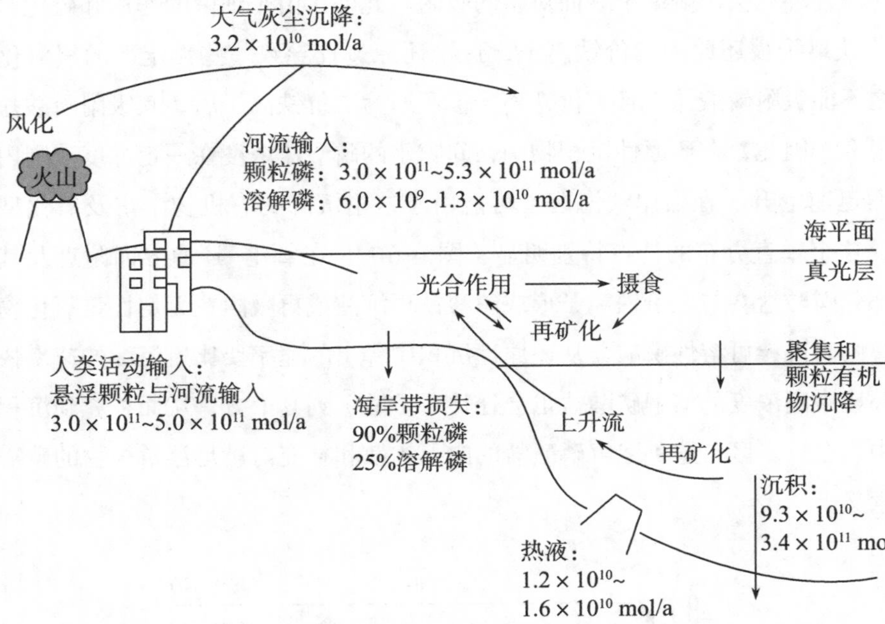

图5-7 海洋生态系统磷循环及源与汇通量

（引自 Paytan 等，2007）

（1）河流输送。陆地风化是最主要的磷源。河流向海洋输送大量的溶解态以及颗粒态磷，它们是有机生命体存在和发展的基础。近年来，由于河流径流量的变化以及人类活动的影响，大量的生活污水、工业废水及农业生产中使用的化肥通过排污和地表径流进入海洋，致使河流中磷的输送通量大大增加。大部分通过河流输入海洋的磷是颗粒态形式，并且这些颗粒态磷在近岸通过沉积作用会被快速移除。因此，大部分通过河流进入海洋并且参与磷循环过程的磷是溶解态形式。

（2）大气沉降。大气输入与河流的集中输入方式相反，是以一种分散的方式输入的。大气沉降是各种物质进入海洋生态系统的重要途径。含有风尘颗粒的气溶胶是海洋的另一个磷源。通过大气沉降的磷的输入通量为3.2×10^{10} mol/a，约占海洋中全部磷来源的5%。

矿物沙尘中磷的含量与地壳丰度相当。例如，撒哈拉沙尘中包含大约0.09%的颗粒态磷。大气气溶胶中的磷分为有机和无机两类，其中，无机磷主要与铁的氧化物结合或与铝、钙和镁结合形成难溶的气溶胶矿物。人类活动产生的磷源会结合许多溶解性成分。大气磷沉降直接进入表层海水，所以对近海富营养化有更为重要的影响，特别是在北美的大西洋沿岸。大气磷沉降对海洋的相对重要性随着离岸距离的增加而变得更强。例如，在寡营养盐区域，大气输入是上层海洋重要的磷源。

（3）火山活动。很少有研究表明火山活动是海洋生态系统潜在的磷源，但是火山活动产生的磷在短时间内对周边海域会有重要的影响。这种影响取决于火山爆发的量级和时间长度。磷在火山灰中的含量可以达到1%。随着离火山口距离的增加，海水中磷的浓度急剧降低，所以，火山活动对全球海洋磷输入的影响微乎其微。然而，火山活动对上层海洋磷的沉降有很大的区域性效应。

另外，海洋中磷的一个重要输入途径来源于人类活动。人类对含磷洗涤剂的大量使用导致生活污水中含有较多磷的生活污水、工业污水以及农业废水，都可通过地下水和河流进入海洋。据统计，人类活动通过河流和大气灰尘输入海洋的磷为 $30 \times 10^{10} \sim 50 \times 10^{10}$ mol/a，可能占河流输入海洋磷总量的一半。

2. 磷的损失

Delaney（1998）和Follmi（1996）指出，磷从水体中的去除主要通过沉积物的埋藏作用。磷从水体中的去除过程可分为4种：有机质的埋藏、黏土和金属氧化物的吸附共沉淀作用、磷灰石的埋藏、热液过程。磷由水体中向沉积物中输送最主要的途径是生物吸收和与下沉的颗粒有机物相结合。海洋沉积物是磷循环的主要储存库，磷主要以沉降颗粒物的形式输送到海洋沉积物中。总磷在开放海洋中的埋藏通量为 $9.3 \times 10^{10} \sim 3.4 \times 10^{11}$ mol/a。最终保留在沉积物中的磷主要以稳定矿物形式存在。如磷灰石，其在颗粒态无机磷酸盐中丰度最大。

磷从海洋离开主要是通过人类捕捞和海鸟粪的方式。海洋中盛产的大量鱼、虾通过人类捕捞方式，将海洋中的磷输出到陆地。据估计，每年通过这种方式返回的磷大约仅有 6.0×10^7 kg。在沿海地区，还会有大量的海鸟粪堆积在陆地。据估算，世界范围内，海鸟粪每年可以传输 1.0×10^8 kg海洋来源的磷到陆地。在19世纪初磷酸盐商业化生产之前，秘鲁就已经向很多国家出口鸟粪。尽管人们已经开采了大量的海鸟粪，但也有人认为，在全球范围内，海鸟粪在磷的返回循环中起的作用是有限的。

（三）海洋中磷循环的基本过程

海洋中磷循环的基本过程如图5-8所示。浮游植物通过光合作用吸收了海水中的无机磷后被浮游动物吞食。一部分有机磷转化为动物组织，再经代谢作用还原为无机磷释放到海水中，另一部分分解为可溶性有机磷排泄释放到海水中。溶解有机磷再经细菌的吸收代谢而还原为无机磷。部分磷在生物体的沉降过程中没有完全得到再生，而是随生物残骸沉积于海底，在沉积层中细菌的作用下，逐步得到再生而转化为无机磷。在沉积层和底层水中的无机磷又会由于上升流等水体运动被输送到表层海水，再次参与光合作用。海水中的磷由于沉积作用而损失的量，可被河水中携带的磷酸盐所补充。

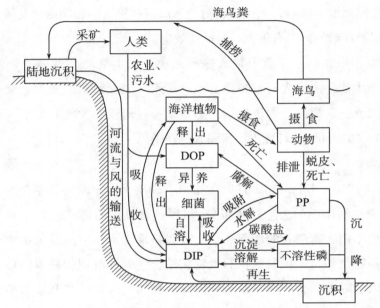

图5-8 海洋生态系统不同磷库之间的转换与循环

（引自Valiela，1995）

四、硫循环

硫是合成蛋白质的必需元素，也是生物原生质体的重要组分，约占生物体的1%。在生物体内存在的具生物活性的物质中，有不少属于含硫有机化合物，如维生素（生物素和硫胺素）、氨基酸（甲硫氨酸、半胱胺酸、胱胺酸、高胱氨酸和胱硫醚）、缩氨酸（谷胱甘肽）和氨基磺酸类（牛磺酸和磺基丙氨酸）等多种类别。在海洋生态系统中，硫还是控制氧化还原过程的主要因素之一，参与络合、交换、吸附、沉淀等一系列成岩过程。因而硫循环也是海洋生态系统的基础循环之一。

（一）海洋环境中的硫

海水中含有大量的硫酸盐，海洋沉积物中硫元素的储量也十分大，因此硫很少成为限制因子。在海水体系中有30余种硫的存在形式。含硫化合物既包括硫酸钡、硫酸铅、硫化铜等难溶的盐类，也有气态的二氧化硫和硫化氢。海洋沉积物中的硫可分为无机硫和有机硫两大类。无机硫的存在形态包括硫酸盐、硫化物和单质硫；有机硫主要是酯硫和碳键硫。硫酸盐是海水及沉积物（间隙水）中硫的主要存在形式，一般占总硫的99%以上。海水及海洋沉积物（间隙水）中硫酸盐在还原条件下，被还原为硫化物或其他低价硫，这种转变在海洋沉积物中广泛存在。大量研究表明，硫酸盐可在缺氧环境及在细菌（硫酸盐还原菌）作用下被还原为硫化物。硫化物还原最大速率发生在表层沉积物中，并主要由沉积物中所含有机质的数量决定。一般沉积物中有机质含量高，则硫酸盐还原速率大。硫化氢、硫氢根离子、硫离子及单质硫是海洋环境中除硫酸盐以外的另一类重要的无机硫的存在形式，一般不足总硫的1%。其数量虽小，但与生物活动密切相关。海底沉积物中的硫化物一部分是自生的，地层岩石中含硫铁矿的矿物经海水侵蚀溶解，在缺氧条件下被还原为硫化物；另一部分是外源的，陆地硫污染物在雨水的长期冲刷下随着江河径流流入海洋，沉积到底质中。一般高含量硫化物的区域显示着有陆源硫污染物的输入。

（二）海洋中硫循环的基本过程

硫循环是复杂的生物地球化学循环之一。它既有一个长期的沉积阶段，又有一个短期的气体型循环阶段，即包括气体型循环和沉积型循环两个重要的生物地球化学过程。这是由硫的生物地球化学基本特征所决定的，也是地球化学与生态化学过程和生物学过程相互作用的结果。

海洋硫循环的主要过程如图5-9所示。沉积物中的硫酸盐通过自然侵蚀、风化或生物的分解以盐的形式进入陆地和海洋。同时，通过化石燃料的燃烧、火山爆发和微生物的分解作用，有相当多的硫以二氧化硫或硫化氢等气态形式释放到大气中，这些含硫化合物最终溶于水成为弱酸，随降雨到达地面和海洋。海水中的溶解态硫主要以硫酸根的形式被植物所吸收利用，某些生物的还原作用将硫酸盐还原为硫离子，成为体内某些氨基酸等含硫有机物的重要成分，进而被各级消费者所利用。动植物死亡后，其尸体在有氧环境下通过微生物分解，又能将硫离子氧化成硫酸盐的形式释放到土壤或大气中，供生产者吸收利用；在缺氧条件下，分解的产物为硫化氢，硫化氢再通过细菌的作用氧化为生物可以吸收利用的硫酸盐形式。这样就形成一个完整的循环。

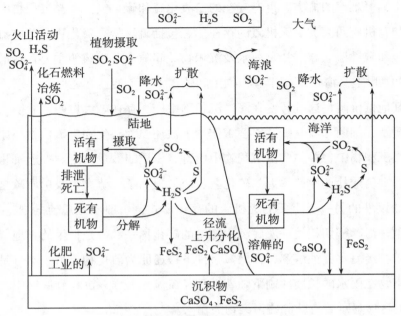

图5-9 硫的全球循环

（Ehrlich等，1987）

（三）海洋中的二甲基硫及其对环境的影响

1. 海洋中二甲基硫的产生与转化

海洋中有多种有机硫化物，包括二甲基硫（dimethyl sulfide，DMS）、甲硫醇（CH_3SH）、二硫化碳（CS_2）、羰基硫（COS）、二甲基亚砜（DMSO）、二甲基二硫（DMDS）、苯并噻吩（BT）、二苯并噻吩（DBT）等。其中，DMS占海洋中硫释放量的55%~80%，占全球天然硫排放源的50%以上，是海洋排放的最重要的挥发性硫化物。世界不同海域中DMS的浓度和通量如表5-2所示。

表5-2 世界不同海域中DMS的浓度和通量

区域	面积/（×10⁶ km²）	平均浓度/（nmol/L）	总通量/（×10¹² g/a）（以S计）
沿岸和赤道上升流区	86.5	4.9	6.4~22.4
沿岸陆架海域	49.4	2.8	3.2~6.4
热带低生产力海区	148.3	2.4	6.4~19.2
温带海区	82.8	2.1	3.2~9.6

引自吴萍等，2001。

海水中的DMS主要来自海洋浮游植物释放，是其前体二甲基磺基丙酸（DMSP）

分解产生的。已有许多学者证实，一些大型海藻和微型藻中存在DMSP。例如，Reed等（2016）发现87.5%以上的绿藻含有DMSP；Laroche等（1999）的研究表明，DMSP通常在双鞭甲藻、金藻以及石灰质鞭毛虫中浓度较高。但是DMSP只有10%左右转化为DMS。未经转化的DMSP可经过浮游动物对浮游植物的摄食行为进入海水，在微生物作用下转化为DMS。

海水中DMS的生成和降解过程如图5-10所示。海水中的DMS一旦生成，立即受各种作用而被转化、降解或排放到大气中。海洋DMS的去除主要有3个途径：光化学氧化、海气交换和微生物降解。在全球范围内，DMS海-气通量呈现明显的季节变化，且与海水表层的DMS浓度正相关。DMS进入大气的通量取决于海水DMS浓度、海水温度及海面风速。虽然海气交换能够排放一部分DMS，但研究表明，微生物降解才是海水中DMS去除的最主要途径。已有文献报道DMS在缺氧或者在富氧环境下，均可被细菌氧化和代谢。Dacey等（1987）对近岸盐塘中甲基硫化物循环的研究发现，通过微生物作用消耗的DMS是海-气通量的8倍。Kiene等（2000）报道，在太平洋的热带海域，DMS的微生物降解速率比海气交换速率大3～340倍。

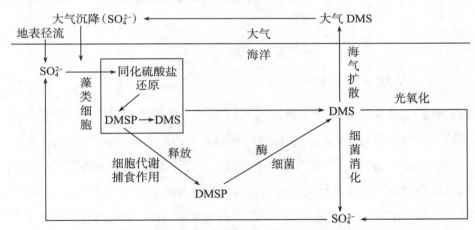

图5-10　海水中DMS的生成和降解过程

（引自蒋林，1997）

2. DMS的释放对环境的影响

DMS的氧化产物二氧化硫、硫酸盐和甲磺酸（MSA）是酸性物质，能够影响大气气溶胶及降雨的酸碱度。在远离石油燃烧区域，这些化合物是合成酸性物质的主要来源。DMS氧化产物对雨水酸性的贡献率在各个地区不尽相同，在污染严重的地区相对较小，而在遥远海域上空则为主要贡献者。Putaud等（1992）在阿姆斯特丹岛观测得出非海盐硫酸盐（NSS-SO_4^{2-}）和MSA对酸雨的贡献率为40%。可见，DMS对雨水酸性的贡献相当可观。

DMS的大气氧化产物是远离陆地海域微米以下气溶胶颗粒的主要来源。DMS进入大气后，主要被羟基自由基氧化为NSS-SO$_4^{2-}$和MSA。这些气溶胶颗粒可充当云的凝结核，通过散射和直接吸收辐射直接影响气候，还通过改变云的漫反射系数间接影响气候。据估计，可作为云凝结核的气溶胶粒子每增加30%，地表温度就会降低约1.3℃。Charlson等（1987）认为DMS、海洋浮游植物和大气环境之间存在相互作用，海洋浮游植物可起到对大气气候的控制作用，而大气气候反过来又会影响海洋浮游植物的生长和DMS的产生。海水排放到大气中的DMS及其在大气中的氧化产物形成的气溶胶使云的反照率升高，导致地表温度及海水温度下降，使气候受到影响，结果是降低了浮游植物的初级生产力，DMS排放亦减少。因此，此过程被认为是控制地球温度的负反馈系统，海藻和云之间的关系代表一种气候调节机制。

第二节　生物地球化学循环的定义和研究进展

一、生物地球化学循环的定义

综合性的"生物地球化学"研究领域的形成，最初源于有机地球化学研究，其旨在阐述生物体及其分子的沉积有机物的来源。生物地球化学循环（biogeochemical cycle）是全球生态系统最大范围的物质循环。生态系统的物质循环是在环境、生产者、消费者和分解者之间进行的，而生态系统之间各种物质或元素的输入和输出以及它们在大气圈、水圈、土壤圈、岩石圈之间的交换就叫作生物地球化学循环。生物地球化学循环涉及生物、化学及地质过程的相互作用，其决定了生态系统中不同贮库元素的源、汇及通量。

在研究中，一般采用基本的箱式模型来分析不同尺度下的元素循环过程。因此，首先要了解箱式模型中的不同术语。例如，贮库是由物理、化学和生物特性确定的物质的数量（M）。在箱式模型中，定量贮库中物质数量的单位通常为质量或摩尔。通量（F）被定义为一段时间内物质由一个贮库转移到另一个贮库的量［（质量/时间或质量/（面积·时间）］。源（S_i）被定义为物质输入贮库的量，而汇（S_o）则为物质输出贮库的量（大多情况下，其与贮库的大小成比例）。更新时间是指贮库中所有物质移出或者元素在贮库中逗留的平均时间。而收支从根本上讲是对贮库中所有与物质周转有关的源和汇进行"核算与平衡"（图5-11）。

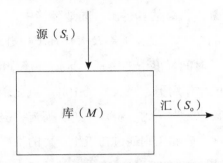

源（S_i）

库（M）

汇（S_o）

图5-11　用于生物地球化学循环研究的箱式模型图

（引自Bianchi，2016）

在生物圈尺度下，开展生物地球化学循环的研究具有重要的意义。特别是近年来与全球变化紧密相关的气体、颗粒物等所含元素（如碳、氮、硫、磷、硅）的循环过程得到了广泛关注。人们更加深入地了解各元素的生物地球化学循环过程，对其展开了从来源到去向的一系列流动过程以及在人类活动驱动下的变化及响应的探究。但人们逐渐发现，各元素的生物地球化学循环并不是独立存在的，而是相互耦合共同进行的，发生在大气、土壤以及海洋中的生物地球化学循环也是紧密关联的。

二、海洋生物地球化学循环的研究进展

海洋生物地球化学循环，已经成为海洋生态学研究的一项核心内容。除了第一节讲述的海洋重要元素循环外，海洋生物地球化学循环的研究也开始逐渐聚焦到一些主题中去，列举如下。

（一）生物地球化学循环过程中各元素的耦合

化学计量被定义为化学反应中各物质的量的相互关系。作为将化学计量用于自然生态系统中的最好例证，雷德菲尔德的经典研究发现，大多数海洋浮游植物基质中碳、氮和磷的含量具有相对稳定的物质的量的比，即106：16：1。这一关系不仅表明了海洋生物可以影响全球海洋的化学组成，还让人们重新认识了海洋生物特别是浮游植物在生物地球化学循环中的重要作用。雷德菲尔德早期的工作无疑是历史上将化学海洋学与生物海洋学结合在一起的最重要的发现，同时也将碳、氮和磷元素作为一个体系进行考虑。而且，近年来通过改进后的不同分析方法获得的数据，进一步验证了雷德菲尔德提出的比值。

硅是地壳中含量位居第二位的元素，但作为生物地球化学循环中的重要元素，

硅在陆地和海洋环境中有着不一样的比例。通过雷德菲尔德化学计量比得出海洋植物中硅：碳为0.15，这一比例是陆地植物的7~8倍。硅的生物地球化学循环过程耦合着碳、氮、磷、铁等元素。粗略估算得出，陆地环境中，碳-硅耦合所参与的初级生产力约占总初级生产力的1.5%，而在近岸及大洋环境中硅参与了4.5%的初级生产力的生产。如果考虑在较长时间尺度下的变迁，地质环境中的碳-硅循环过程主要表现为硅酸盐矿物质在化学风化作用下，吸收大气中的二氧化碳，释放出可溶性硅（主要以硅酸的形式存在）及其他元素（钙、磷等）进入河流，但这一过程是极为漫长的。以百年或十年为时间尺度，硅和碳则通过初级生产力的生产或者矿化作用，按雷德菲尔德化学计量比保存在陆地或水生环境的库中。显然，在库的输入或输出过程中存在着许多生物过程参与的再循环。例如，通过硅藻的生产过程，自河流输入到海洋中的硅被转化为生物二氧化硅沉淀，形成一个巨大的生物硅储库，但其中只有很少一部分（3%）被埋藏。硅藻代表了50%的全球初级生产，其形成的细胞壁外壳由生物硅或蛋白质组成。然而，人类的活动如入海河流上水坝的修建则改变了可溶性硅向近海的输送，这也造成了分泌碳酸盐的颗石藻与硅藻在浮游植物群落中丰度的改变，以及近岸碱度和pH的改变。一旦可溶性硅的供应减少，硅藻的生产就会降低，其他浮游植物类群将取代硅藻。例如，大西洋东北部的北海海域近年来极易暴发有毒甲藻的有害藻华；切萨皮克湾的硅限制则导致硅藻快速减少而蓝藻增加；与此相类似的是，从20世纪80年代，据估计密西西比河的可溶性硅含量降低了50%，这也使得路易斯安那州近岸海域的硅藻受到了硅限制。有害藻华的暴发同硅氮比和硅磷比的降低有关，许多常见的原因种类为有毒甲藻、定鞭金藻和一些产毒硅藻，如澳大利亚伪菱形藻（*Pseudo-nitzschia australis*）。

（二）微生物和浮游植物驱动下的生物地球化学循环

参与生物地球化学循环的有机物可以根据来源进一步划分为由异养生物（如动物和真菌）和自养生物（如维管植物和藻类）产生的两类，它们又分别属于原核生物（单细胞生物，不具有核膜和染色体形式的DNA）或者真核生物（单细胞和多细胞生物，具有核膜和染色体形式的DNA）。较早的五界分类系统现已被基于核酸碱基序列的三域分类系统所取代。包括真细菌（细菌）和古菌在内的原核生物是近海驱使有机物分解循环的重要微生物种群。古菌是近年来才被认识的第三大类微生物，该类微生物具有在极端环境中生存的特性，如厌氧产甲烷菌和嗜盐菌。

关于微生物在有机物生物地球化学循环过程中的最新研究体现在环境微生物群落的组成，以及群落中用于分解和生成特殊物质（如几丁质）的酶及其活性，降解复杂有机物并产生一碳化合物（甲烷、二氧化碳等）参与生物地球化学循环的过程。还有研究关注了环境条件变化如何改变微生物活性，这可以为全球变化大背景下的微生物群落组成及丰度的变化及响应过程提供新的认识。此外，还有研究重点关注了微生物在有机物生产及降解过程中与微生物之间的相互作用，产生易挥发生源信号的过程，以及产甲烷菌和硫酸盐还原细菌的群落组成等。

浮游植物也是有机物的生物地球化学循环的重要组成。近岸海区的浮游植物优势类群主要包括硅藻门、隐藻门、绿藻门、甲藻门、金藻门和蓝细菌，而这些浮游植物的丰度和组成的变化主要由河流的径流输入、营养盐、潮汐变化、藻类呼吸作用、光可利用性、水平交换和捕食者的消耗所控制。氮元素通常是限制浮游植物生长的主要元素，氮限制可与磷限制交替发生或氮、磷共限制。因为不同的浮游植物对营养盐的需求有所差异，所以不断增加的营养盐输入和营养盐比值变化能够改变浮游植物的种类组成和演替。例如，高营养盐的输入通常会导致硅藻和小型鞭毛藻占优势。而近年来，人类活动产生的有机氮尿素对近岸生态系统影响巨大，并增加了有害藻华的暴发频次。由尿素所引发的有害藻华包括在墨西哥近岸暴发的多边舌甲藻（*Lingulodinium polyedrum*）、在法国南部索泻湖暴发的链状亚历山大藻（*Alexandrium catenella*）以及在美国纽约长岛暴发的抑食金球藻（*Aureococcus anophagefferens*）。因此，浮游植物在贡献初级生产力的同时，产生的碳链结构不仅作为物种间营养关系的物质基础，参与生物体内的循环代谢途径，还作为"介质"驱动其他各元素的流动与迁移，耦合并分流各元素的循环过程，为生物圈中生物地球化学循环提供物质基础和动力。

（三）全球变化背景下的生物地球化学循环

初级生产以碳链为物质基础，因此碳元素是地球上生命的关键元素。碳主要储存在地壳中，大部分是无机碳酸盐，其余为有机碳。根据碳库周转时间的巨大差异，全球碳循环可以分为短期碳循环和长期碳循环。碳酸盐储库则可以分为两个主要的子库：海洋中的DIC（包括碳酸、碳酸氢盐和碳酸盐）和固体碳酸盐矿物（如碳酸钙、碳酸铁）。近年来，人们对全球碳循环的兴趣很大程度上源于环境问题，如与碳有关的温室气体及其在全球变化中的作用。短期碳循环很大程度上受控于两个过程：自养生物通过光合作用吸收固定无机碳；异养生物以有机碳为食物，将有机碳以无机碳的形式再循环至系统中。短期碳循环允许碳在岩石圈、水圈、生物圈和大气圈之间以几天到几千年的周期迁移。而长期碳循环涉及碳进入和迁出岩石圈导致的大气二氧化碳变化。

除了肥料之外，氮元素也越来越多地用于尼龙类等工业产品，但在此之前很少有人注意到大量的工业制氮造成的后果。对氮库的研究发现：从1960年到2008年，全球的氮排放量从每年2.5 Tg上升到25.4 Tg，相应的氮氧化物等物质主要来自化石燃料的燃烧。因此，人类活动显著改变了全球氮循环的通量，而氮氧化物的通量增加则导致光化学烟雾和酸沉降。工业固氮（如哈伯-博施制氨法就是通过工业过程将氮气转化为氨气）使得世界范围内从土壤和污水输入河流和海洋的氮增加，并造成了这些水生态系统严重的富营养化问题。由于许多河口处于氮限制状态，所以由径流输入近岸水域的氮通常会导致初级生产的增加。这不但会引起有害藻华的暴发，严重时还会造成水体缺氧。

磷是水生态系统中研究最充分的营养盐之一，这是因为从生态和地质时间尺度上看，磷都起到了限制初级生产的作用。磷与生物之间另外一个重要的联系是，它是构成遗传物质（DNA和RNA）、细胞膜（磷脂）和能量转化分子（ATP）的一种必不可少的基本成分。因此，近几十年来海洋中的磷，尤其是涉及收支平衡中的源和汇都受到了广泛关注。向通常为氮限制的河口输入过量的氮，则会转变为磷限制。这种情况下磷会限制初级生产，氮和磷的比值会超过16:1，但氧化还原条件的改变所引起的沉积物产生的磷向水体的扩散又会进行补充。例如，氮元素的增加造成磷限制后，在氮输入的早期产生的植物碎屑会因表层沉积物缺氧而再矿化，增强磷从沉积物向上覆水体的释放，从而再次促进初级生产。许多沿海地区一直承受着大量人为来源的磷输入，某些地区甚至比工业革命前要高10~100倍。

作为另一种参与生物地球化学循环的重要元素，硫大部分存在于岩石圈，但水圈和生物圈之间存在着重要的相互作用，并发生硫的迁移。例如，海水中的硫酸盐会被浮游植物还原为硫化物，形成DMSP。DMSP又会被转化为挥发性的DMS并进入大气。全球进入大气的硫通量中约50%源于海洋DMS的释放。DMS在大气中被氧化形成硫酸盐气溶胶，这能够影响全球的气候模式。控制DMS从海洋真光层释放的关键过程是细菌代谢、垂直混合及光化学反应，而DMSP还可以起到调节藻类细胞渗透压的作用。

本章小结

在本章的学习中，需要掌握海洋中主要元素碳、氮、磷和硫在海洋生态系统中的循环过程，以及生物地球化学循环的定义和发展现状。

思考题

（1）海洋碳库的主要来源和去向是什么？碳在海洋中是怎样运输的？海洋中碳循

环的基本过程是什么？

（2）海洋氮库和磷库的主要来源和去向是什么？海洋中氮循环和磷循环的基本过程是什么？

（3）海洋硫循环的基本过程是什么？海洋中的DMS与气候的关系是怎样的？

（4）什么是生物地球化学循环？海洋生物地球化学循环的最新研究进展有哪些？

拓展阅读

Bianchi T S. 河口生物地球化学［M］. 于志刚，等译. 北京：海洋出版社，2016.

Canfield D E, Glazer A N, Falkowski P G. The evolution and future of Earth's nitrogen cycle［J］. Science, 2010, 330（6001）: 192−196.

Engel M H, Macko S A. Organic geochemistry: principles and applications［M］. New York: Springer New York, 1993.

Falkowski P, Scholes R J, Boyle E, et al. The global carbon cycle: a test of our knowledge of earth as a system［J］. Science, 2000, 290（5490）: 291−296.

Galloway J N, Aber J D, Erisman J W, et al. The nitrogen cascade［J］. BioScience, 2003，53（4）: 341−356.

Sterner K W, Elser J J. Ecological stoichiometry: the biology of elements from molecules to the biosphere［M］. Princeton: Princeton University Press, 2003.

海洋生物生态类群篇

本篇分别从浮游植物、浮游动物、底栖植物、底栖动物、游泳生物和海洋微生物6部分进行介绍。

第六章　浮游植物

　　本章主要介绍了海洋浮游植物的主要生态类群，浮游植物在海洋中分布的一般规律和随季节的变化，海洋中各种环境因子的变化对浮游植物的影响，以及海洋污染和浮游植物之间的相互作用。

　　浮游生物（plankton）是指那些在水流的作用下，被动地营漂浮生活的水生生物。海洋浮游生物种类繁多，数量庞大，分布广泛。它们具有一些共同的基本特征，如缺乏发达的运动器官，没有或具有微弱的运动能力，只能随波逐流。另外，多数浮游生物的个体很小，需要借助显微镜才能观察识别；但也有少数种类个体庞大，被称为巨型浮游生物，如北极霞水母（*Cyane capillata*）伞的直径可超过2 m，火体虫（*Pyrosoma*）的柱形群体长达18 m。

　　浮游生物是一个庞大而复杂的生态类群，根据不同的分类标准可划分为许多类别。（见插文）

浮游生物的划分

　　浮游生物是海洋生物中营浮游生活的生态群。

　　一、依营养方式划分

　　（1）利用日光能，自身合成有机物的浮游生物称为浮游植物。根据其所含主要种类，可以主要种类命名，如以角毛藻为主，称为角毛藻浮游生物，而以甲藻为主的，则称为甲藻浮游生物。

（2）营滤食或捕食生活的浮游生物称为浮游动物。有以甲壳类为主的，称为甲壳浮游生物等。

二、依大小划分

（1）巨型浮游生物（megaplankton）：个体粒径大于2 cm，如僧帽水母、霞水母、海蜇等。

（2）大型浮游生物（macroplanton）：个体粒径为2~20 mm，如大型甲壳类、毛颚类、海樽类等。

（3）中型浮游生物（mesoplankton）：个体粒径为200~2 000 μm，如一般小型水母、桡足类浮游幼体等。

（4）小型浮游生物（microplankton）：个体粒径为20~200 μm，如某些硅藻、甲藻、原生动物等。

（5）微型浮游生物（nanoplankton）：个体粒径为2~20 μm，如微型硅藻、微型甲藻等。

（6）微微型浮游生物（picoplankton）：个体粒径小于2 μm，如细菌等。

三、依分布状况划分

1.依水平分布划分

（1）近岸性浮游生物（neritic plankton）：栖息于沿海（盐度较低）的浮游生物。

（2）远洋性浮游生物（oceanic plankton）：栖息于大洋区（盐度较高）的浮游生物。

2.依垂直分布划分

（1）上层浮游生物（epiplankton）：栖息深度小于100m的浮游生物。

（2）中层浮游生物（mesopelagic plankton）：栖息深度为100~400 m的浮游生物。

（3）下层浮游生物（hypoplankton）：栖息深度大于400 m的浮游生物。

在大洋里，下层浮游生物还包括深海浮游生物（bathypelagic plankton）等。

四、依对光照的适应性划分

（1）光明性浮游生物（phaoplankton）：栖息深度小于30 m。

（2）稍暗性浮游生物（knephoplankton）：栖息深度为30～500 m。

（3）暗性浮游生物（skotoplankton）：栖息深度大于500 m。

在上层浮游生物中，夜间表面性浮游生物（nyctipelagic plankton）仅在夜间出现在表层。

五、依生活史中浮游阶段长短划分

（1）永久性浮游生物（holoplankton）：一生在水中营漂浮生活的浮游生物，也称为终生浮游生物或真浮游生物。大多数浮游生物属于这一类。

（2）阶段性浮游生物（meroplankton）：在生活史中仅某一阶段营浮游生活的生物。例如，水螅水母类水螅体营底栖生活，水母体营浮游生活。另外，一些底栖或游泳生物幼虫营浮游生活，成体改营底栖或游泳生活。这类浮游幼虫因常周期性地在一定季节出现（主要在春、夏、秋三季），故又被称为季节性浮游生物。

（3）暂时性浮游生物（tychoplankton）：这类生物原非浮游种类，有时会短暂地营浮游生活。例如，有些底栖性的藻类，受到潮汐或海流的作用，被输送到水层中，营暂时性的浮游生活。这类浮游生物也称为偶然性浮游生物或假性浮游生物。

第一节　浮游植物简介

一、浮游植物的定义

浮游植物（phytoplankton）是指生活在水层中，个体微小，缺乏发达的运动器官，没有游泳能力或游泳能力微弱，营随波逐流的漂浮生活的单细胞藻类或群体（图6-1）。

浮游植物是海洋浮游生物的重要组成部分，能利用光能合成有机物，是海洋生态系统中的主要初级生产者，在海洋食物网的能量传递和物质转换过程中起着重要作用，是海洋浮游动物、贝类、甲壳类、鱼类以及须鲸类直接或间接的饵料，支撑着海域生产力和渔业资源。

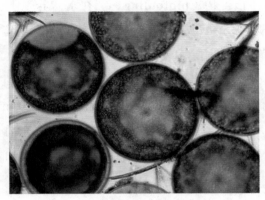

图6-1　浮游植物

二、浮游植物的主要类群

海洋浮游植物是一个复杂多样的生态类群，主要包括硅藻、甲藻、蓝藻、金藻、绿藻、隐藻、定鞭藻等。

（一）硅藻

硅藻（图6-2）包含种类丰富的单细胞藻，有些聚集成群体。其细胞结构与其他藻类有明显区别：一是细胞壁由两个大小稍有差异的壳似培养皿那样套合而成；二是细胞壁高度硅质化，并形成具有物种特异性的结构。

硅藻细胞内有1到数个色素体，色素体中含有叶绿素a、叶绿素c_1、胡萝卜素、δ-胡萝卜素、ε-胡萝卜素、硅甲藻素、硅黄素和岩藻黄素。硅藻的光合作用产物（储藏物质）以金藻昆布糖和油脂为主。

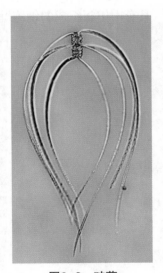

图6-2　硅藻

海洋硅藻约有300个属12 000个物种，其中的大多数是现存种。地球上有阳光、有生物生存的地方几乎都有硅藻出现，但硅藻主要分布在水域中。它们中的一些种类只能生活在淡水中；另一些种类只能生活在海水中。硅藻根据生活习性可分为浮游硅藻和底栖硅藻两大类，前者在水体中漂浮，后者则附着于水底岩石、沙、泥、其他物体或生物体体表。

浮游硅藻为海洋浮游植物的主体，是海洋动物特别是其幼体直接或间接的饵料，为海洋中有机物的主要生产者，其数量是海洋初级生产力的一个重要指标。但某一种类硅藻繁殖过盛时，即导致赤潮的产生，造成生态危害。此外，一些营附生生活的种类是主要的污损生物（biofouling）。在水产养殖上，附生硅藻如曲壳藻（*Achnanthes*）、针杆藻（*Synedra*）、楔形藻（*Licmophora*）等常大量附着在养殖紫菜的网线上，阻碍紫菜孢子的附着和小芽的生长。

硅藻中有些种类可为人们探索海流和水团的来源和流向提供依据。硅藻死亡后的遗骸——外壳大量沉积于海底，形成厚度不等（有的可达200 m）的沉积层，即硅藻土。硅藻土是用途很广的工业原料，例如作为过滤剂、填充剂、金属或木材的磨光剂、保温和绝热材料等。同时，硅藻土也为研究地层的历史和古代海洋提供了必要的资料。

（二）甲藻

甲藻（图6-3）是重要的海洋浮游藻类之一，因具有两条形态和运动完全不相同的鞭毛，故又称为涡鞭毛虫。甲藻种类多、分布广，在海水、半咸水及淡水中均有分布。有的甲藻寄生在鱼类、无脊椎动物（如桡足类）体内，也有的与放射虫、刺胞动物共生。大多数甲藻为海洋种，在世界各海域几乎都有分布，以热带海域种类最多。寒带海域甲藻种类虽较少，但有时数量很大。远洋的种类多为无甲类，近海种类大多具有由甲板组成的细胞壁。

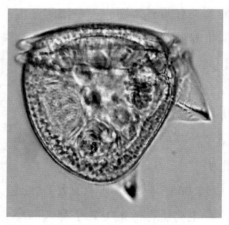

图6-3　甲藻

（引自杨世民等，2014）

甲藻同硅藻一样，为小型海洋动物的重要饵料，其种类和数量仅次于硅藻，其数量可作为海洋生产力的指标之一。甲藻死亡后大量沉积到海底。生油层中的主要化石均为甲藻死亡后形成的。石油勘探中常把甲藻化石作为地层对比的主要依据。此外，不少甲藻具有发光能力，对海洋捕捞、航海及军事等均有影响。自然海水中甲藻过量繁殖，往往使水体变色，发出腥臭的气味，形成赤潮（图6-4）。甲藻是主要的赤潮藻，如原多甲藻属（*Protoperidinium*）、裸甲藻属（*Gymnodinium*）、亚历山大藻属（*Alexandrium*）及原甲藻属（*Prorocentrum*）的某些种和夜光藻（*Noctiluca scintillans*）等。赤潮的发生导致海水透光率降低、海水黏度增大、溶解氧减少、大量海洋动物窒息。有些甲藻可产生毒素并释放到水中。毒素在摄食这些有毒甲藻的浮游动物和滤食性贝类体内累积并通过食物链传递和富集，危害海洋动物及人类的健康。

在约4 000种海洋甲藻中，有约60种是有毒的。它们有以下特征：① 主要是自养型河口和浅海性种；② 大部分存在底栖的有性休眠阶段；③ 大部分有较强的竞争能力而形成单一的浮游植物种群；④ 产生的水溶性和脂溶性生物活性物质都是化学结构和转换状态依赖型的溶胞性、溶血性、肝毒性和神经毒性的毒素。

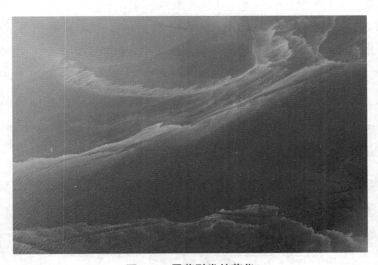

图6-4　甲藻引发的藻华

（三）蓝藻

蓝藻（图6-5）有4 000余种，其中海洋种类700余种，是简单的具有叶绿素的自养生物。浮游蓝藻为单细胞个体或多细胞群体。蓝藻大多能分泌胶质，包于单细胞个体或一团细胞外。蓝藻是原核生物，没有完整的细胞核结构，没有核膜、核仁，仅有核质集结在细胞的中央区；没有鞭毛和色素体等细胞器；生活史中没有有性繁殖和具鞭毛的生殖细胞。

　　蓝藻具有极大的适应性，这与蓝藻细胞被有胶质鞘有关。从赤道到两极，从海洋到陆地，从江河、湖泊、洼地到高山地带，从水温高达85 ℃的温泉到雪地冰川，都有蓝藻分布。绝大多数蓝藻是淡水种和陆生种。分布于海洋中的蓝藻种类较少，且多出现在暖海域。蓝藻喜欢高温，常在温暖的季节大量出现。其对酸性环境耐受能力较弱，多生长在含氮量高、有机物丰富且呈碱性的环境中。

　　蓝藻的生活习性多样化：有的物种在水体内漂浮；有的物种附着或定生在水生动、植物体表或水体底质表面；有的物种生活在陆地阴湿的岩石上、树干上及土表或土壤中；少数物种还生活在植物体内，如与菌类共生为地衣。

　　海洋中，营定生生活的蓝藻大多数分布在中潮带。蓝藻和细菌共同组成复杂的成层的垫状结构——藻垫。藻垫有稳定底质的作用，对盐田防止海水渗透、提高盐的质量和产量有重要作用。蓝藻也是红树林、盐湖群落中的重要组成种群。生活在红树林和开放的潮间带海域、可育和不育的异形胞蓝藻团块具有较高的固氮酶活性，而且生活在阳光充足环境下固氮产物含量要比在荫蔽环境下高。

　　营浮游生活的蓝藻在近海、大洋都有分布。红海是由于红海束毛藻（*Trichodesmium erythraeum*）大量生长引起海水呈现红色而得名的。此种蓝藻在我国各海域都有发现，也是引起赤潮的物种之一。在非洲西海岸，蓝藻是引起赤潮的主要物种。林氏水鞘藻（*Macrocoleus lyngbyaceus*）具有毒素，不仅能使鱼类中毒，也能引起人的皮肤反应。在我国，这种蓝藻仅在青岛海域发现。螺旋藻（*Spirulina* sp.）（图6-6）已被开发为保健食品，可进行工厂化生产。

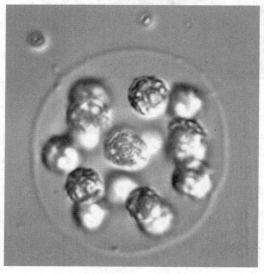

图6-5　蓝藻

图6-6　螺旋藻

（四）金藻

金藻（图6-7）物种多为单细胞个体或群体，少数为丝状体。能运动的金藻几乎都没有真正的细胞壁，仅有固定形状的周质膜。有细胞壁的物种，细胞壁主要由果胶质、纤维素组成；相当数量的物种还具有由二氧化硅、碳酸钙组成的鳞片。大多数金藻有一个或两个片状、侧生的色素体。色素的成分是叶绿素a、叶绿素c、β-胡萝卜素和两种叶黄素（泥黄素和岩黄素，合称为金藻素）。因胡萝卜素和金藻素在色素体中所占比例较大，通常藻体呈金

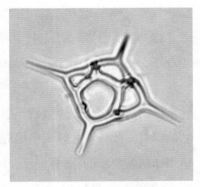

图6-7　金藻

褐色、黄褐色或黄绿色。主要的光合作用产物为金藻昆布糖和油脂。能运动的个体一般具有1～2条顶生、等长或不等长的鞭毛，罕有3条鞭毛。在鞭毛的基部有2个以上的液泡，有的种类具有眼点。

金藻主要分布在淡水环境中。海水中生活的种类相对较少，主要是钙质鞭毛类（Coccolithophyceae）和硅质鞭毛类（Dictyochales）。金藻营浮游或底栖生活，海洋种在潮间带亦有分布。金藻大多数物种对于环境的改变非常敏感。

海洋浮游金藻大多数种类为裸露的运动细胞，适于海产动物幼虫或幼体所摄食、消化、吸收。因此，有些种类的金藻已人工大量培养，作为经济海产动物人工育苗的良好饵料。

（五）绿藻

绿藻（图6-8）物种通常为绿色。细胞壁含有纤维素和果胶。色素体所含色素主要为叶绿素a、叶绿素b、叶黄素及胡萝卜素，以叶绿素占优势。多数种类的色素体内部具有1至数个淀粉核。绿藻的光合作用产物是淀粉，分散于细胞质中，遇碘液呈暗紫色或褐色。绿藻的这些细胞学特征都与维管束植物相似。与其他藻类相比，绿藻与维管束植物的亲缘关系更近。

绿藻物种的游动细胞一般具有2根或4根等长的鞭毛，常具有一橘红色眼点，眼点多位于细胞前侧面。绿藻普遍存在有性繁殖方式。

绿藻约90%的物种生活在淡水环境，仅有约10%为海水种类。石莼目（Ulvales）与管藻目（Siphonales）是典型的海生绿藻。

生活在海洋里的许多绿藻物种在地理分布上的主要限制因素为水温。生活在淡

水中的绿藻，除鼓藻类和少数热带物种的分布受地理限制外，大多数能在世界各地生存。只要有水的地方，就可能发现绿藻。

绿藻被沿海居民利用的历史是很悠久的。有些种可食用，如浒苔（*Enteromorpha*）、石莼（*Ulva*）、礁膜（*Monostroma*）等。近来研究发现，淡水生的小球藻及海水生的扁藻，都含有丰富的蛋白质，可作为高营养食品。多数绿藻可作为牲畜、家禽的饲料。多数营浮游生活的单细胞绿藻是水生动物的饵料。此外，从绿藻中提取的胶质可代替阿拉伯胶、糊精用作制备胶水的原料。

海洋浮游绿藻生活于浅水中，以春、秋两季生长旺盛。在夏季水温高、日光强和冬季水温低的情况下，其生长繁殖都受到抑制，但夏季仍较冬季为多。在含有机物较多的水体中，绿藻生长旺盛。

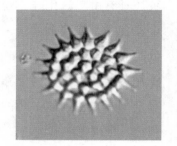

图6-8　绿藻

（六）隐藻

隐藻（图6-9）物种较少，是一类单细胞（少数为不定群体）、结构较为复杂的双鞭毛藻。藻体背腹扁平、不对称，无纤维素的细胞壁，具有柔软或坚固的周质膜。细胞腹面通常有一条倾斜的浅沟，由体后向前伸，直到藻体前端，深入细胞内成为口沟。口沟两侧有微细的、折光性强的小颗粒（丝胞）。两根稍微不等长的鞭毛（茸鞭）从口沟中伸出。细胞内通常有1～2个色素体。色素成分较复杂，且因各种色素所含比例不同，藻体呈现不同的颜色。

图6-9　隐藻

淡水和海水中都有隐藻分布。有些物种喜欢生活在富含有机物和富氮的水环境中，有些物种和海洋动物如放射虫、海葵等共生，少数生活在土壤中和沼泽地带。

（七）棕囊藻

棕囊藻具广温、广盐的特性，具形态的多型性，生活史复杂。如球形棕囊藻（*Phaeocystis globosa*），游离单细胞和胶质囊体形态相互转换，并存在有性生殖过程。细胞球形或近球形，直径为3～9 μm，已基本确认有3种形态：具鞭毛细胞（二倍体）、不动细胞（群体内或游离，二倍体）和小动孢子（单倍体）。群体为中空球形的胶质囊体，数千个不动细胞分散地包埋在囊体周缘（图6-10）。囊体直径一般在数百微米至数毫米，汕头株的直径可达3 cm。

在富营养条件下，棕囊藻能在短时间内暴发性增殖，形成藻华。大量胶质囊体的形成能有效抵御细菌、病毒侵入及浮游动物对棕囊藻的摄食，但其产生的溶血性毒素、二甲基硫化物及硫丙酸等化合物，囊体衰亡后形成的大量泡沫物质，均会严重影响海洋生态系统的结构与功能，给渔业造成危害。

图6-10　棕囊藻的巨大囊体
（引自沈萍萍等，2018）

（八）原绿球藻

原绿球藻是迄今发现的地球上最小的放氧型光合自养原核生物。它不仅细胞极小（0.6～0.7 μm），而且具有独特的色素组成，是目前发现的唯一以二乙烯基叶绿素（divinyl-chlorophyll a，b）作为主要光合色素的野生型物种。由于这种色素的吸收光谱峰值比正常叶绿素吸收峰值红移8～10 nm，因此其更能有效利用真光层底部微弱的光高效进行光合作用。原绿球藻色素组成的独特性还在于它同时具有叶绿素b和α-胡萝卜素，而通常认为原核生物是不能合成α-胡萝卜素的。有的原绿球藻株系还含有藻红素。这套色素系统使原绿球藻不同于两类原绿藻（*Porchlorothrix*和*Prochloron*，含β-胡萝卜素，不含藻红素）。原绿球藻的发现对传统的细胞色素系统的认识提出了挑战。另外，分子生物学方面的研究表明，原绿球藻某些株系的*rbcL*基因（对应于核酮糖二磷酸羧化-氧化酶Rubisco的大亚单位）与某些蛋白细菌的相似度很高。研究还发现，原绿球藻的某些株系缺少编码硝态氮还原酶的基因，不能利用硝态氮。这些特殊的生理和遗传特征使得原绿球藻在系统进化和分类地位上极具争议。

原绿球藻在自然海域分布的数量极大，通常可达每毫升10^5个细胞，是迄今发现的丰度最高的光合自养生物。它广泛分布在南北纬40°之间的各大洋的表层到真光层底部，是这些海域自养生物中的绝对优势种。除了在上述大洋区大量分布外，原绿球藻实际的分布范围可以达到北纬60°的亚极地海域、边缘海甚至海湾中，如地中海、红海和中国东海广阔的陆架海域均有原绿球藻分布。原绿球藻是微微型自养生物中碳生物量的主要贡献者，在海洋真光层营养物质循环和能量流动中扮演着重要角色。在大西洋马尾藻海，年平均总叶绿素生物量的30%和总初级生产力的25%由原绿球藻提供；在赤道太平洋中部，原绿球藻占总光合生物量的27%～41%；在地中海，原绿球藻占叶绿素生物量的比例在30%以上。原绿球藻的细胞分裂速率为每天1次左右，表明它的种群内禀增长率极高，每天都为它所在的生态系统提供大量的有机碳。原绿球藻广泛的分布范围、极大的生物量以及极快的生长率使其在全球碳和其他生源要素循环中占有举足轻重的地位，成为资源环境乃至全球气候变化等问题研究中不可忽视的物种。

原绿球藻在中国分布于南海除近海外全部海域、东海大部分海域、黄海小部分海域。原绿球藻在中国海域分布的北界为黄海南部（图6-11）。原绿球藻在南海的丰度为每毫升$10^4 \sim 10^5$个细胞，最高值出现于巴士海峡南部。原绿球藻在东海分布的丰度变化很大，从近海到外海逐渐增高，最高值出现在夏季黑潮南部水域。原绿球藻在东海陆架区的最大分布深度在50～100 m，在黑潮水域和南海分布最深可达150 m。原绿球藻在南海的季节分布差异不明显；而在东海，由于海流、水团活动和温度变化，季节分布差异则非常显著。

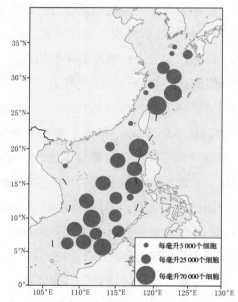

图6-11　原绿球藻在中国海域分布的范围和数量

（重绘自焦念志等，2002）

第二节　浮游植物的时空分布

海洋浮游植物的种类和数量随着海域、水的深度及季节的不同而有显著的差异。

一、浮游植物的水平分布

从全球浮游植物物种多样性的指数——香农指数可见，浮游植物呈明显的斑块状分布（图6-12）。一般高纬度海域的浮游植物种类较少，低纬度海域的较多；远洋的浮游植物种类较少，近岸的较多；远洋浮游植物以永久性浮游植物为主，近岸除永久性浮游植物外，还有阶段性和暂时性浮游植物。寒带、温带海域的浮游植物数量通常较高，热带海域的较低；近海的浮游植物数量较高，外海的较低。造成这种不均匀分布现象的原因相当复杂。除了植物本身的因素（如繁殖、生理状态等）以外，浮游植物的分布还受外界环境因素（温度、盐度、光照、海流、风力、营养盐等）的影响。

以2000年秋季渤海浮游植物的水平分布为例说明。在渤海中北部和渤海湾南部存在两个浮游植物细胞丰度高值区，渤海湾、莱州湾北部和渤海海峡的浮游植物细胞丰度也较高。而相对地，渤海的东北部和渤海海峡附近海域为浮游植物细胞丰度低值区。

浮游植物的水平分布具有广狭之分。适应能力较强的种类，能适应的温度和盐度范围较广，它的分布就较广。适应能力较弱的种类，能适应的温度和盐度范围较窄，它的分布就较狭。

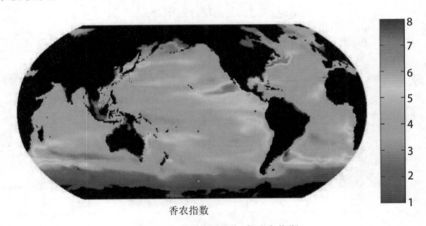

香农指数

图6-12 浮游植物全球香农指数

（重绘自Andrew等，2010）

二、浮游植物的垂直分布

浮游植物垂直分布与水中光的垂直分布以及海水的运动等有关。浮游植物因需要利用光能进行光合作用，分布仅限于最深为200 m的真光层，而仅在50 m以内水层中分裂旺盛。在透明度小的海域，真光层较浅，浮游植物分布较浅；在透明度大的海域，浮游植物分布较深。一般表层浮游植物数量较少，数米到数十米的水层中浮游植物数量最多，在深度超过100 m的水层中浮游植物数量急剧减少。

以2008年夏季黄海南部海域浮游植物的垂直分布为例说明（图6-13）。位于黄海南部海域北端的断面A，浮游植物平均细胞丰度明显高于其他断面。从断面A1至断面A6，即从近岸至远海，浮游植物细胞丰度逐渐降低；而从表层、次表层至底层，浮游植物细胞丰度迅速下降。断面B、C表层、次表层浮游植物细胞丰度高于底层，但近海浮游植物细胞丰度并非最高，而是在断面的中部出现高值区，近岸至远海浮游植物细胞丰度呈现"低—高—低"的分布趋势。位于南黄海最南部的断面D的浮游植物细胞丰度分布趋势与断面A相似，大体为表层浮游植物细胞丰度高于底层，近岸高于远海。

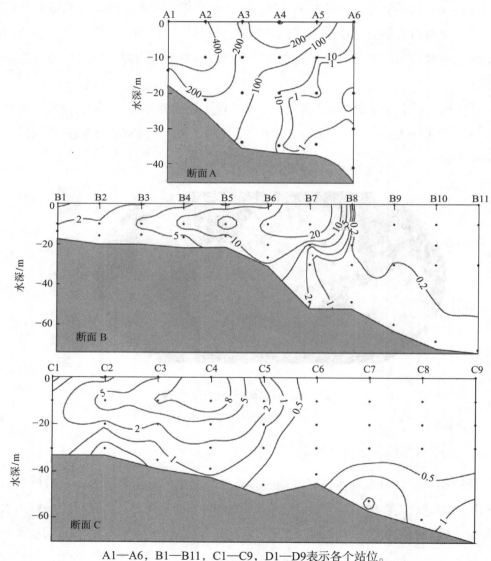

A1—A6，B1—B11，C1—C9，D1—D9表示各个站位。

图6-13　2008年夏季黄海南部海域浮游植物垂直分布

（引自Yang等，2018）

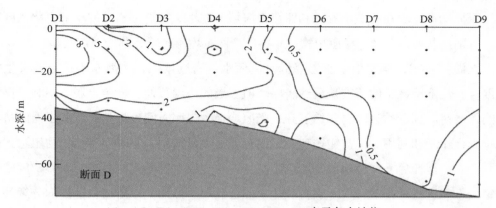

A1—A6，B1—B11，C1—C9，D1—D9表示各个站位。

图6-13　2008年夏季黄海南部海域浮游植物垂直分布（续）

（引自Yang等，2018）

不同水团的重叠会导致硅藻垂直分布的变化。例如，夏季在北海道南岸的亲潮近岸分支中，根状角毛藻（*Chaetoceros radicans*）都密集在表层；在黑潮与亲潮混合水域，根状角毛藻则出现于20 m水层中；而在黑潮与亲潮混合水域向大洋延伸的部分，该物种则分布于50 m水层。这是由于在混合水域中，亲潮近岸分支的表面水潜入到下层，越向外海潜入的深度越大。这说明了浮游植物分布与水团的密切关系。

温跃层影响浮游植物的垂直分布，这反映在浮游植物色素（叶绿素a和褐藻素）含量的分布上。自日本向新几内亚沿137°E经度线现场测定发现：33°N以北的黑潮水域中，浮游植物色素含量以表层较多；在25°N～32°N，由于海水垂直混合，等温层势力强，浮游植物色素从表面到水深150 m附近均匀分布；而在25°N以南，表层出现水温和盐度跃层，色素含量高的浮游植物沿跃层出现，一直延伸到新几内亚沿岸。在5°N～10°N，包括北赤道海流的亚热带水域，叶绿素a含量低（最高为0.3 μg/L）。褐藻素的分布也有这种趋势。

三、浮游植物的季节变化

浮游植物的季节变化取决于水温、盐度、营养盐、光照等环境因子与生物的相互关系。

根据浮游植物在一年中出现增殖高峰的次数，其细胞丰度的周年变化可分为单周期型和双周期型两种类型。

单周期型：所在海域（热带和寒带海域）的水文特点是水温的季节变化很小。浮游植物在一年中只出现一个增殖高峰，称为单周期型。

双周期型：所在海域（温带和亚热带海域）的水文特点是水温的季节变化幅度很大，特别是北温带海域。浮游植物一年中出现两个增殖高峰，称为双周期型。

在温带海域，冬季由于水温降低，表面水的密度增大，故海水不稳定，发生垂直混合，使下层蓄积的营养盐运到表层。但表层的水温很低，光照也弱，不利于浮游植物的增殖。到春季，水温开始上升，光照增强，光照时间也加长，有利于浮游植物进行光合作用和利用冬季被输送到表层的营养盐大量增殖。春季浮游植物增殖达到高峰，营养盐被耗尽，浮游植物开始急剧减少。在表层水温升高的夏季，水温梯度较为稳定，不能进行垂直混合，下层营养盐不能被利用。然而，浮游植物遗骸的分解补充了表层的营养盐，浮游植物再次大量增殖。这导致了秋季出现的浮游植物增殖高峰。由于营养盐的关系，秋季增殖量比春季少。

影响浮游植物季节变化的重要因素是光照、温度和营养盐，但这些因素对不同纬度海域浮游植物的影响不同。对温带和亚热带海域的浮游植物来说，温度是主要因素。对热带海域的浮游植物来说，营养盐显得特别重要，因为在热带海域温度和光照几乎整年都很高，不会限制浮游植物的生长、繁殖。对寒带海域的浮游植物来说，温度和光照是主要因素。由于海水垂直运转，寒带海域的营养盐几乎整年都很丰富，不会限制浮游植物的生长、繁殖。

我国近海浮游植物的季节变化如下。

渤海：渤海浮游植物细胞总数逐月变动较大，每年2—4月和8—10月出现两个高峰，符合温带海域双周期型浮游植物数量的周年变化特点。优势种有中肋骨条藻、角毛藻、圆筛藻等。

黄海：黄海受外海高盐水的影响较大，浮游植物以1—3月和8—9月数量较多，形成全年的两次高峰（图6-14）。浮游植物种类组成与渤海南部的相近。除近岸种外，黄海浮游植物中还出现一些外海高盐种如笔尖形根管藻（*Rhizosolenia styliformis*）和膜质半管藻（*Hemiaulus membranaceus*）。

东海：东海水文情况较为复杂，春季和夏季浮游植物数量多，其他季节较少。浮游植物以温带近岸种为主，也出现了一些暖水外海种。

南海：南海浮游植物以暖水近岸种和外海种为主。硅藻增殖高峰在6—10月和1—3月。南海北部浮游植物数量的季节变化基本上呈双周期型。在海南岛以南海域，热带性的蓝藻成为优势种类，浮游植物数量的周年变化则呈单周期型。

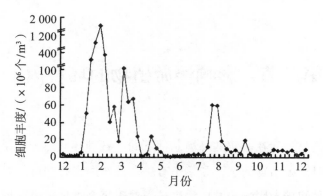

图6-14　胶州湾浮游植物细胞丰度的周年变化（双周期型）

（引自杨世民等，2009）

四、优势种的演替

在特定海域，浮游植物优势种的演替可以是快速而频繁的。

以2004年12月至2005年12月青岛前海浮游植物
的周年变化为例说明。青岛前海2004年12月浮游植
物细胞丰度较低，这时期的优势种主要为派格棍形
藻（*Bacillaria paxillifera*）（图6-15）。在2004年
12月末，中肋骨条藻细胞丰度增长，成为优势种。
其细胞丰富在2005年2月初达到最大值。此时，柔弱
几内亚藻、扭链角毛藻也相继成为优势种。至3月中
旬，柔弱角毛藻、圆海链藻、短角弯角藻等也逐步
成为优势种。在4月下旬，扁面角毛藻成为优势种且

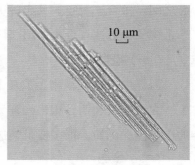

图6-15　派格棍形藻

（引自杨世民等，2006）

其优势种的地位保持了较长时间。圆柱角毛藻、渐尖鳍藻在6月成为优势种。7月，
优势种的演替更为频繁，相继为三角异孢藻、锥状斯克里普藻、海洋原甲藻、大洋
角管藻、尖刺伪菱形藻和深环沟角毛藻。窄隙角毛藻、丹麦细柱藻均在8月和10月成
为优势种。泰晤士旋鞘藻、佛氏海线藻和笔尖形根管藻均在9月、11月和12月成为优
势种。

第三节　影响浮游植物的环境因子

　　海洋浮游植物是生活在一定的环境条件下的。各种环境因子对浮游植物的影响程度不一样，有些对浮游植物的生存和繁殖有决定性作用，有些可能对某一特定物种不具直接影响，而是间接地影响浮游植物生长。对于每个物种来说，周围环境中完全无关的因子实际上是不存在的，因为这些因子都是相互联系、相互影响的。

一、生物因子

　　群落中各种生物相互作用，存在着摄食、竞争、共生等关系，构成错综复杂的生命之网。摄食、竞争、共生等关系是在长期进化过程中形成和发展起来的，对增加生态系统的稳定性有重要作用。

（一）摄食

　　海洋的植食性动物多数是个体很小的浮游动物，如桡足类等。它们以浮游植物为生。大量资料表明，很多海洋动物不是毫无区别地对待所有饵料生物的，而是有一定的选择性。例如，很多桡足类选择一定大小的浮游植物作为食物。

（二）竞争

　　种间竞争是生物群落中物种关系的一种形式，是指两个或更多物种的种群对同一资源（如空间、食物或营养物质）的争夺。通常，在同一海域内，种类越多，竞争就越激烈。

　　浮游植物群落中，有许多细胞丰度较低的种类能够与优势种共存。一种可能是，浮游植物群落中，种间竞争尚未达到对抗排斥程度时，外界理化环境已变化（环境的不稳定性），因此某些种群所取得的优势尚不足以排斥其他种群的存在。另一种可能是，浮游植物种间关系（如生化的相互作用）以及浮游动物的选择性滤食等因素抵消了某些种群竞争上的优势，从而有利于多种群的混合平衡。

（三）共生

　　除了捕食者与被食者之间的摄食关系外，不同种类的生物之间还有一些关系密切程度不同的组合。这些组合关系有的是对双方无害的，而更多的是对双方或其中一方有利的，这类两个物种之间的组合关系总称为共生（symbiosis）。

1. 藻类-藻类之间的共生关系

典型的例子是蓝藻与某些硅藻的共生。例如，念珠藻科的胞内植生藻（*Richelia intracellularis*）可生活在硅藻类的根管藻（*Rhizosolenia*）和梯形藻（*Climacodium*）的细胞内（图6-16）。当硅藻细胞分裂时，其中的胞内植生藻可转移到两个子细胞一侧，其丝状体顶端的异形胞（具有固氮能力）则朝向硅藻的壳面。胞内植生藻也可着生在角毛藻的细胞外面（外共生）。蓝藻的固氮作用增加了硅藻的营养盐供应。生活在氮源贫乏的热带海域的硅藻因和蓝藻共生而得以大量增殖，有时甚至可形成水华。

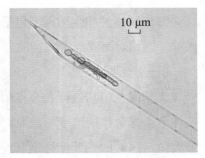

图6-16 根管藻与蓝藻的共生
（引自杨世民等，2006）

2. 藻类-动物之间的共生关系

海洋植物和动物的共生关系主要发生在单细胞藻类（或其细胞的某些部分）与海洋无脊椎动物之间，如角毛藻和无脊椎动物共生（图6-17）。

藻类与无脊椎动物之间的共生关系通常是很密切的，常引起藻类细胞和无脊椎动物结构和生理功能上的变化。例如，大部分海洋共生藻类是甲藻。在与动物共生时，甲藻的鞭毛和身体上的纵沟消失，细胞壁变薄。与扁虫（*Convoluta*）共生的虫绿藻甚至连细胞壁也消失了。如果将上述藻类从动物体中重新分离出来进行培养，它们将长出鞭毛、细胞壁或自由生活时的其他典型结构。

藻类与无脊椎动物共生对双方都有利。某些藻类与水母共生时，能利用水母体内的代谢产物，而水母可利用藻类光合作用产生的氧气呼吸。在虫黄藻与珊瑚的共生关系中，虫黄藻从珊瑚虫的新陈代谢废物中获得所需要的无机盐，为珊瑚虫提供营养，增加珊瑚虫沉淀碳酸钙的能力。大部分与无脊椎动物共生的藻类保留其细胞的完整性。它们在光合作用中制造的富能物质（如甘油分子）能供给动物，而其所需要的无机盐则由动物提供。此外，由于共生藻类光合作用过程中产生氧气，因此动物可能获得更多的氧气。特别是在动物密度较大的情况下，这种供氧方式有更重要的意义。

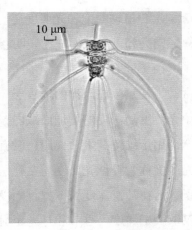

图6-17 角毛藻与无脊椎动物的共生
（引自杨世民等，2006）

二、非生物因子

海洋环境的非生物因子包括光照、温度、盐度、海流、各种溶解的气体和悬浮物质等。它们对海洋浮游植物的分布、生长、繁殖等方面有重要影响。

（一）光照

光是绿色植物进行光合作用的首要条件。光合作用速率与光照度有关。在低光照条件下，光合作用速率与光照度成正比。随着光照度的增加，光合作用速率逐渐达到最大值，这时的光照度称饱和光照度，用 E 表示。如果光照度继续增加，光合作用会因光照过度而受到抑制，光合作用速率将下降（图6-18）。

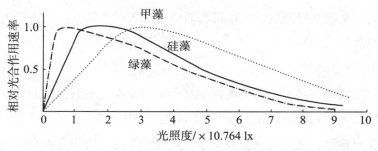

图6-18 不同藻类光合作用速率与光照度关系
（引自沈国英等，2002）

海洋藻类的光合作用与光照度的关系因种而异。甲藻比硅藻更适应较高的光照度环境。

浮游植物的饱和光照度还与纬度有一定关系。通常浮游植物的饱和光照度从热带海域向高纬度海域递减，表明浮游植物对太阳辐照有纬度和季节两方面的适应。

由于光合作用会因光照过强而受到抑制，因而在自然海域，最旺盛的光合作用常常不是发生在海洋的最表层（表层光合作用还受紫外光的抑制）。同样，由于海洋中光照度随深度的增加而减弱，所以在某一深度层，植物中光合作用所产生的有机物全部用于维持其生命代谢，没有净生产量，这样的深度称为补偿深度。补偿深度处的光照度称为补偿光照度。在补偿深度的上方，光合作用率超过呼吸作用率，有净生产量；而在补偿深度的下方，则没有净生产量。应当指出，补偿深度是会变化的，它不仅取决于纬度、季节和日光照射角度，也受天气、海况和海水浑浊度的影响。在近岸区，补偿深度仅十几米至几十米，而在大洋区，补偿深度可能超过100 m。

藻类在光合作用速率与光照度的关系上有两种主要类型：① 适阴型藻类（shade-type algae）：其饱和光照度数值较低。这类植物在相近的饱和光照度下的光合作用速率又有区别。② 适阳型藻类（sun-type algae）：其饱和光照度的数值较高，通常在低光照条件下的光合作用速率较适阴型藻类的低（图6-19）。以上两种类型与藻类生活环境的光照条件有关，是藻类对环境长期适应的结果。

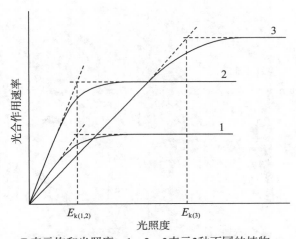

E_k表示饱和光照度，1、2、3表示3种不同的植物。

图6-19　光合作用速率与光照度关系曲线类型

（引自沈国英等，2002）

（二）温度

浮游植物的生长、发育、繁殖、生活状态、数量变动和分布都直接或间接地受温度的影响。因此，温度是一项极为重要的环境因子。不同物种所要求的温度范围不一样（图6-20）。例如，三角褐指藻（*Phaeodactylum tricornutum*）在6～25 ℃范围内生长正常，但是最适宜的温度是15～20 ℃。生物根据对水温条件的适应能力和所忍受的温度范围的大小，可分为广温性（eurythermic）和狭温性（stenothermic）两种。

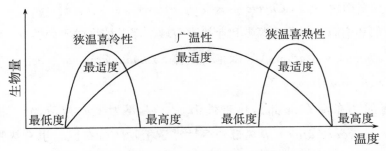

图6-20　广温性和狭温性物种生态幅比较

（引自沈国英等，2002）

有些物种在不同的海水温度条件下，形态也有明显差异。如中华齿状藻（*Odontella sinensis*）具有温带型、热带型两种生态类型，可作为不同水系的指示生物（图6-21）。

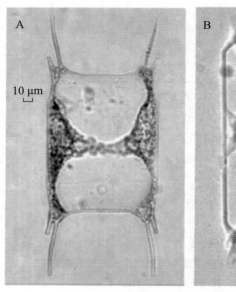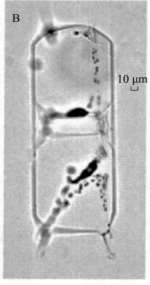

A. 温带型；B. 热带型。

图6-21　中华齿状藻的两种生态类型

（引自杨世民等，2006）

我国各海域硅藻的分布有以下特征。

渤海、黄海属于温带性海域，分布在其中的大部分种类属于温带近岸种，如卡氏角毛藻（*Chaetoceros castracanei*）、柔弱角毛藻（*Chaetoceros debilis*）、扭链角毛藻（*Chaetoceros tortissimus*）、布氏双尾藻（*Ditylum brightwellii*）。这两个海域也有近岸广布种，如扁面角毛藻（*Chaetoceros compressus*）、中肋骨条藻等。

东海西部和南海北部属于温带和亚热带海域，浮游植物主要种类有暖温带性的窄隙角毛藻（*Chaetoceros affinis*）、双孢角毛藻（*Chaetoceros didymus*）、掌状冠盖藻（*Stephanopyxis palmeriana*）等。

南海南部、东海东部都是热带性海域，主要为太阳漂流藻、紧挤角毛藻（*Chaetoceros coarctatus*）等热带外海性浮游植物的分布区，也有热带近岸性种类如拟旋链角毛藻（*Chaetoceros pseudocurvisetus*）和劳氏角毛藻（*Chaetoceros lorenzianus*）等。

（三）盐度

海水的盐度是维持生物的原生质与海水间渗透关系的重要因素。生物对外界渗透压的适应程度因种类而异。浮游植物根据对环境盐度的适应范围，可分布为广盐性（euryhaline）种类和狭盐性（stenohaline）种类。近岸浮游植物栖息在盐度较低的沿岸水域，是广盐性种类，一般分布较广，如窄隙角毛藻、中肋骨条藻、布氏双尾藻等。外海浮游植物是狭盐性种类，栖息在盐度较高的外海区，分布范围较窄，如短叉角毛藻（*Chaetoceros messanensis*）、宽梯形藻（*Climacodium frauenfeldianum*）等。此外，有少数浮游植物生活在盐度较低（5～10）的河口区，称为半咸水种，如粗点菱形藻（*Nitzschia punctata*）等。这类浮游植物大都是广盐性种类，能适应盐度的剧烈变化。可见，盐度是影响浮游植物平面分布的重要因素。

应当注意的是，浮游植物分布的差异是海水温度、盐度等因子相互作用的结果。分布在我国近岸的一些浮游植物常常是广温低盐种，如扁面角毛藻、菱形海线藻等。低温高盐的种类如扭角毛藻（*Chaetoceros convolutus*）分布在北黄海中部外海；而高温高盐的卡氏根管藻（*Rhizosolenia castracanei*）、透明根管藻（*Rhizosolenia hyalina*）等则分布在热带外海。

（四）海流

海流是影响浮游植物分布的重要环境因素之一。在不同性质的海流或水团里，生活着不同种类的浮游植物。例如，在北黄海，扭角毛藻密集区首先在外海出现，后被外海高盐水系带进烟威鲅鱼渔场。扭角毛藻的分布与外海水系有密切联系，可作为外海高盐水系的指标。又如在东海、台湾暖流热带近岸种（主要为劳氏角毛藻、异角毛藻等）的分布区和黑潮热带外海种（主要为透明根管藻、卡氏根管藻等）的分布区，来自黄海南部的低温高盐外海种的扭角毛藻的消长支配着不同生态性质的硅藻的平面分布。换言之，不同生态性质的浮游植物平面分布情况可以反映东海各水系的动态概况。

在不同水团、海流中，不仅浮游植物的生态性质不同，而且浮游植物的种数和个体数也有很大的差异。一般在寒带海域浮游植物的种类组成较为单纯（种数少），但个体数量很多（如日本北部海域的东南方受亲潮影响的水域，春季每立方米海水中浮游植物细胞数量在10^9个以上），而在热带海域浮游植物的种类组成丰富，但个体数量少（东海黑潮区，冬季浮游植物个体数量最多，每立方米海水中有10^3～10^5个细胞）。

（五）营养盐

营养盐是浮游植物生长、繁殖不可缺少的条件。在一般情况下，水域中营养盐的含量对浮游植物数量变动的影响比光照更为重要，这是因为氮、磷、铁、锰等在水域中含量很少，在一定程度上限制浮游植物的产量。

海洋中溶解的氮化合物（包括有机氮化合物和氨氮、硝态氮、亚硝态氮等无机氮化合物）为浮游植物主要营养盐之一。这些物质能为至少一部分浮游植物所吸收。各种浮游植物对氮的需要量都有一定的适度范围，超过或不足都将影响其生长、繁殖。

浮游植物数量分布和季节变化与硝态氮的含量有密切的关系。在自然界，通常硝态氮含量越高，浮游植物的数量也越多；硝态氮含量越低，浮游植物的数量也越少。浮游植物密集区一般都分布在硝态氮含量较高的沿岸河口区。例如，在1954—1955年，海河口4月份硝态氮含量高达60 mg/m³，这里的浮游植物数量在整个渤海中最高。外海硝态氮的含量较少，浮游植物经常贫乏。春、秋季浮游植物大量繁殖，消耗海水中的硝态氮。硝态氮含量急剧变少，以致成为限制浮游植物继续生长的因子。冬季由于浮游植物光合作用减弱，硝态氮含量逐渐增加、积累，这是来年春季浮游植物生长时所需的氮盐的主要来源。

当环境中缺乏无机氮时，生活于河口及沿岸的浮游植物大都具有直接利用有机氮化合物的能力，如星脐圆筛藻（*Coscinodiscus asteromphalus*）与直链藻。浮游植物利用有机氮化物的能力随种类而异。

一般海水中硝态氮含量较亚硝态氮、氨氮的高，但其绝对量较低，故常常是浮游植物数量分布的限制因子。渤海海河口就可看到这种情况。

磷是浮游植物正常发育不可缺少的营养元素之一。与其他生物一样，磷化合物几乎在浮游植物全部代谢过程中（尤其是在能量转换过程中）起着重要作用。磷在海水中的含量不高，也是限制浮游植物繁殖的因子之一（磷酸盐浓度在50 μg/L以下时，就会限制浮游植物的增殖）。通常在海水中，磷以磷酸盐和有机物的形式存在。浮游植物对磷的利用程度受海水中氮含量的影响。一般自然界海水中硝态氮的浓度较高时，浮游植物吸收磷的量也大。海洋中硅藻至少可摄取超过其必需量30倍的磷，储存于细胞内。当环境中磷酸盐含量不足时，硅藻则利用储存的磷继续进行细胞分裂。因此，低营养水域中，硅藻细胞数量的减少不一定立即表现出来，这是在了解浮游植物生态状况时必须注意的问题。各种浮游植物细胞分裂所需的磷含量不同。例如，冰河拟星杆藻（*Asterionellopsis glacialis*）每细胞磷含量为5×10^{-8} μg，三角褐指藻每细胞磷含量为6×10^{-8} μg。当环境中磷酸盐含量下降到一定程度，便不能满足浮游植物繁殖需求，限制浮游植物的分布。在渤海各河口区磷含量常在20 mg/m³以上，有时可达60 mg/m³，浮游植物的数量很高。当浮游植物繁殖至最高密度时，常因消耗而引起当月或下月磷含量急剧降低。

浮游植物一般可广泛利用各种有机磷化合物，故海水中有机磷不需要分解为无机磷后被利用，所以磷循环较快。这或许可以用来说明春初在短期内各种硅藻交替大量繁殖的现象。

硅是硅藻生长所必需的营养元素，也是某些金藻、黄藻和蓝藻生长、繁殖不可缺少的。硅质是构成硅藻细胞壁的主要成分。一般在海洋中，硅含量不是硅藻生长、繁殖的限制因子。

此外，微量元素如铁、锰等在海洋中的含量都能满足浮游植物生长、繁殖的需要，在一般情况下都不会成为限制浮游植物分布的因子。

（六）溶解气体

海水中溶有大气中所有气体，其中氧气、氮气和二氧化碳的含量很高。缺乏溶解氧的水体中，还有有机物分解腐败而产生的其他气体（如甲烷、硫化氢）。它们主要是生物作用产生的。

影响海水中溶解气体含量的主要因素如下：气体在水中的溶解度；温度与盐度（通常温度和盐度越低，溶解量越高）；生物的活动。

第四节　浮游植物的生态功能

浮游植物是海洋生态系统的主要初级生产者，其种类组成和分布状况直接影响着海洋生态系统的结构和功能。

一、光合固碳、固氮作用

浮游植物对碳、氮元素生物地球化学过程和气候变化具有重要调控作用。藻类可通过光合作用固定二氧化碳（CO_2）（图6-22），其自身又可在重力作用下沉降到海洋底层，起到去除大气中二氧化碳的作用（即所谓的生物碳泵），从而调节海洋与大气间的二氧化碳通量。例如，硅藻每年可固定10亿吨二氧化碳，在海洋碳循环中扮演着非常重要的角色。而海洋固氮蓝藻束毛藻是海洋生态系统中"新氮"的重要来源，可贡献高达50%的全球海洋总固氮量（图6-23）。

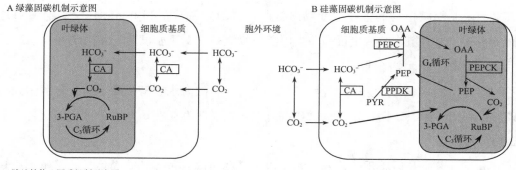

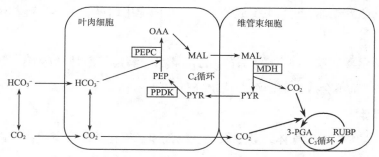

carbonic anhydrase（CA）：碳酸酐酶；pyruvate orthophosphate dikinase（PPDK）：丙酮酸磷酸双激酶；phosphoenolpyruvate carboxylase（PEPC）：磷酸烯醇式丙酮酸羧化酶；phosphoenolpyruvate carboxykinase（PEPCK 磷酸烯醇式丙酮酸羧激酶；malate dehydrogenase（MDH）：苹果酸酶；3-phosphoglycerate（3-PGA）：3-磷酸甘油酸；ribulose-1，5-disphosphate（RuBP）：1，2-二磷酸核酮糖；oxaloacetate（OAA）：草酰乙酸；phosphoenolpyruvate（PEP）：磷酸烯醇式丙酮酸；pyruvate（PYR）：丙酮酸；malate（MAL）：苹果酸。

图6-22　单细胞藻类和陆地高等植物体内的二氧化碳浓缩机制

（引自刘乾等，2018）

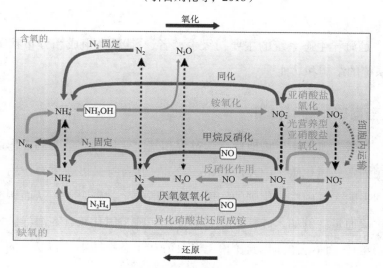

图6-23　海洋氮循环示意图

（引自Thamdrup B，2007）

二、净化作用

海洋浮游植物中的某些种类，特别是有毒素的种类，大量繁殖能够形成有害藻华，产生毒素，对海洋生态系统健康造成危害，是海洋污染的生物性污染源。在不同海域、不同时期，形成藻华的主要浮游植物种类存在差异性。例如，在1980—2003年，南海北部主要藻华种是夜光藻，东部和南部主要藻华种是巴哈马盾甲藻（*Pyrodinium bahamense*）（图6-24）。在1990年之后出现一些以前未发现引起藻华的藻种，如球形棕囊藻（*Phaeocystis globosa*）、锥状斯克里普藻（*Scrippsiella acuminata*）、赤潮异弯藻（*Heterosigma akashiwo*）等，这些藻种的变化可能受到区域环境条件的影响。

浮游植物也是参与海洋自净作用的成员之一。浮游植物吸收无机营养盐类，将其合成自身的有机物，可以消除水体中过多的营养物质。同时，浮游植物在光合作用过程中释放出氧气，可促进水域中污染物质的矿化，加速污水的净化。藻类污水处理法具有净化效率高、建设运行费用低等特点。另外，处理后产生的沉积物（主要是死藻）干燥后还可作为很好的肥料和鱼饲料添加剂。因此，藻类污水处理法已得到越来越广泛的应用。

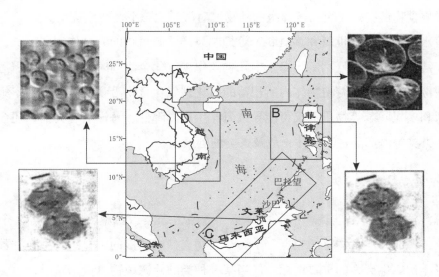

A. 夜光藻（*Noctiluca scintillans*）；B. 巴哈马盾甲藻（*Pyrodinium bahamense*）；C. 巴哈马盾甲藻（*Pyrodinium bahamense*）；D. 红海束毛藻（*Trichodesmium erythraeum*）。

图6-24　形成藻华的浮游植物在南海的分布区域

（重绘自王素芬等，2008）

三、环境指示作用

浮游植物还可以作为海洋水质污染的指示生物。一定种类的浮游植物，只适于生存在一定的海洋环境中。由于污染，海水的理化性质发生了变化，大部分生物由于不能适应变化了的海洋环境而逐渐消亡，但也有少数耐污种类能继续生存甚至大量出现。所以，浮游植物某一种类的大量出现，是海洋污染的极好指标。

浮游植物的种类组成和分布状况直接影响着海洋生态系统的结构和功能。海洋浮游植物个体小、生命周期短，对环境变化反应灵敏而迅速。所以，研究浮游植物群落结构的变化，可以间接了解该海域的环境变化以及该环境变化对浮游植物群落结构的影响程度，进而了解该海域的初级生产力水平变化。

有些浮游植物，如硅藻，死后下沉，是海洋沉积物的重要组成部分。这些沉积物，对研究海洋地质史和海洋的变迁，以及古海洋环境十分重要。

四、维护生态平衡

浮游植物是海洋中的初级生产者、食物链中最基本的一环、物质转换过程的重要环节。它们的种类和数量的时空变化，导致以之为饵料的动物的种类和数量的变化，进而影响食物链中处于更高营养级的动物，对海洋生态平衡造成扰动。

海水中的汞、有机氯和多氯联苯等抑制海洋浮游植物的光合作用和生长，影响其繁殖，甚至可导致其死亡。当海水中几种氯化碳氢化合物同时存在时，还需考虑它们的协同毒害作用。浮游植物体内所积蓄的氯化碳氢化合物沿食物链传递和富集。有机氯农药和多氯联苯等物质不仅可能导致海洋生产力降低、海洋生态失衡，还会通过经济鱼、贝类等海产品进入人体，危及人类的健康。

本章小结

海洋浮游植物由硅藻、甲藻、蓝藻、金藻、绿藻、隐藻、定鞭藻等多个海藻类群组成，构成海洋食物链的起点，是海洋动物直接或间接的饵料，其种类、数量的变化是海洋初级生产力的重要指标。但当某一种类的浮游植物过量繁殖时，也会形成藻华，造成生态危害。浮游植物的水平分布呈不均匀的斑块状。高纬度海域浮游植物物种数少于低纬度海域，远洋浮游植物物种数少于近岸。浮游植物的垂直分布与光照深度、海水的运动有关。浮游植物的生长受生物因子和温度、光照、营养盐等非生物因子的控制。浮游植物具有固定碳、氮元素的作用，也是参与海洋自净作用的成员之一，还可以作为水质污染的指示生物。

思考题

（1）硅藻在海洋生态系统中的作用有哪些？

（2）浮游植物的水平分布特点有哪些？

（3）浮游植物种群中，优势种往往能和数量较少的物种共存，试述原因。

（4）浮游植物的生态功能有哪些？

拓展阅读

钱树本.海藻学［M］.青岛：中国海洋大学出版社，2014.

沈国英，黄凌风，郭丰，等.海洋生态学［M］.3版.北京：科学出版社，2018.

Lee R E. 藻类学［M］.段德麟，胡自民，胡征宇，等译.北京：科学出版社，2012.

Lalli C M，PARSONS T R.海洋生物学导论［M］.张志南，周红，等译.青岛：青岛海洋大学出版社，2000.

第七章 浮游动物

本章主要介绍了以下内容：浮游动物的定义及其与人类的关系；海洋浮游动物主要类群的形态结构、代表动物和习性；浮游动物的时空分布及其与环境因子的关系；浮游动物在海洋生态系统中的作用。

第一节 浮游动物简介

一、浮游动物的定义

浮游动物（zooplankton）是异养性的浮游生物，它们不能自己制造有机物，必须依赖已有的有机物作为营养来源。浮游动物涵盖无脊椎动物的大部分门类以及部分低等脊索动物：原生动物的有孔虫、放射虫和纤毛虫等；水母类的水螅水母和钵水母等；栉水母；轮虫；软体动物的翼足类和异足类；甲壳动物中的枝角类、桡足类、端足类、糠虾类、磷虾类、樱虾类等；毛颚动物；脊索动物中被囊动物的有尾类和海樽类；海洋中各门类无脊椎动物和低等脊索动物的浮游幼虫。仔鱼、稚鱼因运动能力较弱，不能顶风浪运动，也属于浮游幼虫的范畴。

浮游动物多数是滤食性的，也有捕食性的，是海洋生态系统中的消费者，构成海洋生态系统中的次级生产力。它们不仅摄食浮游植物，也可以其他有机颗粒和小动物为食，所生活的水层不限于浮游植物所处的真光层，可以分布到更深的水层，甚至大洋深海中。

二、浮游动物与人类的关系

海洋浮游动物是海洋生物的重要组成部分。浮游动物尽管由于多数个体微小而不被人们所熟悉，但与我们的生活关系密切，对人类有着有益和有害两方面的影响。

（一）有益的方面

1. 是鱼类等经济海产和养殖动物的饵料

浮游动物是鱼类、虾类等经济动物及其幼体的饵料，特别是幼鱼和中、上层成鱼如鲱鱼、鲐鱼、沙丁鱼等的主要摄食对象。到了索饵季节，这些鱼类成群地洄游到浮游生物丰富的海域，而这些海域正是渔场的所在地。因此，它们可作为探索鱼群洄游路线和寻找渔场的标志，这对捕捞业有着重要意义。

一些小型浮游动物如轮虫、枝角类、桡足类等是养殖虾蟹类和鱼类，尤其是它们幼体的重要饵料。这些饵料浮游生物的大量培养对养殖业十分重要。

2. 是人类的食物

有些浮游动物如钵水母类的海蜇、甲壳类的毛虾及南极磷虾等，可作为人类的食物，是海洋渔业的捕捞对象。

3. 是海流、水团的指示生物

很多浮游动物如有孔虫、管水母、桡足类、毛颚类等可作为海流、水团的指示生物，其分布对探索海流的来龙去脉有一定的帮助，可作为研究海流的辅助工具。

4. 用于研究海洋地质史和勘探石油

有些具壳或骨骼的浮游生物，如有孔虫、放射虫和翼足类等，死亡后壳和骨骼大量沉积在海底，成为海洋底质的重要组成部分。这些生物性沉积物对研究海洋地质史和古代海洋环境有一定帮助，还可作为海底石油资源的指示物。

5. 是海洋污染的生物性指标

纤毛虫等浮游动物个体小，对污染物敏感或对污染物质具有富集能力。其对环境变化的反应可通过群落结构和功能参数的差异表现出来，成为海洋污染的生物性指标。

（二）有害的方面

1. 产生赤潮

某些浮游原生动物如夜光虫、中缢虫等是赤潮生物，繁殖过盛时会引发赤潮，对海洋环境及海洋生物危害极大。

2. 破坏渔业资源及成为养殖敌害

有些捕食性的浮游动物如栉水母、毛颚类等，以幼鱼或其他经济动物的幼虫为食，对渔业资源造成破坏，也是养殖业的敌害。

三、浮游动物的主要类群

海洋浮游动物涵盖多个海洋动物门类中的众多类群，着重介绍以下7类。

（一）浮游原生动物（Protozoa）

原生动物身体由单个真核细胞构成，大多数营浮游生活。海洋中常见的种类有夜光虫、浮游有孔虫、放射虫（图7-1）和沙壳纤毛虫。由于种类多、数量大、分布广，它们是微型生物食物环中的主要成员之一。

原生动物多数个体长度在250 μm以下。其形状多样化，例如：有孔虫有较为坚硬的钙质外壳；放射虫等在细胞内具有骨针，起到保护和支撑作用。原生动物体表还常生有鞭毛、纤毛和伪足（pseudopod）等突起结构。这些结构既有运动功能，又可增加体表面积，以适应浮游生活。

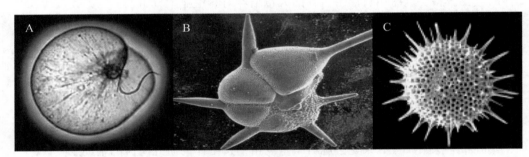

图7-1　常见的原生动物：夜光虫（A）、有孔虫（B）和放射虫（C）

（二）刺胞动物（Cnidaria）

多数刺胞动物生活于海洋，其水母体（medusa）是海洋浮游动物的重要成员。代表种类有僧帽水母（*Physalia physalis*）、海蜇（*Rhopilema esculentum*）和海月水母（*Aurelia aurita*）等（图7-2）。

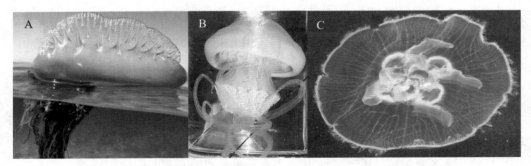

图7-2　常见的水母：僧帽水母（A）、海蜇（B）、海月水母（C）

（僧帽水母图片引自http://m.sohu.com/a/159335749_99955494）

常见的水母有水螅水母和钵水母。水螅水母个体一般较小，大多呈伞形，身体柔软透明。水螅水母因伞部边缘向内生出的一圈薄膜，也被称为缘膜水母。伞部下面中央生出垂管（口柄），垂管末端有口。触手多数长在伞缘，其数目、长短随种类而异。触手上有许多含有毒素的刺细胞，有防御和捕食的功能。雌雄异体，能进行有性生殖。钵水母通常为大型水母，与水螅水母形态类似，但结构更为复杂。钵水母因没有缘膜，又被称为无缘膜水母。

许多水母，如分布于南海的夜光游水母，具发光能力，是海洋中大光斑的主要产生者。水母的食物主要是桡足类、端足类以及其他一些小型甲壳动物。此外，鱼卵、仔鱼和一些幼虫也是它们的捕食对象。水母具有很强的再生能力（图7-3）。

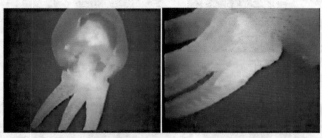

图7-3　水母失去部分口腕（左图）后再生出新的口腕，但新口腕比原来的短小（右图）

（截图自科教影片《海洋浮游生物》）

（三）浮游甲壳动物（Crustacea）

甲壳动物多数分布于海洋，少数分布于淡水，极少数陆生。浮游甲壳动物种类和数量均在浮游动物群落中占有优势（图7-4），是海洋生态系统中最重要的次级生产者，为很多经济鱼类、虾类及须鲸类等的主要摄食对象。部分种类如毛虾、糠虾、磷虾等还是直接的捕捞对象。浮游甲壳动物主要包含枝角类、桡足类和软甲类中的糠虾、磷虾、毛虾等。

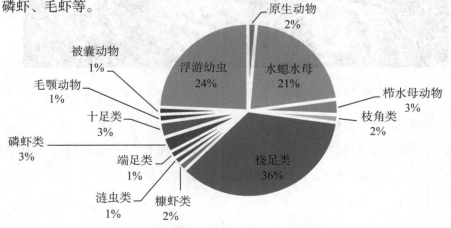

图7-4　2018年胶州湾四季浮游动物种类组成

（引自沈阳，2020）

甲壳动物身体分为头、胸、腹3部分，并常有愈合现象（图7-5、图7-6）。高等的甲壳动物如软甲类，头部和胸部常愈合成头胸部，背面有头胸甲。低等的甲壳动物如枝角类，胸部和腹部愈合成躯干部。体外被有坚硬的几丁质-蛋白质外骨骼（exoskeleton）。外骨骼常钙化，具保护功能且是肌肉附着处。具有多对分节的附肢。在身体各部分的附肢形态各有不同，这与它们的功能密切相关。

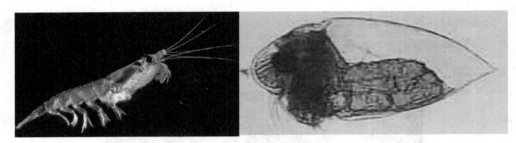

图7-5 软甲类（左）和枝角类（右）

图7-6 桡足类

（四）毛颚动物（Chaetognatha）

毛颚动物身体较透明，左右对称，因前端两侧具颚毛（刺）而得名，又因体形细长如箭而称箭虫（arrow worm）。全部海生，少数营底栖生活，多数营浮游生活。代表种类为强壮箭虫（图7-7）。

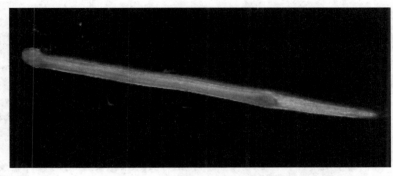

图7-7　强壮箭虫整体（左）和体前部染色（右）

毛颚动物是许多鱼类的天然饵料，但也会捕食仔鱼、稚鱼，对产卵场和养殖业有一定危害。它们是浮游动物的重要组成部分，是海洋食物链的重要一环。某些毛颚动物还是海流、水团的指示生物。例如，强壮箭虫是广温、低盐种，若在某一海域大量出现，则表明有低盐水团侵入该海域。

（五）被囊动物（Tunicata）

被囊动物呈囊状或桶状，因体外被有胶质囊而得名。多数成体无脊索，幼体尾部有脊索，因此这类动物又被称为尾索动物。成体没有神经管，以鳃裂呼吸。多数雌雄同体，不同种类繁殖和发育方式各不相同。海洋浮游被囊动物的代表动物有住囊虫和海樽（图7-8）。住囊虫的被囊比动物体大很多，又称为"房"，经常脱落更新而形成海雪。海樽身体呈桶形，外被永久性透明胶质囊。

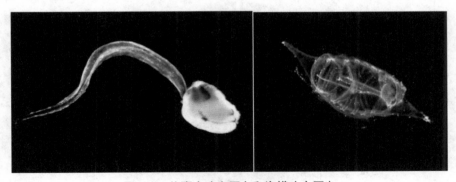

图7-8　住囊虫（左图）和海樽（右图）

被囊动物分布很广，以热带和亚热带海域的种类和数量较多。住囊虫在我国各海域都有，主要分布在沿岸海域。海樽在我国主要分布于南黄海以南海域，以南海种类最多，少数种类有时会分布到北黄海，通常生活在外海。

（六）浮游幼虫

除了原生动物外，几乎所有门类的无脊椎动物发育都经过浮游幼虫阶段。鱼类的浮性卵及孵化不久的仔鱼、稚鱼，因没有游泳能力或游泳能力弱，只能在海中漂浮，也是浮游幼虫的成员。

海洋浮游幼虫是一类很重要的浮游生物。在动物繁殖盛季，它们在浮游生物中的优势更为明显，所以被称为季节性浮游生物（图7-9）。浮游幼虫中，有些是经济鱼类、虾类、贝类的种苗，有些是它们的天然饵料。浮游幼虫的数量变动与海洋生态系统生产力和海洋渔业密切相关。

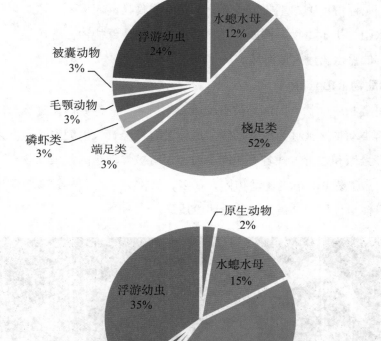

图7-9　2018年1月（冬季，上图）和5月（春季，下图）胶州湾浮游动物种类组成
（引自沈阳，2020）

常见浮游幼虫有两囊幼虫（海绵动物）、浮浪幼虫和碟状体（刺胞动物）、牟勒氏幼虫（扁形动物）、帽状幼虫（纽形动物）、担轮幼虫（海产环节动物和软体动物）、无节幼虫（甲壳动物）和溞状幼虫（十足类）等（图7-10）。

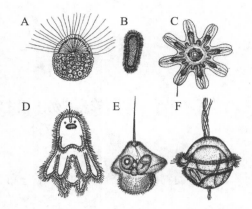

图7-10 两囊幼虫（A）、浮浪幼虫（B）、碟状体（C）、牟勒氏幼虫（D）、帽状幼虫（E）和担轮幼虫（F）

（七）其他浮游动物

栉水母种类不多，多数营浮游生活，有些种类在海洋中分布很广且常见。部分轮虫生活于近岸浅水区。软体动物中营浮游生活的是腹足纲的翼足类和异足类等。浮蚕、游蚕等少数多毛类也是终生浮游生物（图7-11）。

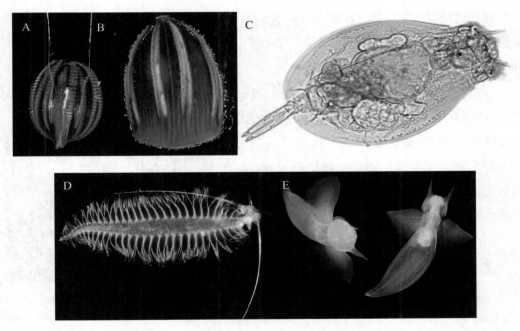

图7-11 栉水母：侧腕水母（A）和瓜水母（B）、轮虫（C）、浮蚕（D，引自http://www.sohu.com/a/132951042_409069）和翼足类——海若螺（E，引自http://blog.sina.com.cn/s/blog_65a8ac420100h7qo.html）

第二节 浮游动物的时空分布及与海洋环境的关系

浮游动物的时空分布包括水平分布、垂直分布和季节变化。

一、浮游动物的水平分布

浮游动物缺乏发达的运动的器官，只能被动地漂浮着。所以，它们的水平分布很大程度上随着海流方向与强度的变化而不断变动。

（一）分布特点

和其他很多生物一样，浮游动物的水平分布也有广狭之分。分布广的种类，能适应较大范围的温度、盐度变化。有些广温性和广盐性种类在世界各个海域均有分布，称为世界种（cosmopolitan species）。

分布狭的种类，适应能力弱，只能适应较小范围的温度（狭温性）或盐度（狭盐性）变化。有些种类只限于某一个海域，称为地方种（endemic species）。

浮游动物的水平分布是不均匀的，这是因为许多种类都有不同程度的密集分布现象。例如，磷虾到了生殖期常密集分布在表层产卵（图7-12）。产生密集分布现象的原因复杂，除了生物的自身因素，如生殖、生理状态等以外，还有风、海流、光照、温度、饵料等外界环境因素。其中，海流和饵料被认为是两个最主要的外因。

图7-12　大量磷虾聚集

因为浮游动物分布的不均匀性，所以在海上调查时，采集的面积应尽量扩大，才能更准确地反映出调查海域浮游动物分布的实际情况。

（二）浮游动物水平分布与环境因子的关系

1. 水平分布与海流的关系

海流是影响浮游动物水平分布的直接因子，也是最重要的因子。

不同水文性质的海流或水团里，常栖息着不同种类的浮游动物，这些浮游动物就成为该海流或水团的指示生物。根据它们的分布可分析海流、水团的理化性质、来源和分布范围等，尤其是在比较复杂的交汇区。在交汇区，海流或水团已失去了原有的理化性质，此时用温度、盐度等测定方法一般无法判断。而浮游动物指示种还保留着原有印记，有助于分析海流或水团的水文特征等。

2. 水平分布与温度的关系

温度是影响浮游动物水平分布的一个重要因子。根据对温度的适应能力，浮游动物分为广温性和狭温性种类。根据栖息水域的水温，浮游动物可分为如下几类：

寒带浮游动物（frigid zooplankton）：栖息水温0～5℃，包括北极浮游动物（arctic zooplankton）和南极浮游动物（antarctic zooplankton）。

温带浮游动物（temperate zooplankton）：生活于水温为5～25℃的北温带和南温带水域中的浮游动物。大多数浮游动物属于此类。

热带浮游动物（tropical zooplankton）：生活于水温为25～35℃的热带水域中的浮游动物。

3. 水平分布与盐度的关系

盐度是维持动物体与海水间渗透关系的重要因素。动物调节盐类代谢和维持渗透压能力的不同，决定着其对盐度变化的耐受性。根据对盐度变化耐受能力的大小，浮游动物可分为广盐性浮游动物（euryhaline zooplankton）和狭盐性浮游动物（stenohaline zooplankton）。

根据栖息水域盐度的不同，浮游动物又可分为远洋性、近岸性和河口浮游动物。

4. 水平分布与食物的关系

很多浮游动物的水平分布与食物有关。例如，毛虾常分布在圆筛藻丰富的水域，毛颚类常分布在桡足类密集的水域。

5. 水平分布与风力的关系

风力在浮游动物的水平分布上起着一定的作用，其对于生活在大气与海水界面的漂浮生物尤为重要。

二、浮游动物的垂直分布和移动

各水层中浮游动物的种类和数量都不相同，这种现象称为浮游动物的垂直分布。浮游动物的垂直分布是其自身和外界环境相互作用的结果，并处于动态之中。

（一）各类浮游动物的垂直分布

原生动物：一般分布于上层，但有的放射虫类栖息在深海。

刺胞动物：一般分布于上层，其垂直分布除因种而异外，还受食物、风浪、海水温度和盐度、光照等影响。

轮虫：栖息于上层。

多毛类：一般浮游多毛类属于上层浮游生物。

甲壳动物：多数属于上、中层浮游动物，仅少数居于深海。

腹足动物：分布于上层。

毛颚动物：主要分布于100 m以浅水层，少数种类在深海。

被囊动物：有尾类和海樽多分布于200 m以浅水层，仅海樽中的纽鳃樽分布于较深水层。

浮游幼虫：分布于上层。

（二）浮游动物垂直分布的变化

浮游动物的垂直分布范围相对稳定，但也会随着内因及外在环境因素的改变而发生变化。

1. 海域不同而引起的变化

各海域的环境条件不同，同一种浮游动物在不同海域的垂直分布并不一样。例如，有的冷水种毛颚动物在热带匿居深海，而在寒带栖息于海洋上层。

2. 季节转换引起的变化

季节转换意味着环境条件的改变，尤其是水温和光照。例如，欧洲北海的飞马哲水蚤夏季栖息在上层而冬季下移，挪威磷虾则与此相反。但也有的浮游动物垂直分布不受季节转换的影响。

3. 海况和天气改变引起的变化

风浪大小、天气阴晴等也会影响浮游动物的垂直分布。

4. 昼夜和季节垂直移动引起的变化

浮游动物的垂直移动使其分布的水层发生改变（图7-13）。

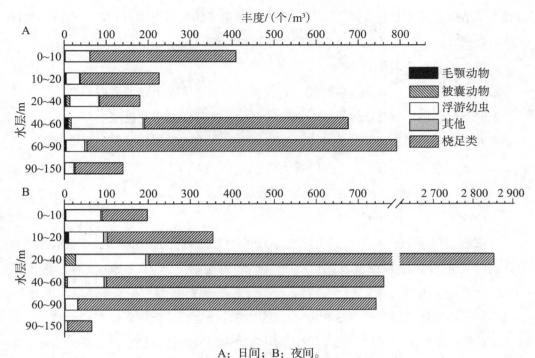

A：日间；B：夜间。

图7-13　中国南海西沙永乐龙洞内浮游动物丰度垂直分布

（引自陈畅等，2018）

5. 垂直环流和上升流引起的变化

垂直环流和上升流是影响浮游动物垂直分布的重要因素。它们把中下层浮游生物带到上层，这个现象在近岸浅海尤为显著。

6. 其他因素引起的变化

食物、生殖和发育也能够影响浮游动物垂直分布的变化。毛颚动物常密集分布在桡足类最多的水层；桡足类上移，它们也跟着上移。不少浮游甲壳动物（如磷虾）到了生殖季节常上升至表层进行产卵。很多动物的浮游幼虫和早期幼体通常栖息在表层；随着生长发育，这些动物逐渐下移。而帆水母（*Velella velella*）成体在表层，幼体生活于深海。温跃层和盐跃层会对部分浮游动物的垂直分布起到阻碍作用。

（三）浮游动物的垂直移动

很多浮游动物具有垂直移动的能力，其移动方式各异。完全缺乏行动能力或行动能力微弱的浮游动物，主要依靠细胞密度的增减而下移、上移，移动的范围很小，如原生动物放射虫。具一定行动能力的浮游动物，依靠附肢或其他运动器官而垂直移动。

垂直移动是浮游动物生态中的一个普遍现象。垂直移动使其垂直分布发生很大变化，同时对周围环境也造成一定程度的影响。浮游动物垂直移动主要类型有昼夜垂直移动、季节垂直移动和发育垂直移动。其中，最重要的是昼夜垂直移动，即许多海洋浮游动物随着昼夜的更替而进行有节律的垂直移动的现象。

1. 昼夜垂直移动的类型

根据浮游动物的上移和下移时间，昼夜垂直移动分为以下几种类型。

夜晚上移，白天下移：多数浮游动物的昼夜垂直移动属于此类型。

夜晚下移，白天上移：少数种类，如桡足类的伶俐大眼剑水蚤属于此类型。

双周期：例如，浮游有孔虫傍晚上升，午夜前后下降，午前再上升，午后又下降。

2. 昼夜垂直移动的幅度

昼夜垂直移动的幅度不仅与个体大小与运动器官的发达程度、性别和发育期有关，而且受季节、栖息深度及纬度等环境因素的影响。有的昼夜垂直移动幅度仅0.6 m，有的超过600 m。

个体大小与运动器官的发达程度：大型甲壳动物运动器官较发达，运动能力相对较强，移动幅度较大。栖息于表层的小型甲壳动物如枝角类，桡足类的拟哲水蚤、角水蚤、长腹剑水蚤等，垂直移动幅度小，或完全无垂直移动的习性。

性别：一般雌性移动幅度大于雄性，很多桡足类的雄性不进行昼夜垂直移动。

发育期：随着发育，浮游动物昼夜垂直移动的幅度增加。

纬度：温带浮游动物昼夜垂直移动幅度大于热带浮游动物。

深度：深海浮游动物昼夜垂直移动幅度大于浅海浮游动物。

季节：不同季节浮游动物的昼夜垂直移动幅度不同，通常在夏季较大而在冬季较小。

温度：温跃层对有些种类的垂直移动起着一定的阻碍作用。

盐度：盐跃层对某些河口区桡足类的昼夜垂直移动起着一定的阻碍作用。

浮游植物密度：上层浮游植物密度太大，会影响下层肉食性浮游动物的昼夜垂直移动，阻碍它们的上移。

天气：晴时昼夜垂直移动幅度大于阴时。

3. 昼夜垂直移动的速度

浮游动物种类不同，上移、下移的速度也不相同。个体较大的种类一般具有较强的运动能力，移动较快。另外，浮游动物上移速度小于下移的速度。例如，中华哲水蚤的上移速度为 15 m/h，下移速度为100 m/h。

4. 昼夜垂直移动对周围环境的影响

浮游动物的昼夜垂直移动显著增加了上层浮游生物的总生物量，而中下层的生物量相应降低。由于大量摄食，上层浮游植物和小型浮游动物的数量明显减少，浮游生物的种类组成发生改变。

大量浮游动物的呼吸降低了上层的含氧量，增加了二氧化碳浓度，有利于浮游植物的光合作用。

大量浮游动物上移，很多以浮游动物为食的鱼类（如鲱形目鱼类）也随之上移，这就改变了各层鱼类的种类组成和数量。

5. 影响昼夜垂直移动的因素

昼夜垂直移动是浮游动物中普遍存在的生态现象。经过研究，学者们提出以下几种影响因素。

光照度：一些学者认为光照度变化是引起这个现象的主要原因。许多浮游动物的昼夜垂直移动正好和光照的昼夜变化相符。各种浮游动物栖息在光照最适宜的水层里。当光照度发生昼夜变化时，它们的垂直分布也跟着相应地变化（图7-14）。

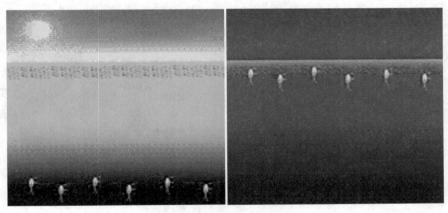

图7-14　哲水蚤的昼夜垂直移动

温度：温度可改变动物对光照的反应。

保护作用：有人认为昼夜垂直移动是浮游动物保护自己免受敌害的一种适应。

潮汐和内波：可引起水文要素（如温度、盐度等）和跃层垂直位置的周期性变化，不仅使浮游动物被动上移或下移，而且妨碍或促进饵料和光照所引起的浮游动物的主动上移和下移。例如，在日本海，拟长腹剑水蚤的昼夜垂直移动是与潮汐的水位变化完全一致的双周期被动移动，与光照无关。

其他因素：重力作用、食物、生理状态等。

总之，浮游动物的昼夜垂直移动是一个复杂的现象，往往是多种因素共同作用的结果。

6. 昼夜垂直移动的意义

浮游动物下移可回避依赖视觉的捕食者,上移可获取丰富的食物。垂直移动可提高种群的遗传多样性;可加速真光带有机物向较深水层转移,使有机物主动垂直传递。浮游动物的昼夜垂直移动不仅改变周围的理化环境,也引起摄食浮游生物的鱼类昼夜垂直移动,而这些鱼类(如鲱鱼、鲐鱼)正是捕捞的主要对象。掌握了浮游动物垂直移动规律,据此调整捕捞策略,如白天下网较深,夜晚下网较浅,则可以提高渔获量。

三、浮游动物的季节变化

季节转换使浮游动物种类组成和数量等均随之发生变化,这就是浮游动物的季节变化(图7-15)。各种浮游动物对环境的要求不一样。某个季节的环境条件对某些种类比较适宜,而对另外一些种类并不适宜。在一个季节出现的某些种类,在另一个季节可能消失。因此,浮游动物种类组成、数量和某些浮游动物的形态发生着季节变化。

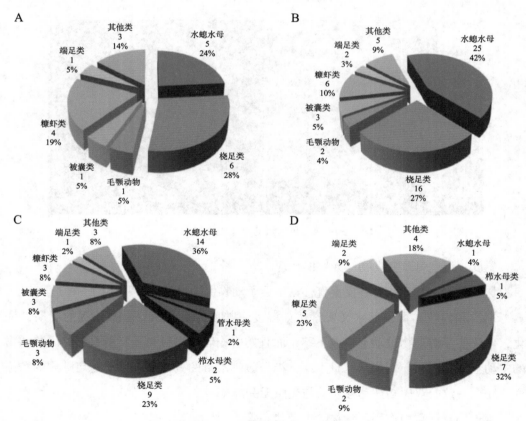

A. 春季;B. 夏季;C. 秋季;D. 冬季。

数字代表种类数目。

图7-15 2006年12月至2007年12月渤海近海浮游动物群落类群组成

(引自杜明敏,2013)

（一）生物学季节

由于季节的转换、气候的变化，海洋水文条件在一年中也相应地发生变化。在研究浮游生物的季节变化时，通常采用的是水文学季节（hydrological season），即以水温为主要依据所划分的季节。苏联学者波戈罗夫（1938，1941）提出另外一种季节划分方法：根据海洋生物种类组成和数量的变化并结合水文特点来划分季节，这种季节称为生物学季节（biological season）。这样划分可以更好地反映出各个季节的生态特点。温带海洋环境的季节变化最为显著，生物学季节的划分方式最为适用。波戈罗夫提出的北温带海区各个生物学季节的生态特点如下。

春季：表层水温升高，光照度增强，营养盐丰富。浮游植物（主要是硅藻）迅速繁殖，生物量达到全年最高峰。浮游动物由于食物丰富，也大量繁殖。因此，海域中出现了大量浮游生物的卵和幼虫。

夏季：水温和光照度都达到一年中的最高峰。可是由于营养盐在春季浮游植物大量繁殖时消耗巨大而变得贫乏，所以浮游植物生物量较春季少。浮游动物由于迅速生长和大量繁殖，生物量继续增加。海域中出现了更多的浮游动物的卵和幼虫。

秋季：水温和光照度开始下降，营养盐却因为深层水的上升和浮游生物残体的分解而增多，为浮游植物的再度繁殖创造了有利条件。因此，浮游植物生物量达到第二高峰。以浮游植物为食的浮游动物也大量繁殖，但种类已开始减少，一些暖水性种类和幼虫逐渐消失。

冬季：由于水温和光照度的降低，多数浮游生物停止生长、繁殖，所以浮游生物的种类、数量都非常贫乏。因为浮游植物少，再加上浮游生物残体的分解和海水的垂直对流，表层营养盐类不断增加，为浮游植物的春季繁殖创造了有利条件。

生物学季节的长短随纬度而异，如：生物学夏季在热带海域长7个月，而在寒带海域长1个月；生物学冬季在热带海域几乎没有，在寒带海域长9~10个月。因此，在热带海域几乎全年都是生物的繁殖季节，而在寒带海域生物的繁殖季节仅有两三个月。

影响各纬度海域生物学季节的因素不同。在温带和亚热带海域，温度是主要因素；在热带海域，温度和光照几乎整年都很高，不会限制浮游生物的生长、繁殖，营养盐的作用则特别重要；在寒带海域，光照和温度显然是主要因素，因为那里的营养盐整年都很丰富，不会限制浮游生物的生长、繁殖。

世界海洋根据水温的变化分为寒带海、温带海、亚热带海、热带海；而根据浮游生物高峰的出现数目，可分为单周期海和双周期海。

单周期海（monocyclic sea）：浮游生物生物量在一年中只有一个高峰。寒带海和热带海都属于此类型，不过热带海的高峰不显著。单周期海水温的季节变化幅度很小或几乎没有。

双周期海（dicyclic sea）：浮游生物生物量在一年中有两个高峰。温带海和亚热带海都属于此类型。双周期海水温的季节变化幅度很大，特别是在北温带。

（二）影响浮游动物季节变化的因素

内因：浮游动物的种类、繁殖、生长与发育。

外因：温度、食物、海流和鱼类的摄食强度等。

影响浮游动物季节变化的主要因素是温度和食物，特别是硅藻。所以，一般浮游动物生物量的高峰往往紧接着硅藻生物量的高峰（图7-16）。

海流不但影响浮游动物的平面分布和垂直分布，而且因为其随着季节变换而变化，所以对浮游动物的季节分布有重要影响。例如，中国东海浮游动物群落在夏、秋两季（特别是9、10月）常出现很多热带种类，这些种类显然是由黑潮暖流带来的。

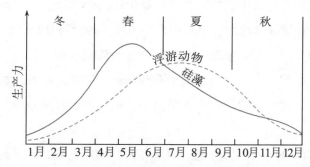

图7-16　巴伦支海浮游动物和浮游植物生产力的季节变化

（三）形态的季节变化

浮游动物的形态（大小和外形）随着季节变换而发生变异的现象称为形态的季节变化，也称周期变形（cyclomorphosis）。例如，胶州湾强壮箭虫的个体大小、泡状组织的发达程度等发生季节变化：春、冬季个体较大，泡状组织发达，鳍较小；夏、秋季个体较小，泡状组织不发达，鳍较大。浮游动物形态的季节变化虽不尽相同，但基本上是夏季扩大身体表面积，到了冬季恢复原状。此现象可能与如水体的密度与黏性、浮力、食物、温度和动物自身的生理状态和适应性有关，也许是多因子综合作用的结果。

第三节 浮游动物在海洋生态系统中的作用

浮游动物是海洋生物的重要组成部分，它们数量庞大、种类繁多，是海洋食物网的重要中间环节，是海洋生态系统的次级生产者，在物质循环和能量流动中起着重要作用，在海洋生态系统的结构中占据重要地位。

一、浮游动物在海洋生态系统中的主要作用

（一）在物质循环中的重要的作用

浮游生物的产量（包括初级生产和次级生产）是海洋生物生产力的基础。作为次级生产者，浮游动物是有机物从初级生产者向更高营养级转化的关键环节，在物质循环中起着重要作用。浮游动物的种群动态变化不仅通过对浮游植物的摄食过程对初级生产起着调节作用，还很大程度上决定着鱼类和其他经济海产动物的产量。同时，微型和小型浮游动物具有很高的新陈代谢速率和单位体重排泄率，在营养盐的矿化和再生过程中发挥重要作用。

（二）在能量流动中的重要作用

在能量流动中，浮游植物把光能转变为化学能。植食性浮游动物摄取浮游植物后获得能量，并通过食物链将能量传递下去，能量逐级减少，构成能量金字塔。因此，浮游生物在海洋生态系统的能量流动中起着重要作用。

（三）微型生物食物环（微食物环）或微型生物食物网（微食物网）的重要环节

相对于经典食物链，微型生物食物环（microbial loop，图7-17）是海洋生态系统中的另一条营养通道。这些微型生物包括细菌、纤毛虫等原生动物、小型桡足类及幼虫等后生动物。在生态系统中，细菌既是还原者，也是生产者。浮游植物除一部分被草食性动物利用外，大部分死亡后被微生物分解成可溶性有机物（dissolved organic matter，DOM）。浮游植物也分泌DOM。细菌可吸收利用DOM合成自身的蛋白质，成为鞭毛虫、纤毛虫等原生动物的食物。这些原生动物又被小型后生动物所利用。动物代谢及死亡分解后又生成可被细菌利用的DOM，形成一个微型生物食物环，即微型生物食物网（microbial food web）。大量自由生活的异养微生物（如细菌）吸收利用海水中的可溶性有机物，经过原生动物的摄食作用转化为更大的颗

粒，最后传递进入经典食物链。

据报道，在近岸水域中，初级产量的40%可为异养微生物消耗，且光合作用固定的碳有25%～60%通过微食物环进入经典食物网。可见，微食物环是水域生态系统中的一个重要组成部分，在生源要素收支中具有不可忽视的作用。鉴于此，对水域生态系统中微型生物的营养动力学及生态作用的研究已成为当今国际性前沿课题之一。

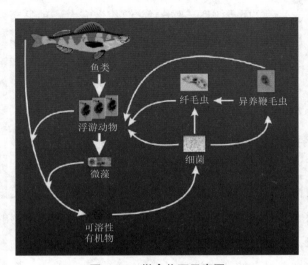

图7-17 微食物环示意图

二、几种重要浮游动物的生态作用

海蜇、中华哲水蚤、飞马哲水蚤和南极磷虾是浮游动物中的优势种或海域中的关键种，在生态系统中具有重要作用。

（一）海蜇

1.海蜇的分布

海蜇为暖水性水母，尤其喜栖息于河口附近，成群出现。分布区水深一般在3～20 m，有时达40 m。早期幼体阶段主要集中分布在5 m等深线以内的近岸河口水域。

我国、日本、朝鲜半岛沿岸和俄罗斯远东等地海域都有海蜇的分布。在我国海蜇的分布很广，南可到海南岛沿海，北可到辽宁沿海，主要集中于辽宁、山东、江苏、福建等地区。

2.海蜇的生活史和运动方式

海蜇雌雄异体，生活史中有无性生殖和有性生殖世代交替（图7-18）。水母型营浮游生活。通过有性生殖产生的浮浪幼虫经变态发育成无性世代的水螅体。水螅型营固着生活。

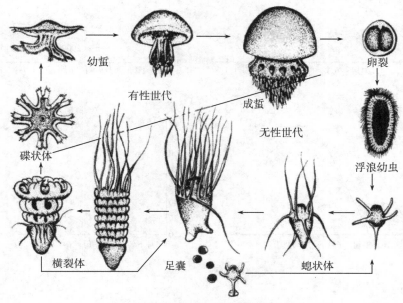

图7-18　海蜇的生活史

（引自丁耕芜和陈介康，1981）

海蜇主要靠内伞的环状肌有节奏的舒张和收缩来运动。收缩排水时产生的反作用力推动其向伞顶方向前进。海蜇在静水中游动的速度为4~5 m/min，其水平分布受大风、潮汐和海流等的影响。

海蜇虽然缺乏发达的运动器官、游泳能力弱，但是具有发达的排水系统以及灵敏的感觉器官，所以能在不同水层间垂直运动，当水流平缓时于上层出现，当海况不佳时则潜于下层。

3.海蜇的环境适应

海蜇水螅型对水温的适应范围为0~15 ℃，最适水温5~10 ℃；水母型对温度的适应范围为15~32 ℃，最适水温为18~23 ℃。当夏季水温上升后，其数量会急剧下降。海蜇水螅型对盐度的适应范围为12~35，最适盐度16~23；水母型对盐度的适应范围为12~35，最适盐度18~26。海蜇对光反应敏感，喜栖于光照度2 400 lx以下的弱光环境。2009—2011年对辽东湾北部近海大型水母栖息的海水表层温度、盐度范围的研究表明，海蜇较密集区的海水表层温度范围为22~27℃，海水表层盐度范围为22.1~31.1（图7-19）。

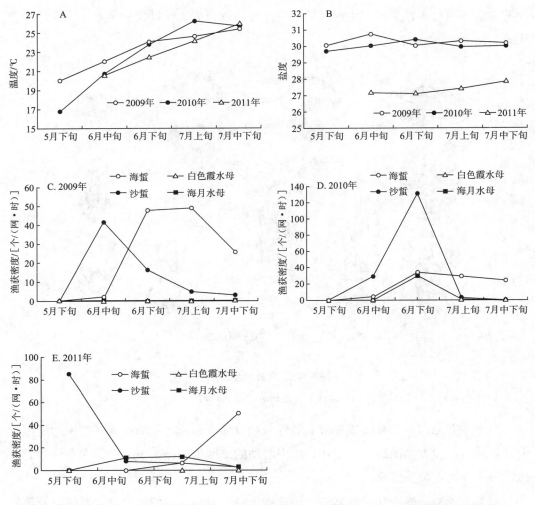

图7-19　2009—2011年5月下旬至7月中下旬辽东湾北部近海大型水母的渔获密度及
海水表层温度、盐度变化

（引自王彬等，2012）

4. 海蜇在生态系统中的功能

海蜇作为典型的浮游生物，可利用凝胶状钟状伞体做脉动运动，可用长触手进行捕食，其摄食作用对浮游植物的生长、数量和群落结构等有重要的调控作用。海蜇作为捕食者和被捕食者与食物链（网）中各营养级之间相互联系、相互作用，其种类和数量变化会导致整个海洋生态系统结构和功能的改变（图7-20）。

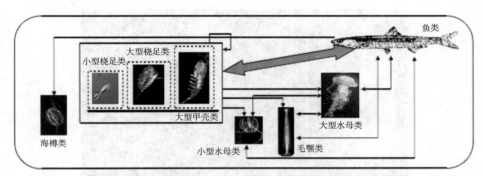

图7-20 黄海各浮游动物功能群划分、各功能群之间及各功能群与高营养级之间关系的示意图
（引自时永强，2015）

研究表明，人类的干扰行为导致环境结构的改变引起水母过度增殖，引发"白潮"等海洋生态灾害。水母也干扰了人类活动，如蜇伤人（水母刺细胞中有毒素），影响拖网作业，堵塞沿海发电场、海水淡化厂等的排水口等。

全球气候变暖对暖温性水母种类有利，水母的有性生殖率和无性生殖率均会随着温度升高而升高。气候变暖还可以增强水体层化，导致寡营养盐的表层水中甲藻增多，这也有利于水母种群的增长。

海蜇的降解也会引发生态问题。在海蜇8 d左右的降解过程中，会大量消耗水体中的溶解氧，造成水体贫氧；会释放大量的营养盐，使得水体的氮磷比远远高于Redfield值。

由于人为干扰，如填海造地造成海蜇螅状体固着基质改变，海洋环境的污染造成海蜇生境的污染，海蜇资源减少。研究表明，在自然海域，温度和营养条件是影响海蜇生长和繁殖的关键。海蜇螅状体耐受低氧和黑暗条件，低温诱导有利于海蜇螅状体的横裂生殖。了解环境因子对海蜇等水母生长发育的影响，可为提高增殖放流产量的研究以及"白潮"暴发致灾因子和成灾机制的研究提供一定的科学依据。

（二）中华哲水蚤

中华哲水蚤（*Calanus sinicus*）（图7-21）是西北太平洋陆架区的特征桡足类，是我国渤海、黄海、东海各主要渔场中上层经济鱼类的主要饵料，其数量变动与渔业的丰歉直接相关，对渔业资源结构有间接的影响，在我国近海生态系统中的地位与北大西洋的飞马哲水蚤相当，故被认为是我国近海生态系统中的关键种。

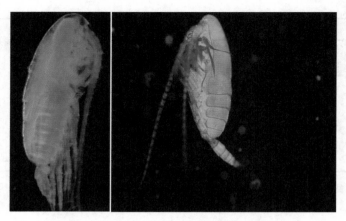

图7-21 雌（左）、雄（右）中华哲水蚤侧面观

1. 中华哲水蚤的生殖发育

中华哲水蚤雌体产卵模式是间歇式的，但产卵和间歇的天数因个体而异。通常连续产卵时间为1~9 d不等，最长为9 d。间歇时间一般为1~2 d，最长为6 d。中华哲水蚤幼体分为无节幼虫与桡足幼体。其中，无节幼虫包括6个发育期，通常记为N1~N6；桡足幼体共有5个发育期，通常记为C1~C5。C5桡足幼体蜕皮后成为成体。（图7-22）

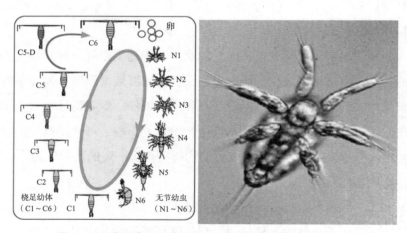

图7-22 桡足类生活史（左）和桡足类无节幼虫（右）

王世伟（2009）研究发现中华哲水蚤在全年有4~5个世代：11月末，中华哲水蚤结束度夏过程，种群中占优势的C5个体开始蜕皮为成体，逐渐进入繁殖期，由此产下的子代可称为G0。G0在食物条件较差的冬季发育成熟后产下的子代称为G1。G1 于 3月初发育成熟。春季食物条件较好，于是3月初至5月中旬很可能产生G2、G3 两个世代。假若陆架区食物、环境条件适宜，5月中旬后很可能产生G4世代。G3 与 G4 两个

世代的混合种群共同进入度夏过程。其间，一小部分 C5 个体蜕皮为成体，大部分 C5 个体保持滞育状态。至 12月冷水团消退后，G3、G4 世代的 C5 个体蜕皮、成熟，开始新的生活周期（图7-23）。

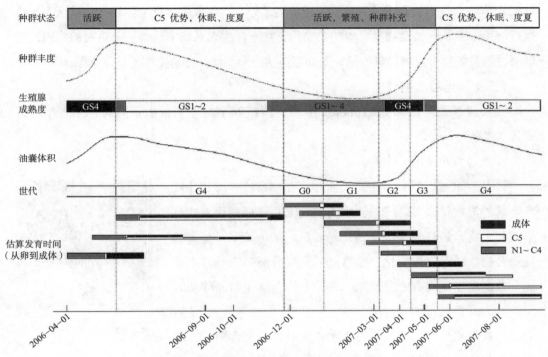

图7-23 黄海陆架海区中华哲水蚤的生活史概念模型

（引自王世伟，2009）

2. 中华哲水蚤的习性

在自然环境中，中华哲水蚤为浮游植物食性，主要摄食硅藻中的圆筛藻；此外，它也摄食很少量的甲藻、金藻和纤毛虫（杨纪明，1997；于娟等，2012）。该种具很强的摄食能力。在一定饵料浓度范围内，其摄食能力和饵料浓度是正相关的；在低饵料浓度下，其停止摄食。中华哲水蚤摄食最适温度为15 ℃左右，最适盐度为28（张武昌，2000）。

中华哲水蚤存在着垂直移动现象。研究发现，雌体在后半夜上升到表层产卵，形成卵的高密度区。随后，卵在20 h内边沉降，边孵化成N_1期无节幼虫，导致相应时间内卵的密度减小。N_3到C_5期幼体的垂直分布规律基本相同，其密集群主要分布在平均水深为30 m的温、盐跃层（张芳等，2005）。这可能是因为光是浮游动物进行昼夜垂直移动这一非条件反射的刺激信号（罗会明，1983）。此外，韩希福等（2001）用最优化适合度种群生态学模型模拟研究了中华哲水蚤种群在渤海生态系统中的垂直移动模式，认为决定其垂直移动的主要因素是生命周期、世代时间、繁殖力和产卵量；垂直移动主要是其为维持种群的存在而做出的选择。

3. 中华哲水蚤的生态功能

中华哲水蚤作为我国近海常见的桡足类，分布广、数量多且个体较大，被认为是我国近海生态系统浮游动物类群中的关键种，在海洋生态系统中起着至关重要的作用，能够通过摄食等生理过程影响生源要素的存在状态和流动，参与生物地球化学循环。

（三）飞马哲水蚤

飞马哲水蚤（*Calanus finmarchicus*，图7-24）与中华哲水蚤同属，形态相近，成体长2～3 mm。

1. 飞马哲水蚤的分布

飞马哲水蚤广泛分布于北大西洋，在拉布拉多海和挪威海南部种群数量最多。飞马哲水蚤是北大西洋最具代表性且丰度和生物量最高的浮游生物，是鲱鱼、鲭鱼等海洋鱼类的重要食物。随着气候变化，全球海洋温度升高，飞马哲水蚤的分布也在变化。有专家预测，其分布将会继续向北移动。

2. 飞马哲水蚤的生活史

与其他桡足类相似，飞马哲水蚤共有12个发育期。卵孵化为无节幼虫。无节幼虫经历5次蜕皮（共6个发育期），变态发育为桡足幼体。桡足幼体经过5个发育期，最后发育为成体。

图7-24　飞马哲水蚤
（引自https：//www.
alternative-learning.org/nl/
wordpress/?p=14002）

飞马哲水蚤的产卵时间大致在冬季中后期或春季前期，这与浮游植物暴发的时期一致，因为浮游植物是其主要的食物来源。飞马哲水蚤的产卵周期大约为3.5个月。其最适生长温度为3～15 ℃，最佳产卵温度为7 ℃。在生长发育过程中，脂类蓄积开始于C_3。在C_4和C_5，脂类占其干重的65%。脂类的蓄积是为了冬季休眠。飞马哲水蚤为了度过严寒的冬天，会下降到较深水域，同时减缓新陈代谢。有研究表明，飞马哲水蚤的休眠水深从100 m至2 000 m不等。表层水温是影响其体形大小的关键因素，温度越低，体形越大。因此，其体形大小不仅取决于基因和食物的可获得性，还和其所处地理位置有一定的相关性。休眠后，飞马哲水蚤上升至海水表层，进入C_5，完成蜕皮，发育为成体。

通常来说，飞马哲水蚤在北方海域的生命周期为1年，但是在南部海域，1年中会出现好几代。随着水温的升高，飞马哲水蚤的繁殖频率也会增加。

3. 飞马哲水蚤的生态功能

（1）飞马哲水蚤是海洋食物网中的一环。飞马哲水蚤主要以硅藻等浮游植物为食，同时是许多在经济和生态上占有重要地位的鱼类的主要食物。还有一些海鸟，如大西洋海雀（*Fratercula arctica*）、欧洲海雀（*Phalacrocorax aristotelis*）和刀嘴海雀（*Alca torda*）以飞马哲水蚤为食。

（2）飞马哲水蚤是海洋环境中石油污染的重要清除者。外溢到海水中的石油会分散成油滴。油滴的大小正好在桡足类可摄食颗粒大小范围内。飞马哲水蚤的摄食活动取决于藻类的种类、浓度和水中分散油滴的多少，这些都可通过计算清除率和粪便产量来估计。

一项对比研究干净海水和被石油污染的海水中飞马哲水蚤摄食行为的实验发现，石油暴露组的飞马哲水蚤摄食行为明显减弱，排泄的粪便平均长度和宽度减小。尽管两组飞马哲水蚤粪便中微生物群落结构大致相同，但石油暴露组的飞马哲水蚤粪便单位面积上的微生物群落增多，飞马哲水蚤粪便所含油滴中正烷烃的降解量是相当可观的，可促使海水中的正烷烃含量大幅下降，这说明飞马哲水蚤将含有微生物群落的粪便排入水体中，对降解石油具有重要的意义（Størdal等，2015）。

（3）飞马哲水蚤在海洋药物研发和水产养殖饵料开发中具有重要价值。飞马哲水蚤含有丰富的油脂、蛋白质和其他生物活性物质。有研究表明，其油脂对小鼠的体重减轻、动脉曲张和硬化、高血压、糖尿病等具有积极的治疗效果。不过，其对人类健康的影响尚未得到充分研究。在水产养殖中，从飞马哲水蚤中提取的油脂可作为鱼油的补充，用来饲喂大西洋鲑等。然而，如何能够有效地捕捞这一生物资源而不影响环境，仍然是一个极具挑战的问题。有研究者反对直接捕获飞马哲水蚤，因为其种群数量的减少会对食物链产生负面的连锁效应。

（四）南极磷虾

南极磷虾（*Euphausia superba*，图7-25）属于磷虾目磷虾科磷虾属，成虾一般体长4～6 cm，个体质量2 g左右。生活状态的南极磷虾，身体几乎透明，壳上点缀着许多红色斑点。

南极磷虾是人们迄今发现的蛋白质含量最高的生物，其蛋白质含量超过50%。此外，南极磷虾还富含人体所必需的氨基酸和维生素A。南极磷虾还有药用价值，可以用来治疗

图7-25　南极磷虾
（引自王震，2017）

胃溃疡、动脉硬化等。因此，南极磷虾已经成为渔业捕捞的对象。但是南极磷虾将来是否可以直接被人类食用取决于能否有效移除其体内所含的大量氟化物。目前南极磷虾主要用于水产养殖饵料和人类保健品（如磷虾油）的制备。

1. 南极磷虾的生殖和发育

南极磷虾的寿命一般为5~7年，2龄以后即成熟。南极磷虾在夏季（11—12月）产卵，每次产卵2 000~10 000粒。受精卵被排放在大洋表层，随后不断下沉，在水深1 000 m以深海域孵化成无节幼虫。幼体上浮，到达海洋表层后迅速生长、变态。南极磷虾能忍受长时间的饥饿，消耗体内物质来满足代谢的需要。

2. 南极磷虾的习性

南极磷虾广泛分布于50°S以南海域，呈现出环极分布的特征。南极磷虾生物量具有明显的区域差异（图7-26）。一般认为南极磷虾生活在海洋表层到水深150 m的海域，主要分布在水深40~60 m的水层，这是因为南极磷虾主要摄食浮游植物，而上层海水中的浮游植物数量比较多。

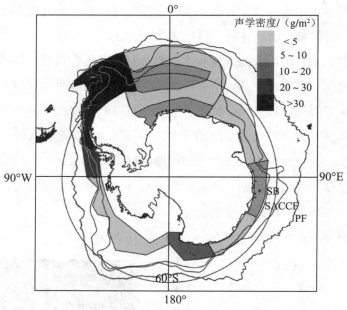

SB-南极绕极流的南部边界；SACCF-南极绕极流南部锋；PF-南极绕极流极锋。

图7-26　南极磷虾的分布以及声学调查评估的海域的资源密度

（引自V. Siegel, 2005）

南极磷虾有结群的习性，经常形成密集的群体，使所在海域呈红色。有时南极磷虾群体会延伸到方圆几千米，每立方米水体含有的个体可达几千尾。南极磷虾有昼夜垂直移动的习性，白天一般生活在较深水层中，夜幕降临后才浮到水面摄食。

南极磷虾的水温适应范围较窄。通过现场进行的人工控制的水温改变实验发现，南极磷虾在人工条件下可以承受水温的缓慢升高而不会马上死亡，水温5 ℃以下能保持正常生理功能，水温高于7 ℃后出现死亡。然而，南极磷虾对温度急剧升高没有适应能力。但也有研究指出，自然条件下，如果水温高于1.80 ℃（国家海洋局基地专项办公室，2016）南极磷虾就不会生存。

在自然环境中，南极磷虾尤其是在幼体阶段，对浮冰有一定的依赖性。浮冰提供了天然的洞穴使南极磷虾能避开捕猎者，提高幼体生存率。此外，浮冰底部有大量藻类为其提供充足食物。南极磷虾的生命周期与食物供应的季节性周期具有密切关系，降低代谢率是其最重要的越冬机理。

3. 南极磷虾在生态系统中的功能

南极磷虾是维持南极生态系统平衡与稳定的关键物种，是鲸、海豹、海狗、南极鱼类、企鹅、信天翁等鸟类的主要食物来源，处于南极食物网的核心位置（图7-27）。

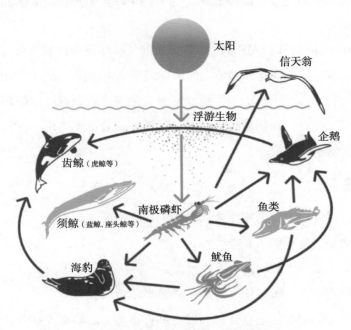

图7-27 南极磷虾在食物网中的重要地位

南极磷虾可以在局部增加南大洋中铁的利用率并影响浮游植物的生长，在铁向大型海洋动物的转移中起着关键作用。

在磷虾资源丰富的地方，其主要饵料生物——浮游植物的生物量减少，但南极磷虾的排泄物可以刺激海水中氨的增加，进而促进海水中浮游植物的营养吸收和生长速率。

本章小结

浮游动物是异养性的浮游生物，它们不能自己制造有机物，必须依赖已有的有机物作为营养来源。海洋浮游动物是海洋生物的重要组成部分，尽管因为多数个体小而不为大众所熟悉，但它们种类繁多，数量庞大，分布极广，与人类生活和生产实践关系密切。

浮游动物主要包括无脊椎动物的一些类群、部分低等脊索动物以及各类海洋动物的浮游幼虫。浮游原生动物有鞭毛纲的腰鞭毛虫、肉足纲的有孔虫、放射虫和纤毛纲的沙壳纤毛虫等。水母是在海洋中浮游的刺胞动物，包括水螅水母和钵水母等。栉水母尽管种类不多，但多数浮游，且有些种类在海洋中分布很广且常见。部分轮虫生活于近岸浅海。软体动物中营浮游生活的是腹足纲的翼足类和异足类。浮游甲壳动物是很多经济鱼、虾及须鲸等的主要摄食对象，部分种类还是人类的食物，主要有枝角类、桡足类、端足类、糠虾类、磷虾类、樱虾类等。海洋中，毛颚动物种类虽少，但常成为浮游动物的优势类群。低等脊索动物中，在海洋中营浮游生活的是被囊动物中的有尾类和海樽类。

浮游动物在海洋中的时空分布包括平面分布、垂直分布和季节分布。不同的浮游动物有不同的分布特点，这是外界环境的理化因子和生物因子相互作用的结果。

海洋浮游动物是海洋生物的重要组成部分，是海洋食物网的中间环节，是海洋生态系统中的次级生产者，在物质循环和能量流动中起着重要作用，在海洋生态系统的结构和功能中占据重要地位。

思考题

（1）什么是浮游动物？简述浮游动物与人类的关系。

（2）浮游动物包含哪些主要类群？

（3）海洋中常见的浮游幼虫有哪些？

（4）浮游动物平面分布有什么特点？与哪些环境因素有关？

（5）什么是浮游动物的垂直分布和昼夜垂直移动？影响昼夜垂直移动的可能因素有哪些？

（6）什么是浮游动物的季节变化？影响浮游动物季节变化的因素有哪些？

（7）简述浮游动物在生态系统中的作用。

拓展阅读

郑重，李少菁，许振祖.海洋浮游生物学［M］.北京：海洋出版社，1984.

厦门水产学院.海洋浮游生物学［M］.北京：农业出版社，1981.

第八章 底栖植物

本章主要介绍底栖植物主要类群——底栖微藻、大型海藻和海草等，其时空分布及与环境因子的关系，在近海生态系统中的作用。

第一节 底栖植物及其主要类群

一、底栖植物简介

底栖植物（phytobenthos）是根据生存空间特性及生活习性划分的、在近海营底栖生活的光合生物类群，主要分布在近海可见光可达的海底，水深可达200 m，包括单细胞微藻、多细胞的大型海藻、种类不多的单子叶植物海草以及双子叶植物红树林等。

根据其栖息环境，底栖植物可划分为潮上带底栖植物、潮间带底栖植物及潮下带底栖植物；根据其生活习性，可分底内（endo-）和底上（或附生，epi-）生长两大类群，并可根据其生长基质类型进一步划分为附泥（epipelic）、附砂（epipsammic）、附石（epilithic）、附植物（epiphytic）、附动物（epizoic），以及石内（endolithic）、植物内（endophytic）、动物内（endozoic）生长等不同类别。

底栖植物在海洋生态系统，尤其是近海生态系统中的作用十分重要。底栖植物作为初级生产者，通过光合作用生产有机物，释放氧气，净化空气，影响着全球气候，并可直接或形成大量碎屑为海洋动物摄食，支持上层次级生产力，维持海洋食物链，推动着近海生态系统的能量和物质循环。底栖植物可为许多海洋经济动物提供栖息地，对海水和沉淀物起到过滤作用，并起到稳定沿岸底质的作用。底栖植物还具有直接的经济价值，如大型海藻具有食用和药用价值，海草及海藻可用作建筑材料，用于造纸和饲料加工等。

二、底栖植物的主要类群

（一）底栖微藻

底栖微藻（microphytobenthos）是海洋中营底栖生活的微型藻类，主要分布在潮间带和潮下带阳光可及的岩石、沙砾、泥滩或其他基底表面，如大型藻类表面和底栖动物体表等。底栖微藻通常肉眼不可见，但在生物量较大、形成生物膜时可呈现特定的颜色（图8-1）。底栖微藻种类繁多，包含原核生物蓝藻（cyanobacteria），也包括真核生物硅藻（diatoms）、甲藻（dinoflagelates）、金藻（chrysophyceans）、裸藻（euglenoids）等。

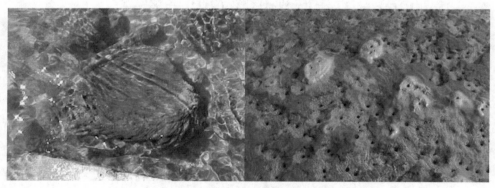

褐色至金褐色部分为大量硅藻聚集形成的生物膜。

图8-1　生活在石头、泥沙表面的硅藻

（左图引自Tylor 等，2004；右图由杜国英提供）

多数底栖微藻营自养生活，且可自由活动，也有些种类营附生、寄生或共生生活，如与珊瑚虫共生的虫黄藻。在一些热带海区，蓝藻年复一年地生长，与碳酸钙沉积形成连续的堆积层，形成岩石状的藻礁——叠层石（stromatolites）（图8-2）。

图8-2 西澳大利亚鲨鱼湾的叠层石

1. 硅藻

常见的底栖微藻为硅藻，硅藻在大多数海域能占底栖微藻组成的80%以上。底栖硅藻在其形态结构和生活方式等各方面具备适于营底栖生活，特别是适应潮间带环境的特性。

底栖硅藻依照其附着生活方式，可分为附泥型（epipelic）、附砂型（epipsammic）和偶然浮游型（tychoplanktonic）。其中，附泥型硅藻通常能自由活动，主要通过壳缝向外分泌黏性的胞外分泌物（extracellular polymeric substance）实现在底质颗粒表面的黏附和滑行运动。几乎所有运动型硅藻只有在有壳缝的壳面与基质表面接触时才能进行滑动，运动轨迹受其壳缝位置和形状的影响，呈直线或曲线状（图8-3）。

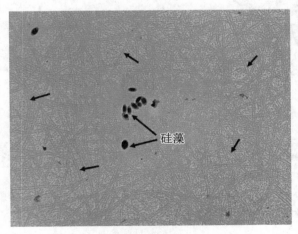

硅藻

箭头表示运动轨迹。

图8-3 咖啡双眉藻（*Amphora coffeaeformis*，细胞约15 μm长）在玻璃介质上运动4 h后的轨迹

（引自Molino等，2008）

　　有些具有唇形突的底栖中心硅藻，可以通过唇形突中心处的孔分泌黏性胶质物，在附着基质上向前旋转运动。硅藻的胞外胶质物还可以形成管、垫、柄、丝和膜等，辅助硅藻聚合成群体或附着在基质上（图8-4）。

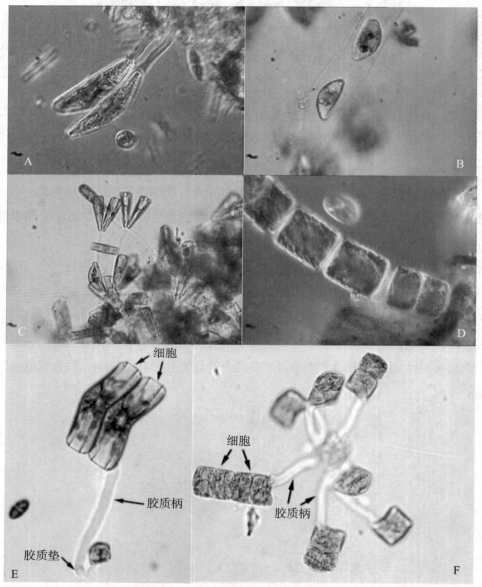

　　A. 桥弯藻（*Cymbella* sp.）的胶质柄；B. 内丝藻属（*Encyonema*）生活于胶质管内；C. 异极藻（*Gomphonema* sp.）的分支式胶质柄；D. 变异直链藻（*Melosira varians*）通过胶质垫附着于基质和连成链状群体；E、F：曲壳藻属（*Achnantes*）的基部胶质垫（basal pad）和胶质柄（stalk）。

图8-4　硅藻的黏性结构及附着方式

（A—D引自Taylor等，2004；E、F引自Molino等，2008）

常见的底栖硅藻如图8-5所示。

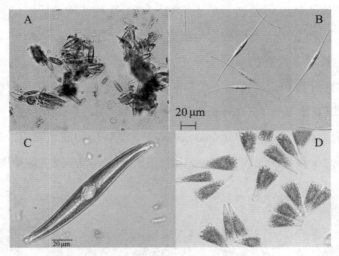

A. 舟形藻（*Navicula* sp.）；B. 新月柱鞘藻（*Cylindrotheca clostoruim*）；C. 布纹藻（*Gyrosigma* sp.）；

D. 奇异楔形藻（*Limproca paradoxa*）。

图8-5　常见的底栖硅藻

（杜国英提供）

2. 甲藻

甲藻普遍具有鞭毛，一般在水中营浮游生活。出现在沉积物表面或表层的多为甲藻的休眠孢子或孢囊。休眠孢子或孢囊可在底质中存活几周、几月甚至几年，在温度和营养条件适宜时可萌生成多个营养细胞，回到水层营浮游生活。有的甲藻，如虫黄藻（Zooxanthellae）以共生的形式营底栖生活，存在于几乎所有的热带、亚热带造礁石珊瑚、水母和海葵中，其在共生阶段呈球形，属于共生藻属（*Symbiodinium*）（图8-6）。

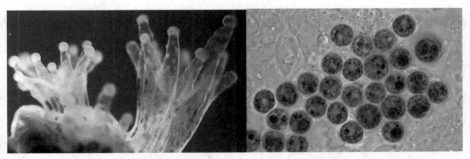

图8-6　刺胞动物触手内呈褐色斑点状的藻细胞群（左）和球状单细胞共生甲藻（右）

3. 裸藻

裸藻，也叫眼虫藻，含叶绿素a和叶绿素b，为绿色单细胞藻。其眼点明显，多为橙红色。裸藻含有1～2根鞭毛，细胞被一层主要由蛋白质组成的周质膜所包裹，无纤维素细胞壁。藻体柔软、可扭转、形态多变。基于这种特殊的质膜结构，裸藻可做流畅的变形运动。这种变形运动也被称为裸藻运动。

裸藻主要生长在富含有机质的淡水中，在半咸水中也有分布，在海水种生活的种很少，在沿海主要分布在盐度较低、营养丰富的河口地区。沿海常见的种类有双鞭藻属（*Eutreptia*）、拟双鞭藻属（*Eutreptiella*）和裸藻属（*Euglena*）（图8-7）等。生活在河口泥滩的裸藻，如钝顶裸藻（*Euglena obtusa*），随昼夜和潮水周期，会有节律地垂直迁移，白天低潮时聚集到泥滩表面，涨潮和夜晚时又会移动到表层沉积物较深处。

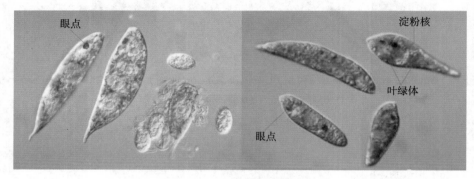

图8-7　裸藻属物种

4.蓝藻

蓝藻为原核生物，有单细胞形态，有多细胞的丝状体或非丝状体群体形态，也有更为复杂的分枝丝状体群体形态。蓝藻分布极其广泛。从极地到热带海域，从温泉到陆上土壤甚至干旱沙漠地区，地球上大部分环境中（pH低于5的酸性环境除外）都有蓝藻分布。

在海水中营底栖生活的蓝藻以丝状体群体类型为主，其中一些蓝藻可以借助向胞外分泌黏液而缓慢滑动，有些种类如颤藻（*Oscillatoria*）、鱼腥藻（*Anabaena*）和鞘丝藻（*Lyngbya*）在滑动时还能旋转。在潮间带、潮上带岩石上生长的蓝藻多为黑色壳状薄膜，也有与地衣（*Lichina*）共生的眉藻（*Calothrix*）。在潮下带，则分布有眉藻、席藻（*Phormidium*）、节球藻（*Nodularia*）、黏杆藻（*Gloeothece*）和胶须藻（*Ricularia*）等。在淤泥或沙质潮滩，主要分布有微鞘藻（*Microcoleus*）、鞘丝藻（*Lyngbya*）、颤藻和螺旋藻（*Spirulina*）等，这些蓝藻可形成较厚的生物膜（藻垫），起到稳定底质的作用。

常见底栖蓝藻如图8-8所示。

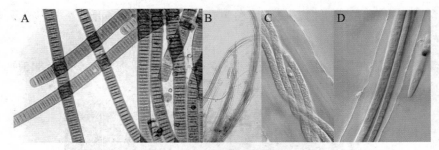

图8-8 颤藻属（A）和微鞘藻属（B、C、D）物种

（二）大型海藻

大型海藻（macroalgae）是指生长在潮间带或
近岸海域的肉眼可见的藻类。大型海藻基部多具有
固着器，能固着在水底各类基质上生活，仅少数种
类在某个生长阶段可营漂浮等生活方式。有极少数
种类可终生营漂浮生活。例如，北大西洋马尾藻
海的马尾藻营漂浮生活，而近年在我国黄海频发
的绿潮则是漂浮生活阶段的浒苔造成的。海洋中

图8-9 大型海藻形成的海藻森林

大型海藻种类繁多，形态多样，主要包括红藻、绿藻和褐藻，是近海生态系统重要的
初级生产者。生活在冷温带海域的大型褐藻可形成大片的水下森林，即海藻森林（kelp
forest，图8-9）。

大型海藻的形态主要有多细胞定形群体、丝状体、管状多核体及枝叶状体，其中
枝叶状体是海藻中结构最为复杂的类型，已进化出固着器、柄、叶状体等构造。不同于
高等被子植物，海藻无维管束组织，藻体柔软，随水流而摆动，可以抵御海流、浪、潮
的冲击；没有真正根、茎、叶的分化，几乎整个藻体均可吸收水体中的营养物质；生殖
器官无特化的保护组织，常直接由单一细胞产生孢子或配子。一些种类特化出繁殖器官
（如裙带菜的孢子叶、马尾藻属物种的生殖托）、气囊等特殊构造，以适应特定的海
洋环境。藻体表层细胞都具有光合色素，都有进行光合作用生产有机物的能力。

大型海藻因主要光合色素种类及含量的差异，藻体呈现红色、绿色和褐色等颜
色，主要包括红藻、绿藻和褐藻三大类别。

1. 红藻

红藻（Rhodophyta，red algae）是真核藻类中古老的类群之一。红藻的细胞缺乏
鞭毛。红藻中，除少数是单细胞藻或群体类型外，大多数为多细胞藻。多细胞红藻
中，有简单的由单列或多列细胞组成的丝状体，也有圆柱状、枝状或膜状的藻体。红

藻主要含叶绿素a和藻胆蛋白，藻胆蛋白包括藻红蛋白或藻蓝蛋白。这些色素使得藻体呈现不同程度的红色。

红藻主要生活在海洋中。海洋红藻约有7 600种，我国海洋红藻约有845种。

常见的红藻如图8-10所示。

A. 海索面（*Nemalion elminthoides*，引自Tseng，1983）；B. 叉状海萝（*Gloiopeltis furcata*，孙忠民提供）；C. 珊瑚藻（*Corallina officinalis*，孙忠民提供）；D. 三叉仙菜（*Ceramium kondoi*，杜国英提供）；E. 石花菜（*Gelidium amansii*，杜国英提供）；F. 蜈蚣藻（*Grateloupia filicina*，杜国英提供）；G. 带形蜈蚣藻（*G. turuturu*，杜国英提供）；H. 扇形拟伊藻（*Ahnfeltiopsis flabelliformis*）。

图8-10　常见的红藻

2. 绿藻

绿藻（Chlorophyta，green algae）有单细胞藻、群体类型，以及丝状体、膜状体、异丝体、管状多核体等，含叶绿素a、叶绿素b等色素。绿藻不同于其他真核藻类，其储藏物质淀粉在叶绿体而非细胞质中合成。

多数绿藻为淡水藻，海水中的绿藻占所有绿藻种类的34%，约2 500种，我国海洋绿藻有282种。其中，浒苔（*Ulva prolifera*）可脱离固着基质，营漂浮生活，是近年造成黄海沿海大面积绿潮暴发的主要物种。

常见的海洋大型绿藻如图8-11所示。

A. 缘管浒苔（*U. linza*，杜国英提供）；B. 浒苔（*U. prolifera*，杜国英提供）；C. 肠浒苔（*U. intestinalis*）；D. 孔石莼（*U. australis*）；E. 气生硬毛藻（*Chaetomorpha aerea*，孙忠民提供）；F. 刺松藻（*Codium fragile*）；G. 羽藻（*Bryopsis plumose*，杜国英提供）；H. 礁膜（*Monostroma nitidum*，杜国英提供）。

图8-11　常见的海洋大型绿藻

3. 褐藻

褐藻（Phaeophyceae，brown algae）都是多细胞藻体，没有单细胞藻、群体类型或不分枝的丝状体。较为简单的藻体是分枝丝状体，复杂的为假膜体和膜状体，进化地位较高的种类具有类似根、茎、叶的分化，其内部一般有表皮、皮层和髓部组织的分化。褐藻叶绿体主要含有叶绿素a、叶绿素c1和叶绿素c2，以及类胡萝卜素（岩藻黄素）等，因而多呈现棕褐色。储藏物质主要为海带多糖（laminarin）。

　　海洋中的褐藻种类约2 000种，我国海洋褐藻约有378种。其中，马尾藻属（*Sargassum*）种类繁多，为热带、温带多年生藻类。我国北方常见的有鼠尾藻、海蒿子、羊栖菜等（图8-12），而羊栖菜是我国主要的养殖海藻。凭借气囊，马尾藻属的一些种类能脱离固着基质，漂浮于水面生活。著名的北大西洋的马尾藻海（Sargasso Sea），位于美国东部海域，约有2 000海里长、1 000海里宽，漂浮着大量的马尾藻，构成了特殊的生态系统。本属的铜藻，近几年在我国福建、江苏沿海以及韩国济州岛海域春、夏季暴发，成片漂浮于海面，形成"金潮"。

　　常见的褐藻如图8-12所示。

A. 鼠尾藻（*Sargassum thunbergii*，孙忠民提供）；B. 铜藻（*S. horneri*，杜国英提供）；C. 海黍子（*S. muticum*，杜国英提供）；D. 羊栖菜（*S. fusiformis*，孙忠民提供）；E. 水云（*Ectocarpus confervoides*）；F. 酸藻（*Desmarestia unindis*，杜国英提供）；G. 网地藻（*Dictyota dichotoma*，孙忠民提供）；H. 萱藻（*Scytosihon lomentaria*）。

图8-12　常见的褐藻

主要养殖海藻

人工养殖的大型海藻多源自潮间带或潮下带自然生长的海藻。我国紫菜养殖产量居世界首位（图8-13）。

A. 生长在潮间带的条斑紫菜（杜国英提供）；B. 条斑紫菜（*Pyropia yezoensis*）；C. 坛紫菜（*P. haitanensis*，杜国英提供）；D. 半浮式紫菜养殖；E. 插杆式紫菜养殖；F. 全浮翻转式紫菜养殖。

图8-13 我国主要紫菜养殖种类和养殖方式

我国养殖龙须菜（*Gracilariopsis lemaneiformis*）产量2015年以来已居我国养殖海藻产量的第二位（占20%以上）。新鲜龙须菜主要用于食用和制作鲍饵料，干制品多用于工业制胶及制备药品。（图8-14、图8-15）

图8-14 野生龙须菜 　　　　图8-15 养殖的龙须菜
（孙忠民提供）　　　　　　　　（隋正红提供）

我国养殖的海带（*Saccharina japonica*）为日本引进种（图8-16、图8-17）。海带一直是我国养殖产量最高的海藻，经济价值很高，可食用、药用，以及用于制备碘和褐藻胶等。

图8-16 海带（孙忠民提供）　　　图8-17 养殖的海带

养殖裙带菜（*Undaria pinnatifida*）除食用外，也可用作提取褐藻胶的原料（图8-18）。

裙带菜　　　　　自然生长状态下的裙带菜　　　　养殖裙带菜的收割

图8-18　裙带菜

（三）海草（seagrass）

海草是地球上唯一一类可以完全生活在海水中并能开花的被子植物，属单子叶草本植物，适于生长在热带、温带近海，包括河口、海湾等浅水环境，多集中于潮间带或潮下带，耐盐性强，有很发达的根状茎，并能进行水媒传粉。海草通常由发达的根系和地下茎将植株固定于海底（图8-19、图8-20），是完全海生的典型沉水植物，可形成大片的海草床。

海草种类不超过百种。代表性的海草有遍布大西洋和东太平洋的鳗草（即大叶藻，*Zostera marina*），分布于太平洋北部的虾形草（*Phyllospadix* spp.）和日本鳗草（*Zostera japonica*）（图8-21、图8-22），以及热带、亚热带海域生长的喜盐草（*Halophila ovalis*）（图8-23），等等。

图8-19　我国北方常见海草——鳗草（*Zostera marina*）

（李文涛提供）

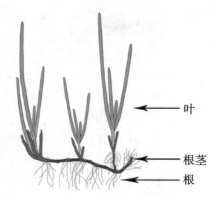

叶

根茎

根

图8-20　鳗草模式图

（李文涛绘）

图8-21 红纤维虾形草（*Phyllospadix iwatensis*）

（李文涛提供）

图8-22 日本鳗草

（李文涛提供）

图8-23 喜盐草

（Join M. Huisman和Philippe Poppe摄）

海草与陆生高等植物有什么区别？

    海草由陆生植物演化而来，是完全适应海洋环境的高等被子植物。海草能够适应沉水生活，其生理特性必然与陆生高等植物有所不同。首先，海草叶不仅能进行光合作用，还能够同其根一样，吸收水体中的营养盐。其次，陆生植物的叶通过气孔（stoma）吸收大气中的二氧化碳进行光合作用，而海草叶没有气孔，可直接吸收溶解于水中的二氧化碳。此外，陆生植物的根既起到固定植物的作用，还有从底土中吸收植物生长所需要的水分和营养盐的功能；而海草的根尽管也可以吸收水分和营养盐，但因为海草的叶也具有此功能，所以海草的根的固着作用更突出。

    由于海草和陆生植物生长环境的差异，其有性生殖过程中的授粉方式也不同。陆生高等植物主要有风媒和虫媒两种授粉方式，而海草则是靠水媒授粉。

（四）红树林

红树林（mangrove）通常是指生活在热带、亚热带，受海水周期性浸淹，以红树植物为主体的植物群落（图8-24）。红树林植物主要分布在潮间带，在形态和结构上均发展出典型的适应海水高盐环境的特征。

红树林植物包括藜科、大戟科、豆科、楝科、红树科、椴树科、梧桐科等十几个科20多个属的物种，它们之间没有亲缘关系，但都演化出适应严酷的水分亏缺逆境的逆浓度梯度吸收水分机制等特性。

图8-24　广东深圳福田的红树林
（刘涛提供）

我国红树林中常见的植物多为红树属（*Rhizophora*）、秋茄属（*Kandelia*）、木榄属（*Bruguiera*）、桐花树属（*Aegiceras*）等的物种。红树林是重要的生态群落，具有很高的生产力及生态作用，其物种组成特殊，群落结构与环境的相互关系紧密。

第二节　底栖微藻与环境

一、底栖微藻的时空分布及其与环境因子的关系

（一）底栖微藻的时空分布

生活在环境复杂多变的近海，受众多生物与非生物因子的作用，底栖微藻的生物量和群落组成呈显著的动态变化，包括时间上的季节性变动，以及空间上的区域分布和表层沉积物内的垂直分布。

1. 季节性变动

底栖微藻的季节性变动取决于水温、盐度、营养盐、光照等环境条件。在温带沿海，底栖微藻生物量的季节性变动多呈现冬季和夏季高、春季和秋季较低的单、多峰型。如黄渤海沿海，尤其在近河口区，雨季过后，9月，沉积物中的营养盐浓度增多，水温和光照的增强促进底栖微藻光合作用，生长繁殖加快；在冬季，1、2月，温

度降低，沉积物中滤食性动物生物量减少、活动降低，而硅藻耐受低温，底栖微藻生物量升高。而即便是在同一河口区域，受局部区域水动力、沉积物营养盐以及滤食性动物等的影响，底栖微藻的生物量也会呈现出不同的季节性变动（图8-25）。在亚热带海域，底栖微藻生物量的季节性变动也多呈双峰型，但冬季生物量高峰不很明显。在寒带海域，底栖微藻生物量峰值主要出现在夏季。在热带海域，因水温和光照的相对稳定，底栖微藻无显著的季节性变动。

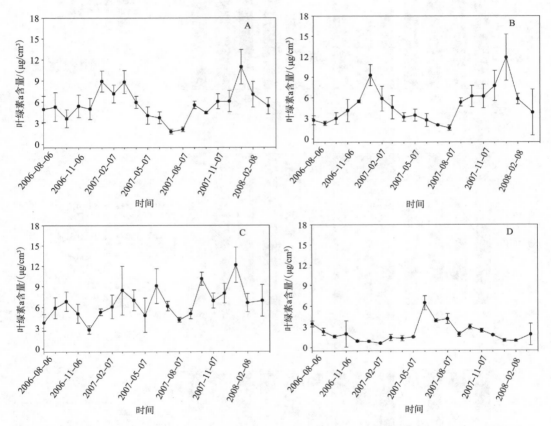

洛东江河口位于韩国釜山市以西约10 km处，其大致位置在35.1° N、东经128.9° E。A、B、C和D为洛东江河口的4个采样点。A. 位于潮间带滩涂的内部，地形坡度平缓，水动力作用较弱，靠近牡蛎养殖场；B. 位于潮间带滩涂的内部，地形坡度平缓，水动力作用较弱，靠近紫菜养殖场；C. 位于滩涂边缘，邻近三棱草群落（7—9月生长），受水动力作用较小；D. 位于滩涂边缘，靠近东岸入海口，邻近三棱草群落，受较强的水动力作用。

图8-25 黄海海域韩国洛东江河口潮间带底栖微藻生物量的季节变动
（引自Du等，2009）

底栖微藻群落的种类组成也呈现季节性的变动（图8-26）。这在河口区尤为显著。如在黄海主要河口区，夏季雨水丰沛，入海河水量增多，沉积物中营养盐丰富且海水盐度降低，底栖蓝藻或裸藻明显增多，在潮滩表层既有金褐色的硅藻生物膜，也有成片的蓝绿色的蓝藻或裸藻生物膜；而在冬季，硅藻成为绝对优势类群，在潮间带沉积物表层可形成一层较厚的金褐色的生物膜。

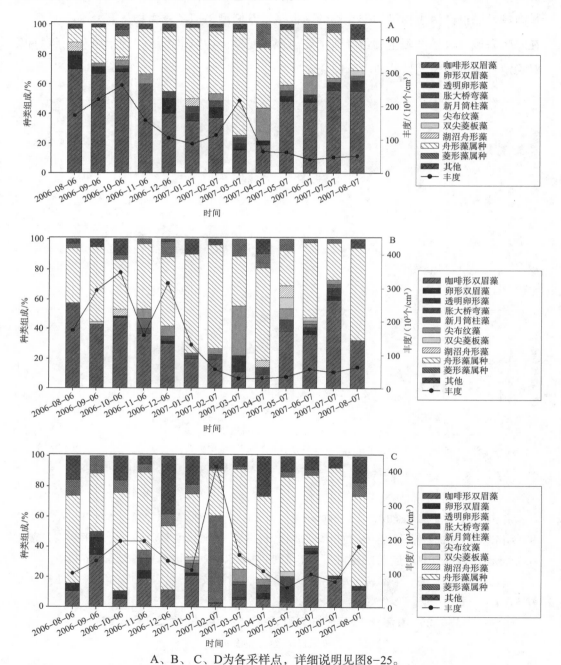

A、B、C、D为各采样点，详细说明见图8-25。

图8-26 2006年8月至2007年8月黄海海域韩国洛东江河口潮间带底栖微藻群落结构的季节性变动

（引自Du等，2009）

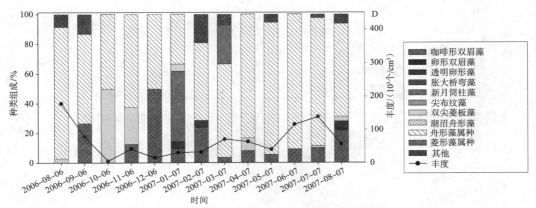

A、B、C、D为各采样点，详细说明见图8-25。

图8-26 2006年8月至2007年8月黄海海域韩国洛东江河口潮间带底栖微藻群落结构的季节性变动（续）

（引自Du等，2009）

2. 区域分布

受光的限制，底栖微藻分布在全球近海。从极地到赤道，其物种分布随海域和气候带的不同而变化。一般高纬度种类较少，低纬度种类较多。生物量则呈不均匀分布，尤其在局部海域，生物量多呈现不均匀的点片分布。就不同底质类型的潮滩来看，泥质潮滩水动力缓，营养盐较高，底栖微藻生物量高，种类以舟形藻属（*Navicula*）、菱形藻属（*Nitzschia*）和斜纹藻属（*Pleurosigma*）等自由活动型的硅藻为多；而在沙质潮滩，海水冲刷力强，营养盐相对较低，底栖微藻生物量较低，以体形更小的附砂型舟形藻和菱形藻属的硅藻为多。在富营养、水动力和缓的近河口区域，底栖微藻的生物量高于远离河口的海岸区域。

同气候带的不同海域，如太平洋和大西洋沿岸的底栖微藻种类会有所不同。也有一些广布种适应范围广，在各大海域及不同气候带均有分布。盐度不同的海域，如高盐度的开放海域、半咸水的海湾或潟湖以及低盐的河口区域，底栖微藻的种类差异显著。

3. 沉积物内的垂直分布

底栖微藻在底质沉积物内的垂直分布主要由两方面因素的决定：一是光照，底质沉积物内光线随深度增加快速衰减，限制了需要光进行光合作用的底栖微藻的生存空间；二是潮水、海流等水动力对沉积物的悬浮和再沉降作用，可将底栖微藻填埋至沉积物内部。这两方面因素共同作用，使得底栖微藻在底质沉积物中的垂直分布呈指数型衰减（图8-27）。另外，有运动能力的底栖微藻通过主动的迁移运动，满足其对光或营养盐等的生理需求，其在表层沉积物0～5 mm甚至1 cm深度的垂直分布发生变化。

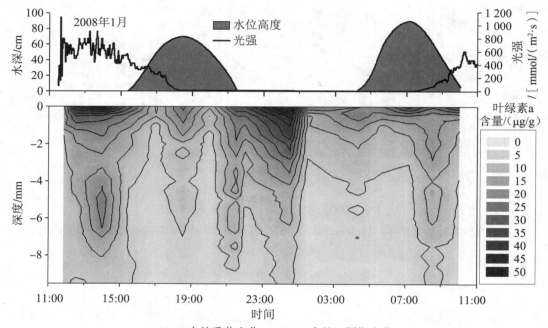

A. 10 cm内的季节变化；B. 1 cm内的日周期变化。

图8-27 表层沉积物底栖微藻垂直分布的时间变化

（引自Du等, 2010）

底栖微藻的垂直迁移

底栖微藻中很多硅藻、蓝藻、裸藻具有自由运动能力。在底质表层约1 cm内，这些具有运动能力的底栖微藻能主动地进行垂直迁移。这种垂直迁移是底栖微藻适应底质环境的结果，使其获得最适光照条件，提高光合效率。其运动主要为滑行运动，速度因种、运动介质和运动方向而异（0.17～14 μm/s）。在潮间带，随潮汐和昼夜周期，这类底栖微藻的垂直迁移运动呈现不同程度的节律性；在潮下带，它们则仅随昼夜周期呈节律性迁移。去除光照和潮汐变化影响，这种节律性运动也可维持2～3天。典型的迁移规律为：日间或低潮期底质露出时，底栖微藻向上迁移，聚集于底质表面；而夜间或高潮期底质被潮水覆盖时，底栖微藻向下迁移至底质内部（图8-28）。在生物量较高、形成较厚的生物膜时，底栖微藻的垂直迁移仅为发生在生物膜内的微小的"换位"运动。在高潮潮水浸没时，底栖微藻也很少有明显的向下迁移现象。太平洋西海岸温带海域潮间带，底栖微藻冬、夏季生物量高，集中在底质表层可形成肉眼可见颜色的生物膜，且舟形藻属、菱形藻属和斜纹藻属等自由活动型微藻比例明显增高，迁移规律明显；而在春、秋季生物量低时，底栖微藻在底质中分布较为均匀，迁移规律不明显或只个别时段表现出迁移规律。

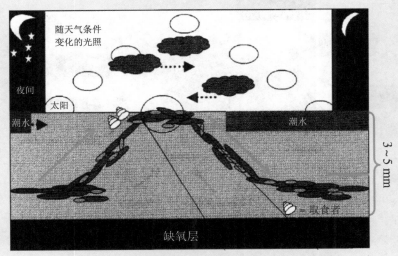

图8-28 潮间带底栖微藻垂直迁移的典型模式示意图

（改编自Consalvey等，2004）

（二）影响底栖微藻的主要环境因子

影响底栖微藻的主要环境因子包括水温、光照、潮汐、沿岸风驱动流、波浪和底质类型等物理因子，盐度和营养盐等化学因子，底栖植食性动物和生物扰动等生物因子（图8-29）。

1. 非生物因子

非生物环境因子中，水温和光照是决定底栖微藻生长的最主要因素。生活在潮间带滩涂的底栖微藻，随潮水涨落，接收到的光照波动较大。在低潮期暴露于阳光直射下，当光照过强时，如夏季正午时段，底栖微藻可以通过自身的光保护机制免受强光伤害。这种光保护机制主要分两种：一种是行为性光保护，即可自由运动的底栖微藻，通过垂直迁移离开强光区，到达光照较弱的底质较深处；另一种是生理性光保护，即附着型不运动的底栖微藻，通过叶黄素循环（xanthophyll cycle）耗散多余光能。这是底栖微藻适应潮间带光照变动的长期性结果。

潮汐、沿岸风驱动流、波浪和底质类型等物理因子对生活在底质表层的底栖微藻有再悬浮、再沉降和填埋作用，直接决定着底栖微藻的移除量和补充量，也影响着底栖微藻在底质中的垂直分布。面对这种境况，有运动能力的底栖微藻则通过主动的迁移运动，转移到沉积物更深处，避开潮汐、海流、波浪等的冲刷。

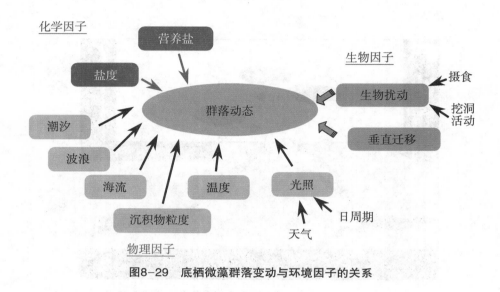

图8-29 底栖微藻群落变动与环境因子的关系

沉积物粒度组成相对稳定，主要由水动力和地形决定，并且与再悬浮、空隙空间、水含量、光透过性、营养盐组成等其他环境因素紧密相关。在沉积物粒度小的泥质滩涂，往往水流动力缓，再悬浮作用小，含水量高，营养盐相对丰富，可支撑较高生物量的底栖微藻。沉积物粒度及其空隙空间可直接影响不同大小的底栖微藻在底质内的运动，进而影响底栖微藻在底质中的垂直迁移和分布。总体而言，沉积物粒度组成与底栖微藻的生物量和群落结构紧密相关，是可指示底栖微藻群落特征的重要环境因子。

盐度和营养盐可影响并决定某些具有特殊适应性的底栖微藻的生长和分布。如适应低盐度的底栖微藻多分布在河口或潟湖等有淡水流入的海域。就各类营养盐来说，一些底栖微藻如新月筒柱藻（*Cylindrotheca closterium*）、布列毕松双菱藻（*Surirella brebissonii*）、尖布纹藻（*Gyrosigma acuminatum*）与氨态氮（NH_4^+）或者磷酸盐（PO_4^{3-}）浓度呈显著正相关，而一些微藻如湖生舟形藻（*Navicula lacustris*）则与氨态氮呈负相关。以链状群体形式生活的海链藻（*Thalassiosira*）是威尼斯潟湖中富营养区的优势种。偏好高营养的弯菱形藻（*Nitzschia sigma*）和厌高营养的宽角曲舟藻（*Pleurosigma angulatum*）在不同海域中表现一致的营养偏好。而其他因子，如重金属或硫化物等有毒污染物，也会影响底栖微藻生物量和种类组成。

2. 生物因子

底栖动物，作为影响底栖微藻的环境生物因子，是影响底栖微藻生物量的重要因素。在很多温带海域，冬季，由于底栖动物数量的大量减少，底栖动物对底栖微藻的摄食减少，底栖微藻生物量显著增高，可形成比夏季更厚的、以硅藻占绝对优势的金褐色的生物膜。一些底栖大型动物栖息在沉积物内的管洞中，其管壁可给底栖微藻提供更多的生存空间，而底栖动物的活动对底栖微藻有干扰作用。

二、底栖微藻在近海生态系统中的作用

底栖微藻是近海生态系统的重要初级生产者，其光合作用生产量可达到河口区初级生产量的50%，而每年全球近海（水深<200 m）底栖微藻有机碳的产量约为5亿t。底栖微藻通过光合作用进行初级生产，是沉积物食性动物的重要食物来源，调节着水−底界面的物质流动、营养元素循环，并通过其胞外分泌物的粘连作用增强底质的稳定性，在近海生态系统中起着重要作用。

（一）初级生产力

底栖微藻在沿海水域的初级生产力中贡献很高。底栖微藻初级生产力主要由其生物量和光照度决定。一年中，底栖微藻的初级生产力在春季或夏季达到高峰，高纬度海域的初级生产力季节性变化更明显。相对沙质底质，水动力平缓的泥质底质的底栖微藻初级生产力通常更高，但因泥质底质中群体的呼吸率较高，其净生产力可能低于沙质底质的。在潮间带，底栖微藻的初级生产力通常高于水层浮游微藻的初级生产力；而在潮下带，受光照限制，虽然底栖微藻的生物量可能高于水中浮游微藻的生物量，但底栖微藻的初级生产力通常低于水层中浮游微藻的初级生产力。

（二）供应次级生产力

底栖微藻是沉积物摄食者的重要食物来源，特别为沉积物食性的底内动物所偏好。当底栖微藻被再悬浮进水层，又可成为悬浮物摄食者的食物。大型底栖动物〔通常是大于0.5 mm的底内动物，包括泥螺，某些双壳类、甲壳动物（如蟹、龙虾）、多毛类等〕都会取食底栖微藻，且会随水流和食物来源在沉积物摄食和悬浮物摄食方式间转换。而小型底栖动物（63 μm～0.5 mm）和微型底栖动物（<63 μm，几乎都是纤毛虫类）也会取食微藻。20世纪60年代，大型水生植物的碎屑一直被认为是沉积物摄食者的主要食物来源，而忽略了底栖微藻的作用。但实际上，底栖微藻是底栖动物蛋白类和油脂类高营养食物的丰富来源，而大型水生植物所含有的大量结构性碳水化

合物不易被有效消化，需要细菌的转化才能为大多数动物所利用。底栖微藻的碳支出中，供应底栖植食性动物的占比最高，超过40%（图8-30）。底栖微藻也是海水养殖中重要的饵料，尤其是贝类和虾类幼体期最佳的食物。浅海底栖微藻生物量高的海域，养殖贝类和虾类的产量也相应较高。

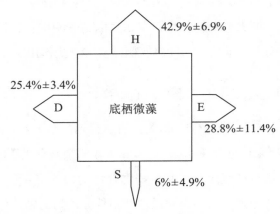

D. decomposed，系统内分解的；H. herbivores，植食性动物消耗的；E. exported，系统输出的；S. stored，储存于沉积物的。图中数据为净生产力百分率±标准差（SE）。

图8-30 底栖微藻的平均碳收支
（引自Duarte和Cebrian，1996）

（三）稳定底质

处于沉积物和水层的交界面，底栖微藻在稳定底质上也发挥着重要作用。底栖微藻的初级生产有相当一部分以高分子的多糖形式分泌到胞外。这类多糖通常占初级生产的2%～3%，也可高达30%。这些分泌出的多糖具有黏性，可将沉积物颗粒粘连起来，起到稳定底质、抵御水流冲蚀的作用。底栖微藻生物量增大，在沉积物表面形成生物膜。生物膜内的微藻与细菌等均可产生黏性胞外分泌物，共同组成矩阵式（metrix）结构，能更有效地降低底质的被冲蚀率，减少沉积物的再悬浮。除此之外，底栖微藻也影响沉积物摄食者的行为，间接地作用于底质的微地貌和稳定性。沉积物摄食者的挖洞、摄食活动和身体运动等扰动行为，以及伴随产生的大量黏液，改变沉积物的表面形态，重组沉积物的表层结构。底栖动物管洞的壁也是沉积物相粘结形成的，也有稳定底质的作用，并且促进了细菌和底栖微藻的定居及其黏性物质的产生，进一步增强沉积物的联结。

第三节　大型海藻与环境

一、大型海藻的分布及其与环境因子的关系

（一）大型海藻的分布

大型海藻的分布一般包括水平分布、垂直分布和时空变化3个方面。水平分布是随纬度变化的分布（即区系分布），垂直分布是垂直于岸线、在不同潮带（潮上带、潮间带和潮下带）的分布。随着季节和纬度的不同，海藻的分布存在较大的差异。

1.区系分布

海藻区系是指一个海区不同生境上生长着的各种海藻，受地形、底质、水温、盐度、光照、海流和潮汐等条件的影响，有规律地出现的自然种群的整体。海藻区系与具体的海区相联系，自然条件不同的海区生长的海藻具有一定的群落组成特性。如西北太平洋存在3个区系：北极海洋植物区系、北温带海洋植物区系（北太平洋植物区）和暖水性海洋植物区系（印度-西太平洋植物区）（表8-1）。我国沿海植物区系分别属于北太平洋植物区的东亚亚区，以及印度-西太平洋植物区的中国-日本海洋植物亚区和印度-马来西亚植物亚区，包含4个小区，即黄海西区、东海西区、南海北区和南海南区（表8-2）。从表中可见，南海两区物种多样性远比黄海西区和东海西区丰富，其中东海西区大型海藻的丰富度是最低的。我国沿海4个小区公有种为49种，其中红藻28种，褐藻9种，绿藻12种。

表 8-1　西北太平洋海藻区系划分

区系组	区	亚区	小区
北极海洋植物区系组	北极海洋植物区	北极植物亚区	白令海峡为界
		白令-鄂霍次克植物亚区	白令海西区 鄂霍次克海北区 鄂霍次克海东南区

续表

区系组	区	亚区	小区
北温带海洋植物区系组	北太平洋植物区	东亚植物亚区	鄂霍次克海西南区 日本海东北区 日本海西北区 日本海北区 黄海西区 黄海东区
暖水系海洋植物区系组	印度-西太平洋植物区	中国-日本海洋植物亚区	日本海东南区 日本海南区 中国南海北区
			日本海西南区 东海西区
		印度-马来西亚海洋植物亚区	东海东区 南海南区［中国台湾区系、海南岛区系和珊瑚群岛（包括东沙、西沙、中沙及南沙等群岛）区系］

引自高坤山，2014。

表8-2　我国海藻物种的区系分布

	黄海西区海藻种数		东海西区海藻种数		南海北区海藻种数		南海南区海藻种数		中国海区共有种
	特有种	小区共有种	特有种	小区共有种	特有种	小区共有种	特有种	小区共有种	
红藻	96	48	28	120	51	132	234	88	28
褐藻	79	15	4	31	46	48	92	46	9
绿藻	32	5	0	12	4	22	133	19	12
合计	207	68	32	163	101	202	459	153	49
	275		195		303		612		

引自高坤山，2014。

2. 垂直分布

大型海藻一般固着生长于沿海岩礁或岩石等硬基质上，其垂直分布受不同潮带环境影响很大。海藻这种垂直分布格局主要与光在海水中的穿透性以及海藻所含色素的种类、各种色素的比例有关（图8-31），也与潮汐变化导致的干露时间、潮汐和波浪等水动力有关。不仅潮上带、潮间带和潮下带分布的藻类种类和生物量差异很大，在潮间带内这种垂直分布也很明显：高潮带的生物量最低，海藻种类数最少，四季变化也较大；中潮带夏季的生物量最高，海藻种类数最多；低潮带稳定性相对较高，生物量和海藻种类数的四季变化都不明显。潮间带代表性优势种在高潮带以绿藻为主，在中潮带以红藻为主，在低潮带则以红藻和少数大型褐藻为主。

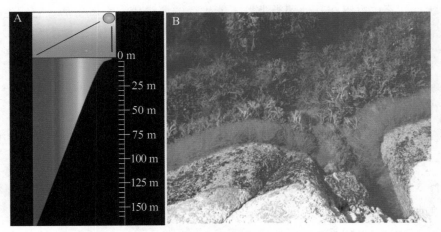

图8-31　光随水深的变化（A）和波罗的海海岸岩石水沼内海藻的垂直分布（B）

（引自Kaiser和Attrill，2011）

3.时空变化

海藻生物量和群落组成多随季节更替和纬度变化而变化。在我国南方沿海，约每年的5月，随水温的升高，大部分海藻开始由南向北逐渐腐烂，到秋末又慢慢恢复。一般情况下，南中国海大型海藻盛期出现在冬末至春末；而我国北部沿海大型海藻盛期主要出现在夏季。大型海藻群落组成也呈现季节性变化。如在我国浙江的渔山列岛，春季主要优势种有鼠尾藻、羊栖菜、萱藻等；夏季的优势种有蜈蚣藻、铁钉菜、孔石莼等；秋季的优势种有无柄珊瑚藻、叉珊藻、匍匐石花菜等。

（二）大型海藻与环境因子的关系

大型海藻的分布是海藻的生理生化特性与其生存的环境相适应的结果。在大尺度上的分布，主导因素是光周期和海水温度，而小生境的变化如潮汐周期形成的周期性干露、沿岸海流、营养盐、物种间竞争以及动物的选择性摄食等也影响着海藻在海域内的分布、生长甚至形态等。此外，人类活动对自然环境的影响也间接地影响着海藻的生长。

1.海藻大尺度分布与环境因子的关系

红藻、绿藻、褐藻三大类大型海藻大尺度上的分布体现了海藻生理特性及色素特征对环境因子的适应。

红藻在所有纬度都有分布，但从赤道到寒冷海域，其丰度有明显的改变。在极地和近极地海域，红藻较少，而褐藻和绿藻占优势；但在温带和热带海域，红藻种类数远多于褐藻和绿藻。红藻藻体的平均大小也因所处地理区域的不同而异。在冷温带地区，红藻藻体大而肥厚；而在热带海域，大多数红藻（大量钙化的形态除外）藻体小而呈丝状。红藻也可以在其他藻类类群不能生存的海洋较深水域生活。它们生存的最大水深可达200 m，这种能力与其光合作用的辅助色素功能有关。

热带和亚热带海域的绿藻较为相似，而与寒冷海域的绿藻明显不同。北半球和南半球海域中的绿藻种类差别极大，赤道附近的温暖水体对绿藻新种进化起到一种地理阻隔的作用。

褐藻大部分种类生长在冷温带沿海潮间带及潮下带区域，并成为该区域的优势类群。这一趋势在北半球更为明显。虽然这里的褐藻种类少于红藻，但褐藻的生物量远超过红藻。特别是生活在冷温带海域的巨藻，它们可形成大片的海藻森林。在热带海域，只在大西洋的马尾藻海发现大量褐藻。

2. 海藻对潮间带环境的适应性

从同一海域不同潮位来看，潮上带潮水浸没时间短，干露和日晒时间长，营养盐匮乏，一般情况下海藻种类贫乏，只有极少数海藻分布；潮间带有适当的潮水浸没及干露时间，光照、营养盐等相对充足，海藻丰富，绿藻、褐藻和部分红藻均有分布；潮下带因沉水时间长，光线弱，主要生长有马尾藻等大型褐藻和红藻。在潮间带的水沼处，干露时间短，光照充足，沿岩壁密集生长着多种多样的海藻，单位面积生物量较高（图8-32）。

左图为低潮时暴露于空气中的海藻群落，右图为水沼中的海藻群落。

图8-32　潮间带海藻群落

（杜国英提供）

潮间带海藻通常有很好的抗失水能力，以适应低潮时的干露环境，且在复水后可快速恢复生理代谢活动。潮间带海藻在干露状态时的生长和光合能力与它们自身的形态构造及在潮间带的垂直分布位置有关。通常失水速率较快的膜质物种，如紫菜、浒苔，净光合速率和暗呼吸速率较低，而持水能力较高的分枝物种，如蜈蚣藻、龙须菜，则保持较高的净光合速率和暗呼吸速率。与分布在低潮区的海藻相比，高潮区的海藻干露的时间更久，遭受程度更大的失水胁迫，在干露时也表现出较强的修复能力。如条斑紫菜，随着失水胁迫程度的增大，其最大光合效率显著降低，同时，藻胆蛋白含量呈现先下降后上升的变化趋势，藻胆蛋白的抗逆作用随之发挥，从而有利于紫菜在复水后恢复光合作用。条斑紫菜在干燥3 h、失水94.5%时，光合作用停止，但复水后又恢复其原有的光合能力。此外，抗氧化物质和多不饱和脂肪酸的含量的增加也提升了潮间带海藻在干露时的耐受性。一些渗透压调节物质，如条斑紫菜中的甜菜碱、红藻中的红藻糖苷也随着干露时间的延长而增加，起到保护细胞器的作用。

3. 影响海藻的主要环境因子

水温是影响大型海藻分布和生长的重要环境因素，与大型海藻总生物量呈现出显著的相关性。除大型海藻总生物量呈现季节性变化外，不同种类的大型海藻生长及其生物量也与水温显著相关。如我国北部沿海绿藻随水温的生长变化最为明显，绿藻中的石莼属在6—9月为优势种，褐藻中的鼠尾藻8—9月生物量较高，红藻生物量受高温、高光照度抑制，在8月生物量较低。

附生基质也是影响大型海藻生长和分布的重要因素。底质类型为岩礁、砾石滩的物种丰度较高；而底质为沙滩这种单一的类型，相应的生物量和大型海藻种类都较少。

4. 人类活动的影响

近年来，由于农业化肥的使用以及海水养殖等人类活动的影响，近岸水体营养盐浓度及可溶性无机N/P的变化，对大型海藻尤其是多年生红藻和褐藻产生显著的负面效应。轻微至中等的富营养化不利于多年生底栖大型海藻的生长，却有利于生长周期短且生长速度较快的底栖大型海藻的生长。超营养化状态则会引起自由漂浮的大型海藻及浮游植物的暴发，抑制和取代多年生、慢速生长的底栖大型海藻。

受人类活动影响，大气二氧化碳浓度升高，引起表层海水中溶解的二氧化碳浓度成比例增加，海水pH下降，造成海洋酸化。近岸海域因为海洋酸化与相对较高的生物呼吸及低氧的耦合作用，pH下降的速度快于外海。不同海藻种类，对海水中无机碳利用的机制不同。在当前的海洋无机碳条件下，大型海藻的光合作用基本均可达到饱和。大气二氧化碳是位于潮间带的大型海藻在低潮干露状态下进行光合作用的唯一外界碳源；加之失水的影响，潜在的碳限制比浸没于海水中时更大。长期的高二氧化碳生长条件使得海藻进行生理性调整。已有的研究表明，在二氧化碳加富的情况下，大型海藻生长有促进、抑制和不受影响等各种响应，而光合生理特性也随着无机碳获得机制的不同而发生不同程度的改变，海藻的生长和营养盐代谢也受到影响（图8-33）。

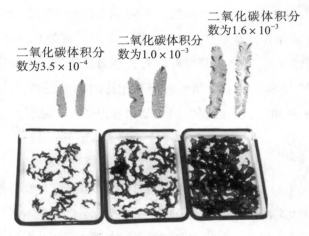

二氧化碳体积分数为 3.5×10^{-4}
二氧化碳体积分数为 1.0×10^{-3}
二氧化碳体积分数为 1.6×10^{-3}

图8-33 条斑紫菜幼体在不同浓度的二氧化碳通气中培养20 d的结果

（引自Gao等，1991）

全球气候变化背景下，多种海洋环境因素变化综合作用，共同影响海洋藻类。除大气二氧化碳浓度升高与海水酸化两个同时发生且相互关联的环境问题外，全球变暖导致的表面海水温度升高、海平面上升可能导致海藻接受的光照下降，影响大型海藻的分布和生长；海水的富营养化使得氮、磷等营养盐供应水平提高，促进或抑制大型海藻生长；臭氧层破坏导致的紫外线（尤其是UV-B）增加等影响光合作用（图8-34），并导致藻体核酸、蛋白质和脂质等生物大分子的结构与功能的变化，影响遗传和生理的诸多方面，最后导致藻体死亡。这些因素相互影响，共同作用，带来长期而又不可逆转的环境变化，影响着海洋藻类的生长、代谢和繁殖等生命活动。大型海藻通过自身的适应、保护或修复机制来动态地应对这些环境的变化。

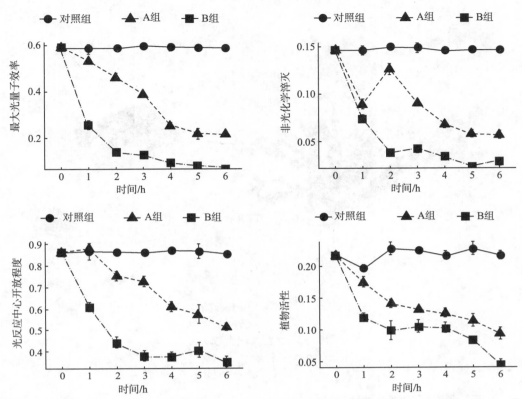

对照组采用日光灯；A组采用0.5 W/m² UV–B辐照；B组采用2 W/m² UV–B辐照加日光灯。

图8-34 不同UV-B强度下紫菜光合生理指标变化

（引自潘雪等，2019）

二、大型海藻在近海生态系统中的作用

大型海藻具有很高的初级生产力。近海生态系统中，大型海藻作为主要的初级生产者，通过光合作用参与海洋碳循环，吸收无机氮、磷，延缓海域富营养化，在海水复合养殖中保障清洁生产，并能有效控制赤潮发生。大型海藻也会形成藻潮，对环境生态产生负面影响。

（一）初级生产者作用

大型海藻初级生产力很高，支持各种消费者的生活，提供空间异质性和高度多样化的生境，对提高近海生物多样性、维持海洋生态系统的健康具有重要作用。

大型海藻的人工养殖技术自20世纪中叶以来得到了极大的发展。2022年联合国粮食及农业组织统计，2020年全世界养殖海藻总产量为3 460万t（鲜重），为人类提供了丰富的食品、饲料、肥料以及工业和医药原料等（图8-35）。

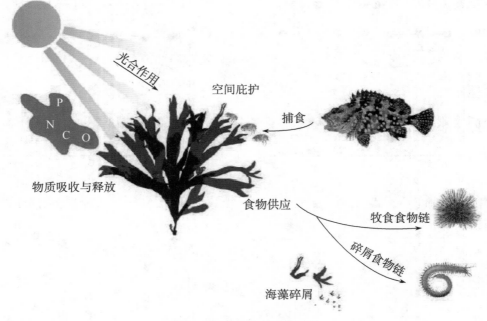

图8-35　大型海藻生态功能

（引自章守宇等，2019）

（二）海藻场的栖息地作用

冷温带清澈海域水深20～30 m处，能形成大型海藻场。在海底坡度小的海域，海藻场可延伸至离岸几千米，有海藻森林之称。如美国太平洋沿岸的巨藻藻体长度可超过30 m，生物量很大。大型海藻为许多附着植物和动物，包括硅藻、甲壳动物和鱼类等提供了生活空间。

（三）在海洋碳循环中的作用

大型海藻与近海碳循环密切相关。在葡萄牙塔古斯河（Tagus River）河口，潮间带大型海藻每年固定的碳超过13 500 t，显示出大型海藻在碳循环中的重要作用。

近年来，大气二氧化碳浓度升高及其导致的温室效应影响着全球生态系统。海藻通过光合作用将二氧化碳转化为体内的有机碳，可促进大气二氧化碳溶入海水。另外，海藻吸收大气与海水中的二氧化碳使海洋微环境发生变化，海洋微环境的改变又反过来影响海-气二氧化碳交换和海水碳体系的变化。栽培大型海藻可明显增加所处海域的海洋碳汇强度，是增加海洋碳汇的技术措施之一。除二氧化碳之外，海水中碳酸氢根（HCO_3^-）也是海洋植物利用的主要无机碳源。如大型海藻条斑紫菜依赖胞外碳酸酐酶（CA），对碳酸氢根具有间接吸收的能力；又依赖膜ATP酶对碳酸氢根具有直接转运的能力。在石鲷和金头鲷（*Sparus aurata*）混养的半循环养殖系统内，鱼类通过呼吸作用消耗水中溶解氧，排出二氧化碳，降低了水环境的pH；而石鲷通过光合释放氧气并吸收鱼类产生的二氧化碳。这种鱼–藻系统能有效地维持养殖系统的pH，对氧平衡和降低二氧化碳浓度有重要作用。

（四）海洋环境的修复作用

以高浓度氮、磷为主要特征的水体富营养化是全球近海普遍存在的环境问题。近三四十年，海洋中的氮含量增加了2~3倍，磷的增加也非常明显。海水富营养化引发的赤潮和养殖动物病害，使海洋生态环境遭到极大破坏，造成巨大经济损失。海域中可利用的氮和磷是以溶解态存在的。大型海藻可以通过其生理过程，使海水中溶解态的氮、磷进入生物地化循环，加速降解。Haglund和Pedersen（1993）报道，1 hm^{2}海域每年可生产江蓠258 t；通过江蓠的收获，可去除1 020 kg氮和374 kg磷。在近海富营养化水域规模化养殖大型海藻作为营养缓冲器（buffer of nutrients），可平衡因经济动物养殖所带来的额外营养负荷，有效降低近海氮、磷污染的风险。多营养层次综合养殖（integrated multi-trophic aquaculture，IMTA）中，大型海藻养殖是重要的组成部分（图8–36）。Troell（1999）将江蓠与大麻哈鱼混养，可去除鱼类养殖过程中排放到环境中的50%~95%可溶性氨（NH$_3$）。同时，大型海藻具有累积营养盐的能力，是海洋生态系统中重要的氮库和磷库。据Alvera-Azcarate等模型测算，全球大型海藻每年吸收的氮相当于4万人产生的营养负荷。

富营养化是赤潮发生的物质基础。大型海藻通过光合作用对富营养化海域有良好的净化作用和生物修复作用，并且能通过产生和释放特定化合物抑制赤潮生物的生长和繁殖，加速赤潮生物的衰亡，在赤潮防控中具有重要作用。

大型海藻在生长过程中除了能大量吸收氮、磷外，对水体中的铅、铜、镉等重金属也有较强的生物吸附作用。生长快、产量高的江蓠现已成为重要的海洋环境修复材料。此外，大型海藻富含多糖，将大型海藻添加到土壤中，在微生物的作用下，能改善土壤有机物组成，增加土壤孔隙空间，有效改良土壤性能。近年来，日本、韩国以及我国北部沿海一直致力于马尾藻场等海藻场的生态研究及重建，以提高近海水质，保护近岸环境。

图8-36　多营养层次综合养殖图示

（韩国釜山大学Chung Ik Kyo提供）

海藻人工养殖

　　自20世纪中叶大型海藻人工养殖成功以来，世界上尤其是以中国、日本和韩国为首的东亚国家海藻养殖产量逐年上升。联合国粮食及农业组织统计，海藻养殖占海水养殖总产量的30%左右。2020年世界人工养殖的海藻总产量约3 640万t（鲜重），是2010年的2倍，其中85%被食用，而从海藻提取的胶（卡拉胶、琼胶和褐藻胶）占食品用胶的40%。养殖大型海藻有10多种，主要的养殖模式为近海筏架网绳或网帘养殖。

　　我国海藻养殖产量占世界的60%以上。我国主要养殖海藻有海带、龙须菜、裙带菜、紫菜、羊栖菜等（图8-37）。

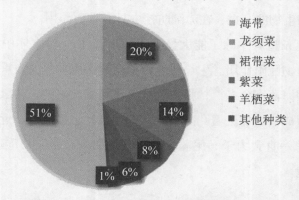

■ 海带
■ 龙须菜
■ 裙带菜
■ 紫菜
■ 羊栖菜
■ 其他种类

图8-37　我国主要海藻养殖品种的产量占比

（引自联合国粮食及农业组织，2018）

（五）大规模暴发对近海生态环境的影响

由于人类活动造成的海水富营养化加剧，大型海藻藻潮近年频发。例如，我国自2007年起，黄海北部和中部局部海域每年均有浒苔（*Ulva prolifera*）导致的绿潮（green tide）暴发（图8-38）。2016年冬季至2017年春季我国台湾海峡、苏北海域，以及2019年韩国济州岛附近海域，出现漂浮铜藻（*Sargassum horneri*）导致的大规模金潮（图8-39）。藻潮暴发，大型海藻大量积聚、堆积或是漂浮在浅海，一方面遮蔽海面，影响其他海洋自养生物的生存与繁殖；另一方面，大量海藻死亡后分解，消耗海水中的溶解氧，造成局部缺氧，产生硫化氢等有毒气体，引起其他海洋生物死亡。

图8-38　青岛沿海浒苔导致的绿潮

图8-39　黄海铜藻导致的金潮

第四节　海草与环境

一、海草的时空分布及其与环境因子的关系

（一）海草的时空分布

1.地域分布

海草分布很广，几乎在各个大洋的沿岸浅水区域均有分布。有大面积海草分布的区域称为海草床（seagrass bed，图8-40）。

图8-40　河北省唐山市沿海的海草床
（李文涛摄）

　　美国学者Short（2007）划分了6个海草分布区域，包括4个温带区域、2个热带区域。其中4个温带区域分别是温带北太平洋、温带地中海、温带北大西洋和温带南大洋区域，2个热带区域分别为热带大西洋和热带印度−太平洋区域。其中的温带南大洋区域包括澳大利亚、非洲和南美洲南部的温带海域。依据该学者对海草分布区域的划分，我国的海草分布区属于北太平洋温带区域和热带印度−太平洋区域。

　　我国属于温带北太平洋区域的海草分布区是黄渤海区域，包括山东、河北、天津和辽宁的沿海区域，主要分布有鳗草属（Zostera）、川蔓草属（Ruppia）和虾形草属（Phyllospadix）3属9种海草。其中，鳗草属的鳗草和日本鳗草分布最广，广泛分布于辽宁、河北及山东沿海；川蔓草属的川蔓草（R. maritima）广泛分布于辽宁、河北及山东沿海的滩涂以及养殖池塘中；虾形草属的红纤维虾形草和黑纤维虾形草（P. japonicus）主要分布在辽东半岛和山东半岛沿岸的部分岩石底质海域中。

　　我国属于热带印度−太平洋区域的海草分布区包括海南、广西、广东、香港、台湾和福建沿海，主要分布有喜盐草属（Halophila）、泰来草属（Thalassia）（图8−41）、海菖蒲属（Enhalus）（图8−42）等9属16种海草。其中，海菖蒲（E. acoroides）、海龟草（Thalassia hemprichii）及海神草（Cymodocea rotundata）多见于西沙群岛和海南岛沿海，喜盐草及二药草（Halodule universis）多见于广东和广西沿海。在黄渤海区域广泛分布的日本鳗草在广西沿海部分海草床也有发现，且在某些海域属于优势种。福建沿海也有贝克喜盐草（H. beccarii）、日本鳗草和川蔓草分布。江苏、上海和浙江沿海多泥沙质海滩，可能因水体容易浑浊而不适宜海草生长，未见有海草分布的报道。

图8-41　泰来草

（Morgane Le Moal和Olivier Monnier摄）

图8-42　海菖蒲（左）与海菖蒲的花（右）

（Ria Tan摄）

2. 垂直分布

海草作为高等植物，生长对光照的要求较高。因此，海草通常分布于潮间带和潮下带浅水区域，而其分布的水深往往取决于水体能见度。在清澈的海域，海草分布较深；而在浑浊的海域，海草分布较浅。一般海草分布的水深是10～12 m，鳗草曾被发现于水深30 m处，波喜荡草（*Posidonia Oceanica*）可在水深60 m处分布。据报道，鳗草在挪威西海岸海域从水深0.5 m到10 m都有生长；而在我国的山东半岛沿岸海域，由于水体能见度普遍较差，鳗草的分布水深只有几米。

不同种类的海草生长条件往往差异较大，沿着不同水深呈带状分布的现象比较常见。在我国北方沿海，鳗草常常和日本鳗草混生。鳗草因不能承受长时间的干露，往往分布在潮间带下部和潮下带；而日本鳗草由于能承受一定程度的干露，一般分布在潮间带以及潮下带较浅的区域（图8-43）。宽叶鳗草（*Zostera asiatica*）、具茎鳗草（*Z. caulescens*）和丛生鳗草（*Z. caespitosa*）见于不同的底质，但在垂直分布上局限于潮下带。生长在我国北方岩礁底质上的虾形草能承受短暂的干露（图8-44），但大部分种群分布在潮下带。

图8-43　水下的鳗草（左）与低潮时露出水面的日本鳗草（右）

（李文涛摄）

图8-44　低潮时露出水面的虾形草和海藻

（李文涛摄）

（二）影响海草时空分布的环境因子

1. 水温

海草对水温的适应范围很广。从热带、亚热带、温带到寒带，全世界几乎所有的近岸海域都有海草分布。不同种类的海草适宜生长的水温范围差异较大。有的海草如喜盐草，适合生长在水温较高的亚热带和热带海域；而日本鳗草从温带海域到热带海域都有分布。水温通过影响机体的生物化学过程而成为控制海草生长的主要因子之一。而海草在不同温度的环境可能采用不同的适应策略。例如，鳗草虽然在寒带、温带和亚热带海域都有分布，但在温带和寒带海域通常为多年生的，而在温度较高的亚热带海域通常为一年生的。

2. 光照

植物依靠光合作用维持正常的生命活动，因而光是控制海草生长和繁殖重要的因子之一。光在海水中传播，因水体的吸收和散射而衰减。海水中的悬浮颗粒物、浮游藻类等的存在会加剧光的衰减，进一步影响水体透明度。因此，当水体透明度较高时，海草分布较深；而当水体中悬浮颗粒物或浮游藻类较多时，水体透明度较低，海草分布较浅。同样，如果海草场里建有养殖筏架（如海带养殖，牡蛎、扇贝养殖筏架）等设施，这些设施对阳光的遮挡通常会影响海草的生存，导致该区域海草变得稀疏，甚至消失。

3. 营养盐

海草的生长、繁殖与环境中营养物质含量有着密切的关系。虽然海草生长可能受到营养限制，但营养限制往往不会影响海草的存活。相反，过高的营养盐浓度可能会引起水体中微藻以及大型藻类大规模聚集或繁殖，引起藻华或藻潮暴发，导致海草死亡。藻类（包括微藻和大型藻类）大规模聚集或繁殖，会遮挡光照；大量藻类附着于海草叶表面，还阻碍海草对水体中氮、磷等营养盐和二氧化碳的吸收，从而影响海草的生存。世界上很多地区发生过水体富营养化引起藻华或藻潮暴发，进而导致海草床衰退的情况。

二、海草在近海生态系统中的作用

（一）为海洋动物提供栖息地和庇护、育幼、产卵、觅食场所

海草由地上部分的叶和地下部分的根、根茎等构成。海草通常还支持着大量大型海藻生长，使得海草床具有复杂的物理结构。海草床不仅有利于海洋动物躲避捕食者，还可以减弱波浪和水流的强度，从而利于小型鱼类和幼鱼栖息。海草叶还可以成为一些鱼、虾、蟹、贝类的产卵附着基（spawning substrate），因而海草床具有一定的产卵场功能。海草床中的大型藻类是许多海洋动物的食物，而海草床中一些植食性动物如海胆、儒艮、海牛，也以新鲜的海草叶为食（图8-45），海草脱落的叶、根茎和根是海参等动物的食物。

图8-45　摄食海草的儒艮（*Dugong dugon*；左）和海龟（*Chelonia mydas*；右）
（左图Roberto Sozzani摄；右图P. Lindgren摄）

（二）稳定底质，改善水质

海草叶随着波浪和水流摆动，对水的运动具有一定的阻尼作用。密集的海草叶可以明显减轻波浪和水流对底质的侵蚀，促进水体中悬浮颗粒物的沉降，具有稳定底质和净化水质的作用（图8-46）。此外，海草发达的根系和根茎在底质中纵横交错，也在一定程度上起到了稳定底质的作用。

海草在生长过程中吸收水中的营养盐，可减缓水体的富营养化。海草还能够吸收重金属，从而进一步净化水质。海草进行光合作用，吸收水中的二氧化碳，产生氧气，增加水中溶解氧的含量，有利于海洋动物的生长。

图8-46　水中的宽叶鳗草
（李文涛摄）

（三）具有极高的初级生产力

海草连同其内栖息的藻类和鱼、虾、蟹等海洋动物形成了一种独特的生态系统——海草床生态系统。海草床生态系统、红树林生态系统、珊瑚礁生态系统被称为海洋三大典型生态系统，具有极高的初级生产力。

对30种海草的生产力数据分析的结果表明，全球海草平均初级生产力为每平方米1 012 g（干重）。海草的根茎、叶表面附着有一些藻类，海草床所在的水体中有大量的浮游微藻，底质中有大量底栖微藻。因此，海草床生态系统具有极高的初级生产力（表8-3），是三大蓝碳（blue carbon）生态系统之一。Fourqurean等的研究表明，全球海草床生态系统的平均固碳速率约为83 g/（m² · a），约为热带雨林［4 g/（m² · a）］的21倍。

表8-3 海草和其他生态群落的生产力比较

群落种类		初级生产力 $[g/(m^2 \cdot a)]$
森林	热带森林	5.2
	温带森林	3.4
	北方森林	2.2
草原	热带稀树草原	2.4
	温带草原	1.6
	苔原和高山草原	0.4
沼泽		5.5
耕地		1.8
浮游植物		0.35
底栖微藻		0.13
珊瑚礁		0.8
大型藻类		1.0
盐沼植物		3.0
红树林		2.7
海草		2.7

注：初级生产力以干重计。

引自Duarte和Chiscano，1999。

脱落的海草组织降解很慢，甚至可以在海底埋藏数百年，具有很强的碳汇功能。因此，开展海草床的保护和受损海草床的修复，对于减少温室气体的排放、应对气候变化具有重要意义。

碳汇和蓝碳

2005年2月16日在《联合国气候变化框架公约》下制定的《京都议定书》在全球正式生效。由此形成了国际"碳排放权交易制度"，碳汇（carbon sink）的概念也随之形成。碳汇，是指通过植树造林、森林管理、植被恢复等措施，利用植物光合作用吸收大气中的二氧化碳，并将其固定在植被和土壤中，从而减少温室气体在大气中浓度的过程、活动或机制。

2009年，联合国发布相关报告，确认了海洋在全球气候变化和碳循环过程中的重要作用。"蓝碳"作为一个新名词开始被逐步认可并得到重视。

　　蓝碳，简单地说，是指被世界大洋和沿海生态系统所捕获的碳。海洋的碳汇功能主要是由海草床、盐沼和红树林所承担的。这三大海洋生态系统虽然在规模上比陆地上的森林生态系统小得多，但其碳捕获速率更高。海草床生态系统、盐沼生态系统和红树林生态系统又被称为三大蓝碳生态系统。

山东荣成的海草房

　　海草房是世界上具有代表性的生态民居之一，主要集中在我国胶东半岛沿海一带（图8-47、图8-48）。这些海草房大都以石砌墙，以海草为顶。厚厚的海草房顶具有很好的隔热作用，使得海草房冬暖夏凉。荣成沿海一带曾经有大量的海草房存在，印证了当地曾经拥有丰富的海草资源。随着社会的发展，大部分当地居民搬出了海草房，住上了更加宽敞和现代化的楼房。然而，海草房具有独特的建筑美学价值，是重要的非物质文化遗产，部分海草房因而得以保留下来。

图8-47　山东荣成东楮岛村的海草房

（李文涛摄）

图8-48　山东荣成烟墩角村的海草房

（李文涛摄）

（四）附生生物的附着基

海草的根茎、叶表面附着有许多附生生物，其中最丰富的是藻类（图8-49、图8-50）。这些附生藻类既包括单细胞的硅藻和鞭毛藻，还包括凹顶藻等大型藻类。除了藻类，海草上还有大量的细菌、真菌以及原生动物附着。此外，有些鱼类还将卵产在海草叶片上，因此海草还具有产卵附着基的功能。

图8-49 附生有大量藻类的鳗草　　　　图8-50 鳗草上的附生藻类消失，其上有大量螺类
　　　（李文涛摄）　　　　　　　　　　　　　（李文涛摄）

海草的根茎和根通常埋在底土里，附生生物相对较少；而海草叶上的附生生物则相对丰富。海草叶有萌出、生长和衰退的过程，其上附生生物的生物量随着叶龄的增加而增加；又因为海草叶基生，所以同一叶片上，叶尖有更多的附生生物。

本章小结

海洋底栖植物种类丰富，既有原核生物蓝藻，也有真核生物单细胞微藻和多细胞的大型海藻，还有较高等的单子叶和双子叶植物。它们多分布在近海可见光可达的海底，极少营漂浮生活。底栖植物环境适应性强，是近海生态系统中重要的初级生产者，为海洋动物提供食物及栖息地，并能净化海水、减缓近海富营养化、促进碳循环，与人类活动息息相关。本章系统介绍了底栖植物主要类群——底栖微藻、大型海藻和海草、其时空分布及其与环境因子的相互关系，以及其在近海生态系统中的作用。通过本章的学习，我们可以充分认识底栖植物，深入了解其生物学特征及其适应环境的特性，以及与环境的交互作用，增强对海洋生物多样性的保护和海洋生物资源的可持续利用的意识。

思考题

（1）底栖植物主要类群各有什么样的适应环境的特性？

（2）总结大型海藻的主要分布特征，分析其生物学特性与环境因子的关系。

（3）海藻对生态环境的作用有哪些？环境变化对海藻会产生哪些影响？

（4）海草与藻类有哪些异同？海草与陆地植物有哪些异同？

拓展阅读

李 R E. 藻类学［M］. 4版. 段德麟，胡自民，胡征宇，等译. 北京：科学出版社，2012：553.

高坤山. 藻类固碳——理论、进展与方法［M］. 北京：科学出版社，2014：479.

Castro P, Huber M E. 海洋生物学［M］. 6版. 茅云翔，等译. 北京：北京大学出版社出版，2011：488.

钱树本，刘东艳，孙军. 海藻学［M］. 青岛：中国海洋大学出版社，2005：529.

第九章　底栖动物

本章简要介绍底栖动物的基本概念和分布、影响底栖动物生存的环境因子和底栖动物在海洋生态系统中的作用等。

第一节　底栖动物简介

底栖动物是指生活于水域底上和底内的动物（图9-1）。底栖动物主要包括以下无脊椎动物、半索动物和脊索动物类群。

无脊椎动物：原生动物、海绵动物（多孔动物）、刺胞动物、扁形动物、颚咽动物、纽形动物、腹毛动物、线虫动物、动吻动物、线形动物、有甲动物、曳鳃动物、环节动物、须腕动物、星虫动物、螠虫动物、软体动物、节肢动物、缓步动物、苔藓动物、内肛动物、帚形动物、腕足动物、毛颚动物、棘皮动物等。

半索动物：如柱头虫。

脊索动物：尾索动物（如海鞘）、头索动物（如文昌鱼）、脊椎动物（如底栖鱼类）。

因此可以说，相对其他海洋生态类群，底栖动物是包含动物类群最多的（图9-1）。

图9-1　多样的底栖动物

一、底栖动物的生态类群

海底环境多种多样，有泥底、沙底、泥沙混合底、岩礁底。多样的环境，造就了底栖动物多样的生活习性，从而形成了不同的生态类群。

（一）底内动物（infauna）

底内动物生活在海底的泥沙或岩礁中，又可分为栖息在管内或洞穴内的种类和自由潜入或钻入底内的种类。

1. 栖息在管内或洞穴内的种类

栖息在管内或洞穴内的种类有多毛类中的缨鳃虫（图9-2）和巢沙蚕，甲壳动物中的螺赢螳和某些蟹类，等等。

2. 自由潜入底内的种类

自由潜入底内的种类有软体动物的腹足类和双壳类，星虫类，端足类，涟虫类，以及棘皮动物中的一些蛇尾、海胆等（图9-3）。

图9-2　管栖的缨鳃虫

（引自POPPE IMAGES）

图9-3　潜入底内的底栖动物

（引自http://www.mugga.se）

（二）底上动物（epifauna）

底上动物为生活在海底岩礁或泥沙的表面上，可分为营固着（定着）生活的种类和营漫游生活的种类。

1. 营固着生活的种类

营固着生活的底栖动物有的固着在岩礁上，如软体动物中的贻贝、扇贝和牡蛎，甲壳动物中的藤壶；有的固着在其他动、植物体上，如苔藓虫类；有的将部分身体埋在泥沙中，如刺胞动物中的水螅虫、海葵和海鳃，棘皮动物中的海百合和尾索动物中的海鞘，等等（图9-4）。

2. 营漫游生活的种类

营漫游生活的底栖动物一般移动缓慢，如腹足类、某些多毛类、海星（图9-5）。

A. 藤壶；B. 海百合；C. 海鳃。

图9-4 营固着生活的底栖动物

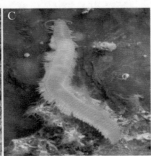

A. 蛾螺；B. 蓝指海星；C. 豆伪虫（多毛类）。

图9-5 营漫游生活的底栖动物

（三）游泳底栖动物（nectobenthos）

游泳底栖动物为生活在底上而又常做游泳活动的动物，如甲壳动物的虾类和底层鱼类中的鲽形目鱼类、虾虎鱼等（图9-6）。

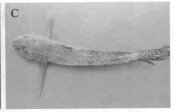

A. 虾；B. 鲆；C. 虾虎鱼。

图9-6 游泳底栖动物

此外，底栖动物中还有一些钻孔动物（boring animal），如软体动物中的海笋和船蛆，甲壳动物中的蛀木水虱和团水虱。还有一类生活在船只和水中设施水下表面部分的污损动物（fouling animal）。污损动物营附着生活，当个体数量很多时，会堵塞管道、降低船速，对人类生产活动产生妨碍。钻孔动物和污损动物生态环境特殊，研究手段也和其他底栖动物有所不同，故往往单列专题研究。

二、底栖动物按网筛孔径大小划分的类型

在潮间带和潮下带泥沙中取底栖动物样品时，常用网筛分选。根据分选网筛孔径的大小，将底栖动物分为大型、小型和微型底栖动物。

（一）大型底栖动物（macrobenthos）

大型底栖动物是分选时能被孔径为0.5 mm的网筛截留的动物。大型底栖动物是常规底栖动物调查的对象，几乎包括营底栖生活的各个门类的动物。其中，刺胞动物、环节动物中的多毛类、软体动物、节肢动物中的甲壳类和棘皮动物是大型底栖动物的五大主要类群。

（二）小型底栖动物（meiobenthos）

小型底栖动物是分选时能通过0.5 mm网筛，但被0.042 mm网筛截留的动物，主要类群有自由生活的线虫、底栖桡足类、介形动物、腹毛动物、动吻动物、缓步动物等（图9-7）。

小型底栖动物可分为永久性和暂时性两类。永久性小型底栖动物是指成体阶段能通过0.5 mm网筛的动物，上述小型底栖动物主要类群均属于此类。暂时性小型底栖动物在生活史的某一阶段能通过0.5 mm的网筛，但生长到一定程度便不再能通过0.5 mm的网筛，如多毛类、软体动物等类群的幼龄个体。

（三）微型底栖动物（microbenthos）

微型底栖动物是指能通过0.042 mm网筛的底栖动物，主要是纤毛虫类。

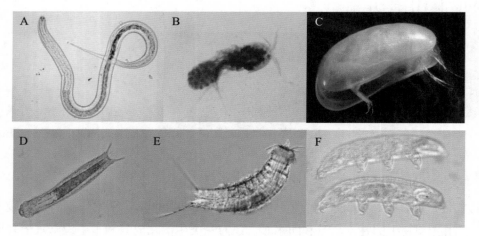

A. 海洋自由生活线虫；B. 日本虎斑猛水蚤（*Tigriopus japonicus*）；C. 介形类；
D. 腹毛动物；E. 动吻虫；F. 缓步动物。

图9-7　海洋小型底栖动物主要类群

（引自http://geology.nwu.edu.cn）

第二节 底栖动物的分布

从潮间带到深海，从热带海域到极地海域，底栖动物广泛分布。海洋水层部分和海底部分的分区见图1-3，其中海底部分分为浅海带（潮上带、潮间带和潮下带）、深海带（大陆坡）、深渊带（深海平原、海山和海沟）和超深渊带。

一、浅海带底栖动物的分布

浅海带包括所有水深200 m以内海底以及高潮时浪花可以溅到的全部区域，这一带的下限大致是固着植物能大量生长的下限。在浅海带中的潮间带，潮水周期涨落，水温、盐度、光和溶解氧等变化明显，影响着底栖动物的垂直分布。浅海带的底栖动物分布不仅有昼夜变化，还有季节变化。此区域的底质也不同，有坚固的岩相海岸，也有可移动的软相沙底或软泥底。在有河流流入的情况下，浅海带还有显著的盐度梯度。

上述种种环境条件的变化，导致浅海带底栖动物生态习性的多样化。此区有很多定着的种类。如在潮间带，笠贝和石鳖身体扁平，有发达的腹足用以吸附；贻贝以坚韧的足丝附着；藤壶、珊瑚、管栖多毛类和直立生长的苔藓虫等则牢固而永久地粘合在岩石、贝壳或其他的物体上。固着习性是这一区域的底栖动物的显著特点之一。

不同的自由活动的底栖动物间的习性差别很大。生长在裸露而又受海浪冲击的岸边的软体动物往往有比较坚固的壳；海胆可钻到岩石缝中去避敌；生长在外礁上的珊瑚常较粗大结实，呈块状，这和环形珊瑚礁内的脆弱而分枝的珊瑚明显不同。狭窄的岩缝和岩石的底部，则是很多背腹扁平的动物避敌和抵抗海浪的场所。

在软相沉积环境中的底栖动物的习性又有不同。泥底和沙底的穴居多毛类，能利用其所分泌的黏液，形成一个临时的或永久的管道。栖息于泥中的动物很多能吞食底泥以摄取其中的有机物，还有的以沉积物表面的有机碎屑为食（图9-8）。

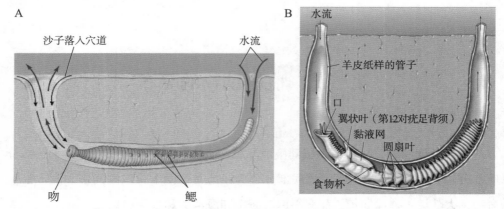

A. 沙蠋（Arenicolidae）生活在U形穴道中；B. 磷虫（Chaetopteridae）栖息在U形栖管里。

图9-8　穴居和管栖的底栖动物

有研究者根据动植物区系的特征，认为浅海带的下限应位于水深200～400 m的范围，光照和水温为决定本区域具体深度的重要因子。浅海带动物种类丰富，是海洋底层鱼类的主要栖息地和一些远洋鱼类的产卵场，因此有很多重要的渔场分布。

二、深海带和深渊带底栖动物的分布

（一）范围和环境特点

由200 m向下延伸至3 000 m左右，称为深海带；由此深度继续向下直到大洋的深处称为深渊带（其中超过6 000 m的海底称超深渊带）。以上两个带的环境条件具有如下共同点：① 光线极微弱或完全无光；② 温度终年很低（1～5 ℃），且无季节变化；③ 海水很少垂直循环，仅有微弱的水平运动；④ 没有任何植物生长，食物来源极少，动物种类贫乏。

（二）深海底栖动物特点

19世纪初，关于深海中是否有生命存在，一直有争论。挪威海洋生物学家撒斯（Michael Sars）于1850年在峡湾地区超过549 m处采集到19种生物。直到1860年，在从地中海水深大于2 000 m处取出的一条海底电缆上有双壳类、腹足类、水螅虫、柳珊瑚和多毛类栖居，才证实深海确实有底栖动物。"挑战者"号环球调查期间（1872—1876年），在水深大于1 000 m的深海共发现1 500种以上的动物；而在6 250米水深处也获得了20个生物标本，分属于10种。

可以将浅海带以下的整个海底统称作深海。深海底栖动物的特点如下。

（1）很多深海动物是广深性的。这些动物的深度耐受范围很大，有些在浅海也有分布。例如，针尾链虫（*Diastylis laevis*）分布水深为9～3 980 m，心形海胆（*Echinocardium cordatum*）分布水深为0～4 900 m。

（2）多数动物为特有种。例如，玻璃海绵纲（Hexactinellida）共有15科80属400种左右的深海特有种；海鳃目（Pennatuloidea）有7个科有深海特有种；海参纲（Holothuroidea）平足目（Elasipodida）的4个科20个属的很多种为深海特有的。

（3）底栖动物种和属的比例，自近岸到深海逐渐减小。在深海底，种和属的比例大约是5∶4，而在近岸浅海大约只是3∶1。

（4）深海底栖动物有独特的适应深海软泥环境的特征。深海底质大多是软泥。生活于此处的底栖动物，为避免陷入软泥中，经过长期的进化，形态特征发生了变化。例如，波足线足虾（*Nematocarcinus undulatipes*）有延长的附肢（图9-9）；海绵具有的刺根状构造，可作为附着和支持之用（图9-10）；深海海百合往往具有长柄，而它们在浅海的亲缘种海羊齿成体阶段没有长柄。大多数深海动物缺少钙质的骨骼，即使有也非常脆弱。深海海胆和其在浅海的厚壳亲缘种相比，骨板较脆且不连续。

（5）深海底栖动物水平分布范围比浅海底栖动物的广。一般而言，海洋中底栖动物的分布范围随深度的增加而增大。深海中，底栖动物属的分布往往是环球性的。

图9-9　波足线足虾

（引自https://speries. sciencereading.cn）

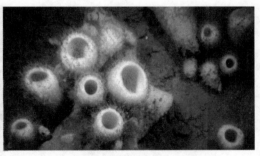

图9-10　深海海绵

（引自www.deepseasponges.org）

第三节　影响底栖动物的环境因子

沉积物的所有环境因子都会影响底栖动物的生存，其中主要有沉积物粒度、有机质和叶绿素含量、温度、盐度、溶解氧等。

一、沉积物粒度

（一）沉积物粒度与底栖动物分布

沉积物粒度，即沉积物颗粒大小。不同大小的颗粒，组成了海洋中不同的沉积环境。海洋中常见的沉积环境有沙质环境、泥质环境和泥沙质环境等。这些沉积环境是由波浪和海流的共同冲刷形成的，是由海水的动力学特征所决定的。不同的沉积环境中生活着不同类型的底栖动物。

一般说来，粗沙滩蓄水性差，缺水和有机质，较为贫瘠；软泥颗粒细并紧密堆积在一起，水循环差，含氧少；中沙和细沙单位面积所含有的生物个体数通常较粗沙和软泥高。自然状态下，沉积物绝非由一种大小均匀的颗粒组成，而是由不同大小的颗粒混合形成的。沉积物粒度是影响底栖动物的首要环境因子。

（二）沉积物粒度的测量

测量沉积物粒度，即粒度分析，是研究底栖动物生态所必需的。粒度分析就是定量测量每一个粒级在整个样品中的百分含量。根据《海洋调查规范　第8部分：海洋地质地球物理调查》（GB/T 12763.8—2007），沉积物粒级标准采用等比制的φ值标准，如表9-1所示。实际测量中，针对不同的粒径，粒度分析分两种方法——筛析法（sieve analysis）和沉析法（pipette analysis）。

表9-1　等比制（φ值标准）粒级分类表

沉积物类型	粒级名称	$\varphi = -\log_2 d$		代号
		d/mm	φ	
岩块（R）	岩块	256	−8	R
砾石（G）	粗砾	128	−7	CG
		64	−6	

续表

沉积物类型	粒级名称	$\varphi = -\log_2 d$		代号
		d/mm	φ	
砾石（G）	中砾	32	−5	MG
		16	−4	
		8	−3	
	细砾	4	−2	FG
		2	−1	
砂（S）	极粗砂	1	0	VCS
	粗砂	0.5	1	CS
	中砂	0.25	2	MS
	细砂	0.125	3	FS
	极细砂	0.063	4	VFS
粉砂（T）	粗粉砂	0.032	5	CT
	中粉砂	0.016	6	MT
	细粉砂	0.008	7	FT
	极细粉砂	0.004	8	VFT
黏土（Y）	粗黏土	0.002	9	CY
		0.001	10	
	细黏土	<0.001	11	FY

注：d 为颗粒直径。

引自宁修仁等，2005。

1. 筛析法

粒径大于0.063 mm的颗粒的粒度分析采用筛析法。将沉积物样品通过一系列不同孔径的筛子（套筛），振动筛析（图9-11），称量各筛子上样品的质量。以各筛子上样品的质量除以总样品质量，即可算出各个粒级样品的百分含量。筛子孔径大小对应表9-1所列粒级粒径。

图9-11　粒度分析套筛和振筛器
（引自https://www.focucy.com/）

2. 沉析法

粒径小于0.063 mm的颗粒的粒度分析采用沉析法。该方法依据斯托克斯定律（Stokes law），将已知质量的沉积物样品于量筒中稀释至1 000 mL，充分搅拌均匀，根据给定的时间，在液面下的给定深度取一定体积的悬浊液，将悬浊液烘干称重。经过多次取样，最后得出每个粒级的百分含量。

筛析法和沉析法是传统的分析方法，耗时费力，现在多采用省时省力的激光粒度分析仪（图9-12）测定。

图9-12　激光粒度分析仪
（引自https://www.mybeckman.cn）

二、有机质含量

沉积物中的有机质，是沉积食性的底栖动物的重要营养来源，也影响沉积物中的含氧量，是一项重要的沉积环境指标。沉积物中有机质的含量可通过测定有机碳的量并经换算获得。测定沉积物中有机质含量的方法有高温氧化法、烧失法、重铬酸钾氧化法。

（1）高温氧化法：使用元素分析仪，在1 000～1 300 ℃的条件下灼烧，测定碳元素含量。

（2）烧失法：使用马弗炉在450 ℃的条件下灼烧，灼烧前后的差值即是有机质的含量。

（3）重铬酸钾氧化法：该方法低估有机碳含量，已被高温氧化法取代。

三、叶绿素含量

沉积物中叶绿素含量，被用来指示潮间带和潮下带沉积物表面进行光合作用的底栖微藻的生物量。底栖微藻是底上生活的植食性的底栖动物、沉积食性的底栖动物重要的食物来源。叶绿素含量是影响底栖动物生存的重要生物因子。

用丙酮提取沉积物中的叶绿素后，采用分光光度法测其含量。其中，荧光分析法灵敏度更高些。

四、沉积物温度

一般在现场将探头插入沉积物中原位测定温度。实际中，很难原位测定潮下带沉积物温度。常用的方法是，使用箱式采泥器采上沉积物样品后，快速将探头插入沉积物中测定温度。也有用温盐深仪（CTD）测定的底层水的温度近似代表沉积物表面的温度的。

五、表层沉积物氧化还原电位

沉积物中无时无刻不在发生着各种各样的复杂化学反应，如沉积物中微生物对有机质的一系列降解过程。氧化还原电位的大小，是多种氧化物质与还原物质发生氧化还原反应的综合结果，是一项综合性沉积物环境指标。其中氧化还原电位快速变化层（redox potential discontinuity layer，RPD层）（图9-13）所在的深度，反映了沉积物的氧化还原状态，直接影响底栖动物的生存。

同温度测定一样，氧化还原电位也应原位测定，即将电位计插入沉积物中直接测定。实际中，很难原位测定潮下带氧化还原电位，通常使用箱式采泥器采上沉积物样品后，将电位计快速插入沉积物测定。

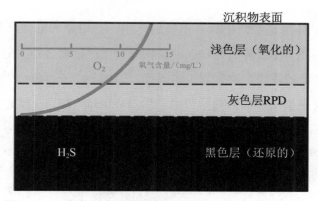

图9-13　沉积物垂直剖面图（示氧化层、还原层及RPD层）

图9-14为一沿岸受到污染的潮间带沉积物剖面图。图左上部分是氧化沉积物（oxidized sediment，OS），右下部分是还原沉积物（reduced sediment，RS），两者之间的红色斜线是RPD层。污染最严重的是图右侧上部的黑色沉积物，完全处于还原状态，没有氧气分布，因此没有RPD层。RPD层从右到左，所在深度逐渐增加，表示污染逐渐减轻，环境逐渐变好，氧化层越来越深。相应地，底栖动物的类群组成发生了变化。右侧底栖动物类群以单一耐污的多毛类为主（个体形状为长条形），往左底栖动物类群多样性增加，左侧出现对沉积物环境质量要求很高的海胆以及虾类等。另外，从右到左，底栖动物的个体也由小逐渐变大，由耐污的体形较小的r-机会性种，转变为体形较大的K-选择性种。

图9-14　海岸沉积物垂直剖面图（示氧化层、还原层及RPD层）

第四节　底栖动物在海洋生态系统中的作用

底栖动物在海洋生态系统中具有重要的作用，是沿岸和陆架海域牧食食物链和碎屑食物链的重要环节。以碎屑为起点的食物链往往比牧食食物链更为重要，这些碎屑是很多底栖消费者的重要食物来源（沈国英，2010）。进行海洋生态系统能流和物流分析，必须了解底栖动物的生物量和生产量。Valiela（2015）整理了世界不同海域底栖动物的生物量和生产量（表9-2）。从大陆架到大陆坡直至深海，随着水深的增加，底栖动物的生物量和生产量递减。

表9-2　底栖动物在世界不同海域的生物量和生产量

	采样深度/m	生物量/［g/m^2］	生产量/［g/（m^2·a）］
河口区	0 ~ 17	5.3 ~ 17	5.3 ~ 17
近岸区	18 ~ 80	1.7 ~ 4.8	0.7 ~ 12
大陆架	0 ~ 180	23	2.6
大陆坡	180 ~ 730	18	2.4
深海	>3 000	0.02	—

注：生物量以碳计。
引自Valiela，2015。

一、大型底栖动物的次级生产量

次级生产量是指动物通过生长、繁殖而增加的生物量，是衡量动物生产能力的量值。海洋大型底栖动物的次级生产量研究始于20世纪初，研究方法有减员法、累积生长法、瞬时增长法和Allen曲线法等。以下通过实例来讲述次级生产量的计算方法。

（一）世代不重叠的离散型种群

对于世代不重叠的离散型种群，定期到野外取样，根据大型底栖动物种群丰度和生物量的变化，计算次级生产量。

1. 篮蛤（*Varicorbula gibba*）的次级生产量

丹麦学者 Boysen-Jensen（1919）对利姆海峡（Limfjord）的一个海湾潮间带的大型底栖动物篮蛤（*V. gibba*）的生产量进行了研究：1912年4月种群有162个个体补充，总生物量为3.9 g；由于欧洲鲽（*Pleuronectes platessa*）的摄食，1913年4月种群余下90个个体，总生物量为3.4。

被欧洲鲽吃掉的篮蛤量（E）以式（9-1）计算：

$$E = (N_1 - N_2) \times 0.5 \times (\overline{W}_1 + \overline{W}_2) \tag{9-1}$$

其中，N_1 为开始时个体数；N_2 为结束时个体数；$\overline{W}_1$ 为开始时平均生物量，单位为 g；$\overline{W}_2$ 为结束时平均生物量，单位为 g。

$E = (162-90) \times 0.5 \times (3.9\ \text{g}/162 + 3.4\ \text{g}/90) = 2.23\ \text{g}$。

篮蛤的年净生产量（P）以式（9-2）计算：

$$P = E + (B_2 - B_1) \tag{9-2}$$

其中，E 为被欧洲鲽吃掉的篮蛤量，单位为 g；B_1 和 B_2 分别为开始和结束时的篮蛤的生物量，单位为 g。

$P = 2.23\ \text{g} + (3.4\ \text{g} - 3.9\ \text{g}) = 1.73\ \text{g}$。

该研究实例中，取样间隔一年之久，结果可靠性很低。若逐月取样，结果准确性将大大提高。

2. 杭氏齿吻沙蚕（*Nephtys hombergi*）的次级生产量

Kirkegaard（1978）研究了丹麦伊斯峡湾（Isefjord）杭氏齿吻沙蚕的次级生产量。1970—1971年，逐月取样，计算种群的平均丰度和生物量，数据见表9-3。第一年的年净生产量为3 139 mg/m²，第二年的年净生产量为891 mg/m²，整个观测期内（28个月），年净生产量为4 110 mg/m²。

次级生产量计算公式为：

$$P = E + (B_2 - B_1) = (N_1 - N_2) \times 0.5 \times (\overline{W}_1 + \overline{W}_2) + (B_2 - B_1) \tag{9-3}$$

式中：E 为去除量，单位是 mg/m²；B_1 为取样开始时的生物量，单位是 mg/m²；B_2 为取样结束的生物量，单位是 mg/m²；N_1 为取样开始时的个体数；N_2 为取样结束时的个体数；$\overline{W}_1$ 为取样开始时的平均生物量，单位为 g；$\overline{W}_2$ 为取样结束时的平均生物量，单位为 g。

表9-3　杭氏齿吻沙蚕的次级生产量

月龄/月	平均丰度/（个/米²）	单个平均质量/mg	生物量/（mg/m²）	生长增量/（mg/m²）	去除量/（mg/m²）	生产量/［mg/（m²·月）］	年净生产量/（mg/m²）	年平均生物量/（mg/m²）	$P/\bar{B}$
0	47								
1	42	20	840	840	50	890			
2	38	40	1 520	760	40	800			
3	34	48	1 632	272	16	288			
4	31	50	1 550	62	3	65			
5	28	51	1 428	28	2	30			
6	25	52	1 300	25	2	27			
7	22	53	1 166	22	2	24			
8	20	54	1 080	20	1	21			
9	18	55	990	18	1	19			
10	16	60	960	80	5	85			
11	15	80	1 200	300	10	310			
12	14	120	1 480	560	20	580	3 139	1 262	
13	13	160	2 080	520	20	540			
14	10	185	1 850	250	38	288			
15	8	200	1 600	120	15	135			
16	6	208	1 248	48	8	56			
17	5	209	1 045	5	1	6			
18	3	210	630	3	1	4			
19	2	212	636	6	0	6			
20	2	214	428	4	1	5			
21	2	216	432	4	0	4			
22	1	220	220	4	2	6			
23	1	245	245	25	0	25			
24	1	280	280	35	0	35	891	1 110	
25	1	320	320	40	0	40			
26	1	340	340	20	0	20			
27	1	355	355	15	0	15			
28	1	360	360	5	0	5	80	344	
合计							4 110	2 497	1.51

注：空格表示无数据。

引自 Kirkegaard，1978。

（二）一年中有多个世代重叠的种群

对于一年中有多个世代重叠的种群的次级生产量（P）的估算，采用累积生长法。

$$P=N_1\triangle W/T_1+ N_2\triangle W/T_2 +\cdots+N_i\triangle W/T_i \tag{9-4}$$

其中，N_i为某一年龄组开始的个体数；$\triangle W$为T_i的时间间隔内，增加的生物量；P为单位时间（$T_1+T_2+\cdots+T_i$）内的生产量。

该方法原理简单，重要的是划分年龄组，并知道每个年龄组的生长率。但实际上在野外不易获得大型底栖动物的生长曲线，要通过室内培养实验来获取其生长数据。另外，对大型底栖动物种群划分年龄组也并非易事。对于动物身体上有生长痕迹（如齿吻沙蚕大颚片上的生长纹以及贝类壳上的生长纹）的，可以分出年龄组；对于没有生长痕迹的，要划分年龄组就很难。

（三）利用周转率估算次级生产量

周转率（T）是指一定阶段中的生产量（P）与现存生物量（B）的比值，即$T=P/B$。如果已知动物种群的周转率，则$P=B \times T$。

假如某一种群物种的平均寿命是13周，即约1/4年这个种群的生物量能更新一次，则一年中种群生物量能周转约4次，即年周转率T约等于4，那么这个种群的年生产量P约等于$4 \times \overline{B}$（$\overline{B}$为种群的年平均生物量）（华东师范大学等，1982）。如果能通过野外调查获得物种的生命周期，就可以求得年生产量。

影响周转率大小的因素有很多，其中主要是生命周期的长短。表9-4是主要大型底栖动物类群、功能群和不同底质中大型底栖动物的年平均生产量与年平均周转率，是根据大量大型底栖动物种群的次级生产量的数据汇总而成的。多数情况下，同一物种的次级生产量在不同区域相差不大，如杭氏齿吻沙蚕；也有相反的情况，即同一物种在不同区域，次级生产量相差很大，如波罗的海白樱蛤（*Macoma balthica*）。Robertson（1979）根据表9-4中的数据，绘制了年平均周转率（T）与生命周期长短（L）的关系图（图9-15），其线性回归方程为$\lg T=0.660（\pm 0.089）-0.726（\pm 0.147）\lg L$。

表9-4　主要大型底栖动物类群、功能群和不同底质中大型底栖动物的年平均生产量和年平均周转率

		年平均生产量的常用对数值/（kJ/m²）	年平均周转率
类群	软体动物	1.94 ± 0.08（$n = 227$）	1.77 ± 0.14（$n = 230$）
	多毛类	1.42 ± 0.09（$n = 123$）	3.37 ± 0.38（$n = 120$）
	甲壳类	1.30 ± 0.08（$n = 140$）	4.85 ± 0.31（$n = 140$）
	棘皮动物	1.34 ± 0.23（$n = 27$）	0.34 ± 0.06（$n = 28$）
功能群	沉积食性者（DF）	1.47 ± 0.09（$n = 175$）	2.54 ± 0.15（$n = 175$）
	滤食性者（FF）	1.96 ± 0.11（$n = 134$）	1.82 ± 0.20（$n = 136$）
	草食性者（GR）	1.64 ± 0.08（$n = 81$）	2.81 ± 0.43（$n = 82$）
	杂食性者（OM）	1.25 ± 0.11（$n = 96$）	4.94 ± 0.54（$n = 95$）
	捕食性者（PR）	1.37 ± 0.13（$n = 45$）	3.41 ± 0.49（$n = 42$）

续表

底质类型		年平均生产量的常用对数值/（kJ/m²）	年平均周转率
底质类型	藻类	1.10 ± 0.15（n = 65）	4.18 ± 0.48（n = 62）
	硬底	2.21 ± 0.16（n = 69）	1.09 ± 0.18（n = 70）
	泥底	1.46 ± 0.07（n = 219）	3.25 ± 0.21（n = 216）
	砂底	1.67 ± 0.08（n = 184）	2.90 ± 0.30（n = 188）

藻类底质中包括高有机质含量的沉积物；硬底主要是基岩，也包括木质基底和砾石。

n为样本数。

引自Gray，2009。

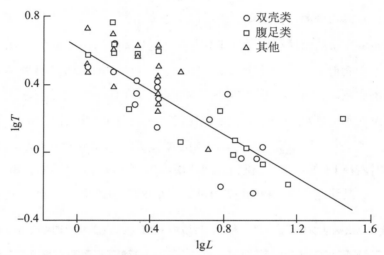

图9-15　海洋大型底栖动物年平均周转率与生命周期长短的关系

（引自Robertson，1979）

二、小型底栖动物的次级生产量

小型底栖动物的种群数量多，它们连续繁殖且不同步，世代重叠，加之个体都很小，难以区分不同的年龄组，因此一般通过周转率估算小型底栖动物的次级生产量。小型底栖动物的世代周期差异很大，世代周期短的每年只有1代，有的甚至2～3年才繁殖1次。Gerlach（1971）研究了大量小型底栖动物生活史后指出，小型底栖动物平均每年有3代，每个世代的平均周转率为3，则小型底栖动物的年平均周转率为3×3=9，年平均生产量$\overline{P}=9×\overline{B}$。其中$\overline{B}$为小型底栖动物的平均生物量，可以通过野外调查获得的丰度值经体积换算得到。

本章小结

底栖动物是指生活于水域底上和底内的动物。底栖动物类群繁多。

大型底栖动物几乎涵盖无脊椎动物所有门类以及一部分脊索动物，其中刺胞动物、多毛类、软体动物、甲壳类和棘皮动物是底栖动物物种数最多的类群。海洋小型底栖动物常见的有自由生活的线虫、底栖桡足类、介形动物、腹毛动物、动吻动物、缓步动物等。其中，海洋自由生活线虫因数量大、种数多和分布广等特点，成为海洋小型底栖动物中最主要和最重要的类群。

底栖动物分布于浅海带（潮上带、潮间带和陆架区域）、深海带（大陆坡）和深渊带（深海平原、海山和海沟）。沉积物的所有环境因子都会影响底栖动物的生存，其中主要因子有沉积物粒度、有机质、叶绿素、温度、盐度、溶解氧等。底栖动物在海洋生态系统中具有重要的作用，是沿岸和陆架海域牧食食物链和碎屑食物链的重要环节。随着水深的增加，底栖动物的生物量和生产量递减。进行海洋生态系统能流和物流分析必须了解底栖动物的生物量和生产量。

思考题

（1）请举例说明底栖动物都包括哪些生态类群。

（2）结合深海环境特点，阐述深海底栖动物的特征。

（3）沉积物粒度为什么是影响底栖动物生存的重要环境因子？

（4）什么是RPD层？它的生态学意义是什么？

（5）如何计算大型和小型底栖动物的次级生产量？

拓展阅读

Lalli C M，Parsons T R. 海洋生物学导论［M］.张志南，周红，等译.青岛：中国海洋大学出版社，2000.

Gray J S, Elliott M. Ecology of Marine Sediments［M］. 2ed. Oxford: Oxford University Press, 2009.

Gage J D, Tyler P A. Deep Sea Biology: A natural history of organisms at the deep-sea floor［M］. Cambridge: Cambridge University Press, 1991.

Eleftheriou A. Methods for the study of marine benthos［M］. 4th ed. Oxford: Viley Blackwell Press, 2013.

第十章 游泳生物

本章主要介绍游泳生物的概念、海洋游泳生物的亚类群、海洋游泳生物的分布和迁移、影响游泳生物的环境因子、游泳生物在海洋生态系统中的作用等。

第一节 游泳生物简介

游泳生物是生态学上的一大类群，包含的门类较多。

一、定义

游泳生物（nekton）也称为游泳动物或自游生物，是指在水层中能克服水流阻力，自由游动的水生动物生态类群。

游泳行为是多数游泳生物逃避敌害、猎食、洄游、迁徙、求偶和躲避不良环境的重要手段。游泳生物有发达的运动器官，可克服海流与波浪的阻力，进行持久运动。大多数鱼类和鲸类通过肌节的交替伸缩，加上鳍或鳍肢等的配合，向前游动。例如，中华白海豚（*Sousa chinensis*），平时速度约5 km/h，受到惊吓时可超过15 km/h。海龟和对虾等依靠附肢运动。头足类的枪乌贼类、柔鱼类、乌贼类胴部有外套腔，水从外套腔中通过漏斗向外间歇地喷出，推动身体向相反方向快速运动，这种运动方式为反射运动方式。某些鱼利用呼吸时从鳃孔中喷出的水流来运动，与乌贼类似，但这种方式在鱼类的运动中只起辅助作用。

鱼类的游泳运动可分为有氧运动和无氧运动。这两种游泳运动分别对应持续游泳状态和短暂游泳状态。持续游泳是一种长时游泳状态，主要依靠红肌，持续时间在20 s以上；其中，巡航游泳状态下可持续游泳200 min以上。短暂游泳是一种冲刺游泳状态，主要依靠白肌，持续时间一般不超过20 s（图10-1）。

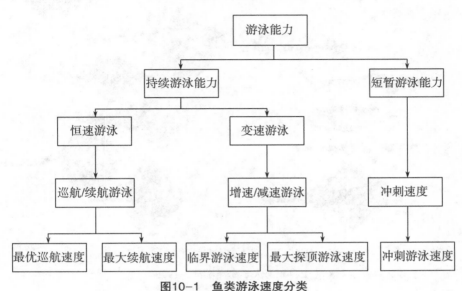

图10-1　鱼类游泳速度分类
（引自王萍等，2010）

游泳生物往往具备流线型体形以及伪装隐蔽、接收和传递信息、摄食等的适应性结构。生活于外海的多数游泳生物具有典型的流线型体形，以减少水流阻力、敏捷地快速游动。鲨、金枪鱼和鲑鱼是人们熟知的游泳能手。海豚具有很厚且富有弹性的表皮，真皮中有许多小嵴，嵴间充满液体，所以海豚能适应水流压力的变化而高速前进。一些头足类在遇到敌害时能放出墨汁，使周围的海水变黑，借以掩护逃脱。须鲸类上颌两侧长了有过滤功能的须板，能摄食大量饵料，如蓝鲸（*Balaenoptera musculus*）以磷虾为食，日摄食量4~5 t。鲸类具有能很好地接收和传递信息的器官，有一套极灵敏的探测系统，具有回声定位（echolocation）和导航能力。

目前一般认为海洋游泳生物包括海洋鱼类（marine fishes）、海洋哺乳类（marine mammals）、海洋爬行类（marine reptiles）、少量海洋鸟类（seabirds），以及海洋头足类（marine cephalopods）和海洋虾蟹类（marine shrimps and crabs）的一些种类。

海洋鱼类具有完全适应水中生活的外部形态和内部结构，是海洋游泳动物最主要的类群。海洋鱼类中，有许多是重要的经济鱼类。海洋经济鱼类既有小型滤食性种类，又有活跃的大型肉食性种类（图10-2、图10-3）。

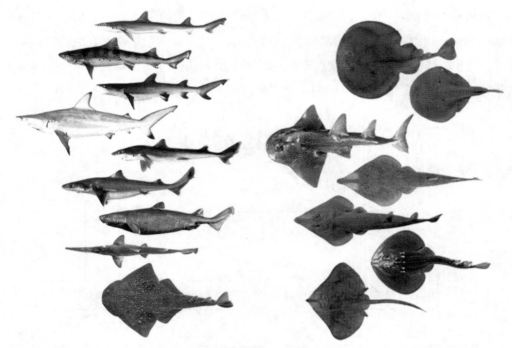

图10-2　鲨（左）与鳐（右）

（引自东海大学海洋学部，1975）

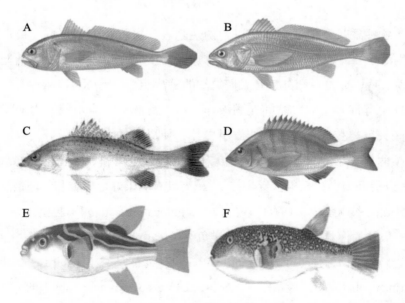

A. 大黄鱼；B. 小黄鱼；C. 中国花鲈；D. 黑鲷；E. 黄鳍东方鲀；F. 虫纹东方鲀。

图10-3　一些海洋鱼类

（引自中国科学院海洋研究所，1992）

爬行类多数生活在干燥陆地上，只有少数生活在水中。海洋爬行类主要包括海龟、海蛇，以及海鬣蜥（*Amblyrhynchus cristatus*）和湾鳄（*Crocodylus porosus*）等。海龟（sea turtle）用肺呼吸。由于长期适应水中生活，海龟形态结构与陆生龟类有了明显的不同。海龟的头部和四肢不能缩回壳里，像桨一样的前肢主要用来推动海龟前行，而后肢就像舵一样在游动时掌控方向。海龟的游泳速度不是很快，没有牙齿，但有强有力的颌，一般是以行动缓慢或营固着生活的动物以及海草为食。海龟包括棱皮龟科和海龟科的种类。现存的海龟广泛分布于热带和亚热带海域。如棱皮龟（*Dermochelys coriacea*）、玳瑁（*Eretmochelys imbricata*）、太平洋丽龟（*Lepidochelys olivacea*）、绿海龟（*Chelonia mydas*，图10-4）、蠵龟（*Caretta caretta*）、大西洋丽龟（*Lepidochelys kempii*）、平背海龟（*Natator depressus*）和黑海龟（*Chelonia agassizii*，分类地位有争议）。海蛇（sea snake）包括半环扁尾海蛇（*Laticauda semifasciata*）、灰蓝扁尾海蛇（*Laticauda colubrina*，图10-5）等扁尾海蛇亚科和长吻海蛇（*Hydrophis platurus*）等海蛇亚科种类。海蛇一般体形较小，体长在1 m左右。绝大多数海蛇分布在印度洋和西太平洋，栖息于热带和亚热带大陆架和海岛周围的沙质或泥质海域。海蛇用肺呼吸。海蛇与陆地蛇有很大的不同，多数海蛇的尾部侧扁如桨；鼻孔朝上，有瓣膜可以启闭；肺可从头部延伸到尾部，容量很大。海蛇的下潜深度一般小于30 m，偶尔可到150 m。海鬣蜥分布于南美洲厄瓜多尔科隆群岛，会把大量时间用于在海边岩石上晒太阳，主要摄食海藻和其他水生植物，也吃甲壳类动物和软体动物。湾鳄分布于东南亚沿海至澳大利亚北部及巴布亚新几内亚，主要栖息于河口、红树林和沼泽等地。

图10-4　绿海龟
（刘云摄）

海蛇的毒腺

海蛇有鲜明的颜色或花纹，多为肉食性，大多数吃鱼类，也有的吃鱼卵。海蛇均为毒蛇。据研究，海蛇的毒腺能分泌神经性毒素。陆地上的眼镜蛇是著名的巨毒蛇之一，而海蛇毒性比眼镜蛇还要大。虽然具有毒牙，但大多数海蛇一般不主动侵犯人，只有在受刺激时才会进行防御性攻击。

图10-5　蓝灰扁尾海蛇
（Max Tibby摄）

海洋鸟类是指以海洋为主要生存环境的一类鸟，均为游禽（swimming bird），可以利用蹼足进行游泳。海洋鸟类在长期进化过程中已经适应海洋环境，具有盐腺，可以排出多余盐分；能在海水中取食；具有较高的飞翔或潜水能力，以及良好的防水或保温能力。它们的食物全部或主要从海里获得。人们把海洋鸟类分为两大类：一类是海岸鸟（shore bird），也就是长年生活在近岸海域的海鸟，属于"半海洋性"海鸟。如各种海鸥。另一类是海上鸟，也就是大洋鸟（ocean bird）。海上鸟一生大部分时间生活在海洋上或在飞越海洋，它们摄食和停歇均在广阔的海面上，具有代表性的有鹱、海燕和信天翁等。海洋约占地球表面积的71%，但海洋鸟类种类并不多。虽然种类少，但其种群数量可观，对海洋的影响深远。海洋鸟类一般包括企鹅目（Spheniciformes）、鹱形目（Procellariiformes）、鹲形目（Phaethontieiformes）全部种类；鹈形目（Pelecaniformes）的鹈鹕科（Pelecanidae）；鲣鸟目（Suliformes）的鲣鸟科（Sulidae）、鸬鹚科（Phalacrocoracidae）和军舰鸟科（Fregatidae）；鸻形目（Charadriiformes）的贼鸥科（Stercorariidea）、鸥科（Laridae）（图10-6）、剪嘴鸥科（Rynchopidae）和海雀科（Alcidae）鸟类。企鹅、鹈燕和海雀等是最适于在海洋生活的鸟类。例如，企鹅拥有流线型体形，翅膀退化为强健、狭长的鳍状肢，适于游泳和潜水；皮下有厚厚的脂肪，身体密覆厚厚的短而硬的鳞片状羽毛，利于御寒；后肢较短，位于躯体后方，趾间具蹼，可以直立行走，也可以用腹部贴冰面滑行。帝企鹅（*Aptenodytes forsteri*）、阿德利企鹅（*Pygoscelis adeliae*，图10-7）和南非企鹅（*Spheniscus demersus*）正常的游泳速度为5～10 km/h。在临时突然加速，尤其是做"海豚式游泳"以跃离水面时，速度会更快些。

图10-6　红嘴鸥
（刘云摄）

图10-7　阿德利企鹅

　　海洋哺乳类是海洋中胎生哺乳、用肺呼吸、体温恒定、体呈流线型且前肢特化为鳍状的脊椎动物，又称海兽。海洋哺乳类分布在南北两极到接近赤道的世界各海洋中，以北大西洋北部、北太平洋北部、北冰洋和南极的水域为多，少数生活在淡水中。鲸类、海牛类终生在海洋中生活，它们依靠厚厚的鲸脂隔热保温，后肢消失，利用水平方向的尾鳍产生推进力。海豹、海象（*Odobenus rosmarus*）和海狮等鳍足类在繁殖、换毛或休息的时候会来到岸上。现存的海洋哺乳类非常多样，分别属于哺乳纲下面的3个目：鲸目（Cetacea）包括齿鲸类和须鲸类，齿鲸类口中有细密尖锐的小齿，以鱼类、乌贼、其他海洋哺乳动物和海鸟为主要食物，如抹香鲸（*Physeter macrocephalus*，图10-8A）、中华白海豚、宽吻海豚（瓶鼻海豚，*Tursiops truncatus*，图10-8B）等。须鲸类牙齿退化，但具有鲸须。须鲸主要以小型鱼类、乌贼及甲壳动物（包括磷虾）为食。须鲸在进食时会高速前进，迅速吸入海水，再把海水通过鲸须滤出，保留食物。如蓝鲸和座头鲸（大翅鲸，*Megaptera novaeangliae*）等。海牛目（Sirenia）包括海牛和儒艮（*Dugong dugon*）等。食肉目（Carnivora）鳍脚亚目包括海豹（图10-8C）、海狮、海狗、海象等，鼬科的海獭（*Enhydra lutris*）、秘鲁水獭（*Lontra felina*），熊科的北极熊（*Ursus maritimus*，图10-8D）。北极熊和海獭类的体形同陆地哺乳动物比没有太大的改变，而其他海洋哺乳类的身体发生了重大的改变，如鲸类和海牛后肢消失，鲸类、海牛、海豹、海象等有适于在水中推进的鳍状肢和流线型体形。流线型体形和鳍状肢可减少水中运动的阻力，而*Hox*基因的适应性进化被认为促进了流线型体形和鳍状肢的形成（Li K等，2018）。毛发退化也是鲸类适应水生生境的结果，无毛基因出现假基因化和成纤维生长因子5的正选择共同促成了鲸类无毛性状的出现，同时角蛋白和角蛋白相关蛋白基因的丢失及假基因化也可能与毛发在海洋环境中退化有关。

A. 抹香鲸（Grabriel Barathieu摄）；B. 宽吻海豚（Gregory Slobir dr Smith摄）；
C. 髯海豹（Gary Bembridge摄）；D. 北极熊（Andreas Weith摄）。

图10-8　一些海洋哺乳类

　　头足类属于软体动物门头足纲。头足类中的鱿鱼（柔鱼类和枪乌贼类）、乌贼、蛸等，为灵活的游泳生物（图10-9）。生活在远洋的鱿鱼，体常呈纺锤形，善于做快速或长距离游泳，有些在追逐鱼群时可跃出水面，像飞鱼一样在空中滑翔，如鸟乌贼（*Ornithoteuthis volatilis*）能跃出水面4 m以上，滑行距离50 m左右，甚至有时会落在过往船只的甲板上（陈新军等，2013）。生活于近海的种类，常具有球形胴体，大多数游泳能力较弱，游速较慢，如一些乌贼和各种蛸。

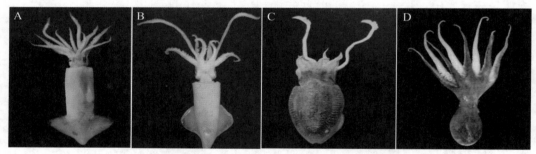

A. 太平洋褶柔鱼；B. 日本枪乌贼；C. 金乌贼；D. 短蛸。

图10-9　一些头足类

（引自张素萍等，2016）

　　海洋虾蟹类中有少数种类为游泳生物，如中国对虾（*Penaeus chinensis*，图10-10）和长指鼓虾（*Alpheus digitalis*）等。

二、游泳生物的流体力学

　　可以用雷诺数（Reynolds number，*Re*）来

图10-10　中国对虾

（引自李新正等，2019）

估测游泳生物的临界游泳速度。雷诺数是判断黏性流体流动状态的一个无量纲数，是流体流动中惯性力与黏滞力比值的量度。雷诺数较小时，流体流动中的黏性力对流场的影响大于惯性力，流体流动稳定，为层流；反之，若雷诺数较大时，惯性力对流场的影响大于黏性力，流体流动较不稳定，容易因流速的微小变化而发展成紊流。一般 $Re<2\,000$ 为层流状态，$Re>4\,000$ 为湍流状态，Re 在 $2\,000\sim4\,000$ 为过渡状态。

对于游泳生物来讲，阻滞水体运动的切向作用力为水的黏性力。流体在雷诺数较大，做绕流流动时，在距离游泳生物体壁面较远处的黏性力比惯性力小得多，可以忽略；但在鱼体壁面附近的薄层中的黏性力的影响则不能忽略，沿壁面法线方向存在相当大的流体的速度梯度，这一薄层叫作边界层（boundary layer）。边界层是雷诺数较高时绕流中紧贴物面的黏性力不可忽略的流动薄层，又称流动边界层、附面层。边界层分离，产生负压，水体倒流，阻碍前进。当游泳生物低速游泳的时候，贴身水层不乱，阻力不高，但游泳速度增高到某一临界值时便会在身体周围出现不规则的紊流，阻力骤增。流线型体形在一定程度上缓解了这种由负压产生的阻力。流体的雷诺数越大，边界层越薄。游泳快的水生动物都具有流线型轮廓，体表的黏液保证了表面的平滑，且黏液溶于水后可减小水的黏性，躯体的和谐动作也有助于减小阻力。（图10-11）

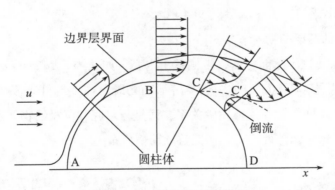

图 10-11　边界层理论示意图

罗马第三大学的研究人员使用COMSOL Multiphysics（多物理场耦合分析软件）的流固耦合（FSI）仿真功能来分析鱼类的游动。他们在《虚拟水族馆：鱼类游动的仿真》中重点研究了鱼类的摆尾式游动，即鱼身上的肌肉按从头到尾的顺序呈波浪状收缩的形式。当一个类似鱼的固体在流体环境中移动时，会在它的背后产生尾波，观察和分析尾波的样式及摆尾式游动产生的尾涡，就可以精确计算其中的动力学参数（图10-12）。

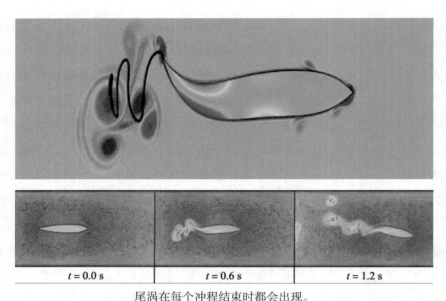

尾涡在每个冲程结束时都会出现。

图10-12　游泳动物的游泳动力学

（引自Curatolo和Teresi，2015）

三、游泳生物亚类群

游泳生物是水生动物的一大生态类群。根据生物的流体力学等特征，游泳生物可进一步区分为4个亚类群（徐恭昭，1984）。

（一）底栖性游泳动物

底栖性游泳动物游泳能力低，常栖息于水底，如孔鳐（*Raja porosa*，图10-13）等底层鱼类和儒艮（图10-14）。这类游泳动物既不需要与陆地发生生态学上的关系，也不与露出水面的漂浮固体发生关系，而是与水底和沉没的物体发生生态学上的关系。从沿岸到数千米深处均有底栖性游泳动物分布。

图10-13　孔鳐

（引自中国科学院海洋研究所，1992）

图10-14　儒艮

（Julien Willem摄）

（二）浮游性游泳动物

浮游性游泳动物游泳能力不高，如灯笼鱼、翻车鱼（*Mala mola*，图10-15）等。这一亚类群游泳动物不与任何固体发生生态学关系。$5.0 \times 10^3 < Re \leqslant 10^5$。

（三）真游泳动物

真游泳动物游泳能力强，速度快，可做持久运动，如大多数鱼类［如蓝点马鲛（*Scomberomorus niphonius*，图10-16）和大眼金枪鱼（*Thunnus obesus*，图10-17）］，鲸类（如座头鲸，图10-18），大王乌贼科物种［如马氏大王乌贼（*Architeuthis martensi*）］，等等。这类游泳动物也不与任何固体发生生态学关系。$Re > 10^5$。于沿岸带至远洋，从水表层到深海，都有真游泳动物分布。

图10-15　翻车鱼

（引自陈大刚等，2015）

图10-16　蓝点马鲛

（引自中国科学院海洋研究所，1992）

图10-17　大眼金枪鱼

（引自林龙山等，2016）

图10-18　座头鲸

（Whit Welles摄）

（四）陆缘性游泳动物

陆缘性游泳动物与陆地或与流冰、植物体等露出水面的固体发生生态学上的关系，如棱皮龟（图10-19）、斑海豹（*Phoca largha*，图10-20）和帝企鹅（图10-21）。这类游泳动物常出现于岸边，可能栖息于浅滩、岩石或流冰上，分布主要局限于100 m水层以内。某些广深性分布种，如威德尔海豹（*Leptonychotes weddelli*），可潜至600 m深的水层。

图10-19　棱皮龟

图10-20　斑海豹

（刘云摄）

图10-21　帝企鹅

第二节　海洋游泳生物的分布和迁移

　　海洋游泳生物在分类系统中所占门类较多，遍布全球。从两极到赤道海域均有游泳生物分布。游泳生物只是在一些化学成分极为特殊的海域，如含有硫化氢的黑海深层没有分布。游泳生物在低纬度海域种类多，但各个种的种群数量相对较少。它们一般个体较大，喜欢集群活动。

一、海洋游泳生物的分布

　　海洋广阔深邃，是一个连续的整体。

　　海洋水层环境区域在水平方向上可分为浅海带和大洋带。浅海带是指大陆架上的水体，平均水深小于200 m，宽度变化较大，受大陆影响较大。大洋带是大陆架以远的水体，是海洋的主体，水文、物理、化学等条件较为稳定。

　　海洋水层环境区域在垂直方向上可分为以下几层：上层，水深约至200 m，大致相当于有效光线透射深度和大陆架边缘；中层约至水深1 000 m，是所有表面光线透射的界限；深层；深渊层；超深渊层。具体的划分可见图1-2。

　　在海洋的不同区域，其环境要素有很大的差别，海底类型、水的运动、水温和盐度等的多样化使得游泳生物有各自的分布区域，也产生不同的适应特征。

（一）上层

　　一般来说，上层是最暖和、光线最充足的水层。在任何光线与营养物质均充足的地方，植物就能生活，并制造有机物质以直接或间接地供养其他生物。该层溶解氧含量很高，在上部接近饱和状态。这里不仅光照度随深度增加而呈指数式下降，有的海域水温也有明显的昼夜和季节变化。在高纬度海域，通常在10～25 m的水深范围存在同温层。但在亚热带海域，同温层有时到达水深200 m处甚至更深。同温层水温在热带海域可达到或超过20 ℃，年水温差只有几摄氏度。而通过温带到两极海域，上层水温变低，且温带海域水温的季节性波动比寒冷海域的大。在同温层以下，水温急剧下降的水层即温跃层。在跃温层中水深每增加10 m，水温几乎下降1 ℃，这是温暖海洋的常态，但在高纬度海域仅在夏季出现。在温跃层以下海水是冷的，有些地方可低达0 ℃。

上层约有70科鱼类。竹刀鱼体长10余厘米，而鲸鲨体长超过10 m，但大多种类体长约为30 cm。鱼类为了猎取食物、逃避掠食者及洄游，一般具有强大的游泳能力。快游鱼类如金枪鱼和其他鲭科鱼类、大洋鲨类和少数鲹科鱼类都具有典型的流线型身体、细狭且有崎突的尾柄和新月形的尾鳍，如黄鳍金枪鱼（*Thunnus albacares*，图10-22）、鲔（*Euthynnus affinis*，图10-23）。许多鱼类具有标准的纺锤形体形；而有的身体较侧扁；有的身体延长，甚至呈箭形。在上层中，也有游泳力弱的鱼类和漂流鱼类，如翻车鱼、小型的竹刀鱼和飞鱼等。

图10-22　黄鳍金枪鱼　　　　　　　　　　　　　图10-23　鲔
（引自林龙山等，2016）　　　　　　　　　　　（引自林龙山等，2016）

上层鱼类背部常呈较暗的绿色或蓝色，腹部常为银色。近岸区的鱼类颜色稍有不同，有时带有条纹或斑块。上层硬骨鱼类有很高的潜在生殖力，大多数较大型鱼类都排卵几十万至数百万粒。金枪鱼类依鱼体大小不同而排卵一百万至一千万粒。据报道，翻车鱼可产卵3亿粒。全水层性鱼类在广阔外海产卵，卵大多随风和水流漂流，但是某些竹刀鱼和飞鱼用卵壳上的丝状结构将卵黏附在漂浮物上。大多数漂流卵的孵化期都短，尤其是在热带地区，通常1~3 d便可孵化出漂流性的仔鱼。而有些鱼类，特别是竹刀鱼、鲣和飞鱼，孵化时间需要1~2周。某些全水层性鱼类为间歇性产卵，其繁殖期可长达数月。部分全水层性鱼类产沉性卵，通过产卵洄游的形式，保证其仔鱼变成稚鱼之前能漂流到适合肥育的地方产卵。为了漂浮，仔鱼表面积与体积比通常较大，或者体内含有油脂。上层生活的鲨鱼，绝大部分为卵胎生或胎生，幼鱼产出就会游泳和寻觅食物，因而每胎个数很少；但巨大的鲸鲨为卵生。

上层生活着头足纲八腕目水孔蛸科的种类和枪形目柔鱼科的种类。其中，柔鱼漏斗和肉鳍发达，垂直活动能力强。

海洋鸟类也主要生活在该水层。其全部食物或主要食物从海里获得，如鱼类、鱿鱼、甲壳类。有的在飞行过程中在海水表层寻找食物，有的在游泳时寻找水表面食物，有的潜水追逐猎物，有的俯冲到很深的水中觅食，还有的在空中打劫其他海鸟抢得食物。特别善于潜水的海洋鸟类，如企鹅，腿通常位于体后部，蹼很发达，不善于在陆地行走，有时会用肚皮贴着冰面滑行。特别善于飞行的海洋鸟类，不善于潜水或不能潜水，大部分信天翁、鹱、海燕和许多种鸥类喜欢在飞行中于海水表层获得食物，它们捕捉活鱼和浮游无脊椎动物，还吃丢弃渔获物，有的也会在潮间带寻找食物。信天翁会将食物以液态油脂的形式储存于胃中，消化吸收或喂食幼鸟。信天翁有时也吃船上丢弃的渔获物，因此它们有时喜欢跟船飞行。一些鸟类，如鲣鸟和燕鸥，喜欢利用收拢双翼下落时的惯性，从空中垂直潜入水中摄食，但潜入水深一般不超过1 m。信天翁偶尔也会潜入水中，灰头信天翁（*Thalassarche chrysostoma*）的潜入水深达6 m，灰背信天翁（*Phoebetria palpebrata*）甚至最深可潜12 m。还有一些鸟类直接在空中打劫，如贼鸥和军舰鸟（图10-24）。

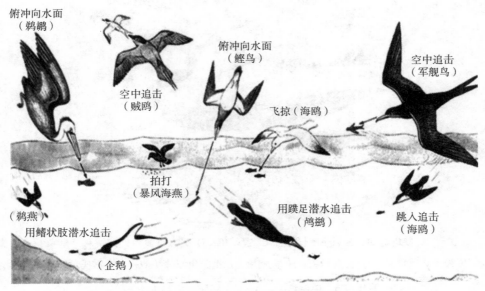

图10-24　海洋鸟类的各种取食方式

（引自Castro和Huber，2011）

（二）中层

在中层，虽然阳光逐渐减弱直至几乎全部消失，但还生存着少量的浮游植物，并含有上层浮游生物的碎屑。这些就形成了浮游动物群落的食物基础，群落中包括一些有在夜间上游至上层习性的种类。中层的生物多种多样，浮游动物的种类往往超过上层。鱼类约有1 000种（图10-25，A-G），有些是带间种类。其中大多数种类个体较小，有的鱼类在某些方面特化。例如，巨口鱼有300多种，具有典型的大口，捕食浮游动物、乌贼和鱼类；灯笼鱼有200~250种。发光器官在以上两类鱼都十分普遍。中层光线微弱，鱼类眼睛趋于变大，或具有较大的聚光区；视觉色素适于接收波长较短

的蓝光，视觉细胞大部分由视杆细胞组成。在中层，除微弱的光线外，还有发光鱼类
和无脊椎动物发出的光。

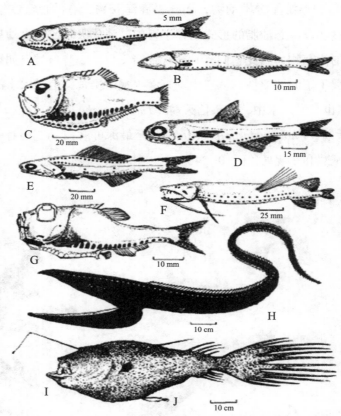

A. 狭串灯鱼；B. 小齿圆罩鱼；C. 银斧鱼；D. 斑点灯笼鱼；E. 一种珍灯鱼；
F. 长羽深巨口鱼；G. 长银斧鱼；H. 宽咽鱼；I. 霍氏角鮟鱇（雌）；J. 霍氏角鮟鱇（雄）。

图10-25　中层鱼类（A—G）和深海鱼类（H—J）

（引自Lalli和Parsons，1997）

　　中层的鱼类一般呈黑色或红色。中层的掠食性鱼类体长不等，多数体长
25 ~ 70 mm，最长的鱼类体长可达约2 m。这类鱼具有大眼、大口和巨大的牙齿，
如斯氏蝰鱼（*Chauliodus sloani*，图10-26）；有些种类具有可膨胀得很大的胃，
能吞食比它们自身还大的动物，如黑叉齿鱼（*Chiasmodon niger*，图10-27）。某
些鱼类的侧线系统有很大的改变，显然是为了增加灵敏度，如线鳗（*Nemichthys
scolopaceua*）。有关该层鱼类的繁殖知道得较少。大多数产浮性卵，有些卵浮在水
面，有些在温跃层或温跃层以下。仔鱼也是浮性的，通常与卵漂在同一水层内。这
个区域的头足类垂直活动能力强，主要种类如枪形目武装乌贼科的种类，体表具有
发达的发光器，以浮游动物为食。

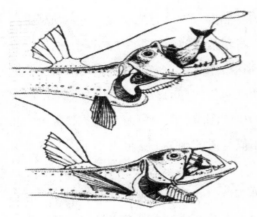

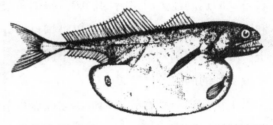

图10-26　斯氏蝰鱼捕食
（引自Lalli和Parsons，1997）

图10-27　黑叉齿鱼吃到胃内的鱼比其本身还长
（引自Lalli和Parsons，1997）

（三）深层

深层的环境是黑暗和寒冷的。食物一般比较稀少。鱼类分散且种类较少。由于温度低、压力大，游泳生物的身体表现出柔软的特征，游泳能力较弱。鱼类通常无鳔。这里的鱼类、游泳头足类和甲壳类常具有发光器。这些生物发光可能具有如下功能：进行照明，以捕获食物；迷惑捕食者，以逃脱敌害；同类间信息交流。在这生活的游泳生物摄食方式多有变化。有的种类具有特大的口、富有弹性的上下颌、锋利的牙齿及可扩大的胃（图10-25，H-J）。有的种类个体小或体重很轻，骨骼骨化程度低，肌肉松弛似胶状，使基础代谢仅够维持捕食，以尽量降低对食物和能量的需要，适应饵料贫乏的环境。生活在深海的头足类如八腕目水母蛸科种类，胴体胶质，吸盘稀疏，腕间膜发达。

二、游泳生物的迁移

游泳生物游泳能力较强，具有迁移性（migration）。

（一）鱼类的洄游

洄游是漫长岁月里自然选择的结果，通过遗传而巩固下来，是鱼类在系统发生过程中形成的一种特征，是鱼类对环境的一种长期适应，能使种群获得更有利的生存条件、更好地繁衍后代。在鱼类生活史中，不同的生活时期要求不同的生活条件。某些鱼类在生命周期的一定时期会有规律地集群，并沿着一定线路做距离不等的迁移活动，以满足重要生命活动中生殖、索饵、越冬等需要的特殊的适宜条件，并且经过一段时期后又返回原地，这种现象叫作洄游。鱼类洄游具有周期性、定向性和集群性等特点。

　　鱼类洄游的分类方法很多。依据主要动力，洄游可以分为被动洄游与主动洄游。被动洄游是指鱼类随水流而移动，在移动中本身不消耗或消耗很少的能量。例如，鳗鲡的受精卵和仔鱼自大洋中的产卵场随海流到达沿岸河口。主动洄游则是鱼类主要依靠自身的运动能力所进行的洄游。根据鱼类所处水层的变动，洄游可以分为水平洄游和垂直洄游。此外，洄游也可以根据目的分为生殖洄游、索饵洄游和越冬洄游等。几乎所有的洄游都是集群洄游，但不同种类、不同性质的洄游，集群大小不同，这与保障最有利的洄游条件有关。

　　不少海洋鱼类在外海和近岸之间做季节性洄游，并在近岸集群，形成渔场。洄游距离的远近与洄游鱼类的体形大小及其自身状态有关。体形大，含脂量高，洄游距离较远，如大麻哈鱼（*Oncorhynchus keta*）、日本鳗鲡（*Anguilla japonica*）等。除了遗传因素，高灵敏度和高选择性的嗅觉、灵敏的侧线感知系统等都在这些鱼类洄游中发挥作用。

　　大麻哈鱼主要栖息在北半球的大洋中，以鄂霍次克海、白令海等海域最多。大麻哈鱼是典型的溯河洄游鱼类，幼鱼春季降海、成鱼秋季溯河洄游至出生地产卵，终生只繁殖一次。它们每年秋季性成熟时，成群结队地从外海游向近海，进入江河，溯河而上几千里，回到出生地——黑龙江。有些大麻哈鱼进入乌苏里江、绥芬河、图们江等。大麻哈鱼入江后停止摄食。产卵前，雌鱼用腹部和尾鳍清除河底淤泥和杂草，拨动细沙砾石，建筑一个卵圆形的产卵坑。然后，雌雄鱼婚配产卵。

　　很多中层鱼类有垂直洄游习性，特别是灯笼鱼科鱼类。进行垂直洄游的鱼常集成小群。例如，东海的绿鳍马面鲀（*Thamnaconus modestus*）一般生活在100 m以深的水层。在越冬和索饵期有明显的白天上升、晚间下降的习性。许多珊瑚礁鱼类也是白天上游，在水层中摄取浮游动物，而晚间下降到珊瑚礁间休息和避敌。

　　鱼类垂直洄游规律还和季节、环境和生理状况相关。在寒带和亚寒带，许多白天栖息在海底的鱼类，在产卵期常上升到上层，因为那里水温高，有利于性腺成熟，如鲱、鳕。分布于我国沿海的高鳍带鱼（*Trichiurus lepturus*），越冬季节在黄海济州岛西南海域，夜间沉在底层，而白天多在中上层；但产卵期在近岸则相反，白天栖息在底层，夜间上游至水面。关于鱼类的垂直洄游原因，说法不一。一般认为鱼类的垂直洄游是鱼类追随垂直移动的浮游生物的结果；鱼类白天移入较暗的深水层，可以减少以鱼类为食的鸟类以及其他肉食性动物捕食的危险。

（二）头足类的洄游

　　头足类也具有明显的洄游行为。头足类的洄游包括垂直洄游和水平洄游，或昼夜洄游和季节性洄游。生活在近海的章鱼，在水温适宜的季节里，常在潮间带活动。然而有些种类进行季节性洄游，可至水深500 m的大陆架坡上缘。柔鱼科的物种分布水深范围广，白天分布于外海水深1 000 m以深，夜间上升至海面或者在一定季节性洄游至水深几米的表层。

头足类的垂直洄游有2种：一种是昼夜间的垂直移动，即白天栖息于深水，夜间洄游到上层索饵；另外一种是指某些头足类在发育过程中栖息的水层逐渐加深。头足类不同类群垂直移动能力不同：一些中上层种类可在上层和中层间洄游；乌贼可从表层移动至水深几十米的水层；太平洋褶柔鱼（*Todarodes pacificus*）可从表层移动至水深300 m左右的水层；柔鱼（*Ommastrephes bartrami*）可从表层移动至水深600 m的水层；茎柔鱼（*Dosidicus gigas*）可从表层移动至水深几千米的水层；底栖的蛸类垂直移动范围小；有些种类不进行垂直移动，整个生命周期都栖息在一个水层。

头足类季节性洄游包括生殖洄游、越冬洄游和索饵洄游。生殖洄游，从越冬场向繁殖场（产卵场）进行交配产卵。越冬洄游，从繁殖场向越冬场进行肥育越冬。索饵洄游，从繁殖场向越冬场或从越冬场向繁殖场洄游时，尤其是后一阶段，均伴随着索饵洄游。浅海性的头足类，如枪乌贼类、乌贼类和蛸类，主要进行生殖洄游和越冬洄游，索饵洄游不明显；大洋性的柔鱼3种洄游均明显。

（三）海产虾类的洄游

有些海产虾在上层至中深层水体中昼夜垂直移动。底栖种类中，有的潜居底内，但能做一定的游泳活动。有些有较强的游泳能力，如对虾，它们虽然也能潜入海底泥沙表层，但在一定时期，比如春季繁殖期和秋冬水温降低时期能做长距离洄游。

（四）海龟的洄游

海龟可以根据繁殖周期有规律地在摄食地和繁殖地之间往返。棱皮龟（图10-28）游泳能力较强，在所有龟类中洄游旅程最长。在圭亚那标识的棱皮龟游至西非的加纳，在墨西哥东南部的坎佩切湾等地被重获，游程超过5 000 km。玳瑁生活在珊瑚礁海域，在附近海滩繁殖，常仅做短距离洄游，但也有例外。例如：所罗门群岛的圣伊莎贝尔岛标识的玳瑁在巴布亚新几内亚的莫尔斯比港重捕，行程为1 600 km。在南非标识的蠵龟，在马达加斯加、莫桑比克、坦桑尼亚重获，最远的游到坦桑尼亚的桑给巴尔，旅程2 880 km。大西洋中部的阿松森岛有绿海龟繁殖地，而其食物基地在巴西，两地相距约2 500 km。海洋龟类洄游的导航机制十分复杂，许多问题有待研究解决。它们可能是依靠化学物质感知能力来找到归途的。但是学者们发现，幼海龟在离岸移动时，有朝着波浪涌来方向前进的习性。幼海龟这一习性的形成，正是长期适应环境的结果。当幼海龟进入外海后，波浪的方向已经不那么固定了，此时幼龟对磁场的感知取代了对波浪的感知，成为最重要的定向依据。

图10-28　棱皮龟幼龟奔向大海

（五）海洋鸟类的迁徙

鸟类的迁徙是指鸟类每年在一定的季节，在繁殖区与越冬区之间进行的周期性的迁居现象，是鸟类对改变的环境条件积极适应的本能，具有定期、定向且集群的特点。根据鸟类迁徙的特点，可把鸟类分为留鸟（resident）和候鸟（migrant）两大类。留鸟是指不发生迁徙的鸟类。在海鸟中，只有极少数的海鸟种类，如加岛企鹅（*Spheniscus mendiculus*）、加岛鸬鹚（*Phalacrocorax harrisi*）终年留居于其出生地。绝大多数海鸟属于留鸟中的漂鸟（wandering bird）。漂鸟在秋冬季节具有漂泊或游荡的性质，以获得充分的食物为目的，游荡没有方向性，范围可达数千海里。能进行迁徙的鸟类叫候鸟。真正的迁徙的鸟类并不多，大约占10%。绝大多数海鸟迁徙方向是南北方向，冬天，食物供应发生变化，在高纬度地区繁殖的海鸟迁徙到低纬度地区，如白腰叉尾海燕（*Oceanodroma leucorhoa*）。当然，少数海鸟进行东西方向的迁徙，如白顶信天翁（*Thalassarche cauta*）在新西兰和澳大利亚南部繁殖，非繁殖期则聚集到非洲南部和南美洲西部。一些不能飞翔的鸟类也可以迁徙相当远的距离，如南美企鹅（*Spheniscus magellanicus*）可以从南美洲南部游泳到巴西南部。

一些海鸟迁徙时，其迁徙路线通常是最经济的一条，但并不是地理上距离最短的那一条。风会造成"环形"迁徙，即迁徙来回的路线会因风的作用而呈8字形。北极燕鸥（*Sterna paradisaea*）是典型的"环形"迁徙代表（图10-29）。迁徙通常一年2次，春季从越冬地迁向繁殖地，秋季从繁殖地迁往越冬地。迁徙时间因种而不同，在北温带，海鸟春季在4月末至6月初迁徙，秋季在9月至11月迁徙。迁徙时，海鸟常聚集成群，在水面上低空飞翔，只有当穿过陆地时才提高飞翔高度。

关于鸟类迁徙的原因，众说纷纭。对于海洋鸟类来说，浮游生物的减少及鱼类迁往深水层等觅食条件的恶化，会促使在海洋表层取食的鸟类的迁徙；鹱、燕鸥、三趾鸥（*Rissa tridactyla*）等迁徙的距离常常达到数千千米。潜水种受食物资源的季节性变化的影响较小，企鹅、鸬鹚和大型海雀迁徙距离相对较短。

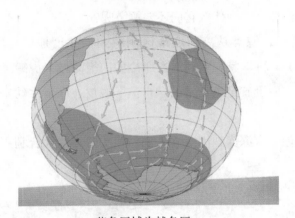

蓝色区域为越冬区。

图10-29　北极燕鸥的迁徙路线

（引自Knopf，1984）

（六）海洋哺乳类的洄游

斑海豹是在温带、寒温带近海和海岸生活的海洋哺乳类，主要生活在北冰洋和太平洋北部，每年春、冬季节洄游到中国渤海、黄海一带。斑海豹一生大部分时间是在海水中度过的，仅在生殖、哺乳、休息和换毛时才爬到岸上或者冰块上。斑海豹于每年11月进入渤海辽东湾，1—2月在辽东湾海冰上繁育，3月海冰融化后主要分布在渤海辽东湾北部辽河口、庙岛群岛海域和虎平岛海域，5月后大部分游出渤海。雌性在冰上产崽，新生幼崽体白色，4周后体色会改变。斑海豹是中国鳍足类动物中数量最多的一种，也是唯一一种在中国繁殖的鳍足类。斑海豹在20世纪50—60年代的数量很大，在4 000～5 000头；在20世纪80年代中期数量急剧减少；随着水质改善，在1990年后数量逐渐恢复。1997年大连斑海豹国家级自然保护区获批，重点保护在辽东湾北部的双台子河口和虎平岛栖息的斑海豹。2001年山东省建立庙岛群岛海豹省级自然保护区。据统计，目前渤海斑海豹仅剩千余头，属于国家一级重点保护野生动物。现在，中国、韩国等科学家已经开始利用信标跟踪记录技术进行跟踪，对其洄游路线、生理特征和生态习性等都有一定的了解。

鲸类也有洄游习性。至于鲸类为什么要洄游，通常的观点是为了繁殖。然而，近些年，科学家通过卫星追踪，发现一只在寒冷的南极海域进食的虎鲸（*Orcinus orca*）进行了长达11 000 km的往返迁徙，向北洄游到温暖的水域，然后返回。其洄游跨越48个纬度，从南纬78°到南纬30°，用了39 d。鲸类洄游大多是快速而不间断的，且大部分路线呈直线。科学家在南极海域拍摄到了新生的虎鲸幼崽，这表明鲸类不需要迁移到温暖的海域分娩。那么，为什么它们还要洄游呢？

最新的研究显示，鲸类从高纬度地区洄游到低纬度地区可能是为了清洁皮肤（Pitman等，2019）。科学家观察到，在寒冷的南极海域，虎鲸经常被一层厚厚的黄色硅藻膜，这表明它们没有经历正常的"自洁"蜕皮，而新生幼崽是没有这层硅藻膜的（图10-30）。

鲸类导航的原理一直深深地困扰着人们。座头鲸可能综合利用了太阳、月亮及其他天体来进行导航。

A. Schulman-Janiger A于2016年3月14日在西南极半岛威廉敏娜湾拍摄；B. Durban J和Fearnbach H于2018年2月3日在南极半岛西部的格拉赫海峡利用无人驾驶的六翼直升机从鲸上方30 m处采集的照片。

图10-30　全身覆盖着厚厚的硅藻膜的雌性虎鲸和没有硅藻膜的新生幼仔

（引自Pitman等，2019）

第三节　影响游泳生物的环境因子

影响游泳生物的环境因子包括非生物因子和生物因子。

一、非生物因子

影响游泳生物的非生物因子主要包括水温、盐度、酸碱度、溶解氧，以及水流、水压、光、声音、电流和水质等。

（一）水温

水温作为一个很重要的环境因子，直接或间接地影响游泳生物的生存和繁衍。每种游泳生物都有自己的最适水温。在最适水温范围内，随着水温的升高，游泳动物新陈代谢作用增强，呼吸、摄食、消化机能旺盛，生长迅速（图10-31）。

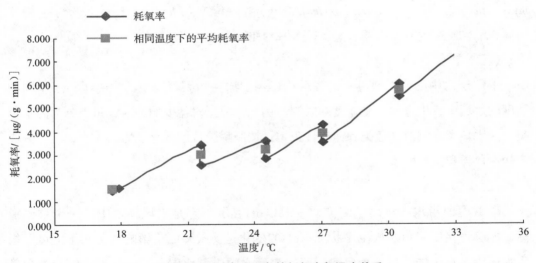

图10-31　鲑点石斑鱼的耗氧率与温度关系
（引自陈国华等，1999）

鱼类繁殖要求适宜的水温，如渤海湾梭鱼产卵期主要集中在4月下旬至5月中旬，此时水温在18～22 ℃；如果水温回升提前或延后，则产卵也相应提前或延后。

水温对鱼类的胚胎发育的影响也较显著。在产卵适宜水温范围内，水温上升，促进鱼类的胚胎发育。在产卵适宜水温范围以外，过高或过低的水温对于胚胎都能造成不同程度的损伤，抑制胚胎的正常发育，终致胚胎死亡。

不同鱼类对水温的适应情况差别很大。热带性鱼类适宜于在水温较高的条件中生活。常见热带性鱼类有遮目鱼（*Chanos chanos*）、日本鲭（*Scomber japonicus*）及珊瑚礁中的一些鱼类。温水性鱼类要求在温带水域生活，如我国近海的一些经济鱼类［如大黄鱼（*Pseudosciaena crocea*）］。冷水性鱼类是在水温较低的条件下才能正常生活的种类，如大麻哈鱼、太平洋鲱（*Clupea pallasi*）。

鱼类根据对水温变化耐受能力的不同，可分为广温性鱼类和狭温性鱼类。前者包括大部分温水性鱼类，它们大多数生活在近岸水域（包括内陆水域），适应于水温多变的环境；后者则适温范围窄，经受不住水温的剧变，如前述的热带性鱼类、冷水性鱼类，它们都生活在水温变化幅度很小的环境中。

海洋哺乳类体形大而浑圆，并通过鲸脂、毛皮等进行隔热，从而降低向周围环境散失热量的趋势。水温在赤道地区的上层较高，随着纬度增加，向南北两极降低。在极地和亚极地地区的海冰限制了海洋哺乳类的分布，只有在温暖的夏季才有可能使得海洋哺乳类进入高纬度区域。有3种鲸终生生活于北极，即弓头鲸（*Balaena mysticetus*）、白鲸（*Delphinapterus leucas*）和一角鲸（*Monodon monoceros*）。海冰对海洋哺乳类来说有特殊的意义，很多海豹在海冰上产仔。

（二）盐度

溶解于水中的盐类通过水的渗透压影响游泳生物。不同游泳生物生活于不同的盐度的水域中，生理调节受盐度的限制。例如，根据对盐度的适应，鱼类分为海水鱼类、淡水鱼类、洄游性鱼类和河口性鱼类；按照耐受盐度变化能力的大小，鱼类分成广盐性鱼类和狭盐性鱼类。

（三）酸碱度

酸碱度即指水中氢离子浓度，一般以pH表示。它是水域环境中的一个重要指标，能够直接影响鱼体的生理状况。pH的变化是受很多因子影响的，它不但可以指示水域中氢离子的浓度，而且可以间接表示水中二氧化碳、溶解氧、溶解盐类含量和碱度等水质情况。pH主要决定于水中游离二氧化碳和碳酸盐的比例。一般二氧化碳越多，pH越低；二氧化碳越少，pH增高。此外，水中的腐植酸和硫酸盐的含量也影响pH的变化。一般天然海水中的pH比较稳定，通常在7.85～8.35。不同鱼类有不同的pH最适合范围。一般鱼类多偏于适应中性或弱碱性环境，pH最适为7.0～8.5，不能低于6.0。在酸性水体中，鱼类血液中的pH下降，使一部分血红蛋白与氧的结合受阻，因而载氧能力降低，导致血液中氧分压变小。在这种情况下，尽管水中含氧量较高，鱼类也会因缺氧而"浮头"。在酸性水体中鱼类往往表现为不爱活动、畏缩迟滞、耗氧下降、代谢机能急剧下降、摄食很少、消化差、生长受抑制。当pH超出极限范围时，则往往破坏皮肤黏膜和鳃组织，直接造成危害。pH过低对以其他水生生物为食的鱼类造成间接的危害，如在酸性环境中细菌、藻类和各种浮游动物的生长、繁殖均受到抑制；硝化过程滞缓，有机物的分解速率降低，导致水体内物质循环减慢。

（四）溶解氧

水中的溶解氧，是游泳生物重要的生活条件之一。溶解氧主要由大气中的氧气溶入水中和浮游植物或其他水生植物的光合作用产生。大气中氧气的溶入速度一般与水温成反比，与大气压成正比，亦与水的机械运动如波浪、潮汐有关。如果没有氧气通过血液循环进入机体各组织，则不能保证生物新陈代谢的正常进行，甚至引起生物的死亡。溶解氧不仅对游泳生物有直接影响，也产生间接影响。水体具有良好的氧气条件，能促进好气性细菌对有机物的分解，加快水体内物质的循环，有利于天然饵料的繁殖。相反，若水体氧气条件差，有机物分解迟缓，则导致水体物质循环减慢，水体天然生产力随之下降，甚至引起厌氧性细菌的滋生。厌氧性细菌分解有机物，将产生还原性的有机酸、氨、硫化氢等。

二、生物因子

影响游泳生物的生物因子包括种内和种间关系，如竞争、捕食、共生、共栖和寄生。

（一）竞争

同种个体对食物或栖息环境等的需求相似，因而是竞争关系（competition）。种内竞争往往和种群密度有关，密度越大，种内竞争越激烈。种群增长率与密度之间的关系称为密度依赖关系。密度增加通常意味着种内竞争的同步增加。因此，种群通常存在生产量最大的最佳密度水平。种间竞争只有在两个物种的分布区重叠时才有可能发生。不同鱼类摄食同类食物而形成的食饵竞争关系十分复杂、普遍。即使是食性不同的鱼，它们的仔鱼和稚鱼期通常也都以浮游生物为食。鱼类和其他动物的种间竞争同样十分普遍。例如，许多海水鱼与刺胞动物、头足类和一些鲸之间存在对甲壳类食饵的竞争。种间竞争和种内竞争尽管表现方式不同，但基本性质相似，最激烈的竞争见于有最相同资源需要的物种之间。因此，一般讨论竞争，都以种间竞争为主。

（二）捕食

种内捕食（predation），又称为同类相食。此现象在自然界很多动物中都有，如鱼类、虾蟹类、头足类。对海洋鱼类的研究表明，同类相食可以控制资源补充量并且使不同的种群密度发生变化。有些鱼类，如鳕鱼，在种群数量达到最高峰的年份常常同类相食。许多头足类是单次产卵的，表现出较高的生长速率，其中很多肉食性的成体摄食幼体。蓝蛸（*Octopus cyanea*）繁殖也会导致同类相食。乌贼之间的同类相食仅仅发生在繁殖季节，与配对时的争斗有关。

捕食关系是最普遍的种间关系。如凶猛的鱼类常有尖锐的牙齿、稀疏的鳃耙、较大的胃以及较短的肠道。被捕食的鱼类则会产生毒素、放电、有鳞棘等。头足类常被金枪鱼、鲯鳅（*Coryphaena hippurus*）等鱼类，抹香鲸、海豚等海洋哺乳类，以及许多海鸟捕食。大王乌贼与鲸类的搏斗是比较少见的情况。逃避、伪装、拟态等是常见的避敌方式。

（三）共生

共生（symbiosis）是指两个或两种生物生活在一起，而相互间不构成危害的相互关系。共生通常又分为偏利共生和互利共生。

偏利共生，又称共栖（commensalism），是一方受益，另一方受益较少或不受益也不受害的共生现象，如鲨鱼与䲟（*Echeneis naucrates*）。䲟的第一背鳍特化成吸盘，附着在鲨鱼身体上，跟随鲨的活动，拾取鲨鱼的食物残渣。

互利共生是指对双方都有利的共生现象。较典型的例子是清洁鱼。清洁鱼专门摄食病鱼或受伤鱼体表的寄生虫、黏液和坏死组织。清洁鱼在海水、淡水中都有。有些仅在其生活史的稚鱼、幼鱼阶段是清洁鱼，而有些在其生活史的大部分时间都是专性清洁鱼。例如，见于印度-太平洋的隆头鱼科的裂唇鱼（*Labroides dimidiatus*），在成鱼期也担任清洁鱼角色，它们的口和牙特化而适于摄取细小物体。发光细菌和发光鱼类之间也是一种相互受益、相互依存的共生关系。角鮟鱇亚目的许多深水种，雄体较雌体小很多。雄体在孵化后不久，即找到雌体，用口吸附在雌体上，随之口舌部皮肤与雌体相连接，最后血液循环也连成一体。这种方式表面上看和一般的体外寄生相似，但实际上两者之间不是对抗性作用关系。通过这种方式，小型雄体处在雌体保护下，并保证雌体在深海及时受精，有利于种族绵延，因此本质上对双方均有利，可以看作是一种特殊的种内互利共生。

（四）寄生

寄生（parasitism）是捕食的另外一种表现形式，它是指一种生物生活在另外一种生物（宿主）的体表或体内，并从宿主获得营养。巴西产的巴西喜盖鲇（*Stegophelus insidiosus*）寄生在个体较大的鲇鱼鳃腔内，从宿主的鳃中吸吮血液作为营养，影响了宿主的正常生长。这是鱼类中相当少见的现象。鱼病就是细菌、病毒或寄生虫在鱼体上寄生的结果。

第四节　游泳生物在海洋生态系统中的作用

游泳生物在海洋生态系统中具有重要的地位，是海洋生态系统的重要组成部分。游泳生物是海洋地球化学循环的参与者、海洋生态系统的较高级消费者、海洋渔业资源和捕捞的响应者、海洋生态系统变化的监测者和全球气候变化的指示者。

一、海洋生物地球化学循环的参与者

海洋游泳生物种类繁多。鲸类是大型游泳生物。鲸死亡后落入深海形成的生态系统称为鲸落（whale fall）。鲸落与热液生态系统、冷泉生态系统一同被称为是深海生命的"绿洲"。目前世界上发现的现代自然鲸落不足50个，其中，我国"深海勇士"号载人潜水器在中国南海发现1个。

鲸落的形成有4个阶段。移动清道夫阶段：在鲸尸下沉至海底的过程中，盲鳗、鲨鱼、一些甲壳动物等以鲸尸的柔软组织为食。这一阶段持续数月至两年。其间90%的软组织被吃掉。机会主义者阶段：机会主义者能够在短期内适应相应环境而快速繁殖。在这个阶段，一些无脊椎动物特别是多毛类和甲壳动物，能够栖居于残留的鲸尸。化能自养阶段：大量厌氧细菌进入鲸骨和其他组织，分解其中的脂类，使用溶解在海水中的硫酸盐作为氧化剂，产生硫化氢。化能自养细菌例如硫化菌，则以硫化氢参与的化学反应为能量的来源。与化能自养细菌共生的生物也因此有了能量补充。礁岩阶段：当有机物质被消耗殆尽后，鲸骨矿化为礁岩，成为生物的聚居地。"一鲸落，万物生。"

北极高纬度地区是全球重要的海鸟活动区。海鸟的活动及粪便增加了苔原土壤养分，从而促进了苔原植被发育，显著增强了北极高纬度地区苔原的碳汇（carbon sink）功能（陈清清等，2012）。在南极无冰区生活着大量的企鹅等海鸟和海豹等海兽，它们在海洋里摄食，然后到无冰区陆地上活动，排泄粪便。这些海鸟、海兽的活动及粪便影响了无冰区陆地植被生态系统的发育和演化（孙立广，2006）。以企鹅等海鸟和海豹等海兽为核心的食物链，构成了无冰区生态系统的重要组成部分，是联系南极地区海洋与陆地之间生物地球化学循环的重要环节。

海鸟的活动也在很大程度上影响了岛屿生态系统。西沙群岛中东岛等岛屿有天然形成的封闭湖泊或潟湖。在湖泊里形成了较厚的沉积物，含有细粒珊瑚、贝壳碎屑和鸟粪。在西沙群岛东岛的研究显示，从土壤和植被的发育角度来讲，海鸟对岛屿生态系统的形成和发育非常重要，海鸟活动带来的大量营养物质是珊瑚砂质岛屿生态系统发育的关键因素。但是，西沙群岛古鸟粪和新鲜鸟粪中的甲基汞含量、总汞含量和甲基汞在总汞中的质量分数都很高，海鸟通过生物放大和生物传输作用影响粪土沉积层中的甲基汞水平，海鸟生物传输不仅为西沙群岛生态系统发育带来了必需的营养物质，同时也带给偏远的岛屿大量污染物（陈倩倩，2013）。海鸟类便中携带的重金属和有机污染物等污染了远离人类活动区的岛屿的生态环境，且大多污染物沿食物链富集，因此在一些海岛上，海鸟的生物传输作用甚至超过了大气等物理传播过程（Blais等，2007）。

二、海洋生态系统的较高级消费者

在典型海洋生态系统营养级格局中，浮游植物等自养生物是初级生产者，浮游动物是初级消费者，摄食浮游动物的小型鱼类如鳀（*Engraulis japonicus*）是次级消费者，金枪鱼等凶猛的肉食性鱼类、海洋哺乳类（海牛目除外）、鸟类等是高级消费者（图10-32）。

浮游植物等自养生物直接利用溶解于水中的无机盐及二氧化碳等，吸收光能，通过光合作用合成有机物，维持生命及种族的繁衍，并为海洋动物提供丰富的饵料，是海洋生产力的基础。异养生物都直接或间接以浮游植物等自养生物为食，合成自身的蛋白质。浮游植物等自养生物和异养生物死亡后，被细菌分解为无机盐类。无机盐为浮游植物所利用。这种往复不断的循环，构成了水域生态系统的内在联系。生物间的营养关系即所谓的食物链（food chain）。

食物链指生物之间通过摄食关系形成的一环套一环的链状营养关系，如甲被乙所食，乙又被丙所食，而丙又被丁所食。但是在自然水域中，生物间的营养关系实际上要复杂得多，多条食物链纵横交错、互相联系而形成复杂的食物网。Menge-Sutherland假说以海洋生态系统为研究对象，解释了食物网中的各个营养级的生物量调节规律。该假说认为在一个食物关系和营养级复杂的系统中，低营养级生物被高级消费者捕食的危险远远大于同类间的食物竞争，因此，捕食作用是调控低营养级生物量的主要手段。相反，尽管高营养级生物之间也存在一定的摄食关系，但是食物竞争为主要的种间关系，食物竞争是高营养级生物量变动的重要原因。在生态系统研究中，营养级可以揭示系统或群落的营养格局和结构组成特征，如以浮游动物为主要摄食对象的鳀营养级一般为3级，而肉食性鱼类属于高级消费者，营养级为4级或更高。

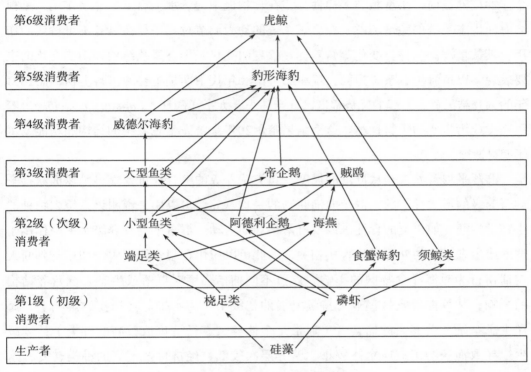

图10-32　简化的海洋食物网

（引自Castro和Huber，2011）

　　一般来说，游泳生物多位于食物链的较高营养级。海洋鸟类是海洋生态系统的重要组成部分，它们广泛分布于各大海洋，虽然种类不多，但数量庞大，占据重要的生态位。海洋鸟类是鱼类和海洋无脊椎动物的捕食者，也是大型海洋哺乳类的食物。在海洋哺乳类中，海牛目动物是唯一直接以初级生产者——海草为食的，而一些鳍脚类和齿鲸可能与初级生产者相隔5个或更多个营养级。

三、海洋渔业资源和捕捞的响应者

营养级之间能量和生物量的积累和转移是维持生态系统稳定的关键。不同营养级上的物种类别、数量、个体平均大小等信息称为营养标签（trophic signature），用来描述生态系统的结构特征（纪炜炜等，2010）。营养标签的变化可以反映生态系统受渔业捕捞影响的程度。

以鱼类营养级为例，高营养级的鱼类通常是重要的渔业资源种类，这些鱼类的营养标签可以用来反映该海域渔业资源的开发程度（纪炜炜等，2010）。在过度开发的水域，生活史较长的大型肉食性鱼类的生物量会明显减少，平均体长减小，个体性成熟提前。小型鱼类多样性高，在食物链中起着承上启下的连接作用，是很多海洋生态系统的关键类群，在生态系统的动力调节过程中往往具有不可替代的作用，其数量波动和种类变化等营养标签信息的变化是生态系统结构和功能变化的主要表现。以黄海生态系统为例，鳀在20世纪80年代中期是主要的饵料生物，而2001年的调查结果显示，鳀的优势程度已逐渐消失，太平洋磷虾（*Euphausia pacifica*）等甲壳类成为主要的饵料种类。这个结果暗示20年来黄海生态系统的结构和功能发生了明显改变。

群落平均营养级是从群落的尺度对鱼类营养级的综合评价，最早是以渔获物平均营养级的形式提出的。群落或渔获物的平均营养级可以用来说明该系统内物种的生物学特征（如鱼类的食性）以及群落格局的变动。群落平均营养级水平与作用于群落或生态系统的外界干扰直接相关，因此可以应用在很多研究中，如用于判断人类捕捞行为对海洋食物网的影响，评价不同捕捞强度对群落或生态系统营养结构的影响，估算能够支持渔业可持续发展的初级生产力水平。在捕捞的影响下，海洋生态系统高营养级的捕食者（通常是个体较大、经济价值较高的种类）持续减少，导致渔获物组成向个体较小、营养层次较低、经济价值不高的种类转变，这就是著名的"捕捞降低海洋食物网"的观点。通常情况下，大个体的鱼类所受的影响明显大于小个体的鱼类。这种影响又通过一些生态学过程进一步放大，最终对群落产生影响。

四、海洋生态系统变化的监测者

海龟、海鸟和海洋哺乳类是上层营养级（upper trophic level，UTL）物种（≥第2级消费者），可以充当"哨兵"来反映海洋生态系统的变化（Kuletz等，2015；Moorea和Kuletz，2019）。它们寻找聚集的猎物进行高效觅食，借助生物、物理信号进行季节性迁徙，能够反映海洋食物网的变化。

海鸟和海洋哺乳类的分布和相对丰度与海洋密切相关。北极高纬度地区是全球重要的海鸟活动区，海鸟粪便为苔原土壤带来了丰富的养分，影响了苔原碳循环过程（陈清清等，2012）。在北极，UTL物种寿命较长，分布广泛，并且具有高度季节性。因此，通过卫星遥感、声学调查跟踪和身体状况、饮食研究等，对UTL物种进行长期数据收集工作，可以反映海洋过程，如深海-海底耦合（pelagic-benthic coupling）、平流（advection）和上升流（upwelling）的变化而引起的海洋生态系统变化。1975—2015年，白令海的海鸟数量和分布出现了较大的变化，3种信天翁的分布向北移动（Kuletz等，2014）。北极地区的深海-海底耦合过程对营养循环至关重要，潜水鸭类（如绒鸭）、海象和灰鲸的分布与高有机碳输入区域相对应的双壳类聚集区有关（Grebmeier等，2015）。平流是影响白令海和楚科奇海北部海鸟分布的关键因素。在1975—2015年的40年间，楚科奇海东北部海鸟群落从以鱼类为主食的海鸟向以浮游生物为主食的海鸟转变，这种转变与通过白令海峡的平流增加有关。同样地，在楚科奇海和波弗特海，浮游生物和以磷虾为食的弓头鲸有所增加，而食鱼的海豹、白鲸和海雀表现出身体状况下滑、生长减缓等迹象（Moore 等，2019）。

不仅在北极地区，对赤道附近地区海鸟数量的监测表明，海洋生产力是影响热带海鸟数量的重要因素。近千年来我国西沙群岛各岛屿海鸟数量都呈下降趋势。海洋生产力变化可能是西沙各岛屿海鸟资源衰退的重要原因。东亚夏季风减弱，西沙群岛海域上升流减弱，导致南海夏季海洋初级生产力一直呈现于波动中下降的趋势。初级生产力的降低，引起了食物网一系列的连锁反应：海洋浮游动物数量减少，鱿鱼等海洋表层头足类和飞鱼等海洋表层鱼类减少，海鸟食物减少，海鸟捕食成本提高，育雏成功率下降，海鸟数量负增长。长时期海洋生产力的持续下降必然导致西沙群岛海鸟群落的衰退（赵三平，2006）。

五、全球气候变化的指示者

厄尔尼诺-南方涛动（ENSO）是一气象学和海洋学现象，以3～10年的不规则间隔发生，它最明显的特征是热带东太平洋的表层海水变暖，阻碍了富含营养物的深层海水向上输送（图10-33）。在典型的ENSO发生期间，热带太平洋向西流动的赤道流减慢，阻碍了东太平洋的加利福尼亚寒流和秘鲁寒流的流动。

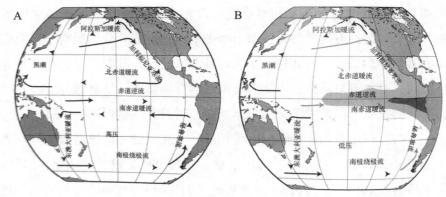

A. 非ENSO发生期间；B. ENSO发生期间。

图10-33　一般化的太平洋表层海流

（引自安娜丽萨·贝尔塔等，2019）

ENSO伴随着浮游动物的大量减少。从低纬度至高纬度，ENSO对海洋生物的影响逐渐减弱。1982—1983年和1997—1998年发生的ENSO对温带和热带的鳍脚类，如海狮、海狗和海豹，有较严重的影响。1982年，加拉帕戈斯海狗（*Arctocephalus galapagoensis*）幼仔的死亡率为100%，加州海狮（*Zalophus californianus*）幼仔死亡率接近100%。1982—1983年发生的ENSO长期影响导致这些种群中雌性成体死亡率的增加，最可能的原因是初级生产力降低和可捕获的猎物减少。此外，ENSO导致鲸类的食物资源发生改变。在秘鲁皮斯科附近海滩搁浅的灰海豚（*Grampus giseus*）、宽吻海豚、短吻真海豚（*Delphinus delphis*）和阿根廷鼠海豚（*Phocoena spinipinnis*）的高死亡率可归因于1997—1998年发生的ENSO所导致的食物短缺。

除了ENSO等短期的气候波动，长期的气候变化也可能给游泳生物带来深刻影响。例如，北太平洋涛动（North Pacific oscillation，PDO），可导致北太平洋风、水温和环流改变，从而影响海洋哺乳类的食物资源。其他长期气候波动也会影响海洋哺乳类，特别是那些生活在北极的物种。研究证实了北冰洋海冰范围呈现缩小的趋势。该趋势与全球气候变暖有关。长期的气候变化对海洋哺乳类的直接影响包括海冰相关生境的丧失和可获得食物资源的改变。冰栖海豹依赖合适的冰层休息、养育幼兽和换毛，可能特别易受这些变化的影响。例如，斑海豹数量的降低与波弗特海的海冰状况相关。我国斑海豹繁殖区渤海湾海冰的减少也是重要的影响因素。北极鳕（*Arctogadus glacialis*）是白鲸和一角鲸的重要食物，脂质丰富的桡足类动物是弓头鲸的重要食物。这些食物资源的分布随着海冰状况的变化而变化。北极熊是全球气候变化的指示性生物，目前开展的一些长期研究旨在追踪海冰生境缩小对北极熊的影响。

本章小结

游泳生物是指在水层中能克服水流阻力，自由游动的水生动物生态类群，也叫自游生物。它们往往具备典型的流线型体形，并有发达的肌肉系统、神经系统、感觉器官以及适应所栖息生境的结构。游泳生物可分为4个亚类群：底栖性游泳动物、浮游性游泳动物、真游泳动物和陆缘性游泳动物。海洋游泳动物一般认为是由海洋鱼类、海洋哺乳类、海洋爬行类和少量海洋鸟类组成，也包括头足类和甲壳类的一些种类。鱼类具有完全适应于水中生活的外部形态和内部结构，是海洋游泳动物最主要的类群，如鲨鱼、鳐鱼、银鲛、大黄鱼、带鱼等。海洋爬行动物主要包括海龟和海蛇，以及海鬣蜥和湾鳄等。海龟主要是指棱皮龟科和海龟科的种类；海蛇是指扁尾海蛇亚科和海蛇亚科的种类。海洋鸟类是在长期进化过程中适应海洋环境的游禽，具有盐腺，可以排出多余盐分；在海水中取食；具有较高的飞翔或潜水能力，以及良好的防水或保温能力，包括企鹅目、鹱形目、鹲形目全部种类；鹈形目鸬鹚科；鲣鸟目鲣鸟科、鸬鹚科和军舰鸟科；鸻形目贼鸥科、鸥科、剪嘴鸥科和海雀科鸟类。海洋哺乳类通常称为海兽，包括鲸目的齿鲸和须鲸，海牛目的海牛和儒艮，食肉目鳍脚亚目的海狮、海象、海豹、海狗以及北极熊、海獭、秘鲁水獭等。头足类属于软体动物门头足纲，海洋头足类包括鱿鱼（柔鱼类和枪乌贼类）、乌贼、蛸等。海洋虾蟹类中少量为游泳生物。海洋游泳生物在分类系统中所占门类较多，分布广泛，从两极到赤道海域均可见到。不同水层生活着不同的游泳生物，这些游泳生物有着不同的生态适应特征。鱼类、海龟、海兽、头足类等均可进行水平方向和垂直方向的洄游。影响游泳生物的环境因子包括非生物因子和生物因子。非生物因子主要包括水温、盐度、酸碱度、溶解氧，以及水流、水压、光、声音、电流、水质等；生物因子包括种内和种间关系，如竞争、捕食、共生、寄生。游泳生物多为肉食性，常处于食物链的较高营养级。游泳生物在海洋生态系统中具有重要的地位，是海洋生物地球化学循环的参与者、海洋生态系统的较高级消费者、海洋渔业资源和捕捞的响应者、海洋生态系统变化的监测者和全球气候变化的指示者。目前游泳生物面临栖息地丧失、渔业资源减少、海洋污染以及猎杀等问题，很多濒临灭绝，应加大保护力度。

思考题

（1）什么是游泳生物？游泳生物的特点是什么？讨论游泳生物与浮游生物、底栖生物的区别。

（2）游泳生物主要包括哪些类群？

（3）说明海洋各个水层内游泳生物的分布和适应情况。

（4）阐述游泳生物的迁移。

（5）影响游泳生物的环境因子有哪些？

（6）阐述游泳生物在海洋生态系统中的作用。

（7）讨论游泳生物面临的问题和对游泳生物的保护措施。

拓展阅读

Grebmeier J M, Bluhm B A, Cooper L W, et al. Ecosystem characteristics and procesesses facilitating persistent macrobenthic biomass hots pots and associated benthivory in the Pacific Arctic [J]. Pragress in Ocean ography, 2015, 136: 92−114.

Kuletz K J, Ferguson M C, Hurley B, et al. Seasonal spatial patterns in seabird and marine mammal distribution in the eastern Chukchi and western Beaufort seas: Identifying biologically important pelagic areas [J]. Progress in Oceanography, 2015, 136: 175−200.

Kuletz K J, Renner M, Labunski E A, et al. Changes in the distribution and abundance of Albatrosses in the Eastern Bering Sea: 1975—2010 [J]. Deep-Sea Research Part II: Topical Studies in Oceanography, 2014, 109: 282−292.

Li K, Sun X H, Chen M X, et al. Evolutionary changes of *Hox* genes and relevant regulatory factors provide novel insights into mammalian morphological modifications [J]. Integrative Zoology, 2018, 13 (1): 21−35.

Moore S E, Kuletz K J. Marine birds and mammals as ecosystem sentinels in and near Distributed Biological Observatory regions: An abbreviated review of published accounts and recommendations for integration to ocean observatories [J]. Deep-Sea Research Part II: Topical Studies in Oceanography, 2019, 162: 211−217.

Robert L P, John W D, Trevor J, et al. Skin in the game: Epidermal molt as a driver of long-distance migration in whales [J]. Marine Mammal Science, 2020, 36 (2): 565−594.

第十一章　海洋微生物

　　海洋是所有生命形式的发源地，而微生物是最早出现的生命形式，已经在地球上经历了约35亿年。海洋微生物存在于海洋中的各种生境，从表层海水到海沟深渊、从海底沉积物到岩石圈、从冷泉到热液喷口等均能找到它们的身影。海洋微生物约占地球上微生物总细胞数的55%，是地球上丰度最高的生命有机体。如此庞大的细胞数目伴随着丰富的代谢模式，海洋微生物可利用不同种类的无机物和有机物以及光作为能源，展现出多样化的营养类型。海洋微生物因其广泛的分布特征、显著的数量优势及特殊的生命形式已成为海洋科学和生命科学关注的焦点，是探索海洋奥秘的重要窗口。本章主要介绍海洋微生物的主要类群，时空分布与海洋环境的关系，在海洋生态系统中的作用以及调查、分析方法。

第一节　海洋微生物简介

　　海洋微生物是指分离自海洋环境，正常生长需要海水，并可在寡营养等条件下长期存活并持续繁殖子代的微生物。有些海洋微生物能生活在高压、高温、高盐等极端环境中。有一些来源于陆地的耐盐或广盐种类，在淡水和海水中均可生长，被称为兼性海洋微生物。

　　微生物作为地球上最早出现的生命形式，驱动地球上一些主要过程（如大气、海洋、土壤和岩石组分改变）的持续进行，其生命活动影响着地球的物理性质和地质化学特性。微生物能利用的资源和能源范围极其广泛，它们几乎可以在地球上任何地方生长和繁殖。20世纪80年代微食物环（microbial loop）概念的提出敲开了微生物海洋学研究的大门，实现了科学界对海洋微生物生态作用固有观念的重大转变。海洋微生物生态学领域的关键科学与技术进展见图11-1。微生物是海洋生态系统中的重要组成部分，它们既可作为初级生产者又可充当分解者，是海洋物质循环与能量流动的主要驱动力。

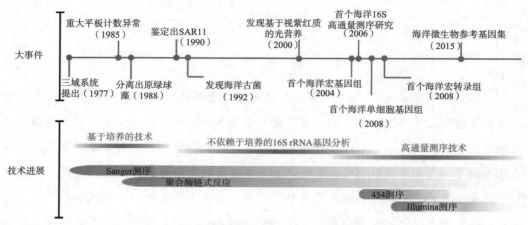

图11-1　海洋微生物生态学领域的关键科学与技术进展
（修改自Salazar等，2017）

第二节　海洋微生物的主要类群

　　海洋微生物既包括原核微生物（细菌、古菌）和真核微生物（原生生物、真菌），也包括非细胞生物病毒。本书从细菌、古菌、病毒三大类群进行介绍。绝大多数具细胞结构的海洋微生物都以单细胞形式存在，少数为多细胞形成的聚集体。一般来说，海洋原核生物属于微微型生物，病毒属于超微型生物，而原生生物的个体大小差异较大，可达1 000倍。

一、细菌类群

　　常见的海洋细菌类群包括变形菌门（Proteobacteria）、拟杆菌门（Bacteroidetes）、蓝细菌门（Cyanobacteria）、放线菌门（Actinobacteria）、绿弯菌门（Chloroflexi）、浮霉菌门（Planctomycetes）、疣微菌门（Verrucomicrobia）、硝化螺旋菌门（Nitrospirae）、脱铁杆菌门（Deferribacteres）和芽单胞菌门（Gemmatimonadetes）等。这些门类在海洋水体和沉积物中广泛存在，其中蓝细菌门和变形菌门中的α-变形菌纲的种类是最具优势的海洋浮游微生物，而β-变形菌纲和浮霉菌门的种类主要栖息于海洋沉积生境，但也在水体中分布。

（一）变形菌门

变形菌门中的所有成员均为革兰氏阴性菌，但它是细菌中物种多样性最高、代谢类型最为多样的门类。基于核糖体rRNA基因序列，可将变形菌门进一步分为α-、β-、γ-、δ-、ε-和ζ-变形菌纲，这6个纲的种类均可生存于海洋环境，但β-变形菌纲的种类主要分布于淡水生境，不做重点介绍。

1. α-变形菌纲（Alphaproteobacteria）

通过基于非培养的16S rRNA基因测序，发现α-变形菌纲是海洋浮游细菌的最优势类群，在全球海洋表层和中层（200～1 000 m）水体微生物中的占比分别达40%和25%。海洋中α-变形菌纲的多数成员是寡营养型细菌，不易在实验室条件下获得纯培养。然而，α-变形菌纲成员具有十分多样化的营养类型。例如，玫瑰杆菌属（Roseobacter）和赤杆菌属（Erythrobacter）可利用光能，进行光合异养生活；硝化杆菌属（Nitrobacter）等可通过氧化亚硝酸盐获得能量，进行化能自养生活；鲁杰氏菌属（Ruegeria）和鞘氨醇单胞菌属（Sphingomonas）等主要营化能异养生活。其中，波氏鲁杰氏菌（R. pomeroyi）可降解海洋中的重要有机硫分子——二甲基巯基丙酸内盐（DMSP），是用于研究微生物驱动DMSP等有机硫分子代谢机制的模式物种。

2. γ-变形菌纲（Gammaproteobacteria）

γ-变形菌纲的物种多样性是变形菌门中最高的，不同种群的营养模式和分布特征具有显著差异。SAR86和SAR92主要分布于表层海水，交替单胞菌属（Alteromonas）在深海更占优势，而Woeseiaceae/JTB255类群则是近远海沉积物中的优势类群。另外，γ-变形菌纲中还包含一些具有特殊代谢能力的细菌，例如食烷菌属（Alcanivorax）等为专性石油烃降解菌。

3. δ-变形菌纲（Deltaproteobacteria）

δ-变形菌纲所属成员均为化能异养型细菌，但在形态和生理特征方面具有较大差异。根据获取营养方式的区别，可将δ-变形菌纲分为两大类群。第一类是硫/硫酸盐还原细菌（sulfur/sulphate reducing bacteria，SRB），可在无氧条件下以硫或硫酸盐为电子受体，进行有机质的氧化。第二类是蛭弧菌（bdellovibrio）和黏细菌（myxobacteria），能够捕食其他生物类群。

4. ε-变形菌纲（Epsilonproteobacteria）

ε-变形菌纲细菌的细胞主要为弯曲或螺旋状，其物种多样性低于上述其他变形菌纲，仅包含少量已知属，包括沃廉菌属（*Wolinella*）、弯曲杆菌属（*Campylobacter*）、螺杆菌属（*Helicobacter*）和弓形杆菌属（*Arcobacter*）等（图11-2）。它们均为人类或动物的重要病原菌。而近年来的研究发现，非致病性ε-变形菌纲在自然环境中广泛存在。在海洋中，热液喷口等富含硫质环境是ε-变形菌纲的主要栖息地，它们可通过硫和氢氧化（以氧和硝酸盐为电子受体）获得能量进行无机自

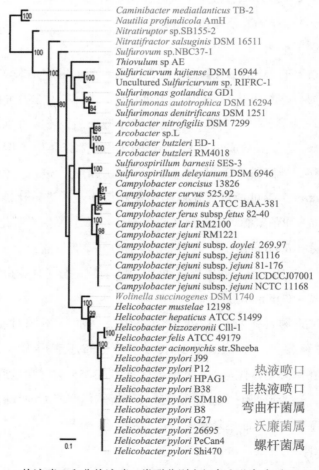

热液喷口和非热液喷口类群分别由红色和蓝色表示。

图11-2　ε-变形菌纲细菌16S rRNA基因系统发育进化树

（修改自Zhang等，2014）

养生活，是热液生态系统中的主要初级生产者。硫单胞菌属（*Sulfurimonas*）和硫卵菌属（*Sulfurovum*）是热液环境ε-变形菌纲的代表属，二者在不同类型热液环境中广泛存在，但具有不同的氧浓度偏好性，前者具有更高的低氧耐受性。硫单胞菌属可氧化多种硫形式，包括硫化物、单质硫、硫代硫酸盐和亚硫酸盐等，其通过硫化物-醌氧化还原酶（SQR）将硫化物氧化为单质硫或硫代硫酸钠，再通过SO_X硫氧化酶复合物进一步氧化为硫酸盐。

5. ζ-变形菌纲（Zetaproteobacteria）

ζ-变形菌纲建立于2007年，仅包含2个已知属（*Mariprofundus*和*Ghiorsea*）。该类群成员是专性自养微生物，微需氧，以氧化二价铁获取能量，在近、远海生境均有发现。*Mariprofundus ferrooxydans* PV-1是首个被分离的ζ-变形菌纲菌株，也是用于研究其铁氧化能力的模式菌。该菌株通过形成螺旋状菌柄以控制铁矿物在其细胞表面的增长。其菌柄包括多条纤丝（图11-3），由铁氢氧化物纳米颗粒和酸性多糖构成，延伸速度为2.2 μm/h。

（二）拟杆菌门

拟杆菌门（以前被称为Cytophaga-Flavobacteria-Bacteroides，CFB）广泛分布于淡水、海水、沉积物、海冰及人体肠道等多种不同生境，在全球表层海水中的丰度可达

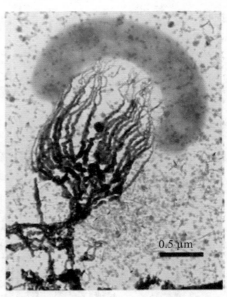

0.5 μm

细胞与螺旋状菌柄相连，菌柄由多条纤丝构成。

图11-3 *Mariprofundus ferrooxydans* PV-1细胞的透射电镜图
（引自McAllister等，2019）

10%，仅低于变形菌门和蓝细菌门。该门细菌多样性很高，主要包括3个纲，即黄杆菌纲（Flavobacteria）、鞘脂杆菌纲（Sphingobacteria）和拟杆菌纲（Bacteroidia），黄杆菌纲是海洋环境中的最具优势的类群。黄杆菌纲不同成员间的形态和生理特征具有较大区别，但一个主要特征是能够进行滑行运动［部分成员如不滑动菌属（*Nonlabens*）则不能进行滑动］。黄杆菌纲的另一个典型特征在于能够合成不同种类的胞外酶（以多糖裂解酶和糖苷水解酶为主），在藻类等大分子有机质（海带多糖、琼脂、纤维素等）的降解过程中起着举足轻重的作用（图11-4）。而滑动性有助于其消化这些大分子物质。黄杆菌纲细菌基因组中的多糖降解相关基因（多糖结合蛋

白、转运蛋白和降解酶）往往成簇存在，构成多糖利用位点（polysaccharide utilization locus，PUL）。这一特点使得黄杆菌纲在多糖降解方面具有独特的优势，往往是海洋藻类暴发时的优势细菌类群。黄杆菌纲的有机质利用能力不同于其他化能异养型细菌（如γ-变形菌纲），导致不同类型异养细菌可占据藻类暴发的不同阶段，形成明显的群落演替现象。在很多黄杆菌纲成员中也发现了变形菌视紫红质合成基因，可以转化光能为化学能，因而营光能异养生活。变形菌视紫红质在黄杆菌纲细菌中可充当"太阳能板"的作用，而缺乏变形菌视紫红质的黄杆菌纲细菌则能合成色素以防止紫外线损伤（"阳伞"策略）。

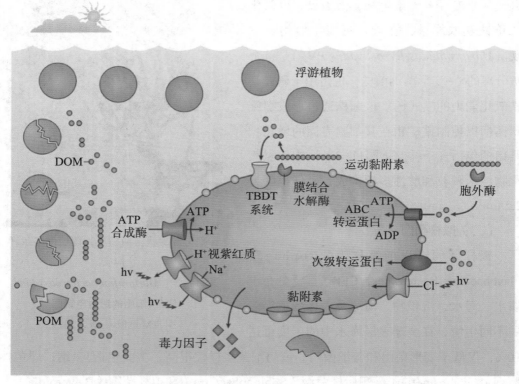

DOM：溶解有机质；POM：颗粒有机质；TBDT系统：TonB-依赖型转运系统；hv：光照。酶用于大分子有机质的降解，产生的小分子有机质在转运蛋白的作用下被吸收。运动黏附素是滑行运动相关蛋白。

图11-4　黄杆菌纲细菌的生理代谢特性及对藻类有机质的降解示意图

（修改自Buchan等，2014）

蓝细菌（Cyanobacteria）

蓝细菌形态多样化，既可以单细胞形式存在，也可以分支或不分支的丝状体形式存在。多数海洋蓝细菌成员已获得纯培养，它们均含有叶绿素a，能够进行产氧光合作用（其他细菌和古菌类群均不具有这一代谢能力）。因此特性以及含有蓝色的色素——藻青蛋白及绿色的叶绿素，蓝细菌经常被称作为"蓝藻"或"蓝绿藻（blue-green algae）"，被认为是藻类的一个分支（本章节统称蓝细菌）。

海洋中的绝大多数蓝细菌属于微微型蓝细菌（picocyanobacteria），粒径为0.2~2 μm。微微型蓝细菌是已经发现的最小的光合自养生物，是全球真光层海洋的主导类群，可占真光层海洋总微微型浮游生物的10%。原绿球蓝细菌属（*Prochlorococcus*，亦称为原绿球藻）和聚球蓝细菌属（*Synechococcus*，亦称为聚球藻）是丰度最高的两个海洋蓝细菌类群（详见本书第六章），它们通过光合作用吸收二氧化碳生产有机物，是海洋食物网物质和能量的重要来源，在全球碳循环中发挥重要作用。

海洋中的多数蓝细菌类群可固氮，转化氮气为氨，在海洋氮循环过程中发挥重要作用。具有固氮能力的蓝细菌主要包括3个类群：束毛藻属（*Trichodesmium*）、真核藻类共生蓝细菌和单细胞固氮蓝细菌（UCYN）。束毛藻以丝状体形式存在，多数情况下为肉眼可见的束状群体。束毛藻一般生活在热带和亚热带表层海水，在适宜条件下可形成高密度的水华（图11-5），是海洋中最主要的固氮蓝细菌，可贡献海洋固氮总量的50%。与其他蓝细菌不同的是，束毛藻一般只在有光照的条件下固氮。真核藻类共生蓝细菌主要包括与硅藻共生的*Richelia*和*Calothrix*，它们可形成异形胞进行固氮作用。近年来，通过基于固氮基因*nifH*的分子生物学方法发现，单细胞固氮蓝细菌也是一类重要的海洋固氮蓝细菌，在海洋表层水体中普遍存在。该类群包括UCYN-A、UCYN-B、UCYN-C3个主要分支。UCYN-A在海洋中的丰度最高，其空间分布范围比束毛藻更加广泛，且固氮能力可与束毛藻相当。该类群基因组较小，呈现显著的精简化特征，并与一种单细胞真核藻（*Braarudosphaera bigelowii*）共生。

黄棕色、绿色分别代表健康和衰变期水华，白色代表色素发生降解。

图11-5 卫星拍摄的澳大利亚东北部大堡礁附近束毛藻引起的水华（2019年9月）

（引自 Kasha Patel）

二、古菌类群

1977年，美国微生物学家乌斯（C. Woese）及其同事福克斯（G. Fox）提出了生命系统的"三域学说"，认为古菌［当时被称为"古细菌（archaeabacteria）"］是一个独立的域，与细菌和真核生物的系统进化地位相当。早期的古菌域仅包括一些产甲烷菌、嗜热菌和嗜盐菌，这些微生物仅存在于高温、厌氧和高盐等极端环境。1992年，美国海洋学家德朗（E. Delong）和海洋生物学家富尔曼（J. Fuhrman）等人分别在正常海水中发现了古菌所属16S rRNA基因序列，使得人们意识到这些微生物不仅存在于极端环境，而且在海洋中广泛存在，并且在微生物群落中占有相当大的比重。它们呈现出多样化的生理代谢特征，是海洋生态系统中的重要生物组成部分，在元素的循环转化过程中发挥重要作用。

古菌起初仅由广古菌门（Euryarchaeota）和泉古菌门（Crenarchaeota）2个门类构成，早期从中温海洋环境中得到的古菌类群序列也被归类到这2个门中。随后又发现并提出了初生古菌门（Korarchaeota）、纳米古菌门（Nanoarchaeota）和奇古菌门（Thaumarchaeota）等类群。随着分子生态学和组学技术的广泛应用，越来越多的新古菌门类被发现和描述。目前，古菌可分为4个超家族：TACK、DPANN、Asgard和广古菌门类。TACK家族包含泉古菌门、初生古菌门、奇古菌门和深古菌门（Bathyarchaeota）等。Asgard家族由洛基古菌门（Lokiarchaeota）和索尔古菌门（Thorarchaeota）等组成（表11-1）。

表11-1　古菌现有类群组成

超家族	种类
TACK	泉古菌门（Crenarchaeota）、奇古菌门（Thaumarchaeota）、深古菌门（Bathyarchaeota）、初生古菌门（Korarchaeota）、佛斯特古菌门（Verstraetearchaeota）、火星古菌门（Marsarchaeota）、布洛克古菌门（Brockarchaeota）、地古菌门（Geoarchaeota）、地热古菌门（Geothermarchaeota）、曙古菌门（Aigarchaeota）
DPANN	乌斯古菌门（Woesearchaeota）、佩斯古菌门（Pacearchaeota）、谜古菌门（Aenigmarchaeota）、纳古菌门（Nanoarchaeota）、Micrarchaeota、Altiarchaeota、盐纳古菌门（Nanohaloarchaeota）、Diapherotrites、Parvarchaeota
Asgard	海姆达尔古菌门（Heimdallarchaeota）、洛基古菌门（Lokiarchaeota）、索尔古菌门（Thorarchaeota）、海拉古菌门（Helarchaeota）、奥丁古菌门（Odinarchaeota）
广古菌门类	甲烷杆菌纲（Methanobacteria）、甲烷微菌纲（Methanomicrobia）、甲烷球菌纲（Methanococci）、甲烷火菌纲（Methanopyri）、热原体纲（Thermoplasmata）、盐杆菌纲（Halobacteria）、热球菌纲（Thermococci）、古丸菌纲（Archaeoglobi）、Hadesarchaea、Hydrothermarchaeota、Theionarchaea、Marine Group Ⅱ（MG-Ⅱ）、Marine Group Ⅲ（MG-Ⅲ）

注：红色类群代表已有可培养菌株。

不同古菌类群的分布特征具有较大差异。奇古菌门［以Marine Graup Ⅰ（MG-Ⅰ）为主］和广古菌门（以MG-Ⅱ为主）是海水中的优势类群，前者丰度随水体深度增加呈升高趋势，后者主要存在于表层海水。MG-Ⅰ也在沉积物尤其是含氧量较高的沉积物中具有较高丰度，而在厌氧沉积物中，深古菌门、广古菌门中的产甲烷古菌和甲烷氧化古菌及Asgard家族成员等占有更高比例。

（一）奇古菌门

MG-Ⅰ的16S rRNA基因序列首次被发现时，通过系统发生分析将其归类为泉古菌门。泉古菌门的成员多数为嗜热菌，主要分布于陆地热泉和海底热液喷口等生境（图11-6）。因此，这些从常温海水中发现的MG-Ⅰ序列早期被称为"中温泉古菌（mesophilic crenarchaeota）"，构成嗜热泉古菌的一个姊妹群。分子生物学手段的广泛应用，使得人们逐渐意识到MG-Ⅰ在海洋水体和沉积物中的分布十分广泛，并具有较高丰度。一些MG-Ⅰ近缘的类群，如Soil Crenarchaeota Group和pSL12等也逐步被发现。2008年，法国学者布罗希耶-阿马内（C. Brochier-Armanet）等人结合核糖体蛋白序列、基因组学和生理特性分析，将以MG-Ⅰ为代表的中温泉古菌划分成一个新的门类，即奇古菌门。MG–Ⅰ在自然环境中广泛分布，可分为 MG–Ⅰ.1～3三个分支，MG–Ⅰ.1又可进一步分为a、b、c三个分支，其中MG–Ⅰ.1a（也称为奇古菌Ⅰ.1a）是海洋中的最具优势的类群。

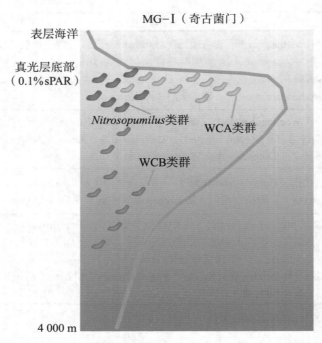

表层和深层海水中的MG–Ⅰ分别代表不同的生态型，*Nitrosopumilus*相关类群和浅水生态型（WCA）主要存在于表层海水，而深水生态型（WCB）主要分布于深层海洋。sPAR：表面光合有效辐射。

图11-6　MG–Ⅰ在海水中的垂直分布示意图

（修改自Santoro等，2019）

（二）广古菌门类

MG–Ⅱ（Marine Group Ⅱ）是最早在常规海水环境中发现的古菌类群之一，且随后被发现广泛分布于从热带到极地海域的多种不同生境。海洋中的MG–Ⅱ具有与MG–Ⅰ显著不同的垂直分布模式，一般在真光层丰度最高，随深度增加，丰度降低。MG–Ⅱ的丰度往往与浮游植物暴发呈现显著相关性，与浮游植物具有相同的变化趋势，抑或稍滞后于浮游植物的暴发，最高可占总微生物类群的30%。类似地，表层以下的叶绿素最大层水体中往往也具有较高丰度的MG–Ⅱ。

目前，MG–Ⅱ尚未在实验室条件下获得纯培养。关于MG–Ⅱ生理代谢的研究主要来源于基因组信息。MG–Ⅱ主要分为A和B 2个亚类，二者具有不同的分布特征和基因组特性（图11-7）。例如，MG-ⅡA一般在夏季具有较高丰度，而MG-ⅡB则是冬季的优势类群。MG-Ⅱ的基因组一般小于2 Mb，但MG-ⅡA的基因组大于MG-ⅡB，具有较高的GC含量和鞭毛蛋白编码基因等，但膜转运蛋白和蛋白酶编码基因的比例在MG-ⅡB中更高，可能增强了MG-ⅡB在相对寡营养的冬季环境中的竞争优势。

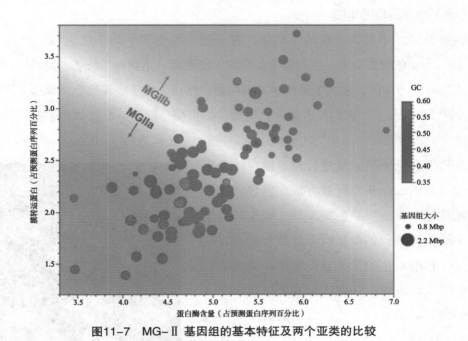

图11-7　MG-Ⅱ基因组的基本特征及两个亚类的比较

（修改自Orellana等，2019）

（三）深古菌门

深古菌门是2014年新命名的门，以前被称为杂合泉古菌（Miscellaneous Crenarchaeotal Group）。深古菌门在海洋厌氧沉积物具有较高丰度，可占微生物总类群的30%。深古菌门目前尚无可培养种，基因组分析表明其代谢特征呈现高度多样化，可利用碎屑蛋白、糖类及脂肪、芳香类化合物等多种不同类型有机质。与此同时，在深古菌门中发现了产乙酸、甲烷代谢、硫还原等功能基因，表明该类群在沉积物中发挥重要的生物地球化学作用。根据16S rRNA基因，可将深古菌门划分为至少25个亚类群，不同亚类群呈现明显的生境偏好性并伴随代谢能力上的差异。

三、病毒类群

1955年，英国赫尔大学的斯潘塞（R. Spencer）首次报道了海洋病毒的存在。但直到1989年，挪威卑尔根大学的贝里（O. Bergh）等通过透射电子显微镜观察海洋病毒，人们才认识到海洋病毒具有非常广泛的分布，丰度远高于细菌，并且能够活跃地感染海洋细菌。这对海洋食物网的传统认识提出了巨大挑战，因为以往认为浮游动物捕食是海洋微生物致死的主要诱因。现有的证据表明，病毒感染可引发10%～40%的海洋微生物死亡，病毒在海洋食物网中发挥非常重要的作用。

（一）海洋病毒的丰度

病毒是海洋中最为丰富的生物体，在表层海水中的平均丰度为10^7个/mL（在10^4～10^8个/mL范围波动）。沉积物中的病毒丰度更高，达到10^9个/mL。海洋中病毒的丰度约为细菌的10倍，远高于其他浮游动植物。然而，由于病毒的个体微小（平均颗粒大小约为54 nm），它们仅占海洋总生物量的很少一部分。尽管如此，据估计，海洋中所含的病毒总数约为10^{30}个，这些病毒并排的总长度为5.4×10^{22} m。

使用透射电子显微镜进行超显微观察是早期最为有效的海洋病毒计数方法。但该方法涉及样品浓缩和重金属染色等步骤，操作较为烦琐，不适于大规模的海洋病毒计数分析。近年来，基于核酸染色的荧光显微镜法和流式细胞仪法，因操作方便、快捷，已成为海洋科学考察中病毒计数的常规方法。常用的荧光染料包括SYBR Green Ⅰ和4'，6-二脒基-2-苯基吲哚（DAPI）等，前者具有荧光强度大、染色时间短等特点，广泛应用于核酸染色分析（图11-8）。值得注意的是，通过上述方法测得的病毒并非活体病毒，仅能称为"似病毒颗粒（virus-like particle，VLP）"。同时，采用核酸染色方法所观察到的亮点仅代表VLP的核酸部分，而并非颗粒本身。这些因素造成海洋病毒丰度评估的许多不确定性。例如，实验过程中可能会将与VLP大小相近的小型细菌、胞外囊泡等计入病毒总数，造成结果偏高。另外，由于常用的核酸染料仅能对双链DNA进行染色，因此RNA病毒和单链DNA病毒难以统计在内，造成结果偏低。

数目较多的绿色小圆点即为病毒颗粒，数目较少且相对较大的绿色圆点代表原核生物

图11-8　基于SYBR Green Ⅰ染色的海洋微生物荧光显微镜图像

（引自Fuhrman等，1999）

海洋病毒的分布呈现明显的垂向规律，具有表层高、深层低等特点。2015年，日本学者布浦拓郎（T. Nunoura）等人报道了马里亚纳海沟全水深水体样品的病毒丰

度，发现真光层的VLP丰度为5.8×10^6个/mL，在2 000 m降至2.4×10^5个/毫升，随后直至万米水深均稳定在$2.2 \times 10^5 \sim 3.6 \times 10^5$个/mL。海洋病毒的分布受其宿主丰度的显著影响。海洋细菌的丰度通常随水深下降而下降，这可能是造成病毒类似分布特征的重要原因。一般认为，表层海水中病毒颗粒的丰度约为细菌细胞的10倍。然而，最近的研究表明，病毒和细菌的丰度比（VBR）在1到100波动，并且随水体深度增加发生显著变化，深海中的VBR明显高于表层海水。宿主范围和空间尺度可能是造成VBR变异的重要因素。例如，厘米尺度范围内的细菌和病毒丰度无明显相关性，这可能是微生态位差异所造成的。

（二）海洋病毒的多样性

以往对病毒的研究依赖于病毒的分离培养、病毒株的基因组学以及病毒–宿主感染体系的构建。然而，绝大多数海洋微生物尚不能被纯培养，这使得不依赖于培养的方法成为研究海洋病毒的重要手段。透射电镜的使用是早期该类方法的主要代表。透射电镜的另一优势在于其能对病毒的形态进行观测，使人们了解到海洋中的病毒可分为"无尾"和"有尾"两大类。近年来，以分子生物学为代表的非培养技术已成为研究海洋病毒的主流方法。然而，与可通过16S rRNA基因开展原核微生物多样性分析相比，病毒缺少类似的具有高度覆盖性的保守基因，因此基于单基因的病毒多样性分析仅适于特定病毒类群（如噬藻体等）多样性的检测，而不适合对整个病毒群落进行研究。在此背景下，针对所有基因的宏基因组学逐渐得到病毒学者的青睐，因为它既不依赖于培养，又能避开单基因扩增的瓶颈。

2002年，美国圣地亚哥州立大学的布赖特巴特（M. Breitbart）等人首次将宏基因组学应用到海洋病毒领域的研究中来，发现超过65%的序列不能与已知序列进行相似性匹配，代表潜在的新型序列。这是首批获得的自然环境病毒宏基因组，极大地扩展了已知海洋病毒的多样性。在已知的病毒序列中，双链DNA病毒有尾噬菌体目（Caudovirales）是海洋中的优势病毒类群，主要包含肌尾病毒科（Myoviridae）、长尾病毒科（Siphoviridae）和短尾病毒科（Podoviridae）。2018年，美国麻省理工学院的考夫曼（K. Kauffman）等报道了一种新的无尾噬菌体，代表一个病毒新科（Autolykiviridae）。该病毒在海洋中分布广泛，并且具有较为宽泛的宿主范围。因研究方法（包括DNA提取等）的限制，该病毒长期被忽视，因此多种方法的结合使用有助于更为准确地理解海洋病毒的多样性。由于绝大多数海洋病毒宏基因组序列缺少已知同源基因，目前海洋病毒的分类学仍不明确。

宏基因组的应用辅以适合的生物信息学分析方法，增加了获得未培养病毒类群全基因组的可能性。因此，有关海洋病毒宏基因组学的研究如雨后春笋般涌现出来，所获序列为不同海洋样品间病毒多样性的比较提供了重要依据。可以通过未拼接原始序列或拼接后的蛋白聚簇（protein cluster，PC）进行样品间病毒多样性的比较分析。此外，由于病毒的基因组较小，通过拼接宏基因组序列可获得大量近乎全长的病毒基因组，以此获得离散病毒类群（viral population）来探究海洋病毒的多样性。该方法已成为当代病毒生态学研究的标准方法。

近年来，随着海洋样品采集和测序能力的提升，大时空尺度的海洋病毒宏基因组学分析为深入研究海洋病毒的多样性提供了重要数据参考。这些大规模的病毒宏基因组包括太平洋病毒组（Pacific Ocean Viromes，POV）、Tara Oceans病毒组（Tara Oceans Viromes，TOV）以及全球海洋病毒组（Global Ocean Viromes，GOV）等。基于POV和TOV数据集的估测结果表明，全球上层海洋中的病毒可编码约1.3 Mb不同的蛋白聚簇。而基于GOV数据集的分析可知，目前已检测到的海洋病毒类群总数为15 222个，可形成867个病毒集群（viral cluster，约等同为病毒属）。随着深海和极地等更多极端环境中的病毒多样性被研究，海洋病毒的多样性有望进一步提高。2019年，美国俄亥俄州立大学的格雷戈里（A. Gregory）等人将深海和北冰洋病毒组数据与GOV数据集进行整合，构建了GOV 2.0，将病毒类群数扩大了近13倍（由15 222个扩展至195 728个），发现全球海洋中的病毒组可分为5个生态区，分别代表北极、南极、深层海洋、温带–热带表层海洋、温带–热带中层海洋。

尽管如此，病毒在局部上层海洋的多样性可比肩全球海洋，符合种质库模型（seed-bank model），即不同病毒类群在表层海洋中分布广泛，但其丰度呈现明显的时空变异。病毒的群落组成受水深、温度、溶解氧等多种环境因素的影响，这些环境因子可能直接作用于宿主，引发其丰度和活性的变化，进而对病毒产生影响。例如，在POV数据集中，真光层中的病毒群落与无光区的具有显著差异，深度是决定病毒群落结构的重要因素。基于蛋白聚簇的分析显示，上层海洋病毒具有丰度较高的光合作用基因、FeS簇代谢基因、DNA代谢基因以及与宿主复苏相关的基因，而深海病毒含有DNA复制起始和修复相关基因，展现出一定的深海适应性。这些结果表明海洋病毒具有显著的生态位区划特征。除空间异质性外，海洋病毒也呈现明显的时间序列特征。有证据显示，海洋病毒组成和丰度在一天内可发生较大变化，但在年际间展现出明显的再现性。

（三）海洋病毒的侵染策略

常见的海洋病毒侵染方式包括裂解性感染和溶源性感染两大类（图11-9）。裂解性病毒在成功侵染宿主细胞后，会控制宿主代谢机制，完成自身核酸和衣壳蛋白的合成并组装为成熟的病毒粒子，进而导致宿主细胞裂解。辅助代谢基因（auxiliary metabolic gene，AMG）可能在病毒的裂解性感染过程中发挥重要作用。AMG是指病毒携带的一系列与宿主新陈代谢相关的同源基因，包括光合作用、呼吸、碳代谢、营养获取和核酸代谢等有关基因。这些基因可通过改变宿主代谢模式，实现侵染后病毒粒子的最大化生产。例如，蓝细菌病毒噬藻体携带光合电子传递相关基因，可重定向碳固定能量至戊糖磷酸途径。γ-变形菌纲SUP05类群病毒编码异化硫酸盐还原相关基因，奇古菌病毒携带氨氧化基因（*amoC*）。这些现象表明海洋病毒对宿主的元素代谢过程具有重要影响。

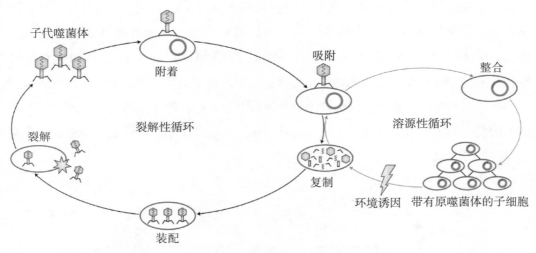

图11-9　海洋病毒的裂解性感染和溶源性感染过程
（修改自Breitbart等，2018）

病毒可重塑宿主细胞的代谢模式，因此病毒对生态系统的影响始于其感染的开始。病毒裂解宿主细胞后会进一步产生一系列生态影响。

首先，如上所述，表层海洋中的病毒感染可引发10%～40%的微生物死亡，这一比例在深海和含氧量低的环境中更高（50%～100%）。病毒一般仅侵染特定类群宿主，因此裂解性病毒感染会显著改变其宿主数量，进而调节整个微生物种群结构。病毒对宿主群落的调节往往遵循"杀死胜利者（Kill-the-Winner）"理论，该理论是指裂解性感染更常发生于高丰度、高活性的优势微生物类群；一旦优势类群开始消亡，病毒因缺少可侵染的宿主，其自身数量也随之减少。"杀死胜利者"理论可防止优势微生物类群的过度生长，增加稀有类群的生态位，有利于维持环境中的物种多样性和生态系统稳定性。然而，与"杀死胜利者"理论相反，在某些微生物丰度较高的生态系统中，病毒的数目却处于一个较低的水平，宿主丰度的增加可导致病毒细胞比的降低。这些病毒可能主要采取溶源性感染的方式，搭乘"胜利者"宿主的便车，以完成自身的繁殖。这一理论被称为"搭乘胜利者（Piggyback-the-Winner）"理论，但其目前仍饱受争议。

其次，病毒裂解性感染可释放大量有机碳和营养物质进入周围环境。病毒介导的宿主死亡每天可将约100亿t碳释放到海洋，对全球碳循环过程具有重要影响。病毒感染可将颗粒态宿主细胞生物量转化为溶解态，生成的DOM重新被微生物利用，从而减少DOM和营养物质向更高营养级生物的流动，这一过程称为病毒回路（viral shunt，图11-10）。大约25%的表层海洋初级生产力通过病毒回路进行流通，每年通过病毒回路释放到海洋中的碳可达30亿t。这些病毒裂解DOM含有丰富的氨基酸、蛋白质、可利用性铁、有机磷等物质，从而可提供丰富的氮、磷和铁等营养物质。病毒回路的存在似乎降低了生物泵的工作效率，然而也有证据指出，病毒产生的黏性裂解物能够促进颗粒物的聚集和沉降，进而增强有机碳从海洋表层向深层的输送，提高生物泵效率。对病毒生物地球化学作用的研究已成为海洋学研究的重要内容，有必要将病毒纳入现有生物地球化学模型，从而更好地理解海洋生态系统服务功能。

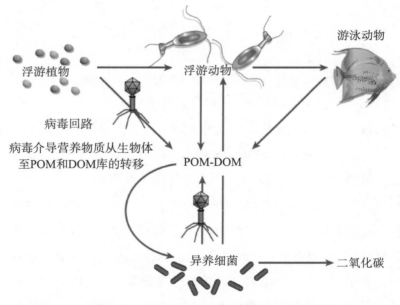

图11-10　海洋病毒的生态学功能——病毒回路

（修改自Suttle，2005）

第三节　海洋微生物的时空分布及与海洋环境的关系

一、时空分布特征

（一）空间分布特征

1. 水平分布特征

在全球尺度上，极地区域的环境特征与热带和亚热带生境具有显著差异。作为微生物生态学的重要科学问题之一，微生物多样性随纬度的变化情况是生态学家一直关注的焦点。2013年，韩国学者Woo Jun Sul和美国学者阿门德（A. Amend）分别使用国际海洋微生物普查项目International Census of Marine Microbes（ICoMM，2005—2010，旨在采用标准化的样本采集和数据分析方法，在全球尺度上探究海洋微生物的多样性）所得数据对海洋细菌随纬度的变化趋势做了研究，发现细菌在低纬海域的物种多样性高于高纬区域，这一随纬度增加，物种多样性降低的趋势在南、北半球均有发现。除海洋细菌外，古菌、真核微生物及病毒均表现出类似的纬度变化趋势。此外，海洋细菌的纬向分布范围从高纬区域向低纬区域逐渐变窄［符合拉波波特（Rapoport）法则，指物种分布区宽度随纬度增高而增大的现象］。低纬海域中微生物较窄的分布范围可能是产生高物种多样性的重要原因。表层海洋细菌丰富度随纬度的变化见图11-11。

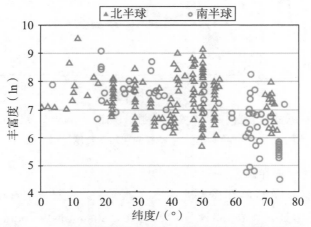

图11-11　表层海洋细菌丰富度（对数变换）的纬度变化

（修改自Gasol等，2018）

多样性度量

1. 物种累积曲线（species accumulation curve）

物种累积曲线是根据样本中所有个体的物种分类情况，描述随个体/样本量增加时物种数目变化（第一个个体即第一个物种，而第二个个体可能属于同一物种，或者代表新的物种）的曲线。物种累积曲线是判断所采集个体数或样本量是否充足的重要依据，也是用于预测样本中物种丰富度（species richness）的有效方法。物种数一般会随个体/样本量的增加而增加，初始时呈指数形式增长。当已统计的物种数接近样本中的实际物种总数时，曲线会趋于平缓（图11-12）。在实际取样时，往往无法获得样本中所有的物种，因此可选用Chao 1等指数估计样本中的物种总数。

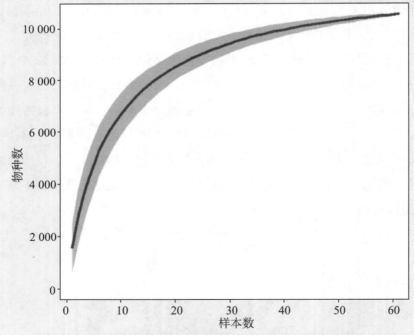

横、纵坐标分别代表样本数和物种数。阴影表示95%置信区间。

图11-12　物种累积曲线示意图

2. α和β多样性

α多样性是对单个样本进行多样性度量的统计指标，常见的包括Chao 1指数、香农-维纳多样性指数（Shannon-Wieners diversity index）和辛普森多样性指数（Simpson's diversity index）等。Chao 1指数是物种丰富度指数，用于估计样品中的物种总量，值越大代表物种丰富度越高。Chao 1指数是基于singleton（包含1条序列的物种）和doubleton（包含2条序列的物种）物种的数目来进行计算的。由于单序列物种容易与测序错误相混淆，因此应最大程度过滤测序错误序列。Chao 1指数仅是对单个样本中的物种总数进行估计，忽略了物种均匀度，而香农－维纳多样性指数和辛普森多样性指数很好地弥补了这一缺陷，在它们的计算过程中同时考虑了物种的丰富度和均匀度。

β多样性是度量不同样本间物种群落组成变异程度的指标，是对不同样本α多样性的比较。在原始定义中，β多样性是通过比较单样本α多样性和所有样本合并后的多样性（γ多样性）而计算得来的，最简单的公式为$\beta = \gamma / (\bar{\alpha})$。因此，早期的β多样性是一个单一的数值，值越高代表样品间群落组成的差异越大。然而，现有的方法更多是对样本间群落组成差异的直接度量，得到不同样本间群落组成的差异性（距离）矩阵。比较常见的计算方法包括非度量多维尺度分析（nonmetric multidimensional scaling，NMDS）、主成分分析（principal component analysis，PCA）和主坐标分析（principal coordinate analysis，PCoA）等。与此同时，一些统计学方法可以用于分析与样本间β多样性相关的环境因素，包括冗余性分析（redundancy analysis，RDA）和典范对应分析（canonical correspondence analysis，CCA）等。

在采用分子生物学方法研究环境中的微生物多样性时，会得到以16S rRNA和18S rRNA基因为主的大量分子标记基因序列，对这些序列进行相似性聚簇［物种或操作分类单元（operational taxonomic unit，OTU）划分］和相对丰度分析，计算α多样性和β多样性指数，进而比较不同样本中微生物的多样性和群落组成，分析海洋微生物在不同时空尺度下的分布规律。目前对微生物物种边界（或OTU）的划分存在一定程度的人为因素，而序列聚簇时相似性阈值（根据16S rRNA基因进行物种划分的常用阈值为97%）的选择会对物种丰富度评估和多样性比较产生较大影响。因此，微生物的时空分布特征与物种的分类学分辨率（taxonomic resolution）密切相关。

南极和北极虽然具有类似的寒冷环境，但其细菌群落组成具有显著差异，仅不到30%的物种在两极地区共享。尽管如此，与低纬度海域相比，两极的细菌群落组成更为接近。2015年，欧洲分子生物学实验室的学者砂川（S. Sunagawa）等人对全球范围内不同海域中的浮游原核微生物群落（样品通过法国科学家实施的Tara Oceans全球航次采集，2009—2013）进行分析发现，中低纬度不同海区中的微生物群落具有显著差异（图11-13），主要受海水温度的控制，相近温度海水中的细菌群落组成相似性更高。另外，受营养浓度的影响，近海和大洋中的微生物群落组成也具有明显区别。一般而言，蓝细菌和α-变形菌纲SAR11类群在寡营养大洋水体中占据显著优势，而拟杆菌门黄杆菌纲是近海富营养环境中的优势类群。除环境因素影响外，地理距离也是造成群落差异的重要因素。Zinger等（2014）对ICoMM的数据进行分析发现，站位间的地理距离与海洋细菌群落的相似性显著负相关，即地理距离越大，群落组成的差异性越大。这一模式被称为"距离-衰减（distance-decay）"模式，是解释微生物空间变化规律的主流模式，表明微生物在海洋中的分布具有扩散限制（dispersal limitation）效应。

该计划采集了全球范围内表层（SRF）、叶绿素最大层（DCM）和中层海洋（MESO）的水体样本。b图为主坐标分析的样品间微生物群落相似性。c图为不同层次的群落组成异质性。不同数字代表不同站位。不同颜色字母缩写代表不同航次。

图11-13　Tara Oceans全球航次的采样站位和微生物群落结构分析

（修改自Sunagawa等，2015）。

2. 垂直分布特征

海洋平均水深约3 800 m，最深处的马里亚纳海沟深约1.1 km。与表层海洋相比，目前对黑暗深海中微生物多样性的认知较为薄弱。然而，已有报道表明深海中具有更高的物种丰富度，且超过50%的种类是尚未被鉴定的新物种。微生物种类组成在海水深度上的垂直变化比在水平方向（不同海区）上的变化更加显著。对Tara Oceans样品的研究发现，在全球范围内，表层和中层海水间的微生物群落组成具有显著差异，且这一异质性明显高于同深度不同海区间的群落异质性。α-变形菌纲、蓝细菌和拟杆菌门是表层水体中的优势类群，而γ-变形菌纲和δ-变形菌纲在深层水体具有更高丰度。如前所述，奇古菌MG-Ⅰ也是深海水体中的主导微生物类群。一项对全球范围4 000 m深海水体的调查研究显示，交替单胞菌属（γ-变形菌纲）和MG-Ⅰ在所有样品中的丰度最高。受深海观测和采样技术的限制，绝大多数有关深海微生物多样性的研究聚焦于4 000 m以浅水体，而较少关注水深超过6 000 m的深渊区域。深渊主要分布于海沟区域，具有特殊的漏斗形地貌，孕育了独特的以异养细菌（γ-变形菌纲、拟杆菌门和*Marinimicrobium*）占主导的微生物类群（图11-14）。水平和垂直搬运的有机质在海沟深处的积累可能是异养细菌得以富集的主要原因。最近有研究在马里亚纳海沟近底层水体中发现了高丰度的烷烃降解菌，其种属组成与普通石油污染生境具有明显区别，进一步证实了深渊微生物群落结构的独特性。

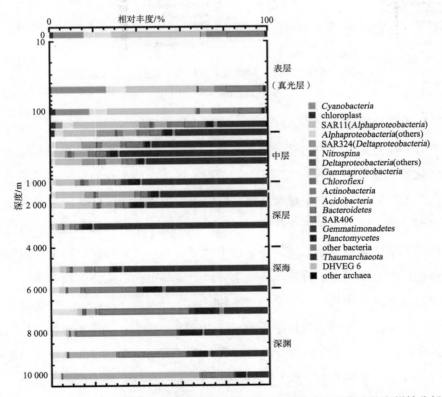

图11-14　基于16S rRNA基因高通量测序的马里亚纳海沟全水深微生物多样性分析

（修改自Nunoura等，2015）

沉积物中的微生物群落结构与海水中的具有显著差异。一方面，单位体积沉积物中的营养含量更高，使得底栖微生物的丰度远高于浮游微生物；另一方面，沉积物往往是厌氧环境，特别是近海沉积物的含氧层往往仅为数毫米，厌氧或兼性厌氧微生物是这些沉积物中的优势类群，它们能够以硝酸盐、铁锰氧化物、硫酸盐等作为电子受体。这些微生物包括γ-、δ-变形菌纲、浮霉菌门和厚壁菌门等细菌类群（图11-15），古菌中的深古菌门也是海洋中典型的优势底栖古菌。比较而言，寡营养大洋海域沉积物中的有机质含量一般较低且微生物活动弱。这些沉积物中可具有充足的氧气，如在南太平洋环流区，氧气可穿透整个沉积层，塑造了独特的微生物群落结构。

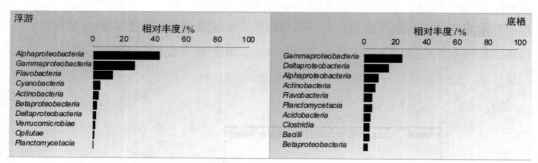

图11-15　浮游（水体）和底栖（沉积物）细菌群落组成的比较
（修改自Zinger等，2011）

（二）时间分布特征

海洋是一个开放且动力过程复杂的环境，洋流、潮汐、温度、光照等环境条件会随时间变化发生显著改变，造成不同时间尺度上的微生物变化特征。一般情况下，群落组成在几天时间内即可发生显著变化，但对于生长速度快（代时短）的γ-变形菌纲和黄杆菌纲来说，它们在适宜条件下会快速生长，几个小时内即可引发群落的显著改变。蓝细菌如聚球藻和原绿球藻等还表现出明显的昼夜节律变化：白天合成叶绿素进行光合作用，晚上细胞开始分裂。突发事件风、雨等也会造成微生物群落在一天内发生快速变化。此外，多数海洋微生物的轮转时间在一天至一星期内，会受海洋中尺度涡等过程的影响，在天-星期的时间尺度上发生变化。例如，当浮游植物暴发时，微生物会在几个星期内发生明显的群落演替过程：黄杆菌纲快速响应藻类暴发，之后被γ-变形菌纲和玫瑰杆菌类群所取代，当营养浓度降低时，SAR11成为优势类群。

以月为单位进行样品采集在海洋微生物的时间序列研究中最为常见，但季节性变化特征往往更加明显（图11-16）。太阳角度（光强和紫外线等）、天气、营养和海水混合强度等随季节变化显著（冬季风力加强，对流混合明显，垂直分层减弱，深层水中的营养物质被运输到表层海水）。温度、昼夜长度、陆地径流和大气沉积等也具有明显的季节性差异。一般而言，冬季的微生物多样性高于夏季（冬季低温使微生物的生长和代谢速率降低，从而为更多微生物类群的生长提供了生存空间），但受局部环境影响，不同海区中微生物群落组成的季节变化模式并不一致。例如，聚球藻属往往在冬季寡营养海区占据优势，但在冬季富营养海区丰度可达一年中的最低值。季节变化每年均会发生，年际上较为稳定，因此微生物会通过"微进化"以适应这一节律性的外界环境变化。如上所述，SAR11可划分为多个亚类群，它们分别在不同的季节达到丰度最大值。广古菌门中的MG-Ⅱ也表现出类似的分布特征，MG-ⅡA和MG-ⅡB分别在夏季和冬季具有较高丰度。

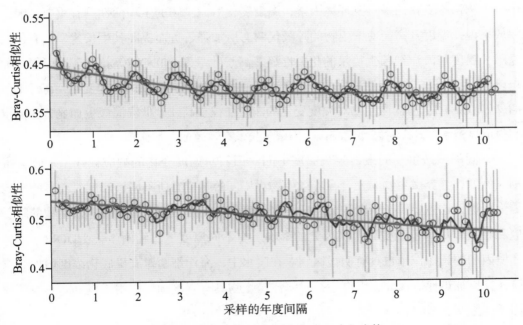

a. 表层（5 m内）水体；b. 表层（150 m内）水体。

红线为实测线；绿线为趋势线；灰色竖线代表不同采样时间。

图11-16 圣佩德罗海洋时间序列（San Pedro Ocean Time-series）采样，使用自动核糖体间隔区基因分析（ARISA）技术进行不同时间样品的Bray-Curtis相似性（β多样性）分析

（修改自Fuhrman等，2015）

相比季节变化模式，年际间的微生物群落组成更加稳定，但在厄尔尼诺等年度极端事件的影响下，也会呈现一定程度的波动。另外，在气候变化的大背景下，全球海水温度逐渐升高，局部缺氧程度不断增强，这些因素可导致微生物出现定向的和可预测的变化。一项持续近50年的观测发现，弧菌在英国北海近岸浮游菌群中所占的比例随海水温度升高逐渐增大，表明温度是调控弧菌生长的关键因素，弧菌有潜力成为指

示海洋变暖的生物感应器。

不同深度水体中微生物的季节变化模式具有较大差异。一般而言，季节性变化特征在表层海水中最为明显，随水体深度增加，季节性节律减弱（图11-16）。

二、环境影响因素

（一）温度

世界气象组织（WMO）数据显示，目前的全球平均气温已较工业化前（1850—1900年）水平高出约1.0℃。随着大气二氧化碳浓度的逐年上升，全球气候增速持续加快。与此同时，全球平均海表温度也表现为显著升高趋势。温度是全球尺度海洋水体中微生物群落变化的最重要环境因素，温度变化对微生物的生理活性具有重要影响。一般来说，温度升高会使微生物的呼吸代谢有所加强，进而提高其生长速率。有证据显示，温度与海洋细菌生物量的相关性显著高于叶绿素a和DOM等其他环境因素。如果以Q_{10}（每升温10℃代谢速率的变化）来描述微生物响应升温的生理变化，海洋细菌的Q_{10}值为1~3。海洋微生物对温度变化的响应往往在高纬度低温海域更加显著，但也有报道显示温度升高对高纬度海域的细菌生长没有显著的调控作用。

不同类型微生物的最适生长温度不同，因而对温度变化的响应模式呈现较大区别。例如，异养微生物和光合自养微生物对温度的响应有所不同，温度对前者的影响更为明显，这主要源于后者的光反应不受温度的控制。然而，光合自养微生物的暗反应和呼吸作用等也会受到温度因素的影响。在不同温度下，细菌生长受DOM等其他环境因子的调控作用也具有明显区别。在暖水中，海洋细菌对有机底物浓度增加的响应往往更加迅速。因此，温度不仅对海洋微生物具有直接调控作用，也可同其他环境因子产生交互影响。

（二）盐度

盐度是全球尺度细菌多样性的主要驱动因素，这主要在于陆地和海洋环境中的微生物群落组成具有显著差异，而盐度是主要影响因素。盐度梯度是河口生境最主要的环境梯度，造成上下游区域完全不同的细菌群落组成：上游淡水区域一般以β-变形菌纲和放线菌门为主要类群，而下游海水区域以α-变形菌纲和γ-变形菌纲占优势。严格意义上讲，所有海洋细菌均需要钠离子才能进行正常生长，弧菌也是如此。有研究指出，盐度是影响海洋弧菌分布的最重要因素之一，一般弧菌的丰度随盐度的升高而升高，但弧菌的生长具有一定的盐度耐受范围，当盐度超过这一范围时，便可成为抑制因素。相比河口和近海区域，盐度在大洋水体中的变化幅度较小，因此对微生物群落变化的贡献度较低。

（三）溶解氧

根据对氧气需求的差异，微生物可分为好氧、厌氧和兼性厌氧三大类。如上所述，海水中的微生物群落组成与沉积物完全不同，而溶解氧是导致这一变化的最主要环境因素。好氧微生物占据大多数海洋水体，它们以氧气作为电子受体进行有氧呼吸。随着溶解氧浓度的降低，能够利用其他氧化物（硝酸盐等）作为电子受体的厌氧和兼性厌氧微生物存活下来，进而引发代谢模式的显著改变。在缺氧或无氧情况下，微生物的厌氧代谢会增强甲烷、氧化亚氮等温室气体的释放。通常认为水体溶解氧低于3 mg/L的区域为低氧区，低于2 mg/L的区域为缺氧区。

部分近海区域的底层水体频繁发生季节性缺氧，这一现象与海水富营养化密切相关。夏季过高的营养盐浓度会加速浮游植物生长，为底层水体中的异养细菌提供丰富的食物来源，异养细菌呼吸会消耗大量氧气，当其消耗量大于供给量时，便会发生缺氧。例如，长江口近岸底层海水每年夏季均会发生缺氧现象，缺氧水体中的微生物群落组成与非缺氧区具有显著差异。另外，海洋水体中存在最低含氧带（oxyqen minimum zone，OMZ）。OMZ主要分布于东北太平洋、东南太平洋、孟加拉湾和阿拉伯海等海区的200～1 000 m深度水体，一般定义为每千克水中的溶氧量低于20 μmol。OMZ水体中具有高丰度的厌氧氨氧化细菌和反硝化细菌，在氮的循环转化过程中发挥重要作用。该区域微生物介导的氮损失约占海洋氮移除总量的50%。海洋升温也可使海水中的溶氧量降低，导致缺氧区范围的进一步扩大。目前全球海域中含有近500个缺氧区。

（四）营养物质

1. 无机营养物

无机营养盐对自养和异养微生物的正常生长至关重要。含氮、磷和铁等重要元素的无机化合物是海洋生物的重要营养组分。氮是生物体的重要组成元素，它不仅可作为营养物质，还能为微生物生长提供能量。氮在海洋中以多种形式存在，包括硝态氮、亚硝态氮和氨氮等。微生物（以蓝细菌和部分异养微生物为主）对分子态氮气的固定是海洋中氮元素的最主要来源。表层海水浮游生物生长消耗大量的硝态氮，使得海洋中硝态氮的浓度呈现表层低、深海高的分布特征，因此硝态氮往往是浮游生物生长的最主要限制因子。与硝态氮相比，吸收利用氨氮的能耗更低。然而，大洋海水中的铵盐浓度一般低于硝酸盐，一个重要原因是微生物可通过硝化作用将铵盐转化为硝酸盐。海洋微生物和浮游植物均可利用铵盐和硝酸盐，因此二者在氮营养获取方面存在一定程度的竞争作用。亚硝态氮在有氧水体中很快会被亚硝酸盐氧化细菌所氧化，因而其浓度往往也处于较低水平，但一些原绿球蓝细菌具有吸收利用亚硝态氮的能力。在厌氧水体中，亚硝态氮可作为厌氧氨氧化细菌的底物。OMZ水体中的厌氧氨氧化细菌的丰度往往受到亚硝态氮浓度的制约。

磷也是微生物和浮游植物生长的必需营养元素。磷酸根离子是海洋中磷元素的主要存在形式，具有与硝态氮相似的垂直分布趋势。海洋细菌可合成对磷酸根离子具有高亲和性的转运蛋白，以此达到与浮游植物竞争磷元素的目的。在磷酸根离子相对匮乏的海区，微生物还可利用磷酸酯（含有特殊的C—P键）作为磷源。另外，微生物（如SAR11类群）还可通过改变自身细胞膜脂组成，增加无磷脂质的含量以适应磷限制环境。

铁是多数海洋微生物关键酶的辅因子，在光合作用、固氮作用、呼吸作用和三羧酸循环过程中发挥重要功能。因此，铁是所有微生物生长所必需的微量营养元素，并且和其他元素的循环过程紧密相关。在有氧条件下，二价态铁化合物极易被氧化成三价态的铁氢氧化物，但氢氧化铁高度不溶，导致大洋中的溶解态铁含量极低，因此铁同样是限制海洋初级生产力的一个重要因素。在南大洋等水体中，虽然氮和磷等营养盐含量较高，但铁匮乏限制了浮游植物的生长，造成"高营养盐、低叶绿素"的特殊现象。异养细菌比浮游植物对铁的需求更高，多数细菌类群可分泌铁载体以获取环境中痕量的铁。海洋细菌分泌铁载体也是其与其他生物竞争有利生态位的重要武器。

2. 有机物

DOM是异养微生物的物质和能量来源。DOM的浓度一般近岸高、远海低，表层高、深海低，与多数异养微生物类群如黄杆菌纲的丰度显著正相关。海洋中的DOM具有高度化学多样性，不同种类微生物可利用的有机物种类有所区别，其有机物代谢机制也呈现较大差异。一般来说，表层海水中有机物的可利用强，较易被降解；而深海中的有机物惰性较强，难以被微生物利用。许多深海中的微生物衍生出较强的惰性有机物代谢能力。在沉积物中，有机物含量是影响微生物丰度和群落组成的重要环境因素之一，有机质含量往往与沉积物中的微生物丰度具有显著正相关关系。

第四节　海洋微生物在海洋生态系统中的作用

微生物是海洋生态系统中的重要组成部分，它们既可作为初级生产者又可充当分解者，是海洋物质循环与能量流动的主要驱动力。海洋微生物能够参与有机物的合成和降解、甲烷的生成和代谢，在海洋碳元素的循环过程中发挥重要作用。与此同时，微生物介导海洋中不同存在形式的氮和硫等化合物的相互转化过程，是营养物质循环转化的重要执行者。因此，海洋微生物是调节三大温室气体（二氧化碳、甲烷和一氧化二氮）的产生和排放过程的重要环节，对海洋和大气生态系统的维持与稳定至关重要。不仅如此，海洋微生物在生态环境修复中的作用也日益凸显，如某些微生物能够专性降解芳香烃或脂肪烃，对海洋石油污染生境的生物修复具有重要意义。

一、海洋初级生产力

海洋微生物是海洋初级生产力与新生产力的最主要贡献者。光能自养菌能够利用光能进行有机质的合成，贡献了海洋表层近25%的初级生产力。在黑暗无光的深海区，多数微生物营化能自养生活，通过驱动化学反应获得能量耦合碳的固定。光合有机质以及化能自养微生物合成的有机质是深海生态系统中的主要物质和能量来源（图11-17）。

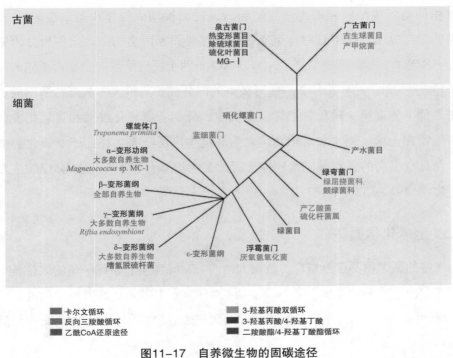

图11-17　自养微生物的固碳途径

（修改自Hügler等，2011）

在有氧或无氧条件下，细菌或古菌利用还原态的硫化氢、硫或硫代硫酸盐等作为电子供体将氧气（有氧）或硝酸盐（无氧）还原，氧化生成硫或硫酸盐。近年来发现热液喷口的主要化能自养硫氧化菌为属于ε-变形菌纲的细菌类群，如硫单胞菌属。此外，硫氧化古菌类群主要存在于热液喷口等极端环境中，如泉生古菌门的硫化叶菌目（Sulfolobales）细胞中存在硫氧化还原酶（sulfur oxygenase reductase，SOR），能够在有氧条件下氧化硫为亚硫酸盐、硫代硫酸钠等。深海热液喷口喷发出的硫化氢可作为电子供体为营自由生活或共生的硫氧化菌提供能量。这些化能自养微生物能够氧化硫化氢或其他部分氧化的含硫化合物以氧气或硝酸盐作为电子受体固定二氧化碳，是热液生态系统的主要初级生产者。

海洋微生物参与的固氮、硝化作用是海洋新生产力产生的重要途径。固氮作用（$N_2 \rightarrow NH_4^+$）是大洋环境中氮营养元素的重要来源，但仅少数细菌和古菌类群能够介导固氮作用的发生，目前未发现真核生物能够进行固氮反应。蓝细菌门的成员是海洋水体中最主要的固氮微生物（详见本章第二节）。此外，越来越多的研究表明，除蓝细菌门外的许多异养微生物也能进行固氮作用，如γ-变形菌纲成员是南太平洋东部热带海域的优势固氮微生物。另外，固氮微生物也广泛分布于海洋沉积物中，厌氧沉积环境可能给固氮酶提供庇护场所，进而推动固氮作用的发生。δ-变形菌纲和厚壁菌门等厌氧类群是海洋沉积物中的主要固氮微生物。硝化作用分为氨氧化（$NH_4^+ \rightarrow NO_2^-$）和亚硝酸盐氧化（$NO_2^- \rightarrow NO_3^-$）两个反应阶段，分别由不同的微生物类群介导发生。β-变形菌纲和γ-变形菌纲的部分成员与绝大多数奇古菌门成员能够在有氧条件下驱动第一阶段氨氧化反应发生，分属于氨氧化细菌和氨氧化古菌。氨氧化微生物在土壤、海水和沉积物等自然环境中广泛分布。相比于氨氧化细菌，氨氧化古菌具有更高的氨和氧气亲和性，因此是大洋寡营养生境以及OMZ的主要氨氧化微生物。

二、地球化学循环

海洋中的微生物不仅分布广、数量大，而且对海洋生态系统平衡的维持具有重要意义。海洋微生物驱动了碳、氮、磷、硫4种自然界主要元素的循环转化过程，参与了各种化学元素的地球化学循环，是海洋与大气圈和岩石圈间进行物质交换与流动的主要媒介。

据估计，海洋中的光合微生物可吸收人类排放的4%的二氧化碳，而地球上90%以上有机物的矿化是由微生物完成的。因此，在海洋生态系统中，微生物既是生产者又是分解者。海洋微生物参与的碳循环主要包括无机碳的固定与有机碳的降解两部分，这些过程共同维持了地球系统中碳元素的收支平衡。

氮是海洋中的主要限制性营养元素，而微生物驱动的不同形态氮的相互转化是制约海洋环境可利用氮的主要因素。微生物参与的氮循环过程包括固氮作用、氨化作用、硝化作用、反硝化作用、厌氧氨氧化作用（anaerobic ammonium oxidation）及异化硝酸盐还原为铵（DNRA）（图11-18）。

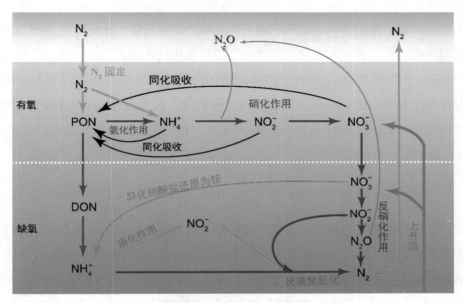

PON：颗粒有机氮；DON：溶解有机氮。

图11-18 海洋氮循环的主要过程

（引自张晓华等，2016）

微生物驱动的海洋磷循环过程主要包括磷同化、有机磷矿化。微生物吸收利用无机磷，将其转化为有机磷的过程即为磷同化作用。磷酸盐是微生物和其他浮游生物的主要无机磷营养来源。由于大洋表层水体中的磷酸盐浓度较低，微生物可采用多种不同策略以适应磷限制环境，如能够表达高亲和性磷转运蛋白、磷趋化性运动及磷依赖的密度感应调控等。有研究指出，海洋微生物在磷限制条件下，可降低其细胞膜磷脂含量。多磷酸盐（polyphosphate）代谢也是微生物获取磷元素的重要策略之一。当磷酸盐含量丰富时，微生物可将磷酸盐聚合为多磷酸盐进行磷储备。给长期处于磷酸盐匮乏的环境中输入营养时，微生物也会进行多磷酸盐的合成。除了储备磷元素，多磷酸盐也是非常重要的能量储备形式。

有机磷矿化作用是指有机磷在微生物的作用下转化为无机磷的过程。大多数磷同化作用形成的有机磷及海水中的溶解有机磷会被本地矿化为磷酸盐。矿化作用生成的无机磷可支持大洋水体中约90%的总初级生产力。微生物能够合成不同的胞外酶，如碱性磷酸酶、磷脂酶及核酸酶等对有机磷进行矿化。这些胞外酶的合成与分泌受多种环境因素的影响。有研究指出，密度感应是附着生活微生物分泌碱性磷酸酶的一种重要调控机制。

海洋中贮藏着大量的硫元素，大多以溶解态硫酸盐或沉积物矿物（石膏和黄铁矿）的形式存在。微生物可以同化利用无机态硫形成有机硫。此外，许多细菌和古菌还能够利用硫元素的还原和氧化产生能量，进行异化代谢过程。生物圈中的硫循环过程十分迅速，而微生物对不同价态的硫元素的转化作用在海洋硫循环中发挥重要作用。海洋微生物参与的硫循环过程主要包括硫氧化作用（sulfur oxidation）、同化硫酸盐还原作用（assimilatory sulfate reduction）、异化硫酸盐还原作用（dissimilatory sulfate reduction）和有机硫循环。

三、海洋与大气相互作用

海洋与大气的相互作用及其过程直接影响着局部甚至全球的气候变化。海洋微生物是调节三大温室气体（二氧化碳、甲烷和一氧化二氮）的产生和排放过程的重要环节，对海洋和大气生态系统平衡的维持至关重要。

微生物介导的甲烷生成和降解也是碳循环的重要环节。产甲烷作用（methanogenesis）是海洋深部厌氧沉积物中的重要反应过程，以前认为仅由古菌中的广古菌门类群介导发生。这些甲烷生成菌每年可产生约10亿t甲烷，约占全球范围年固碳总量的2%。甲烷生成菌产生的甲烷多数以甲烷水合物的形式被存储到无氧沉积物中，是潜在的能量来源，也对气候变化有着重要的潜在影响。

一氧化二氮是强力的温室效应气体。海洋微生物参与的反硝化作用（$NO_3^- \rightarrow NO_2^- \rightarrow NO \rightarrow N_2O \rightarrow N_2$）具有重要的气候效应。反硝化微生物具有高度种群多样性，它们多数是兼性厌氧菌，具有较强的有机质氧化能力，执行异养反硝化。因此，反硝化作用往往在有机质丰富的环境（如近海表层沉积物）中更加强烈。也有少数细菌类群能够利用无机物作为电子供体，并且能够在有氧条件下进行反硝化作用。另外，海洋微生物介导的厌氧氨氧化作用（$NO_2^- + NH_4^+ \rightarrow N_2$）产生的氮气可占全球海洋氮气总产量的30%~50%。虽然厌氧氨氧化作用和反硝化作用的终产物都是氮气，但其中间产物完全不同。厌氧氨氧化作用不能产生一氧化氮和一氧化二氮等活性气体，因此具有显著不同的气候效应。

二甲基巯基丙酸内盐（DMSP）是一种高度稳定且可溶的还原性硫化物，在表层海洋中具有很高的转化速率，是驱动海洋有机硫循环的主要驱动力。DMSP主要由海洋浮游生物产生，全球海洋年产量约20亿t，在甲藻、定鞭金藻等浮游植物胞内的浓度可高达300 mmol/L。DMSP被释放到海洋环境中，可被多种微生物作为碳源和硫源所利用，其中最重要的途径之一是通过细菌和浮游藻类中的DMSP裂解酶降解生成二甲基硫（DMS）。DMS是一种具有挥发性的生源活性气体，每年从海洋释放到大气当中的DMS可达3×10^7 t。DMS不仅能够调节海洋和大气间的硫收支平衡，还能够促进形成云凝结核，增加云层的形成，从而对全球气候变化具有重要的调节作用。

许多浮游植物在合成DMSP的同时，能够降解它们自身所产生的部分DMSP，但海洋中的DMSP大多通过病毒的裂解作用、浮游动物的捕食或藻类细胞的死亡以溶解态的形式（DMSPd）存在，进而被异养细菌吸收利用。异养细菌对DMSP的降解作用可分为脱甲基、裂解和氧化3条途径。DMSP降解的氧化途径如下：一些真核微藻和原核生物能够降解DMSP生成二甲基亚砜丙酸内盐（DMSOP），进而被细菌代谢生成二甲基亚砜（Dimethyl sulfoxonium）（图11-19）。

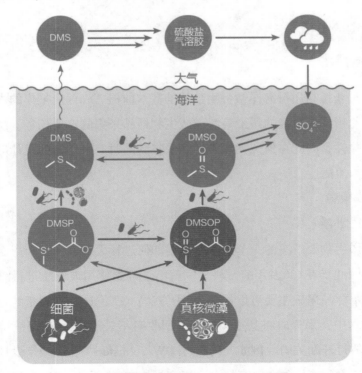

图11-19 简化的海洋DMS和DMSP循环

（修改自Thume等，2018）

四、海洋生态修复

海洋微生物是海洋生态系统各项功能的直接执行者，同时本身也是一种重要的资源，如某些微生物能够专性降解芳香烃或脂肪烃，对海洋污染生境的生物修复具有重要意义。硫酸盐还原菌能够利用多种有机物进行生长，如糖类、氨基酸、一碳化合物（如甲烷、一氧化碳和甲硫醇）、芳香族化合物以及各种长链和短链的脂肪酸等。硫酸盐还原细菌大多属于δ−变形菌纲、Negativicutes纲和梭菌纲。自然界中硫酸盐还原菌的分布非常广泛，海洋沉积物、热液喷口、冷泉、泥火山以及微生物席中均有分布。目前发现广古菌门中的古球状菌属（*Archaeoglobus*）、泉古菌门中的热分支菌属（*Thermocladium*）和暖枝菌属（*Caldivirga*）也具有与硫酸盐还原菌异化硫酸盐还原相似的能力，可作为海洋污染生境生物修复的潜在资源。

第五节　海洋微生物调查及分析方法

一、样本采集

样品采集是获得高质量海洋微生物数据的基本前提，确保所采集的水体和沉积物样本最大限度免于外界环境的污染是海洋微生物样品采集的首要任务。海上作业有一定的难度和危险性，因此在保证无污染样品采集的同时，采样器的设计应着重考虑使用时的安全性和便捷性。

（一）水样采集

1. 佐贝尔采水器

研究海洋微生物要解决的一个基本问题是如何进行无菌取样。金属制品对微生物有杀伤作用，因此早在100多年前，科学家就已经开始使用玻璃瓶进行海水样品采集了。早期的海水样品采集主要可以概括为2种方法：① 将连有玻璃瓶的毛细管（末端密封）下放到水中，采样时将其末端打开，回收时不关闭；② 使用简单的机械装置控制采水瓶口的打开和关闭。例如，约翰逊（W. Johnston）在1892年设计的一款采水器，将灭菌的玻璃瓶连接到金属支架上，瓶塞上栓有2根绳子，其中1根绳子可以控制瓶塞的打开和关闭。

　　1941年，美国海洋微生物学家佐贝尔（C. E. Johnston-ZoBell）发明了佐贝尔采水器［Johnston-ZoBell（J-Z）采水器，图11-20A］，专门用于细菌学研究所需样本的采集。佐贝尔采水器由灭菌的玻璃瓶、固定瓶塞、玻璃管和橡胶管组成。玻璃管和橡胶管与封闭的瓶口相连。整个装置均可在海上进行高压灭菌处理，之后固定于铜制框架并与缆绳连接。当采水器下放到预计深度时，将一个黄铜制传令器（矢锤，messenger）连接到缆绳上，使其向下运动，作用于控制杆，将玻璃管打碎，从而将水吸入灭菌的玻璃瓶。使用玻璃瓶仅能采集200 m以浅的水体样本，高压会将玻璃瓶压碎。鉴于此，可使用能够被压缩的橡胶球代替玻璃瓶从而进行更深层水体样品的采集。

　　在尼斯金（Niskin）采水瓶被发明前，常见的其他采水器包括范多恩（Van Dorn）采水器和南森（Nansen）采水器等（图11-20）。其中，一种经过改进的佐贝尔采水器版本被设计为背负式（piggy-back）微生物学采样器，并与南森采水器连用。

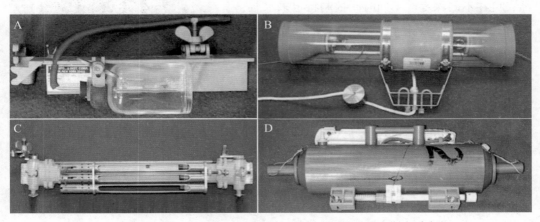

A. 佐贝尔采水器；B. 范多恩采水器；C. 南森采水器；D. 尼斯金采水瓶。

图11-20　不同类型采水器

　　1962年，美国发明家尼斯金（S. Niskin）设计发明了尼斯金采水器，也被称为蝴蝶袋式（butterfly baggie）采水器。这是一种气囊式采水器，选用聚乙烯袋进行水体的采集，通过弹簧（由传令器操控）控制机械装置进行采样袋的打开和封闭。当袋口打开时，气囊的吸力会将水体吸入采水袋。理论上，尼斯金采水器可采集任意深度的水体样品，但其采样袋中的有机物可能会渗漏到样品中，影响分析结果。

　　1966年，尼斯金在南森采水器的基础上发明了尼斯金采水瓶。尼斯金采水瓶是目前海洋调查中最常被使用的采水器，它的主体是聚氯乙烯（polyvinyl chloride，PVC）圆筒，内置的弹性绳索/弹簧连接圆筒上下两端的瓶口。采水器下放时，上下两端瓶口打开，到达指定深度时，通过传令器作用于外部弹簧机械装置将瓶口关闭，之后将采水瓶提升到表面。该采水瓶所用材质能满足多个学科的调查需求，并且具有良好的冲刷性能，能够最大限度降低未灭菌瓶身所带来的污染。

2. 玫瑰花式采水器

单个尼斯金采水瓶仅能进行单点或单时采样，难以满足时空高分辨率的调查需求。据此，可设计一个圆形支架，将多个采水瓶安装其上。这种采水器因形似玫瑰花，被称为玫瑰花式采水器（rossete sampler，图11-21），是目前海洋学科考船上所必备的基础调查设施。最常见安装24个或12个采水瓶，每个采水瓶的体积一般为12 L或5 L。该采水器连接电控缆绳，可在不同深度或不同时间控制特定采水瓶的打开和关闭，以此进行多深度或时间序列的样品采集。此外，为确定仪器下放深度（常用压力表示）并记录温度、盐度等水体参数，采水器需配备温盐深测量仪（conductivity-temperature-depth system，CTD）。

图11-21 玫瑰花式采水器

CTD可将实时测定的压力等信息传输回甲板，操作人员以此判断采水器是否到达预定深度，从而操控采水瓶的关闭。在CTD上附加其他化学传感器，还可以实时测定并传输回水体的叶绿素含量、溶解氧和浊度等信息。另外，玫瑰花式采水器还能够进行大体积海水样品的采集，例如一个12 L×24瓶的玫瑰花式采水器一次性可采集288 L海水，这对于海洋尤其是深海水体中微生物的组学研究是十分必要的。

3. 深海保压采水器

深海具有特殊的高压环境，含有嗜压微生物。而通过常规方法采集深海水体并将水体提升到海表的过程是一个减压过程，势必会对这些嗜压微生物造成严重影响。另外，深海微生物的活性也会随外界环境的变化而改变。因此，最大限度维持所采集水体的原位环境条件，是精准探测深海微生物原位活性的基本前提。鉴于此，海洋技术人员逐步将目光聚焦到具备原位保压功能采水器的研发。目前国内外已经研发出多种气密保压深海采水装置。例如，浙江大学研发的深海气密采水装置，通过在采水腔内设置一个包含活塞的压力自适应平衡腔，以维持样品与外界环境间的压力平衡。然而，后续样品的取出仍是一个减压过程。有学者针对此问题设计了可以直接用于微生物培养的保压采水器。

深海保压采水器一般具有较小的瓶身体积，仅能用于小体积样本的采集。因此，一些可以在原位环境对数百升甚至更大体积海水进行过滤的原位过滤装置被设计出来并商业化。其中，美国蒙特利海湾研究所设计的Environmental Sample Processor装置能够实现长时间序列水下样品的自动过滤，并能够在原位条件下对微生物的多样性和功能进行分析。

（二）沉积物采集

常见的沉积物采样器包括抓斗式采泥器、箱式采泥器、单管/多管柱状采泥器和重力柱状采泥器等（图11-22）。不同形式的采泥器具有不同的优缺点，但均不是为专门用于微生物学研究而设计的，使用前一般不需灭菌处理。为尽可能防止污染，一般取靠近采样器中部的沉积物样品进行微生物学研究。

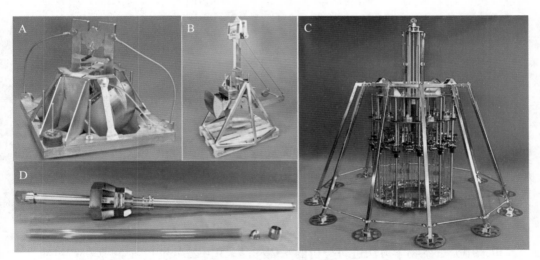

A.抓斗式采泥器；B.箱式采泥器；C.多管柱状采泥器；D.重力柱状采泥器。

图11-22　不同类型沉积物采样器

抓斗式采泥器（grab sampler）是浅水沉积物样品采集的理想工具，其携带方便、操作简单，采集深度可至20 cm，但采集过程会搅动沉积物，破坏其原有的垂直结构。箱式采泥器（box corer）是最为常用的近海地质调查工具，能够降低采样过程对沉积物的搅动，并可用于采集沉积物上覆水。在富含软泥区域，箱式采泥器靠自身重力可将深约50 cm、表面积为200~2 500 cm^2（与箱体体积有关）的沉积物包裹到箱体内，之后通过绞车将采泥器提升到甲板，进行表层沉积物的亚采集及插管取样等。单管/多管柱状采泥器可直接将柱状管带到海底进行沉积物的插管取样，能够同时采集上覆水和沉积物并保持它们的相对位置。通过柱状采泥器所采集的样品具有非常高的完整性，是用于研究微生物驱动的生物地球化学反应过程的理想材料。以上采泥器只能采集约50 cm深度的沉积物样品，而重力柱状采泥器依靠柱状管的重力作用，可渗透数米沉积物。重力柱状采泥器的质量较大，需专业人士操作，但取得的样品具有连续深度，对沉积过程的探究和化石证据的寻找具有重要意义。

为采集更深层次的沉积物样品甚至是沉积物下的岩石样品，国际上早在1968年就开启了深海钻探计划（1968—1983）。在此之后还进行了大洋钻探计划（1983—2003）、综合大洋钻探计划（2003—2013）、国际大洋发现计划（2013—2023）等国际合作研究计划。美国"乔迪斯·决心号"和日本"地球号"钻探船以及我国"梦想"号超深水科考钻探船是执行深海钻探计划的主要载体。深海钻探计划所采集的样品在板块构造、地球物理、地球化学及深部生物圈等方面的研究过程中起到了极其重要的作用。经历了长期的前期积淀，深部生物圈研究被纳为国际大洋发现计划（2013—2023）的四大研究主题之一。

二、 分析方法

对获得的海水和沉积物样本，可以测定其中的微生物丰度、群落组成和功能活性等，并对样品中的微生物菌种进行分离培养，以丰富海洋微生物的菌种资源。出于不同的研究目的，需选取合适的方法对样品进行现场预处理和保存。由于绝大多数海洋微生物不能用传统方法分离培养，因此不依赖于培养的分子生物学方法成为目前海洋微生物学研究的主流方法。

（一）分子生物学方法

拟采用分子生物学方法进行分析的水体样品采用0.22 μm孔径的滤膜进行过滤，之后将滤膜保存于液氮或超低温冰箱（-80℃）。在使用0.22 μm孔径滤膜进行过滤前，还可以采用10 μm和3 μm等粗孔径滤膜进行预过滤以除去大分子颗粒或用于不同粒级微生物的比较分析。对于沉积物样品，将不同深度的沉积物样品进行现场分割后，保存于液氮或超低温冰箱。以上保存方法适用于DNA分析。如需分析样品中的RNA，可在滤膜或样品中加RNAlater（一种高盐溶液，能有效保护细胞中的RNA）后保存于液氮或超低温冰箱。

基于核糖体RNA基因的荧光定量PCR技术是研究海洋总微生物丰度的重要手段之一。对于特定分类阶元或功能类群丰度的测定，可设计种群特异性的核糖体RNA基因引物或特定功能基因引物。但该方法会高估基因组中含有多个核糖体RNA基因拷贝细菌类群的丰度。荧光显微镜和流式细胞仪技术可克服这一缺点。尤其是流式细胞仪技术因操作简单、易于携带已成为海洋微生物丰度测定的常规手段。

20世纪90年代，核糖体RNA基因体外扩增技术应用到海洋微生物多样性的研究中来。之后，一系列方法被开发出来用于分析核糖体RNA基因扩增产物的相对丰度和多样性，包括DNA指纹图谱、克隆文库和高通量测序技术等。前两者是高通量测序被广泛应用前微生物多样性分析的主流技术。DNA指纹图谱包括变性梯度凝胶电泳（DGGE）/温度梯度凝胶电泳（TGGE）、随机扩增多态性DNA（RAPD）及限制性酶切片段长度多态性（RFLP）等，其主要原理是根据不同DNA片段在凝胶电泳中迁移率的差异，从而分辨不同物种，并根据DNA条带的亮度判断物种的相对丰度，后续将凝胶电泳中的DNA片段进行回收用于桑格测序（Sanger sequencing），测序可获知物种的分类地位。但该方法往往仅能回收具有高丰度的DNA片段。克隆文库方法是将所有DNA扩增产物分别克隆到大肠杆菌中，使扩增产物在大肠杆菌中复制从而达到扩增的目的，因此可以对每个DNA片段进行桑格测序，得到其物种分类信息。

DNA指纹图谱和克隆文库的方法耗时费力而且成本较高。这些问题的存在使得第二代测序方法问世后，迅速得到研究者的青睐。第二代测序方法的代表技术包括罗氏454焦磷酸技术、Illumina Solexa技术和ABI Solid技术。但随着技术的不断发展，目前以Illumina平台的Hiseq和Miseq技术更为主流。第二代测序方法具有非常高的测序通量，一次测序每个样品可获得数万条序列，极大地节约了测序所需成本，但其与桑格测序相比，序列读长短且测序准确率较低。以PacBio单分子测序技术和Nanopore测序技术为代表的第三代测序方法应运而生。第三代测序方法的读长更长，可获得高分辨率的物种分类信息，但一个突出问题是同样具有较低的准确率，可加大测序深度并与第二代测序方法连用以提高测序准确率。

高通量测序技术的兴起使得宏基因组、宏转录组和宏蛋白组等不依赖于PCR的组学手段成为海洋微生物学研究的主流方法。相比于基于PCR的物种（含特定功能类群）多样性分析，组学分析能够在获取物种分类的同时获得功能基因信息，并可通过生物信息学手段将物种与功能衔接起来，这对于非培养微生物类群生态学功能的研究具有重要意义。除此之外，基因芯片技术，如环境微生物学家周集中等人开发的GeoChip也是用于环境中微生物功能基因分析的重要方法。

（二）培养方法

采用平板培养法能够对可培养微生物进行计数，并通过菌株的分离、纯化、鉴定实现可培养微生物的种群分析。最常用的海洋微生物培养基包括2216E和R2A培养基。但这些培养基富含营养物质，可能不适于多数海洋细菌类群的生长（海洋微生物可培养率较低的一个原因所在）。因此，可采用稀释后的2216E或R2A培养基进行微生物培养，以期获得更高的物种多样性。针对特定类群，也可利用特异的选择性培养基进行培养，如TCBS培养基可用于弧菌的选择性培养，且TCBS培养基已经商业化。设计不同成分的微生物培养基是使未培养微生物获得纯培养的重要手段。KOMODO（http://komodo.modelseed.org/）是一个根据16S rRNA基因序列进行培养基配方预测的网站，为16S rRNA基因序列和菌种资源的衔接搭建了桥梁。另外，随着微生物基因组数据的激增，根据功能基因预测微生物底物越来越受到海洋微生物学者的重视。基于基因组信息的抗体工程技术也被用于未培养微生物的培养。该方法通过未培养微生物的基因组信息预测细胞表面蛋白，并以此为抗原进行抗体制备，利用抗体对环境中的特定微生物进行标记、分选并培养，以期对特定未培养微生物进行定向培养。

鉴于很多海洋微生物不能在固体平板上生长的特性，液体培养基在海洋未培养微生物的培养过程中更为常用。"稀释致死（dilution to extinction）"法是目前培养海洋微生物的常用方法，该方法是将样品中的细胞丰度稀释至个位数，以最大限度地避免混合菌群的生长。该方法培养得率一般较低，因此往往通过大规模的小体积培养以增加得率，实现高通量的效果。

本章小结

微生物是海洋生态系统中的重要组成部分。海洋微生物既包括原核微生物（细菌、古菌）和真核（原生生物、真菌、蓝细菌）微生物，也包括非细胞生物病毒。绝大多数具细胞结构的海洋微生物都以单细胞形式存在，少数为多细胞形成的聚集体。微生物是海洋生态系统中的重要组成部分，它们既可作为初级生产者又可充当分解者，是海洋物质循环与能量流动的主要驱动力。海洋微生物能够参与有机物的合成和降解、甲烷的生成和代谢，在海洋碳元素的循环过程中发挥重要作用。与此同时，微生物介导海洋中不同存在形式的氮和硫等化合物的相互转化过程，是营养物质循环转化的重要执行者。因此，海洋微生物是调节三大温室气体（二氧化碳、甲烷和一氧化二氮）的产生和排放过程的重要环节，对海洋和大气生态系统平衡的维持至关重要。不仅如此，海洋微生物在生态环境修复中的作用也日益凸显，如某些微生物能够专性降解芳香烃或脂肪烃，对海洋石油污染生境的生物修复具有重要意义。由于绝大多数海洋微生物不能被传统方法分离培养，因此不依赖于培养的分子生物学方法是目前海洋微生物学研究的主流方法。

思考题

（1）哪些细菌和古菌类群在海水中占据优势地位？它们具有怎样的生理代谢特性？

（2）海洋古菌产生和氧化甲烷的途径是什么？

（3）简述海洋病毒的数量、分布特征及研究方法。

（4）海水和沉积物中的微生物类群具有怎样的区别？

（5）海洋微生物的时空变化遵循怎样的规律，与哪些环境因素相关？

（6）什么是微型生物碳泵？

（7）反硝化和厌氧氨氧化作用具有怎样的区别？

（8）海洋中的固氮微生物包含哪些类群？

（9）论述海洋微生物参与的硫循环过程。

（10）简述可用于分析海洋微生物多样性的分子生物学方法。

拓展阅读

张晓华. 海洋微生物学［M］. 2版. 北京：科学出版社，2016.

Breitbart M, Bonnain C, Malki K, et al. Phage puppet masters of the marine microbial realm［J］. Nature Microbiology, 2018, 3: 754−766.

Fuhrman J A, Cram J A, Needham D M. Marine microbial community dynamics and their ecological interpretation［J］. Nature Review Microbiology, 2015, 13: 133−146.

Gasol J M, Kirchman D L. Microbial Ecology of the Oceans［M］. 3rd edition. Hoboken: John Wiley & Sons, 2018.

Santoro A E, Richter R A, Dupont C L. Planktonic marine archaea［J］. Annual Review of Marine Science, 2019, 11: 131−158.

Sunagawa S, Coelho L P, Chaffron S, et al. Structure and function of the global ocean microbiome［J］. Science, 2015, 348: 1261359.

典型海洋生态系统篇

海洋生物与海洋环境构成的统一整体即为海洋生态系统。这是地球上最大、最重要的生态系统。海洋生态系统的类型多种多样，可按照不同的分类标准进行划分。例如，按照能量来源，可分为光能维持的生态系统和完全在黑暗环境条件下的生态系统；既有以支持生物为主导所形成的海藻（草）场、珊瑚礁和红树林沼泽等生态系统，也可以根据生境类型分成岩石海岸、沙滩、河口区等；按照生态系统形成和人类对生态系统的影响程度，可分为自然生态系统、半自然生态系统和人工生态系统3类。本篇重点关注红树林、珊瑚礁、海藻（草）场、河口区、海湾、海岛、深海区、极地海区、上升流区等九大海洋生态系统类型以及半自然和人工海洋生态系统。这些典型海洋生态系统各具特点，且具有极高的生态价值，是目前生物多样性、生态资源开发与保护、科学研究的热点区域，与人类的生存与发展息息相关。由于红树林、珊瑚礁、海藻（草）场、河口区以及海湾和海岛等都是（或包含）典型的滨海湿地，所以本篇先简单介绍滨海湿地，再从结构与功能出发，详细介绍各类典型海洋生态系统的特点。

第十二章　滨海湿地

　　湿地广泛分布于世界各地，因其重要的生态学功能而备受关注。我国天然湿地有三大系统，分别是滨海湿地系统、江河湖泊湿地系统和沼泽湿地系统。其中，滨海湿地（coastal wetland）是海洋与陆地交界的狭窄过渡地带。"滨海湿地"与"海滨湿地""近海与海岸湿地"等词语同义。滨海湿地具有丰富的生物多样性，具有物质生产、污染净化、抵御海啸和风暴潮灾害、造陆和固碳等多重生态服务功能，与国民经济发展关系密切，常常成为重点开发区。近年来，滨海湿地演变剧烈，导致生态服务功能降低、生物多样性丧失等一系列问题。在正式介绍一系列典型海洋生态系统之前，本章先简单介绍我国滨海湿地的定义、类型、分布与现状。

第一节　滨海湿地的概述

一、滨海湿地的概念

（一）滨海湿地定义

　　滨海湿地发育在海岸带附近，并且受到海陆交互作用的影响。根据植被、土壤和淹水程度三大要素，陆健健（1996）参照《湿地公约》及美国和加拿大等国关于湿地的定义，结合我国实际情况，界定了我国滨海湿地范围：海平面以下6 m至大潮高潮位之上与外流江河流域相连的微咸水和淡浅水湖泊、沼泽以及相应的河段间的区域。

这一范围界定沿用至今。

根据《湿地分类》（GB/T 24708—2009），我国滨海湿地包含自然滨海湿地和人工湿地两类。自然滨海湿地包括岩石海岸、沙石海滩、淤泥质海滩、潮间带盐水沼泽、红树林、河口水域、珊瑚礁等。以下主要讨论的是自然滨海湿地。

（二）滨海湿地的生态分区

滨海湿地广泛分布于沿海海陆交界、淡咸水交汇地带，是一个高度动态和复杂的生态系统。在生态学上，根据潮水，将滨海湿地–海岸带湿地分潮上带、潮间带和潮下带3部分，向陆地延伸至特大潮或大风暴所能达到的地带，向海延伸至波浪能到达的深度（波浪基面）。其中，潮间带又可分为高潮带（从潮上带的下边界延伸到潮水能够达到的最高位）、中潮带和低潮带（从潮水能够到达的最低位到潮下带上边界）（图12-1）。

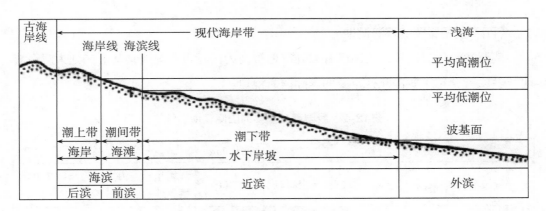

图12-1　现代海岸带及其组成部分

（三）我国的自然滨海湿地分布

基于遥感影像解译等技术，我国约有滨海湿地524.5万hm²（未包含香港特别行政区、澳门特别行政区和台湾省），其中自然滨海湿地面积约为446万hm²，占滨海湿地总面积的85.03%。自然滨海湿地主要分布在沿海的11个省区，其中以广东省、江苏省和辽宁省所含面积最大，面积总和占自然滨海湿地总面积的48.3%（表12-1）。

表12-1　沿海11省市滨海湿地面积

单位：万hm²

省（区、市）	自然滨海湿地	人工湿地	小计
辽宁	60.5	14.8	75.3
河北	19.8	2.7	22.5

省（区、市）	自然滨海湿地	人工湿地	小计
天津	8.8	0.8	9.6
山东	55.2	23.4	78.6
江苏	75.7	6.3	82
上海	18.9	1.6	20.5
浙江	44.5	8.4	52.9
福建	33.3	7.6	40.9
广东	79.2	10.9	90.1
广西	26.3	1.5	27.8
海南	23.8	0.5	24.3
合计	446	78.5	524.5

引自张健等，2016。

（四）我国重要的滨海湿地

截至2023年2月2日，我国已有82处湿地被列为国际重要湿地，其中20处为滨海湿地。表12-2介绍了我国几处重要的国际滨海湿地。

表12-2　我国部分重要的国际滨海湿地

名称	隶属	面积/hm²	主要保护对象
东寨港国家级自然保护区	海南海口	5 400	红树植物、海岸滩涂及越冬鸟类栖息地
香港米埔-后海湾湿地	香港	1 500	鸟类及其栖息地
崇明东滩鸟类自然保护区	上海	32 600	咸淡水沼泽滩涂，涉禽栖息地、越冬地和繁殖地
大连斑海豹国家级自然保护区	辽宁大连	11 700	以斑海豹为主的海洋动物
大丰麋鹿国家级自然保护区	江苏大丰	78 000	典型黄海滩涂湿地，是以麋鹿、丹顶鹤为主的珍贵野生动物栖息地
湛江红树林国家级自然保护区	广东湛江	20 279	红树林湿地和鸟类栖息地
惠东港口海龟国家级自然保护区	广东惠东	400	以绿海龟为主的海龟繁殖地
山口红树林国家级自然保护区	广西合浦	4 000	红树植物
江苏盐城沿海滩涂湿地	江苏盐城	453 000	滩涂湿地，以丹顶鹤为主的濒危涉禽栖息地
辽宁辽河口国家级自然保护区	辽宁盘锦	80 000	芦苇沼泽区、碱蓬滩涂和浅海海域

名称	隶属	面积/hm²	主要保护对象
广西北仑河口国家级自然保护区	广西防城港	3 000	面积大、连片生长的红树林
福建漳江口红树林国家级自然保护区	福建漳州	2 360	我国天然分布最北的大面积红树林及其栖息野生动物
山东黄河三角洲国家级自然保护区	山东东营	1 530 000	新生湿地生态系统和珍稀濒危鸟类
浙江平阳南麂列岛国家级海洋自然保护区	浙江平阳	20 160	海洋贝藻类、鸟类、野生水仙花及其生境
福建闽江河口湿地国家级自然保护区	福建福州	2 260	珍稀濒危野生动物物种、丰富的水鸟资源及河口湿地生态系统

二、滨海湿地的保护意义

滨海湿地具有重要的资源、生态和环境效益。滨海湿地形成并保存了目前我们所依赖的大量化石燃料，是能源的制造者和供应者；滨海湿地具有的巨大食物链及其所支撑的丰富的生物多样性，为众多野生动植物提供了独特的生境，具有丰富的遗传物质，被誉为"物种基因库"；滨海湿地具有汇集水分和废弃物、降解污染、美化环境、防潮护岸和维持区域生态平衡等方面的功能，因而又被称为"地球之肾"。2009年，联合国环境规划署等国际组织联合发布了《蓝碳：健康海洋固碳作用的评估报告》，确认了红树林、盐沼等滨海湿地生态系统在全球气候变化和碳循环过程中的重要作用。

我国滨海湿地的开发利用历史悠久，但大规模的开发还是在20世纪50年代以后。由于不合理开发和利用，2016年我国滨海湿地面积相比1975年减少了约28.7%，滨海湿地退化问题日趋严重。我国滨海湿地退化的主要因素包括人为因素和自然因素。人为因素主要指围垦、城市和港口开发、油气矿产资源开发、生物资源过度利用和污染等。例如在我国重要的经济海域，酷渔滥捕现象十分严重，许多海域经济鱼类年捕获产量逐渐下降，鱼类资源变得十分单一。由于大面积的烧荒和采割，芦苇湿地面积也正在逐渐减少。由于围垦和砍伐，天然红树林已不足15 000 hm²，有73%的红树林丧失。珊瑚礁因过度开采退化严重，海南省约有80%的珊瑚礁资源已被破坏。自然因素包括海水侵蚀和海平面上升。这些因素的作用使得我国滨海湿地面积从736万hm²锐减至现今的524.5万hm²。湿地的保护与修复已成为人类的当务之急。

第二节　滨海湿地典型环境特征和生物适应性

一、主要环境特征

（一）潮汐

在海岸带的主要分区里，潮上带基本鲜有海水到达，潮下带基本终日淹没在海水中，只有潮间带会周期性干露或淹没，环境条件发生剧烈变化。所以我们常常说到的滨海湿地典型环境特征往往体现在潮间带的环境特征。潮汐使得潮间带环境周期性出现干露或淹没的状态，因此栖息于此的生物就会交替暴露于空气或者淹没在水中。暴露时间越长，生物受干露和温盐变化的影响就越大。潮汐具有节律，生物在生理、生殖及行为上也具有相应节律。

（二）底质

除了潮汐之外，潮间带的底质具有显著特点，对生物分布具有明显的影响。可以将潮间带的底质分为松散砂质、致密泥质、坚硬石质以及混合过渡类型。

从粒径大小梯度来看底质类型，大到砾石峭壁，小到粒径几微米的淤泥。粒径大的底质通常比较稳定，能为动植物提供附着基；粒径较小的底质不稳定，随着海水进行运动，因此不利于生物附着，但是有利于底内动物栖息（图12-2）。

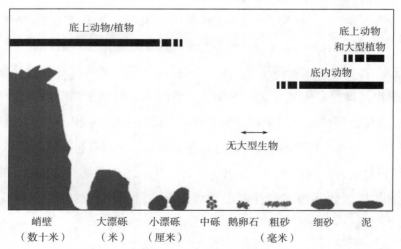

图12-2　按粒径大小划分的底质类型和相关生物

（引自Kaiser等，2007）

（三）波浪

海水的潮涨潮落是以位能形态出现的海洋能。波浪是由风引起的表面海水离开平衡位置而做的周期性起伏运动，具有动能和势能。海浪持续拍打海岸，对沿岸生物的影响主要体现在4个方面：① 波浪冲击力可剥离或冲走一些固着生物。② 强风能够将更多的能量传递给表面海水，会增大平均高潮位，扩展潮间带范围。③ 在波浪作用下，砂砾能够随之运动，粒径越小，越不稳定。只有在波浪作用小的地方，细砂才能够沉积；而在波浪作用较强的地方，一些粒径较大、质量较大的粗砂才能停留和沉积。④ 随着波浪翻滚，海气界面不断进行气体交换，加快了氧气的溶入。此外，波浪引起光线四射，而且携带泥沙，增大水体浑浊度，从而降低浮游植物所能利用的光照水平。

（四）温度和盐度

在潮间带区域，温度的变化也十分剧烈，不仅存在温度的日变化，在温带海域还存在着温度的季节变化。大多数海洋生物生存最适温度接近最大耐受温度界限（温度上限），而在温度下限这一侧的耐受能力比在上限一侧大。因此，温度的剧烈变化往往会超过某些生物的耐受限度，引起生物的死亡；在某些情况，即使不产生致死效应，也能够影响生物对另外一些因子的耐受程度。

此外，由于蒸发、降水以及大陆排水的影响，潮间带的盐度变化幅度很大。例如，在某次退潮的时候，潮间带会留下很多水坑，如果水分大量蒸发，盐度就会增大，而降雨会引起盐度下降。

二、滨海湿地生物分布

总的来说，滨海湿地生物呈现不同程度的带状分布。在一些潮差大的区域，潮上带、高潮带、中潮带和低潮带以及潮下带的生物带状分布特征尤其显著。潮上带基本上不受潮汐的影响（仅在特大潮时才能被海水覆盖），分布着一些草本植物和少量滨螺。高潮带大部分时间暴露在空气中，偶尔被海水淹没，出现在这里的生物多为耐干类型，如滨螺和藤壶。中潮带是面积最大的潮间带区域，也是生物最为多变的地方。这里的生物定期暴露于空气和被海水淹没，退潮时面临烈日的暴晒和海风造就的干燥环境。尽管环境恶劣，仍有丰富的生物在此定居和繁殖，这些生物大多同时具有生活在陆地和海洋中的能力。例如，在寒带的中潮带分布着大量墨角藻；在温带有以石莼为主的绿藻和牡蛎。低潮带的生物大部分时间浸没在海水中，几乎不会遭遇干旱环境，已经完全适应了海洋生活。这里的生物具备潮下带生物的特点，种数也最多，包括海绵、腔肠动物、多毛类、贝类、蟹、棘皮动物及海鞘等等。潮下带通常指低潮带以下直至藻类分布的最低界限。此带有大量的海草和无脊椎动物如海参、扇贝、鲍等。生物呈现带状分布的原因，既有物理因素，也有生物因素（如捕食作用和空间竞争）。

三、生物对环境的适应性

生物的结构、机能和环境条件是统一的。潮间带昼夜有节奏地受潮汐规律变化的影响，生活在潮间带的动物随着潮汐的规律变化能间歇地暴露在空气中并能维持生命，这是长期适应发展的结果。为了应对这样复杂多变的环境，生活于此的生物发展出多种进化策略。一旦生物通过进化适应了潮间带的恶劣环境，就会因缺少竞争对手而大量繁殖。

（一）对干露的适应

干露是潮间带生物面临的最大威胁，生物对其耐受限度是潮间带生物垂直分布的主要原因。不同生物对干露的适应体现在行为和生理变化不同。首先，在行为上，不同生物反应不同。能够迁移的生物如一些鱼，可以随海水涨落来回游动，或躲入孔穴、缝隙和藻林。双壳类固着生物可以通过闭壳，一些腹足类可以通过厣封闭来保持水分。海葵和水螅通过分泌黏液来防止水分散失。泥滩和沙滩中的动物则常钻入地下的管穴中进行躲避。其次，不同生物生理变化不同。一些大型藻类的组织具有极高的耐旱能力，当植物体脱水达到90%，仍能复原存活。弹涂鱼不仅靠鳃呼吸，分布在皮肤上的毛细血管也能辅助其在干露环境中进行呼吸（图12-3）。一些贝类的鳃分布在外套膜上，能够在干露时进行离水呼吸。某些生物通过降低生理活动来减少氧气的消耗。

图12-3　大弹涂鱼

（二）对温度的适应

温度变化也是潮间带生物面临的威胁。通常，潮间带变化的温度往往会接近生物的致死高温，而非致死低温。潮间带贝类的外壳是浅色的，可以反射热量，从而减轻伤害；一些贝类的壳上具有脊状突起，通过增大表面积来散热；有的贝类能够在壳内吸收和贮存大量的水分，在高温时通过水分蒸发降温。

（三）对盐度的适应

水分过度蒸发引起盐度上升，而大雨洪水又会降低盐度，这两种情况都可能引起潮间带生物死亡。生物只有具备渗透压调节机制才能够适应盐度不断变化的环境。潮间带的生物多为变渗动物。变渗动物主要通过闭壳、防止干燥脱水等形式来抵御盐度变化。

（四）对波浪冲刷的适应

除了应对干露、温度、盐度变化之外，潮间带生物也需要来应对波浪冲刷作用而防止被海水冲走。牡蛎等固着于岩石上。贻贝以足丝固着。腹足类通过分泌黏液而黏附在岩石上，或者栖息在岩石缝隙中而逃避冲击。鱼等生物体表光滑，呈现流线型，减少水的阻力。

（五）生殖适应

潮间带生物多固着生活，需要借助水流的作用，利用散布漂浮型的卵或幼虫繁殖后代。因此在潮汐作用下，潮间带生物还具有一个典型的适应特征是生殖周期与潮汐节律同步。

本章小结

滨海湿地具有多重生态服务功能，与人类发展密切相关。我国滨海湿地受围垦、港口开发、陆源污染等人为活动干扰，面临湿地面积骤减、湿地生态系统退化等问题。

滨海湿地环境特点常常体现在潮间带区域。潮间带生物发展一系列行为和生理对策来响应由潮汐、温盐变化以及波浪冲刷带来的负面作用。

潮间带生物呈现不同程度的带状分布，其上限由物理因素决定，下限则是由生物因素决定的。

思考题

（1）影响潮间带生物的主要环境因子有哪些？请举例说明潮间带生物对环境的适应性。

（2）请分析潮间带生物呈现带状分布的原因。

拓展阅读

Kaiser M J, Attrill M J, Jenning S, et al. Marine Ecology: Progresses, Systems, and Impacts［M］. Oxford: Oxford University Press, 2007.

Mitsch W J, Gosselink J G. Wetlands［M］. 4th edition. New York: John Wiley and Sons, 2007.

第十三章　河口生态系统

　　河口通常是指入海河口，既是流域物质的归宿，又是海洋的开始，是海陆过渡带中一种典型的生态系统。在我国，以长江口、黄河口和珠江口为代表的河口区是生物多样性的富集区、关键物种的重要栖息地，是海岸带的重要组成部分，也与人类活动密切相关。本章从河口的定义与类型，河口生态系统的特点、生态价值及现状等方面逐一介绍。

第一节　河口的定义与类型

一、什么是河口？

（一）河口的定义

　　河口是河流生态系统和海洋生态系统之间的过渡区域。不同专业对河口有不同的概念。目前国际上普遍采用普里查德（D. W. Pritchard）于1967年给出的定义："河口是一个半封闭的海岸水体，它与外海自由连通；河口区中的海水被陆地径流冲淡。"但是该定义没有体现河口的最显著特征——潮汐（陆健健，2003；刘春涛等，2009）。因此，本书采用沈国英等（2010）在《海洋生态学》（第3版）中提出的河口定义："河口是海水和淡水交汇和混合的部分封闭的沿岸海湾，它受潮汐作用的强烈影响。"

（二）河口的分段

河口的分界不易定义。以盐度划分，理论上的河口上游边界是潮汐等海洋动力因素向陆作用消失的地方，而下游边界位于河流动力学因素向海作用消失的地方。但在一些河口区，海水输入常受港口工程阻挡，而河流淡水输入的影响有几百千米。若以潮汐动力学为界定指标，上游边界可达到枯水期的潮区界。在这种划分标准下，亚马孙河口自入海口上溯736 km，长江河口上溯到安徽大通，影响范围又太过深远。无论从哪个角度进行划分，分类方法的共同特点是将河口自陆向海分成以河流作用为主、河海混合作用、以海洋作用为主的3段。因此，在现实情况下，没有广泛适用的方法和统一的标准来界定河口边界，海岸地形和管理标准常常成为划分依据。

二、河口的类型

除了河口区的界定外，关于河口类型的划分也多种多样，主要有盐度结构分类法、自然地理分类法、潮流径流动力分类法等。以盐度结构分类法为例，依据环流特征和河口盐度将河口区划分为高度成层型、弱混合型以及强混合型3类（陈吉余，2000；Kaiser等，2005）。在高度成层型河口，潮汐作用弱而径流作用强，盐淡水间存在明显分界面，形成盐跃层，交界面上的剪切力与盐度梯度平衡；在弱混合型（局部混合）河口，潮汐作用和径流作用均较强，盐淡水发生掺混，可能会出现交错流，水平和垂直均存在盐度梯度；在强混合型（完全混合）河口，潮汐作用强而径流作用弱，盐淡水充分混合，在垂直方向上盐度无明显变化，盐度梯度主要体现在水平方向上（图13-1）。

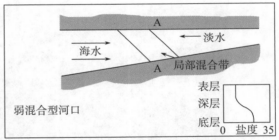

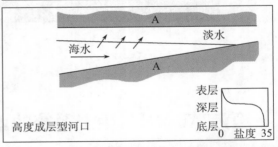

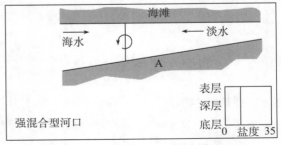

A-A示垂直剖面。

图13-1　不同河口类型盐度剖面图

（引自Kaiser等，2005）

三、河口的分布

世界上许多国家拥有河口湿地生态系统，且种类繁多。我国地势是西高东低，拥有许多外流水系和东南部漫长的海岸线，形成了大量的河口生态系统。据统计，我国沿海约有1 500条大中河流入海，包括长江、黄河、怒江、黑龙江、淮河、辽河、闽江等。这些河流与海水交汇处形成了河口生态系统。其中具有代表性的是长江口、黄河口（图13-2）、辽河口以及珠江口的河口生态系统（戴祥等，2001）。

图13-2　黄河口生态系统

第二节　河口生态系统的理化环境及生物组成特点

一、典型生境特征

河口是一个特殊的地理系统，形成了有别于淡水与海洋的独特的生境特征，主要体现在盐度、溶解氧、沉积物以及浑浊度等方面。

（一）盐度

盐度的区域性、周期性和季节性变化是河口区的典型特征。盐度的区域性变化具体表现在河水段盐度接近0，向海方向连续增加至正常海水盐度的数值。在河口中游段，由潮汐作用引起的盐度周期性变化表现在低潮时几乎被淡水覆盖，盐度可能接近0，而高潮时几乎被海水覆盖，盐度接近正常海水。在河口的上、下游段，盐度变化幅度不大。降雨和蒸发是河口盐度发生季节性变化的主要原因。在温带海域，冰雪融化产生的大量淡水涌入河口，因此在春季可能出现低盐现象；而在热带、亚热带地区，春夏两季的大量降雨使得河口区盐度下降。

（二）温度

与相邻的近岸区和开阔海区比较，河口区温度变化幅度较大。在温带海区，河口水温呈现的季节变化幅度大于海水变化。在垂直方向上，河口底层水温变化幅度较小。

（三）底质

因流速大小不同，河口上游、下游底质以粒径较大的沙砾为主，而中游段则多为柔软、灰色的泥质浅滩。在中上游和中下游主要是粒径介于沙砾和泥滩之间的沙地（图13-3）。

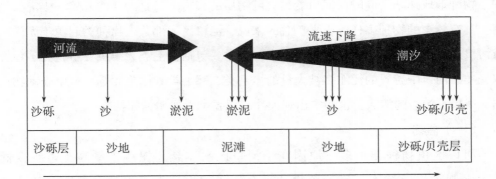

图13-3　河口沉积物的分布

（引自Kaiser等，2005）

（四）溶解氧

在河口区中段，表层以下的水体常常呈缺氧状态。这主要是因为水体和沉积物有机物质在分解过程中消耗大量氧气，同时河口泥滩中的微细颗粒阻碍水层溶解氧向下传递。在世界很多河口都发现了低氧（<2 mg/L；Renaud，1986）现象，例如美国的诺伊斯河河口（Eby等，2002）、密西西比河河口（Turner等，2005），我国的长江口（陈吉余，1988；李道季等，2002）等。针对全球40多个河口低氧区的统计分析发现，富营养化是导致河口低氧现象的直接原因（Diaz，2001）。

（五）波浪和流

河口区三面被陆地包围，由风产生的波浪较小，因而相对来说是较平静的区域。河口区的流受潮汐和陆地径流的共同影响。河道上的流速有时可达每小时数海里，在河道中央流速最大。

（六）浑浊度

河口区水体浑浊度一般较高，且沿向陆方向浑浊程度越发增加。这是因为水体包含大量的泥沙等悬浮物。这些悬浮物大部分为陆地径流注入。另外，近岸上升流也会将底床泥沙掀起。

二、生物群落组成

冰川期的结束导致冰盖的后退和海平面的上升，进而促进河口的形成。因此在地质学上，大多数河口区形成的年代较为短暂，被认为是新的生态系统。河口区物理、化学、生物和地质过程耦合多变，为生物演化提供选择性压力，因此河口区具有潜在的高物种形成速率。同时，河口既是流域物质的归宿，又是海洋的开始，生境类型丰富，具有较高的物种多样性水平。总的来说，河口区大部分生物种类起源于海洋（只有河口区上游段的生物主要起源于淡水），主要包括多毛类、线虫、甲壳类、鱼类和双壳类。河口中游段的泥滩多被大量的多毛类、寡毛类和端足类等小型甲壳动物所占据。河口下游段的滩涂上也经常出现大片的双壳类，如贻贝和牡蛎。

（一）植物

河口区植物种类不多，原因在于河口区水体悬浮泥沙含量高、透明度低，极大限制了浮游植物、底栖植物的光合作用和生长。而生长在泥滩上的盐草属（*Distichlis*）、米草属（*Spartina*）和芦苇属为入海河口区初级生产力的来源。

（二）浮游动物

在河口生态系统中，浮游动物是一类重要的生物类群，它是水生生物食物链的重要环节，其种类组成、数量的时空变化及其对浮游植物的摄食都对河口生态系统结构、功能运转、渔业资源和环境产生影响。在大陆径流和潮汐交汇作用下，河口区浮游动物不仅有淡水、海水种类，还包括河口特有的半咸水种类。径流和潮汐的强弱对比是河口区生物种类组成复杂多变的原因。径流增强，淡水种类占主导地位；潮流增强，海水种类占据优势。通常情况下，半咸水种类在河口浮游动物群落中占据主要地位。

河口区浮游动物的种类组成以甲壳动物占绝对优势，其中又以桡足类为优势类群。例如在长江口的生态调查发现，浮游动物有80多种，以甲壳动物最多，其中桡足类所占比例最大，优势种类是河口半咸水种类、近岸低盐种类以及长江径流带到河口的淡水种类（郭沛涌等，2003）。珠江口浮游动物种类组成共有9大类群30种，其中桡足类有13种，占总种类数的43.3%；水母类次之，有6种，占总种类数的20.0%（刘玉等，2001）。在澳大利亚威尔逊河河口，桡足类、钟形虫、轮虫、软体动物和多毛类的幼虫是浮游动物的主要组成部分（Gaughan等，1995）。

（三）游泳生物

常见的河口游泳生物有鱼类、蟹类、虾类、虾蛄类以及头足类（李永振等，2002）。胡瓜鱼等少数种类终生生活于河口区；多数游泳生物阶段性地生活在河口区，利用潮汐作用进入河口区觅食或者逃避捕食者；部分浅海种类以河口区作为过渡场所来索饵育肥，如小黄鱼；而鳗鲡类和鲑鳟鱼类在洄游过程中会经过河口区（图13-4）。

A. 胡瓜鱼（*Osmerus mordax*）；B. 花鳗鲡（*Anguilla marmorata*）；

C. 虹鳟（*Oncorhynchus mykiss*）。

图13-4　几种河口游泳动物

（四）其他生物

多毛类、寡毛类、双壳类是河口中游泥滩中常见的种类，贻贝和牡蛎等双壳类也出现在河口下游段。河口也是许多鸟类的栖息地，有常年居住在河口的种类（白鹭、鸬鹚等），也有迁徙途中歇息和停留的种类（天鹅、野鸭等）。

作为河流和海洋生态系统的过渡区，河口区的生物群落是海洋和淡水生物的集合体，所涉及的生物门类很多（如此众多的门类在地球其他生态系统中较少见），有着很高的物种多样性水平。通常认为河口环境条件比较恶劣，所以生物种类组成较贫乏，多样性水平较低。不过这种观点显然只考察了河口中游段泥滩区的生物组成状况。实际上，就整体而言，河口区的生物随盐度的逐渐升高（向海方向），海洋种类逐渐增多；随盐度下降（向河流上游方向），淡水种类逐渐增多。

一般认为，不同入海河口区的多样性水平有一定的规律性差别，若其他条件相同，热带河口区的生物多样性水平要高于温带河口区，特别是在印度洋-太平洋地区。因此，不同河口之间可能存在一个纬度方向的生物多样性梯度，这可能与冰川的影响有密切关系。与温带河口相比，热带河口受冰川干扰的时间较短，从而有更长的有效进化时间。而温带河口由于受冰川的影响，形成时间较短，生物多样性水平也较低。

三、河口生物的环境适应

盐度是河口生态系统变化最为明显的环境因子。针对盐度变化，河口生物的渗透压调节能力具有显著差别。许多种类调节能力很弱，如软体动物，称为变渗生物。它们对体液的稀释有很强的忍受能力，在大多数时间可应付河口的盐度变化。甲壳动物具有极强的渗透压调节能力来维持内环境的稳定。其他种类的渗透压调节能力介于二者之间。当盐度剧烈变化时，一些藻类也可能存活下来，例如，浒苔属的种类能通过改变体内的离子浓度以应对盐度的变化。与纯海洋种相比，河口区的浒苔较薄、较伸展，允许组织水分和细胞体积的变化。对于潮汐引起的盐度短期变化，多数河口生物具有较强的耐受力，通过钻入洞穴、关闭贝壳或随潮汐游动等方式来避开不利环境。

甲壳动物渗透压调节机制

甲壳动物具有较强的渗透压调节能力来适应盐度变化，从而维持正常的生理代谢。这主要体现在渗透调节器官的形态结构、离子转运调控、血淋巴渗透压调节以及神经内分泌调控等方面。例如，甲壳动物鳃上具有角质层和离子转运型上皮，通过多种离子转运酶的作用，主动调节自身血液中的离子浓度和渗透压，并使渗透压维持在一定水平。另外，无机盐离子、自由氨基酸等血淋巴渗透压效应物能够通过变化来调节甲壳动物血淋巴渗透压的水平。在此过程中，神经内分泌系统激素也可以通过生物胺进行渗透平衡的调节。

四、 生产力和能流特征

（一）河口区的初级生产力

河口区是淡水与海洋之间的生态交错区，是生物多样性和生物量较高的区域之一，是陆地和海洋之间物质和能量交换的重要场所（陈吉余等，2002）。由于水体透明度低，河口区的植物总生物量和初级生产力都较低。

（二）河口区的碎屑食物链

沉积物和水体中存在的大量有机碎屑促使河口区呈现较高的次级生产力。有机碎屑一部分来自河口周围环境，包括陆地（如河流带入的植物叶片）、海洋（潮汐引入的藻类、动物）和半陆生的边界系统（如盐沼和红树林）；另一部分则来自河口内部。河口区的碎屑食物链起点是有机碎屑。经过微生物分解作用，营养物质和能量逐级传递至更高营养级（图13-5）。通常，河口区水体中有机物的含量可高达110 mg/L（以干重计），而外海仅为1～3 mg/L（以干重计）。同样，河口泥滩有机碳含量十分丰富，使得其中食碎屑者的生物量可达近岸沉积物中的10倍。

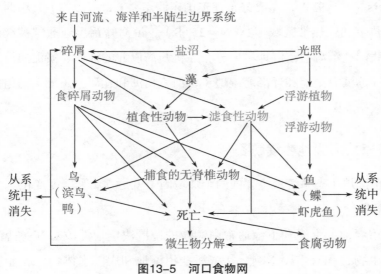

图13-5 河口食物网

第三节　滨海盐沼湿地

一、滨海盐沼湿地的定义及特点

滨海盐沼（coastal salt marsh）是指沿海岸线受海洋潮汐周期性或间歇性影响的有植被覆盖的咸水或淡咸水淤泥质滩涂。盐沼通常位于河口、陆地和海洋生态系统之间的界面，同时受到江河径流与海洋潮汐的影响，因此具有咸淡水交替的特点。

二、滨海盐沼湿地的分布

滨海盐沼湿地在全球广泛分布，尤其常见于中、高纬度及低纬度盐度较高的河口或靠近河口的沿海潮间带（Mitsch等，2000）。据估计，美国有1.7万km²滨海盐沼湿地（Chambers等，1999），主要分布在美国东海岸（Teal，1962）、墨西哥湾和太平洋海岸。在热带和亚热带区域（25°N~25°S），滨海盐沼湿地通常被红树林生态系统取代。在我国，滨海盐沼湿地主要分布在杭州湾以北的沙质、淤泥质海滩上，由长江口湿地、江苏滨海湿地和环渤海湿地（黄河三角洲和辽河三角洲）等组成（来自中国沼泽湿地数据库）。

三、滨海盐沼湿地生境特征

滨海盐沼湿地生态系统最主要的两个环境因子就是潮汐和盐度变化。

（一）潮汐

滨海盐沼湿地的上缘和下缘通常由潮汐的范围决定。潮汐对滨海盐沼湿地的地形、化学、生物过程有重要影响，是滨海盐沼湿地和周围水体物质和能量交换的重要途径，直接影响植物种类及其生产力。根据不同的海水潮位，可以将滨海盐沼湿地分为低潮滩盐沼（low marsh）、中潮滩盐沼（middle marsh）和高潮滩盐沼（high marsh）。高潮滩盐沼（包括陆缘）以上则是基本不受海洋影响的高地（upland）。

（二）盐度

滨海盐沼湿地生态系统的盐度呈现垂直分带现象，受潮水浸没、降雨、排水坡度、土壤性质（淤泥比砂质土壤更易积聚盐分）和植被类型（如泌盐植物可能提高土壤盐度）等的影响，随高度增加而逐渐减小。

（三）地形特点

盐沼地表并不总是平坦或渐变的，具有地形上的显著特点。一些不存在植被的低洼地（大小可从几平方米到几百平方米）容易形成盐盘（salt pan）。在大潮后或强降雨后的很长一段时间，盐盘会长期积水，但在旱季的小潮期间，水分蒸发，于盐盘表面形成结晶盐。盐沼还具有潮沟（tidal creek），这是由于潮汐作用而形成的潮水的通道，此外，由于海水侵蚀超过沉积作用而形成的微型峭壁称为盐沼崖（saltmarsh cliff）。这些微地形上的变化对盐沼生物的丰富度和分布产生影响。

四、滨海盐沼湿地的生物群落

（一）植物

1. 维管植物

在盐沼生态系统中优势植物主要是盐沼草，如米草属、盐角草属（*Salicornia*）、盐草属和灯心草属（*Juncus*）。其中以米草属为优势类群。代表种是互花米草和大米草（*Spartina. anglica*）（图13-6）。

A. 互花米草；B. 大米草。

图13-6　盐沼湿地的维管植物

互花米草

　　互花米草（图13-7）是一种多年生草本耐盐植物，原产于美洲大西洋沿岸。由于其护滩造陆，曾被多次引种至其他国家，包括北美西海岸、欧洲和中国沿海等。我国互花米草于1979年从美国引入，如今在天津、山东、江苏、浙江、福建、广东和广西均有分布。以福建泉州湾河口湿地为例，1988年，互花米草主要分布在泉州湾河口湿地中部区域的后渚港到东梅一带滩涂上，随后互花米草逐渐从中部向泉州湾河口湿地南北2个方向扩散，接着再从泉州湾西面向东面扩散；2005年，互花米草已遍布整个泉州湾内湾。

　　互花米草的入侵和暴发机制主要涉及3个方面：物种的入侵力、生态系统的可入侵性以及在恰当的时间提供的入侵通道。高遗传分化和基因渗入能力是互花米草种群暴发的遗传学基础，对逆境胁迫的高抗性和高适应性是互花米草入侵和暴发的生态学基础。同时，极高的繁殖系数保证了互花米草进入新生境后进行种群扩散。与互花米草相比，土著植物竞争力相对较低，增加了生态系统的可入侵性。此外，互花米草种子扩散表现为跳跃式和连续式，种群扩散可表现为点源扩散、多点暴发的特点（邓自发等，2006）。

　　一项针对入侵地（我国沿海10个区域）及原产地（北美15个区域）的250个互花米草样本DNA指纹分析表明，这些入侵地植株全部是最初从美国引进的3个生态型的杂交后代，具有显著的杂种优势。3个基因型间的杂交还通过整合2种不同的生长能力即纵向生

图13-7　崇明东滩互花米草

长能力和横向扩张能力，产生了超强的基因型。正是这种新的超强基因型因具有生长和繁殖的优势而被自然选择保留，成为互花米草恶性入侵的主要驱动力。

　　我国很多滨海盐沼湿地呈现明显的植物带状分布现象。长江口的崇明东滩呈现出低潮滩盐沼为海三棱藨草带、中高潮滩盐沼芦苇和互花米草混生的分带现象。在黄河现行河口地区，互花米草入侵光滩，形成位于盐地碱蓬（*Suaeda salsa*）带之下的十分显著的一带（多位于低潮滩）。盐地碱蓬广泛分布于互花米草带之外的整个盐沼，直至被以芦苇为主的高地植物所取代。柽柳（*Tamarix chinensis*）主要分布在陆缘地区，和盐地碱蓬为共优势种（图13-8）。

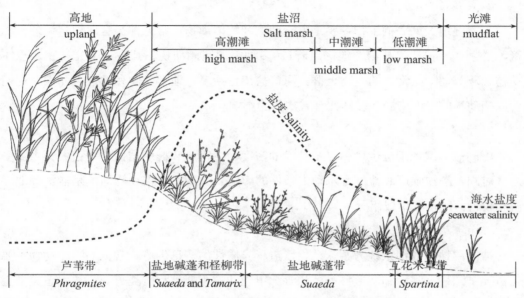

图13-8　黄河口地区（包含盐沼）的植物带状分布格局

（引自贺强等，2010）

2. 底栖微藻

　　底栖微藻主要分布于表层沉积物或固着于植物表面。在沉积物中，叶绿素a含量能够反映底栖微藻的丰度。表面1 cm层内集中了大部分的底栖微藻生物量（宁修仁等，1999），其中硅藻占据绝对优势。

3. 浮游植物

　　盐沼的上覆水含有浮游植物群落。由于盐沼改变了水体的水动力条件，水流流速相对缓慢，有利于浮游植物的群聚。盐沼上覆水包含的常见种类有硅藻、蓝藻和甲藻等，其中硅藻门类最多。例如，一项针对长江口东滩湿地东北水域植被区浮游植物群落的调查共发现64种微藻，隶属4个门，其中以硅藻门的中肋骨条藻、洛氏菱形藻等出现频次最高（张衡，2018）。

（二）动物

1. 昆虫

盐沼湿地常见昆虫种类有鞘翅目、双翅目、膜翅目和同翅目等，物种丰富度随着季节发生动态变化。在我国长江口东滩湿地，昆虫有13目52科68种。在美国佐治亚州盐沼湿地主要有2种昆虫，即蝗虫（*Orchelimum fidicinium*）和飞虱（*Prokelisia marginata*）。

2. 大型底栖生物

盐沼湿地大型底栖生物主要是甲壳动物和软体动物。常见种类有河蚬、钩虾、泥蟹等。例如，长江口盐沼湿地栖息着120多种大型底栖动物，其中，甲壳动物、软体动物和环节动物是常见的生物类群。河口盐沼包括多种地形变化和微地貌元素，它们对底栖动物的丰度格局和多样性有着重要的影响。

3. 浮游动物

不同盐沼湿地潮沟生境中浮游动物的密度、生物量和群落结构变化很大，主要受淹水时间、潮汐强度和盐度等水动力条件的影响。大型无脊椎动物幼体是盐沼湿地浮游动物群落的重要组成组分。

4. 游泳动物

盐沼湿地的潮沟系统为游泳动物营造了异质性的栖息生境。常见的游泳动物主要是鱼类（鳉科、鰕科和鲈形目等）和游泳甲壳动物（虾类和蟹类等）。从生态类型上来看，有洄游性种类、海洋性种类、淡水性种类以及河口定居型种类。从生物的生活史阶段来看，随潮水进入盐沼湿地的游泳动物多为稚、幼个体。游泳动物的生态类群组成具有明显的季节变化。

5. 鸟类

盐沼湿地是许多鸟类繁殖、越冬和中途停歇的重要场所。不同盐沼湿地鸟类群落多样性存在着显著变化。但总的来看，盐沼湿地中的鸟类以水鸟为主，候鸟最多，包含很多珍稀物种。其中以鸻形目鹬科（Scolopacidae）和鸥科（Laridae）、鹈形目鹭科（Ardeidae）以及雁形目（Anseriformes）鸭科（Anatidae）最多。

五、滨海盐沼湿地的食物链和能流特征

盐沼湿地是全球初级生产力最高的生态系统之一。较高的维管植物初级生产是这个生态系统最显著的特征。但据估计，仅有5%～10%的维管植物初级生产被草食性动物取食。这主要因为维管植物含有较多的木质素，很难被动物消化（Paterson等，

1997），仅双翅目昆虫等部分消费者能直接利用这部分碳源。因此，维管植物的相对食物价值较低。

除维管植物外，盐沼湿地的重要初级生产者是底栖微藻。底栖微藻被认为具有较高的营养价值，其固定的有机碳源很容易进入盐沼食物网。在不同盐沼生态系统中，底栖微藻的初级生产力差异较大。例如在美国得克萨斯州盐沼中，底栖微藻初级生产仅为维管植物的8%～13%（Hall等，1985）。在某些盐沼生态系统中，底栖微藻的初级生产超过维管植物的初级生产（Zedler，1980）。总的来说，由于高营养价值和可消化性，底栖微藻在盐沼食物网中扮演重要角色（表13-1）。

表13-1 盐沼湿地初级生产者对初级消费者的相对食物价值

初级生产者	食物价值特性				相对食物价值
	可利用性	可接触性	营养价值	可消化性	
维管植物	高	高	低	低	较低
底栖微藻	中	高	高	高	高
浮游植物	低	低	高	高	低

引自Kreeger等，2002。

在盐沼湿地存在着2类食物链，分别是牧食食物链和碎屑食物链。昆虫是盐沼湿地中最重要的草食性动物消费者，在某些类型的盐沼湿地食物网物质和能量流动中发挥重要作用。有的昆虫能够直接取食维管植物组织，有些昆虫吸取植物体的汁液。另外，盐沼湿地昆虫是许多迁徙候鸟和鱼类的重要饵料（MacKenzie，2005）。

盐沼大型底栖动物是最重要的动物定居类群，也是盐沼湿地次级生产的重要代谢类群之一。按照食性，可将大型底栖生物分成沉积物取食者和悬浮物取食者两大类。它们能分选沉积物中的有机物，去除大的无机颗粒物，增加消化食物的营养价值，还可以滤食水体中的悬浮物。小型蟹类、双壳类和多毛类是许多盐沼湿地鱼类的重要食物，在盐沼湿地的物质和能量流动中发挥关键作用。游泳动物也是盐沼湿地生态系统的重要生物类群之一。在长江口盐沼湿地中，鲹和脊尾白虾是重要关键种，它们大量取食盐沼湿地内的有机碎屑、小型动物和底栖微藻，把大量的有机物质输移到河口水体。此外，这两种游泳动物也是河口肉食性鱼类的重要食物（图13-9）。

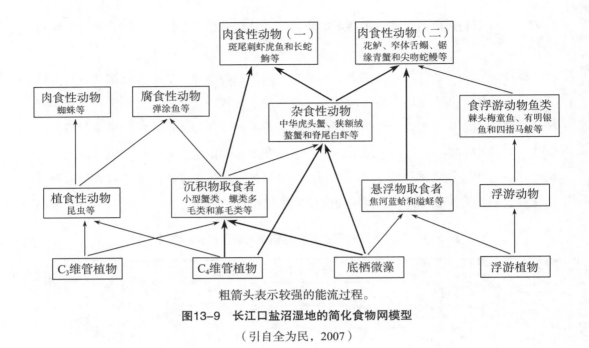

粗箭头表示较强的能流过程。

图13-9　长江口盐沼湿地的简化食物网模型

（引自全为民，2007）

第四节　河口区的生态价值

河口生态系统在全球生态系统中发挥重要作用，为人类社会的航行、安居、侵蚀防护、渔业、矿产开采、废物排放等提供诸多便利，是各类生态系统中单位面积生态服务价值最高的类型。

一、成陆造地

首先，河流携带泥沙入海，造就丰富的滩涂资源，具有较强的成陆造地功能，扩大城市面积，满足人口对土地的需求。长江每年携带4.35亿t悬沙入海，自然造地面积约3 000 hm^2。

二、海洋生物和陆生生物的栖息场所

河口区水体和沉积物中的有机碎屑为浮游生物和底栖生物提供了食物，通过碎屑食物链支撑其他营养级生物的生存。长江口海域具有丰富的动植物资源，同时渔业资源丰富，提供的水产品包括淡水、半咸水、溯河性、海水等多种类型。

三、防洪与净化水质

河口生态系统具有巨大的渗透和蓄水能力，减少洪水径流的影响。同时，通过生物净化和水体净化，发挥自然过滤作用，将多余的营养物质和污染物从该区域清除，达到维持水质、减轻污染的目的。

四、提供景观美学和休闲娱乐场所

许多河口湿地有秀丽的风光，丰富了人们的精神文化生活，成为游人观光、休闲的好去处。在我国一些著名的风景区都有河口湿地的存在。比如，盘锦双台河口自然保护区和黄河三角洲自然保护区是两个国家级自然保护区，也开辟出旅游区。这些湿地不仅可为当地带来经济效益，还有一定的文化价值。

第五节　我国的河口湿地

我国河口湿地处于暖温带和亚热带。河口三角洲常有以植物为主导种的生物群落，如长江口东滩、辽河口、大凌河口以及珠江口既是典型的河口湿地生态系统，又是鸟类的良好栖息地，因而也是重要的鸟类保护区。接下来介绍我国长江河口湿地和黄河河口湿地两大河口生态系统。

一、长江河口湿地

长江三角洲是长江泥沙充填古河口水域而成的陆地，受潮汐作用强烈。主要浅滩有崇明东滩、横沙浅滩和九段沙。河口区年平均气温15~18℃，表层水为微咸水（盐度多小于5，有时高达18）。河口沉积物以砂质为主，由陆向海方向沉积物粒径逐渐变小。长江河口湿地具有丰富的生物资源。由近岸至远岸形成芦苇沼泽和藨草沼泽，此外，还有水花生、水浮莲和水葫芦等野生植物。游泳动物以鱼类为主，有在生殖季节进入淡水产卵繁殖的中华鲟、鲥鱼、刀鲚和河鲀等；有在淡水中生活而去深海繁殖的鳗鲡；有在河口生活的鲻鱼、鲮鱼、鲈鱼等。海域还有带鱼、鲳鱼、海蜇和乌贼，陆域有平胸龟、鳖、赤练蛇和蝮蛇等爬行动物。鸟类主要有八哥、杜鹃、绿啄木鸟和绿头鸭等。

二、黄河河口湿地

作为世界上含沙量最大的河流，黄河每年将约1亿t泥沙输送至河口。由于频繁改道，黄海三角洲剧烈演变，河口经历着不断淤积—延伸—改道的演变过程。目前黄河三角洲面积约为5 400 km²，沉积物多为较细的砂质黏土，海拔小于3 m，盐渍化严重。

黄河河口湿地自然植被以草甸为主，以盐生草甸最为常见。群落优势种主要有白茅、芦草、樟茅和翅碱蓬等。潮间带生物有190余种，植物以芦苇和碱蓬为主，并有天然柽柳、天然柳和人工刺槐等。黄河与附近其他河流携带大量盐类和有机物入海，为鱼、虾、蟹等动物的产卵、生长和索饵提供了有利条件，主要有东方对虾、毛虾、鹰爪虾、梭子蟹、日本大眼蟹、三齿原蟹、毛蚶、脉红螺、凸壳肌蛤、文蛤、四角蛤蜊、近江牡蛎、鲚鱼、鲈鱼、梭鱼和黄姑鱼。黄河三角洲湿地鸟类有187种，其中丹顶鹤、白头鹤、金雕为国家一级重点保护野生动物，还有大天鹅、灰鹤和雁鸭等（图13-10）。海洋生物丰富，约有517种，其中浮游植物116种，浮游动物6种，经济无脊椎动物59种，底栖生物191种。

国家一级重点保护野生动物白鹤

国家一级重点保护野生动物丹顶鹤

东方白鹳

国家二级重点保护野生动物小天鹅

国家二级重点保护野生动物豆雁

国家二级重点保护野生动物疣鼻天鹅

国家二级重点保护野生动物楔尾伯劳

国家二级重点保护野生动物斑嘴鸭

图13-10　黄河三角洲被誉为"鸟类的国际机场"

（摄影者：刘云、高晓东）

第六节　河口区现状

一、河口区的退化现状

河口是陆海相互作用的集中地带，往往具备优越的区位、丰富的资源，具有极其重要的经济地位。随着人口增长和社会发展，作为重要的入海通道，河口成为整个流域和近海汇集污染物最多的区域。同时，流域的高强度开发，导致河流的水文条件、营养盐结构和泥沙入海量等发生显著变化，再加上全球变化，河口区生态系统已经出现各种负面的环境效应，呈现出逐步退化的趋势。目前河口水环境所面临的两个主要问题如下。

一是河流入海沙量急剧下降，自然湿地面积减少。这起因于河道大量采沙、修建水库大坝、跨流域调水的实施。自20世纪80年代以来，我国入海泥沙大幅下降。入海泥沙的改变引起河口三角洲及其邻近海岸的冲淤演变，最终具有重要生态功能的滨海湿地和滩涂资源不断减少。

二是入海污染物质显著增加。因农田施肥和城市污水的排放，近海水质污染程度不断增加。河口区比较容易接收和存储来自上游水域的污染物质，而且连续的涨潮、退潮使污染物质在河口区不断振荡，难以扩散，从而导致河口环境污染加剧，河口区生态系统失衡。富营养化促使赤潮灾害频发，对河口海岸的生态安全和人类生存环境带来了不利的影响。

此外，河口湿地水环境质量在恶化，生物质量下降，生物入侵现象严重。美国35%的河流入海口在萎缩，10%的河流正在受到威胁。根据《2017年中国海洋生态环境状况公报》，入海河口生态系统包括黄河口、长江口、珠江口等全部处于亚健康状况。例如，位于长江口的崇明东滩生态系统受大规模围垦工程的影响，光滩和海水面积减少，外来物种互花米草入侵程度逐渐加重（表13-2）。

表13-2　2000—2008年长江口崇明东滩主要生态系统类型的面积变化

单位：km^2

自然湿地生态系统类型	2000年面积	2003年面积	2005年面积	2008年面积
芦苇	10.34	6.57	8.18	7.71
互花米草	1.87	9.74	12.95	17.13
海三棱藨草	21.15	20.24	20.21	19.16
光滩与海水	235.41	217.04	211.69	211.69
合计	268.77	253.59	253.03	255.69

二、河口湿地退化的主要环境压力

（一）围垦

　　大河河口地区由于携带的泥沙不断在河口区淤积，河口和淤泥质海岸的潮滩有着规模很大的潜在的土地资源。河口滩涂资源作为可再生资源，是可利用开发的。但由于土地利用逐渐实行市场经济原则，而围垦获得土地几乎是无偿的，围垦滩涂处于无序和无度状态。许多重要天然湿地被围垦，湿地面积大量减少。湿地的演化过程受干扰，原有湿地脱离长久的或周期性的淹没状态。过度围垦改变了湿地景观格局，使得湿地生物多样性下降，湿地景观破碎化程度加深，同时使得湿地的生境质量变差，生态功能发生退化。围垦湿地对河口环境物理过程产生影响，主要表现在影响水位变化、泥沙沉积过程和地貌过程的变化。其中，以影响水位变化造成洪涝灾害加重的后果最为严重。河口湿地围垦除直接破坏了湿地植被赖以生存的基底，造成植被的直接消亡。同时，垦区外围原有或新生湿地处于水动力环境和生境自我恢复和调整期，植被生长滞后，湿地常因无充足的固着泥沙的植被而变得易遭受海水冲刷侵蚀。

（二）大型水利工程的建设

　　河口大型工程建设这类高强度的人类活动改变了河口地貌、沉积相分布与水动力条件，对河口湿地景观格局具有显著影响。大型建设型工程对河口湿地产生直接或间接影响，填海工程、水利工程等对入海河口湿地产生直接影响，而河道采砂、航道疏浚等对河口湿地产生间接影响。

（三）环境污染

　　河流入海物质流除了淡水径流及其挟带的固体径流——泥沙外，还包括化学径流（污染物和营养盐）。入海化学径流因为人类活动而恶化，其主要原因是农田大量施肥和工业化、城市化发展排出大量污水。长江口营养盐入海通量和污染物排海量大幅增加，导致长江口及邻近海域成为我国沿海劣质水分布面积最大、富营养化多发的区域。

（四）其他因素

目前，全球性增温和海平面上升引起海岸侵蚀、咸潮入侵、水体污染，导致河口湿地减少、生态系统发生退化、生物多样性降低等诸多问题，已引起了世界沿海国家的高度重视。

本章小结

河口是海水和淡水交汇和混合的部分封闭的沿岸海湾，是河流生态系统和海洋生态系统之间的过渡区域。

河口区沉积物以富含有机质的泥滩为主。盐度的区域性、周期性和季节性变化是河口区的典型特征。在全球多个河口区均发现低氧现象。

河口区的生物群落是海洋和淡水生物的集合体，有很高的物种多样性水平。向海方向，海洋种类增多；向河流方向，淡水种类增多。

由于水体浑浊度高，河口区初级生产力不高，但由于沉积物和水体中存在大量的有机碎屑，河口区的次级生产力较高。

沿海岸线（尤其是温带海区）受海洋潮汐周期性或间歇性影响的有植被覆盖的咸水或淡咸水淤泥质滩涂为滨海盐沼湿地。盐沼湿地在全球广泛分布，受潮汐及其带来的盐度变化的强烈影响。盐沼系统有较高的生产力，大部分植物生产转化为碎屑，被食碎屑者利用，小部分被转移到邻近海域或向下沉积。

思考题

（1）什么叫河口？河口的典型环境特征有哪些？

（2）河口区生物组成有哪些特征？

（3）盐沼湿地植物群落包含哪些生态类群？它们在盐沼食物网中扮演哪些角色？

拓展阅读

陈吉余. 陈吉余（伊石）2000：从事河口海岸研究五十五年论文选［M］. 上海：华东师范大学出版社，2000.

陆健健. 河口生态学［M］. 北京：海洋出版社，2003.

沈国英，黄凌风，郭丰，等. 海洋生态学［M］. 3版. 北京：科学出版社，2010.

第十四章 红树林生态系统

红树林生态系统是一个特殊的生态系统，它在自然界中的作用举足轻重。红树林生态系统也是最具生命力的海洋自然生态系统之一，具有高度的空间异质性、复杂性以及丰富的物种多样性，是国际上湿地生态保护和生物多样性保护的重要对象，被誉为"海岸卫士""生物进化筛""造陆先锋"等（Manson等，2005）。本章从生态系统的角度出发，介绍了红树林生态系统的分布与现状、组成与功能等。

第一节 红树植物及其分布

一、什么是红树植物？

红树植物（mangrove plant）是生长在热带、亚热带沿海潮间带滩涂上特有的木本植物，属于常绿阔叶林。其中，专一性生长于潮间带的木本植物称为真红树植物；既能生长于潮间带，也能在陆地非盐渍土生长的两栖木本植物称为半红树植物。据统计，全世界共有红树植物24科30属86种（含变种）。常见种类有无瓣海桑（*Sonneratia apetala*）、海漆（*Excoecaria agallocha*）、木榄（*Bruguiera gymnorrhiza*）、角果木（*Ceriops tagal*）等。以红树植物为优势种所构建的盐生木本植物群落称为红树林（mangrove forest）。所以，"红树林"这一名词是对景观的描述，而非单一的植物类群。

在红树林中，除红树植物外，还存在着其他偶然出现但不成为优势种的木本植物，以及藤本植物和草本植物。这些植物统称为伴生植物（林鹏等，1995）。

由生产者（红树植物、红树林伴生植物以及水体浮游植物等）、消费者（底栖动物、浮游动物、鱼类、鸟类和昆虫）、分解者（微生物）和无机环境组成的有机集成系统，称为红树林生态系统。

二、红树林生态系统全球分布概况及其现状

（一）全球分布概况

全球红树林大致分布在南北回归线之间范围内。2000年，世界范围内红树林总面积约为137 760 km^2（亚洲：42%；非洲：20%；中美洲：15%；大洋洲：12%；南美洲：11%），散布在118个国家和地区（图14-2）。约75%的红树林位于印度尼西亚、澳大利亚、巴西等15个国家（表14-1）。红树林可分为东方、西方两大中心群系。东方群系分布于印度洋和西太平洋海岸，西方群系主要分布在美洲热带沿岸、西非海岸。东方群系有红树植物74种，西方群系有15种。

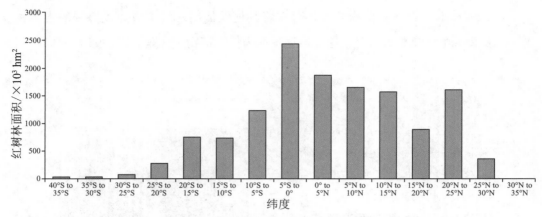

图14-2 2000年全世界红树林纬度分布（绿色部分）

（引自Giri等，2010）

表14-1 红树林面积最多的15个国家

编号	国家	地区	面积/hm²	占全世界总面积的百分比/%
1	印度尼西亚	亚洲	3 112 989	22.6
2	澳大利亚	大洋洲	977 975	7.1
3	巴西	南美洲	962 683	7.0
4	墨西哥	中北美洲	741 917	5.4
5	尼日利亚	亚洲	653 669	4.7
6	马来西亚	亚洲	505 386	3.7
7	缅甸	亚洲	494 584	3.6
8	巴布亚新几内亚	大洋洲	480 121	3.5
9	孟加拉国	亚洲	436 570	3.2
10	古巴	中北美洲	421 538	3.1
11	印度	亚洲	368 276	2.7
12	几内亚比绍	非洲	338 652	2.5
13	莫桑比克	非洲	318 851	2.3
14	马达加斯加	非洲	278 078	2.0
15	菲律宾	亚洲	263 137	1.9

引自Giri等，2010。

孟加拉湾是印度洋海岸最集中、最典型的红树林分布区，也是世界上面积较大的红树林分布区之一。该分布区的红树林60%属于孟加拉国，40%属于印度。孟加拉国红树林共有植物17科18属23种，常见种有小叶银叶树、海漆、孟加拉角果木、水椰等。红树植物平均高度为15～20 m。孙德尔本斯红树林位于孟加拉国西南角。孙德尔本斯国家公园核心面积超过1 395 km²，是世界上面积较大的红树林保护区之一。

我国红树林在区系上属于东方群系，共有红树植物21科27属37种（陈映霞，1995）。常见种类有桐花树（*Aegiceras corniculatum*）、秋茄、老鼠簕（*Acanthus ilicifolius*）、木榄、银叶树、水椰等（图14-3），主要分布在广东、广西、福建、海南、台湾等省区。按照种类组成、外貌、结构和演替特征，我国红树林大致分为红树群系、秋茄群系、白骨壤群系、海桑群系、桐花树群系、水椰群系、木榄群系、海莲群系等8个群系。

A. 银叶树；B. 秋茄；C. 水椰。

图14-3　几种红树植物

（二）红树林生态系统现状

红树林群落在生态环境、经济、社会等多方面的综合价值，日益引起世界各有关国家的高度重视。在联合国环境与发展大会发表的《21世纪议程》中，已明确将红树林生态系统列为"保护和保全稀有或脆弱的生态系统"之一。

自20世纪60年代以来，由于大规模围海造陆、城市化、渔业养殖、毁林造塘以及环境污染等因素影响，全球范围内的红树林生态系统遭到严重破坏，正面临着显著而持续的退化（图14-4）。红树林退化首先表现在红树植物物种多样性的丧失，红树林群落结构由成熟植物群落变为先锋植物群落。在我国，超过30%的红树植物处于濒危状态。这些濒危红树植物多为演替中后期的物种。据统计，全球红树林总面积曾高达20万km²，而现如今正以每年1%～2%的速率消失。例如，我国是世界上红树植物种类较多的国家之一，但由于长期的不合理利用，我国红树林面积锐减，从历史记录的25万hm²到目前的1.6万hm²，未经砍伐的原生林已经不复存在，现存的主要为次生林，群落外貌结构简单，现存红树林高度显著下降，以灌木或小乔木为主。此外，红树林斑块不断破碎化，形状趋于不规则，连通度降低。近20多年来，发达国家逐渐重视对红树林的恢复，通过建立保护区或人工栽植红树等手段来拯救红树林。但在发展中国家，红树林生态系统面临着威胁，破坏的问题依旧十分严重，这主要体现在红树林生境消失、生物多样性下降、渔业资源过度开发等。

全球范围内的人们逐渐意识到红树林生态系统的重要性。目前已在美洲、大洋洲和亚洲等地区进行了红树林的恢复工作。全球红树林联盟和世界自然保护联盟共同发布的《2024年世界红树林状况》报告指出，全球红树林中已有40%被划入了保护区。澳大利亚拥有大面积未过度采伐的和原生状态的红树林，更侧重从生态系统的角度来管理、利用和保护红树林。澳大利亚将大部分的红树林都纳入了国家公园或野生动物保护区的范畴，对红树林的管理采取封闭兼开放的方式。我国基于红树林面积锐减、红树植物物种濒危等现状，采取恢复和保护策略。目前，我国80%以上的天然红树林被纳入自然保护区范围，远高于世界平均保护水平，同时在大范围开展红树林湿地恢复工作。

图14-4　退化的红树林

第二节　红树林生态系统的特点

一、环境特点

红树林所生长的环境特征主要体现在气候、土壤、潮区等方面。

（一）高温高湿，盐度变化显著

红树林分布的区域属于热带季风海洋性气候，气温高，日照充足。红树林分布中心的海水年平均温度为24～27℃，且随水温降低，红树植物种类和数量减少。年均雨量超过1 200 mm，相对湿度大。红树植物多生长于河口内湾区，盐度变化较大。不同种类的红树植物对盐度的耐受性不同。例如，白骨壤（*Avicennia marina*）适合生长于盐度25以上的土壤，桐花树适合种植于中等盐度的海滩，而老鼠簕只适宜在较低盐度海滩生长（林鹏等，1984）。

（二）细粒冲积扇

底质（沉积物类型及其化学形态）是直接影响红树植物生长发育的关键环境因子之一。在不同区域，不同红树物种的底质特征并不十分相似，但通常红树林适合生长在冲积平原和三角洲地带。生长的底质多为较初生的土壤，沉积之前被海水分选过，多是一些精细的颗粒。沉积物中含有以红树叶子碎屑为主的腐殖质，于下部形成黑色软泥，pH多小于5。红树林生长的潮间带受到周期性潮水的淹没，因此红树林土壤高水分、高盐分，含大量硫化氢、石灰物质，缺乏氧气，其中的植物残体多处于半分解状态。

（三）中潮区以上滩面，潮汐作用强烈

潮间带向海方向可分为高潮滩、中潮滩、低潮滩，红树林多见于中潮滩上，少数延伸至低潮滩和高潮滩上，受潮汐作用强烈（图14-5）。因潮汐带来营养物质，所以在潮汐落差较大的区域，红树林生长最为旺盛。

低潮泥滩带：位于中潮线与中低潮线之间。该区域海洋生物较多，是红树林先锋植物种类分布的地带。这里在高潮时有些树种几乎没顶或仅树冠露出水面；退潮时，有些树根部仍浸没在水中。低潮泥滩带常出现的种类有白骨壤、桐花树、海桑、秋茄等。

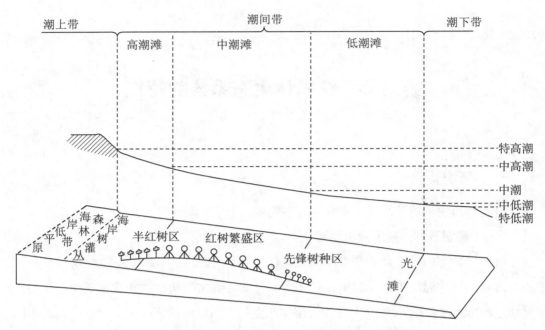

图14-5　红树林海岸礁滩各潮区植被分布示意图

中潮红树林区海滩带：位于中潮线以上、中高潮线以下的地带。这里淤泥比较深厚，是红树植物生长茂盛的地带。中潮滩地退潮时地面露出，多种红树植物的根系显露出来；高潮时大多数红树植物的树干部分或一半以上被海水淹没。这一地带主要分布有红树科植物，如红树、红海榄、海莲，以及秋茄和桐花树等。

高潮滩带：这里处于中高潮线与特高潮线之间。该地带淤泥由于经常外露，表面比较坚实，有的仅在特大高潮时才可被海水淹没，形成干实的土壤，所以是红树林带向陆地过渡的地带。在这一地带分布的大多数是水陆两栖的半红树种类，如水椰、海漆、银叶树。

高潮滩后面就是陆岸滩或淡水灌溉区域，分布有陆生海岸刺灌丛类型的植物。

二、物种多样性

作为海陆过渡地带，红树林能够同时为陆生生物和海洋生物提供栖息繁育场所，并直接或间接提供食物。除了红树木本群落外，红树林生态系统还包含动植物群落和微生物群落，而相比于其他生态系统，红树林生态系统中动植物以及水生生物种类更为丰富。

（一）红树植物

红树林生态系统中的植物主要包括木本、藤本和草本植物。木本植物主要是真红树和半红树植物。目前世界上共有真红树植物20科27属70种（林鹏，1991，1999）。在我国已经查明的真红树植物共有12科16属26种和1个变种，常见种类有红树、红海榄、木榄、尖瓣海莲、秋茄、海桑等。在我国半红树植物有9科11属11种，常见种类有莲叶桐和银叶树等（林鹏，2001）。伴生植物常见种类有马鞍藤和冬青菊等。

红树林一般沿海岸呈现带状分布。从海岸到外滩，生境的差异影响了红树植物的演替和垂直分布格局（缪绅裕，2000）。以大亚湾红树植物群落的物种垂直分布格局为例，白骨壤分布于潮间带外缘，即靠近低潮线一侧；桐花树位于潮间带内侧，靠近高潮带的部分生长良好，其中，木榄、海漆、秋茄、银叶树、老鼠簕和藤本以及草本植物伴生存在（钟晓青等，1999）。与陆地植物群落相比较，红树植物群落的物种多样性较低，且随着纬度升高而越发单一。地区间气候差异、红树物种间适应性差异，以及物种进化和繁殖体扩散能力对区域尺度物种格局的控制等因素，导致红树林在不同区域呈现不同的结构特征。

（二）藻类及附生植物

群落中的其他植物主要是藻类，主要因为红树林内落叶和残屑的分解有利于各种藻类生长和繁殖。红树林区的藻类包括绿藻、硅藻和褐藻等。常见种类有鹧鸪菜属（*Caloglossa*）、卷枝藻属（*Bostrychia*）、浒苔属和鞘丝藻属（*Lyngbya*）等大型藻类以及有角毛藻、圆筛藻、根管藻等微藻。凤梨科植物和槲寄生灌木也十分常见。

（三）陆生昆虫

以蚂蚁、白蚁和蚊子为主的大量昆虫是红树林生物多样性的重要组成部分。昆虫以红树植物叶子为食，一定程度上损伤叶片，并限制幼苗的成功定居和生长，可对红树林生长与繁殖造成严重的影响，但大量昆虫的存在吸引大量陆生鸟类前来捕食。因此，昆虫是红树林复杂的食物网中的重要环节，对红树林生态系统的能量流动、物质循环以及自然平衡发挥着不可忽视的作用（李志刚等，2014）。

（四）鸟类

鸟类是红树林生态系统中种类多样性最丰富的脊椎动物。凡是红树林分布的区域，均保持着较高的鸟类种群多样性。水禽和陆生鸟类等在红树林中筑巢和觅食。据统计，我国红树林生态系统有鸟类17目39科201种，其中包括许多《湿地公约》中的保护鸟类，如白鹳（*Ciconia ciconia*）、白鹮（*Threskiornis melanocephalus*）和黑脸琵鹭（*Platalea minor*）（林鹏，2003）。对于候鸟，红树林生态系统的广阔滩涂和丰富的底栖动物能够为迁徙鸟类提供歇息和觅食的丰厚条件（陈桂珠等，1995）。每年经过深圳湾过冬的鸟类有10万只以上。

（五）底栖动物类

红树林区栖息着种类丰富的底栖无脊椎动物，常表现出显著的成带分布格局。对于不同高程红树林滩涂而言，蟹类和腹足类是主要的两类底栖动物。这两类动物以沉积物为食，同时能够黏附其中的细菌、微藻、小型底栖生物和碎屑，利用移动、挖掘来改变沉积物的理化性质。蟹类和腹足类还能够摄食红树林繁殖体，从而在决定生物群落方面发挥重要作用。对世界多处红树林湿地的研究发现，红树林和相手蟹之间存在着互相依存的关系，表现在红树林为蟹类提供栖息地，而蟹类则能通过选择性地摄食红树幼苗来减小红树植物间的竞争压力。常见的食繁殖体动物有方蟹和耳螺（*Melampus coffeus*）。

（六）鱼类

弹涂鱼是栖息于红树林中的重要鱼类，主要代表有弹涂鱼属（*Periophthalmus*）、青弹涂鱼属（*Scartelaos*）和大弹涂鱼属（*Boleophthalmus*）。它们平时生活在充满水的洞穴中，在退潮时出来觅食，利用腹部的吸盘和臀鳍在泥滩表面行走，甚至能够爬上红树。弹涂鱼已经表现出对两栖生活的高度适应性。澳大利亚北部和美国佛罗里达红树林区的鱼类生物量分别比其邻近的海草场高4~10倍和35倍（Ronnback，1999）。

（七）微生物

独特而丰富的微生物类群是红树林生态系统中不可或缺的组成部分，扮演着分解者的重要角色。研究发现，红树林微生物中细菌是最主要类群，其次是真菌，而放线菌相对较少（Gina等，2001；庄铁诚等，1993）。细菌主要分布在水体和沉积物中，而真菌则在衰老或死亡的红树植物中占据优势。常见种类有固氮菌、溶磷菌、硫酸盐还原菌、产甲烷菌以及无氧光细菌。沉积物表面富含动植物碎屑，因此微生物类群组成常常与沉积物的深度相关。除此之外，不同品种红树植物间，细菌群落种类有着明显差异。在微生物的生命活动中，种类繁多的代谢物和丰富的酶类等生物活性物质保证了红树林生态系统物质和能量的平衡。

（八）其他生物

两栖类、蜥蜴和鼠类等陆生脊椎动物能在红树林出没。在孙德尔本斯国家公园，能够发现孟加拉虎（*Panthera tigris tigris*）、湾鳄和亚洲岩蟒（*Python molurus*）的踪影。在长期进化过程中，很多种类发展出较强的耐盐能力。例如，海蛙（*Rana cancrivora*）有较好的渗透压调节能力，而湾鳄具有特殊的盐腺排泄体内多余盐分来适应高盐生境。盐腺开口位于眼睛附近，常常从眼角淌下盐液。

孙德尔本斯国家公园

作为世界上最大的红树林之一，孙德尔本斯国家公园的红树林区域具有较高的物种多样性。其中，植物有334种，包含165种藻类；野生动物693种，包含49种哺乳动物、59种爬行动物、210种鱼类以及43种软体动物。此外，栖息在水边的鸟类种数达到315种。许多濒危物种

图14-6　孟加拉虎

也生活在红树林中，如孟加拉虎（图14-6）、恒河鳄、湾鳄和巴达库尔龟。孙德尔本斯国家公园保留有孟加拉虎400～450只，是世界上唯一的孟加拉虎红树林栖息地。

三、红树植物的环境适应

红树林主要生长在热带、亚热带海岸的滩涂上，其生长环境中淤泥丰富，透气性差，缺乏氧气，遭受阳光辐射，且受到周期性潮汐的浸渍。在这样一般木本植物无法生存的区域里，经长期的自然选择和进化适应，红树植物逐渐形成特殊的形态结构和生理特征，主要表现在以下方面。

（一）发达的根系

高度特化的根系有助于植物进行呼吸和固着作用。红树植物的根系很少呈现深扎或竖直状态，通常多贴近地表生长，从而保证空气的顺利输导以及抵抗风冲击。常见的红树植物根系包括缆状根、表面根、气生根、支柱根和板状根等等。例如，红树属物种具有发达的支柱根和气生根；海桑具有发达的笋状呼吸根，长1～1.5 m；白骨壤属物种在水平根上每隔15～30 cm会长出一个呼吸根。据估计，一株2～3 m高的白骨壤生有10 000多个呼吸根。

红树植物的根系分化及主要功能

红树植物的根系表现出典型的"生物体与环境的统一"，已分化出多种类型（图14-7）。缆状根和表面根靠近地面生长，呈网状分布，可在周期性潮汐过程暴露于空气中，保证呼吸作用顺利进行。气生根从树干突起下垂，长度较短，粗细均匀。埋在土壤下水平分布的网状根垂直向上生长，钻出地面，成为长短不一的呼吸根。呼吸根上具有

多条气道，表皮上分布着大气孔，能够更好地输导空气。支柱根或板状根呈拱形向下弯入土壤，构建成稳固的支架来增强红树植物的机械支撑能力，从而抵抗潮汐、风浪的冲击。

A. 呼吸根，来自维基百科；B. 板状根，来自Srikanth等，2016。

图14-7　红树植物的根系分化

（二）胎生与半胎生

因种子会遭受水淹和高盐的影响，大部分红树植物可通过一定程度的胎生来维持繁殖。红树植物的果实成熟后不脱离母树，而是留在母树上，种子在母树上的果实内发芽直至长成幼苗。所形成的幼苗很长，带有棍棒形或纺锤形的胚轴（图14-8）。由于下端粗大，幼苗成熟落下后，能够垂直插入松软的海滩淤泥，只需几天便可生根固定于土壤中。若被海水冲走，因胚轴上含有气道且富含单宁等抗腐蚀物质，幼苗可以在海水中长时间漂浮而不腐烂。一旦接触合适的底质环境，幼苗即使是处于水平位置，仍能从其基部迅速长出根系，直立固定。

花　　　　　　　　　　种子萌发形成胎生苗

红树植物的胎生

胎生苗脱落　　　　　　形成小树苗

图14-8　红树植物的胎生过程

此外，还有某些红树植物采取半胎生的方式来进行繁殖。种子萌发后继续留在果皮内，待果实掉进海水，果皮吸水涨破，幼苗才伸出果皮，插入土壤生根固定。

（三）叶片具有旱生结构和高渗透压

红树林生境中盐度和气温高，属于生理干旱环境。为适应这种环境，红树植物叶片呈肉质，覆有角质化厚膜，具有储水组织较大等形态特征，从而能够避免强光直射；全缘、表皮组织有厚膜并且角质化，气孔深藏于表皮之下（图14-9）；叶脉尖端扩大成储水的管胞，长形的石细胞或韧皮状机械细胞都在栅栏组织之间。有些红树种类的细胞具有胶性黏膜；叶肉几乎没有细胞间隙，栅栏组织是唯一的绿色组织。有些种类的叶能调整位置，与光平行，避免强光的直射。此外，从叶片的解剖结构发现，叶面上单位面积的气孔数随土壤盐度的增加而减少，角质层厚度随盐度的增加而增大，栅栏组织随土壤盐度的增加而增厚；海绵组织的细胞间隙随土壤盐度的增加而增大，叶片厚度随土壤盐度的增加而增大。总而言之，红树植物叶片解剖结构与土壤的盐度关系极为密切，随盐度升高，红树植物叶片的旱生结构更为明显和发达。

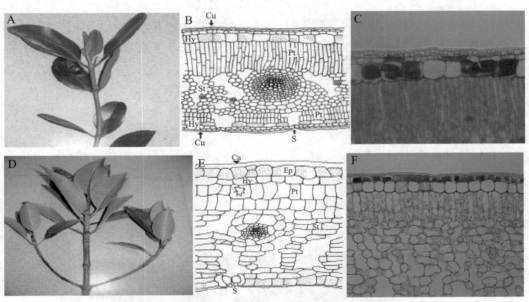

Cu为角质层；Ep为表皮；Hy为内皮层；Pt为栅栏组织；St为海绵组织；S为气孔。
A-C分别为秋茄叶片外部形态、叶片横切面（描）、叶片横切面显微照片（400×）；
D-F分别为木榄叶片外部形态、叶片横切面（描）、叶片横切面显微照片（400×）。

图14-9 秋茄叶片和木榄叶片

（引自李元跃，2006）

此外，红树植物叶片普遍具有高渗透压。例如，白骨壤叶片渗透压相当于34.5~62.0个大气压，海桑的相当于32个大气压。叶片的高渗透压有利于红树植物从海水中吸收水分。

（四）树皮的抗腐蚀机制

红树的树皮富含单宁，因而具有高抗腐蚀性，以应对盐渍环境。在我国，木榄树皮单宁含量为12.7%~22.73%，海莲的为20.20%~23.0%（图14-10），角果木的为28.15%~29.67%。

图14-10　海莲树皮富含单宁

植物单宁

植物单宁，又称植物多酚，是一类广泛存在于植物体内的次级代谢物质，主要分布在树皮、果实、根以及叶等。根据化学结构不同，植物单宁可分为水解单宁（桔酸酯类多酚）和缩合单宁（黄烷醇类多酚）。高温、干旱、紫外线辐射、高盐等逆境，均会诱导植物产生单宁来应对环境胁迫。主要是因为在逆境中，植物产生大量活性氧自由基，对生物大分子产生氧化损伤。而单宁等多酚物质能够通过还原反应降低植物体内活性氧含量，也可以通过释放氢与植物体内自由基结合，阻止氧化损伤过程。

（五）拒盐或泌盐

在保持细胞渗透调节能力的前提下，红树植物主要通过根系拒盐或叶片泌盐两种形式，保持地上部分较低的盐分浓度。根系拒盐是所有红树植物最重要的排盐机制。拒盐植物依靠其木质部内的高负压力，从海水中分离出淡水，然后吸收淡水。桐花树属、老鼠簕属等物种叶片均具有盐腺，能够将盐分分泌到叶片表面（图14-11）。

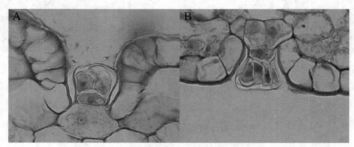

A.老鼠簕叶的上表皮盐腺（1 000×）；B.老鼠簕叶的下表皮盐腺（1 000×）

图14-11　老鼠簕叶片泌盐

（引自李元跃，2006）

四、红树林区的食物链和生产力

红树植物、海洋底栖微藻、海草、浮游植物以及附生植物和能够进行光合作用的细菌等组成了红树林生态系统的生产者，其中以红树植物的作用最为关键。

红树植物的生物量，因植物类型和分布的地理位置的不同而表现出很大的差异（表14-2）。一般而言，生长环境好，受人为破坏少，红树植物生长得高大茂盛，生物量就高。与其他几种陆生森林群落比较，红树群落的生物量属中等偏高水平，说明红树植物群落所蕴含的物质和能量均比较高。

表14-2 几种红树植物的生物量

群落名称	所在地	纬度	总生物量/（g/m^2）
红海榄	中国广西	21°28′N	29 158
秋茄	中国福建	24°24′N ~ 24°54′N	16 252
海莲	中国海南	19°53′N	42 029
大红树	波多黎各	18°N	11 282
红树林	巴拿马	9°N	46 893

红树林生态系统具有很高的固碳能力和碳储量。据估计，红树林的净初级生产力高达218 Tg/a（Bouillon等，2008a），约占滨海湿地生态系统总生产量的50%。红树林尽管相对面积较小（约为全球陆地面积的0.1%），但在全球碳循环中发挥着重要作用（Spalding等，1997；Bouillon等，2008a；Bouillon等，2008b；Kristensen等，2008）。据估算，现存海洋沉积物中总碳以及从陆地流入海洋的总碳中超过10%来自红树林（Jennerjahn等，2002）。

在红树林生态系统中，海洋牧食食物链与碎屑食物链同时存在。在牧食食物链中，植物制造的有机物传递给多毛类、双壳类、招潮蟹、昆虫等初级消费者。接下来，草食性动物被第一级肉食性动物摄食，能量便从初级消费者流到次级消费者体内。常见的次级消费者有弹涂鱼、寄居蟹等。之后，能量便沿着食物链进行传递。

大部分无脊椎动物并不能直接摄食红树树叶。红树林凋落物中，落叶占绝大部分。红树林凋落物产量是评价红树林生态系统功能的重要指标之一。据统计，香港秋茄林年凋落物量高达920 g/m^2，其中落叶占54%（卢昌义等，1988）。在广西红海榄群落的凋落物中，落叶占89%（尹毅等，1993）。美国佛罗里达湾海岸大红树（*Rhizophora mangle*）群落的年凋落物产量高达5 384 g/m^2。大量的落叶只有经过破碎、腐烂才能被系统内其他次级生产者所利用。因此，红树林凋落物的破碎、分解是初级生产者能量和物质传递流动的重要步骤。比较红树植物与陆生森林植物凋落物的半分解期可知，红树植物凋落物的分解速率要远远快于陆生植物凋落物，这是因为红树林处于水陆交界地，以细菌、真菌和放线菌组成的分解者能够迅速将红树植物败落后的叶子、花、根、茎等分解成有机碎屑，为浮游生物、底栖生物提供营养。大型底栖动物对红树植物落叶的摄食是红树林凋落物的主要去向之一，特别是对于红树林内丰富的蟹类和腹足类而言，红树植物落叶是它们主要的食物来源。这些动物的作用加快了红树凋落物的破碎和分解。基于佛罗里达食物链进行的研究发现，红树林生态系统能流主要沿着以下途径进行：红树林树叶→菌类和真菌类→树叶消费者（食草动物和非偏食动物）→低等食肉动物→高等食肉动物（图14-12）。在红树林生态系统中，碎屑食物链的作用尤为重要。

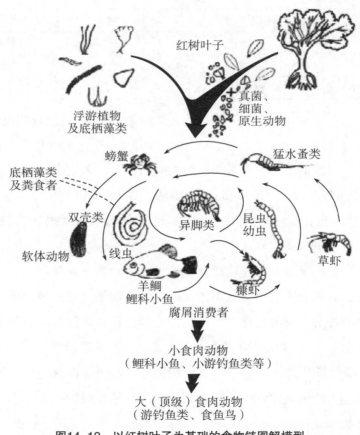

图14-12　以红树叶子为基础的食物链图解模型

（引自Odum，1971）

第三节　红树林的生态价值

一、抵御自然灾害，保护和改善海岸生态环境

（一）防风抗浪，保护海岸

红树植物高度特化的根系形成稳固的支持系统，使得植物牢牢扎根于滩涂上，盘根错节，形成严密的绿色抗浪"城墙"；利用根系网罗碎屑的方式促进沉积物的形成，达到促淤保滩的目的。

红树林对海啸的减灾作用

虽然不能阻挡海啸，但红树林可以有效地起到缓冲作用，使得达到岸上的海啸能量减弱。以东南亚海啸为例。2004年12月26日，印度洋地震引发的海啸侵袭了印度尼西亚、泰国、孟加拉国和印度等国家，30多万人永远消失于茫茫大海，200万人流离失所，直接经济损失达到60亿美元（Kathiresan等，2005）。灾难过后，根据不同国家和地区的报告，发现有高大茂密的红树林生长的地区死亡人数和财产损失较少。其中在印度尼西亚苏门答腊岛的亚齐，红树林被围垦成养殖区域。亚齐海岸没有了缓冲林带，于是巨浪肆无忌惮，造成17万人死亡，城区满目疮痍。

（二）净化水质，减轻污染

红树植物可通过发达的根系网罗碎屑，加速潮水和陆地径流带来的泥沙和悬浮物的沉积，起到净化水质的作用。红树植物可从土壤中吸收重金属元素，将其富集在根系等动物无法摄食的部位，避免这些重金属元素进入食物链再循环，且降低水体重金属污染程度，从而起到净化环境的作用。

二、调节生态平衡，维护生物多样性

（一）多种海洋生物和陆生生物觅食栖息的场所

红树林具有高的初级生产力，其自然凋落物分解形成的有机碎屑可作为浮游生物、底栖生物的饵料，形成以红树植物为开端的食物链。红树林中生物众多，而且有

些种类是红树林特有的。例如，红树林泥滩是锯缘青蟹的重要栖息地，许多水禽可以栖息于红树的枝干上，南亚红树林发现过孟加拉虎的存在。

（二）鱼类重要的繁育场所

一项针对伯利兹沿岸的研究证实，红树林对邻近的珊瑚礁鱼类群落的组成起十分重要的作用（Mumby等，2004）。红树林可为珊瑚礁鱼类幼鱼提供良好的庇护所和丰富的食物，提高了幼鱼的存活率，因此，红树林附近的珊瑚礁鱼类的生物量通常较高。该研究发现，大西洋的大型鱼类虹彩鹦嘴鱼（*Scarus guacamaia*）只有当附近存在红树林时才出现。

红树植物"北移"

红树林具有众多生态功能，已被认为是"海岸带第一道防护林"。近年来，我国南部区域在红树林生态恢复和引种技术等方面均积累了一定成果。浙江乐清成为我国红树林引种的最北端极限区域。我国通过引种试验、低温驯化、抗寒性研究等，筛选出较耐寒的红树植物进行北移，已成功使得秋茄、桐花树等红树植物分布向北扩展。

本章小结

热带海岸潮间带上部普遍生长着属于不同科的红树植物。以红树植物为优势种所构建的盐生木本植物群落称为红树林。由生产者（红树植物、红树林伴生植物以及水体浮游植物等）、消费者（底栖动物、浮游动物、鱼类、鸟类和昆虫）、分解者（微生物）和无机环境组成的有机集成系统称为红树林生态系统。因此，红树植物、红树林以及红树林生态系统所描述的主体不同。

红树林生态系统是典型近岸生态系统之一。红树林可分为东、西两大中心群系。东方群系分布于印度洋和西太平洋海岸，西方群系主要分布在美洲热带沿岸、西印度群岛及西非海岸。随着人类活动的加剧，红树林面临着生境消失、生物多样性下降、渔业资源过度开发等威胁。

红树林主要分布在高温、高湿的气候区域，常见于中潮区以上滩面，受潮汐作用强烈，沉积物粒径细小，富含有机碎屑。在长期演化中，红树植物演化出一系列适应机制。除红树植物外，红树林中还生活着藻类及附生维管植物、陆生动物和海洋动物，红树林生态系统因其丰富的物种多样性而成为国际上湿地生态保护和生物多样性保护的重要对象。

红树林生态系统的能量传递通过牧食食物链和碎屑食物链进行。红树植物中的营养物质与能量通过凋落物的形式进入食物链。能量沿此食物链的传递成为能流的主要形式。

思考题

（1）红树林有哪些生态价值？

（2）简述红树林的环境特征以及典型红树植物适应环境的机制。

（3）简要描述红树林生态系统中能量在食物链流动的主要形式。

拓展阅读

林鹏. 中国红树林生态系［M］. 北京：科学出版社，1997.

王文卿，王瑁. 中国红树林［M］. 北京：科学出版社，2007.

第十五章　珊瑚礁生态系统

　　珊瑚礁生态系统是海洋环境中极富特色的一类生态系统，具有高的生物多样性和生产力水平，同时也是非常脆弱的生态系统，对各种直接或间接的破坏活动极其敏感。本章着重介绍珊瑚礁的形成、分类与分布现状，珊瑚礁生态系统的结构与功能，以及珊瑚礁的生态价值。

第一节　珊瑚礁的形成、分类和分布

一、什么是珊瑚礁？

（一）珊瑚礁的定义

　　珊瑚礁（coral reef）指生长在热带浅海水域中的珊瑚虫，以及生活于其间的其他造礁生物、附礁生物、藻类等经历长期生活、死亡后的碳酸钙骨骼堆积，同时填充、胶结各种生物碎屑形成的海底隆起地貌结构。

（二）参与造礁的生物类型

　　珊瑚虫是珊瑚礁形成的主要贡献者。珊瑚虫一般是指体呈辐射对称，有石灰质外骨骼或皮层中含有大量骨针，营底栖固着生活的海洋刺胞动物。在分类学上隶属于刺胞动物门（Coelenterata）珊瑚虫纲六放珊瑚亚纲石珊瑚目。珊瑚虫构造简单，身体呈圆筒状，有多条触手，触手中央有口。多群居，结合成一个个群体。珊瑚虫利用触手来捕捉食物（图15-1）。在珊瑚虫体内有共生的虫黄藻，使得珊瑚虫呈现绚丽的颜色。最重要的是，虫黄藻能够为珊瑚虫提供营养物质，并帮助珊瑚虫建造碳酸钙骨架。虫黄藻生活在珊瑚虫的消化道细胞内，数量巨大。珊瑚虫和虫黄藻的共生是海洋生态系统中物种共生关系的典型代表。

A、B示珊瑚形态；C示珊瑚虫形态。

图15-1　珊瑚虫外部形态

（刘骋跃摄）

虽然是珊瑚礁建造的主要"建筑师"，但珊瑚虫并不能独立建造珊瑚礁。它们最主要的帮助者就是藻类（图15-2）。藻类是珊瑚礁的重要组分，并在珊瑚礁发育过程中发挥重要作用。首先，珊瑚藻生长在珊瑚礁表面，可以形成如石头一样坚硬的薄层。它们参与了相当数量碳酸钙的沉积过程，对珊瑚礁生长具有极大贡献。其次，珊瑚藻还作为黏合剂帮助珊瑚固定沉积物。一些其他生物也形成碳酸钙沉积物帮助珊瑚礁生长。有孔虫、蛤等软体动物的壳是其中重要的组成部分，而海胆、苔藓动物、甲壳动物、海绵和细菌等也帮助结合碳酸盐沉积物。具有薄壳的珊瑚藻不仅帮助建造珊瑚礁，还可以保护珊瑚礁。这些藻能形成石头一样的足以抵挡巨浪的坚硬表面，并在珊瑚礁最外层形成一个奇特的脊，消减浪的冲击力。例如，石枝藻属等海产大型钙化红藻类，能够填充礁体缝隙从而加强珊瑚礁的结构，对珊瑚礁的碳酸钙沉积做出贡献。研究发现，珊瑚藻在太平洋珊瑚礁形成上的作用比在大西洋中的更为重要。例如，太平洋的马绍尔群岛珊瑚礁以造礁藻类为主。

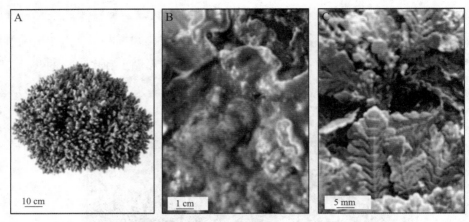

A. 瘤块状红藻石；B. 皮壳状珊瑚藻；C. 分枝状珊瑚藻。

图15-2　珊瑚藻的形态

（引自李银强等，2016）

刺胞动物水螅类的多孔螅常常与造礁珊瑚栖息在同一生境中，且由于其具有坚硬的石灰质骨骼，也成为珊瑚礁的造礁生物之一（齐钟彦等，1965）。此外，串管海绵、纤维海绵和硬骨海绵等钙质海绵生物也参与了成礁过程（范嘉松等，1987）。有人曾提出用"生物礁"这一名称来替代"珊瑚礁"。

（三）珊瑚礁的形成与发育

珊瑚礁的生物建造和生物侵蚀是珊瑚礁地貌形成发育的主导因素。珊瑚礁的生物建造指的是珊瑚虫-虫黄藻的共生、珊瑚骨骼钙化以及骨架间的推挤和胶结填充、珊瑚礁礁体边缘的垂直和侧向生长等3个层面或尺度的生长。珊瑚虫等造礁的同时，以生物作用为主的其他过程也在侵蚀珊瑚礁。生物侵蚀主要是指钻孔微生物（蓝细菌、微藻、真菌和微小无脊椎动物）和钻孔大生物（海绵、双壳类、多毛类）在活珊瑚、死珊瑚和其他礁体骨架上钻孔，以及捕食动物（软体动物、棘皮动物和鱼）捕食钻孔生物和珊瑚，造成珊瑚骨骼和珊瑚礁礁体破坏，产生大量碎屑颗粒沉积。侵蚀的速率与碳酸钙底质的坚固程度、钻孔生物的密度等因素密切相关。珊瑚礁生物地貌过程是一动态过程，主要体现在珊瑚礁生物建造和生物侵蚀的脆弱平衡关系（Hutchings，1986）。平衡关系的变化指示着珊瑚礁地貌的发育趋势。珊瑚礁生物建造速率大于生物侵蚀速率时，珊瑚礁具有净生长量，反之呈现净侵蚀量。珊瑚礁净生长量与净侵蚀量之间的转变会导致珊瑚礁地貌格局的改变。

造礁珊瑚的生长率因珊瑚种属和环境不同而有差异。一般来讲，块状珊瑚为

2.5～10 mm/a，枝状珊瑚为10～50 mm/a甚至50～500 mm/a。赤道海洋鹿角珊瑚的某些种在24.4～125.3 mm/a。造礁珊瑚的生长率随纬度增高而降低（表15-1）。

表15-1　造礁珊瑚的成长率

地点	纬度	生长率/（mm/a）
台湾岛北部	25°N	4.7～7
台湾岛南部	22°N	5～9
海南岛	18°N	6～9.5
南海诸岛	16°N	9

（四）冷水珊瑚礁

冷水珊瑚分布在海面以下30～1 000 m、水温4～12℃的深海冷水域。常见种类包括石珊瑚、软珊瑚、黑珊瑚和柱星珊瑚等（Roberts等，2006）。与生长在热带浅海的珊瑚不同，冷水珊瑚体内没有共生的单细胞藻类，主要以水中的浮游生物以及浅水层沉降下去的有机质为食，是完全的异养型生物。以冷水珊瑚为骨架堆积建造的冷水珊瑚礁具有较高的生物多样性、生态资源价值和科研价值（Roberts等，2009）。多数冷水石珊瑚为不具有造礁作用的非功能性种类，仅仅发现17种具有建造功能，能够为深海鱼类和无脊椎动物建造三维生境，因此这些种类备受关注（Davies等，2008；Howell等，2011）。目前，冷水珊瑚的研究主要集中在大西洋、美国西海岸太平洋地区和夏威夷海域（Robinson等，2014）。

下文提到的珊瑚礁主要是指浅水珊瑚礁。

冷水珊瑚

随着水下机器人和深潜器技术的发展，深海珊瑚礁研究热潮逐渐兴起。已报道的冷水珊瑚主要分布在大陆架、大陆坡、峡谷及海山附近。我国自主建造的"深海勇士"号于2018年5月在南海首次发现了"冷水珊瑚林"。冷水珊瑚礁区分布着许多经济鱼类及无脊椎动物，是重要的深海渔场。冷水石珊瑚特有的干茎具有独特的生长纹，好似树木的年轮一样，可以借此推算几千年的海水温度变化，是深海的"考古记录仪"，是非常珍贵的研究材料。

二、珊瑚礁常见类型

（一）按礁体与岸线的关系划分

1. 岸礁

岸礁指沿着大陆或者岛屿边缘生长发育的珊瑚礁，也被称为裙礁或者边缘礁。岸礁由生长在大陆或岛屿周围浅海海底的珊瑚或其他钙质有机物构成。岸礁的表面与低潮潮位的高度相当，外缘向海洋倾斜。岸礁多分布在海岛四周。我国珊瑚礁多为岸礁（图15-3A）。

2. 堡礁

堡礁是指离岸一定距离的堤状礁体，外缘和内侧水较深，礁底可以不由珊瑚构成（图15-3B）。堡礁与陆地中间隔有潟湖。比较著名的堡礁是澳大利亚昆士兰大堡礁。

3. 环礁

环礁通常呈环形或者马蹄形，中间围有潟湖。礁体通常呈带状，有的与外海有水道相通（图15-3C）。世界上最大的两个环礁是位于马绍尔群岛的夸贾林环礁和位于马尔代夫群岛的苏瓦迪瓦环礁。

当海底地台发生张裂，断陷为海盆，沿断裂带的海底火山发生喷发，就出现了火山锥。造礁珊瑚在其周围大量繁殖，形成岸礁。随着时间推移，海盆下降，海面上升，岸礁逐渐演变成堡礁，而后发展为环礁。

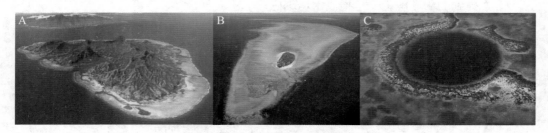

A. 岸礁；B. 堡礁；C. 环礁。

图15-3　按礁体与岸线的关系划分珊瑚礁常见类型

（二）形态划分

1. 台礁

台礁又称为桌礁或单礁，呈台地状高出附近海底，中间无潟湖或边缘隆起（图15-4A）。

2. 点礁

点礁也被称为斑礁，为常见于堡礁和环礁潟湖中的礁体，形态多样（图15-4B）。

3. 塔礁

塔礁为直立于深海中的礁体，呈细高状（图15-4C）。

4. 礁滩

礁滩又称礁坪，为匍匐在大陆架浅海海底的丘状珊瑚礁（图15-4D）。

A. 台礁；B. 点礁；C. 塔礁；D. 礁滩。

图15-4　按形态划分珊瑚礁常见类型

三、珊瑚礁主要地理分布及其现状

全球现代珊瑚礁主要分布在南北回归线之间的热带海洋中。全世界的珊瑚礁总面积估计为28.43万km²。其中，印度-太平洋地区占总面积的91.9%，仅东南亚就占32.3%的面积，大西洋和加勒比海占总面积的7.6%。珊瑚礁生态系统主要分布在巴哈马群岛、安的列斯群岛、中加勒比海、中南美洲岸线、佛罗里达和墨西哥湾、百慕大、红海、西印度洋、中东印度洋、东南亚和新几内亚岛、澳大利亚（图15-5）、西太平洋（美拉尼西亚）、中太平洋（密克罗尼亚和波利尼西亚）、夏威夷群岛、东太平洋、中国南海。

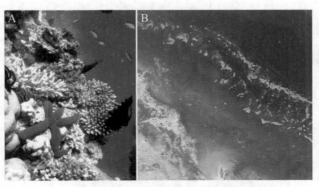

A. 大堡礁海底；B. 大堡礁卫星高空图

图15-5　澳大利亚大堡礁

（引自维基百科）

我国的珊瑚礁主要分布在北回归线以南的热带海岸或海洋中，但以南海诸岛的珊瑚岛礁最多（赵焕庭，1998）。台湾海峡南部、台湾岛东岸和台湾岛东北面的钓鱼岛等地，虽位于北回归线以北，但受到黑潮影响，仍有岸礁存在。另外，华南大陆不少岸段零星生长着活珊瑚。在大陆南端的雷州半岛灯楼角岬角东西两侧有岸礁，北部湾的涠洲岛和斜阳岛有沿岸离岛的岸礁存在。

大致从20世纪80年代末开始，珊瑚礁的重要性及其面临的危机得到联合国、各国政府和科技界的普遍关注。1992年在关岛第七届珊瑚礁国际研讨会上，澳大利亚海洋科学研究所的威尔金森（C. Wikinson）首次对全球珊瑚礁现状做了评估，指出全球珊瑚礁已经损失10%，如不采取紧急管理，在未来的10～20年将会损失30%，而在再往后的20～40年将再损失30%。

2013年，全球珊瑚礁监测网（Global Coral Reef Monitoring Network，GCRMN）对1970—2012年全球珊瑚的变化及受到的威胁做了总结：过度开发、旅游、过度捕捞以及发生在20世纪70年代和80年代初期的鹿角珊瑚疾病和冠海胆（*Diadema antillarum*）疾病的暴发引起群落优势种转换现象是过去30年间珊瑚大规模消失的主要原因。近年来，近岸海域的污染加剧，但是它是否会造成珊瑚的大规模消亡，尚待相关数据的支持。温度上升无疑会对珊瑚的生存产生威胁，但是目前为止，极端的变暖现象仅出现在部分固定区域，而珊瑚礁的退化是在全世界范围内出现的，所以这并不能很好地做出解释。

总体上来说，全球的珊瑚礁变化主要分为3个阶段：

（1）从19世纪70年代中期到80年代早期，由于白带病（white band disease，WBD），鹿角珊瑚大量死亡。已有的研究表明，这与全球气候变化是不存在相关性的，而可能是由于自19世纪60年代以来全球海运增加，病原菌随压舱水在海洋中大量转移。

（2）1983年以后，在过度捕捞的地区，冠海胆由于疾病发生死亡，随后大型藻类失去天敌，大量繁殖，从而取代珊瑚成为该地区的优势种。这种优势种的转换现象在20世纪90年代达到顶峰，大约持续了25年。大量实验证实大型藻类的增加和珊瑚的消退存在一定的联系，大型海藻会影响珊瑚的补充和生长，而且大型海藻可能导致部分珊瑚发生疾病。

（3）近年来，严重的过度捕捞、极端的环境变化、旅游业的发展以及近海污染，这些因素的联合作用使得珊瑚礁的消退现象更加严重。

棘冠海星与珊瑚

棘冠海星（*Acanthaster planci*），又称长棘海星，隶属于棘皮动物门海星纲长棘海星属。它形似车轮，通常从中心向四周伸出9～20条腕，遍身是长短不一的棘刺，用相对柔软的腹部紧贴在珊瑚上。棘冠海星喜食珊瑚，因此主要生活在浅海等有珊瑚礁存在的区域。这种海星常常把珊瑚表面的珊瑚虫吃光，留下白色的珊瑚骨骼。其食量大、繁殖快，被称为"珊瑚杀手"。棘冠海星的暴发，已经成为菲律宾、澳大利亚等地珊瑚大量减少的主要原因之一。据报道，2018年棘冠海星在我国南海三沙海域暴发。在暴发最严重的礁盘上，棘冠海星的分布密度一度达到700只/hm^2。棘冠海星的暴发威胁珊瑚的生存，需采取措施来应对。在我国，地方政府会组织多个机构成立清理小组，请有丰富潜水经验的人员下海捡捞棘冠海星。棘冠海星不能在海底捣碎，因为其具有再生能力，捣碎之后会变成多只。同时，棘冠海星中的每根棘刺都含有神经毒素，给捕捞人员带来极大困扰。此外，注射硫酸氢钠、胆盐、硫代硫酸盐-柠檬酸盐-胆盐-蔗糖琼脂（TCBS）等成为应对棘冠海星大规模暴发的方法之一（图15-6）。

A. 棘冠海星外部形态；B. 棘冠海星取食珊瑚虫后珊瑚白化现象；C. 人工水下移除技术；D. 人工采集棘冠海星后转移到岸上进行晾晒；E. 水下注射技术。

图15-6　珊瑚虫和棘冠海星

第二节　珊瑚礁生态系统的特点

一、生境特征

珊瑚礁的类型多样且分布较广，生境的变化也较大。但总的来说，珊瑚虫建造珊瑚礁有着极为特殊的条件要求。

（一）温度

造礁珊瑚在平均水温为23~27℃的水域中生长最为旺盛；在低于18℃的水域只能生活，而不能成礁。因此，珊瑚礁通常分布在低纬度的热带及其邻近海域。除此之外，一些暖流经过的高纬度海域，也会有珊瑚礁的存在，如我国台湾东北的钓鱼岛以及日本的琉球群岛。值得一提的是，非洲和南美洲西岸海域尽管也属于热带，但由于低温上升流的存在，不存在珊瑚礁。

（二）光照

光线的强弱以及海水透明度的大小均会影响珊瑚礁的分布。这是由于造礁珊瑚体内存在大量的虫黄藻，它们需要充足的光线来进行光合作用。虫黄藻可以消耗珊瑚代谢产生的废物并为珊瑚提供养料和氧气。透明度高的海水有助于虫黄藻的光合作用。因此，造礁珊瑚常在大陆架、海岛周围和海底山丘顶部生长。造礁珊瑚一般在水深10~20 m处生长最为茂盛。

（三）盐度

海水的盐度在34左右时最适宜造礁珊瑚生长，而当海水盐度小于30时，不适宜造礁珊瑚的生长。因此，在河口区和陆地径流较大的海域，由于盐度不适宜，不存在造礁珊瑚。

（四）波浪、海流和潮汐

海浪和海流等也会对造礁珊瑚的生长造成影响。海浪会折断珊瑚的躯干；造成生长珊瑚的砾石发生翻滚移动而使得珊瑚体被碾碎或反扣在砾石下；造成造礁珊瑚周围海水浊度升高。这些情况都会造成造礁珊瑚的死亡。另外，潮汐也会限制造礁珊瑚的生长空间。

二、生物群落组成

珊瑚礁具有很高的生物生产力，能在营养物质贫瘠的水域内进行物质的有效循环，为大量的物种提供了广泛的食物。珊瑚礁构造中的众多孔洞和裂隙，为习性相异的生物提供了多种生境，为之创造了栖居、藏身、育苗、索饵的有利条件。某些物种仅存在于这种生态系统之中。珊瑚礁生物群落是"所有生物群落当中最富有生物生产力的、分类上种类繁多的、美学上驰名于世的群落之一"。几乎所有海洋生物的门类都有代表生活在珊瑚礁中。珊瑚礁生物通过参与各项生态过程来形成不同的功能群，共同完成珊瑚礁的生态功能（Moberg等，1999）。依据生态功能不同，组成珊瑚礁的主要生态类群有以下几种。

（一）造礁生物

造礁生物中最重要的是造礁石珊瑚。造礁珊瑚虫包含很多种类，澳大利亚大堡礁有500多种，菲律宾有400多种，斯里兰卡记录到183种，我国海南至少有115种。此外，不同的珊瑚种类对构建珊瑚礁体的贡献不同。贝尔伍德（D. R. Bellwood）根据形态和功能将造礁珊瑚分为分枝状、叶片状、块状、蜂巢状、结壳状等功能群。例如，分枝状珊瑚因生长快的特点，为游泳生物提供食物，而块状珊瑚则起到庇护的功能。

（二）光合自养藻类

同陆地生态系统一样，珊瑚礁生态系统同样需要生产者依靠光合作用来固定能量，为整个系统提供营养。珊瑚礁生态系统的生产者主要是浮游植物、底栖植物和共生藻类。浮游植物主要是硅藻中的角毛藻属和菱形藻属等以及部分甲藻。底栖植物包括单细胞植物、海藻和海草。其中，海藻包含绿藻门的松藻属、褐藻门的马尾藻属部分种，海草如泰来草（*Thalassia hemprichii*）（Adjeroud等，2001）。与珊瑚虫共生的藻类主要是甲藻类的虫黄藻，其次是蓝藻等。

（三）植食动物

珊瑚礁常见的植食性动物包括海胆、草食性鱼类等。这些植食性动物通过控制快速生长的藻类而维持珊瑚礁生态系统的平衡，在控制和调整珊瑚生长方面起作用。例如在加勒比海区，海胆通过啃食藻类，防止其与珊瑚争夺栖息地来保证珊瑚生长。植食性动物作为食物链和食物网中关键的一环，在保证物质循环和能量流动方面意义重大，而且它们还会影响物种组成、生产力状况、生物固氮和生态演替及其他生态过程和功能。譬如，珊瑚礁区的雀鲷（damselfish）通过强烈攻击侵入其领地的外来生物，包括驱赶采食珊瑚的鹦嘴鱼、棘冠海星等保护珊瑚免受侵害，从而在维持初级生产力、促进造礁珊瑚的恢复和固氮效应方面起重要作用。

（四）顶级捕食者

顶级捕食者主要是一些肉食性鱼类，通过捕食来控制系统结构的平衡，在珊瑚礁生态系统中占有重要的地位。例如在肯尼亚珊瑚礁，由于对顶级捕食者的过度捕捞，它们的猎物海胆数量猛增。这些海胆起初能够取食快速生长的藻类保护珊瑚礁，但随着数量的增加，海胆继续掠食珊瑚礁保护层的藻类，因而伤害珊瑚。此外，海胆吃掉大量海藻后，使得依赖海藻栖息的鱼及无脊椎动物也大量减少，破坏了碳酸钙平衡。所以，过多的海胆一般被视为珊瑚礁不健康的讯号，代表珊瑚礁已被过度捕捞。棘冠海星和一些专门啃食珊瑚的软体动物暴发式增长也常常与捕食性鱼类的大规模减少有关。此外，顶级捕食者尚有各种海龟、龙虾和海蛇等。

（五）其他浮游和底栖微生物

珊瑚礁生物群落中分布着大量的浮游和底栖微生物。光能自养细菌中有着色菌属（*Chromatium*）和突柄绿菌属（*Prosthecochloris*）等。化能自养细菌中有硝化杆菌（*Nitrobacter*）等。礁区微生物可以吸收空气的氮，起到生物固氮的作用。此外，异养细菌也是微型浮游动物的食物来源。珊瑚礁具有的环境优化功能也主要通过微生物实现，如有的微生物可以分解石油。

总的来看，珊瑚礁生态系统生物组成上具有2个典型特征：① 物种多样性高。尽管珊瑚礁面积占全球海域面积的0.1%～0.5%，但已记录的礁栖生物却占海洋生物总数的30%。目前已知的珊瑚礁物种大约有100 000种，而实际上珊瑚礁的生物种类远不止这些。很多小型、微型的生物种类还未被记录描述，特别是海洋细菌和微型浮游动植物等受采样和分析方法限制的种类。珊瑚礁缝隙和珊瑚枝丛间生活着的众多钻孔或穴居生物也不容易被观察到。② 特有种比例高。例如，大西洋珊瑚礁区等足类甲壳动物中90%为地方特有种，这一比例在印度洋、中－东部太平洋和西太平洋则分别为50%、80%和40%（Kensley，1998）。

三、珊瑚虫–藻共生的生态学意义

（一）共生形式

珊瑚虫与藻类之间存在着紧密的共生关系。珊瑚虫通过触手捕捉周围海水中的藻类。珊瑚虫是二胚层动物，身体的组织只有外胚层（皮层）与内胚层（胃层）。在珊瑚虫成虫体内，共生多发生在内胚层。共生藻几乎占据了整个内胚层（图15–7）。

（二）生态学意义

珊瑚虫–藻的共生现象对动物能量需要具有重

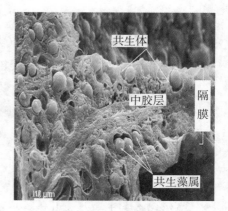

图15–7　珊瑚虫–藻共生状态

要意义。

首先，尽管珊瑚虫能通过触手来捕食一些小型浮游动物，但这些食物并不能满足珊瑚虫正常能量需求。共生藻类通过光合作用制造的有机物能够通过二者之间形成的共生膜转移到珊瑚虫组织中。

其次，珊瑚虫的代谢产物多是共生藻类所需要的营养物质，可直接被藻类利用。珊瑚虫捕食一部分小动物，这是获得珊瑚虫和共生藻类都需要的稀有物质（如磷）的途径。这些营养物质在群落的植物和动物之间不断进行再循环，这种有效的再利用意味着在周围水中的营养盐浓度很低的情况下仍能保持较高的生产力。

研究表明，动物体内的共生藻类能够极大地增强珊瑚虫形成骨骼的能力。在光照条件下，钙化作用比在黑暗中平均要强10倍，而在除去体内共生藻类的实验中，珊瑚虫的钙化作用显著降低。这是由于藻类光合作用吸收二氧化碳，从而明显促进碳酸钙生成。

此外，藻类光合作用产生的氧气可供动物呼吸，并对一些有毒物质具螯合作用。珊瑚虫则可保护共生藻类免受紫外线的伤害。

四、生产力

（一）初级生产力

珊瑚礁生态系统作为重要的浅海区特色生态系统，具有极高的初级生产力和生物多样性，被誉为"海洋中的热带雨林"（Clavier等，1999；Delesalle等，1998）。珊瑚礁是海洋中生产力水平较高的生态系统之一，其碳循环包括有机碳代谢（光合作用、呼吸作用）和无机碳代谢（钙化、溶解）两大代谢过程。根据已有的研究结果，珊瑚礁初级生产力范围为1 500~5 000 g/（m² · a），这个数字表明它代表着自然生态系统的最高初级生产力水平。

珊瑚礁植物的光合作用保证了有机碳的有效补充，动物摄食及微生物降解等生物过程驱动了珊瑚礁区有机碳高效循环，只有不超过7%的有机碳进入沉积物，而向大洋区水平输出的有机碳通量变化幅度较大，主要受到水动力条件的影响。珊瑚礁区碳酸盐沉积（无机碳代谢）是全球碳酸盐库的重要组成部分，年累积量为全球碳酸钙年累积量的23%~26%，是影响大气二氧化碳浓度的重要因素。

（二）次级产量

珊瑚虫所固定的碳中能被消费者直接利用的还不到1/2，多数被用于呼吸、再循环或在珊瑚群体中积累。实际上，只有少数种类能直接摄食珊瑚的水螅体，如腹足类的小核果螺（*Drupella*）、棘冠海星、一些鹦嘴鱼（Scaridae）和蝴蝶鱼

（Chaetodontidae）。初级生产者的呼吸消耗占总初级生产的比例很高，因此净初级
生产力就比预料的低。

五、能量流动

珊瑚礁生态系统的功能包括物质循环、能量流动和生产力等方面的内容。珊瑚礁
生态系统的物质循环主要有碳、氮、磷和硅这4种元素的生物地球化学循环，本质上
同其他海洋生态系统的生物地球化学循环基本一致。与其他元素相比，氮往往是珊瑚
礁生态系统初级生产力的限制因子。除赤道上升流和地表径流占优势的水域，珊瑚礁
周围的热带水体含氮量通常很低。

珊瑚礁生态系统是一个贫营养环境，营养盐浓度很低。一项^{14}C被珊瑚利用情况
的研究中发现，24 h内NaH^{14}CO$_3$消耗了50%，推测在珊瑚礁内碳每年可以循环约12次
（Rougerie等，1992）。人们一直很疑惑：为什么珊瑚礁生态系统可以在低水平的营
养供应条件下达到极高的生产量？首先，珊瑚礁可以抵御外部严酷的物理因素，如
破坏性风浪的作用和海平面的变化，因而能为其内的生物群落保持一个较为稳定的
生存环境。在理想的光照和温度条件下，影响珊瑚礁生态系统能量流通效率的环境
因素是由居于其内的生物体之间的活动所决定的。而大量的底栖大型水生植物和微
型底栖植物高水平的光合作用、底栖滤食者对悬浮有机物的利用等都对维持高水平
的生产量有重要意义。其次，营养盐供应主要是依靠系统内的高效再循环机制，新
生产力与初级生产力的比值小于0.1。因此，虫黄藻和珊瑚共生以避免营养盐在水中
"冲稀"是控制高生产力的重要机制。再次，宋金明提出"拟流网"模型，多孔结
构使得珊瑚礁能够减缓水流速度而较好地保存输入的和再生的营养物质，巨大的比
表面也极大加快了生态系统吸收营养物质的速度（宋金明等，1999）。最后，珊瑚
虫可以通过吞食、消化浮游动物获得氮，同时体内虫黄藻吸收消耗铵根离子，形成
浓度梯度，使得铵根离子从海水扩散进珊瑚细胞（Furla等，2005）。尽管不同珊瑚
礁生态系统的能流不同，但大体过程如图15-8所示。

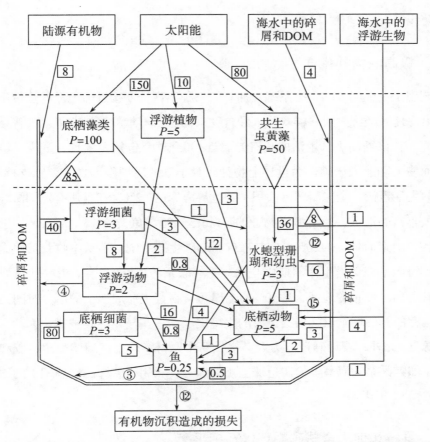

P为净生产量；方框中的数字代表后一级生物的食物系数；三角形中的数字指未消费的生产量；

圆中的数字为消耗食物中未同化部分〔单位：KJ/（m² · d）〕。

图15-8 珊瑚礁生态系统中的能量流动示意图

第三节 珊瑚礁的生态价值

一、防浪护岸，保护环境

珊瑚礁充当水力栅栏，从而为背风一侧提供了低能环境，可降低波浪能和水流能，为海滩添补海沙，保护海岸，防止或减缓海岸侵蚀。虽然红树林是"海岸卫士"，但如果在红树林的前面有珊瑚礁分布，会使红树林区保持一个低能环境而更好地发挥防浪护岸的功能。因此，我国一般把珊瑚礁、红树林、海防林称作海岸线的

"三道防线"。

二、极高的物种多样性

珊瑚礁是一个庞大的生态系统，拥有的物种丰富程度接近陆地上的热带雨林。珊瑚礁为沿海地区经济发展、群众收入和食物来源做出贡献。据对斯里兰卡普塔勒姆潟湖的研究，在该珊瑚礁区生活的鱼有95属近300个种，包括大量具有重要经济价值的鱼种；而澳大利亚大堡礁作为世界上物种较为丰富的珊瑚礁区之一，则支持着2 000多种鱼的生存繁衍。全球珊瑚礁面积不到世界海床的0.2%，却是所有已知海洋栖息地中物种最丰富的地区，所有海洋物种的1/4和已知海洋鱼类的1/5生活在珊瑚礁生态系统。发展中国家捕鱼量的20%～25%来自珊瑚礁生态系统，还从中收获其他大量海产品。我国海南沿海鱼类生命周期中与珊瑚礁有联系的达569种。沿海一些重要的渔场也正是有珊瑚礁分布的地区，约50%的上岸鱼类在其生命周期中的部分时间是依赖珊瑚礁而生存的。珊瑚礁也是鸟类重要的生境之一，一些珊瑚岛礁被描述为"有丰富的鸟粪资源"。此外，珊瑚礁还能为人类提供药用原材料，生产琼脂、角叉胶和肥料的原材料（如麒麟菜和海藻），制造珠宝（如珠母贝和用于装饰的红珊瑚）的原材料，产出观赏鱼和珊瑚。

三、维持和促进全球碳循环以及钙平衡

在全球范围内，珊瑚礁还是一种重要的碳吸纳物。有人认为，二氧化碳在空气中的含量日益提高与世界范围内珊瑚礁的破坏有关。

四、其他

珊瑚礁是得天独厚的旅游资源，集热带风光、海洋风光、海底风光、珊瑚花园、生物世界于一体。目前已在珊瑚礁附近海区开发包括旅游休憩（如潜水）、教育和研究、以珊瑚礁生态系统为主题的文化产品（如书、图片、电影、画册）在内的多种资源。

本章小结

在热带浅海水域中生长着由珊瑚虫和其他造礁生物形成的珊瑚礁。

珊瑚礁生态系统作为重要的浅海区特色生态系统，具有极高的初级生产力和生物多样性，被誉为"海洋中的热带雨林"。

在贫营养的海域中，维持珊瑚礁生态系统高初级生产力的原因归结于珊瑚礁的物理结构和珊瑚虫与虫黄藻之间的共生关系。珊瑚礁的物理结构一方面能够抵抗外部严酷的物理因素，维持系统稳定，另一方面使得珊瑚礁减缓水流速度而较好地保存输入的和再生的营养物质。珊瑚虫与虫黄藻之间的共生关系使得营养盐形成从外向内的浓度梯度以及系统内营养盐的高效再循环机制。

珊瑚礁生态系统具有重要的生态价值，但近几十年来面积锐减。珊瑚礁消亡与人类活动有关。

思考题

（1）简述珊瑚礁生态系统的主要环境特征。

（2）珊瑚虫和虫黄藻的共生意义主要体现在哪几方面？

（3）简要分析珊瑚礁生态系统物种多样性高的原因。

拓展阅读

Edmunds P J, Carpenter R C. Recovery of *Diadema antillarum* reduces macroalgal cover and increases abundance of juvenile corals on a Caribbean reef［J］. PNAS, 2001. 98（9）：5067-5071.

Roberts J M, Wheeler A J, Freiwald A. Reefs of the deep: The biology and geology of cold-water coral ecosystems［J］. Science, 2006, 312（5773）：543-547.

Roberts J M, Wheeler A, Freiwald A, et al. Cold water corals: The biology and geology of deep-sea coral habitats［M］. Cambridge: Cambridge University Press, 2009.

第十六章　海藻场和海草床生态系统

　　作为特殊的海洋生态系统，海藻场和海草床占海洋总面积比例很小，但是具有极高的初级生产力，是全球碳循环中具有高生产力的浅海生态系统。本章总结世界范围内海藻场和海草床生态系统的特征与功能。

第一节　海藻场

　　作为典型的近岸生态系统，海藻场以其独有的结构和功能引起广泛关注。

一、什么是海藻场？

（一）大型底栖海藻

　　大型海藻是一类多细胞的海洋孢子植物，大多营底栖固着生活，少数如漂流藻等营漂浮或随水流运动的生活。绿藻门的石莼目、蕨藻目、管枝藻目，褐藻门和红藻门的大多数种类皆为大型海藻。海藻的基本形态不同，通常包含固着器、藻柄、叶片等结构（图16-1）。大型海藻没有真正的根，利用固着器这一结构固着在硬质底上，从固着器

　　浮囊
　　藻柄
　　叶片
　　固着器

图16-1　一种海藻植物体的典型形态结构
（引自沈国英等，2017）

生长出藻柄，藻柄起到支撑藻体的作用；藻柄上长出叶片，散布在海水中，直接吸收海水中的营养盐类。叶片的基部另生长有气囊（或称浮体）以助藻体漂浮在水中。由于海水的不断运动和潮汐作用，海藻场营养盐不致消耗殆尽，并且浅水区的湍流、上升流和陆地径流也可不断补充海水中的营养物质。大型海藻有一年生的，也有多年生的。有些种类可从原有的固着器上在一年或几年内再生出新的藻柄和叶片。各门各属的生长周期、生活史和繁殖特性也存在差别。有的种类不通过任何专门的生殖细胞而进行营养繁殖，有的可以通过产生不同类型的生殖孢子来进行繁殖，有的能进行有性生殖。在生活周期中，交替出现无性孢子体和有性配子体。

（二）海藻场的形成与分布

通常将冷温带的潮下带硬质底上生长着的大型褐藻类植物，与潮间带沿岸群落相连接，并与其他海洋生物群落所形成的一类生态系统称为海藻场。海藻场的支撑部分主要是不同种类的大型海藻群落。能够形成海藻场的大型藻类有巨藻属、海带属、马尾藻属、昆布属（*Ecklonia*）以及裙带菜属等。例如，美国太平洋沿岸分布着以巨藻属为支撑部分的海藻场，在大西洋沿岸海区发现以海带属为主导植物的海藻场。在生态系统分类上，通常采用支持生物的种名或属名来命名海藻场生态系统，从而进行划分。例如，以红藻（Rhodophyta）为主导植物的海藻场生态系统被称为红藻场，以巨藻（*Macrocystis pyrifera*）为支持生物的海藻场生态系统被称为巨藻场，以鼠尾藻（*Sargassum thunbergii*）为支持生物的海藻场生态系统被称为鼠尾藻场（图16-2）。

图16-2　鼠尾藻场

在世界各大洋中均发现海藻场的存在。在地理区域上，由于海藻场的主导植物适应温度较低，故海藻场多分布在冷水涌升的海区。太平洋的海藻场沿东太平洋北美和南美西海岸一直延伸到亚热带的上升流区以及日本沿海、朝鲜和中国北部近海区等西太平洋区域和南半球的亚南极群岛沿海。大西洋的大型海藻场主要分布在加拿大东部沿海、欧洲北部，包括英国沿海等。在暖温带和热带海区则不出现大型海藻场。由于光照、波浪以及海底地形等不同深度物理因素变化的影响，海藻场的垂直分布主要呈现带状。在海水清澈的海区，海藻场可以延伸至30 m深处；在海底坡度较小的区域，海藻场则延伸至离岸几千米远处（章守宁等，2007）。

二、生境特征

大型海藻的生长受到温度、光照、营养盐、pH、底质以及水流等多种环境因素制约（Eriksson等，2005；Rivera等，2006；Uchida，1993；王永川等，1983），因此海藻场分布也受到上述环境因子的制约。其中，底质、光照、温度以及盐度具有较为典型的特征。

（一）光照

海藻需要光进行光合作用，因此底部要求有光线的透入。光照直接影响着海洋中大型海藻的生长、繁殖、种群分布规律。通常而言，在光照充足的浅水区，海藻场生态系统物种丰富，反之则物种贫乏。

（二）温度

形成海藻场的主导植物适应于低温环境，因此绝大部分海藻场出现在南北半球20℃等温线以南（北）区域，而在暖温带和热带则不出现大型海藻场。对于海藻场自身而言，受旺盛的初级生产力以及海藻隐蔽等因素的影响，海藻场生态系统的内部温度显著高于周围海域。另外，内部流场稳定而引起较小的热交换也是其内部温度偏高的原因之一（David，2001）。

（三）底质

形成海藻场的底质为硬质底。形成海藻场的褐藻通常个体和生物量都很大，没有真正的根，仅通过固着器结构固着生长于沿海岸岩石等硬基质上。底质的材质、坡度、坡向、形状、大小、表面粗糙度和表面沉积物厚度等特征均会对大型海藻的生长与空间分布产生影响。在较缓的水流作用下，系统内部悬浮的泥、沙、砾等在底部沉积，形成良好的泥沙底质。经过长时间的沉积作用，海藻场底部堆积升高，从而更加有利于海藻叶片的生长。长此以往，海藻叶片能更好地发挥对水流的减弱作用以及对悬浮物质的沉积作用，最终达到动态平衡。

（四）波浪与潮流

大型海藻是生活在一定波浪和潮流中的生物类群。波浪强度和水流运动都会对大型海藻的生长与分布产生直接或间接的影响。过大或过小的波浪和水流条件都不利于大型海藻的生长与分布（Engelen等，2005；Kawamata等，2011）。

（五）盐度

海藻场生态系统内部盐度一般比周边海域的高。

三、生物群落组成及其带状分布

（一）大型藻类

大型海藻是海藻场生态系统内部的支持生物，是形成海藻场生态系统的最关键因素。通常来讲，大型海藻种类单一，一般不超过两个属，但在生物量上占有绝对优势。例如，海带场的支持生物为海带，马尾藻场的支持生物是马尾藻。形成海藻场的褐藻个体较大。美国太平洋沿岸的巨藻可生长至30 m，形成密度很大的巨藻场，被称为"海藻森林"。大型底栖海藻是一类多细胞的海洋孢子植物，没有真正意义上的根，利用固着器在水底基质上生活。吸收营养盐的主要结构是叶片。如中国北方鼠尾藻，固着器是扁平的圆盘状，多年生；固着器上生一条主干，主干较短，一般呈圆柱形，上有鳞状叶痕。

（二）附生生物

海藻场内部大型海藻密集生长，为很多附着植物和动物提供大面积的附着面和生活空间。例如在典型的马尾藻场中，中小型藻类、各种小型螺类以及多种异养微生物附着在礁膜上生存。附生生物的物理生长位置与支持生物密切相关。附生生物的贡献在海藻场生态系统中仅次于支持生物，可以为海藻场生态系统提供高达30%的生物生产力和30%的生物多样性（Luning，1990）。支持生物间接地决定了其特定类群的附生生物，因此不同海藻场生态系统中的附生生物种类变化较大。

（三）浮游生物

海藻场生态系统的浮游植物多样性较低，但优势种明显，且生物量较大。海藻场生态系统内部的浮游动物与周围海区相比较，没有十分明显的变化。海藻场生态系统仔稚鱼的生物量明显高于对照海区，这与渔业资源学研究密切相关。例如，长20～30 mm的汤氏平鲉（*Sebastes thompsoni*）仔鱼经常出现在漂流海藻中（Komatsu等，1999）。

（四）其他生物

除此之外，海藻场中还有海鞘、荔枝海绵等滤食性动物，寄居蟹、巢沙蚕等食腐动物，以及定居性或阶段性生活于此的鱼类等捕食性动物。鱼类主要包括鲇科鱼类、狗鱼类、鹦嘴鱼类、刺尾鱼类等。有关海藻场生态系统底栖动物的研究在国内外都极少，这也与海藻场生态系统以基岩石块为主的基底构造不能为沙蚕等泥沙穴居类生物提供十分适宜的生存空间有关。但海藻场近底层茂密的植被系统基质可以为多种贴底生物提供栖息场所。目前研究较多的是一些个体较大的棘皮动物，如海胆

（*Strongylocentrotus*）、海参（*Holothuria*）、海葵。此外，在海藻场附近还能发现海獭等哺乳动物的踪影。

（五）垂直分布

在垂直方向上，海藻场生物群落的种类分布呈现带状。造成此分布的原因是物理因素和种间竞争。以欧洲沿海的常见海带种类掌状海带（*Laminaria digitata*）、糖海带（*Saccharina latissima*）和极北海带（*Laminaria hyperborea*）的垂直分布为例（图16-3）。由于不能忍受低潮时的暴露，掌状海带栖息于潮下带边缘，随着水深增加，被糖海带和极北海带所取代。这主要是因为掌状海带将大部分光合作用产物用于生长，在春季到秋季都有较高的生长率，因此在冬季到来时其贮存的能量相对较低。而糖海带和极北海带在夏末就减慢生长或停止生长，开始贮存能量，以便在冬季维持生存。掌状海带因贮存的能量低，妨碍它在更大深度进行多年生长，从而没有竞争优势。在更深的水中，糖海带被极北海带排挤，归因于极北海带凭借其坚硬的长柄和优越的生长方式占据了优势。极北海带分布的下限则常常由海胆（*Echinus esculentus*）的牧食作用所决定。

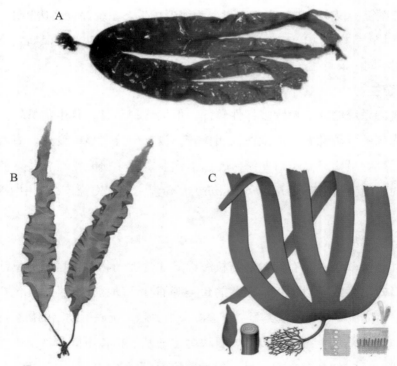

A. 掌状海带；B. 糖海带；C. 极北海带。

图16-3　欧洲沿海常见的海带

四、生产力及能流特征

（一）海藻场的食物链

大型藻床生物提供了空间异质性和高度多样化的生境，生物种类十分丰富。海藻的敌害生物主要是海胆，它们可大量摄食幼嫩的藻体。在美国太平洋沿岸，海胆的主要捕食者是一种海獭，后者可对海胆种群数量起调节作用。其他捕食海胆的动物还有海星和某些鱼。在一个相对平衡的状态下，海藻场中的海胆虽然也牧食海藻，但有的偏食海藻的竞争优势种。因此，牧食强度适当时，有促进海藻物种分异度的作用，而且海胆数量也受捕食者所控制。但是，海胆由于某种原因而大量繁殖时，有可能消灭全部具叶片的海藻，留下一片荒芜的基底，其上只有壳状珊瑚藻、硅藻和绿藻。海藻被海胆食光后，栖息于海藻场的各种鱼类和无脊椎动物也失去生存的条件（图16-4）。

A

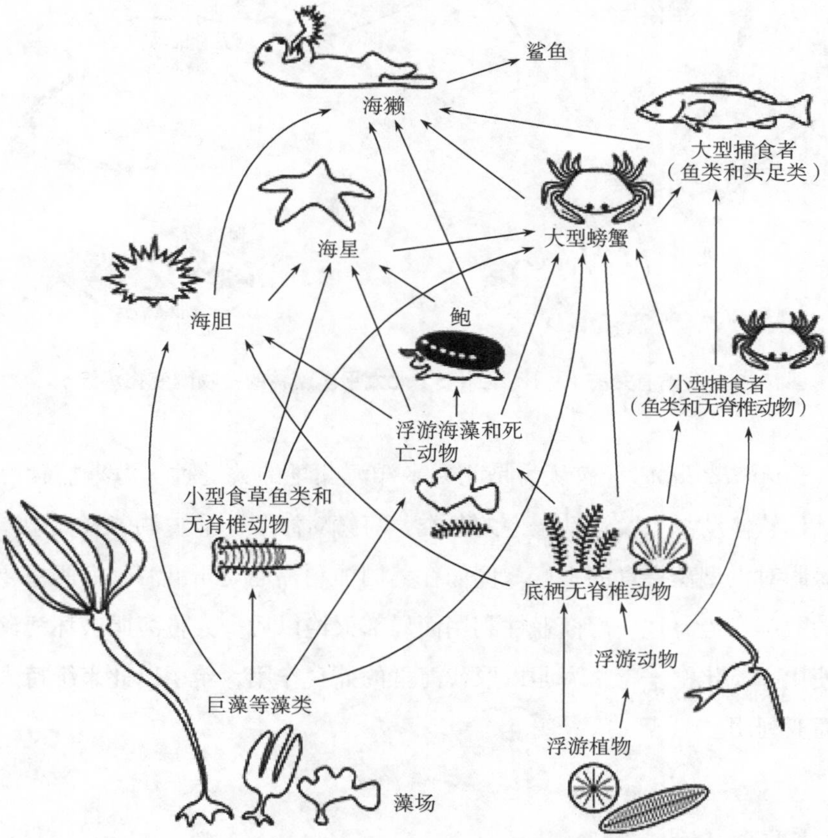

图16-4　海獭消失前（A）、后（B）北太平洋藻林的食物网变化

B

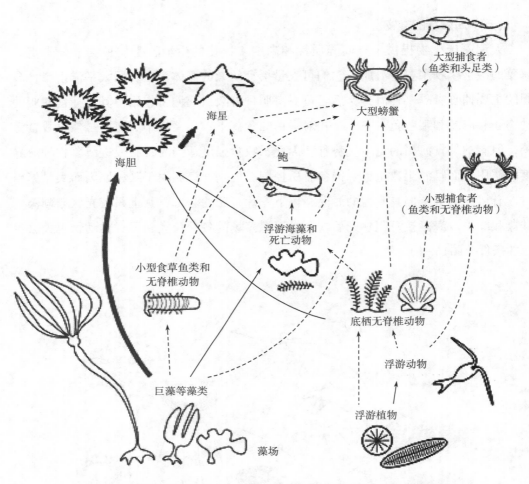

大型捕食者
（鱼类和头足类）

海星

大型螃蟹

海胆

鲍

小型捕食者
（鱼类和无脊椎动物）

浮游海藻和
死亡动物

小型食草鱼类和
无脊椎动物

底栖无脊椎动物

巨藻等藻类

浮游动物

浮游植物

藻场

图16-4　海獭消失前（A）、后（B）北太平洋藻林的食物网变化（续）

　　海獭（*Enhydra lutris*）被认为是北太平洋海藻场的关键种。海獭捕食海胆、蟹类、鲍和其他软体动物以及运动缓慢的鱼类。海獭对海胆的捕食调节着大型藻的生产和草食性海胆对大型藻摄食的平衡。例如在美国加利福尼亚州沿海，海胆主要是受捕食性海獭的限制。当海獭由于商业性利用而局部灭绝以后，大量海胆破坏海藻场。后来人们曾使用一氧化钙来毒杀海胆以取代海獭的捕食作用，希望以此来维持大型海藻的生产和商业利用。

海藻场中的海獭与海胆

海胆是巨藻场中的主要成员。大多数种类的海胆形态略扁，口部朝下，浑身长满棘刺，以大型海藻为食。虽然海胆浑身长满棘刺，但海洋中仍然有不少动物能以海胆为食，海獭（图16-5）就是其中之一。海獭在外形上与栖居于河流、湖泊等淡水环境中的水獭很相似，但体形要比水獭大得多。海獭很少上岸，一年中有95%的时间在海水中活动。它们的游泳本领很强，主要在白天活动，通常结成小群。

海獭具有独特的技艺。它们潜入海底捞到海胆后，就将其塞入自己的肚皮褶皱里，再捡块石头浮上水面。海獭用仰卧姿势，利用石块当砧板，用前爪拿着海胆不断撞击石块，直至海胆棘皮破裂。这种行为表明海胆是非常聪明的动物。

图16-5　海獭

在海藻场中，仅有海胆、端足类、等足类以及腹足类等少数无脊椎动物能直接啃食大型海藻。由于生态系统中的植食性消费者有限，这些植物凋落后主要以碎屑形式进入食物网。研究表明，海藻场中平均约有2/3的初级生产力通过碎屑或溶解有机物进入更高营养级，而仅有约1/3通过牧食途径传递至其他营养级。因此，食物链以碎屑食物链为主。

植物渗出的和分解产生的溶解有机物被细菌利用。据报道，南非海岸夏季大型藻维持着43 g/（m^2·a）的细菌生物量（干重），而这些细菌又维持着约4.3 g/（m^2·a）的鞭毛虫和纤毛虫的生物量（干重）。主要的食肉动物岩虾（*Jasus lalandii*）大量捕食贻贝，但也摄食其他无脊椎动物，而它本身又被角鲨、海豹、章鱼及鸬鹚所捕食。此外，海藻碎屑同底栖微藻也会随着海流扩散至周围不同生境中。

（二）初级生产力

大型海藻具有很高的生产力，约占全球海洋初级生产力的10%。在较理想的环境中，大型海藻既不受脱水作用限制，也不受过度暴晒的胁迫。在波浪的作用下，叶片能充分延展吸收光能进行光合作用。研究发现，大型海藻生长速率平均为6~25 cm/d，最高达到60 cm/d，初级生产力为600~3 000 g/（m^2·a）。例如，位于加拿大新斯科舍近海的海带场生态系统的生产力大约为1 750 g/（m² · a）；美国加利福尼亚州的巨藻场年开发量为10 000～20 000 t（干重）。

五、生态价值

海藻场生态系统是海洋中初级生产力较高的区域之一，在近岸海域发挥重要的生态功能。在生长过程中，海藻场内部的大型海藻和浮游植物吸收固定二氧化碳，进行光合作用增加水中溶解氧，等等（李恒等，2006），对藻场内的水流、pH、溶解氧以及水温的分布和变化具有缓冲作用。海藻场内的褐藻个体通常较大，并以叶片直接吸收海水中的营养盐类，其吸收面积大，对一些无机盐、金属等的吸收作用明显，起到净化水质的作用。例如，在近岸排污口附近海域，一些大型褐藻仍然能够很好地生长，对海域环境具有显著的改良作用。大型海藻的旺盛生长使海藻场内部形成了隐蔽的环境，具有多样的生物生存空间。海藻以及附着生物可以作为海藻场内部浮游动物的饵料，死亡分解又有利于饵料浮游生物的繁殖等并形成索饵场。海藻还是鱼类着生卵的附着基盘，适合成为鱼类的产卵场。海藻场的存在减缓了波浪及海流，形成相对稳定的环境，成为生物优良的栖息场所。海藻场内能够形成隐蔽场及狭窄迷路，使其成为海洋动物躲避敌害的优良场所。除此之外，其丰富的生物多样性为人类提供宝贵的种质资源，对当今全球性生物多样性的保护具有深远的意义。

六、海藻场的退化

填海造地和围海养殖等人类经济活动的破坏，对褐藻这类优质饵料的无节制采集，造成了近海岸环境的破坏，大型海藻生物多样性下降，海藻场大面积退化和消失，褐藻资源逐渐匮乏甚至面临绝迹危险。海藻场面积缩小或者消失。例如，1911年美国洛杉矶沿海巨藻场面积约为627 hm²，到1968年基本消失殆尽。自20世纪80年代以来，我国近海岸的天然海藻场退化现象相当严重。例如，在我国温州市南麂列岛附近有多处铜藻场，面积均为600 m²以上，2007年减少了80%（孙建璋等，2008）。海藻场的生存遇到了前所未有的危机。20世纪80年代以前，山东省近海水深2～4 m的潮间带有大量鳗草场分布，如今面临大面积退化甚至消亡的境况。邻国如日本、韩国等国家也面临同样境况，天然海藻场的面积逐年减小。因此，加快人工海藻场建设或修复已退化海藻场，是改善近岸水体生态环境、治理海底荒漠化、降低水体富营养化，最终达到恢复海洋生物资源目的的重要措施。

第二节 海草床

一、什么是海草床？

（一）海草与海草床

海草和真正的植物一样，能够开花产生花粉和种子。通常将生长于近岸的海草植物与其他海洋生物群落所形成的一类生态系统称为海草床（seagrass bed）。

海草植株由叶片、地下茎和根组成（图16-6），主要的组织结构能够使得海草适应复杂多变的海洋环境（许占洲等，2007）。例如，海草的叶片呈束状以适应水流和波浪生境，利用大量的腔隙系统将氧气输送至缺氧的地下部分，等等。海草和大型藻类的区别之一在于海草是维管植物，可以利用叶片、根系从水体和海底吸收营养物质。与真正的高等植物一样，海草能够开花、产生花粉和种子。海草的生活史是在海水中完成的：开花后，在水下撒播花粉，利用波浪作用，进行植株间的花粉传播；授粉后，受精的胚珠成熟形成种子；种子下沉至水底，进行发芽、植株生长等一系列生理活动，从而逐渐形成一片新的海草床。除此之外，海草还可以进行无性繁殖。

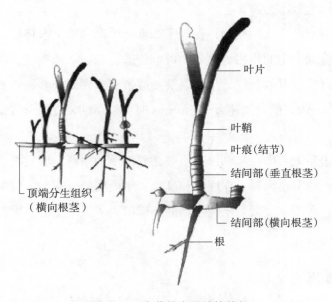

图16-6 海草的主要结构特征

（二）海草的分布区系

除了南极外，海草在全世界沿岸海域都有分布。根据Hemminga等（2000）的划分标准，当今海草分布主要有九大区系：温带北大西洋区系、温带南大西洋区系、温带东太平洋区系、温带西太平洋区系、地中海区系、加勒比区系、印度-太平洋区系、南澳大利亚区系和新西兰区系。在我国，海草基本位于温带西太平洋区系，部分位于温带西太平洋区系和印度-太平洋区系的重叠区，集中于海南、广西、广东、香港、台湾和福建沿海的南海海草分布区以及山东、河北、天津和辽宁沿海的黄渤海海草分布区。

二、生境特征

（一）光照

光照是海草生长的主要限制因子，海草通常会生长在潮间带到满足植物生存所需最小光照量的不同深度区域。水体清澈、透光度大的区域，海草生长状况好；而在悬浮物较多、透光率偏低的环境中，海草生长较慢。

（二）营养盐

在海草床存在的区域，营养盐含量能够满足海藻生长所需。当营养盐浓度过高，大型藻类的水华和鳗草叶片上负载的附着植物的增加，都会限制鳗草对光照、营养素和氧的利用，并导致海草衰退；当营养盐浓度过低，海草的生长便会受到限制。在光照充足时，营养盐成为限制海草生长的主导因素。

（三）水流、波浪和潮汐

波浪会引起海草叶片来回摆动，促进了海草床内部和整个水环境的水交换。水流除了对海草叶片施加一定的作用力之外，可以传递花粉，帮助授粉，将种子散布到其他海区，对新的海草种群的形成、生长以及发展带来重大影响。尽管鳗草生存能忍受的最大流速为150 cm/s，但当流速大于50 cm/s时，鳗草的密度显著降低。

（四）底质

底质是海草根系固着的基础和海草吸收营养物质的来源。底质类型尤其粒度是影响海草根状茎生长的重要因素。在底质粒度小、水流缓的环境中，海草的根状茎节间较长，生长较快；底质粒度大、水流剧烈的环境阻止了根状茎的扩展，使得海草生长受到抑制。

三、生物群落组成

除了海草外，海草床生态系统内还生存有大量的附着生物、等足类、端足类和猛水蚤类以及大型无脊椎动物和鱼类等。研究表明，海草床结构的复杂性与种类丰度直接相关，物理结构越复杂，所提供的空间生态位也就越多，也就能支持越多的物种。因此，海草床生物种类数量要明显高于其周边的生态系统，且海草生物量与物种丰度之间呈现明显的正相关关系。

（一）海草

与陆生维管植物相比，海草种类极其稀少。我国有4科10属22种，以鳗草属种类最多，喜盐草属次之，缺少全球6科海草中的角果藻科和波喜荡科。按地理分布，可将我国海草分布区划分为南海海草分布区和黄渤海海草分布区。在南海海草分布区，海草共9属15种，以海南海域种类最多、面积最广，主要优势种为喜盐草（*Halophila ovalis*）。喜盐草是我国亚热带海草群落的优势种，仅在广东和广西两地的面积就超过1 700 hm²（范航清等，2011）。黄渤海海草分布区共有海草3属9种，其中以山东省的海草面积广，在种类上又以鳗草（*Zostera marina*）分布范围最广，是多数海草场的优势种类。

（二）附生生物

大型海藻通常会分泌化学物质从而控制藻体上附着生物的附着，而海草没有这种机制。海草的茎、叶部分能够为生物生长提供适宜的附着基。附着生物主要包括细菌、微藻、大型植物以及无脊椎动物，等等。对西印度群岛地区潟湖内分布的热带海草泰来藻的附生生物群落的研究发现，附生生物主要由3种珊瑚藻、72种单细胞有孔虫和61种硅藻组成，而海绵、腹足类、介形亚纲动物、甲藻、褐藻等种类也被发现（Corlett等，2007）。这些附生生物在泰来藻表面形成一个复杂的生物群落。附生部位随生境的不同而有所变化。在隐蔽性的内湾区域，生物优先附生叶片边缘；在海流和波浪较急速的区域，整个叶面都被附着。随着叶片的不断更新，大部分附生生物进行季节性更替（杨宗岱等，1984）。

海草叶片为附生生物群落提供了多样化的生境，使得附生生物的分布不再局限于海底，而能够借助海草扩展其在水中的生存空间。此外，附着生物不仅在海草叶片表面获得生存空间，还从海草叶片获得生长所需的营养物质，这主要是因为海草通过根系和叶片吸收的营养物质除了满足海草自身生长需求外，还有部分渗出海草而被附着生物所利用。利用放射性同位素和稳定同位素示踪发现，海草叶释放的碳、氮和磷等元素在海草叶表面的附生藻和细菌之间进行转移（Perez Llorens等，1993）。

目前，以海草为附着基的各种附生生物的生产量可能超过海草地上部分生产量的50%，其初级生产力可能会超过海草本身（Moncreiff等，1992；Pollard等，1992；李文涛等，2009）。但附生生物对海草的生长具有一定的抑制作用，比如减弱海草叶片可利用的光照以及妨害海草叶片对周围水体中营养物质的吸收等。海草与附生生物的关系是极其复杂的。

（三）其他生物

海草床中生活着大量的软体动物。在波罗的海芬兰沿岸的鳗草草场中，底栖无脊椎动物十分丰富，其中底内动物密度为25 000～50 000只/m²，而在附近的裸露沙地只有2 500～15 000只/m²。软体动物是该草场的优势种之一。

如同其他海底生态系统一样，海草场中也栖息着大量甲壳纲动物。其中包括生长在海底的底内动物如桡足类、介形类和端足类等，还包括栖息于地表或者海草植被的附生动物，如等足类、桡足类、介形类和端足类等。另外，如前所述，十足类的虾、蟹和龙虾等也生活在海草床中。

一些活动性强的大型无脊椎动物（如螃蟹、头足类）和鱼类也在海草床中出现。据报道，在海草场中出现的鱼类可超过100种。海草床还是许多重要经济鱼类的繁育场所，海草床中的鱼类优势种群往往是幼鱼。对澳大利亚北昆士兰海草床的一项研究发现，从海草床中捕获的134种鱼类的平均体长仅为32 mm，其中绝大部分为幼鱼。事实证明，海草床通常被鱼类的幼鱼所利用。除了一些长期定居在海草床的鱼种之外，大多鱼种并非在海草床产卵，而是浮游期的仔稚鱼随着海流进入海草床。一些定居性种类会从此一直栖息在海草床，而其他幼鱼在海草床生活一段时间（从几个周到几个月不等）后，会转移到其他生境中。科研人员利用稳定同位素分析技术以及对鱼类胃含物的分析证明，海草床-红树林-珊瑚礁生态系统中的珊瑚礁鱼类，通常会有一段时间在海草床或红树林中度过。

与海草床相关联的大型动物包括绿海龟（*Chelonia mydas*）、儒艮和西印度海牛（*Trichechus manatus*）。绿海龟并不一直在海草床中生活。它们孵化后离开海滩在海中生活一段时间，这期间属于杂食性，当生长到一定阶段时再次回到沿岸以海草和海藻为食。绿海龟昼出夜伏，喜食海草嫩叶，不摄食海草叶表面附生藻类和其他附生生物。海牛目的部分草食性动物也以海草为食。西印度海牛分布在美国佛罗里达州沿海、墨西哥湾和加勒比海，直至南美的巴西北部沿海。这些海牛在海淡水之间移动，其食物包括海草和其他水生植物。儒艮则专以海草为食，有时甚至把某些种类的海草根、地下茎和叶全部吃掉。

另外，海草床还是一些水鸟的食物供给地。在荷兰的沃顿海，黑雁（*Branta bernicla*）、针尾鸭（*Anas acuta*）、赤颈鸭（*Anas penelope*）和绿头鸭（*Anas platyrhynchos*）都以潮间带的鳗草属海草（*Z. noltii*）为食。一些野鸭、天鹅和大雁在其迁徙过程中在鳗草草场中停留，并以鳗草为食。

四、生产力及能流特征

（一）全球海草覆盖面积与初级生产力

随着测定技术手段的发展，许多学者对海草的生产力和生物量开展了大量的工作，取得了一系列成果。研究发现，海草床具有高的生物量和生产力，显著高于大型藻类和浮游植物（Duarte等，1999）。因此，海草床、珊瑚礁以及红树林并称为三大海洋生态系统。

海草生物量常以单位面积内植株的干重来表示，而生产力一般用单位时间、单位面积生产的有机碳量表示。除与测量手段有关之外，海草初级生产力存在着种间差异。例如，印度尼西亚喜盐草的生产力为0.83 ~ 1.38 g/（m² · a），而日本沿岸矮鳗草叶片的生产力为1.5 g/（m² · a）。生物量和生产力时空分布具有纬度差异性（Erftemeijer等，1999；Aioi等，1981）。在温带海区，平均生物量为500 g/m²，初级生产力为120 ~ 600 g/（m² · a）；而热带海区平均生物量超过800 g/m²，生产力高达1 000 g/（m² · a）（Barnes等，1982）。除此之外，温带海草生产量和生产力具有显著的季节特征。Nakaoka等（2003）发现日本沿岸的具茎鳗草（*Z. caulescens*）生产量和生产力在夏季最高，冬季最低。Kirkman等（1982）研究发现，摩羯鳗草叶片夏季生产力约为冬季的2倍。研究发现，这种典型特征与温带地区光照和温度的季节变化基本一致。海草生物量和生产力的变化及其影响因素是海草生态学的重要研究内容。

（二）食物链

海草床生态系统有机碳在食物链的流动，主要通过牧食食物链和碎屑食物链共同完成。尽管海草是很多沿岸海区的主要初级生产者，但现实情况是海草仅能被少数动物直接摄食和利用。包括海胆等无脊椎动物以及海龟和海牛等脊椎动物在内的主要摄食者，对海草的生长、繁殖以及海草场的结构具有重要的影响。如在美国佛罗里达州附近海域，海胆的过量摄食促使一部分海草场消失（Rose等，1999）。海草对于次级生产力的贡献主要是通过碎屑食物链来实现的。海草叶片死亡脱落后，在微生物的分解作用下，释放出大量的可溶性有机碳。这部分有机碳能够被细菌利用，这些细菌又被一些微生物捕食者利用。通过研究刚脱落的小丝粉草（*Cymodocea nodosa*）叶片发现，海草叶分解初始阶段溶出的部分有机物会被细菌吸收利用，从而使得海草叶片周围以及附生在叶片表面的细菌量都有所增加。伴随着水体中细菌丰度的提高，原生动物尤其是鞭毛虫也丰富起来。而剩余的有机碳则被附生的微生物缓慢水解，并最终被利用。由此证明，海草场中存在以海草叶腐烂分解溶出有机质为起点的微生物循环。这一循环中的原生动物正是海草场中无脊椎动物和鱼类的食物（图16-7）。

海草残体或碎片能够为海草场海域提供营养物质，向近岸海区输送大量有机物，为经济种类提供食物来源。剩下的大部分初级产量进入碎屑食物链的能流途径。

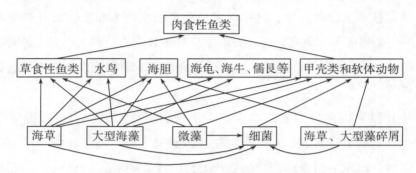

图16-7　包括主要生物类群的海草床食物网示意图

五、生态价值

作为特殊的海洋生态系统，海草床在地球系统碳循环中起着不可忽视的作用。首先，海草床的平均初级生产力的年净生产量水平高。在全球变暖背景下，海草是重要的二氧化碳吸收者，是海洋生物圈碳循环的一个重要组成成分。据估计，15%左右的海草场生物量将长期掩埋海底，成为海草生态系统的碳汇。其次，与周围海域相比，海草场内部流体动力过程发生改变，悬浮颗粒的沉降加速对稳定海底底质具有积极的作用，提高了近岸抵御波浪和潮汐的能力。有研究者报道，海草场内部比外部水体具有更多的有机物和颗粒更细小的泥沙成分。海草可以从水流中过滤沉积物和营养物质，从而有利于保持海水的透明度。海草从海水和表层沉积物中吸收养分的效率很高，是控制浅水水质的关键高等植物。海草的叶子对波浪有缓冲作用，从而形成海草场较平静的水环境，起稳定海岸的作用。海草叶子也有遮阳作用，使在其中生活的其他生物避免强烈阳光照射的危害。

六、海草床的衰退与恢复

（一）海草与海草床的破坏现状

受自然因素和人类活动干扰的影响，世界范围内的海草床呈现迅速缩减的趋势。《世界海草地图集》报道，全球海草床生长环境日益恶化，1993—2003年海草床面积锐减约15%。自1990年以来，全球海草床以每年7%的速率在减小，截至2009年，约有

1/3的海草床消失。保护海草床生态系统迫在眉睫。

在我国，尽管还无法准确估测海草床退化的面积和速率，但部分事例证明我国海草床已急剧萎缩。广西北海市合浦英罗港附近的海草床从1994年的267 hm²减少至2001年的0.1 hm²，面临着完全消失的危险（邓超冰，2002）。在2008年到2016年广西沿海对海草分布区进行围填，改造成为港口码头用地、房地产等，已造成共计354 hm²海草生境的永久性丧失。从2015年到2021年，山东黄河口1 000多公顷日本鳗草床受互花米草入侵和台风影响退化迅速。我国海草场面积的急剧萎缩已经严重威胁海草的物种多样性。近年来的调查结果显示我国海草多样性丧失严重。在全球海草濒危等级评定中，丛生鳗草被列为易危等级（VU），宽叶鳗草和具茎鳗草为近危（NT）（Short等，2011）。

（二）海草退化的诱因

海草床生态系统衰退的原因主要是自然因素和人为因素的扰动。

全球变暖导致海水温度升高，某些海草床生态系统无法适应高的海水温度而大面积衰退。海平面上升使得海草床生境水深发生较大的变化，降低了光照度，使海草光合作用减弱而导致海草死亡。频繁侵扰的台风活动破坏海草繁殖枝或将其吹至不适繁殖的区域，引起海草床繁殖能力下降以及种子库的种子流失，进而损伤海草床的自我修复功能。

由于人为因素引起的环境压力，海草床生态系统呈现加速退化的趋势。营养盐的过度排放使得近岸水体富营养化，引起附生生物、浮游植物快速繁殖，进而降低近岸海水的透明度，再加上赤潮的频繁暴发导致海草床接受光线严重不足而大量衰退。另外，填海造地、采挖滩涂和浅海底生物资源、生物入侵，以及海上油田、轮船溢油等均会对海草床生态系统造成毁灭性的灾难。

（三）海草保护与恢复

20世纪末，在大面积海草床退化或消失的严峻形势下，海草床生态修复在世界范围内相继开展，主要工作集中于发达国家（Wear等，2006）。其中，美国切萨皮克湾海草床大规模修复计划规模较大、影响范围较广，并且大大促进了海草床人工修复新技术和新设备的开发和应用（Shafer等，2010）。

目前海草床修复的方法主要有海草成体的移植和海草播种技术。大规模的海草床修复计划尽管一定程度上改善了局部生态健康，但目前仍然面临较大的困难。例如，移植海草成体严重破坏原海草床，且存在劳动强度大和成本高的问题，而种子法具有修复效率低的缺陷。因此，海草床生态系统修复是一项费时、费力和高成本的综合工程。加强海草及海草床生态系统基础生物学领域的研究，开发低成本、高效率的海草床生态系统修复技术是海草修复研究的一大趋势。

本章小结

在世界温、寒带海洋潮下岩礁质海岸带多分布着大型海藻类。它们通过固着器固着在硬质底上，利用藻柄上的叶片直接吸收海水中的营养盐类。以巨藻为代表的大型褐藻生长速率快，常常形成海藻场。

海草是真正的高等植物，主要分布在向海一侧的潮间带和潮下带软质底上，常形成海草床。与陆生高等植物相比，全球海草种类稀少，共计70种。

大型海藻场、海草床为生物提供了空间异质性和高度多样化的生境，初级生产力很高，支持着作为消费者的动物，食物链以碎屑食物链为主。

海藻场、海草床承担着全球营养循环、潮间带及潮下带基质沉积和稳定、海洋生物栖息场所与食物来源等重要的生态服务功能。

近年来，海藻（草）场急剧退化，针对海藻场、海草床的保护与恢复迫在眉睫。

思考题

（1）简述海藻场生物群落物种带状分布的原因。

（2）如何理解海獭是控制某些藻场群落的关键种？

（3）海草是如何适应海洋环境的？

（4）阐述海草床高物种多样性产生的原因。

（5）根据已学知识，为海藻场、海草床恢复工作提几点建议。

拓展阅读

范航清，邱广龙，石雅君，等. 中国亚热带海草生理生态学研究［M］. 北京：科学出版社，2011.

范航清，石雅君，邱广龙. 中国海草植物［M］. 北京：海洋出版社，北京.

Walker D I, Kendrick G A, McComb A J. Decline and recovery of seagrass ecosystems—the dynamics of change［M］//Seagrasses: Biology, Ecology and Conservation. Dordrecht: Springer, 2006.

第十七章　海湾生态系统

海湾是海岸带的一部分，但又不同于一般的海岸带。它是由陆地围成的相对独立的水域。海湾蕴藏着丰富的资源，有着优越的地理位置和独特的自然环境。如果把海岸带比作地球的项链的话，那么海湾就是这条项链上的明珠和宝石。如此巨大财富引起世界各国的高度关注。本章基于生态系统的角度，详细介绍有关海湾的概念与分类、海湾生态系统的结构与功能、海湾的现状及面临的威胁。

第一节　海湾生态系统的概念与分类

一、什么是海湾？

海湾（bay或gulf）的定义多种多样。有关海湾区域的界定，存在着不同的方式。《联合国海洋法公约》认为"海湾是明显的水曲，其凹入程度和曲口宽度的比例，使其有被陆地环抱的水域，而不仅为海岸的弯曲。但水曲除其面积等于或大于横越曲口所划的直线作为直径的半圆形的面积外，不应视为海湾"。在这一严格定义下，一些约定俗成的海湾都不再称为海湾，如澳大利亚南部的大澳大利亚湾、非洲西南岸的几内亚湾等。根据我国国家标准《海洋学术语　海洋地质学》（GB/T 18190—2017），海湾是指水域面积不小于以口门宽度为直径的半圆面积，且被陆地环绕的海域。除水域外，海湾还包括海岸的潮间带以及水域周围的陆域部分，是由海水、水盆、邻近陆域及其空间组成的综合自然体。

海湾生态系统是指在近岸由陆地围成的半封闭水域环境与生物群落组成的统一的自然整体。海湾生态系统与陆地生态系统相连，易受人类活动的影响。海湾生态系统包含淡水生态系统、半咸水生态系统和海水生态系统，具有复杂多样性。

二、海湾的分类

根据海湾基本要素，建立了以成因、形态系数、开敞度、水域率等为原则的分类方式。

（一）按照成因原则分类

地质构造和地壳运动形成的未经水动力、冰川磨蚀和生物作用等地球外营力大规模改造的海湾，称为原生湾。原生湾形成后，形态变化较为缓慢，按照不同成因又可细分为构造湾和火山口湾。其中构造湾数量多，广泛分布于世界各地。与地质构造和地壳运动无直接关系，由陆地河流、海水动力等地球外营力作用形成的海湾，称为次生湾，如潟湖湾、三角洲湾、连岛坝湾。我国的渤海湾、波罗的海南岸的维斯瓦湾以及缅甸的莫塔马湾均属于次生湾。这些次生湾的演化比原生型海湾快。第三种类型是混合型海湾，指的是在地质构造和地壳运动形成的地貌基础上，在地球外营力影响下形成的海湾。混合型海湾主要包含基岩侵蚀湾、环礁湾、峡湾和河口湾等。

以发生在全新世中期的全球性海侵盛期为海湾按成因原则分类的时间界限。在此期间，海水侵入近岸低洼地区所形成的海湾为原生湾；海侵高潮过后，海平面趋于稳定，因浪、潮、流及河流等作用而形成的海湾为次生湾。在我国海湾中，原生湾所占比例较高，主要分布在辽东半岛、山东半岛等地。

（二）根据形态系数原则分类

海湾宽度与长度的比为海湾的形态系数。根据形态系数可将海湾分成5个类型，分别是狭长湾、宽长湾、方圆湾、长宽湾、短宽湾（表17-1）。

表17-1　我国海湾按形态系数的分类

海湾类型	形态系数	海湾名称
狭长湾	≤0.50	常江澳、小窑湾、董家口湾、葫芦山湾、养鱼池湾、乳山湾、丁字湾、象山港、三门湾、浦坝港、乐清湾、沿浦湾、沙埕港、罗源湾、同安湾、安海湾、厦门湾、诏安湾、宫口湾、汕头湾、湛江港、雷州湾、铁山港、大风江口、钦州湾

海湾类型	形态系数	海湾名称
宽长湾	0.50～0.90	大窑湾、营城子湾、普兰店湾、双岛湾、靖海湾、胶州湾、唐岛湾、琅琊湾、兴化湾、旧镇湾、东山湾、大鹏湾、镇海湾、海陵湾、茂名港、清澜湾、小海湾、新村湾、洋浦港、马袅港、防城港、珍珠港
方圆湾	>0.9～1.10	大连湾、太平湾、芝罘湾、月湖、临洛湾、古镇口湾、漩门湾、福清湾、佛昙湾、安浦湾、铺前湾、榆林湾、廉州湾
长宽湾	>1.10～1.50	青堆子湾、锦州湾、龙口湾、威海湾、爱伦湾、桑沟湾、小岛湾、杭州湾、大渔湾、渔寮湾、三沙湾、湄洲湾、泉州湾、大亚湾
短宽湾	>1.50	金州湾、复州湾、莱州湾、套子湾、朝阳港、俚岛湾、石岛湾、险岛湾、白沙口、北湾、海州湾、海门湾、广澳湾、碣石湾、红海湾、广海湾、海口湾、亚龙湾、三亚湾、后水湾、澄迈湾、金牌湾

三、海湾的分布

全世界海湾数以万计，绝大多数分布在亚、欧、北美三大洲的周围，具有不同的平面形态和地貌特征。在我国，《中国海湾志》收录海湾96个，主要分布在沿海的8个省、自治区、直辖市中，其中以海南省和山东省海湾分布密度最大。由于海湾演化条件的差异性，无论是从数量还是类型上看，海湾的分布都是不均匀的。

第二节　海湾生态系统的特征

一、生境特征

因位置不同，海湾的生境特征不同。总的来说，海湾的环境因子复杂多变。

（一）气候具有大陆性和海洋性直接过渡的特点

海湾具有由陆地围成的相对独立的水域，据其大小、形状和岸边地形等因素，会不同程度地形成小气候。海洋与大陆的热力学性质截然不同，海洋温度变化慢，具有明显的热惯性。大陆温度变化快，具有明显的热敏性。加之大陆一侧地形的影响，海湾作为大陆与海洋的过渡地带，各种气象要素的分布必然出现急剧的变化。例如，我国渤海湾冬季受北方大陆冷气团控制，气候寒冷干燥；夏季在南方暖湿气团的主宰下，气候较炎热湿润。实际观测表明，风速、降水、温度、湿度等在海岸地区梯度明显加大，这导致了海湾独有的小气候特征。

（二）海湾常有河流入海，水深较浅，容量小

海湾沿岸多有河流入海。例如，流入美国切萨皮克湾的河流约有40条，还有数以千计的小溪。切萨皮克湾平均水深仅6 m。

（三）营养盐丰富

河流入海输送大量营养物质，同时，海湾具有特殊复杂的环流和混合扩散过程。如图17-1所示，北部湾存在一个环流系统：夏季，外海水由越南沿岸进入湾内，沿岸北上，在广西沿岸由西向东流；而冬季海流趋势与夏季流场相反，海水从湾口东部莺歌海沿海南岛西海岸向北流。海湾海水中营养盐较为丰富。在一些城市化影响较为严重的地区，生活及工业污水的输入使得海湾的水体出现了富营养化的状态。

（四）受潮汐影响强烈

海湾区域一般潮差较大。尤其是在深度向湾顶逐渐减小的喇叭形海湾，容易形成涌潮，使得湾顶的潮差比外海大数倍。

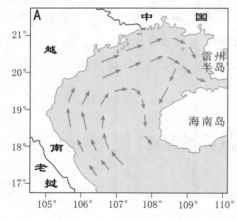 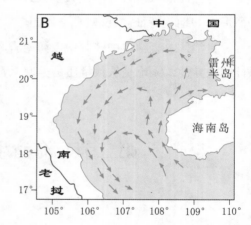

A.夏季；B.冬季。

图17-1　北部湾环流

（五）沉积物类型复杂

由于开敞度不同，海湾形态各异，动力条件有别，海湾沉积物类型及其分布格局也有所区别。总的来看，海湾的沉积物主要来自陆源输入。从沉积物平均粒径分布来看，从粒径最大的砾石到粒径小的细质软泥均有分布。

二、生物群落组成

在湾口较为开阔，能顺利地与外海进行海水交换的海湾，生物群落组成与相邻海岸相似，生物的种类随着海湾的地理位置有所差异，但是数量较大。在潮差比较大的

海湾，海湾植物必须能够适应低潮时的干出以及高潮时浸没的恶劣环境，因此红树林植物是热带海湾常见的植物。

生物丰富度随纬度梯度从赤道向两极地区减少，因此，海湾生物丰富度与纬度有关。通常来说，热带海湾生物种类要多于高纬度海湾。但限定区域内物种随机分布范围也对海湾的物种丰富度具有显著影响。例如，我国辽东半岛东部海湾不仅拥有冷水种，还具有暖水种，生物种类明显多于上海、浙江北部、浙江南部海湾。黄海各种水流交汇产生的"适宜限制区"，使得不同生态型的生物随着水流在黄海聚集（李立，2010）。

（一）浮游植物

浮游植物是海湾水域中有机物的基础生产者。常见的浮游植物有硅藻、甲藻等。不同海湾出现的优势种不同，即使是同一海湾优势种因季节交替也会不同。通常以广温低盐近岸种、暖温带近岸种和世界广布种占据优势。在我国渤海、黄海、东海各海区常见的硅藻有具槽直链藻、菱形海线藻、骨条藻等硅藻以及角藻和多甲藻等甲藻。

（二）浮游动物

浮游动物是物质转换的关键环节，又是海湾经济动物，还是鱼、虾、贝等的饵料基础。

海湾浮游动物组成的生态特点因海湾而异。海湾水域温度、盐度的平面分布和季节变化，对浮游动物生长、繁殖、种类组成、生物量高低及其个体密度分布均有一定的影响。总的来说，以甲壳类种类最多，约占浮游动物总种数的50%。其中，桡足类不仅种类多，而且数量大，是海湾水域最重要的类群。其次是刺胞动物、被囊动物（Tunicata）、原生动物、毛颚动物等。软体动物幼体和棘皮动物幼体在浮游幼虫中占优势。例如，在我国渤海诸海湾以温带近岸低盐种强壮箭虫、墨氏胸刺水蚤（*Centropages mcmurrichi*）、背针胸刺水蚤（*C. dorsispinatus*）、真刺唇角水蚤（*Labidocera euchaeta*），广布种长腹剑水蚤、小拟哲水蚤（*Paracalanus parvus*），温带外海性种中华哲水蚤等为主。

（三）底栖动物

各湾区的底栖生物生物量、栖息密度和组成具有很大差异，主要受水温、盐度等条件的影响。同时也与陆源性有机碎屑的供应量和沉积堆积有密切关系。高生物量出现于内湾附近。温度是决定海湾海域中底栖生物区系特点的重要因素。中纬度海域夏、秋季水温比较高，可以满足许多亚热带种繁殖、生长的要求，而其成体则可适应冬季低温条件。冬季低温成为亚热带种向中纬度海域扩展的限制因素，在黄渤海表现比较明显。这一海域除有暖温带种生存之外，还有能适应冬季低温的亚热带种，如蚌属、梭子蟹、玉蟹科、小虾蛄和鼓虾科。多数海洋生物适应一定的盐度。大陆沿岸海湾基本上是低盐海域，因此低盐种占优势。有些种类在其不同发育阶段对盐度有不同的适应能力，如对虾属、仿对虾属、鹰爪虾属、管鞭虾属和新对虾属。成体越冬期适应高盐环境，但繁殖和幼体发育期适应低盐水域，有的仔虾期甚至能进入河口半咸水域。有些多毛类，例如不倒翁虫，能在不同盐度的区域生存，是典型的广盐性种。

（四）潮间带生物

海湾不同位置波浪、潮流、盐度等环境因素不同，其潮间带生物的分布也有明显差异。湾底和湾中多分布抗浪性较差的低盐性种类，湾口则分布抗浪性较强的高盐性种类。

（五）游泳生物

游泳生物以鱼类、头足类和甲壳类最多。在我国各海湾，游泳生物以暖水种为主，暖温种次之，种类组成具有很大的多样性，优势种不甚明显，不同海区间的种类组成及区系性质有显著差异。例如，在渤海，鱼类占74.1%，甲壳类占18.0%，头足类占7.9%，其中居明显优势地位的种类为黄鲫（25.7%）、鳀（12.6%）、赤鼻棱鳀（7.4%）、口虾蛄（8.5%）和日本枪乌贼（*Loligo japonica*）（7.2%）。在南海，鱼类所占比重高达95.98%，头足类和甲壳类分别仅占3.4%和0.6%。鱼类中，中华小公鱼（17.84%）、黄斑鲾（11.82%）等小型鱼占据相当明显的优势地位。

三、初级生产力

与同纬度大洋相比，海湾生态系统初级生产力水平较高。尤其是受径流影响较小的内湾，会因海水交换不畅，营养盐易于滞留，常是高生产力区。海湾的初级生产受到营养盐、温度、光强、浑浊度等多种环境因素的调控。在不同海湾及沿岸水域，潜在起控制作用的营养盐不尽相同。例如，法国西部布雷斯特湾初级生产力潜在受氮控制；法国西海岸比斯开湾的近岸水域主要受磷限制；而在我国胶州湾，硅成为限制性因子的可能性远大于其他营养要素。一般来说，过量的氮输入导致海湾生态系统中出现磷对初级生产力潜在限制的情况。有些水域，陆源磷的输入远高于氮输入，从而造成氮成为潜在限制因素。天气因素、水体浑浊等原因造成的光线不足均会影响浮游植物初级生产，使得光照成为限制海湾初级生产力的另外一个因素。有时沿岸水域被沿岸海流及外来水团的影响所主导。例如，在日本北海道内浦湾，外海水团入侵湾内使水体环境发生物理及化学变化，并诱发水华。

由于不同海湾在水文、地理、化学环境等方面的差异，不同大小的浮游植物对初级生产力所做的贡献也不尽相同。在美国西部蒙特利湾，浮游植物生物量与初级生产力有很好的线性相关关系，而大型浮游植物的贡献在高生物量及生产力时最明显，其在该水域同时是碳及氮生产力的主要贡献者。在海湾，初级生产者的粒级结构有季节性的变化。在有些海区，初级生产者的粒级分布与浮游生物种群的产氧及呼吸耗氧的总体平衡有着重要的联系，而这反过来又控制有机物的潜在输出。

此外，近岸水域初级生产者的粒级结构会影响到水域较低营养级的物质循环过程以微型食物环为主还是以经典食物链为主。同时，浮游动物及浮游植物食性的游泳生物的选择性摄食有时会影响相应海区浮游植物的粒级结构。在美国东部纳拉甘西特湾的研究表明，在春季到初夏时，大量鲱鱼可通过选择性摄食而显著影响浮游生物种群，并导致20 μm粒级的网采浮游植物瞬时生长率持续降低。

第三节　我国典型海湾概述

我国海湾众多，在某些海湾的研究中积累了大量的资料。本节以南黄海胶州湾和南海大亚湾为例，介绍其理化环境、生物组成和初级生产力等特征。

一、胶州湾

（一）理化环境

胶州湾位于胶东半岛南岸、山东省青岛市境内。东依崂山，南靠小珠山，西北与大沽河下游平原相连，东南有一狭窄出口与黄海相通。因形状明显受区域构造控制，胶州湾属于构造湾。胶州湾的潮汐属于典型的半日潮，是典型的半封闭强潮型海湾（吴桑云等，2000）。胶州湾海岸以基岩港湾类型为主，还有砂质、粉砂淤泥质平原海岸和充填型河口湾海岸。湾内地貌以海蚀地貌和海积地貌为主。海湾东部深，西部浅，动力条件复杂，沉积物类型较多。海湾地处典型的东亚季风气候区。胶州湾的潮汐和潮流均受黄海潮波控制，潮汐为规则半日潮。湾内北向的风流和外海传入的涌浪常见，常常受到台风外围的影响。冬季结冰，冰期约为2个月。

根据地理特征和生态类型，可将胶州湾分为3个不同的区域：湾口部分水比较深，受外海特别是潮流的影响，其生态特征与黄海生态系统相似；湾顶部分水比较浅，是底栖贝类的主要养殖区，底栖贝类的数量变动对整个区域的生态系统特征影响明显；湾中部是一个混合区，既受潮流的影响，也受到海水养殖活动的影响。

胶州湾的形成与演化

海湾的形成与发育，是海湾研究中重要的课题之一，因为掌握海湾形成、发育规律是科学、有效、持续地开发利用海湾的前提。海湾的成因类型不同，其形成和演化具有很大差别。胶州湾属于典型的基岩海湾。胶州湾面积为370.6 km²，平均水深为7 m。

胶州湾容纳了青岛大部分污染物。由于工业和生活污水的排放、无序开发等原因，胶州湾的水面日益萎缩，污染日趋严重。此外，大规模的海岸工程和海洋工程造成了湾内地形和水流的变化，胶州湾生态环境破坏严重，生物多样性迅速降低。近年来，随着重污染产业的搬迁和持之以恒的生态保护，胶州湾迎来了生态环境修复的历史契机。截至2020年，胶州湾优良水质面积从2010年的46.4%上升至74.8%。

（二）生物组成

1. 浮游植物

胶州湾浮游植物已鉴定种类约165种（李艳等，2005），平均密度可达1.65×10^6个/m³。从生态类型组成上看，广布种和暖温带种最多。从分类学上看，硅藻在种数和细胞个数上均占据绝对优势。常见硅藻种类有广布种中肋骨条藻、尖刺拟菱形藻等，以及近岸广温种类的冰河拟星杆藻、洛氏角毛藻等。其次是甲藻，以膝沟藻目、裸甲藻目、多甲藻目以及原甲藻目种类最多（张伟，2012）。

2. 浮游动物

胶州湾浮游动物生态类群主要包含近岸低盐种、外海高盐种、广温广盐种、热带暖水种4类，其中以近岸低盐种为主。已鉴定种类为116种，平均生物量为100 mg/m³，以节肢动物和刺胞动物为主。常见种类隶属桡足类、背囊类、毛颚类、小型水母类、夜光虫、枝角类、多毛类、棘皮动物、双壳类等，其中小型桡足类是浮游动物最大的优势类群。优势种有双刺纺锤水蚤、太平洋纺锤水蚤、中华哲水蚤以及强壮箭虫等。

3. 底栖动物

底栖动物在生态类群组成上以温带种和广温广布种最多，平均生物量为73.6 g/m²，常见种类有多毛类、甲壳动物、软体动物、棘皮动物和鱼类，如海洋线虫、强鳞虫、乳突半突虫和长吻沙蚕。在某些区域，生物量最大的经济底栖动物是菲律宾蛤仔（*Ruditapes phlippinarum*）和长牡蛎。

4. 游泳动物

胶州湾游泳动物主要有鱼类和头足类。软骨鱼类有鳐科的美鳐（*Raja pulchra*）、斑鳐（*R. kenojei*）、华鳐（*R. chinensis*）和魟科的光魟（*Dasyatis laevigatus*）4种，硬骨鱼类共31科54种，其中鲈形目鱼类最多（曾晓起等，2004）。此外，胶州湾近岸海水中还有日本枪乌贼、金乌贼（*Sepia esculenta*）、双喙耳乌贼（*Sepiola birostrata*）、长蛸（*Octopus variabilis*）、短蛸（*O. ocellatus*）等5种头足类游泳动物。

5. 其他生物

胶州湾海岸湿地含有多种维管束植物，以草本种子植物为主，建群种主要包含芦苇、香蒲、碱蓬、盐角草、白茅、柽柳和大米草等（张绪良等，2006）。胶州湾海岸湿地也是我国沿海水禽多样性水平较高的地区，种数可达140种。水禽中鸻形目种类最多，其次是雁形目、鹳形目、鹤形目和鸥形目等。其中被列为国家一、二级重点保护野生动物的有丹顶鹤、白鹤、黑鹤、大天鹅等21种（张绪良等，2008）。

（三）初级生产力

胶州湾生态系统的初级生产者有海水中的浮游植物以及海岸湿地的维管束植物。具有温带海域的典型特征：生物生产力高而生物多样性相对较高。胶州湾仅菲律宾蛤仔一个种的年产量就达到30万t。要维持如此大的生物产量，作为其主要饵料的初级生产者至关重要。胶州湾海水表层无机氮和无机磷含量丰富，陆源营养盐的输入对胶州湾初级生产力产生明显影响。

二、大亚湾

（一）理化环境

大亚湾位于我国南海北部陆架区，三面环山，是面积比较宽广的半封闭性海湾，区域面积约600 km²。海湾轮廓曲折多变，湾内岛屿众多，局部海域有海藻、珊瑚及人工鱼礁分布，沉积物以黏土质粉砂和粉砂质黏土为主，生境复杂多样。大亚湾气候属于南亚热带型，年平均气温约22.7℃。大部分海域为贫营养化状态，仅湾顶高部海域为中度富营养化水平。湾口浮游植物繁殖的营养盐限制因子为氮，而湾顶的主要限制因子为磷。（马玉等，2023）

（二）生物组成

1. 浮游植物

大亚湾浮游植物种类十分丰富。1985—2019年，大亚湾浮游植物种数为93～198

种，硅藻和甲藻占据主要优势地位。但整体上，硅藻种类所占比重呈现下降趋势，而甲藻呈现明显的上升趋势。从生态类型看，优势种和常见种均为沿岸性的广温广盐种，如尖刺拟菱形藻、中肋骨条藻。浮游植物优势种年际更替频繁，但总体上，大型硅藻逐渐被小型硅藻所取代。

2. 浮游动物

1985—2019年，大亚湾已鉴定浮游动物种类数为95～275种，年平均生物量为100.7～477.8 mg/m³。其中，桡足类种类数最多。历年来，优势种更替十分明显。从2007年起，夜光虫已成为大亚湾浮游动物优势种。此外，受大亚湾核电站温排水影响，一些暖水种丰度增多，逐渐成为优势种。

3. 底栖动物

大亚湾底栖生物种类繁多，资源丰富，以多毛类和软体动物种类数最多，其中，多毛类所占比例逐年升高。常见种类有粗帝汶蛤、奇异稚齿虫、叶须内卷齿蚕、丝鳃稚齿虫等。

4. 游泳动物

鱼类是游泳动物组成中所占比重最高的，年平均密度为977.6 kg/km²，其次为蟹类和虾类。除冬季优势种为甲壳类之外，其他时间优势种以鱼类为主。常见有二长棘鲷（*Parargyrops edita*）、短吻鲾（*Leiognathus brevirostris*）、梭子蟹（*Portunus gladiator*）和伪装关公蟹（*Dorippe facchino*）（曾雷等，2019）。

（三）初级生产力及营养关系

大亚湾初级生产力存在着明显的季节变化，5月份最高，11月份最低（图17-2），年平均值为182.77 mg/（m²·h）。

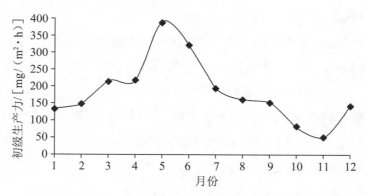

图17-2　2016年大亚湾海区初级生产力变化

（引自Kang等，2018）

大亚湾生态系统能量主要来自浮游植物（57%）和有机碎屑（43%），因此能量流动以牧食食物链为主。牧食食物链的主要模式是浮游植物→浮游动物和小型底栖生物→小型鱼类→大型鱼类（图17-3）。

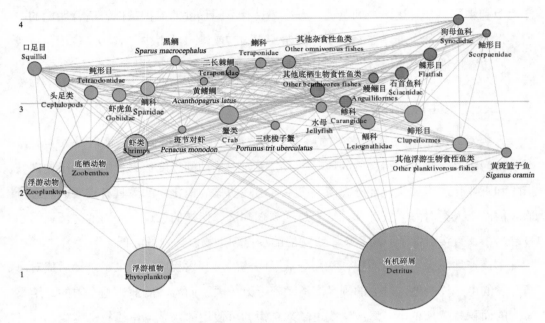

圆形表示不同的功能组，圆形之间的连线表示能量传递路径，
圆形面积的大小表示功能组生物量的多少。

图17-3　大亚湾生态系统能量通道图
（引自黄梦仪，2019）

第四节　海湾的生态价值及其脆弱性

一、海湾的生态价值

海湾地处海陆接合部，受海洋和陆地双重影响，形成了独特的环境优势和资源优势。

海湾与陆地关系十分密切，入湾河流不仅带来了淡水，而且带来了许多陆地营养成分，因此海湾中鱼、虾、贝、藻等水产资源十分丰富，海湾生态系统能为人类提供多种物质产品。海湾渔业的生产为海洋渔业积累了经验，奠定了基础。由于海湾具有优越的自然条件，随着海洋水产科学的进步，海洋养殖业也逐渐发展起来，而且是以海湾为试验田或试验区逐渐发展起来的。海湾具有丰富的潮汐能等海洋能，水资源也储量巨大，因此在陆地矿产资源不断减少、淡水资源日益紧张的形势下，海湾的海洋能源和水资源开发逐渐受到重视。海湾都具有不同程度的掩护条件，适合船舶的驻泊。世界上大部分海港建在海湾中。例如，我国37座港口城市中，有30座位于河口或海湾岸边。依港而建的港口城市逐渐形成了区域政治中心、经济中心和文化中心。

二、海湾生态面临的威胁及其保护与恢复

人类对海湾的开发具有悠久的历史，已取得巨大的成就。海湾地区是人类经济活动较为频繁、人口较为稠密的地区之一，受人类扰动的程度最大。随着沿岸地区城市化和工业化进程加快，部分海湾生态系统出现明显的退化。海湾具有重要的生态价值。但由于人类对海湾资源开发缺乏长远规划和资源保护的意识，海湾地区环境问题日趋严重，直接引发了海湾生态系统功能的衰退和生物多样性的降低。

围湾造地减少了海湾面积，从而降低了海湾的可开发程度，减少了子孙后代对海湾开发的可选择余地。过去的围垦海湾动辄上万公顷，而海湾的面积是有限的，结果海湾的面积就越来越小，海湾岸线也越来越短，可使用的水域与岸线越来越少。而且在某些湾区存在着围湾失败，引起被围湾区荒废的局面。此外，海湾围垦减少了纳潮量，降低了潮流流速，使海湾产生淤积，同时降低了海湾水交换能力，使得海湾环境恶化。海湾改造在未达到预期效果时，也使得海湾环境恶化，引起生物种群退化。目前，我国多数海湾存在水体、沉积物污染、外来生物入侵等问题。

海湾是海洋的一部分，地处海岸带之中。因此，海湾牵涉方方面面。要实现海湾的有效管理，确保有序、良性开发，必须加强法制建设。制定符合自然规律、满足社会需求、为国家对海湾的管理提供科学依据以及实现资源的可持续开发和保护的海湾功能区划势在必行。《胶州湾及邻近海岸带功能区划》等海湾功能区划文件应运而生。此外，应认真论证、严格把控，加强监督、勤于检查，合理有序地开发海湾，保护海湾生态环境。

本章小结

有关海湾的定义多种多样。海湾是指水域面积不小于以口门宽度为直径的半圆面积，且被陆地环绕的海域。除水域外，海湾还包括海岸的潮间带以及水域周围的陆域部分，是由海水、水盆、邻近陆域及其空间组成的综合自然体。海湾生态系统包含淡

水生态系统、半咸水生态系统、海水生态系统，具有系统复杂多样性。

海湾受潮汐作用强烈，沉积物类型复杂。因由陆地围成相对独立的水域，海湾会不同程度地形成小气候。

因陆源输入的营养物质较为丰富，海湾生态系统初级生产力高，且物种多样性高。

尽管人类对海湾的开发具有悠久的历史，已取得巨大的成就，但部分海湾生态系统出现明显的退化。亟须制定海湾资源开发长远规划，树立资源保护的意识。

思考题

（1）海湾的典型生境特征有哪些？

（2）影响海湾生态系统初级生产力的因素有哪些？

（3）试分析海湾生态系统面临的主要威胁。

拓展阅读

焦念志，等.海湾生态过程与持续发展［M］.北京：科学出版社，2001.

孙松，孙晓霞，等.海湾生态系统的理论与实践：以胶州湾为例［M］.北京：科学出版社，2015.

杨东方，苗振清.海湾生态学［M］.北京：海洋出版社，2010.

第十八章 海岛生态系统

海岛是特殊的国家领土，在国家经济、政治和军事中具有举足轻重的作用。海岛既不同于一般的陆地生态系统，又不同于以海水为基质的一般的海洋生态系统。随着海岛城市经济发展迅速，海岛生态系统脆弱性逐渐暴露出来。本章在海岛概念及类型界定基础上，介绍了海岛的全球分布、海岛的生态系统特征和生态价值与脆弱性等三个方面的研究现状。

第一节 海岛生态系统概念、类型与分布

一、什么是海岛生态系统?

（一）定义

根据国家标准《海洋学术语 海洋地质学》（GB/T 18190—2017），海岛是指四面环水，在高潮时高出水面自然形成的陆地区域。在海岛区域范围内，由栖息的所有生物及其环境组成的统一整体称为海岛生态系统。海岛生态系统实际上是海岸带生态系统的一种典型类型，位于海洋、陆地、大气、生物等圈层强烈交互作用的过渡带。

岛陆是海岛生态系统的核心和依托，潮间带和环岛近海是岛陆的自然延伸，共同构成综合的海岛生态系统（图18-1）。3种不同类型的生境各具独特类型的生物群落，形成了相对独立的子系统（王小龙，2008）。海岛生态系统内部相互联系、相互

制约，并形成具有自我调节功能的复合体。

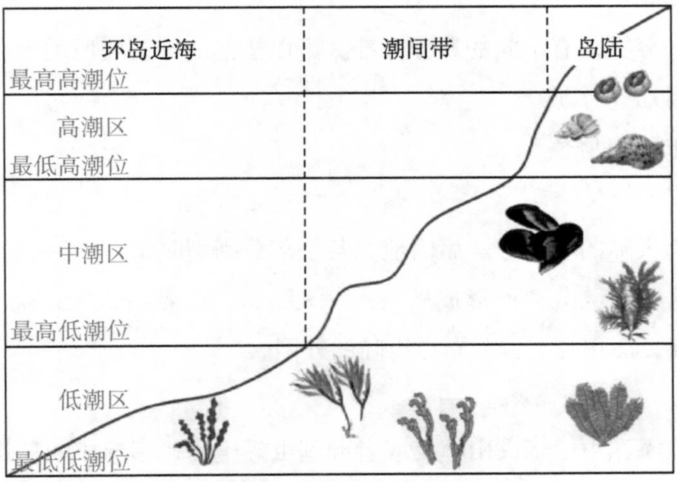

图18-1　海岛的3个子系统

（二）特征

特殊的地理位置、有限的规模大小和明显的空间隔离是海岛生态系统最直观的特点，也是其最基本的自身条件。与其他生态系统比较而言，海岛生态系统具有独特性，主要体现在以下方面。

1.海、陆二相性

海岛生态系统拥有岛陆、岛基、岛滩和环岛浅海4种不同类型的生态环境，海岛生态系统的主体是海岛的陆地部分，因此海岛生态系统具有陆地生态系统的特征。自然状态下的海岛往往覆盖着良好的植被，并生存有一定数量的陆生生物。生物群落与岛陆环境构成了一个相对完整的岛陆生态系统。海岛四周被海水包围，通常与大陆相隔离，其生态因子受海洋气候、水文等因素影响比较大。海岛的潮间带区是生物富集区，栖息着大量的软体动物、甲壳动物等海洋生物，因此，海岛生态系统又兼有海洋生态系统的特征。

2.结构简单但系统完整

通常情况下，海岛面积狭小，其上土地和森林资源较为有限。这些条件使得海岛生态系统生物多样性低，生态结构较为简单。但海岛生态系统具有陆地、湿地和水域3类生态环境，具有海域、潮间带和陆域3类地貌特征，是全球各种生境的微缩。在此生境多样性的基础上，生物资源出现分布多元化。因此，海岛由海向陆结构完整，是一个海陆不可分割的整体。

二、海岛的基本类型

针对海岛的分类，有不同的划分标准。可以按照成因、底质类型、距大陆远近、分布的形状等因素进行划分。

（一）按照成因划分

1. 大陆岛

大陆岛原为大陆的一部分。后因地壳某一部分断裂陷落形成海峡，脱离大陆的部分由于海面上升与大陆分离而形成岛屿——大陆岛。世界上超过50%的岛屿属于大陆岛。其地势较高，面积较大，分布在大陆的外围。

2. 海洋岛

海洋岛指在海洋中由于火山喷发或者珊瑚虫等生物作用形成的岛屿，与大陆没有直接关系。火山岛通常矗立在大洋中，海拔较高，地势险峻，如夏威夷群岛、关岛和冰岛；生物岛具有面积小、地势低平的特点。

3. 冲积岛

冲积岛主要位于河口地区，由陆地径流携带的泥沙在入海口地带因流速变慢或受海水顶托作用，逐渐沉积下来露出水面而成。例如，崇明岛是我国第三大岛，位于长江河口段。

除此之外，通过人类的作用在浅海区域建造的陆地称为人工岛。日本神户人工岛是世界上规模较大的人工岛之一。

（二）按照底质类型划分

1. 基岩岛

基岩岛以火山岩系中酸性石英斑岩为主，夹杂着流纹岩、火山角砾岩、安山岩等。基岩岛主要沿大陆基岩海岸分布，如台湾岛、海南岛。

2. 沙泥岛

沙泥岛主要由大陆河流带来的泥沙冲积而成，因此多分布在河口近海。例如，在潮流扩散或咸淡水交汇等特殊水文泥沙条件地区，长江携带的大量泥沙在河口沉积，形成了众多江心沙洲。

3. 生物岛

生物岛主要是由于生物作用而形成的，如珊瑚岛，主要分布在热带或亚热带海区。

三、世界海岛分布概况

（一）世界海岛地理位置

目前，有关世界海岛数量并无精确的统计数字。从估计的情况来看，以瑞典、芬兰、挪威、加拿大、印度尼西亚等国岛屿拥有量较多。其中，瑞典拥有海岛22万多个。世界上最大的海岛是格陵兰岛。

（二）我国海岛的特征及分布概况

我国是世界上海岛较多的国家之一。据海岛调查统计，我国拥有大小岛屿11 000余个。这些岛屿中，既有孤悬海上的单个岛屿，也有彼此距离较近、呈明显的链状或群状分布的群岛或列岛，如庙岛群岛、舟山群岛、西沙群岛、南沙群岛。这些海岛散布在渤海、黄海、东海和南海，其中以东海分布最多。最大的岛屿当属台湾岛，其次为海南岛。我国绝大部分海岛是无居民海岛。

第二节　海岛生态系统特征

一、生境特征

（一）气候特征

由于海陆差异，海岛气候明显与内陆不同。与内陆相比，海岛冬暖夏凉，具有海洋性气候的特点；降水量小于大陆地区，且季节分布不均。海岛水热分布随纬度增加而递减。

（二）地貌特征

大多数岛屿地形以基岩丘陵为主，地貌复杂。离岸较远的海岛一侧受风力、波浪和潮流的侵蚀，形成断崖峭壁、海蚀崖、海蚀柱或沙质滩涂等。

二、生物组成及其适应性

海岛生物地理学理论表明，海岛物种数量取决于海岛面积。通常，海岛生物多样性偏低，生物资源短缺。

（一）海岛的生物地理学平衡理论

关于海岛生物分布的模式有很多论述和观点，其中以MacArthur（1963）和Wilson（1967）提出的海岛生物地理学理论备受推崇。

这一理论认为海岛生物种类的丰富度完全取决于新物种的迁入和原物种的灭绝2个过程。当迁入率和灭绝率相等时，海岛物种数达到动态的平衡状态，即物种的数目相对稳定，但物种的组成不断变化和更新（图18-2）。

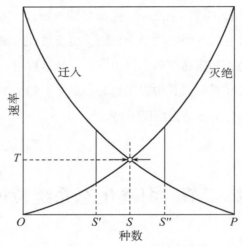

T：迁入与灭绝速率相等（平衡点）；S：出现在平衡点的物种数；

S'：迁入速率＞灭绝速率的物种数；S''：迁入速率＜灭绝速率的物种数。

图18-2　岛屿生物的迁入速率和消亡速率之间的平衡

通常来说，海岛相对隔绝的环境限制了生物多样性的发展，因此岛屿上的生物总数比大陆的少。隔离也使得海岛内部生物与大陆生物缺少基因交流的机会，为研究生物进化提供了理想的场所。较大的岛屿比较小的岛屿生物种类多。较大的岛屿能够为生物提供更多的栖息地。当海岛面积减少为原来的1/10时，生物种类数减少1/2。这一理论适用于未经扰动的岛屿。除了面积大小，海岛物种多样性与岛上栖息地多样性或环境异质性密切相关（Williamson，1989）。此外，物种的散布能力决定了鸟类和爬行类等运动能力较强的高等动物成为海岛常见生物。

总的来说，海岛生物组成具有以下特点。

1. 生物种类不完整

海岛生物的组成受限于物种的散布能力，往往缺乏某些类型的生物。例如，在多数海岛上，缺少大型的哺乳动物。同相相同面积的大陆比较，海岛上掠食动物种类少，甚至没有掠食动物。

2. 海岛生物特有种比例较高

某些生物在长期隔离后，受多种驱动力的影响而种群分化形成特有种。例如，在西班牙加那利群岛植物区系中有40%的植物为岛屿特有植物，厄瓜多尔科隆群岛特有植物比例达42%。此外，许多原生于大陆的物种进入海岛后，在大陆地区大环境变动下早已绝灭，但其子遗种仍存在于海岛上。

3. 易遭受生物入侵

海岛生物易缺少掠食动物或者天敌，侵略性较小，扩散能力较弱。因此，当外来竞争者或天敌入侵时，海岛生物因无转移空间或无法适应而易灭绝。

（二）常见的海岛生物

总的来说，因岛陆、潮间带和环岛近海生境不同，栖息于海岛的生物种类也各具特点。岛陆上，植物主要包括海岛植被，动物主要有鸟类、哺乳动物、昆虫类和爬行类。潮间带是海岛生物富集的地区，植物群落包含具适盐、耐盐特性的盐生植被，动物主要有软体动物、甲壳动物、刺胞动物、多毛类和棘皮动物。环岛浅海主要包含浮游植物、浮游动物、游泳动物等。

（三）海岛生物对环境的适应性

1. 特殊动物出现

由于缺少某些大型食肉动物和竞争，一些特殊动物出现在海岛上，如科隆群岛上的巨龟。

2. 植物以耐盐种为主

海岛四面环海，面积狭小，难以形成一定规模的陆地径流，淡水资源依靠大气降水。大多数岛屿地形以基岩丘陵为主，岩层富水性差，承压淡水及潜水的范围窄小。受淡水资源的限制，植物区系以耐盐种为主。

3. 适应辐射迅速

岛屿生物种类少，空闲生态位多，允许适应辐射的发展。

三、海岛的物质循环和能量流动

在研究能量流动和物质循环时，将海岛生态系统划分成3个子系统：岛陆子系统、潮间带子系统以及环岛近海子系统。

（一）物质循环

海岛与大陆隔离，水与营养物质的循环十分重要。图18-3展示了不同海岛子系统之间水和物质循环的过程。

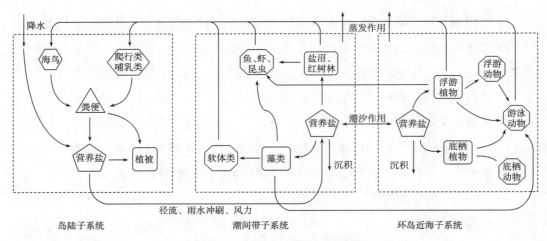

图18-3　海岛水和营养物质循环

通常海岛生态系统的淡水补给主要依靠天然降水。海水蒸发凝结后，以降水形式进入岛陆子系统，大部分降水注入潮间带、湿地、近海，少部分被生物和土壤吸收。

海岛的营养物质循环以氮、磷、硫为主。营养物质通过海水蒸发、大气交换以及生物活动等方式，从海洋传输到海岛陆地。营养物质的循环离不开生物、降水、径流、潮汐等共同作用。

（二）能量流动

岛陆子系统的物种较为单一，结构简单，食物链较短。在潮间带和环岛近海子系统中，生物丰度较大，食物关系比较复杂。海鸟是海岛生态系统的顶级消费者，因活动范围大、捕食能力强等因素，促进了食物在3个子系统的分布，同时促进能量在子系统间的流动（图18-4）。潮间带与环岛近海物质交流频繁，生物往来自由，天然的联系紧密。潮间带也为大陆和近海生物提供了觅食环境。潮间带子系统在连接环岛近海到岛陆的能量流动过程中发挥重要作用。

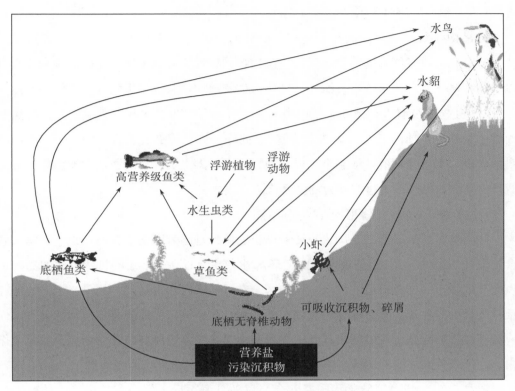

图18-4 海岛生态系统物质循环与能量流动

第三节 海岛的生态价值及其脆弱性

一、海岛的生态价值

海岛兼具陆海资源优势，可作为开发海洋的"后勤服务基地"，也可弥补陆地资源的不足。海岛的生态价值主要体现在以下方面。

（一）开发和利用海洋资源的基地

海岛及其周围海域蕴藏着丰富的资源。某些海岛具有天然的港址资源和区位优势，具备建设深水良港的有利条件。海岛具有一定的土地资源，能够提供农业用地和工业用地。海岛周围的浅海区域和滩涂，能用于海水养殖，是发展养殖业的良好区域。同时，海岛还蕴藏丰富的矿产资源。

（二）科教和旅游价值

海岛由于海水的包围而与陆地有了明显的分隔，海岛内部的生物群落在长期演化过程中，形成了特殊的动物区系。这些独特的物种资源及生物演化的痕迹和化石可以为物种演化研究提供珍本。海岛已被称为生物地理学与进化生物学研究的"天然实验室"。独立或没有人类活动干扰的海岛，其岛内环境保存了相对独立的原始自然的面貌，是研究地质演变的"天然实验室"。此外，许多海岛有着宜人的气候、秀丽的自然景观、平坦开阔的沙滩和浴场以及独特的海岛人文资源，旅游业发展前景十分广阔。海岛旅游已经成为世界盛行的滨海旅游方式之一。

（三）海洋划界、保护国防安全的屏障

除自身价值外，海岛是国家重要的国土资源，是国家国土主权的标识。根据《联合国海洋法公约》第121条规定，四面环水并在高潮时高于水面的自然形成的岛屿可以同陆地领土一样有自己的领海、毗连区、专属经济区和大陆架；如果一个岛屿能够维持人类的居住或生存，那么可以划出领海和专属经济区；即使是不能维持人类居住或经济生活的岩礁也可以划出自己的领海和毗邻区。鉴于海岛在海洋划界上的重要作用，近年来各国之间的岛屿之争越来越激烈。拥有了岛屿就拥有了海域。

海岛虽小，却事关领土和国家安全。海岛是海军反击侵略和战略追击的前沿阵地，较大的海岛上面兴建军事基地，成为海洋永不沉没的"航空母舰"。在我国，由海岛组成的岛弧或岛链，成为海上国防屏障。

二、海岛生态系统面临的威胁

由于地理隔离、风沙作用以及土壤的贫瘠，海岛生态系统的稳定性差，更容易受到干扰，且面对干扰时生态结构和功能更容易遭到损害。受到损害后，海岛生态系统难以通过自我调节能力与自组织能力恢复至受损前的状态或向着良性方向发展。原因首先是海岛地域结构简单且具有明显的独立性，自我调节能力有限；其次是海岛生态系统的干扰难以完全消除，系统不能得到良好的恢复。因此，海岛生态系统的脆弱性（vulnerability）逐渐引起关注。海岛生态系统自然和人为因素可能导致海岛生态系统的严重破坏。

频繁的人类活动，也极大地干扰和破坏了海岛原有生态系统的稳定性。尽管海岛生态系统具有完整而独立的食物链结构，但食物链的自身调节能力有限。一旦某种因素使得食物链的环节出现短缺或者过剩，海岛的生物和食物链就会发生重大改变，威胁海岛生态系统的稳定性。

（一）自然灾害

台风、风暴潮、干旱、海冰等频发的自然灾害，以及地震、海啸等突发性灾害，直接作用于海岛岸线和陆地，可能导致海岛消失或面积萎缩，严重威胁海岛生态系统的稳定性。

（二）淡水、土地资源短缺

维持海岛陆地生命系统及其物质流动的重要基础是淡水资源。通常海岛面积小，很难形成具规模的陆地径流。土壤资源也是陆地生物存在的前提条件。土壤资源被破坏，将会影响植物群落的生存，进而减弱植被蓄水能力，导致整个海岛陆地生态系统失去平衡。

（三）生物入侵

外来生物通过自然传入或人类传入等方式进入海岛生态系统，由于海岛原生物种结构简单且空间资源有限，外来生物对原生物种的生长发育构成严重制约，破坏海岛生物多样性。病虫害等形式的生物入侵已经成为海岛植被的重要威胁之一。

（四）人为干扰

随着人类活动类型的增加、范围的扩大和强度的增强，海岛生态系统受到的人类干扰日渐增多，海岛生态脆弱性加剧（Chi等，2021）。

以岛滩和环岛近海为基底开展的海洋和海岸工程包括港口码头建设、海岸防护工程、填海造陆、跨海桥梁、海底隧道等，改变海岛岸线和海底地形，占用生物栖息地，显著影响环岛近海的水动力和泥沙冲淤环境。在有居民海岛和部分无居民海岛上或多或少均有农田开垦的痕迹。农田开垦直接改变海岛地表形态和生物栖息地，影响海岛生物群落结构和生物多样性，也可能间接导致水土流失，引发农业污染，对岛陆土壤及环岛近海造成影响。海岛旅游涉及岛陆、岛滩和环岛近海各部分，在推动海岛社会经济发展的同时也对海岛生态系统带来影响。首先，游客在旅游过程中可能通过破坏生境、排放废弃物等行为对环境产生影响。其次，海岛各类旅游设施的兴建直接改变海岛地表形态，侵占生物栖息地。再次，海岛周边大规模的养殖池将其直接与大陆相连，对海岛生态属性带来影响。开放式养殖的环境影响主要表现在改变群落结构和排放部分污染物。长期过度捕捞使得渔获率大大降低，渔业资源不断衰退，鱼类群落结构发生显著变化。

三、海岛退化现状

海岛开发利用秩序混乱，资源破坏严重。首先体现在海岛水土流失，植被退化，生物多样性丧失严重。例如，福建海岛由于长期受人类的破坏和恶劣自然条件的影响，植被遭受严重破坏而急剧衰退，森林覆盖率只有26%，一些海岛仅残存稀疏矮小的"老头林"和草丛，林木覆盖度仅10%～20%。某些海岛滩涂上生长的红树林也被互花米草等入侵物种占据。其次，随着岛屿开发和建设项目的实施，减少了岛屿原有的潮间带湿地面积，其相应的生态服务功能也因此而消失，海岛周围海域环境污染和富营养化程度严重。

四、海岛生态保护红线

我国于2009年12月颁布了真正针对海岛生态保护方面的专门法——《中华人民共和国海岛保护法》，旨在保护海岛及其周边海域生态系统，合理开发利用海岛自然资源，维护国家海洋权益，促进经济、社会可持续发展。在此基础上引入海岛生态保护红线，是以生态系统为基础的海岛综合管理手段，是维护海岛生态安全、协调海岛开发与保护之间矛盾的重要方法，是当今全球海岛保护管理的发展趋势（刘超等，2018）。

海岛生态保护红线的对象是海岛陆地（岛陆）、海岛潮间带和环岛近海，需考虑的有海岛生物多样性保护、特殊用途类海岛保护、产品供给、水土保持、空气质量调节、水源涵养和景观遗迹等因素。首先，划定前，在明确当前海岛生态环境问题和海岛生态服务需求基础上，需要通过本底调查和数据收集来进行生态环境矛盾分析诊断和海岛生态服务需求分析，并构建海岛生态系统网格属性数据库。其次，进行海岛重要生态功能评价、海岛生态敏感性/脆弱性评价及海岛禁止开发区评价，选择科学合理的评价内容和指标，进行数据的标准化处理和模型计算。再次，通过实地调研，考察划定海岛或区域生态系统完整性和连通性、景观破碎状态和廊道连通性，参考景观生态学或生态网络理论，注意红线区之间的连接性，避免红线区过于集中或者过于破碎化，对初步划定结果加以修正，得到最终的海岛生态保护红线空间范围——重点生态功能区、生态敏感区/脆弱区和禁止开发区（林勇等，2016）。

本章小结

海岛生态系统是海岸带生态系统的一种典型类型，位于海洋、陆地、大气、生物等圈层强烈交互作用的过渡带，包含岛陆、潮间带和环岛近海3个子系统。

海岛生物群落组成有别于陆地或一般海洋生态系统，主要体现在海岛生物多样性偏低，生物种类不完整，特有种比例较高，易遭受生物入侵。

海岛生态系统营养物质循环与生物、降水、径流、潮汐等共同作用；潮间带子系统在连接环岛近海到岛陆的能量流动过程中发挥重要作用。

思考题

（1）海岛生态系统包含哪3个子系统？在物质循环和能量流动等方面，3个子系统如何发生联系？

（2）海岛生物群落组成有哪些特点？

拓展阅读

林勇，樊景凤，温泉，等. 生态红线划分的理论与技术. 生态学报，2016，36（5）：1244-1252.

刘超，崔旺来，朱正涛，等. 海岛生态保护红线划定技术方法［J］. 生态学报，2018，38（23）：8564-8572.

马致远，陈彬，黄浩，等. 中国海岛生态系统评价［M］. 北京：海洋出版社，2017.

第十九章　深海区

　　海洋的平均深度约为3 800 m，90%以上的区域水深大于1 000 m，深海是海洋系统中非常关键的部分。当前人类对于200 m以内的真光层了解得比较多，而对水深超过1 000 m的深海区了解得比较少。深海蕴藏着丰富的海洋生物资源和矿产资源。深海研究是人类提高科学认知程度的重要领域，是战略性资源发现与利用的新途径。本章从深海生态系统的界定出发，介绍主要的深海生态系统的类型、深海生态系统的特点、热液喷口生态系统、深海生态系统的生态价值及其现状等几方面的内容。

第一节　生态系统的类型

一、深海生态系统的界定

　　关于深海生态系统，尚无明确定义。笔者认为深海生态系统是在水深超过1 000 m的区域，由碎屑食性、肉食性、滤食性动物以及微生物（多为异养微生物，在热液区和冷泉区有化能合成微生物）共同组成的生态系统。根据海底地貌，常见的深海生态系统类型有热液喷口生态系统、海山生态系统以及海底湖泊生态系统等。

二、典型的深海生态系统类型

（一）海山

海山是指高出周围海底的孤立或相对孤立，而未达到海面的水下山地（一般高出周围海底1 000 m以上）。海山实际上是形成于大洋底部的火山。绝大部分海山位于构造板块运动的附近区域。海底火山可分3类，即边缘火山、洋脊火山和洋盆火山，它们在地理分布、岩性和成因上都有显著的差异。

（二）海底湖泊

海底湖泊又称海底盐水池，是因盐度差而形成的湖泊。海底湖泊主要集中于北美墨西哥湾，约形成于2亿年前的侏罗纪时期。当时的海湾还是个没有出海口的深水盆地，水在地球极端高温下蒸发殆尽，在海床上留下一层至少8 km厚的盐。大陆板块挤压导致墨西哥湾被拉伸成低洼地势，海水通过裂开的佛罗里达海峡倒灌入墨西哥湾，再度形成海湾。海水倒灌墨西哥湾时带来很多淤泥与岩石。沉积物越来越厚也越来越重，在海底地震时出现盐层垮塌，从而导致古盐层泄露并溶解在海水中。古盐层浓度远超海水，溶解后的海水密度更是正常海水的几倍之多，因此，在海水与盐水池之间形成一道犹如陆地湖泊的"湖岸线"一般清晰可见的分界线（图19-1）。

图19-1　海底湖泊

海底湖泊中的生物

2006年人类第一次发现海底湖泊，直至2014年才偶然间再次发现。当遥控机器人靠近盐水池时，人们惊讶地发现池水边布满了海洋生物的尸体。2016年遥控机器人再次靠近时，却发现了大量存活状态的贻贝

（图19-2）。这让全球生物学家大为不解，因为海底湖泊的泥浆中存在大量不溶于水的甲烷，且盐度与水温都是正常海水的数倍，使得鱼、虾、蟹闯入即死。直到2018年11月，美国海洋生物研究所的专家们才宣布：海底湖泊的盐浓度正在逐步下降，而贻贝以及少量微生物正在适应逐渐"淡化"的高浓度盐水，但海底湖依旧是海底生物的极端栖息地。

图19-2　海底湖泊中存活的贻贝以及部分动物尸体

（三）热液喷口

据统计（http://vents-data.interridge.org），至2024年10月已经发现了721个海底热液喷口，其中已证实仍在活动的热液喷口有304个，推断为活动的热液喷口为362个。随着深海探测技术和水下机器人的发展，此数量还在继续增加。根据热液的温度、颜色和其中所蕴含的矿物质，可以将热液喷口分为黑烟囱和白烟囱（图19-3）。

A. 黑烟囱；B. 白烟囱。

图19-3　热液喷口

黑烟囱位于海平面以下1 000～4 000 m的深海区，大多数集中在2 500～3 000 m处。黑烟囱之所以会呈现出黑色，主要是因为热液中有含量较高的硫化物。当温度为320～407℃的热液与温度较低（约为2℃）的海水接触时，硫化物迅速沉淀，从而形成巨大的黑烟囱。白烟囱与黑烟囱相似，但是它们离洋中脊较远，热液温度也较低（100～320℃），其白色来自溶解的钙、硅、钡等矿物质。

（四）冷泉区

在冷泉区，来自海底沉积界面之下的以水、碳氢化合物（天然气和石油）、硫化氢、细粒沉积物为主要成分的流体以喷涌或渗漏方式从海底溢出，并产生一系列的物理、化学及生物作用。冷泉是探寻天然气水合物的重要标志之一，也是研究地球深部生物圈的窗口；冷泉溢出的甲烷和二氧化碳是可能造成全球气候变化的重要因素。全球海洋中可能发育有上千个海底冷泉活动区。

冷泉是冷的吗？

既然海底热液是热的，那么，冷泉是冷的吗？其实，冷泉的温度与周围海水温度相近，为2～4℃。冷泉的流体可能来自下部地层中长期存在的油气系统，或者是天然气水合物分解释放出来的甲烷等烃类（图19-4）。这些流体沿着沉积物裂隙向上迁移和排放，便会形成冷泉。冷泉生态系统是海底生命活跃的地方，和热液喷口区并称为"深海绿洲"。我国科研工作者也积极参与到冷泉的研究中。极具代表性的是"海马"号深海遥控无人潜水器作业系统于2015年在珠江口西部海域发现了巨型活动性冷泉，该冷泉被命名为"海马冷泉"。这是截至2024年我国发现的最大的冷泉系统。

图19-4　甲烷气柱喷射

第二节　深海生态系统的特点

一、典型环境特征

（一）缺少光照

海洋表层的透光层一般深130～150 m。深海区位于透光层以下，常年黑暗，仅有的光线来自深海生物的发光器。

（二）高压

海水压力随深度的增加而增加。在深海区，压力为200~600个大气压。

（三）低温

深海区水温低、变化小，大多数区域维持在2℃左右。最低温度出现在南极洲深海区，约为−1.9℃。但在热液喷口区，温度高达407℃。

（四）地貌复杂

深海底拥有多种地质构造，如大陆坡、大陆隆、大洋中脊、大洋盆地和海沟，远比陆地复杂和壮观。在2 km深以下水层存在着大洋中脊。大洋中脊是由海底火山常年喷发形成，是贯穿四大洋的海底山脉；大洋盆地位于水深4~6 km处，底部相对平坦，成为深海平原；由板块俯冲形成的V形狭长海沟，深度超过11 000 m，是海底最深的地方。

（五）沉积物多为细质软泥

深海沉积物主要分为黏土颗粒和生源软泥两种类型。生源软泥是深海生物最主要的生境类型。深海沉积物主要来源于海洋动物的残骸和陆地岩石的分解等，沉积过程极其缓慢。

二、生物群落组成

一般深海生物群落的特点是种群密度和生物量很低，新陈代谢和生长速度都低于浅海生物群落。但深海生态系统的物种多样性高。近20年来，已有大量新种被发现，但我们并不知道深海中生物种类的确切数量，根据现有数据估计在1.11×10^8种以上。

总的来讲，深海生物常见种类是底栖动物，主要包括海参、海葵、多毛类、端足类、等足类以及双壳类，多样性水平很高，且2/3以上为深海土著种。但在深海不同区域，主要的生物类群存在差别：① 大陆坡和深海平原，多为软质底，常见的生物类群主要有多毛类、双壳类、端足类、等足类、线虫类、桡足类和有孔虫类。除此之外，螃蟹、对虾、柳珊瑚、海鳃以及棘皮动物等类群也曾在海床出没。② 在深海洋流的作用下，海山附近常常有浮游生物集中。多种食悬浮物种的海百合、水螅、海绵和珊瑚成为优势物种。鲨鱼、金枪鱼、海龟和海洋哺乳动物也被吸引至此进行捕食。③ 由若干种珊瑚组成的冷水珊瑚礁分布在深海中。冷水珊瑚没有共生藻类，通过摄食颗粒状有机物、浮游动物以及小的鱼、虾来维持生命，甚至还能直接吸收溶解有机物。与冷水珊瑚礁相似，海绵礁出现在深度为500~3 000 m的北太平洋。冷水珊瑚礁和海绵礁为丰富多样的生物类群提供了理想的巢穴和掩蔽地点。其中包括多毛类、甲壳动物、棘皮动物和鱼类等。

三、深海生物的环境适应性

（一）利用发光器或发达的眼睛来适应黑暗环境

研究发现，灯笼鱼（*Melanocetus johnsoni*）等深海生物能够利用发光器自发荧光，以此来求偶、捕食和逃避敌害；而乌贼科等生物具有发达的眼睛，能够感知上层或自身发光器带来的微弱光线。而在更深的完全黑暗的水层中，随着深度增加，鱼类体色由银灰色或深色变为无色或白色。

（二）利用特化的捕食结构或方法来应对食物稀少的不利条件

在食物稀少的深海中，以鱼类为代表的动物常具有非常尖锐的牙齿、很大的口以及高度伸展的颌骨，以便于吞食体积较大的食物。一些鱼类背鳍高度延伸，形成发光器来吸引猎物（图19-5）。端足类等生物一次吃下大量食物，可以满足生物体长时间进行生命活动的需要。

图19-5　利用发光器进行捕食的鮟鱇
（*Lophius litulon*）

（三）采取特定的繁殖策略保证种群的顺利繁衍

在种群稀少和黑暗条件下，为了顺利进行生殖过程，一些种类具有"雄性寄生"能力，雌性个体充当雄性个体的寄主。由于成熟慢、生殖腺小以及胚胎发育迟缓等原因，许多种类雌雄同体，或采取一生只繁殖一次的生殖策略。

角鮟鱇的性寄生现象

科学家们开始研究角鮟鱇时，发现了很奇怪的现象（图19-6）。所有被捕捉的样本均为雌鱼。后经分析发现，雄性的角鮟鱇依附在雌性角鮟鱇体表。雄性角鮟鱇个体小，出生后，需要找到雌性个体来维持生存。它们用嘴咬住雌性角鮟鱇的身体，释放出一种消化酶，从而使得雄性个体

图19-6　角鮟鱇的性寄生现象

与雌性个体的身体循环系统相连接，便可以享用雌性角鮟鱇的营养。之后，雄性个体的眼睛和其他脏器慢慢退化，只保留繁殖功能。

（四）去除钙质外壳或鱼鳔来适应高压环境

深海生物多身体柔软，无钙质骨骼，使其生理组织充满水分，鱼类多缺乏鳔，从而减少体内外压力差，如软隐棘杜父鱼（*Psychrolutes marcidus*）（图19-7）。

图19-7　体表柔软的软隐棘杜父鱼

四、深海区生产力

（一）深海底的食物来源

1. 死亡动植物残体下沉

浮游植物个体微小，下沉速率慢，未被利用的微藻细胞绝大部分未到达深海底就被分解利用。相当一部分的沿岸海藻、海草碎屑输送到外海，因其较快的下沉速度，成为靠近大陆架深海底底栖动物的重要食物来源。

尽管在表层未被消费的浮游动物沉降速率大于浮游植物，但未降到底层便被分解。大型动物的尸体下沉很快，在下沉过程中被深水层腐食性动物不断利用，成为许多深海生物的主要食物来源。例如鲸死后，其庞大的尸体会下沉至几千米的深海底，很快被盲鳗、鲨鱼以及深海螃蟹等40多种腐食者发现；4～12个月后，残渣为20余种多毛类、甲壳类等小型生物提供食物。

2. 粪粒和甲壳动物的蜕皮

甲壳动物等海洋上层浮游动物排出大量的粪粒，且粪粒中含有未被消化的浮游植物细胞（过度摄食）。通过混合，微细的浮游植物、粪粒成为较大碎屑，加快了沉降速率。另外，在正常生产过程中，甲壳动物需周期性蜕皮。这些蜕皮也成为重要的有机颗粒。虽然这部分皮壳是难以被直接消耗的几丁质，但可以被摄食者肠管内各种分解几丁质的微生物所分解。同时，粪粒和蜕皮在沉降过程中可由微生物作用转变为微生物生物量，供底栖动物利用。

3. 其他

很多海洋动物有垂直移动的习性。它们往往在表层摄食后，在深层水中排出粪便，或在垂直移动中本身被深水层的捕食者所猎获。这些深层捕食者的粪粒又可快速下沉，补充深海底动物的食物供给。另外，深海沉积物间隙水中DOM的含量很高，是上覆水中的10倍。一些底栖动物，如管栖蠕虫（*Riftia pachyptila*）和一些多毛类等，可从DOM中直接获取碳源。

（二）深海底栖动物的生物量和生产力

1. 生物量

总的来说，深海底栖生物的生物量很小，这与深海食物供应的数量和质量状况密切相关。在大部分海底，生物量（湿重）都小于$0.5\ g/m^2$，还不足浅海底栖平均生物量（$200\ g/m^2$）的1/400。超过5 000 m的超深渊带，生物量仅为$0.3 \sim 0.01\ g/m^2$。从生物量组成看，海绵、海参和海星常是深海大型底栖动物中的重要种类。海绵动物是构成较浅的深海底生物量的重要种类，它们附着在硬质基底上，借助水流滤食小型生物。海参生活在软质底上，多数食沉积物或碎屑，可以从深海沉积软底上获得有机物质，所以能分布到深渊和超深渊的底部。此外，海星在7 000 m以浅的各种深度海底的生物量都很可观。

2. 生产力

真光层转移来的颗粒有机物可被底栖动物直接利用，也可通过细菌的利用再依次转移到各级消费者。细菌是底栖动物食物营养的重要环节。深海沉积物中，细菌生物量很大。在4 000 ~ 10 000 m这一深度范围，每立方厘米沉积物中细菌可达8 400万个。细菌的生物量虽然很大，但由于低温、高压环境的限制，产量很低。有人做过实验，处于同样温度的黑暗条件而压力相当于大气压的情况下细菌的新陈代谢速率要比深海细菌的快100倍。在深海区1 000 m处，细菌的生产力可能下降到$0.2\ g/(m^3 \cdot d)$，在5 500 m深处可能降到$0.002\ g/(m^3 \cdot d)$，因此消费者物种的生产力更低。目前，关于深海底消费者产量的估计资料很少，但可以肯定的是，深海底栖动物的生产力是很低的，其原因是食物稀缺导致能支持的生物量很小，以及深海特殊的环境压力（如低温）导致生物生长缓慢。例如，放射性测定表明，栖息于北大西洋3 800 m深处的一种小型双壳类*Tindaria callistiformis*，增长速率大约为0.084 mm/a，长到性成熟时需要50年时间，其寿命大约为100年。

第三节　热液喷口区

1977年，科学家在东太平洋加拉帕戈斯裂谷发现了现代热液喷口，以及在温度高达几百摄氏度的热液喷口处仍存活的大量生物群落（含细菌、古菌、真菌等），被认为是20世纪后期著名的科学发现之一。相比深海非热液区，现代热液喷口生态系统存在着多样性更高的生物群落，成为海底沙漠的"绿洲"。

一、海底热液系统

海底热液系统是深海极端环境的重要组成部分和典型代表，汇集了多种极端且复杂多变的物化环境。

（一）热液活动区的分布特征

目前，全球已发现的热液活动区700多个，大部分位于洋中脊中轴谷、弧后盆地、三连点和海底火山附近等。从分布的大洋看，太平洋集中了约75%的热液活动区（图19-8），16%位于大西洋，3%位于印度洋，6%位于其他海域（Beaulieu等，2013）。在地理位置上，已发现的热液活动区主要集中在40°N～40°S的中、低纬度地区，南极地区尚未发现。热液活动区分布的水深范围跨度很大，浅的有几十米，而Beebe热液区位于水下4 960 m（Connelly等，2012）。全球热液活动区的水深大部分集中于1 300～3 700 m，平均水深为2 500 m。

（二）海底热液系统形成机理

关于海底热液系统的形成机理，当前普遍认可的观点是：在静水压力作用下，海水沿地壳裂隙向下渗透。受地热作用，逐渐被加热的海水在地壳裂隙系统中形成对流循环。同时，在高压和高温环境下，海水与地壳岩石发生反应，最后以流体和气体的形式喷射出地表（图19-8）。

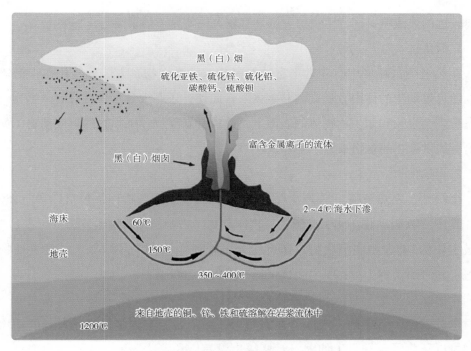

图19-8　热液系统形成过程和机理的示意图

（三）热液系统对周围环境的影响

首先，热液的化学成分与周围海水不同。其次，热液的海水温度、盐度、密度和透光度与周围海水明显不同。

据热液流体与冷海水混合的早晚，喷出地表时热液温度通常为10～350℃（Van Dover等，2000），已发现的最高温度可达407℃（Koschinsky等，2008）。这些热液偏酸性，具还原性且富含重金属（包括铁、锰、锌、铜等）、无机分子（氢气、硫化氢、二氧化碳、一氧化碳等）及甲烷。当它们喷射而出时，溶解于其中的元素与冷海水接触，就不断有金属硫化物沉淀形成。这些沉积物沉积在海底，形成热液硫化物矿床，有时会形成高达15 m的海底黑烟囱（Tivey，1991）及其他不同类型的热液喷口构造（Edmond等，1982）。通过海水在大洋地壳裂隙的循环流动，地热能被转化为化学能，储存在还原性的无机化合物中，为热液喷口生物群落的繁殖提供了基本的物质条件（魏曼曼等，2012）。

二、生物群落及其对环境的适应性

（一）生物群落组成

一般来说，不同的热液喷口区表现为不同的生物群落（Boetius，2005）。即使在距离较近的热液喷口区，生物种属也具有较大的差异（马军英等，1996）。

1. 微生物

在热液喷口环境中有非常丰富的能氧化硫的微生物，大部分居住在管栖蠕虫、蛤、贻贝等动物的体内，形成内共生关系。此外，还有大量自由生活的微生物以颗粒形态聚集在生物和非生物物体的表面上，给摄食悬浮物和沉积物的热液动物（如贻贝和蛤）提供潜在的食物来源。

2. 真核生物

据统计，在热液喷口区共发现了500多种真核生物新物种，包括12个门150多个属。其中，节肢动物（占38.8%）、软体动物（占28.6%）和环节蠕虫（占17.7%）是最主要的3类大型底栖生物，还可能分布着刺胞动物（占4.6%）、脊索动物（占3.7%）和海绵动物（占1.9%）（Desbruyères等，2006）。

管栖蠕虫是最早进入新热液喷口区的生物之一。红色的身体被包裹在一个坚韧的白色管子中，管子的一端固着在岩石上，一个着生有许多似鳃丝一样的结构——鳃羽可以从管子末端自由伸缩。管栖蠕虫没有口和消化系统，其身体内部有一特殊器官，称为营养体（trophosome），其中含有大量共生细菌。这些细菌的重量可占蠕虫个体干重的60%。常见的管栖蠕虫种类有*Riftia pachyptila*、*Oasisia alvinae*、*Ridgeia piscesae*和*Tevnia jerichonana*等4种。

软体动物以双壳贝类最为常见。贻贝（如*Bathymodiolus thermophilus*）通常是最早进入热液口的贝类。在贻贝的鳃上也有共生细菌，它们是贻贝的主要食物来源。此外，贻贝也能通过过滤海水获得食物，它们同时又是蟹和章鱼的捕食对象。蛤类（如*Calyptogena magnifica*）是在热液喷口生活的另一类占优势的软体动物。蛤类进入热液口要比贻贝晚。蛤类鳃组织有团块状的硫细菌共生，还能摄食悬浮颗粒。

节肢动物以十足目甲壳动物最为常见。多数热液喷口区生活着多种蟹类（如*Bythograea thermydron*），有的是腐食食性者，有的摄食管栖蠕虫、小贻贝或多毛类。在大西洋中部海脊热液口周围有多种小型虾类，如一种热泉虾*Rimicaris exoculata*，密度可高达30 000个/m²，是群落主要的优势种之一（Desbruyeres等，2000）。

多毛类是热液喷口重要的一类底栖动物，主要是一些食悬浮物的和食沉积物的种类。其中，庞贝虫（*Alvinella pompejana*）生活在温度较高的热液喷口处，可在烟囱上掘穴，体表有大量共生细菌。庞贝虫是迄今发现的最耐热的真核生物（Cary等，1998）。

此外，有些热液喷口海葵很丰富；而在太平洋一些热液喷口，原始型藤壶可成为优势种。一些海绵、苔藓动物、笠贝等腹足类也可在热液喷口区栖息。一些鱼类和章鱼也在热液喷口区活动，以管栖蠕虫、虾、蟹、蛤和贻贝等为食，是热液喷口生物群落的顶级捕食者。

3. 生物的丰度与演替

在热液喷口附近，生物密度和生物总量很高。生物生长速度快，但生命周期短，平均生活年龄为6年，平均生长速率为1~4 cm /a（Lutz等，1993）。由于热液喷口生物群落直接依赖喷溢热液获得能量以维持生命，因此海底热液的活动周期直接决定了生物体的产生和消亡。流体温度较高的热液活动区以管状蠕虫为主，而低温喷口区则以贻贝类为主。例如，胡安·德富卡海岭上Cleft段的火山喷发后2年内，热液喷口处散布着管栖蠕虫；喷发后2~8年，管状蠕虫则很少见，生物群落由蠕虫类演替为贝帽类（Thornburg等，2010）。

热液喷口的温度从中心向周围快速降低，造成了不同温度带的生物群落以喷口为中心呈环带状分布。例如，靠近喷口处水温为60~110℃，生存着大量的细菌和真菌，一般都附着在沉积物和玄武岩表面；再向外，水温降到10~40℃，则生活着各类蠕虫，是与深海热液相关的无脊椎生物群落丰度最高的水温范围（Van Dover，2000）；在水温2~10℃，生物门类增加，以管栖蠕虫类为主（López-García等，2001）。

总的来说，热液喷口区的生物群落有以下特点。

（1）90%以上的物种属于特有种。已描述的热液生物新种有近600种，而且这一数据仍在不断增长。

（2）生物密度和生物量高。高密度性是洋底热液生物的共同特征之一。通常热液群落分布区的生物量和密度都很高，是其他深海环境的500~1 000倍（表19-1）。

表19-1 热液群落分布区与其他海区的生物量比较

区域	生物量/$[g/(m^2 \cdot a)]$
热液群落分布区	$2 \times 10^4 \sim 3 \times 10^4$
河口区	500~1 250
上升流区	150~500
陆架区	50~150
大洋区	<50
深海大洋	<20

（3）物种多样性水平低。虽然目前发现的洋底热液生物的物种数量已经很多，但是单个洋底热液喷口区的物种数量并不多。研究程度最高的东太平洋洋隆11°N～13°N、21°N和加拉帕戈斯裂谷的热液生物种类数量为74～99种（Tunnicliffe等，1996），其他热液区的热液生物种类更少（Tsurumi，2003）。这样的数据与其他深海区的高物种多样性形成了鲜明的对比。

（4）生物生长速度快。研究测定表明，洋底热液微生物的新陈代谢速率非常高（Karl等，1980），热液区的巨型动物的呼吸速率也很高，至少可以和浅水中的生物相当。对生活在加拉帕戈斯裂谷海底热液口的一种蛤和贻贝的研究结果显示，它们的生长速率比大西洋深海非热液口另一种深海蛤的大3个数量级（Turner等，1984）。

（二）热液区生物对环境的适应策略

热液喷口环境以高温、高硫化氢含量（可达19.5 mmol/L）、低氧含量和低pH为主要特征，并且这些因子（包括盐度）有较大波动。另外，喷口处超热水会形成有毒的金属硫化物沉淀。可见，对于绝大多数现存生物来说，那是一个很难适应的环境。

1. 耐热机制

在洋底热液区的高温环境中，大多数生物的蛋白质和生物酶会失去活性，生物膜会失去流动性，细胞质也会发生凝结而使生物死亡。在洋底热液喷口的高温黑烟囱周围密集生活着嗜热微生物（最适生长温度＞60℃）和超嗜热微生物（最适生长温度＞80℃）（彭晓彤等，2007）。这些微生物具有独特的耐热机制。它们的细胞膜组成和生物大分子蛋白质、核酸、类脂的热稳定结构以及存在的热稳定性因子是它们嗜热的生理基础。嗜热性是多种因子共同作用的结果：① 细胞膜的化学成分随环境温度的升高发生变化，含有高比例的长链饱和脂肪酸、具有分支链的脂肪酸及甘油醚化合物，增加了膜的稳定性。② 重要代谢产物能迅速合成；tRNA的周转率提高；DNA中G、C的含量较高，促使生物体中的遗传物质更加稳定；一些组蛋白也可增加 DNA 的耐热性。③ 蛋白质的热稳定性提高。其中的酶形成非常紧密而有韧性的结构，利于热稳定。

2. 抗毒机制

洋底热液区含有大量的硫化物。热液生物通过在呼吸时避免中毒以及通过体内特殊的酶去除硫化物的毒性的方式自在地生活在其中。研究发现，管栖蠕虫鳃羽中的细胞色素c氧化酶在硫化物浓度低于10 μmol/L时会受到硫化物的强力抑制，但是管栖蠕虫血液中的细胞外血红蛋白比细胞色素c氧化酶具有更高的硫化物亲合力，它可逆结合硫化物，从而防止大量游离硫化物在血液中积累并进入细胞，因此在呼吸时能避免硫化物中毒。

三、生产力

（一）微生物的能量代谢

在没有阳光的大洋底部，生命通过氧化还原反应转而利用不同来源的地球化学能量。洋底热液微生物存在着多种代谢方式以适应地球化学能量来源的多样化。第一种方式为无机化能自养。在洋底热液生物群落中，化能自养细菌处于食物链的最低级，是初级生产者。它们利用热液带来的硫化物（如硫化氢）还原二氧化碳合成有机物。反应过程需要利用海水中的氧分子和水分子。第二种方式为有机营养代谢。在实验室的研究中发现在富氢的热液喷口水岩反应中，氢气和二氧化碳反应可以生成非生物合成的短链碳水化合物如甲烷、乙烷、丙烷等（Lollar等，2004），这些有机物可以为热液微生物提供碳和能量。同时，热液本身就含有的大量甲烷气体，它们都可以被热液中的甲烷氧化菌所利用，甲烷氧化菌从而获得自身所需能量以及为别的微生物提供碳中间物和各种代谢底物。此外，许多有机营养型微生物还可以通过发酵直接利用环境中已存在的较复杂的大分子有机物。如广泛存在于热液喷口的古细菌，它们将肽、氨基酸和蛋白质等发酵得到能量；一些古细菌还可以利用其他底物如几丁质。第三种方式为混合营养。研究发现，从深海热液喷口分离的嗜热细菌具有混合的营养类型和代谢方式，它们兼有无机化能自养和有机营养代谢两种生长方式。微生物的这种能力被认为是对深海热液中的碳浓度和能量来源快速变化的一种适应。

（二）大型热液生物的能量代谢

管栖蠕虫是热液区常见生物，大多数生活在10～22℃环境中，体长能达到2 m，直径约数厘米。管栖蠕虫有性别，有心脏，但没有口和消化系统。在管栖蠕虫的体内聚集着数以亿万计的共生菌，正是在这些细菌的"供养"下，管栖蠕虫才得以生存。这些细菌从热液中获取硫离子，并从海中获得氧气"供养"管状蠕虫。为了同时获得硫离子和氧气，管栖蠕虫将身体白色的管状部分固定在热液附近以获取硫化物，而将红色的鳃羽漂浮在海水中，与海水充分接触以获取氧气（彭晓彤等，2007）。

第四节　深海区的生态价值及现状

一、生态价值

（一）生物资源

深海生物资源是一种已经引起国际关注的新型资源。深海生物资源种类丰富，功能各异。它们在特殊的物理、化学和生态环境下，在高压、剧变的温度梯度、极微弱的光照条件下，形成了较为独特的生物结构、代谢机制，产生了特殊的生物活性物质，如嗜碱、耐压、嗜热、嗜冷、抗毒的多种极端酶。这些特殊的生物活性物质是深海生物资源中最具应用价值的部分。可以预见，不远的将来，深海生物资源在工业、医药、环保和国防等领域有广阔的应用前景。将深海生物资源转化为可直接利用的资源必须通过基因工程技术这一手段。

（二）矿产资源

深海海盆是许多金属矿产资源的聚集地，已发现的矿产资源有多金属软泥、多金属结核、富钴结壳、热液硫化物和含稀土软泥等。这些矿产资源量比陆地同类矿产高几十倍甚至几千倍，为人类社会未来发展提供重要战略资源保障。多金属结核又称为锰结核，在 5 000 ~ 6 000 m 深处储量巨大。根据110个测站样品分析发现，世界深海区多金属结核资源量为30 000亿t。火山喷发成因的海山表面历时数百万年的缓慢沉积形成了富钴结壳。世界上几乎所有海山区均发现富钴结壳的存在。夏威夷和约翰斯顿环礁水域的海山拥有约3.2亿t富钴结壳，可满足美国几百年内对钴的需求。蔓延全球所有海洋盆地的大洋中脊上存在着许多烟囱状的热液喷口，喷发出含有多种金属的热液。热液在各种裂隙中的充填和烟囱的不断生长坍塌，在海底表面以下和热液附近形成了许多大小不一的多金属硫化物矿床。

（三）油气资源

海底天然气水合物是一种由甲烷分子与水分子组成的白色结晶状固态物质，外形如冰，普遍存在于世界各大洋沉积层孔隙中。根据国际天然气潜力委员会的初步统计，世界各大洋天然气水合物的总量换算成甲烷气体为 $1.8 \times 10^{16} ~ 2.1 \times 10^{16}$ m³，大约相当于全世界煤、石油和天然气总储量的2倍。目前通过钻探发现和根据海底模拟反射层推测的天然气水合物的地点有近60处，其分布区域约占海洋总面积的10%，其中太平洋25处，印度洋1处，北极海6处，南大洋6处，大西洋17处。发育天然气水合物的地点主要分布在北半球，且以太平洋边缘海域最多，其次是大西洋西岸。

（四）深海渔业

深海鱼类区系丰富多样，有记载的鱼类约2 000种，存在着发展渔业的巨大潜力。根据资料统计，深海区已有7~8科鱼类被列为捕捞对象，16~20科鱼类已被发现能形成稳定的捕捞对象群。例如，平头鱼科（Alepocephalidae）、钻光鱼科（Gonostomatidae）、深海鳕科（Moridae）等成为主要的深海渔业资源。

传统的近岸浅海渔业资源量的下降，刺激了新型、更耐用的渔具的发展，渔船尺寸不断增大，作业装备改良，捕捞作业的范围得到极大扩展，深海捕捞起步。欧洲一些国家的政府为减缓近岸浅海过度捕捞造成的渔业资源衰退，为深海渔业提供资助和补贴，进一步促进了捕捞作业向深海的发展。

二、现状

鉴于其重要的生态价值，深海生态系统逐渐成为海洋科学研究的热点区域。在没有充分的科学认识以及完善的法律法规约束的情况下，人类对深海进行的探索和开发已经给深海区造成一定的破坏。深海的生物多样性面临着以下威胁。

（一）过度捕捞引起生物资源衰退

深海底层渔业，尤其是底拖网作业，对深海生物资源以及海山、热液喷口、冷水珊瑚区等作业区域的生境具有很大的破坏性，可能对脆弱的深海生态系统造成无法弥补的损害。而且，其损害性影响不仅限于作业水层，还会扩展到更深水层。除了极少数情况外，深海渔业被认为是不可持续的。过度捕捞成为破坏深海生态系统的主要原因。海底拖网损坏冷水珊瑚礁，干扰深海生物生存；捕获大量幼鱼造成种群难以恢复和补充。

（二）海床采矿等造成深海环境污染

海床采矿等深海开发活动造成深海环境污染。且开采过程可能对生物造成机械损伤，而噪声和灯光又干扰深海生物的正常生活。在热液喷口附近开采多金属硫化物引起海底基质移动，造成其松散无序，进而威胁热液喷口生物的生存。

（三）全球气候变化严重威胁深海生物生存

深海生物对环境条件变化非常敏感，因此温度等因子的细微变化可能干扰深海生物的生活史，最终影响其生长发育和繁殖能力。

因此，要通过规范深海捕鱼和深海资源开发、完善法律框架等方式，保护深海生态系统生物多样性，在保护和利用之间寻求平衡，从而实现深海生态系统的可持续发展。

本章小结

深海区可分为海底火山、海底湖泊和热液喷口等类型。受黑暗、低温、食物稀少和高压等的影响，深海动物发展出了多种应对环境胁迫的适应机制。

深海底栖动物的食物稀少，依靠上方水层沉降的一些尚未完全分解的动植物尸体和有机碎屑为生。随深度增加，生物量迅速减小，但多样性水平很高，并且有很多特有种类。

海底火山的热液喷口存在很特殊的一种海洋生物群落，生活于其中的细菌能氧化该生境中的大量硫化氢，通过化学合成生产有机物。这些细菌生物量很大，在海底形成厚厚的细菌垫，并且与一些个体巨大的蠕虫和双壳类等动物共生。物种多样性低、优势种突出是热液生物群落的一个重要特点。线虫、软体动物、多毛类和甲壳动物占热液喷口生物种类的90%以上。

思考题

（1）简述深海生态系统典型的环境特征。

（2）试分析深海底生物的主要食物来源。

（3）热液喷口区生物对环境的适应策略有哪些？

拓展阅读

Baker E T, German C R, Elderfield H. Hydrothermal plumes over spreading-center axes: Global distributions and geological inferences ［M］//Humphris S E, Zierenberg R A, Mullineaux L S, et al. Seafloor Hydrothermal Systems: Physical, Chemical, Biological, and Geological Interactions. Washington, DC: American Geophysical Union, 1995: 47−71.

Van Dover C L. The Ecology of Deep-Sea Hydrothermal Vents ［M］. Princeton: Princeton University Press, 2000.

第二十章　极地海区

极地海区拥有丰富的矿产和生物资源，开发潜力巨大。各国在极地海区的竞争愈加剧烈。此外，气候变化使极地海区成为世界范围内气温升高幅度最大的地区。我国已在南、北极地区建立多个科学考察站，用于南、北极科学研究与勘探。本章从极地海区的定义与类型、生境特征、生物群落组成及环境适应机制、生产力、能流特征和生态价值等方面全面介绍极地海区。

极地科学考察

人类对极地海区的探索可追溯至200年以前。纵观考察方式，也是多样的。目前，各国多利用破冰船对浮冰区进行走航式调查，也有的通过建立极地观测站进行调查。我国拥有"雪龙"号（图20-1）和"雪龙2"号极地考察船，1985年在南极地区的乔治王岛上建立了长城站，1989年在南极大陆建立了中山站，2004年在北极地区挪威斯匹次卑尔根群岛上建立了第一个北极科考站——北极黄河站，2009年在南极"冰盖之巅"——冰穹A地区建立了昆仑站，2014年在南极伊丽莎白公主地建立了泰山站（图20-1），2024年初，南极秦岭站开站。这些科考站用于中国科学家对南、北极开展多项科考研究。

图20-1　"雪龙"号极地考察船（左）和南极泰山站（右）

第一节　极地海区定义与类型

一、什么是极地海区？

极地海区主要是指北冰洋海域以及南极锋以南至南极大陆的海域。大部分海区位于高纬度地区。这些地区气温极低，是地球上环境条件恶劣的地区之一。

二、北冰洋和南大洋地理位置

（一）北冰洋

北冰洋（70°N ~ 80°N），大致以北极为中心，周围几乎被亚洲、欧洲和北美洲陆地完全包围，仅通过白令海峡（Bering Strait）和弗拉姆海峡（Fram Strait）两个狭小的通道与太平洋和大西洋相连。北冰洋分为北极海区和北欧海区两部分。北冰洋地区大陆与岛屿的海岸线曲折，沿亚洲和北美洲海岸都有较宽的大陆架。

（二）南大洋

南大洋（50°S ~ 60°S）是围绕南极洲的海洋，是太平洋、大西洋和印度洋南部的海域，可视为太平洋、大西洋和印度洋向南极的延伸，是唯一完全环绕地球而未被大陆分割的大洋。

第二节 生境特征、生物群落组成及环境适应机制

一、典型生境特征

极地具有独特的生境特征，主要表现为水温较低，具有季节性冻结和消融的海冰。

（一）水温较低

在极地海区，从表层到底层，水温为-1.8~1.8℃，明显低于中低纬度海区水温（Trit，1981）。

（二）具有季节性冻结和消融的海冰

由海水冻成的海冰称为浮冰，是极地海区最显著和最重要的环境特征。在秋季，当海水表面温度降至冰点以下时，冰晶出现；随着冬季的进一步降温，连续的海冰层逐渐形成。在夏季，升高的气温使得海冰逐渐融化。除浮冰外，海冰的另一种形式是冰山。它是由冰川和冰盖分离出的庞大漂浮冰体在潮汐、风、波浪以及海流的作用下形成的。

与淡水冻结成的冰体不同，海冰是一种含大量孔隙和通道的、固-液两相共生的混合体。在海冰形成过程中，生长的冰晶会排出盐分，形成高浓度盐水（卤水）。不含盐分的多边形冰晶体，按晶架结构紧密地排列在一起，卤水和空气被封闭于两个或多个冰晶体晶壁之间，形成了球形或长筒形的盐囊或卤水胞。卤水沿着冰晶体之间的缝隙下移，使得多个卤水胞单元彼此相连，即形成所谓的盐水通道或卤道（brine channel）。卤水的盐度可达普通海水的3~5倍。海冰的温度越低，卤水的盐度越高。此外，由于卤水的外逸，海冰形成的时间越长，海冰的整体盐度越低。

1. 北极和南极的浮冰

由于南大洋和北冰洋的地理位置和大陆架宽度不同，两者的海冰覆盖率、海冰年龄、融冰过程等并不相同。南大洋总面积约3 600万km²，在冬季海冰覆盖面积达2 000万km²；夏季海冰融化，覆盖面积缩小至400万km²。大多数海冰的年龄在1年以下，厚度较薄，一般约1.5 m；融冰主要发生在与海水接触的浮冰底部和侧面。北冰洋面积约1 500万km²，冬季几乎全部被海冰覆盖，面积达1 400万km²，夏季覆盖面积则为700万

km^2，其冬季和夏季的海冰覆盖率明显高于南大洋。大多数北极海冰的年龄在1年以上（多年冰），甚至可达10年或更多，厚度也多在3.5 m左右。海冰的融化从表层开始，逐渐形成大片的融池，融池的出现降低了冰面的反照率，提高了海（冰）面对太阳辐射的吸收，从而加速冰的融化。

海冰对海洋表面的物理性质具有鲜明的影响，因为其高的反照率和对海气动力、热量及物质交换的影响而改变了海洋表面的辐射平衡。海冰还可以导致海冰覆盖区表面在冬季的温度比无冰区表面更低。海冰冻结过程释放的盐分，可加深海水表面混合层，并通过对流影响南北半球的底部和顶部海水的组成。相反，海冰融化时释放相对的淡水，可使海水表面成层（例如，混合层退至较浅的深度）。和低纬度地区相反，在极地海区混合层的发展受控于海水表面的盐度和淡水的通量。通过这些影响，海冰在全球热平衡和热盐循环方面起到关键的作用，继而影响全球气候。

2. 海冰边缘区

海冰边缘区（marginal ice zone，MIZ）指浮冰区和无冰区的交界地带。由于海冰占有一定面积，海冰边缘区吸收的热量少于开阔水域，通过表面向大气输送的热量也少于开阔水域。海水吸收太阳短波辐射能以后，一部分热量用来融化海冰，使海水的温度保持在冰点附近，有时低于冰温（Skyllingstad等，2001）。水温低将导致长波辐射量下降，感热通量也降低。冰下海水是海洋向大气输送热量的关键热源层，其热力学结构往往构成了该海区海气交换的基础，也是海冰边缘区海水的重要性质之一。随夏季的到来，边缘区的海冰开始消融，波浪的冲刷又使得大块的积冰断裂成小块的浮冰，海冰边缘区也随之扩大，有时可达100～200 km宽。相对于北冰洋，南大洋的海冰边缘区更为明显。

3. 光辐射

在南极和北极地区都有连续数月的极夜现象。同时海面覆盖海冰，冰有很高的反照率，能有效地阻挡光照，因此极地海区光照度很低。

二、生物群落组成

极地海区物种多样性指数高，生物群落主要由细菌、真菌、冰藻、原生动物（异养鞭毛虫和纤毛虫等）、后生动物（轮虫、线虫、涡虫、端足类、桡足类、底栖生物、磷虾、鱼类、鸟类和哺乳类等）组成。

海冰中的生物

极地的海冰经常呈现棕褐色甚至咖啡色，以海冰底部最多，因此在破碎的海冰上更易见到。起初被误认为是冻结在海冰中的泥沙，后来的研究发现这是由于海冰内部存在由各种微小生物组成的复杂的"海冰生物群落"，包括游离病毒、细菌、自养藻（硅藻和自养鞭毛藻）、原生动物（异养鞭毛虫、纤毛虫等）和后生动物（轮虫、线虫、涡虫、有孔虫、桡足类、端足类等）。在海冰形成过程中，随油脂状冰的出现，水体中的浮游生物会主动或被动地黏附在冰晶之间，并随海冰的加固和扩大，最终被冻结在盐囊和卤道之中。

（一）冰藻

冰藻是生活在极地海区海冰中的一大类微型藻类的统称，其中以羽纹硅藻生物量最大。它是海冰最重要的生物类群，是冰层微生物生态环境中的主体。在秋冬季，当海冰形成时，冰藻冻结在盐囊和卤道中；在春夏季，海冰逐渐融化，冰藻被"释放"至海水中，在相对温暖的气温和逐渐增强的光照环境下，达到最大生长量。

（二）原生动物和后生动物

与冰藻相似，多种原生动物和后生动物主动或被动地黏附在冰晶中。常见的原生动物有异养鞭毛虫和纤毛虫等；轮虫、线虫、有孔虫、桡足类及端足类成为海冰后生动物的主要类群。其他的后生动物介绍如下。

1. 磷虾

南极磷虾共有8种，其中数量最多的为南极大磷虾（*Euphausia superba*）（图20-2）。磷虾大量摄食浮游植物和桡足类等浮游动物。其本身又是鱼类、企鹅以及须鲸类的食物。磷虾喜集群生活，可使海水呈现壮观的血红色。南极磷虾分布区域较广，主要分布在南极辐合带以南海域。

图20-2 南极磷虾

2. 底栖生物

浮冰的冲刷及冰山的碰撞，使得极地潮间带处于不断被严重干扰和恢复的波动之中。因此，在极地的潮间带，从秋季到春末海冰重新解冻期间只有极少的生物存在。

极地海区的浅水地带，生活着大型藻类、海草和无脊椎动物。在春末，浒苔等机会种常常成为优势种。南北极底栖生物群落存在明显差异，南极特有种比例远高于北极，这主要与两个极地海区和邻近海域隔离时间有关。北极的底栖动植物群落形成于200万年前，其群落结构与大西洋和太平洋冷温区相似，因为这些区域的生物能入侵北极海域。而南极与世界各大洋的联系则在2 500万年前随着南极绕极流的形成而被隔断，此外，南大洋与其他海域也缺少相连的浅海区。

3. 鱼类

极地海区鱼类大部分是具有区域性特征的底栖鱼类。在南极海区的鱼类主要隶属于鲈形目、南极鱼亚目（Notothenioidei），其中常见的5个科为阿氏龙䲢科（Artedidraconidae）、渊龙䲢科（Bathydraconidae）、冰鱼科（Channichthyidae）、裸南极鱼科（Harpagiferidae）和南极鱼科（Nototheniidae），而南极鱼科种类占南极海域鱼类种类的70%以上，生物量占91%以上（Murphy等，2017）。其中，南极鱼科的南极犬牙鱼是一种生长缓慢的大型底栖鱼类，鱼体长度可达2.2 m，体重超过100 kg，是除磷虾外，极具经济价值的鱼类（图20-3A）。

A. 南极犬牙鱼；B. 大西洋鳕。

图20-3 极地海区主要的鱼类

北极海域的海水温度常年较低，鱼的种类和资源量相对其他洋区较少（图20-4）。鳕科鱼类，是北极水域最重要的类群，常见种类有大西洋鳕（图20-3B）、狭鳕（*Theragra chalcogramma*），其次是鲱科鱼类，常见种类有大西洋鲱（*Clupea harengus*）和太平洋鲱。生活在北极水域的鲽科鱼类，是重要的商业捕捞种类，比如格陵兰庸鲽、北极光鲽（*Liopsetta glacialis*）等。此外，还有鲑科鱼类、鲉科鱼类等。香鱼（*Plecoglossus altivelis*）是北极最重要的饵料鱼类。

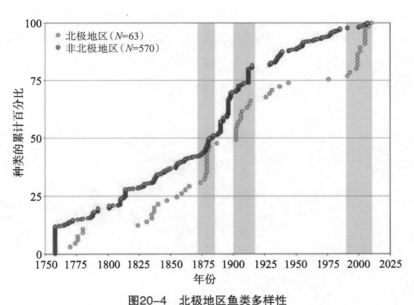

图20-4　北极地区鱼类多样性

（引自《北极生物多样性评估报告》，2013）

4. 鸟类和哺乳类

一些鸟类和哺乳类能够以浮冰为依托来适应极地海区的生活。常见的极地海区鸟类有北极的楔尾鸥（*Rhodostethia rosea*）和南极的帝企鹅（*Aptenodytes forsteri*）、雪鹱（*Pagodroma nivea*）（图20-5）。海冰也是鸟类重要的换羽场所，企鹅和南极海燕在换羽时，均利用冰山和海冰作为躲避捕食的场所。

A. 楔尾鸥；B. 帝企鹅；C. 雪鹱。

图20-5　常见的极地鸟类

北极熊、豹海豹、食蟹海豹、海象、蓝鲸、抹香鲸等哺乳类也在海冰附近出没（图20-6）。据估计，全世界共有34种海豹，约3 500万头，其中南极海区有6种，约3 200万头，占世界海豹总数的91%。海豹在冰上繁殖，这样在夏末其后代独立生活时，就会有充足的食物供应。此外，北极熊（*Ursus maritimus*）可能是极地最引人注目的哺乳动物。虽然北极熊也在陆地出没，但却是真正的海洋哺乳动物，其生存不能离开海洋和浮冰。如果食物充足，许多北极熊倾向于常年生活在浮冰上。北极熊多在较薄或破裂的浮冰区出没，因为这里的海豹数量较多。

A. 北极熊；B. 豹海豹；C. 虎鲸。

图20-6 常见的极地哺乳动物

三、环境适应机制

极地海区长年累月的冰雪覆盖以及寒冷的气候给生命生存带来严峻考验。极地海区有着丰富而独特的生物类型，其生活史、生态学和生理学与所处环境的极端条件高度适应。

（一）对低温和冰冻环境的适应性

对低温和冰冻环境的适应性是极地海区生物的最基本特征。南极冰藻具有许多特殊的适应性机制。例如，冰藻细胞内常常产生大量的胞外糖蛋白，附着在增大的冰体表面，通过使冰晶变形或蚀刻冰晶来调整生长冰晶的形状（Raymond和Knight，2001）；同时冰藻会分泌大量无机钙离子、糖类和多羟基类等物质，降低细胞及周围溶液的冰点，避免细胞内结冰而对细胞器造成直接伤害（Vincent，1988）；冰藻细胞膜的不饱和脂肪酸含量高，同时脂肪酸链缩短、支链增加，使冰藻能够在低温下维持正常的膜流动性。

极地海区的鱼类虽然直接与冰接触，却不发生冻结现象，这归因于鱼类也进化出一套能抵御低温的机制来适应低温和冰冻的环境。例如，鱼体内含有抑制体内冰晶形成的抗冻蛋白和抗冻糖蛋白。这些蛋白能够通过一个特殊的界面吸附到正在形成的冰晶表面，通过分子间作用力来抑制水分子结合，从而在该冰点温度下阻止冰晶的进一步生长。这些蛋白的存在能够使鱼的体液冰点维持在−2.2℃（低于海水的冰点），从而使机体免受冰冻的损伤（Daley和Sykes，2003）。

（二）强的光适应能力

虽然冰有很高的反照率，能有效地阻挡光照，但极地藻类进化出了很强的光适应能力，在较低的光强下也能有效地生长。只要有营养盐供应（交换或再生），冰藻就能维持很高的生物量。例如，南极冰藻细胞内叶绿素含量达到1 000 μg/L，是南大洋海水表层叶绿素含量的200倍（Lizotte，2001），使其能更有效地吸收光能。冰藻的类囊体膜光系统在生理、代谢和遗传上都进行了适应性改变。南极冰藻的叶绿体不是简单的杯状，而是以类囊体片层的形式分布在除细胞核区域外的整个细胞中，细胞器之间以及淀粉颗粒之间都是类囊体片层结构（图20-7），这样使得细胞无论哪一个方向朝上，都能够高效地进行光合作用。

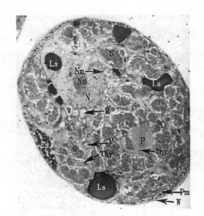

M：线粒体；N：细胞核；LS：脂质体；P：蛋白核；Pm：细胞质膜；Thy：类囊体片层；
S：淀粉颗粒；W：细胞壁；ES：眼点；Nm：核膜；Ns：核仁。

图20-7　南极衣藻（*Chlamydomonas* sp.）L4的透射电镜图

（引自王斌，2007）

（三）体形变大

在极地海区，同类生物的体形往往比温暖海域的大（图20-8）。南极海虱（*Glyptonotus antarcticus*）是在极地海区分布广泛的等足类，体长约为20 cm，而在温暖海域的同类生物个体不超过几厘米。引起极地生物体形变大的因素有低温和丰富的溶解氧。低温降低生物体新陈代谢和生长速率，延长极地生物的寿命；丰富的溶解氧提高氧气进入生物组织的速率，能够支撑更为庞大的体形。

一种南极海虱（*Glyptonotus antarcticus*）

图20-8　巨型的极地海区生物

（四）具有较强的饥饿耐受力

漫长而又寒冷的冬季，水体中食物紧缺，而海洋无脊椎动物能够忍耐长时间饥饿。有的种类在体内预存大量的类脂物质，有的通过不断蜕皮、缩短身体而减少消耗从而度过饵料缺乏的时期。已有研究表明，南极磷虾成体能够在饥饿状态下存活7个月。

第三节　极地海区的生产力和能流特征

冰藻、大型海藻和海草成为极地海区的主要生产者，通过光合作用将有机物依次传递给初级消费者、次级消费者（食肉动物），直至更高营养级。南极与北极海区的生产力和能流特征不同。

一、南极海区

在东风环流和南极绕极流之间，动力作用形成南极辐散锋面，深层水的上升带来大量的氮、磷无机营养盐。伴随着海冰的融化和消退，附生冰藻迅速生长，形成藻华。接着，南极大磷虾、南极银鱼等植食性动物摄食硅藻，成为初级消费者，进而被食肉动物捕食，直至能量传递到其他营养级。南极磷虾生物量高，是多种食肉动物的食物来源，因此是南极海区海洋生物链的中心环节。有报道表明，南极普利兹海湾及其邻近海域生产力水平范围为200～400 mg/（m² · d）。

（一）初级生产力

南大洋大部分区域有丰富的营养盐但是缺乏溶解铁，有很低的初级生产力。只有在凯尔盖朗群岛、罗斯海以及南极半岛顶部的陆架上才会有高溶解铁的沉积物孔隙水混合至陆架水，通过海流输送至下游上千千米的海区释放自然铁，造成大型水华。

（二）常见食物链

南大洋生态系统的食物网主要由短食物链（硅藻→磷虾→更高级的消费者）组成（Marchant等，1994）。硅藻是南极海区生态系统中主要的初级生产者之一，提供了所有水生初级生产量的40%以上（图20-9）。南大洋有约200种硅藻，在围绕南极大陆的边缘海往往具有丰富的硅藻群落和较高的初级生产力，以微型浮游硅藻（粒径在2~20 μm）为主。南大洋生态系统受南极海冰季节性生长和消融的影响，在夏季几个月里为大面积融水区域，冬季被冰雪覆盖。在这样的间断的栖息环境中，硅藻仍占据优势地位，中上层海水大多数生物量及海冰中的生物群落主要由硅藻构成。硅藻是南极海区生态系统食物链的"基石"，从海冰中释放的硅藻细胞可能是南大洋春季藻华的"种子"。

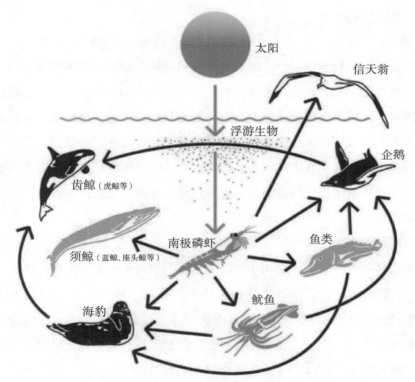

图20-9　以南极磷虾为中心的南大洋水层食物网简化图
（引自Kaiser等，2005）

当南极硅藻季节性大量繁殖时，能维持较高的浮游植物生物量，为短食物链提供了基础。例如，在南半球夏季，整个威德尔海具有高丰度的拟脆杆藻属（*Fragilariopsis*）硅藻，平均细胞浓度达到110 563个/L，此外还包含大西洋角毛藻（*Chaetoceros atlanticus*）、羽状环毛藻（*Corethron pennatum*）、新月细柱藻（*Ceratoneis closterium*）、南极指管藻（*Dactyliosolen antarcticus* Castracane）、拟菱形藻（*Pseudo-nitzschia* spp.）等硅藻。南极磷虾喜欢取食微型硅藻。一项观察大磷虾胃含物的研究表明，硅藻约占60%。水华随着水流和涡旋转瞬即逝，中小型浮游动物对浮游植物增量的反应需要30～40 d。而南极磷虾成体大，游泳能力强，速度远远超过其他浮游动物，有能力追踪随流而走的水华。同时，磷虾具有集群习性，部分找到食物的磷虾个体能把信息转达给其他个体，导致整个磷虾群都能获得食物。游泳能力和集群特性使磷虾成为南大洋海洋生物食物链的中心环节，是头足类、鱼类、鸟类和哺乳类等的主要食物来源，也是维持南大洋海洋生态平衡的关键物种。

二、北极海区

（一）初级生产力

富含藻类的海冰是北极海区食物网的基础，以海冰为生境的初级生产力是整个北极海洋生态系统食物链的基础。冰藻和浮游植物的繁盛以及海冰融化释放的有机物共同繁荣了北极食物网。北极海区的初级生产力基本上不受营养盐缺乏的限制，光照是其制约因素。北极海区仅在光照期具有浮游植物的净产量，并出现浮游植物生产高峰期，属于单周期型生产区，因此初级生产力低于南极海区。极地海区的生产季节短暂，这使得初级生产受到极大的限制。传统观点认为北极海区是生物生产力的沙漠，但近年来的一些测量结果比以往高出一个数量级，因此北极海区初级生产力水平有待进一步确定。

（二）常见食物链

浮游动物连接初级生产者和中间营养级，是北极海区食物链的关键环节。其中哲水蚤属（*Calanus*）和浮游或生活在海冰中的端足目最为重要。它们合成的脂质可以传递给更高营养级，或者通过垂直通量传递给底栖生物（Falk-Petersen et al.，2009）。此外，在白令海中，鱼类是北极海区向顶层捕食者传递能量的重要环节。其中白令海北鳕是能量和物质传递至鸟类和哺乳类的关键环节。其丰富的资源量连接食物网中各个营养级的生物，可作为观测北极变化的指示种（图20-10）。

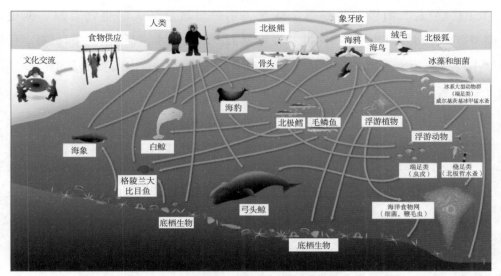

A. 表示有浮冰的模式；B. 表示浮冰消融后的模式。

白令海北鳕在食物网中连接各个营养级。

图20-10　北极海洋食物网能量和营养交换概念图

（引自CAFF，2017）

第四节　极地海区的生态价值

在研究和认识极地海区的过程中，它的生态价值和重要意义日渐得以体现。首先，作为全球气候系统的重要组成部分，极地海冰能够影响海洋表面的辐射、物质和能量平衡，并对大洋洋流的形成和循环产生作用，进而影响全球气候变化。其次，极地海区具有较高的物种多样性，在医药等领域具有潜在的应用价值，且复杂沉积环境为地质学科研工作提供参考。再次，极地海区蕴藏着丰富的自然资源，天然气等资源储备丰富，而且巨大的渔业价值逐渐显现。

一、资源宝库

极地海区地下埋藏着丰富的矿产资源，储存着大量的固体淡水资源。

南北极海区都蕴藏着丰富的海洋生物资源。例如，具有开发价值的有鲸、海豹、磷虾、南极犬牙鱼等。2020年度各国在南极海域捕捞量和种类数统计见表20-1。其中最具开发潜力的是南极磷虾，其储量为6亿～10亿t，甚至有科学家估

457

计为50亿t左右。南极大磷虾是全球单一物种蕴藏量最大的生物资源。南极海域磷虾年可捕量6 000万～1亿吨。在世界人口增长、水产品需求不断提高、传统海洋水产资源不断衰竭的大环境下，南极磷虾毫无疑问是人类粮食及蛋白质供给的重要来源。

表20-1　2020年各国在南极海域捕捞量和种类数统计

国家	捕捞量/t	捕捞种类
挪威	245 434	南极磷虾
中国	118 359	南极磷虾
韩国	45 780	南极磷虾、莫氏犬牙南极鱼
智利	22 063	南极磷虾、小鳞犬牙南极鱼、莫氏犬牙南极鱼
乌克兰	21 436	南极磷虾、莫氏犬牙南极鱼
法国	6 605	小鳞犬牙南极鱼、莫氏犬牙南极鱼
澳大利亚	4 226	小鳞犬牙南极鱼、莫氏犬牙南极鱼、裘氏鳄头冰鱼
英国	2 051	小鳞犬牙南极鱼、莫氏犬牙南极鱼
新西兰	791	小鳞犬牙南极鱼、莫氏犬牙南极鱼
南非	388	小鳞犬牙南极鱼、莫氏犬牙南极鱼
日本	116	莫氏犬牙南极鱼
俄罗斯	366	莫氏犬牙南极鱼
西班牙	339	莫氏犬牙南极鱼
乌拉圭	183	莫氏犬牙南极鱼
合计	468 137	

引自南极海洋生物资源养护委员会统计公报，第33卷。

二、影响全球气候变化的敏感地区

极区海洋是世界大洋重要的组成部分，是全球气候变化的主要驱动力。南极地区集中了全球约90%的冰川，而北极地区的格陵兰岛集中了全球约9%的冰川。这些冰川的质量和热量平衡在全球冷热循环中扮演着极其重要的角色，其发生的变化对世界大洋乃至全球气候都会产生重要的影响（陈立奇等，2013）。近年来大量的研究表明，全球变暖已引起南极和北极地区特别是西南极的温度升高明显快于全球平均升高的温度，这种极区的异常升温引起了北极和南极地区环境的快速改变（Rebecca，

2017）。长期被认为是吸收大气二氧化碳并在减缓全球升温发挥重要作用的南大洋和北冰洋碳池，近些年来被观测到有吸收能力明显下降的趋势。极区冰川融化将直接影响大洋温盐循环，使海平面升高加速。

极地海区与气候变化

　　当前北极正面临着气候快速变化带来的威胁，是世界范围内气温升高幅度最大的地区，达到全球平均值的2～3倍。在白令海和楚科奇海，气温升高减少了海冰覆盖面积和时间，降低了海表反照率，海水更多地暴露在空气中，得以吸收更多热量，从而进一步加速海冰融化。一系列互相反馈的理化过程带来的影响还包括盐度下降、海水二氧化碳浓度增加等。季节性海冰的覆盖和消融正是极地海区最重要的生态特征，因此极地海区生态系统对气候变化的响应与反馈十分敏感。

三、保留着地球大气地质时期和历史时期气候变化的详细记录

　　南北极地区保留着原始的自然环境，为科学家进行气象、冰川、地质、海洋和生物等学科的科学研究，提供了领域最为广阔的天然实验室。极地冰盖和大洋沉积物中保留着地球大气地质时期和历史时期气候变化的详细记录，是获取极地气候代用资料的载体。南极冰盖具有使全球海平面上升60 m的水量。南极大陆与北极格陵兰冰盖物质平衡的研究对研究温室效应的增温作用及全球海平面变化具有重要意义。

本章小结

　　极地海区水温较低，光照度很低，具有季节性冻结和消融的海冰，环境条件恶劣。海冰内部具有由冰藻等微小生物组成的复杂的"海冰生物群落"，并构成一个复杂的微型生物食物网。随夏季的来临，海冰边缘区的海冰开始融化，海冰内的生物被"播种"到海水中，尤其是浮游植物大量繁殖形成水华。

　　南大洋生态系统的食物网主要由短食物链（硅藻→磷虾→更高级的消费者）组成。磷虾是南大洋海洋生物食物链的中心环节。在北极海区，鱼类是向顶层捕食者传递能量的关键环节。

　　极地海区长年累月的冰雪覆盖以及寒冷的气候给生命生存带来严峻考验。极地生物具有较强的光适应能力、体形巨大化以及较强的饥饿耐受力，与所处环境的极端条

件高度适应。

极区海洋是世界大洋重要的组成部分，是影响全球气候变化的主要驱动力。全球变暖引起了北极和南极地区环境的快速改变。

思考题

（1）试比较北极海区和南极海区海冰在覆盖率、年龄和融冰过程的差异。

（2）为什么海冰常常是棕褐色，甚至是咖啡色的？

（3）极地海区生物利用哪些适应策略保证在极端环境下的生存？

（4）简述北极海区和南极海区常见食物链的异同点。

拓展阅读

CAFF. State of the Arctic Marine Biodiversity: Key Findings and Advice for Monitoring［R］. Akureyri: Conservation of Arctic Flora and Fauna International Secretariat, 2017.

National Snow and Ice Data Center. Arctic sea ice maximum at second lowest in the satellite record［EB/OL］.（2018-03-23）［2023-12-26］. https://nsidc.org/sea-ice-today/analyses/arctic-sea-ice-maximum-second-lowest-satellite-record.

第二十一章　上升流区

　　海洋中的垂直流动是普遍存在的。研究发现，上升流是支持渔业生产的重要因素，上升流区是初级生产力水平高、资源量十分丰富的区域，因此备受关注。本章从上升流及其主要类型、理化因子和生物组成特征两个方面展开，介绍闽南-台湾浅滩渔场上升流和秘鲁上升流这两个典型上升流区。

第一节　上升流及其主要类型

一、什么是上升流？

（一）上升流的概念

　　上升流是一类重要的海洋现象。它通常是指海水从下层向上涌升的流动。上升流是在地形、季风或大洋环流等作用下而产生的。

（二）上升流的分类

　　上升流按照其在海洋中的分布位置，可分为近岸上升流和大洋上升流。

　　近岸上升流多由风力作用，以及洋流和海岸地形或海底地形的作用而产生。海水由 100~200 m 深的地方升上来，流速一般在 5×10^{-3} cm/s，多在近岸 100 km 以内发生。在沿海上升流区，会形成良好的渔场，即上升流渔场。上升流渔场可为渔民带来较多的渔获。

　　大洋上升流又可细分成外海上升流和赤道上升流。由于风力造成的表面海水发散，或者洋流流经海底较为隆起的地形，或者是冷、暖水团相遇，位于远离海岸的外海中所产生的上升流，称为外海上升流。外海上升流一般范围较广，流速为（ $0.5 \sim 5$ ）$\times 10^{-4}$ cm/s。另外一种大洋上升流是赤道上升流，具有独特的属性。由于地球自转，风稳定而连续地吹在北（南）半球的海面上，使海水往右（左）漂移，赤道刚好是左右方向转变的地方，海面长年累月吹东风，很容易在赤道附近造成表面海水的发散而引起上升流，流速可达 2×10^{-2} cm/s。

此外，按照维持的时间，上升流可以分为季节性的上升流区和常年存在的上升流区。

因近岸上升流研究资料丰富，且该区域与人类生活密切相关，因此，本章着重介绍近岸上升流。

二、世界著名上升流区地理位置

各大洋的许多海域均有明显的上升流分布。在岛屿的背风侧、伸入海洋的海岬背风面、暗礁周围和北半球较强的逆时针流旋中，以及水团的边界处，都会产生局部的上升流。大洋海面的辐散区，大多是上升流区。世界上最强的上升流，是位于索马里和阿拉伯半岛东面的海岸带。在我国，台湾岛和海南岛近海以及东海的某些海域，也有上升流的存在。世界上著名的上升流区有南美西岸秘鲁上升流区、南非外侧本格拉上升流区、非洲西北部上升流区等。

第二节　上升流区的理化环境及生物组成特征概述

一、典型理化环境特征

（一）温度

上升流区表层水温比同纬度其他海区低 $2 \sim 3$℃，有些区域可低 $7 \sim 8$℃。

（二）盐度

上升流区表层海水盐度和海水密度均高于周围表层海水。

（三）溶解氧

表面海水的溶氧量一般都近饱和，到中层海水达到最小。上升流带上来的次层海水溶解氧较低，因此有上升流存在的区域，表层海水溶解氧低。

（四）营养盐

由于富含营养盐的深层水上涌，因此上升流区表层无机氮、磷营养盐含量丰富（图21-1）。

这些理化环境特征成为确定上升流存在与范围变化的重要依据。

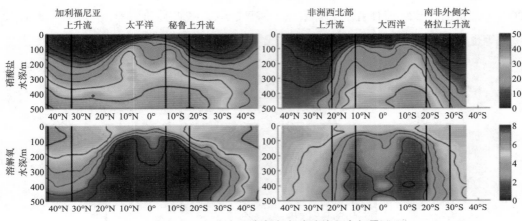

图21-1　上升流系统海水中硝酸盐和含氧量
（引自Chavez和Messié，2009）

二、生物群落组成

（一）浮游植物

上升流区的浮游植物以粒径较大的硅藻细胞为主，其他类别的浮游植物数量较少。一些适阴性硅藻，例如板角藻等出现可指示上升流出现。此外，上升流盛期的物种多样性比上升流弱期或无上升流期的低。上升流区浮游植物生物量和初级生产力水平较高。

（二）浮游动物

上升流区的浮游动物以中、深层种类为主。例如隆线拟哲水蚤、鼻锚哲水蚤等的出现以及数量时空分布，可作为上升流的指示生物。

（三）游泳生物

沿岸上升流区的鱼类主要是中上层鱼类，以浮游生物为食，偏向于r选择生活史类型。

（四）其他生物

在上升流区还会发现海龟、海鸟和哺乳动物。

三、能流和食物网

不同的上升流区具有不同的食物网结构和特征。总的来说，首先，上升流区群落多样性相对较低，食物链环节较少；其次，小的中上层鱼类是上升流区食物网中非常重要的中间环节，能量基本通过这些鱼类传递至顶级捕食者（Chavez和Messié，2009）；最后，顶级捕食者主要有鲭鱼、海鸟、鲸、鳍脚类动物等，金枪鱼、海龟和鲨鱼等也常迁移至此进行捕食（图21-2）。

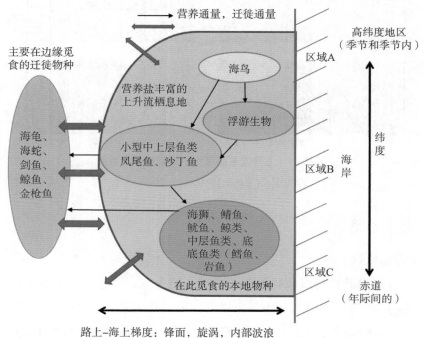

图21-2　东部边界上升流的营养结构和空间结构

（引自Chavez和Messié，2009）

第三节　典型上升流区介绍

一、闽南-台湾浅滩渔场上升流

以《闽南-台湾浅滩渔场上升流区生态系研究》（洪华生等，1991）为基础，概括介绍该上升流区的理化环境、生物群落组成以及生产力特征。

（一）上升流形成与消长过程

闽南–台湾浅滩渔场上升流区主要包含两部分（图21-3）：

一部分位于从甲子镇到礼是列岛的闽南近岸海区。夏季盛行西南季风，引起近岸水体进行离岸运动，深层海水则向近岸涌升补偿，从而形成沿岸上升流。该区域上升流的消长和范围与西南风强度密切相关，呈现夏季形成、冬季消失的模式。

另外一部分位于台湾浅滩南部，是由底层海流受到地形阻隔而沿着陡坡朝台湾浅滩爬升和风的作用引起的，属于常年存在的上升流区。

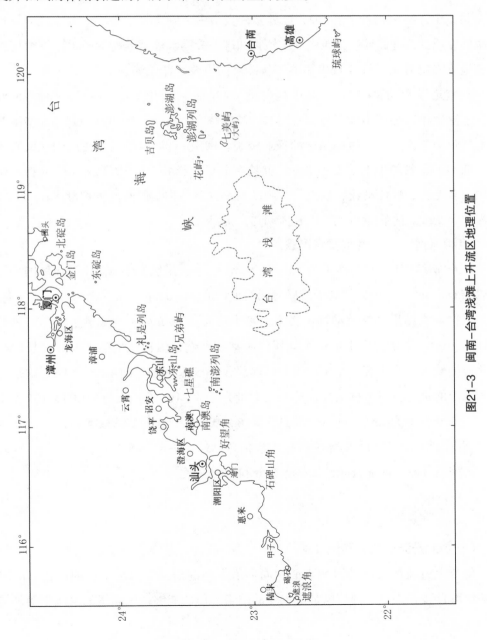

图21-3 闽南–台湾浅滩上升流区地理位置

（二）主要理化要素特征

与外缘海水比较，两部分上升流区表层海水温度较低，盐度偏高，呈现低温、高盐的典型特征。此外，溶解氧含量较低，常呈不饱和状态。夏季，上升流输送的氮、磷等营养物质分别为真光层生物光合作用所需营养盐的91%和55%左右。

（三）生物群落组成特征

通过调查发现，闽南-台湾浅滩上升流区生物组成以热带、亚热带种为主，并呈现上升流区典型的生物组成特征。

共鉴定浮游植物种类298种，以硅藻种类最多，其次是甲藻。上升流减弱导致营养盐供应减少，进而导致大粒级浮游植物如硅藻受到磷等营养盐的胁迫，浮游植物生物量呈下降趋势，最终导致生物群落从硅藻向甲藻、蓝藻演替。

共鉴定浮游动物638种，其中桡足类（228种）和水母类（143种）合占50%以上。游泳生物以金色小沙丁鱼、蓝圆鲹、颌圆鲹、竹荚鱼、鲐鱼、羽鳃鲐和脂眼鲱等中上层鱼类为主，它们也是主要的渔业资源。闽南-台湾浅滩上升流区因此成为我国东南陆架上重要的中上层渔场之一。共鉴定底栖生物405种，依次为甲壳动物、软体动物、多毛类、棘皮动物、鱼类、刺胞动物、脊索动物。但底栖生物量比较低，年均值为 $10.6\ g/m^2$，生物量组成中以软体动物占优势。

（四）初级生产力和消费者产量

调查海区的年平均生产力为 $550\ mg/（m^2·d）$，虽然低于全球上升流区的平均值［$820\ mg/（m^2·d）$］，但高于沿岸海区的平均值［$270\ mg/（m^2·d）$］。

根据调查结果，浮游动物生物量全年平均为 $12.8\ mg/m^3$，底栖生物生物量平均为 $10.6\ g/m^2$。主要的中上层鱼类均属浮游动物食性，摄食桡足类、糠虾、长尾类和短尾类的幼虫以及小虾、小鱼，平均营养级仅2.65级，属低级肉食性鱼类，这是上升流区能流的重要特点。据估计，第三级产量为 $0.14×10^6\ t/a$，相当于 $1.04×10^6\ t/a$（鲜重），取开发率为40%，则可开发量为 $4.16×10^5\ t/a$（鲜重）。根据1971—1998年统计，闽南-台湾浅滩渔场的年渔获量（包括鱼、虾、头足类等）共 $4.0×10^5\ t$，因此可以认为该上升流区渔业资源已属接近充分利用的海区。

二、秘鲁上升流

（一）上升流形成与消长过程

秘鲁上升流的形成与海域表面吹向赤道方向的信风、海水水柱的层化、沿岸地形和地球自转有关，其中信风是最主要的因素。信风能够产生离岸的水体驱动表层海水向大洋腹地流去，导致该海区底层海水上涌来补偿表层离去的洋流，由此产生上升流。根据上升流的强弱及海域生产力的大小，秘鲁上升流在纬度方向上可以分成3个主要区域：① 南部智利季节性（夏季）上升流（30°S ~ 40°S），② 南部秘鲁和北部智利较弱上升流（18°S ~ 26°S），③ 北部秘鲁的终年上升流（4°S ~ 16°S）。

（二）主要理化要素特征

秘鲁上升流海域的海洋要素组成十分复杂。在南部（45°S），洪堡海流（又称秘鲁海流）沿着东部岸界向赤道方向输送冷的亚极地表层水。这些亚极地表层水从18°S开始与高温高盐的亚热带表层水混合。在北部，高营养盐的上升流冷水与热带表层水延伸的赤潮表层水也形成了混合区域。与秘鲁海流方向相反，在表层循环或水团之下还存在着由赤潮潜流产生的极地方向的秘鲁-智利潜流（图21-4）。

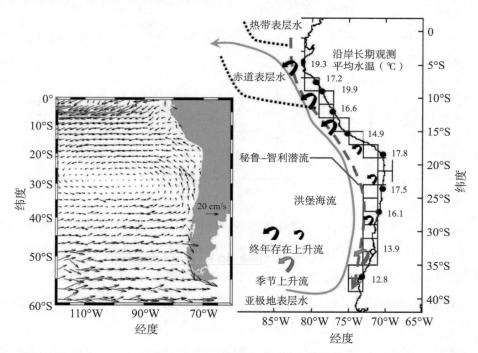

左：平均表面流；右：水团和水流，其中黑色和浅灰色箭头分别代表季节性和永久性上升流。

图21-4　秘鲁上升流区域表层海洋要素状况

（引自Montecino和Lange，2009）

（三）生物群落组成特征

秘鲁上升流区域浮游植物以硅藻为优势种，浮游动物以中、深层种类为主。沿岸上升流区的鱼类主要是中上层鱼类，有凤尾鱼（*Coilia mystus*）等，也存在哺乳动物和海鸟。

（四）初级生产力和消费者产量

秘鲁上升流区域初级生产力水平较高（表21-1）。秘鲁上升流把海水深处的磷酸盐、硅酸盐带到海水上层，供给海洋浮游生物所需的营养物质，促使浮游植物繁盛。据统计，在秘鲁上升流中心海域表面，氮含量为10 mmol/m³，磷含量为1 mmol/m³，硅含量为5 mmol/m³，初级生产力最高可达1 000 g/（m²·a），渔获量最高可达300 t/km²。秘鲁上升流区域比深海大洋海域渔获量高1万倍，固碳能力高20倍。浮游生物又为鱼类提供饵料，因此秘鲁附近的海域成为世界著名的渔场之一，盛产秘鲁鳀（*Engraulis ringens*）等800多种鱼类以及茎柔鱼等头足类和贝类等，渔业资源十分丰富。

表21-1　三大上升流平均理化性质

	纬度	潜在新生产力 /［g/（m²·a）］	生产力 /［g/（m²·a）］	叶绿素浓度 /（mg/m³）	平均风速 /（m/s）	湍流强度 /（m³/s）
本格拉上升流	28°S ~ 18°S	517	976	3.1	7.2	444
非洲西北部上升流	12°S ~ 22°S	539	1 213	4.3	6.8	371
秘鲁上升流	6°S ~ 16°S	566	855	2.4	5.7	225

引自Chavez和Messié，2009。

秘鲁上升流区域具有高能量传递效率的食物网，其中大型浮游动物在食物网中发挥关键作用，这就是资源物种与初级生产者之间相隔着浮游动物一个营养级却形成较高的资源丰度的原因。例如，秘鲁鳀所需的能量主要来源于磷虾类和桡足类等大型浮游动物。1961—2005年，通过研究浮游动物生物量数据与秘鲁鳀上岸量之间的关系发现，浮游动物的资源变化与秘鲁鳀的资源波动基本保持同样的趋势。自1970年达到史上最大值后，秘鲁鳀产量下滑而海域内浮游动物生物量早已发生下降。秘鲁鳀的资源从1985年开始恢复也与大型桡足类资源恢复有关。

上升流的强弱与生态系统能流的大小密切相关。上升流变弱时，生态系统的食物网结构缩小并且其内部间的能量流动也减弱，上升流增强时则情况相反。综上所述，秘鲁上升流的增强能够提升海域内食物网的能量传递效率。

第四节　上升流区的生态价值

一、渔业资源极其丰富

当上升流将含有大量氮、磷、硅、铁等营养盐的深层海水上涌至温暖海洋表层时，在阳光照耀下，二氧化碳、水和营养盐经浮游植物光合作用，由此启动了纷繁复杂的海洋生态系统物质循环和能量流动，生产出大量有机物，带来浮游植物的繁盛，继而带来浮游动物资源量暴发。浮游生物为鱼、虾、蟹、贝、参、鱿等经济动物提供丰富食物，引起渔业生物资源数量大暴发。虽然上升流区只占世界大洋面积的0.1%，但是渔获量却占世界海洋总渔获量的50%。秘鲁鳀（图21-5A）是一种小型中上层鱼类，其捕捞业曾是世界上最大的单鱼种渔业（Fréon等，2008）。在不同年间，秘鲁鳀产量差异非常大（图21-5B）。研究认为，环境变化、捕捞因素和种群的内部动力学过程是影响秘鲁鳀资源变动的主要因素（陈芃等，2016）。

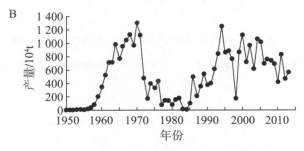

图21-5　1950—2013年秘鲁鳀鱼补充量的年际变化

（引自Oliveros-Ramos和Peña，2011）

二、通过物理泵和生物泵对全球碳循环产生重要影响

海洋碳循环主要取决于生物泵作用。上升流的存在会将海洋底层富碳的海水带至表层，引起表层海水无机碳和有机碳的强烈负偏。上升流隶属于海洋中尺度物理过程。上升流的强度与消长状态（从发展到衰退）影响浮游植物群落结构，进而影响初级生产过程和生物泵效率，最终影响海洋对大气二氧化碳的吸收，从而对全球碳循环起调控作用。

本章小结

上升流是一类重要的海洋现象。它通常是指海水从下层向上涌升的流动。按照其在海洋中的分布位置，可将上升流分为近岸上升流和大洋上升流。

相对于邻近海区，上升流区表层海水具有"两高两低"的理化特征：盐度高，营养盐浓度高；温度较低，溶解氧含量也较低。

近岸上升流区是海洋中的高生产力区域，常常成为重要的海洋渔场。

思考题

（1）上升流区有哪些典型理化环境特征？

（2）上升流区生物组成及食物网有哪些特点？

（3）试分析秘鲁渔场形成的最主要原因。

拓展阅读

洪华生，邱书院，阮五崎，等. 闽南–台湾浅滩渔场上升流区生态系研究［M］. 北京：科学出版社，1991.

Montecino V, Lange C B. The Humboldt Current System: Ecosystem components and processes, fisheries and sediment studies［J］. Progress in Oceanography, 2009, 83(1): 65–79.

第二十二章　半自然和人工海洋生态系统

　　前面九章（第13～21章）详细介绍了海洋中的主要自然生态系统。如今，人类对大自然的影响已经无处不在。很多海洋生态系统的营养结构和功能都在人类活动的干预或强烈干预下发生了变化，成了半自然海洋生态系统或人工海洋生态系统。本章将简要概述半自然生态系统和人工生态系统的定义和二者的区别，并介绍两种典型的海洋半自然（或人工海洋生态系统）生态系统。

第一节　半自然生态系统和人工生态系统

一、定义

　　按照生态系统形成和人类对生态系统的影响程度，可将生态系统分为自然生态系统、半自然生态系统和人工生态系统3类。其中，受人为干预，但仍保持了一定自然状态的生态系统称为半自然生态系统。在自然或半自然生态系统的基础上按照人类的需求建立的，由人为控制运行的或受人类强烈干预的生态系统称为人工生态系统。人工生态系统具有结构简单、开放性高、抗干扰能力和自我调节能力差等特点，主要依靠人类活动的干预来维持自身稳定性。

二、半自然生态系统和人工生态系统的区别

（一）主导力量不同

自然生态系统的变化只遵守自然规律。半自然生态系统掺杂着明显的人类痕迹，但其致力于遵循自然规律的特性却又有别于传统纯人工生态系统。人工生态系统的变化不仅要遵守自然规律，而且要遵守人类活动规律和社会发展规律。

（二）生态系统服务不同

半自然生态系统以自然生态系统为中心，以人类活动为手段，通过人类活动作用于自然生态系统，从而服务于双方。半自然生态系统的发展状况在一定程度上反映出人与自然关系的和谐程度。人工生态系统是在自然生态系统的基础上改造而成，往往通过加强某些功能来满足人类需求，而改变了原有的生态平衡，这种变化会对系统其他组分产生影响，最终会间接影响其他功能/服务的输出（Foley等，2005）。

第二节　典型的人工海洋生态系统

一、海洋牧场

（一）构建背景与原理

早在2008年，联合国粮农组织发现在有评估信息的523个鱼类种群中，80%已被完全或过度开发。海洋渔业资源严重衰退和生态环境恶化等问题已上升到沿海国家均需要考虑的层面上。如何有效保护和恢复海洋渔业资源、增加资源补充量是沿海国家一直研究的课题。控制捕捞量、设立渔业保护区以及实施水生生物资源养护成为各国相继采取的措施。这些措施虽有助于减缓近海渔业资源衰退，但无法在短期内扭转渔业资源衰退的局面。

建立与规模化增殖放流相结合的海洋牧场成为资源养护的另一方法。海洋牧场的主要建设内容有增殖放流和人工鱼礁。增殖放流是向海中释放大量的幼鱼，这些幼鱼靠取食海洋中的天然饵料成长，从而最终增加渔业的资源量。人工鱼礁是指通过工程化的方式来模仿自然生境，旨在改善海域生态环境，营造海洋生物栖息的良好环境，

达到保护和增殖渔业资源的目的。早在20世纪70年代，日本就开始修复传统渔场，建成世界上第一个海洋牧场——日本黑潮牧场。自此，作为一种生态型渔业增养殖模式，海洋牧场已经是国内外长期广泛应用于海洋渔业发展的举措（李忠义等，2019）。

（二）现状与未来

在不同国家和地区，人们对海洋牧场的定义随着时间不断变化与发展（陈丕茂等，2019）。目前，虽已在牧场选址，鱼礁和藻礁材料性能、结构和组合布局研究，生态效应研究，以及监控体系建设等方面取得重要成果，但从渔业资源增殖放流历史上来看，仅大麻哈鱼（日本）、鳟鲑鱼（美国）、海蜇和中国明对虾（中国）等少数种类的人工放流取得显著效果（唐启升，2019）。因此，开展深入持续的基础研究对未来海洋牧场的发展十分必要。任何种类在增殖放流后都需要基于生态系统进行定量评估。海洋牧场不仅要恢复商品渔业资源种类，还应该增强初级生产力和增加各种群补充量。海洋牧场建设的目的已从增殖渔业转移到恢复海洋生态系统。例如，2015年日本开始在西濑户内海实施Satoumi计划，即通过投放人工鱼礁建立海洋牧场，增强牧场初级生产力和增加各种群补充量，通过生物的溢出效应建立与周边水域的自然营养流通道，以达到恢复生态系统的目的（Tanaka和Ota，2015）。国外学者认为，海洋牧场建设的终极目标是恢复生态系统，通过投放人工鱼礁和增殖放流来重塑海洋生态系统食物网结构和功能，以达到恢复海洋生态系统的目的。

二、海水网箱养殖生态系统

（一）构建背景

我国是世界上海水养殖业发达的国家之一。海水养殖成为我国利用海洋生物资源、发展海洋水产业的重要途径之一。近年来，作为一种集约化养殖的形式，网箱养殖具有养殖产量高、养殖产品质量高等优点而备受关注。网箱养殖是在较大的水体中将水产动物高密度地放在网箱内进行养殖的一种方式。海水网箱养殖，则是在天然的海区中设置网箱，在其中养殖鱼类等水产动物（图22-1）。我国的海水网箱养殖起始于20世纪80年代初，从广东等地开始，随后在福建、浙江沿海等地循序兴起，并逐渐向北方沿海发展，同时，养殖空间逐渐由近岸走向深远海。据统计，截至2019年年底，我国普通箱（近岸）已发展至143.3万只，深水网箱达到1.9万只，养殖鱼类达到30种，网箱养殖是我国海水鱼类养殖的重要组成部分。

473

图22-1　海水网箱养殖

（二）结构特征

海水网箱养殖生态系统的物质能量输入以人为投饵为主，是一个人为控制的开放的人工海洋生态系统。海水网箱生态系统主要由网箱、海水和海底3部分组成。网箱是该养殖生态系统的关键部分，网箱内的养殖鱼类是该生态系统中的优势生物，对整个网箱养殖区域的物质循环起了决定性的作用。网箱外流动的海水是网箱内外物质交换的重要条件，也是海水网箱能高密度养殖鱼类的前提。网箱内的鱼类活动受限，海水网箱养殖需要较大的水体及一定的水流来稀释养殖废物，并提供充足的溶解氧维持鱼类呼吸作用。残留的饵料、鱼类排出物沉降至海底。这些海底有机物会不断释放出可溶物到海水中。（Yokoyama等，2006）

（三）海水网箱养殖带来的影响

布设在近岸海域养殖区域内的大量网箱，对海水流动造成了阻碍，降低了海流的流速，甚至改变了局部海流流向。海水网箱养殖向海区输出有机物，同时，这种集约化养殖方式使得水产动物所占据的各种环境资源超过其在天然海区原有的生态位，因此常引起海洋污染现象。例如，在养殖区域，氮、磷等含量一般都高于邻近海区。残饵、排泄物等颗粒态有机物在沉积环境中富集，加剧了微生物活动，使得水体和沉积物界面中的氮、磷等元素不断迁移，加速了水体富营养化。此外，有机物分解消耗氧气，可能使得沉积环境产生低氧现象。养殖区海水水质下降，容易使养殖动物免疫力下降，易受到病原生物的侵害，使海洋养殖产品数量与质量下降。

本章小结

在自然海洋生态系统基础之上，通过人类活动的干预或强烈干预形成了半自然海洋生态系统或人工海洋生态系统。半自然海洋生态系统遵循自然规律的特性，服务于双方，反映出人与自然关系和谐状况。人工海洋生态系统，往往通过加强某些功能来满足人类需求，不仅要遵守自然规律，而且要遵守人类活动规律和社会发展规律。

海洋牧场和海水网箱养殖生态系统是海洋中常见的半自然和人工海洋生态系统。

思考题

（1）试阐述自然、半自然和人工海洋生态系统的区别。

（2）海洋中，还有哪些半自然、人工海洋生态系统？请举例说明。

拓展阅读

杨红生. 海洋牧场构建原理与实践［M］. 北京：科学出版社，2017.

Foley J A, DeFries R, Asner G R, et al. Global consequences of land use［J］. Science, 2005, 309: 570−574.

应用篇

本篇分别从全球变化与海洋生态系统、海洋污染、海洋生态灾害、海洋生物多样性保护、海洋生态恢复、海洋生态系统服务和海洋生态系统管理7部分进行介绍。

第二十三章　全球变化与海洋生态系统

从20世纪末期至今，全球变化已经成为影响海洋生态系统的主要因素。全球变化是指地球生态系统在自然和人为影响下所导致的全球问题及其相互作用下的变化过程。全球变化对海洋的影响主要表现在海洋暖化、海洋酸化、大气洋流系统的改变、海平面上升、紫外线辐射增强等方面。本章就全球变暖、紫外线辐射增强、海洋酸化等全球变化过程对海洋生态系统的影响分别进行介绍。

第一节　全球变暖与温室效应

一、全球变暖的定义和现状

全球变暖（global warming）是指自工业革命以来，温室效应增强，导致地−气系统吸收与发射的能量不平衡，造成能量不断在地−气系统累积，从而导致全球温度上升的现象。全球气候变化以全球变暖为主要特征。根据联合国政府间气候变化专门委员会（Intergovernmental Panel on Climate Change，IPCC）2007年报告，地球表面温度在过去100年间上升了（0.74±0.18）℃，在未来的100年间还将继续上升（图23−1）。

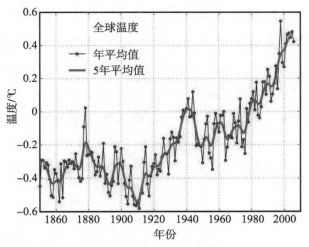

图23-1　全球温度变化年份

（引自 NASA GISS）

温室效应（greenhouse effect）是指来自太阳的可见光辐射穿过大气射向地面，而地面反射后的长波辐射被大气中的水蒸气、二氧化碳等物质所吸收，不能有效地穿透大气逸散到太空中，从而保持地球表面和大气温度的现象（图23-2）。温室效应是维持地球温度的机制，地球大气通过吸收太阳辐射（实质上是捕获热量），起到像温室玻璃一样的作用。

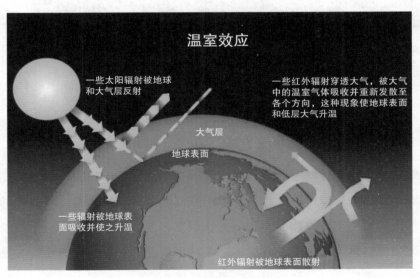

图23-2　温室效应示意图

（引自国家气象中心）

能够吸收红外辐射从而将热量捕获并保持在大气中的气体被称为温室气体。大气中主要的温室气体有水蒸气、二氧化碳、甲烷、一氧化二氮、臭氧和氟利昂类物质（CFC）等。其中，水蒸气尽管对温室效应的贡献最大，但千百万年来一直保持着平衡。目前主流的观点认为，温室效应是由非冷凝性气体控制的，主要是二氧化碳、甲烷、一氧化二氮等。图23-3显示了由人类产生的所有主要温室气体导致的热量供应异常（相比于1750年）。现在，每平方米地球表面上的大气额外吸收了约3 W的太阳能。与1990年相比，主要温室气体的总供热影响增加了45%。

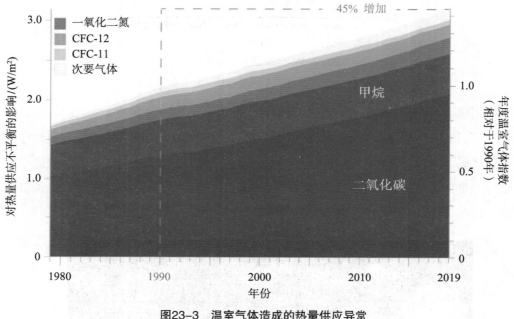

图23-3 温室气体造成的热量供应异常

（引自Montzka S，2022）

二、温室效应与全球变暖的关系

温室效应与全球变暖既有联系，又存在不同。温室效应是大气层中时刻存在的一种自然现象，而全球变暖则是指一种生态或气候破坏，属于有可能避免的大气环境问题。过去的长时间里，在温室效应的作用下，地球接收的太阳辐射热量和地球散失的长波辐射热量达到平衡，形成地球上的平衡温度，即地球的平均气温。自工业革命以来，人类的活动导致了更多的温室气体在大气层积累，大气的温室效应也随之增强，进而造成了全球暖化的效应（图23-4）。自IPCC发布全球气候变化评估报告后，主要由人类活动引起的温室效应增强而导致全球变暖的问题逐渐受到了全世界的重视。

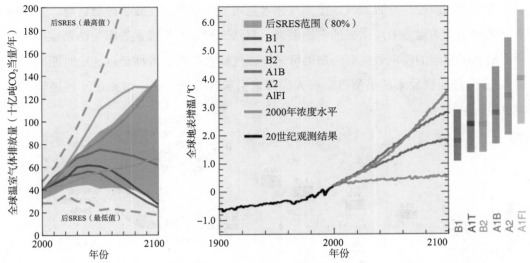

SRES是指《IPCC排放情景特别报告》（SRES，2000）中所描述的情景，

SRES情景分为探索可替代发展路径的四个情景族（A1、A2、B1和B2）。

A1、A2、B1、B2表示不同的情景，其中A1情景中A1FI表示化石能源密集型，

A1T表示非化石能源，A1B表示所有能源的平衡型。

图23-4　2000—2100年温室气体排放情景和地表温度预估

［引自《IPCC排放情景特别报告》（Nakicenovic和Swart，2000）］

三、全球变暖的主要原因

（一）自然因素

影响全球变暖的自然因素很多，主要包括太阳活动、太阳辐射、温室气体、火山运动、地球轨道参数的改变等。近百年全球气温总体呈上升趋势，与温室气体的增加量呈正相关，但在不同时间段的温室效应异常对全球气候变化的影响程度有所差异。例如，1940—1970年火山活动频繁发生引起了气温下降，掩盖了温室效应增强对全球增温的影响，因此，此段时间火山活动是影响全球气候变化的主要因素（李国琛，2005）。总体而言，温室效应异常是全球气候变化的主要因素。

（二）人为因素

影响全球变暖的人为因素主要包括两方面。一方面，化石燃料的大量使用，导致大量温室气体的排放。自工业革命以来，人类生产和生活导致全球温室气体排放量增加，尤其是二氧化碳的大量排放，1970年至2004年间，二氧化碳年排放量已经增加了大约81%，从210亿t增加到380亿t，在2004年已占到人为温室气体排放总量的77%（图23-5）。另一方面，森林砍伐和耕地减少等土地利用方式的改变间接改变了大气

中温室气体的浓度，导致大气中温室气体含量增加。在气候变暖机理分析时，人为因素更倾向于作为温室效应增强的主导因素。自然因素和人为因素的影响结果也截然不同。前者所引起的温室效应有一定的可逆性，气候系统的异常性经过一定时期的"振荡"，最终会回到原来的平衡点。而人为因素引起的气候变暖一般来说不可逆转，影响也更大。

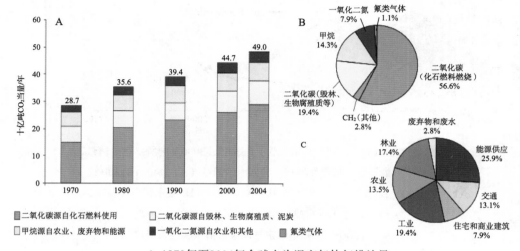

A. 1970年至2004年全球人为温室气体年排放量；

B. 按CO_2当量计算的不同温室气体占2004年总排放的份额；

C. 按CO_2当量计算的不同行业排放量占2004年总人为温室气体排放的份额，其中林业包括毁林。

图23-5　全球人为温室气体排放量

（引自IPCC，2007）

在全球变暖的过程里，海洋一直扮演着关键的缓冲角色。温室效应增强导致的滞留热量，90%以上被海洋吸收，虽然海洋大幅缓和了全球气候暖化，但随之带来了海水暖化和海平面上升的后果。

四、全球变暖的海洋生态效应

（一）海洋环境发生变化

全球温度升高带来了包括海洋环流和上升流在内的一系列海洋环境的变化。海洋表面温度升高改变了海水的运动规律，引发了大尺度的海洋环流变化，导致了诸如加利福尼亚海流的平流减弱以及北大西洋环流系统改变等现象的发生。洋流是热能在海水中的传输方式，这种热能的传输使各海域之间的温度相互调节，从而使各海域之间的温度相差不会太大；同时，洋流携带了大量的营养物质，使营养物质在各海域之间重新分配，由此决定了海洋生物的时空分布。此外，吴立新（2020）的研究发现，全球平均海洋环流的加速主要是一种长期的变化趋势，而温室气体的持续排放在其中扮演了非常重要的角色。就垂直方向而言，全球温度升高还引起了上升流的改变。海水表层温度升高能加强海洋中的温跃层，阻止营养盐在表层与底层之间的充分交流，导致表层营养盐浓度变化，从而对该区域的初级生产力及渔业资源产生影响；另外，水温升高能增加上升流区水体的垂直稳定度，影响底层水的涌升。通常，海洋上层的有机物残渣会慢慢地下沉至海底，成为底栖生物的食物来源或者被海底微生物分解成无机养分；同时，垂直上升的海流又会将海底的一些有机物残渣和无机营养物质带回上层水域提供给浮游植物，如此物质得以循环。但是，海水的垂直运动被阻碍后，海底营养物质向上的运输通道不再畅通，上层的浮游植物得不到足够的养分，生物量将受到严重的影响。浮游植物是整个海洋生态系统的基础，其生物量的减少对于海洋生态系统的影响是不言而喻的。

（二）改变海洋生物的分布格局

由全球变暖所导致的海洋水温、洋流和盐度变化能明显影响海洋生物区系的移位并导致海洋生物生态习性发生变化。研究表明，温度上升导致部分海洋生物物种发生了明显的极向移动。例如，在全球变暖条件下，浮游植物暖水种向两极扩张且分布范围扩大，而冷水种分布范围则缩小。大西洋西北部的暖水性浮游动物的分布范围向北移了大约1 000 km，而冷水性物种分布范围缩小（Hays等，2005）。一些鱼类、海鸟和无脊椎动物也呈现北移趋势，而且这一趋势正逐年增强。比如，自20世纪20年代以来的全球变暖，使格陵兰岛海域许多鱼类的丰度和分布发生了变化，出现了如黑线鳕（*Melanogrammus aeglefinus*）等许多新记录种（Green等，2003）。此外，我国南方沿海分布的红树林生态系统也受到了一定的影响。在全球变暖的影响下，我国红树植物可以生长的北界已由过去的福建省福鼎市到达浙江省温州市乐青湾西门岛（龚婕等，2009）；全球平均气温升高2℃后，红树植物的分布北界可能到达浙江省嵊州市。

（三）影响海洋生态系统的结构与功能

全球变暖所引发的海洋物理、化学因子的改变会直接或间接影响海洋生物的生理功能和行为，从而导致海洋生物的种群结构、性别比例、空间分布、季节丰度以及物候发生改变。这些改变同时也会导致物种间相互作用和生态系统物质能量流动的变动，最终影响生态系统的结构和功能。

一般来说，海水温度的升高对生物的影响因种而异。就大多数浮游植物而言，在适温范围内，海水暖化会促进其生长，但不同浮游植物对温度变化的响应程度不同，因此在全球变暖影响下，浮游植物的生态位将发生改变（Hays等，2005）。全球变暖也造成了海域内食物链和食物网的改变（Clarke等，2007）。然而，对于大多数海洋动物而言，周围温度的升高将进一步增强其体内代谢活性、加快能量的消耗，从而可能导致海洋生物生长与繁殖能力的下降。温度升高影响海洋生物后代的性别比例。研究发现，太平洋地区温度上升导致海龟繁殖的后代中雌性比例远高于雄性。

在极地地区，海冰的融化会造成海鸟（如企鹅）及一些海兽（如北极熊）的栖息地丧失，进而对其数量及分布造成影响，甚至灭绝。此外，温度升高使部分海洋生物的物候提前，如东海近海浮游动物温水性或暖温性群落向亚热带群落更替的时间已经提前，这在一定程度上对有害藻华的暴发、鱼类产卵场饵料变化等增加了更多的不确定性（徐兆礼，2011）。在欧洲，25种鸟类的孵化日期与春季气温密切相关，气温升高使孵化日期提前（Both等，2004）。而沿海分布的红树林生态系统、珊瑚礁生态系统也在全球变暖的影响下发生了改变。红树林在河口滩涂分布的潮差范围较小，因全球气候变化引起海平面上升，淹水时间的增加使其有后退分布的趋势，同时又受坚固的海岸建筑堤坝约束，再加上当前各国存在的沿海城市地面沉降明显，红树林在潮间带的栖息地日渐萎缩，这也不断压缩了红树林生物的生存空间，对其生境产生影响（孙军等，2016）。如果海水温度升高1℃，还会引发珊瑚发生严重的白化反应（图23-6），同时使整个珊瑚礁生态系统严重退化并对其造成不可逆的损伤，而如果对整个珊瑚礁生态系统进行修复则需要十分漫长的时间。

图23-6　全球变暖下珊瑚发生的白化反应

（引自Bindoff，2019）

海水温度的升高不仅会直接造成海洋生物机体生理、生化过程的变化，还会进一步改变种群的大小、时空分布格局与营养级水平，并最终引起群落结构与功能的改变。我国科学家采用模型估算发现，1948—2007年全球气候变暖导致海洋水体层化加剧，北大西洋、北太平洋和印度洋初级生产力分别降低了40%、24%和25%（Wang等，2017）。所以，从海洋生态系统的层面来看，全球变暖会改变海洋的初级生产力，进而影响生态系统的稳定性。

第二节　臭氧空洞与紫外线辐射增强

一、太阳光谱和紫外线辐射

（一）太阳光谱组成

太阳光谱（solar source spectrum）是一种不同波长的连续光谱，分为可见光与不可见光（无线电波、微波、红外线、紫外线、X射线、γ射线等）两部分（图23-7）。其中可见光的波长为400～760 nm，其能量约占太阳辐射总能量的50%，散射后分为红、橙、黄、绿、青、蓝、紫，集中起来为白色；不可见光主要分为红外线和紫外线，其中红外线的波长为760～1 000 000 nm，占太阳辐射总量的43%，紫外线波长为100～400 nm，占太阳总辐射总能量的7%。由于只有波长大于100 nm的紫外线辐射才能在空气中传播，为了研究和应用之便，科学家们又根据波长把紫外线辐射划分为长波紫外线（UVA，320～400 nm）、中波紫外线（UVB，280～320 nm）和短波紫外线（UVC，100～280 nm），其中全部的短波紫外线和90%左右的中波紫外线在透过大气层时被臭氧层吸收，而波长较长的长波紫外线受大气层的影响较小，大部分都可以到达地面。

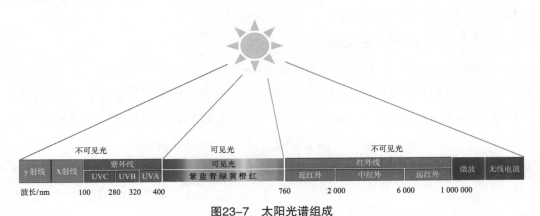

图23-7　太阳光谱组成

（二）大气臭氧含量与紫外线辐射的关系

地球周围存在大气层，按其离地面高度，自下而上分为对流层、平流层（臭氧层）、中间层、热成层、逸散层。在平流层中，离地面20～35 km处形成厚度约

485

为20 km的臭氧层，臭氧含量（体积分数）约5×10^{-5}（图23-8）。在阳光穿过大气层过程中，臭氧层挡住了对生物有危害的短波紫外线和大部分中波紫外线，只剩下危害微小的长波紫外线和小部分中波紫外线到达地面。臭氧在大气中含量很小，但作用却很重要。紫外线通过臭氧层时相对于臭氧浓度和厚度成指数衰减，臭氧减少造成的直接后果是太阳紫外线辐射强度的增加。据估计，臭氧含量每减少1%，到达地面的中波紫外线辐射量将增加2%。虽然紫外线辐射量的增加也同时会在大气下层促使更多的氧分子转换为臭氧，但因为在下层的转换要比上层慢得多，所以总体来说臭氧层的破坏还是会造成地面紫外线

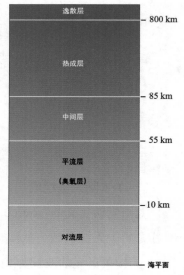

图23-8 大气层示意图

辐射量的增加。此外，臭氧减少对许多动植物生长有不利影响，还将造成气温升高，引起气候变化。

二、臭氧层空洞

臭氧层空洞（ozone depletion）指地球大气上空平流层的臭氧浓度严重降低，形成大面积臭氧稀薄区（臭氧浓度低于220 DU，低值区范围超过百万平方千米，持续2～4个月）的现象。下面将分别从南极臭氧层空洞的发现、北极地区的臭氧损耗以及高原的微型臭氧层空洞进行介绍。

（一）南极臭氧层空洞的发现

1980年5月英国科学家约瑟夫·法曼（Joseph Farman）正式在《自然》杂志上报道了春季南极上空臭氧层空洞。此次观测的空洞面积比以前估计的要大得多，因而震惊科学界。卫星测量也显示出同样的结果。实际卫星数据在1976年就已经观测到这个空洞，但当时认为质量控制算法存在误差，结果是错误的，直到卫星在原地多次测定的数据被证实。南极臭氧层空洞的发现引起了对平流层的研究和臭氧层全球保护的热潮。实际上，从1957年开始，南极上空的臭氧就开始出现了大规模的耗损。20世纪80年代以后，南极臭氧层空洞几乎每年都季节性地出现。1987年南极上空的臭氧浓度下降到了1957—1978年间的1/2，并且臭氧的减少不仅限于极地区域，已显著地逐年向赤道方向扩展至20°N和20°S。到2006年，臭氧层空洞已相当于两个南极大陆的面积，大约为2 900万km²，并且南极上空臭氧层损耗的态势仍处于恶化之

中（图23-9）。

在人类采取了迅速及时的控制措施之后，科学家、政府决策者和公众都十分关注未来平流层的变化趋势，经过长期和大量的研究，目前对南极臭氧层空洞的形成机制和过程具有较系统的科学认识。但该机制和过程具有复杂性和长期性，科学观测的结果显示南极春季发生的臭氧层损耗依然严重，因此还没有充分的证据显示南极臭氧损耗程度已经达到或者已经过了最严重的时期。地面和卫星观测显示，对流层和平流层的氯含量正在下降，通过构建模型预测，臭氧浓度将在2050年至2070年之间恢复到1980年的水平（Douglass，2014）（图23-10）。

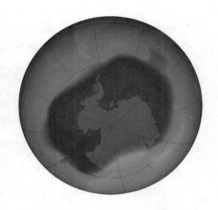

图23-9　2006年9月测定的南极上空臭氧层空洞

（引自NASA）

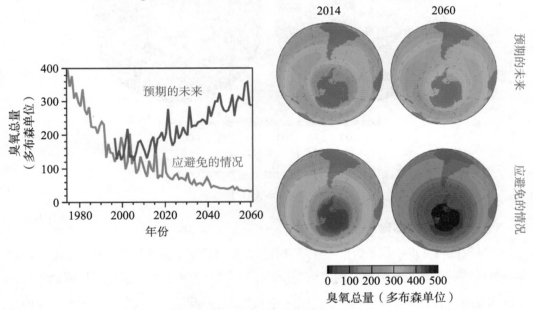

图23-10　南极地区臭氧浓度变化

（Douglass，2014）

（二）北极地区的臭氧损耗

不同于南极地区每年春季都会出现臭氧层空洞，北极地区极少出现。但科学研究发现，近几年在北半球上空，尤其北极地区的臭氧浓度也有急剧降低的现象。1999—2000年冬季监测数据显示，北极上空臭氧含量急剧减少，北极上空18 km处的臭氧同温层里，臭氧含量累计减少了60%以上。北极臭氧损耗的现象没有南极严重，原因主要在于两地大气环流型和平流层的气候不同。由于北半球地形大尺度变化，陆地、海洋温差大，经向风场使赤道与北极的空气混合较好，富含臭氧的空气从赤道向北极地区输送，从而不易形成类似南极那样与外部空气隔绝的"极地涡旋（polar vortex）"，也达不到像南极那样的低温，低温冰晶的浓度比南极小，这样非均相反应释放易光解的含氯化合物的量也相应比南极少，所以不易生成像南极一样大的臭氧层空洞。北半球即使形成臭氧层空洞，其规模和维持性都不如南半球，自2011年出现明显的臭氧层空洞后，直到2020年春季才形成典型的北极臭氧层空洞（图23-11）。即使2020年春季的北极臭氧层空洞被认为是史上最大的北极臭氧层空洞，其面积也仅仅约100万km^2，而被认为是史上最小的2019年南极臭氧层空洞，其面积超过900万km^2。

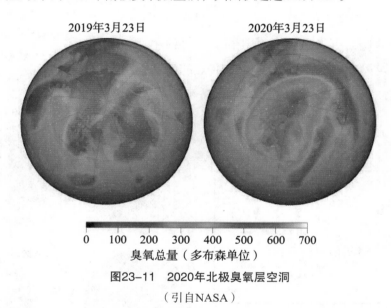

图23-11　2020年北极臭氧层空洞

（引自NASA）

（三）高原的微型臭氧层空洞

"臭氧低谷"指的是作为世界"第三极"的青藏高原上空的臭氧含量急速减少，每年夏季出现一个臭氧低值中心的现象。拉萨地区6月份的大气臭氧总量要比同纬度的日本九州上空低11%。过去几十年里，国内外学者对夏季高原"臭氧低谷"的形成原因进行了大量研究。如周秀骥等（1995）指出青藏高原夏季旺盛的深对流活动可以将对流层内低浓度臭氧空气输送至下平流层，造成高原平流层下层"臭氧低谷"的形成；Ye和Xu（2003）指出高原的高海拔地形和夏季的强感热加热是形成高原"臭氧低谷"的主要原因；Tian等（2008）发现夏季高原上空的南亚高压导致的大尺度等熵面抬升是形成夏季"臭氧低谷"的另一个重要原因，他们还指出化学过程在夏季高原"臭氧低谷"的形成过程中作用很小。国内一些气象观测者的观测结果显示，青藏高原上空的臭氧正在以高达1.7%的速度逐年减少，已经成为大气环境中的第三个臭氧层空洞。

三、臭氧层破坏的诱因

臭氧层破坏是一种与太阳紫外线辐射、物理化学、大气化学、大气环流、气候环境等多种因素有关的、复杂的大气现象和过程。因此，衡量平流层臭氧的变化需要综合考虑。下面从自然因素和人为因素两方面对其诱因进行介绍。

（一）自然因素

臭氧层空洞的形成是有空气动力学过程参与的非均相催化反应过程。不同于对流层存在的云、雾及降雨等天气现象，平流层干燥寒冷，空气稀薄。但南极地区冬季的温度极低，可以达到-80℃，这样极端的低温引发两种非常重要的过程：一是空气受冷下沉，形成一个强烈的西向环流，称为"极地涡旋"，使南极空气与大气的其余部分隔离，从而使涡旋内部的大气成为一个巨大的反应器；二是尽管南极空气十分干燥，极低的温度使该地区仍有成云过程，云滴的主要成分为三水合硝酸和冰晶，叫作极地平流层云。

实际上，氟利昂和哈龙（Halon，一类称为卤代烷的化学品）进入平流层后，通常是以化学惰性的形态［ClONO和HCl］而存在，并无原子态的活性氯和溴的释放。南极的科学考察和实验室的研究都证明，硝酸氯（$ClONO_2$）和HCl在平流层云表面会发生以下化学反应：

$$ClONO_2 + HCl \longrightarrow Cl_2 + HNO_3$$

$$ClONO_2 + H_2O \longrightarrow HOCl + HNO_3$$

生成的HNO_3被保留在云滴相中。云滴积累到一定的程度后将会沉降到对流层，同时也使HNO_3从平流层去除，其结果是造成Cl_2和HOCl等组分的不断积累。Cl_2和HOCl在紫外线照射下极易发生光解，产生大量的原子氯，从而造成严重的臭氧损耗。氯原子的催化过程可以解释所观测到的南极臭氧破坏的约70%，另外，氯原子和溴原子的协同机制可以解释大约20%。随后更多的太阳光到达南极，南极地区的温度上升，气象条件发生变化，结果是南极涡旋逐渐消失，南极地区臭氧浓度极低的空气传输到地球的其他高纬度和中纬度地区，造成全球范围的臭氧层臭氧浓度下降。

（二）人为因素

虽然自然因素可能对臭氧层造成一定的影响，但是目前大多数人认为，人类过多使用消耗臭氧层的物质是臭氧层被破坏的主要原因。消耗臭氧层的物质主要包括哈龙、四氯化碳、全氯氟烃、甲基氯仿、甲基溴以及含氢氯氟烃（HCFC）等。日常所产生的消耗臭氧层的物质在理论上会在大气的对流层中稳定存在几十年甚至上百年，然而在极地大气环流以及赤道热气流上升等作用下，这些物质会到达平流层，再随着平流层气流的流动迁移到两极，从而在平流层内混合均匀。在平流层内，氟利昂和哈龙等物质受强烈紫外线的照射，发生分解，产生活性非常高的氯溴自由基，这些氯溴自由基是破坏臭氧层的主要物质，它们对臭氧的破坏是以催化方式进行的：

$$Cl + O_3 \longrightarrow ClO + O_2$$

$$ClO + O \longrightarrow Cl + O_2$$

据估算，在催化剂自由基失去活性之前，平均每个氯自由基可以破坏1万～10万个臭氧分子。

四、紫外线辐射增强的海洋生态学效应

臭氧层削减及由此导致的太阳紫外线辐射增强是全球气候变化的重要原因之一，然而，相对于全球变暖和海洋酸化的研究，目前关于UVB辐射增强对海洋生态系统的影响研究相对较少。除了国际上联合国环境规划署（UNEP）4年1次的关于臭氧层削减的环境影响评估报告等外，国内外已有一些研究从不同方面对UVB辐射增强的生态效应进行了综述。总体来看，关于UVB辐射增强的生态学效应主要集中在宏观层面（种群生长动态和生物群落结构发生变化）和微观层面（以分子、细胞和生理方面的研究为主），尚缺乏从生态系统水平上研究UVB辐射增强的生态效应。

（一）对海洋环境的影响

UVB辐射增强既可以改变太阳光在水中的穿透能力，也可以改变水中光波的组成。研究发现，紫外线在相对浑浊的近岸或内湾水域的穿透能力较弱，在1 m水深处的辐射强度可减至水面的1%，但在清澈的外海或两极水域却有很强的穿透能力（Hader等，1995）。在北冰洋的清澈水域，海水表面UVB辐射率的1%可到达30 m的水层。在南极水域5～25 m水深处，紫外线辐射强度仍可达10%。

UVB辐射可以通过光降解作用分解水体中的可溶性有机碳（DOC）和颗粒有机碳（POC），从而提高光在水中的穿透能力。光的穿透能力提高之后，UVB辐射又可以进一步降解DOC。因此，整个海洋生态系统和海洋生物（尤其是浮游生物）暴露在紫外线辐射下的潜在危险就不断增加。海洋中的多环芳香烃和多氯联苯等持久性有机污染物在中波紫外线辐射增强下毒性会增强。紫外线的光化学作用可以把多环芳香烃降解成各种氧化物，增大芳香化合物对海洋环境的毒害作用，进而对海洋生物造成影响。此外，对淡水和海洋水域进行的研究进一步表明，中波紫外线辐射使死亡生物体的有机物质变成包括一氧化碳在内的溶解无机碳和更易于或不易于微生物食用的物质，这极大地改变了水体中微生物的食物组成。

（二）对海洋生物群落的潜在影响

增强UVB辐射首先改变海洋生物原先的平衡环境。不同的生物对UVB辐射的敏感性不同，因而对UVB辐射造成的损伤的修复能力也不同。对紫外线辐射敏感的生物的种群数量必然受到抑制，而不敏感的或修复能力强的生物的种间竞争会得到加强，最终导致海洋生物群落的结构发生变化，生态位等环境资源重新分配。

UVB辐射增强的影响可继续通过食物链（网）扩大到整个群落及生态系统。如具有光保护色素的饵料生物比例的增加可能有利于视觉性捕食者的捕食。Mostajir等（1999）在中尺度围隔装置中研究了不同UVB辐射剂量对浮游生物的影响。结果表明，UVB辐射量增大导致了浮游植物细胞分裂的滞后，抑制了细胞的生产力，从而导致细胞个体的增大，增大的细胞个体极可能导致浮游植物质量的改变而造成捕食者纤毛虫饵料的匮乏。

尽管已有确凿的证据证明UVB辐射增强对水生生态系统是有害的，但目前对其潜在危害还很难估计。已有研究证实浮游植物群落组成与臭氧的变化直接相关。对臭氧层空洞范围内和臭氧层空洞以外地区的浮游植物生产力进行比较的结果表明，浮游植物生产力下降与臭氧减少造成的UVB辐射增强直接有关（Mckenzie，2002）。浮游生物是海洋食物链的基础，浮游生物种类和数量的减少还会影响鱼类和贝类生物的产量。美国能源与环境研究所的报告表明，臭氧层厚度减小25%将导致海洋表层初级生产力下降35%，透光层（生产力最高的水层）的初级生产力下降10%。

（三）对海洋生态系统生物化学循环的影响

紫外线增强对水生生态系统中碳循环的影响主要体现在UVB辐射对初级生产力的抑制。研究结果表明，现有UVB辐射的减少可使初级生产力增加。据测算，浮游植物每减少10%的产量，相当于增加5×10^{12}t化石燃料燃烧放出的二氧化碳（Rail，1998），所以由UVB辐射引起的海洋对二氧化碳的吸收能力的降低，将导致温室效应的加剧。

除此之外，紫外线促进水中的溶解有机质（DOM）的降解，使得所吸收的紫外辐射被消耗，同时形成溶解无机碳（DIC）、一氧化碳以及可进一步矿化的简单有机质等。UVB辐射增强对水中的氮循环也有影响，不仅抑制硝化细菌的作用，而且可直接光降解像硝酸盐这样的简单无机物质。UVB辐射增强对海洋中硫循环的影响可能会改变羰基硫化物（COS）和二甲基硫（DMS）的海气释放，这两种气体可分别在平流层和对流层中被降解为硫酸盐气溶胶。

综上，在全球气候变化下UVB辐射增强对海洋生态系统造成的潜在危害包括生物受损、生物量减少、物种组成及群落结构的变化、人类可用氮的减少、大气二氧化碳吸收能力的降低等等，进而加剧温室效应。

第三节 海洋酸化

一、海洋酸化的定义

海洋酸化（ocean acidification）的概念最早由Caldeira和Wickett于2003年在《自然》杂志上提出。海洋酸化是指由于海洋吸收被释放到大气中过量的二氧化碳，导致海水酸度逐渐升高的现象（图23-12）。工业革命以来，海洋吸收的二氧化碳占人类活动排放二氧化碳总量的1/3以上，对缓解全球变暖起着重要的作用。然而溶入海洋中的二氧化碳量的不断增加，会造成表层海水pH下降和理化特性的改变，海洋生物适应的海洋化学环境也因此发生了变化。海洋酸化这一现象已经成为对生物多样性与生态系统功能产生重要影响的全球变化因子。

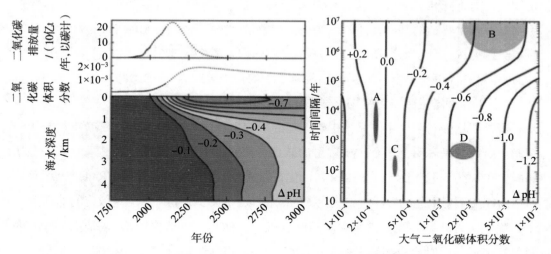

左图：大气中的二氧化碳排放量；历史大气中的二氧化碳浓度（体积分数）和根据该排放情景预测的二氧化碳浓度；基于海水深度的海水pH变化。

右图：根据最终大气二氧化碳浓度估计的海洋表面pH最大变化；大气二氧化碳浓度从2.8×10^{-4}线性变化到具体浓度值（横坐标）所需的时间。

A.冰期-间冰期二氧化碳变化；B.过去3亿年的缓慢变化；

C.海洋表面水的历史变化；D.未来几个世纪化石燃料燃烧带来的变化。

图23-12 大气中过量释放的二氧化碳导致海洋酸度显著升高

（Caldeira K和Wickett，2003）

二、海洋酸化的主要原因

矿石燃料的使用和植被破坏的不断加剧，导致大气中二氧化碳浓度不断升高。作为地球表面最大碳汇，海洋吸收了人类排放二氧化碳总量的1/3。海水中溶解的二氧化碳不断增多，引起表层海水pH降低，导致海洋酸化。当二氧化碳进入海水时，海水中溶解二氧化碳浓度增加的同时与水结合形成碳酸（H_2CO_3），碳酸主要解离成碳酸氢根离子（HCO_3^-）和氢离子（H^+），而氢离子则降低了海水的pH。与此同时，氢离子还会与海水中的碳酸根离子结合，形成更多的碳酸氢盐，这一过程则进一步降低了海水中碳酸根离子的浓度（图23–13）。

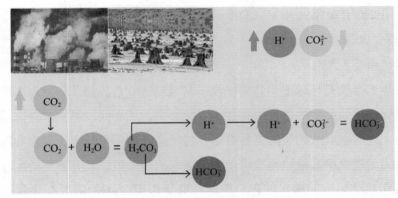

图23–13　海洋酸化的成因

自工业革命以来，表层海水的碳酸根离子浓度在近100年内已经下降了约10%（Orr等，2005），目前的这种下降趋势仍然会持续下去。到2100年，与工业革命前相比，海水pH将下降0.3～0.4，碳酸根离子浓度将因此下降45%，二氧化碳分压［$p（CO_2）$］将增加近200%，碳酸氢根离子浓度增加11%，溶解无机碳浓度增加9%

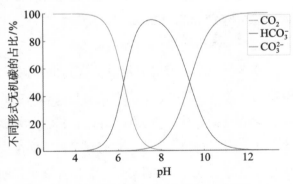

图23–14　海水中不同形式无机碳（CO_2、HCO_3^-、CO_3^{2-}）浓度与pH的关系
（引自高坤山，1999）

（Gattuso等，2015）。值得注意的是，受温度等相关因素的影响，不同海域碳酸根离子浓度分布存在差异（两极海域仅为热带海域的41%）。因此，大气二氧化碳浓度升高导致的海洋酸化将对不同海域产生不同的影响。海水中不同形式无机碳的浓度与pH的关系如图23–14所示。

三、海洋酸化的生态效应

海洋酸化的生态效应是一个复杂的过程，其对海洋生态系统中不同生物的影响具有显著差异。可以分别从海洋酸化对钙化生物的影响和海洋酸化对光合固碳的影响两方面，讨论海洋酸化的生态效应。

（一）海洋酸化对钙化生物的影响

海洋钙化生物包括珊瑚、有壳翼足目、有孔虫（图23－15）、颗石藻（*Coccolithophores*）、软体动物、棘皮动物等能利用海水中的碳酸根离子生成钙质骨骼或保护壳的生物。在海洋酸化背景下，海洋钙化生物的钙化作用将受到抑制。研究表明，在2倍于现今大气 $p(CO_2)$ 条件下，海洋生物钙化总量将下降20%～40%（Riebesell等，2004）。

1. 珊瑚礁生态系统

珊瑚礁生态系统是地球上生物多样性丰富且经济效益较显著的生态系统。海洋酸化不仅会对珊瑚礁及其中的钙化生物造成直接影响，还会间接影响依赖该系统生存的植物、动物。珊瑚礁碳酸钙层的主要贡献者包括造礁珊瑚、红壳珊瑚藻和绿钙藻。这些钙化生物为珊瑚礁中其他生物提供食物、栖息地和保护，具有重要的生态意义。围隔生态系统实验结果表明海洋酸化对珊瑚有抑制作用。pH的降低会导致珊瑚的生长率、钙化速率和生产力降低，使珊瑚白化和坏死加剧，并进一步改变珊瑚礁生态系统的群落结构（Smith和Price，2011）。

2. 浮游钙化生物

浮游钙化生物有壳翼足目、有孔虫和颗石藻几乎贡献了所有从上层海洋向深海输出的碳酸钙。其中，有壳翼足目是文石的主要浮游生产者。海水中文石饱和度对生物钙化有直接影响，有壳翼足目利用文石形成骨骼，因而也是海洋酸化较早的受害者。在文石不饱和水体中，有壳翼足目不能维持壳的完整性，空壳降到文石饱和临界深度以下时会被腐蚀或部分溶解，活体翼足目的壳在文石不饱和水体中也会迅速腐蚀（Orr等，2005）。单细胞的有孔虫是海洋中最小的钙化生物，它们钙化形成方解石外壳，是海洋生物钙化的重要组成部分，在维持生物碳泵中起着重要作用，它们是海洋食物链的底端环节。研究表明，有孔虫对环境中碳酸根离子的浓度变化很敏感，其外壳总量与碳酸根离子浓度成正相关。颗石藻是一类钙化藻，被认为是地球上生产力最高的钙化生物，同时它们是重要的初级生产者，在海洋碳循环中起着重要作用。颗石藻对二氧化碳加富的响应并不相同。多数颗石藻的生长实验表明 $p(CO_2)$ 上升导致钙化率显著下降，在不同光照条件下，颗石藻钙化和生长在海洋酸化下的反应，较其他钙化生物要更为复杂（Gao，2011）。

图23-15 形态各异的有孔虫

（引自Holbourn A，2013）

有壳翼足目、有孔虫和颗石藻3类浮游钙化生物在全球海洋都有广泛的分布，在大洋和沿岸生态系统中都占有重要地位。它们对海洋酸化的响应与生存的海域有很大关系，分布在高纬度海域的浮游生物较易受到海洋酸化的威胁。在所有钙化生物中，珊瑚礁生物钙化生产力仅占全球生物钙化生产力的一小部分，而有壳翼足目、有孔虫和颗石藻等浮游钙化生物的钙化生产力占全球生物的80%以上，它们在海洋酸化下的变化直接影响海洋的碳循环，进而对海洋生态系统造成重大影响（Riebesell等，2000）。

今生颗石藻（*Living cocolithophore*）在海洋碳循环中扮演重要角色，尤其是其特有的碳酸盐反向泵机制在阐明海洋碳循环的过程与机制方面的作用更显突出。颗石藻在分类上属于定鞭藻门（Haptophyta）颗石藻纲（Coccolithophyceae），具有由碳酸钙构成的外壳（颗石粒，coccolith；图23-16），颗石藻死后，这些碳酸钙可沉积到海底。有研究表明，颗石藻生产的碳酸钙可占现代海洋中真光层生源碳酸钙盐输出的20%~80%。因此，研究海洋酸化对颗石藻的影响对于评估海洋碳酸盐泵的效率以及海洋碳循环的变化都具有重要意义。2013年，厦门大学利用实验进化学的手段，系统研究了一种球石藻——大洋桥石藻（*Gephyrocapsa oceanica*）。这种藻在海洋酸化条件下生长近700代以后，光合固碳速率、生长速率、颗粒有机碳、有机氮的含量稳定增加，同时碳氮比下降。即颗石藻通过增强对碳和氮的同化以及降低碳氮比来适应海洋酸化。这些研究成果对阐明海洋酸化对海洋生态系统的影响以及预测海洋酸化的生态效应有重要意义。

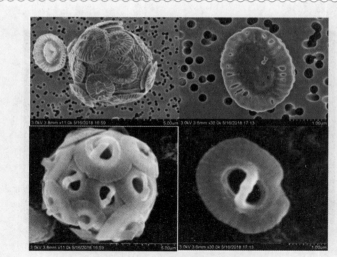

图23-16　颗石藻形态及颗石粒电镜图

（引自林燕妮，2022）

3.底栖无脊椎动物

软体动物和棘皮动物是典型的具有碳酸钙骨骼的底栖无脊椎钙化动物。它们分泌文石、方解石等，是近岸生态系统中的主要物种，在经济上和生态上均具有重要地位。海洋酸化条件下，软体动物和棘皮动物等底栖钙化生物钙化率降低，生长受到抑制，且在幼体和胚胎阶段表现尤为敏感。比如，孙田力（2017）研究表明海洋酸化通过减缓紫贻贝的摄食、呼吸、排泄等代谢过程抑制了其生理代谢，使紫贻贝生长速率降低、丰满度下降、死亡率大大增加。同时，海水中的二氧化碳可穿透细胞膜进入细胞内部，对细胞器产生直接损伤。

（二）海洋酸化对光合固碳的影响

1.红树林和海草

红树林指生长在潮间带上半部的耐盐常绿乔木或灌木。红树林生态系统兼具陆地和海洋生态特征，是重要的海岸生态系统类型。总体上，大气二氧化碳浓度升高有利于红树林生长发育，但相对于全球变暖和海平面上升这些全球环境变化事件，其直接影响并不显著。海草光合作用利用的碳至少有50%来源于海水中的二氧化碳，自然界中的海草基本处于碳限制状态。大叶藻的短期二氧化碳富集实验显示叶光合效率和茎生产力增加的同时伴随对光的需求降低，长期处于光限制状态的海草在大气二氧化碳浓度升高下受益更为明显。然而，实验室内的短期效应并不能代表长期的影响，海草床在长期缓慢的二氧化碳增加环境下受到的影响仍不明确（Palacios和Zimmerman，2007）。

2. 海藻

多数海藻具有增强羧化作用、针对气态二氧化碳的碳浓缩机制（CCM），这些海藻可以有效利用海水中的碳酸氢根。在大气 p（CO_2）加倍情况下，表层海水溶解的二氧化碳浓度加倍，但碳酸氢根浓度仅增加6%，因此，依赖二氧化碳的浮游植物是主要受益者，而主要依赖碳酸氢根的浮游植物所受影响较小，但一些能同时利用碳酸氢根和二氧化碳的藻种，在二氧化碳浓度增加时也可以通过减少主动碳吸收的能量消耗而获益（Rost等，2003）。与此同时，随大气二氧化碳浓度升高，海水pH下降，可能会影响藻类的生理调节机制，从而对藻类生长产生抑制。例如，胡顺鑫（2017）研究表明，二氧化碳升高导致的海水酸化影响了米氏凯伦藻的生长、光合作用（光反应和暗反应）、呼吸作用、无机碳浓缩机制以及营养盐的吸收，但是米氏凯伦藻对海洋酸化的响应最终取决于正效应和负效应的平衡。总之，海洋酸化对海藻的影响是正负效应的综合结果，且不同藻种对海洋酸化的响应具有特殊性，不能一概而论。

3. 钙化藻

在本节讲浮游钙化生物时，已对钙化藻进行了介绍。一方面，钙化藻通过光合作用固定二氧化碳，促进二氧化碳由大气向海洋迁移；另一方面，钙化藻通过钙化作用形成碳酸钙沉积，在海洋碳循环和关键地球化学过程中发挥作用。海洋酸化对钙化藻的影响，既包括钙化藻光合作用对海洋酸化的响应，又包括海洋酸化对钙化藻钙化作用的影响。不同钙化藻对海洋酸化的响应存在较大差异。

本章小结

全球变化是指地球生态系统在自然和人为影响下所导致的全球问题及其相互作用下的变化过程。全球变化以全球变暖为主要特征，主要由人类活动引起的温室效应增强而导致全球变暖的观点逐渐受到了全世界的重视。全球变暖能够引起海洋环流和上升流、生物分布格局和生态系统的结构与功能发生一系列改变。臭氧层破坏是一种与太阳紫外线辐射、物理化学、大气化学、大气环流、气候环境等多种因素有关的、复杂的大气现象和过程。臭氧减少造成的直接后果是太阳紫外线辐射强度的增加，进而对海洋环境、海洋生物群落和海洋生物化学循环造成影响。海洋酸化主要源于人类活动产生的大量二氧化碳进入海洋。海洋酸化是一个复杂的过程，其对海洋生态系统中不同生物的影响具有显著差异。海洋酸化的生态效应主要体现在对钙化生物的影响和对光合固碳的影响两方面。

思考题

（1）如何认识人类活动是全球气候变化的主要原因？

（2）如何理解全球变暖与温室效应的关系？

（3）简述全球变暖的海洋生态学效应。

（4）简要说明臭氧层破坏的诱因。

（5）简述紫外线辐射增强的海洋生态学效应。

（6）简述海洋酸化的生态学效应。

拓展阅读

Archer D, Martin P, Buffett B, et al. The importance of ocean temperature to global biogeochemistry［J］. Earth and Planetary Science Letters, 2004, 222（2）: 333-348.

Bindoff N L, Cheung W W L, Kairo J G, et al. Changing ocean, marine ecosystems, and dependent communities［M］//IPCC Special Report on the Ocean and Cryosphere in a Changing Climate. 2019.

Climate change 2014: mitigation of climate change［M］. Cambridge: Cambridge University Press, 2015.

第二十四章　海洋污染

第一节　海洋污染概述

一、海洋污染的定义

根据政府间海洋学委员会（IOC）的定义，海洋污染（marine pollution）是指人类直接或间接地把一些物质或能量引入海洋环境（包括河口），以至于产生损害生物资源、危及人类健康、妨碍包括渔业活动在内的各种海洋活动、破坏海水的使用质量等有害影响。除了各种物质流入海洋，海洋污染还包括能量的输入，例如热能（如从核电厂排放的冷却水）和声能（噪声）污染（图24-1）。海洋污染有两个限制条件：第一，物质和能量是人为地引入海洋的；第二，这些物质和能量进入海洋的数量多到足以造成有害的影响。

图24-1　海洋热污染（A、B）和声污染（C）

（引自EUROSENSE，2002 Brooks/Cole-Thomson Learning，NOAA）

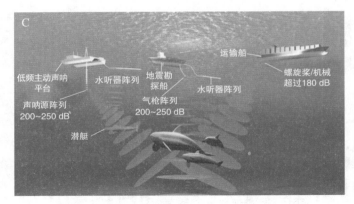

图24-1 海洋热污染（A、B）和声污染（C）（续）

（引自EUROSENSE，2002 Brooks/Cole-Thomson Learning，NOAA）

二、海洋污染的类型及特点

1. 海洋污染的类型

海洋污染可以根据污染源和污染物的类型分类。

（1）根据污染源划分的类型：① 如果从污染物的来源地点来分，海洋污染可分为陆源型的（排污入海、海岸建设）、海洋型的（船舶污染、海上事故、海洋倾废）和大气型的三类。② 如果从污染物的入海方式来分，则可将海洋污染分为点源的和非点源的。污染源单一可识别，从陆地或海上人类活动（例如航运）直接入海的污染是点源的海洋污染，可将入海排污管道、海港、船舶、海上设施等看作点源。通过径流和大气沉降入海的污染是非点源的。非点源的海洋污染指溶解的或固体污染物从非特定的地点，在降水和径流冲刷作用下，汇入海洋所引起的污染。表24-1总结了点源与非点源污染的区别。图24-2A、B示意了非点源和点源的海洋污染。有数据表明，非点源的海洋污染（来自城市、工农业径流的污染与空气污染）占海洋污染的77%，而点源的海洋污染（如海洋运输、减压和石油开采）只占23%（图24-2C；Zafirakou，2018）。

表24-1 点源与非点源污染的区别

	点源污染	非点源污染
污染源	是由特定的污染源引起的	不是由单一的特定污染源造成的
扩散距离	污染局限于污染点	污染广泛扩散
控制难度	容易控制，因为污染源是可以识别的	不易控制，因为污染源无法识别
污染稀释度	集中在污染源附近	比点源污染稀释度高
预防措施	在单个社区内采取行动来阻止点源污染	通过大范围的措施包括全球行动来解决

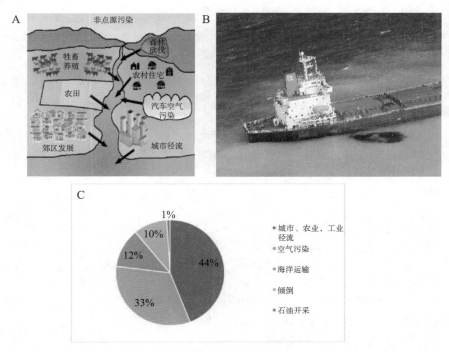

图24-2 非点源（A）和点源（B）的海洋污染及占比（C）

（2）根据污染物划分的类型：化学污染、生物污染和能量污染等。主要污染物及其主要来源如表24-2所示。

表24-2 根据污染物划分的海洋污染类型及其来源

污染类型	主要污染物	污染物的主要来源
化学污染	石油烃（原油和从原油分馏出的汽油、柴油、润滑油等产品）	事故性溢油；船舶航行；海上油气生产；通过径流和大气进入的陆源石油烃
	塑料（聚苯乙烯、聚丙烯、聚氯乙烯等难以被生物降解的塑料产品、碎片和微粒）	浅海水产养殖漂浮设施；渔网；水产品容器；沿海和海上生活垃圾
	有机质和营养盐类（糖类、脂类、蛋白类等有机物质和氮、磷等营养盐）	城镇污水和工业废水；农业面源污染；大气沉降；海水养殖自身污染
	持久性污染物（杀虫剂、除草剂、多环芳烃、多氯联苯、二噁英等）	农业面源污染；工业废水；海水养殖活动；通过大气沉降带入的垃圾和燃料燃烧的中间产物

污染类型	主要污染物	污染物的主要来源
化学污染	重金属（包括汞、镉、铬、铜、铅、锌等金属元素和硒、砷等类金属元素）	工业污水、矿山污泥和废水；石油燃烧生成的废气；船舶的防污损涂料；含金属的农药和渔药
	放射性同位素（包括^{239}钚、^{90}锶和^{137}铯等放射性物质）	大气沉降；核武器爆炸、核工业和核动力船舰的排污
生物污染	病原（包括本地和外来的病毒、细菌、真菌和寄生虫等）	由海水养殖引种和饵料携带进入；养殖逃逸动物携带、扩散；船舶携带
	非病原外来种（海水养殖外来种、赤潮生物外来种等）	海水养殖引种；远洋船舶及其压舱水携带
	基因（为提高养殖生物生长率、抗病力、品质和环境适应能力而人为转入的外源基因）	转基因养殖动物逃逸；转基因海藻孢子扩散
	生物毒素（如多种贝毒和鱼毒）	有害赤潮
能源污染	热能	核电厂、火电厂和各种工业冷却水
	噪声	船舶航行；海上和海岸爆破

改自沈国英，2010。

2. 海洋污染的特点

海洋污染有以下特点：

（1）污染源广、数量大。人类活动所产生的污染物质除直接排放入海外，还可以通过江河径流、大气沉降而进入海洋，最终造成进入海洋的污染物数量巨大。

（2）持续性强。海洋是地球上位能最低的区域，只能接受来自大气和陆地的污染物质，而很难将污染物转移出去。不能溶解和不易分解的物质在海洋中持续存在，对海洋环境造成持续性的危害。有些污染物即使原本在非生物环境中含量较低，但经过食物链的传递和放大，也会对高营养级的海洋生物和人类造成潜在威胁。

（3）污染物扩散快、范围广。世界海洋是相互连通且不停地运动的整体，污染物不仅可以在海水中小范围快速扩散，还会在海流的携带下长途迁移。

（4）清除和防治难度大。海洋污染的以上三个特点决定了海洋污染的清除和防治难度较大。要清除和防治海洋污染，必须进行长期的监测和综合治理研究工作。

海洋自净能力与海洋污染

为什么一定量的污染物质被引入海洋，不足以引起有害影响？多少数量的污染物，能够引起有害影响，造成海洋污染？这些问题与海洋自净能力有关。

海洋自净能力（marine self-purification capacity），是指海洋环境通过自身的物理过程、化学过程和生物过程而使污染物质的浓度降低乃至消失的能力。净化速度一般表示为污染物浓度下降率或与污染物有关的参数的变化率。海洋自净过程按其发生机理可分为物理净化过程、化学净化过程和生物净化过程。三种过程相互影响，同时发生或相互交错进行。

物理净化过程是海洋环境中最重要的自净过程，指污染物质由于稀释、扩散、混合、蒸发、吸附和沉淀等过程而降低浓度。污水进入水体后，可沉性固体在水流较弱的地方逐渐沉入水底，形成污泥。悬浮体、胶体和溶解性污染物因混合、稀释，浓度逐渐降低。对污染物的蒸发、扩散、稀释等物理净化过程可进行数值模拟研究，往往结合风场、流场数据，模拟结果可用以评估海区的污染风险。

化学净化过程是主要由海水理化条件变化所产生的氧化还原、化合分解、吸附凝聚、交换和络合等化学反应实现的自然净化。如有机污染物经氧化还原作用最终生成二氧化碳和水等。

生物净化过程是指微生物和藻类等生物通过其代谢作用将污染物质降解或转化成低毒或无毒物质的过程。如石油烃可被微生物氧化成为低分子化合物或完全分解为二氧化碳和水（图24-3）。

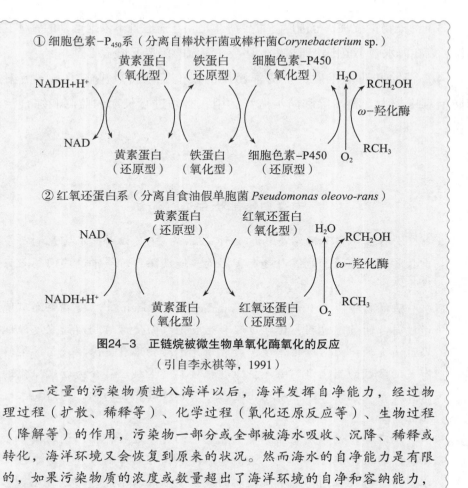

① 细胞色素－P$_{450}$系（分离自棒状杆菌或棒杆菌 *Corynebacterium* sp.）

② 红氧还蛋白系（分离自食油假单胞菌 *Pseudomonas oleovo-rans*）

图24-3　正链烷被微生物单氧化酶氧化的反应

（引自李永祺等，1991）

　　一定量的污染物质进入海洋以后，海洋发挥自净能力，经过物理过程（扩散、稀释等）、化学过程（氧化还原反应等）、生物过程（降解等）的作用，污染物一部分或全部被海水吸收、沉降、稀释或转化，海洋环境又会恢复到原来的状况。然而海水的自净能力是有限的，如果污染物质的浓度或数量超出了海洋环境的自净和容纳能力，便会产生有害影响，造成海洋污染。

第二节　常见的几种海洋污染及其生态效应

　　海洋污染的生态效应（ecological effect of marine pollution）是指海洋环境污染引起海洋生态系统结构变化与功能衰减的现象。本节介绍常见的几种海洋污染及其生态效应。

一、富营养化

（一）富营养化定义与来源

过量的营养物质进入海洋以后，可能造成藻类大量繁殖、水体透明度和溶解氧降低、水质恶化等后果，形成海洋污染。有机质和营养盐对海洋的污染称为海水富营养化（eutrophication）。

海水营养物质污染的来源包括以生活污水和工业废水等形式排放的污水进入海洋，农业中化肥的使用、畜牧业产生的排泄物造成水污染而后随水流进海洋，海水养殖投喂饲料，以及大气的沉降（图24-4）。

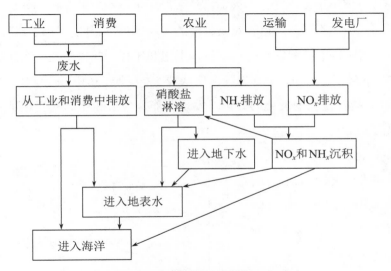

图24-4　海洋营养物质污染的来源

（二）海水富营养化的生态效应

富营养化是导致海洋生态环境破坏的首要因素，这已成为世界各国科学家的普遍共识。富营养化会破坏水域的生态平衡，使原有生态系统的结构发生变化，导致一些功能的退化，并引起有害藻华的暴发。海水富营养化的生态效应主要有以下几点：

（1）促进致灾藻类大量繁殖，导致有害藻华发生。当近岸海区营养盐过剩，再加上适宜的环境条件（温度、光照等），致灾藻类会大量繁殖，当其达到一定密度时就会导致赤潮等有害藻华暴发。虽然赤潮在自然条件下也会发生，但由海水富营养化诱发的赤潮规模和频率在近几十年来逐年增加。

（2）造成水体缺氧。海水富营养化可能导致水体缺氧。① 藻类暴发和消亡过程中会消耗水体中的氧气，并且其漂浮在海面，阻挡了水体和大气的交换，使水体缺氧，浮游动物及其他水生生物无法生存。② 与此同时，漂浮在海面上的藻类会阻挡光照，降低水体的透明度，使底栖藻类和海草生长受到影响，降低底层水体含氧量。③ 藻类死亡和藻类暴发所造成的其他生物死亡之后，水体中的有机物开始向海洋底层转移，在底层进行氧化分解，消耗大量的氧气，影响海底动植物的生长，使海底的生态平衡受到破坏。在一些水体交换不良的区域内，氧气的供应就会不足，导致水底产生厌氧环境。因缺氧造成水体不能支持海洋生物生存的海区被称为"死区（dead zones）"，全球已发现的死区超过400个，总面积超过245 000 km^2，包括波罗的海、卡特加特海峡、黑海、墨西哥湾和中国东海，它们都是主要渔业区。

（3）导致群落结构发生变化。人类排放入海的水体的营养盐比例与原来海洋水体中的比例不同，加之不同浮游植物对氮、磷的需求也各不相同，导致浮游植物种间竞争加剧，浮游植物群落结构发生变化。从19世纪80年代到20世纪初，东海海域硅藻赤潮占比从33%下降到24%，而甲藻赤潮占比从12.5%上升到36%。通过对东海海域氮、磷、硅3种营养盐含量长期变化的分析，发现营养盐含量和比例的变化是造成这一现象的主要原因。

（4）导致物种多样性降低。富营养化往往使生态系统结构朝退化的方向发展，物种多样性降低。有研究表明，在寡营养环境中，r-策略海藻幼体的竞争力和种群繁殖力都受到制约，占据的空间生态位有限，为其他种类的生存提供了条件，k-策略海藻则表现出更强的竞争力，在竞争中

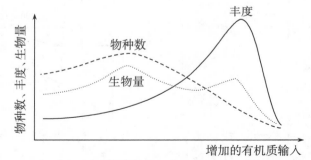

图24-5　有机质负荷增加对底栖大型动物群落结构
（物种数、丰度、生物量）的影响
（引自Gray，1992）

取得优势，底栖海藻的多样性较高。在富营养环境中，营养盐浓度的上升提高了r-策略海藻幼体的竞争力和种群繁殖力，使其占据了大量的生态位，形成优势种群，导致底栖海藻多样性较低。有研究报道了底栖大型动物群落结构（物种丰富度、优势度和总丰度）与有机物富集之间的相关性：底栖动物对中度有机物富集的响应是物种数量、丰度和生物量的增加，有机物富集程度进一步增加，物种的数量就会降低，底栖动物群落中只有少数机会物种具有高丰度，造成物种多样性下降（图24-5）。

（5）使重要海洋生境退化。严重的富营养化还会导致海草场、珊瑚礁等重要海

洋生境的退化。过去几十年中，全世界范围内都出现了海草场的灾难性损失。富营养化，尤其是氮和磷的富营养化，被认为是全世界海草消失的主要原因。在营养物质过度富集的情况下，导致海草下降的最常见机制是高生物量藻类被刺激发生过度生长而使海水透明度下降，这些藻类包括附生藻类和大型藻类（浅水区）以及浮游植物（深水区）（图24-6）。水体富营养化引起附生藻类大量繁殖，覆盖了海草的叶片表面，使海草可利用的光能大大减少。研究发现，附生藻类并不是单纯地覆盖在海草表面遮挡阳光，而是显示出像叶绿体一样的吸收特性；附生藻类优先吸收蓝光和红光，这就形成了与海草叶片表面竞争光能的局面。富营养化会促进某些大型藻类以及浮游植物暴发性生长，形成光衰减，进而对海草床产生显著的负面影响。

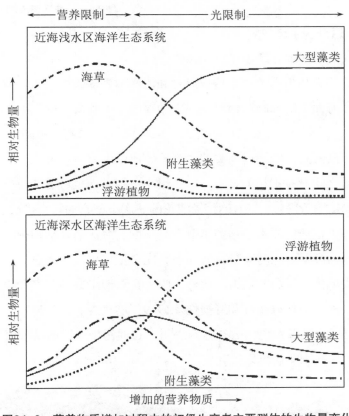

图24-6　营养物质增加过程中的初级生产者主要群体的生物量变化

（引自Burkholder等，2007）

二、海洋石油污染

（一）海洋石油污染来源

石油污染是指沿海的石油开发、油轮运输以及炼油工业的废水排放等过程将石油带入海洋，导致影响海气交换、降低海洋初级生产力、危害生物生存、破坏海滩休养地及风景区的景观等环境恶化现象的一种世界性的海洋污染。海洋石油污染主要来源包括陆地来源的城市径流和工业排放、海上船舶排放、大气沉降、海上石油生产和突发性溢油事件。尽管陆源输入贡献量大，但造成严重生态影响的是海洋突发性溢油事件。图24-7为1989年埃克森·瓦尔迪兹号油轮在美国阿拉斯加的溢油事件。

图24-7　油轮造成的海洋石油污染

（二）石油污染的生态效应

1. 造成海鸟和海洋哺乳动物死亡和种群衰退

石油污染最明显的生态效应是造成海鸟和海洋哺乳动物的死亡。这些动物需要定期与海面接触，海面上的油膜沾污海洋哺乳动物的皮毛和海鸟的羽毛，溶解其中的油脂，使它们失去保温、游泳或飞行的能力，因失温或溺水死亡（图24-8）。在许多出版物中记录了沿海石油泄漏后鸟类的大规模（成千上万只）死亡，并且受影响的鸟类数量与溢油量之间没有正相关关系，即使很小量的溢油也可能造成严重的后果。例如，1981年在挪威附近海域，"Stylis"号油轮的一次小型含油污水排放造成大约3万只海鸟死亡，破坏了该地区原本的鸟类季节性高丰度。海洋哺乳动物中，海獭对石油泄漏非常敏感，因为海獭会长时间待在海面上，完全依靠皮毛来隔热和漂浮。海面上的油膜会导致其皮毛失去保温的能力。此外，吸入含石油组分的蒸气和摄入石油会造成海獭的肺损伤、神经损伤以及肝和肾损伤。1989年埃克森·瓦尔迪兹号油轮溢油事件造成了3 500～5 500只海獭死亡。有案例表明，石油污染造成的某些海鸟和海洋哺乳动物种群的损害在几十年后仍未得到恢复。

图24-8　受石油污染影响的海鸟和海獭

（引自韩国环境运动联盟和埃克森·瓦尔迪兹号油轮溢油事件理事会）

2. 造成群落结构失衡

海洋石油污染通常导致底栖动物群落结构发生变化，其一般特征包括大型食草动物（腹足动物、棘皮动物）死亡，快速生长的大型藻类和无脊椎动物机会种过度繁殖以及生态多样性丧失。这种生态失衡是可逆的，恢复的时间取决于影响的程度、该地区的水动力和地貌以及受影响物种的繁殖潜力，但这种生态失衡通常需要几年才能恢复。埃克森·瓦尔迪兹号油轮溢油事件造成了大量的帽贝、荔枝螺、蛾螺和藤壶的死亡，潮间带上层被一种绿色大型藻类所占据，潮间带下层的红藻被墨角藻所取代；在底栖群落中，记录到了片脚类动物和蛤蜊的死亡，寡毛类和多毛类占据优势。这些生态特征的改变经历了6～8年才完全恢复。

深海生态系统受到石油污染的影响可能需要更长的时间比如数十年时间恢复。2010年4月20日，墨西哥湾北部的"深水地平线"事故发生在水深1 525 m处，造成当地深海底栖无脊椎动物丰度和多样性降低。该事故还造成了深海珊瑚群落损伤，比如水螅体过度生长、珊瑚分支折断，并且多年来许多受损伤的珊瑚都没有恢复，一直在缓慢恶化（图24-9）。

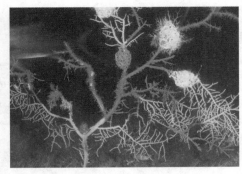

图24-9　几乎完全被石油凝絮物覆盖的珊瑚和被石油损伤的珊瑚

（引自White等，2012）

三、海洋持久性有机污染物污染

（一）海洋持久性有机污染物的定义与特征

根据《关于持久性有机污染物的斯德哥尔摩公约》，持久性有机污染物（persistent organic pollutants，POPs）是一类有机化学物质。它们具有特殊的物理和化学性质，一旦释放到环境中，在非常长的时间保持不变（多年）；广泛分布在包括土壤、水和空气在内的整个环境中；在包括人类在内的生物体中累积，浓度在食物链中被放大；对人类和野生动物有毒。POPs的特征：① 环境持久性，② 远距离迁移性，③ 生物累积性，④ 高毒性。POPs包括农药如氯丹（chlordane）、双对氯苯基三氯乙烷（DDT）、工业化学物质如多氯联苯（PCBs）、某类焚烧和化学工业过程中形成的副产物如二噁英（PCDDs）、呋喃（PCDFs）等，还有新型POPs如多溴联苯醚（PBDEs）、全氟辛烷磺酸（PFOS）等。

海洋POPs的来源包括农业面源污染、工业废水、海水养殖活动、通过大气沉降带入的垃圾和燃料燃烧的副产物。图24-10示意POPs通过大气可以实现长距离运输。

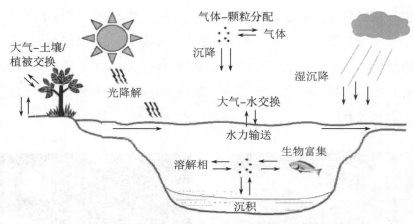

图24-10　POPs长距离大气运输的主要环境过程

（引自Wenning和Martello，2014）

海洋污染物的生物富集

污染物的生物富集（bioaccumulation）是指生命有机体在其生命周期内，通过吸附、吸收和摄食作用，使环境介质（在海洋环境中主要是水）和食物中的污染物进入生物体，在摄取量超过损失量的情况下产生积累的过程。生物富集是所有吸收和损失过程的总和，例如通过呼吸和摄食吸收，通过排泄、被动扩散、新陈代谢、向后代转移和生长而损失（图24-11A）。生物富集包括两个不同的过程：生物浓缩

（bioconcentration）和生物放大（biomagnification）。生物浓缩指生物机体通过非食物途径（如呼吸系统和表皮接触）从环境介质中吸收并累积外源物质的过程。而生物放大是指生物体通过摄入食物，使体内污染物浓度高于其食物中该污染物浓度的过程。外源污染物通过食物链传递，使生物体内该物质的浓度随着生物体营养级的升高而增大（图24-11B）。环境中较低水平的污染物，可能因为生物富集作用在生物体内达到有害水平。处在食物链顶端的动物（包括人类），都有通过食物链的生物放大而积聚大量污染物的风险。

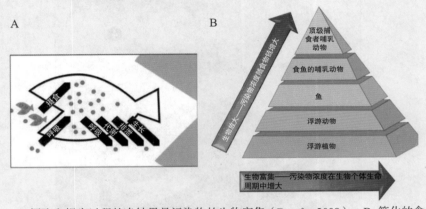

A. 摄取和损失过程的净结果是污染物的生物富集（Borgå, 2008）；B. 简化的食物链金字塔说明了污染物如何通过营养转移而生物放大（Popek, 2018）。

图24-11　海洋环境中污染物的生物富集

POPs亲脂性高，能够在脂肪中积累，极易通过食物链的生物放大作用，在高级捕食者中成千上万倍地累积。如针对美国长岛河口地区生物对DDT富集的研究表明，水中DDT浓度为3×10^{-6} mg/L，水生浮游动物体内的DDT含量为0.04 mg/kg，浮游动物为小鱼所食，小鱼体内的DDT含量增至0.5 mg/kg，大鱼体内的DDT含量增至2 mg/kg，富集系数达6×10^5倍。图24-12所示为POPs在海洋环境富集的途径。有机污染物的生物富集性提高了对包括人类在内的食物链顶端动物的风险性，这是在评估有机污染物的生态风险时所必须考虑的。

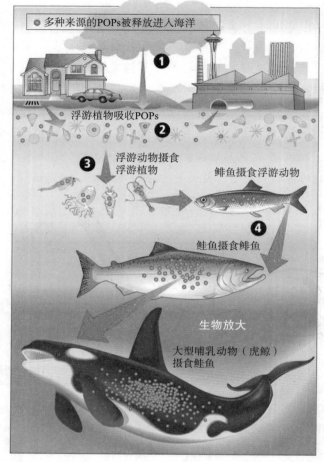

POPs被浮游植物吸收，通过食物链的生物放大作用，在高营养级生物中大量富集。

图24-12　POPs进入海洋环境的途径

（图改自美国华盛顿州生态部）

（二）海洋持久性有机污染物的生态效应

POPs进入海洋后能够在海洋生态系统的不同层级上产生生态效应。

1. 分子水平

POPs的生态效应在分子水平上的表现：造成DNA损伤，比如可能与DNA共价结合形成DNA加合物；在体内转化成大量活性氧，造成氧化性DNA损伤（如DNA链断裂、碱基修饰等）。POPs可以通过与生物体代谢物竞争结合位点，改变生物体基本的生化途径，破坏正常的新陈代谢活动。例如，PCBs和PBDEs以及它们的羟基化代谢物在结构上与甲状腺激素高度相似，可以竞争性地与甲状腺激素受体结合，影响甲状腺系统功能，造成典型的内分泌干扰作用。图24-13示意PCBs和PBDEs对甲状腺系统潜在的作用机制。

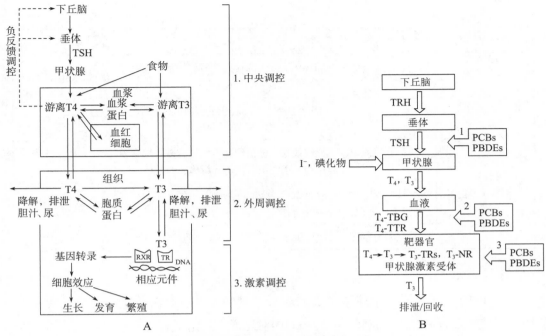

A. 下丘脑–垂体–甲状腺轴中央调控、外周调控和激素调控示意图。

B. 下丘脑–垂体–甲状腺轴上PCBs和PBDEs的潜在作用机制。

TRH. 促甲状腺激素释放激素；TSH. 促甲状腺激素；T3. 三碘甲状腺原氨酸；

T4. 甲状腺素，四碘甲状腺原氨酸；T_4–TBG. TBG甲状腺素结合球蛋白；

T_4–TTR. TTR甲状腺素转运蛋白；T_3–TRs. TRs甲状腺激素受体；

T_3–NRs. NRs核受体，RXR. 类视黄醇X受体。

图24–13　下丘脑–垂体–甲状腺轴的示意图以及POPs在该轴上的作用机制

（引自董怡飞，2014；Mongillo，2016）

2. 生理和细胞水平

POPs生态效应在生理和细胞水平上的表现：以海洋藻类为例，引起藻类生长受阻、细胞活力降低，抑制细胞分裂、抑制种群增长；畸变细胞形态、破坏细胞结构（包括膜结构和细胞器）；引起蛋白降解，改变细胞的色素含量并改变色素组成，降低细胞的光合作用效率；破坏氧化还原稳态，引起氧化损伤和氧化应激；损伤DNA、阻滞细胞周期进程等。（表24–3）

表24–3　POPs对海洋藻类的毒性效应

污染物种类	目标生物	效应	引用文献
DDT	小新月菱形藻	生长受阻、降低细胞活力	帅莉等，2008

续表

污染物种类	目标生物	效应	引用文献
多环芳烃	湛江等鞭金藻	破坏氧化还原稳态，引起膜脂过氧化和氧化应激；损伤DNA	沈忱，2012
蒽、多氯联苯、三丁基氧化锡	坛紫菜	抑制色素体恢复，阻止细胞分裂，破坏细胞团放散，畸变细胞形态	杨堃峰，2006
多溴联苯醚	米氏凯伦藻	低溴代物毒性高于高溴代物；破坏细胞膜结构，损伤细胞器（叶绿体、线粒体）	姜爽，2011
	盐生杜氏藻、微小亚历山大藻	降低细胞色素含量，改变色素组成，抑制光合作用	Zhao 等，2017
	假微型海链藻	改变细胞物质成分，阻滞细胞周期进程	Zhao等，2019

3. 个体水平

POPs的生态效应在个体水平上的表现：神经毒性，行为改变，内分泌干扰作用，生殖、发育和免疫功能障碍。① POPs对海洋生物造成神经毒性和行为毒性。研究表明，有机氯农药能够影响鱼体内的乙酰胆碱酯酶活性，损害神经传递过程，反映在鱼类行为变化上，包括出现过度兴奋、突发性游动、抽搐等行为异常，还会造成游动失衡和温度适应能力下降。DDT和PCBs均会改变鱼大脑的血清素、多巴胺和去甲肾上腺素水平，导致自发活动、学习和运动活动发生变化。② 大部分POPs具有内分泌干扰作用。除了前述的干扰甲状腺作用，还可能干扰海洋生物的下丘脑-肾上腺-垂体轴和生殖系统等，进而损害生长、发育和繁殖。③ 已有研究发现POPs能够诱导海洋鱼类胚胎在发育过程中出现一系列不良反应，包括多种重要器官发育异常和一些生理指标的变化，例如，降低孵化率，造成胚胎死亡、仔鱼的异常发育和畸形以及降低存活率。具体的发育毒性表现见表24-4。

表24-4　POPs对海洋鱼类发育毒性的具体表现

发育毒性作用位置	具体毒性表现	目标生物	污染物种类
心脏	胚胎心包水肿、心率下降	青鳉	TCDD
骨骼	胚胎尾部分离率和体节发育率下降	青鳉、金鲷	林丹
头部和眼睛	抑制胚胎、眼睛发育，下颌发育迟缓	短吻鲟、大西洋鲟、真鲷	TCDD
其他	生长抑制：抑制体长生长，色素附着延迟	短吻鲟、金鲷	林丹，TCDD

注：TCDD表示2，3，7，8-四氯二苯并对二噁英。

4. 种群水平

POPs的生态效应在种群水平上的表现：海洋微藻的种群增长受到多种POPs的抑制；生殖、免疫障碍往往造成海洋动物的种群水平发生变化。PBDEs能够抑制日本虎斑猛水蚤（*Tigriopus japonicus*）雌体产幼数，降低种群中雌雄比例。DDT曾造成海鸥等海鸟的蛋壳变薄，降低了繁殖成功率。POPs对海洋哺乳动物的影响主要在于免疫系统和生殖系统，并造成种群效应。1990—1992年，地中海斑纹海豚由于PCBs的作用，免疫能力减弱，肝功能受到破坏，感染了麻疹流行病毒，并大批量死亡。1987—1994年，Marsili等（2004）对地中海海岸搁浅的89头斑纹海豚的研究发现，PCBs对海豚生殖系统也有损害，表现为雄性海豚的雌激素和抗雄性激素水平明显高于雌性，对海豚种群的繁衍造成危害。

四、海洋重金属污染

（一）海洋重金属污染概述

1. 海洋重金属污染的来源和分布

重金属通常指某些密度较大的金属［相对密度大于5 g/cm^{3}的元素，包括汞（Hg）、镉（Cd）、铬（Cr）、铅（Pb）、铜（Cu）、锌（Zn）、锰（Mn）、铁（Fe）等］。重金属本是地壳岩石中的天然成分，天然来源的重金属构成海洋重金属的本底值。人类活动导致过量重金属进入海洋，造成的污染就是海洋重金属污染。海洋重金属污染的来源主要包括工业污水、矿山废水的排放及重金属农药的流失，煤和石油在燃烧中释放出的重金属经大气的干湿沉降进入海洋。据不完全统计，由人类活动每年排入海洋中的重金属大约有25万t铜、390万t锌、30万t铅；全世界每年生产的汞中大约有5 000 t最终流入海洋。根据我国国家海洋公报公布的数据，2010年经由全国66条主要河流入海的重金属污染物为4.2万t。进入海洋的重金属，一般通过物理、化学及生物等过程进行迁移转化。根据重金属污染来源和迁移转化的特点，一般认为其在海洋环境中的分布规律如下：① 河口及沿岸水域高于外海；② 底质高于水体；③ 高营养级生物高于低营养级生物；④ 北半球高于南半球。

2. 重金属在海洋生态系统中的生物富集、生物放大和生物转化

重金属多为非降解型有毒物质，当它们被吸收和储存的速度快于被分解（代谢）或排泄的速度，就会在海洋生物中发生富集。重金属的生物富集程度取决于在环境介质中的总量和生物利用率（bioavailability）以及被吸收、储存和排泄的途径。对重金属的生物放大作用存在争议，在由初级生产者、大型无脊椎动物和鱼类组成的海洋食物链中，镉和铅等金属通常不会发生生物放大（Ali和Khan，2019）。但是有机重金

属比如甲基化的重金属会更大程度地积聚在生物体内，并由于其亲脂性而在食物链中被生物放大。例如，甲基汞（MeHg）在海洋食物链中具有明显的生物放大作用（图24-14）。海洋重金属经过生物转化可使蓄积性增强、毒性放大。例如，沉积物中的细菌可以将二价汞离子转化为甲基汞。甲基汞具有更高的生物利用度，可以很容易地穿过生物膜，其生物蓄积性和毒性与无机汞相比放大了10倍。

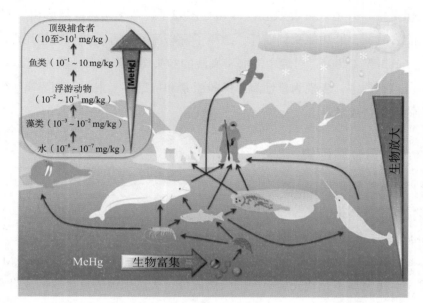

图24-14　甲基汞（MeHg）在典型北极海洋食物链中的生物富集和生物放大作用

（引自Lehnherr，2014）

（二）海洋重金属污染的生态效应

部分重金属是生物进行正常生理活动所必需的元素，但有些重金属是高毒性的，超过一定的阈值会对环境及生物产生危害。重金属的毒性和稳定性取决于它的存在形态，其形态随水环境改变，各种存在形态之间可相互转化。海洋重金属污染的生态效应表现在分子、生理、种群、群落水平上。

（1）部分重金属（汞、铬、铜、铅等）与某些生物大分子（如氨基、亚氨基和巯基）具有较高的亲和力，能够与之结合，影响大分子的结构和功能，导致酶系统失活以及细胞膜和细胞器膜上的蛋白质结构损伤。因此，海洋重金属污染会影响海洋生物的生理生化过程，如叶绿素合成、光合作用、呼吸作用。另外，重金属会诱导生物体内活性氧增多，造成机体的氧化应激。

（2）重金属能抑制海洋生物种群的增长，特别是海洋动物的胚胎和幼虫对其具有较高的敏感性，在评估污染事件的生态影响时不能忽视。例如，海洋无脊椎动物的幼体对汞毒性的敏感性比成体高几个数量级（表24-5）。

表24-5　汞对三种海洋生物成虫和幼虫的急性毒性

物种	半致死浓度（LC_{50}，mg/L）		成体/幼体的LC_{50}比值
	成体	幼体	
欧洲绿蟹（*Carcinus maenas*）	1.2	0.014	86
褐虾（*Crangon crangon*）	5.7	0.01	570
欧洲平牡蛎（*Ostrea edulis*）	4.2	0.003	1 400

引自Connor，1972。

（3）重金属污染改变海洋底栖生物群落结构和物种多样性。海洋底栖生物的不同物种对重金属污染的耐受性不同，导致群落结构改变。有研究表明，底栖桡足类对沉积物重金属具有相对较高的敏感度，底栖桡足类的丰度以及海洋线虫和底栖桡足类密度之比（nematode-copepod ratio，N/C）与重金属含量相关，对海洋重金属污染有指示作用。海洋重金属污染还会造成底栖群落的多样性降低。有研究表明，与对照峡湾

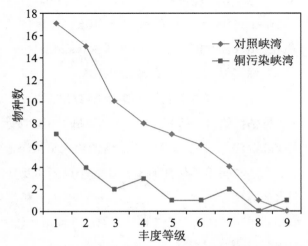

图24-15　在对照峡湾（蓝色）和铜污染峡湾的底栖动物群落中不同丰度等级的物种数

（引自Rygg，1986）

（未受铜污染）相比，铜污染（205 mg/kg）峡湾里底栖生物群落的物种丰富度大幅下降，铜污染不仅影响低丰度类群，而且影响最高丰度类群以外的所有底栖生物类群（图24-15）。

五、海洋微塑料污染

（一）海洋微塑料污染的定义、来源与分布

1.海洋微塑料污染的定义

通常将环境中粒径<5 mm的塑料颗粒称为微塑料。微塑料的化学性质稳定，可在环境中长期存在，被认为是一种新型环境污染物。微塑料可分为初生微塑料和次生微塑料。初生微塑料是指工业生产过程中起初就被制备成的微米级小粒径塑料颗

粒，如牙膏和化妆品中添加的塑料微珠；次生微塑料则指大型塑料碎片在环境中分裂或降解而成的塑料微粒。微塑粒的形态多样，可以是颗粒状、片状、线状等（图24-16）。微塑料进入海洋环境造成海洋微塑料污染。海洋环境中常见微塑料的化学组成主要有热塑性聚酯（polyester，PET）、高密度聚乙烯（high-density polyethylene，HDPE）、聚氯乙烯（polyvinyl chloride，PVC）、低密度聚乙烯（low-density polyethylene，LDPE）、聚丙烯（polypropylene，PP）、聚苯乙烯（polystyrene，PS）、聚酰胺（polyamide，PA）等。

图24-16　微塑料的形态

2. 海洋微塑料污染的来源与分布

（1）海洋微塑料污染的来源：① 陆源输入。陆源输入是海洋中微塑料的主要的来源，据估计约占全部来源的80%。家庭、工业废水及垃圾堆放渗滤液等是海洋微塑料的主要陆源输入。② 海源输入。海源输入是指海上作业、船舶运输和海岸带人类活动带来的微塑料污染，例如海上作业的船只船体及其搭载装置、塑料渔具、沿海码头浮筒和水产养殖设施等在遭损害后形成的微小塑料颗粒。微塑料能够在陆地环境、淡水环境和海洋环境之间进行迁移，主要的迁移路径如图24-17所示。

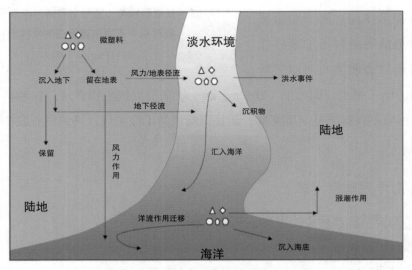

图24-17　微塑料在自然环境中的迁移

（引自王彤，2018）

（2）微塑料在海洋中的分布。微塑料可以被远距离运输，已经遍及包括两极、深海在内的全球海洋。但是，尽管在整个海洋中都可能发现塑料垃圾，但这些垃圾的分布是不均匀的。根据模型和实际调查，微塑料在亚热带环流区（如北太平洋环流、北大西洋环流、南大西洋环流）形成堆积。首先在北太平洋中部环流中发现了高浓度的微塑料，这里被称为"海洋垃圾带"。

（二）海洋微塑料污染的生态效应

海洋微塑料污染的生态效应主要来自4个方面：① 微塑料本身；② 微塑料上附着的生物形成的生物膜；③ 微塑料浸出的塑料添加剂；④ 微塑料与污染物的联合效应。

1. 微塑料本身的生态效应

微塑料已经对海洋生物的代谢、生存和繁殖都产生了不同程度的影响，对微塑料的单独生态学效应的研究从基因、分子、细胞、组织、个体、种群、群落到生态系统水平上都有所涉及。目前从基因到种群水平上的研究较多。微塑料会造成微藻细胞内与糖蛋白合成有关的基因过度表达，使糖蛋白含量升高，还会造成细胞内活性氧含量的增加，进而破坏叶绿体、线粒体和细胞膜结构，影响细胞的正常代谢。微塑料被海洋动物摄取后会划伤和阻塞动物的消化道，进而影响系统平衡和正常代谢，降低动物的身体机能，如微塑料会影响贻贝体内氧化-抗氧化系统的平衡，造成活性氧含量升高并导致氧化损伤，影响血液循环，提高了血细胞的死亡率。粒径小的微塑料能够进入鱼的肝脏，引发肝脏炎症进而影响脂质和能量的代谢，造成脂质的累积。低浓度的微塑料就能造成桡足类的死亡，并明显降低其繁殖能力。在群落水平上，对微塑料对生物的影响进行的研究表明高含量的微塑料会降低海洋底栖生物群落的丰度。对微塑料在生态系统层面上的影响还没有开展具体的研究，目前认为可能产生的影响：漂浮微塑料对太阳光的遮挡阻碍了藻类的光合作用，降低了整个海洋生态系统的初级生产力。微塑料不仅会危害底栖生物的健康，还会影响整个底栖生态系统的正常运转。

2. 微塑料表面会形成生物膜

海洋环境中的微塑料会迅速被微生物附着形成微生物生物膜，进而使藻类和无脊椎动物定居在塑料表面。随着密度增大，微塑料从海面逐渐下沉，在水体中悬浮或在海底不断积累。微塑料被生物摄取后，以粪便或海雪的形式从表层水体向下迁移。例如，已经观察到在野外环境中，塑料微球被尾海鞘摄食后会随废弃的黏液滤网或粪便排出，沉入海底。另有研究发现海洋中超过70%的絮凝体含有微塑料，进入絮凝体成为微塑料从海洋水体向海底沉降的一条重要途径。此外，沉降在海底的微生物受到生物扰动又会重新悬浮，进而被水体中的生物摄食（图24-18）。

微塑料表面的生物膜在促进微塑料沉降的同时，也促进了有机碳由表层海水向底层海水或海底沉积物中的转移，对全球海洋碳通量的估计有重要影响；一些有害病原体附着在微塑料表面，随着微塑料的迁移对海洋水质产生广泛的危害；一些小型的藻类和浮游动物也可能在微塑料上附着，迁移到环境适宜的海域形成优势种，改变该海域的物种组成。

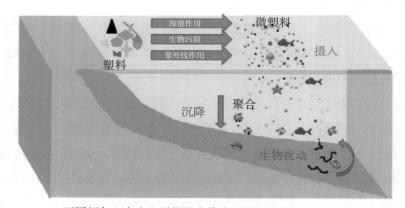

不同颜色、大小和形状的点代表了微塑料的多样性。

图24-18　微塑料在海洋中的垂直迁移

（引自李佳娜，2019）

3. 塑料添加剂

塑料制造过程中，往往掺入塑料添加剂（通常称为"增塑剂"）以改变其性能或延长其使用寿命。塑料添加剂包括多溴联苯醚、壬基酚、三氯生等物质，这些物质均被证明具有生物毒性。塑料添加剂不仅延长了塑料的降解时间，而且还可能被浸出，从而将潜在的有害化学物质引入到生物区系中。微塑料中的添加剂会不断释放到海洋环境中，转移至生物体中，影响生物生存。有研究表明，塑料浸出物会造成海洋桡足动物死亡。摄入微塑料后，海洋生物直接暴露于浸出的添加剂中，可能导致内分泌紊乱，影响繁殖和发育等。

4. 微塑料与污染物的联合毒性效应

微塑料的比表面积大，容易从环境中吸附污染物，如重金属和POPs。生物摄取微塑料后，塑料表面吸附的污染物会向生物体中转移，影响生物生存。当微塑料与污染物共同作用于生物时，可能产生协同效应、拮抗效应和无关效应。微塑料与芘共存时会显著降低虾虎鱼的乙酰胆碱酯酶和异柠檬酸脱氢酶的活性，此时微塑料和芘表现为协同效应；但也有研究表明微塑料的存在推迟了由芘诱导的鱼的死亡时间，原因可能是微塑料和鱼体对芘产生了竞争吸附，降低了芘在鱼体内的浓度，此时两者表现为拮抗效应。但是也有研究者指出与生物通过水体、摄食和有机质等悬浮颗粒物接触污染物相比，生物通过微塑料接触污染物对其产生的影响可以忽略不计。微塑料与污染物对生物的联合毒性效应也在不同物种、污染物及微塑料的种类和含量、作用时间和生理指标上有所不同，对整个海洋生物的影响程度也未知，仍需要进一步探究。

六、海洋放射性核素污染

（一）海洋放射性核素污染的种类、来源与特征

海洋中存在的放射性物质可以分为两大类：天然存在的放射性核素和人为引入的放射性核素。前者称为天然放射性物质（天然放射性本底）；后者是由人类活动造成的，被称为放射性核素污染物。放射性核素种类繁多，其中^{239}钚、^{90}锶和^{137}铯的排放量较大。海洋放射性核素污染的来源：一是核武器试验或使用时核爆产生的放射性沉降物，二是原子能工业和核动力船舰排出的放射性废物和废水，三是核污染的大气沉降及核污染的土壤沥滤。另外，由事故产生的核泄漏也是不可忽视的放射性核素污染来源，如2011年3月日本福岛核电站发生核泄漏事故，放射性核素直接泄漏进入海洋，受核污染的水和大气也最终进入海洋，造成严重的海洋放射性核素污染。事故发生前，日本东部沿海海域的^{137}铯浓度水平（1 ~ 3 Bq/m^3）与其他地表海水处于同一数量级，同年4月初在核电厂附近海域海水中^{137}铯浓度达到 68 Bq/m^3。据法国辐射防护与核安全研究院的估计，到7月中旬前，约有27 PBq的^{137}铯进入海洋。2016年，在美国的西海岸海水样品中首次发现^{134}铯，表明福岛核事故造成的核污染首次到达太平洋东岸。

（二）海洋放射性核素污染的生态效应

海洋放射性核素污染会造成海洋生物的遗传突变、细胞损伤，影响海洋生物的繁殖、生长和发育，甚至造成死亡。例如，影响精子的形成、胚胎的发育、幼鱼的成活率和造成畸形等。俄罗斯的学者认为，低浓度（数量级为10^{-10} ~ 10^{-7} Bq/L）的^{90}锶就对海洋生物具有上述影响，而美国、英国和日本的一些研究者认为，较高浓度（数量级为10^{-4} ~ 10^{-3} Bq/L）才会有如上影响。可见，目前对该问题的认识还不一致。但海洋放射性核素污染有使鱼储量减少的危险是可以肯定的。放射性物质可通过海洋生物富集和食物链传播，扩大分布范围，迁移到深海或其他原来没有放射性污染的区域。同时，经生物富集增加的核素浓度及电离辐射会损害生物的遗传物质，导致敏感生物种群消失，以至食物链断裂，从而损害生态系统健康。

本章小结

海洋污染是指人类把一些物质或能量引入海洋环境产生损害生物资源、危及人类健康、妨碍海洋活动、破坏海水的使用质量等有害影响。富营养化是导致海洋生态环境破坏的首要因素，主要生态效应如下：促进致灾藻类大量繁殖、造成水体缺氧、导致群落结构变化、降低物种多样性、使重要海洋生境退化。石油污染最主要的生态效应是造成海鸟和海洋哺乳动物的死亡。持久性有机污染物具有环境持久性、远距离迁移性、生物累积性和高毒性的特征。海洋重金属经过生物转化可使蓄积性增强、毒性放大。海洋中的微塑料易在亚热带环流区形成堆积。海洋微塑料污染的生态效应主要来自4个方面：① 微塑料本身，② 微塑料上附着的生物形成的生物膜，③ 微塑料浸出的塑料添加剂，④ 微塑料与污染物的联合效应。

思考题

（1）海洋污染按照污染物的类型可分为几种？分别举例。

（2）为什么有时候一定量的污染物进入海洋环境不足以引起海洋污染？

（3）概括海水富营养化的主要生态效应。

（4）简述持久性有机污染物的特征。

拓展阅读

李永祺，丁美丽. 海洋污染生物学［M］. 北京：海洋出版社，1991.

赵淑江，吕宝强，王萍，等. 海洋环境科学［M］. 北京：海洋出版社，2011.

Beiras R. Marine pollution: sources, fate and effects of pollutants in coastal ecosystems［M］. Amsterdam: Elsevier, 2018.

Kaiser M J, Attrill M J, Jennings S, et al. Marine ecology: processes, systems, and impacts［M］. New York: Oxford University Press, 2011.

Noone K J, Sumaila U R, Diaz R J. Managing ocean environments in a changing climate: sustainability and economic perspectives［M］. Amsterdam: Elsevier, 2013.

第二十五章　海洋生态灾害

与陆地生态系统一样，在人类的开发热潮中，海洋生态系统也受到了严重的破坏，而海洋生态灾害频发则是其突出表现之一。据调查统计，全球海洋生态灾害的暴发频率、暴发规模和危害程度都呈现逐年上升趋势，给人类社会发展带来了不利影响。本章主要介绍海洋生态灾害的定义和类型、海洋生态灾害的成因以及海洋生态灾害的生态效应。

第一节　海洋生态灾害的定义与类型

一、海洋生态灾害的定义

海洋自然环境发生异常或剧烈变化，导致在海上或海岸发生的灾害称为海洋灾害。海洋生态灾害（marine ecological disaster）作为海洋灾害的其中一类，是指海洋生物数量或行为发生异常变化造成事发海域生态系统严重失衡，结构和功能退化，进而危害经济、社会和人类健康的现象。典型的海洋生态灾害有赤潮、绿潮、褐潮、金潮、白潮、生物入侵等（图25-1）。这些灾害与海洋环境污染和富营养化等环境问题有关，但不包括海洋富营养化和环境污染事件本身（唐学玺等，2019）。

A. 赤潮；B. 绿潮；C. 白潮；D. 金潮。

图25-1　典型海洋生态灾害

二、海洋生态灾害的类型

（一）赤潮灾害

赤潮是海水中某些浮游生物或细菌在一定环境条件下，短时间内暴发性增殖或高度聚集，引起水体变色，影响和危害其他海洋生物正常生存的灾害性海洋生态异常现象。赤潮的暴发具有一定的连续性，即在同一海域往往连续多年暴发同种赤潮。

赤潮灾害是海洋生物、化学、物理、气象等多种因素综合作用产生的，发生机制复杂多变。可依据赤潮的成因、发生海域、发生范围、发生频率及引发赤潮的生物种类等要素，对赤潮分类。根据赤潮灾害发生时赤潮生物的种类组成，通常将赤潮分为单向型、双向型和复合型赤潮3种类型（表25-1）。根据赤潮生物自身的特性及其对人类和其他生物的影响差异，还可以将赤潮分为有毒赤潮、鱼毒赤潮、有害赤潮和无害赤潮4种类型（表25-2）。根据赤潮生物暴发式增殖的海域和由其引发的灾害发生的海域是否相同，可将赤潮分为原发型赤潮和外来型赤潮2种类型。此外，还可以依据赤潮发生海区的环境特征将赤潮划分为河口型、海湾型、养殖型、上升流型、沿岸流型及外海型6种类型。

表25-1　根据赤潮灾害发生时赤潮生物的种类组成对赤潮分类

类型	赤潮生物种类组成
单向型	单一赤潮生物引发，赤潮发生时只有1种生物占绝对优势
双向型	2种赤潮生物引发，赤潮发生时有2种生物同时占优势
复合型	多种赤潮生物引发，赤潮发生时有3种或3种以上生物，且每种的细胞数都占总细胞数的20%以上

引自张有份，2000。

表25-2　根据赤潮生物特性及其对人类和其他生物的影响差异对赤潮分类

类型	特性描述
有毒赤潮	此类赤潮可产生赤潮毒素，其毒素可通过食物链积累放大，当人类误食染毒的水产品后引起消化系统或心血管和神经系统中毒
鱼毒赤潮	对人类无毒害，但对鱼类及无脊椎动物有毒的赤潮
有害赤潮	引发赤潮的生物本身没有毒性，但是赤潮生物的机械窒息作用或赤潮生物在死亡分解时产生大量有毒的物质，同时消耗水体中的溶解氧，造成其他生物损伤甚至大量死亡
无害赤潮	海洋中的某些赤潮生物数量增加，但是对其他生物和人类没有毒性，未对海洋生物造成不利影响甚至可能促进生长

引自江天文等，2006。

（二）绿潮灾害

绿潮是指大型定生绿藻脱离固着基后，在一定环境条件下，漂浮增殖或聚集达到一定水平，导致海洋生态环境异常的一种现象。绿潮的暴发具有一定的周期性，即每年的春、夏季节，绿潮有暴发的可能。

绿潮不同于赤潮，绿潮暴发种本身是无毒的，不存在对人类健康造成危害的可能；但是与赤潮相似的是，绿潮也可分为原发型和外来型（表25-3）。我国秦皇岛绿潮灾害就属于原发型，而黄海绿潮灾害则属于典型的外来型。按照引发绿潮的绿藻门的大型海藻的分类，可将绿潮分为石莼绿潮、刚毛藻绿潮、硬毛藻绿潮和混合型绿潮等（表25-4）。

表25-3　按照绿潮生物增殖海域和绿潮灾害发生海域是否相同对绿潮分类

类型	特性描述
原发型	某一海域具备了绿潮灾害发生的各种理化条件，导致绿潮生物就地暴发性增殖形成绿潮灾害，绿潮生物增殖海域和绿潮灾害发生海域是同一海域，地域性明显，持续时间长，周期性出现

续表

类型	特性描述
外来型	绿潮生物在一海域暴发增殖，由于外力的作用而被带到另一海域并形成绿潮灾害，绿潮生物增殖海域和绿潮灾害发生海域不是同一海域，外来型绿潮漂移路径长，发生规模大，周期性暴发

表25-4 按照引发绿潮的绿藻的分类学对绿潮分类

类型	绿潮生物
石莼绿潮	石莼属（*Ulva*）
刚毛藻绿潮	刚毛藻属（*Cladophora*）
硬毛藻绿潮	硬毛藻属（*Chaetomorpha*）
混合型绿潮	两种或以上并发

（三）褐潮灾害

褐潮是微微型浮游藻类在一定环境条件下暴发性增殖或聚集达到一定水平，导致水体变为黄褐色并危害其他海洋生物的一种生态异常现象。褐潮灾害首次于1985年出现在美国东北部的一些沿海海湾，后来又于1997年在南非的萨尔达尼亚湾暴发。2009年秦皇岛海域褐潮的暴发使中国成为世界上第三个受其影响的国家。

褐潮灾害由微微型藻类引发。目前已知的引发褐潮的主要藻类为抑食金球藻（*Aureococcus anophagefferens*）及*Aureoumbra lagunensis*（图25-2）。所以褐潮灾害按照诱发种分为两种类型：一种是由抑食金球藻引起的褐潮；另一种是由*A.lagunensis*引起的褐潮。

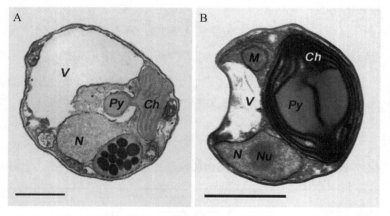

N. 细胞核；Nu. 核仁；Ch. 叶绿体；Py. 淀粉核；M. 线粒体；V. 液泡。比例尺=1 μm。

图25-2 *Aureoumbra lagunensis*（A）和抑食金球藻（B）透射电镜图

（引自Gobler和Sunda，2012）

（四）金潮灾害

金潮是指漂浮状态的马尾藻属海藻，在一定环境条件下暴发性增殖或出现高生物量聚集，进而导致海洋生态失衡的一种海洋生态异常现象，是最近几年受到广泛关注的一种海洋生态灾害。2017年4—6月，我国黄海海域出现了罕见的绿潮和金潮灾害共同暴发的现象（图25-3）。作为一种新型的海洋生态灾害，金潮灾害已引起普遍关注，但对金潮的形成机制、生态影响以及防范措施等方面的研究，目前仍处于起步阶段。

图25-3　我国黄海海域绿潮、金潮同时暴发现场照片

（五）白潮灾害

有别于上文中所提到的赤潮、绿潮、褐潮以及金潮灾害，白潮是由海洋动物引起的一种海洋生态灾害。白潮是海洋中的一些无经济价值或有毒的大型水母，在一定条件下暴发性增殖或异常聚集，形成对近海生态环境和渔业生产造成危害的一种生态异常现象，因此白潮灾害又称为水母旺发（图25-4）。白潮既不像赤潮暴发时具有连续性，亦不像绿潮暴发时具有周期性。

图25-4　白潮暴发阻碍核电站运转

（Brandon Cole摄）

　　根据致灾生物是否具有毒性可将白潮分为有毒白潮和无毒白潮。一般来说，海月水母（*Aurelia* spp.）、海蜇（*Rhopilema esculentum*）、沙蜇（*Nemopilema nomurai*）和霞水母（*Cyanea* spp.）等带有刺细胞的水母，均带有毒性；而侧腕栉水母（*Pleurobrachia pileus*）和瓜水母（*Beroe cucumis*）等均不具有刺细胞，不带有毒性（图25-5）。白潮也可以依据暴发海域分为外来型和原发型。

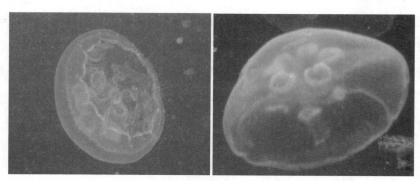

图25-5　白潮致灾生物——海月水母

（王世伟摄）

（六）生物入侵

生物入侵是指某种生物从外地自然传入以及由人类活动引起的进入非本源地，在当地的自然或人造生态系统中存活、繁殖且形成种群，并进一步扩散，已经或即将造成生态破坏的事件。生物入侵被公认为造成生物多样性丧失的第二大因素，仅次于生境丧失。随着经济全球化进程的不断加快，生物入侵因其巨大的危害性而引起了广泛关注。海洋生物入侵已成为威胁海洋生态环境的主要问题之一，对我国海洋生态环境构成严重损害。

第二节　海洋生态灾害的形成机制

海洋生态灾害的成因主要包括生物与环境两方面。一方面，致灾生物能够暴发成灾与其具有的独特的生物学基础与生态学特征密不可分。另一方面，孕灾环境的主要特征及其动态变化对海洋生态灾害的发生、发展、消亡均具有显著的驱动作用。

一、致灾生物的生物学基础与生态学特征

（一）生物学基础

致灾生物具有独特的形态结构特征。种群数量的暴发性增长离不开致灾生物简单的细胞形态。例如，利用气囊或类气囊结构，致灾生物能够在水体中调节浮沉，对于其营养摄食、繁衍避害具有重要意义（图25-6）；利用鞭毛结构，致灾生物可以主动趋向有利环境，规避有害环境。

致灾生物具有独特的生理特征，为其最终成灾提供源动力。例如，极强的光合作用能力和光合适应性为海洋藻类致灾生物生物量急剧扩增提供基础；致灾生物在长期的进化过程中形成了比较完善的抗氧化系统以提供氧化应激活性，保障自身能够更好地适应来自环境的胁迫压力；强大的营养元素吸收能力保障了致灾生物的生长和繁殖必需的物质基础；通过激素调节，致灾生物能够产生特定的活性物质以刺激自身的生长、发育、繁殖等多种活动；致灾生物也可以通过分泌次生代谢产物（化感物质）对其周围的植物或微生物产生影响。

致灾生物还具有强大的生殖、生长和发育能力，主要体现在具有多样化的生殖方式、较高的繁殖率以及惊人的生长速率上。

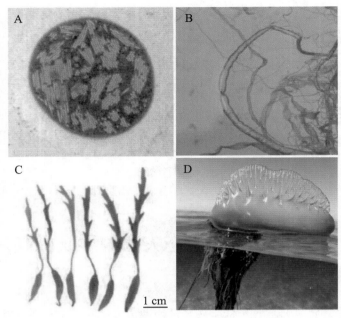

A. 蓝藻；B. 浒苔；C. 铜藻；D. 僧帽水母。

图25-6　几种具有气囊结构的致灾生物

（二）生态学特征

　　自然状态下，任何生物都不可能孤立存在，而是由不同物种种群之间以食物联系和空间联系聚集在一起。致灾生物能够在某一特定空间、特定时间大规模暴发，其自身也必然具备独特的生态学特征。这些生态学特征在致灾生物成灾过程中发挥重要作用，具体包括生活史策略和种间关系两部分。

　　致灾生物各有不同的生活史策略，生活史策略主要可以分为休眠策略、生殖策略和迁移策略。利用休眠策略，致灾生物可以进入发育暂时延缓的休眠状态以度过不利的环境条件。在生殖策略方面，许多物种属于r-选择，可以快速生长，可以在有利的环境中快速繁殖，在有限的时间内迅速扩增其生物量（图25-7）。迁移策略是指许多致灾生物为了满足自身的生理生态需求，可以通过自身的运动实现种群聚集。

　　不同物种种群之间的相互作用所形成的种间关系是构成生物群落的基础。具体可以表现为竞争、捕食、附生等。致灾生物自身必然具备某些特征使其得以在与当地其他生物的竞争过程中占据优势；捕食是水母等致灾生物获得能量来源的重要途径，而良好的捕食策略对于其适应环境具有重要的意义；附生有利于致灾生物的种群扩散。

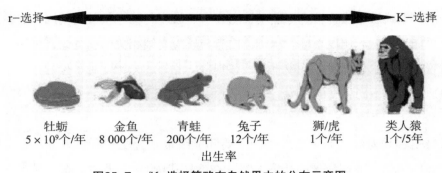

图25-7　r/K-选择策略在自然界中的分布示意图

（引自Brand，1995）

二、海洋生态灾害的环境驱动

除了自身具有的独特的生物学基础与生态学特征外，致灾生物能够最终成灾离不开适宜的孕灾环境。孕灾环境的主要特征及其动态变化对海洋生态灾害的发生、发展、消亡均具有显著的驱动作用。

（一）物理环境

物理环境是自然环境的一部分，温度、盐度、光照和水文条件是影响生物生长和繁殖的重要环境因子，而致灾生物暴发成灾也需要合适的温度、光照、盐度、水文条件。

1. 温度

海水温度是影响生物生长的重要环境因子，在海洋生态灾害发生过程中也起到了重要的推动作用。温度对赤潮、绿潮、褐潮、白潮均有显著的影响。其中，赤潮灾害发生的适宜温度为20～30℃，季节的交替导致海水温度发生规律性变化，进而导致赤潮灾害的发生呈一定的规律。绿潮生物同样受温度影响。以黄海绿潮为例，优势种浒苔最适温度为20～25℃，而在我国黄海绿潮暴发期，黄海海域海水温度刚好在20～25℃。抑食金球藻的最适生长温度为20℃，但对温度的适应能力很强，能在0～25℃的海水中生长。水母分为暖温性水母（如霞水母）、热带水母（如仙女水母和硝水母）和广温性水母（如海蜇）。温度会影响水母的无性生殖速率和水母的种群规模（王建艳等，2012）。

2. 光照

光照对藻类引发的海洋生态灾害和浮游动物引发的海洋生态灾害均有极大影响。在适宜的光照条件下，赤潮生物利用氮、磷等营养元素的能力达到最强，生长最快。绿潮生物对光照度的适应范围非常广，同时光照对绿潮生物繁殖体的附着率有较大影响。褐潮典型代表生物抑食金球藻基因组中含有较多与捕光相关的基因，其较其他浮游植物更能适应低光照度环境。水母体内有与感应光线相关的感觉体，可使水母辨别上下位置，因而水母能发生昼夜垂直迁移现象。此外，光照度对水母的无性生殖和横裂生殖速率也有不同程度的影响。

3. 盐度

盐度是驱动海洋生态灾害发生的重要环境因素。盐度对赤潮灾害发生有重要影响。以我国为例，赤潮海域的盐度为27～37，在我国4个海域中，东海受赤潮灾害影响最大，这是由于东海位于长江和杭州湾近岸水团东侧与外海水团的混合过渡带，低盐淡水与高盐海水东西向混合，加上上升流的影响，使海域水体盐度特征异常，这些异常与赤潮发生密切相关。季节更替导致的水体盐度差异，也易引发赤潮生物种类的更替。绿潮生物普遍具广盐性，具有极强的环境适应能力。

4. 水文条件

温度、光照、盐度可以直接对致灾生物产生影响，而水文条件既可以对致灾生物产生直接影响，还可通过改变温度、光照和盐度间接对致灾生物产生影响。浪、潮、流等为水文条件的主要体现形式。

（二）化学环境

对生物产生影响的化学环境可以分为两部分，即营养盐和其他化学要素。

1. 营养盐

海水中的营养盐含量是影响海洋生物生长的重要因素，同时海洋生物的生长状况也会影响各种营养盐的含量。当致灾生物开始增长时，其发展范围和生物量就会受到环境所提供营养物质的限制。氮、磷、硅等营养盐经大气沉降、河流输入、上升流抬升、底质释放等途径进入海洋水体，而这些营养盐的生物地球化学循环在海洋生态系统中起重要作用，可显著影响致灾生物的种群变化，加之致灾生物均为机会主义生物，在营养盐充足的情况下，会大量扩增形成灾害（宋伦和毕相东，2015）。

2. 其他化学要素

其他化学要素指除营养盐以外的对致灾生物有显著影响的化学要素，主要指微量营养物质，包括微量金属元素和某些生物体自身无法合成而需要从外界摄取的特殊化合物，例如维生素。这类化学物质在海水中的含量极低，但是对致灾生物的生理功能和形态起非常重要的作用。例如，铁元素是藻类形成光合色素所需的重要物质，维生素对致灾生物的生长与繁殖起促进作用。

（三）人类活动

人类的生产生活往往会对环境造成影响，进而引发海洋生态灾害。其具体包括过度捕捞、近海养殖以及全球海洋贸易三方面。

1. 过度捕捞

过度捕捞对白潮的发生有直接的推动作用。过度捕捞使水母的捕食者减少，引发"下行效应"。例如，亚得里亚海中的夜光游水母（*Pelagia noctiluca*）的增多与一些捕食水母的鱼类被过度捕捞有关；在我国东海的过度捕捞导致渔场的营养级严重下降，鲳鱼的捕捞量增加，减少了水母的捕食者，增加了白潮发生的可能性。过度捕捞使水母的竞争者数量减少，水母同以浮游动物为食的饵料鱼类竞争食物，对生态平衡造成损伤，引发生态灾害。

2. 近海养殖

过度的近海养殖是海洋生态灾害发生的另一个重要诱因。在近海贝类养殖过程中，贝类会产生大量的排泄物，这些排泄物会沉积到海水底层；而在鱼类养殖过程中，投饵活动使相关海域海水中氮、磷等营养盐含量迅速上升。营养盐类和生源可降解的有机废物会造成相关海域海水富营养化或缺氧，使这些海域极易发生海洋生态灾害。

3. 全球海洋贸易

全球经济一体化使国际贸易往来越来越频繁，这也增加了全球海洋生态灾害发生的概率。船舶附着生物和压舱水是某些赤潮生物以及入侵生物重要的引入途径。许多海洋生物物种并不只是通过一种途径单次被引入，可能通过多种途径或多次被引入，因此频繁的全球海洋贸易大大提高了外来海洋生物物种在新的栖息地获得生态位并长期定居的可能性。

第三节　海洋生态灾害的生态效应

海洋生态灾害的暴发既会影响暴发海域的生源要素循环，改变海洋生态环境，还会影响其他海洋生物的生长、存活、繁殖，从而改变海洋生物组成，影响海洋生态系统的结构及稳定。因此，海洋生态灾害的生态效应表现为对暴发海域生源要素的影响以及对当地生物群落结构的影响。

一、赤潮灾害对海洋生态系统的影响

赤潮灾害初期，相对适宜的环境条件有利于赤潮生物的大量增殖。在此过程中，赤潮生物经光合作用产生养分供其自身利用的同时，也会大量吸收水中的二氧化碳，使水体二氧化碳平衡遭到破坏，水体pH也逐渐升高。随着赤潮生物的不断生长繁殖，大量的赤潮藻漂浮在海面上，会降低光线透过率，影响海洋植物的正常生长。而在大规模赤潮消退之后，死亡的藻细胞向下沉降，会造成水体底层溶解氧的大量消耗，使海底出现低氧甚至无氧区，威胁底栖生物的生存。

某些有毒赤潮藻种产生的毒素能够经海洋食物链传递到较高营养级，导致高营养级海洋生物中毒和死亡，如石房蛤毒素、短裸甲藻毒素、软骨藻酸等都曾造成海洋哺乳类或鸟类中毒事件（图25-8）。赤潮藻毒素在某些在滤食性贝类及植食性鱼类体内累积会造成水产品污染，由麻痹性贝毒、腹泻性贝毒等造成的中毒事件在北美、西欧等海域非常普遍，对人类健康构成了很大威胁。除产生毒素之外，也有部分微藻通过藻体本身具有的特殊结构或者产生具有溶血活性或细胞毒性的物质，伤害鱼类及无脊椎动物的鳃（周名江和朱明远，2006）。

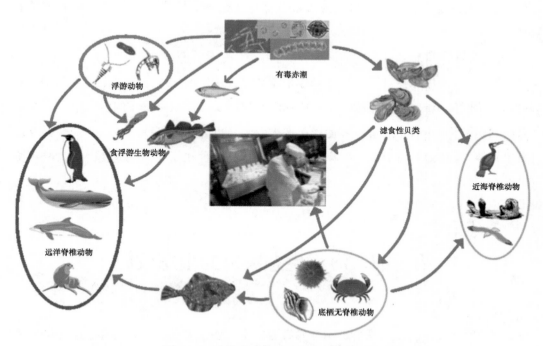

图25-8　赤潮毒素在食物链中的转移途径

二、绿潮灾害对海洋生态系统的影响

绿潮藻自身无毒，但其过度生长或聚集同样会给当地的海洋生态系统带来一系列影响，甚至引发次生生态灾害。绿潮暴发主要通过代谢产物的分泌以及改变相关海域环境的理化性质等方式对海洋环境以及海洋生物群落结构产生影响。

浒苔藻体具有快速富集营养盐的能力，会对与其处于同一生态位的浮游植物类群形成营养竞争；浒苔在生长过程中向环境中释放大量的藻源物质，一方面会影响水体环境中的溶解有机物含量，进而引发微生物和浮游生物群落结构变化，另一方面浒苔分泌的某些化感物质能够对某些浮游生物群落的生长和繁殖产生很强的抑制作用。

我国黄海浒苔绿潮的暴发过程中，浒苔藻体漂浮聚集形成一定厚度的密集藻垫覆盖在海面上，在遮蔽光照的同时也阻碍了大气与表层水体之间的气体交换，削弱了海洋自养生物的光合作用。浒苔的沉降过程中，藻体的腐烂加剧了溶解氧的消耗，引发水体环境的局部缺氧，与此同时，浒苔藻体的腐烂会向环境中释放大量有毒物质，如重金属、硫化氢和氨氮类，会对底栖动物产生毒害，引发底栖动物群落结构改变。而绿潮的消亡同样会释放大量营养盐，这可能刺激浮游藻类对营养盐的再利用，导致赤潮等次生灾害的暴发（王宗灵等，2018）。

三、褐潮灾害对海洋生态系统的影响

褐潮灾害虽然不及赤潮和绿潮灾害那样广泛，但是其危害强度不容小觑。褐潮藻能够在无机营养浓度低的条件下达到高生产率，这与其能够利用水体中的有机碳、氮、磷等营养有关，因此随着褐潮的持续发展，水体环境中的有机营养浓度会逐渐下降（Gobler等，2011）。褐潮藻大量繁殖能够造成严重的光衰减，导致大面积的海草以及其他海藻的死亡，破坏扇贝等底栖生物的栖息环境。与有毒赤潮藻类似，有学者推测褐潮藻中含有某些具毒素作用的物质，能够对双壳类动物产生细胞毒性（Liu等，2000）。而褐潮藻产生的大量多聚糖能够降低原生动物的摄食和生长速率并改变其运动性。

四、金潮灾害对海洋生态系统的影响

近几年来，金潮灾害对我国沿海的影响加剧，对沿海地区生态环境和海水养殖业造成了严重的影响。金潮灾害的致灾藻铜藻在其腐烂分解过程中会释放大量的氨氮和磷酸盐并可能造成局部海水pH的变化以及溶解氧的降低。可能会对环境造成十分严重的危害。研究表明，高浓度的铜藻腐烂液与培养液均能够对绿潮藻浒苔以及部分赤潮藻和浮游动物的生长产生影响（蔡佳宸，2019）。

五、白潮灾害对海洋生态系统的影响

水母作为一个大的养分泵，在海水与沉积物的碳、氮、磷循环中起着重要作用。白潮的暴发与消亡过程首先影响了海水中生源要素的分布、形态与含量。水母对幼鱼、鱼卵等饵料生物的捕食会对海洋食物网产生严重影响。水母消亡产生的含碳、氮、磷残骸汇入海洋底部，一部分直接富集成为沉积物，一部分经微生物的矿化作用进入水体。此外，水母的旺发、消亡过程还使水体中产生局部低氧环境及海水酸化现象（曲长凤等，2014）。

水母作为一类种类多、数量大、分布广的浮游生物，既可通过食物链与其他海洋生物相互作用，又可通过对海洋环境的改变间接影响其他海洋生物的生存发展。水母产生的无机物质为浮游植物的初级生产提供了重要的养分，间接导致浮游植物的增加，影响海洋初级生产，甚至引发次生生态灾害；而溶解有机物质被浮游细菌等微生物吸收利用返回生物圈，改变微生物群落的组成与生物量。水母旺发可导致某些鱼类与浮游动物生物量的减少与重新分布，严重者可破坏生态平衡。

六、生物入侵对海洋生态系统的影响

生物入侵对海洋生态环境的影响体现在生物入侵后，凭借其超强的繁殖能力，形成野外种群，且种群扩散、蔓延，挤占本土生物生活空间、抢夺食物，破坏本海域生态系统结构，影响群落生物多样性，使生物生境破碎化。其危害的具体表现：① 侵占生物生存空间，改变生态结构。入侵物种凭借其超强的繁殖能力，挤占其他物种生存空间，切断食物链，造成生态结构变化。例如，大米草在我国沿海肆意蔓延，取代了本土植物，形成了密集的单一米草群落，严重破坏了近海生物的栖息环境，造成生物多样性下降。② 造成遗传污染。外来海洋生物物种还可能与本土生物杂交，造成严重的遗传污染。③ 导致生态灾害加剧。外来赤潮生物是导致我国近海赤潮灾害不断加剧的重要原因之一，外来海洋物种入侵的同时携带病原生物，容易引起病毒流行，甚至可能对人类健康构成威胁（黄莉，2013）。

本章小结

海洋生态灾害是指海洋生物数量或行为发生异常变化造成事发海域生态系统严重失衡，结构和功能退化，进而危害经济、社会和人类健康的现象。典型的海洋生态灾害有赤潮、褐潮、绿潮、金潮、白潮和生物入侵等。

海洋生态灾害的成因主要包括生物与环境两方面。一方面，致灾生物能够暴发成灾与其具有的独特的生物学基础与生态学特征密不可分。另一方面，孕灾环境的主要环境特征及其动态变化对海洋生态灾害的发生、发展、消亡均具有显著的驱动作用。

海洋生态灾害的暴发既会影响暴发海域的生源要素循环，改变海洋生态环境，还会影响其他海洋生物的生长、存活、繁殖，从而改变海洋生物组成，影响海洋生态系统的结构及稳定。

思考题

（1）简要阐述不同类型的海洋生态灾害并列举其主要的致灾生物。

（2）简要阐述致灾生物成灾的生物学基础与生态学特征。

（3）简要阐述海洋生态灾害的环境驱动因素。

（4）简要阐述赤潮灾害的生态效应。

（5）简要阐述绿潮灾害的生态效应。

拓展阅读

齐玉藻，邹景忠，梁松.中国沿海赤潮［M］.北京：科学出版社，2003.

唐学玺，王斌，高翔，等.海洋生态灾害学［M］.北京：海洋出版社，2019.

Sandra E Shumway. Harmful Algal Blooms: A Compendium Desk Reference［M］. New York: John Wiley & Sons, Inc., 2018.

第二十六章　海洋生物多样性保护

海洋生物多样性是海洋生态系统平衡稳定的基础。近年来由于自然和人为因素的干扰，海洋生物多样性丧失与生态系统退化的现象正在与日俱增，保护生物多样性刻不容缓。本章在分析生物多样性的概念与价值的基础上，概述了海洋生物多样性丧失现状及原因，并根据我国生物多样性的现状，从海洋生物多样性的保育对策方面提出了应对海洋生物多样性丧失的策略。

第一节　生物多样性概念、内涵与价值

一、生物多样性概念、内涵

（一）生物多样性的概念

生物多样性的形成经历了漫长的进化过程。在生物进化过程中，物种和物种之间、物种和环境之间共同进化，导致生物多样性的形成。根据联合国《生物多样性公约》，生物多样性（biodiversity）是指所有来源的形形色色的生物体，这些来源包括陆地、海洋和其他水生生态系统及其所构成的生态综合体，这包括物种内部、物种之间和生态系统的多样性。因此，生物多样性也可以是指栖息于一定环境的所有物种、每个物种所拥有的全部基因以及它们与生存环境所组成的生态系统的总称（马克平，1998）。

（二）生物多样性的内涵

许多学者认为生物多样性包括遗传多样性（genetic diversity）、物种多样性（species diversity）和生态系统多样性（ecosystem diversity）3个层次。随着人们对生物多样性认识的不断加深，生物多样性的内涵更加丰富，有的学者将景观多样性（landscape diversity）作为生物多样性的第4个层次（陈灵芝等，2001）。不同层次的生物多样性是相互联系、相互影响的。例如，遗传多样性是物种多样性和生态系统多样性的基础，决定或影响着一个物种与其他物种及环境之间相互作用的方式。物种多样性是最直观的层次，既是遗传多样性的载体，又是生态系统多样性的基本单元。生态系统多样性则是生物多样性与生境多样性的综合体现。

1. 遗传多样性

遗传多样性是生物多样性的基础和内在形式。遗传多样性广义上指地球上所有生物的遗传信息的总和，包括生物种群内和种群之间可遗传的变异。狭义上可以理解为种内不同种群之间或同一个种群内不同个体之间的遗传变异的总和。

遗传多样性及其演变规律是生物多样性及进化生物学的核心问题之一。遗传多样性在一定程度上决定了物种的分布以及数量多样性。物种的遗传变异越丰富，对环境的适应就越广。群体内的遗传多样性反映了物种的进化潜力。在自然条件下，海洋生物的遗传多样性受到诸多因素的影响。将海洋生物遗传多样性的影响因素主要概括为以下几点。

（1）种群或群落之间的距离。一般而言，生物群落之间的距离越远，遗传差异越大。病毒是海洋中最为常见的生物实体，尽管其在海流中易于扩散，但是在地理距离和遗传差异之间存在显著的正相关，其地理分离越大，遗传差异越大。

（2）物种自身的扩散能力。生物自身的扩散能力对于其种群的遗传分化同样十分重要，尤其对于一些营固着生活的海洋生物而言，其浮游幼体期的扩散能力决定了种群的遗传多样性。

（3）物理障碍。盐度、温度和海流等水体的物理因素可能阻碍海洋生物的基因流（也称基因迁移）。海水温度和盐度的差异常常能够阻碍生物的迁移扩散，进而导致遗传差异。

（4）地理阻隔。海洋栖息地之间通常是没有地理阻隔的，因此，相对于陆地生物来讲，海洋生物通常具有较强的扩散与流动性。但由于历史地质和气候变迁等事件的发生，海洋生物在种群演化过程中保留了历史生物地理特征。例如，Wang（2021）基于遗传多样性的研究结果表明，黄海、东海和南海海域的薛氏海龙群体是3个相对独立的遗传谱系，尤其是南海海域的群体与北部的群体分化十分显著。在末次冰期海平面急剧下降的时期，位于台湾海峡的东山陆桥形成了薛氏海龙分布的"断点"，使以其为分界线的南北群体相互阻隔，只能够"隔桥相望"。

（5）生境差异。生境差异同样能够成为遗传变异的作用机制。对美国南佛罗里达州四种常见近海生物线粒体DNA长度差异的研究表明，在生境差异较大的西南大西洋和墨西哥湾之间存在较大的生物地理不连续性。

2. 物种多样性

物种多样性是指地球上生命有机体种类的多样化，包括生物物种的丰富性及其变化。物种多样性是生物多样性在物种上的表现形式，同时也是遗传多样性的载体或体现，被认为是生物多样性研究的核心内容。

物种是生物进化的基本单元。物种的产生是生物进化中的一种本质性的跃变。现今地球上的生物物种存在和多样化的构成，是在地球演化背景下的长期生物进化与自然选择的结果。物种多样性可以包括以下含义：① 特定地理区域内的物种多样性；② 特定群落及生态系统单元内的物种多样性；③ 一定简化时段或进化支系的物种多样性。

目前已知陆地上的物种数量多于海洋，但在较高级的分类阶元上，海洋动物门类（门和纲）的数量多于陆地动物（周秋麟，2005）。例如，海洋动物有35个门类，其中14门独有；陆地动物有11个门类，其中只有1门独有。此外，海洋生态系统中的滤食性动物，特别是浮游动物构成了陆地生态系统所没有的水生食物链的环节。从生物体形大小来看，海洋也拥有比陆地更丰富的多样性——从巨大的鲸类到微小的浮游生物（马程琳，2003）。

南麂列岛——中国东海岛屿海洋生物物种多样性的典型代表

南麂列岛位于我国浙江省南部和东海沿岸中部海域，以岛礁生境为主。南麂列岛国家级自然保护区是我国于1990年9月首批建立的五个国家级海洋类型自然保护区之一（图26-1）。南麂列岛地处台湾暖流与江浙沿岸流交汇和交替消涨的海区，冷暖水交汇的水文动力和季节演替将不同来源的生物汇聚于此。这里既有我国沿岸常见的广温、广分布种，又有大量印度—西太平洋起源的暖水种，还有一些北太平洋起源的温带种。这种热带、亚热带和温带三种不同温度性质的海洋生物并存的现象，在国内是独一无二的，在国际上也十分罕见（周秋麟，2005）。

在南麂列岛海域已经鉴定的各门类海洋生物有1 851种，包括贝类421种、大型底栖藻类178种、微小型藻类459种、鱼类379种、甲壳类257种和其他海洋生物157种。其中，贝类有36种目前在我国沿岸仅见于南麂海域；黑叶马尾藻、头状马尾藻和浙江褐茸藻是在南麂列岛发现的世界海藻新种，还有88种藻类被列为稀有种。在459种微小型藻中，有30种为我国海洋微小型藻类的新记录。南麂列岛的物种体现出很好的生物多样性和稀缺性，南麂列岛因此获得了"贝藻王国"的美誉（徐奎栋，2017）。

A. 岩礁上生物量巨大的龟足（*Capitulum mitella*，红圈处）和藤壶（*Balanus*）；B. 大沙岙岩礁上密集分布着石灰虫类（Calcarina，黄圈处）、厚壳贻贝（*Mytilus coruscus*，红圈处）、粗腿厚纹蟹（*Pachygrapsus crassipes*）及鼠尾藻（*Sargassum thunbergii*，蓝圈处）等生物。

图26-1　南麂列岛潮间带岩礁上的高生物多样性

（引自徐奎栋，2017）

3. 生态系统多样性

生态系统多样性（ecosystem diversity）是指生物圈内生态系统之间以及生态系统内生物群落、生境类型和生态过程的多样性，它是生物多样性的最高层次，也是物种多样性和遗传多样性存在的基本保证。其中，生境类型的多样性是生物群落多样性的基本条件，而生物群落的多样性可以反映生态系统类型的多样性。

生态系统包含着很多不同的层次，同一层次也包含着很多各有差异的生态系统类型。即使是相同类型的生态系统，但由于处于不同的地理区域，其环境特征和生物组成也有差别（沈国英，2010）。例如，不同海域的红树林生态系统、珊瑚礁生态系统以及各种类型的潮间带生态系统都有各自的环境和生物组成特点。

我国近海的生态系统类型繁多，主要包括河口生态系统、潮间带生态系统、盐沼生态系统、红树林生态系统、珊瑚礁生态系统、海草床生态系统、沿岸生态系统、上升流生态系统、大陆架生态系统、大洋生态系统、热泉生态系统、岛屿生态系统等12个类型，以及人工和半人工生态系统，如潮间带池塘生态系统、人工鱼塘生态系统、围隔生态系统（包括网箱养殖）等，我国是世界沿海生态类型丰富多样的国家（李永祺，2020）。

二、海洋生物多样性价值

生物多样性是地球上数十亿年来生命进化的结果，是人类赖以生存与可持续发展的物质基础。生物多样性的价值非常广泛，涉及日常生活和经济活动的各个方面，不仅提供了人类所需的各种食品、药物和各种工业原料，同时还具有保护人类生存环境、提供遗传资源和促进人类教育文化发展的功能，具有巨大的商业价值和服务价值。

（一）生态系统稳定性

生物多样性与生态系统的生产力及其功能是紧密联系的，对生态系统过程有着重要影响。如海洋生态系统的生物多样性降低，生态系统的功能必然降低，从而导致生态系统对外界干扰的抵抗力和恢复能力减弱，生产能力降低，分解速度和物质循环都受到影响，最终影响海洋生态系统的稳定性。

生态系统对干扰的抵抗能力和恢复速度，是生态系统稳定性的重要表现。一般认为，生态系统稳定性包含两方面：抵抗力和恢复力。抵抗力是描述生态系统免受外界干扰而保持原状的能力；恢复力是描述生态系统受到外界干扰后回到原来状态的能力（孙儒泳，1992）。生物多样性可以提高生态系统对扰动的抵抗力或生态系统的恢复力（王国宏，2002）。根据多样性−稳定性假说：物种丰富的群落较物种贫乏的群落具较高的稳定性；物种的特征各不相同，物种多样性高的生态系统包含了能够抵御特定环境扰动的物种，从而补偿了扰动对系统所造成的影响。McCann（2010）认为，种群处于动态之中，群落的稳定性在一定程度上依靠种群数量，即种群密度接近平衡密度时，群落的稳定性就越高。中国科学院海洋研究所徐奎栋研究员搭载我国"科学"号海洋科学综合考察船，利用"发现"号深海机器人多次对西太平洋的海山组织开展了多学科综合考察，发现了西太平洋海山生物的高多样性、高特异性及低连通性，揭示了深海海山生态系统的稳定性依赖于深海物种的多样性（图26-2）。

A. 捕蝇草海葵（*Actinoscyphia Stephenson*）和海绵（Porifera）；B. 海山上的珊瑚林；C. 竹柳珊瑚（Isididae）、海绵（Porifera）和海百合（Crinoidea）；D. 海绵（Porifera）和深海虾。

图26-2 热带西太平洋寡营养海域的深海底发现"珊瑚林"和"海绵场"
（新华社记者张建松拍摄）

（二）物质供给

海洋生物多样性是海洋农业的物质基础，很多食品和工业原料就是通过海洋农业来获得的。海洋水产品（包括动物和大型藻类）总产量大部分被人类直接食用，少部分经过加工作为养殖动物的饲料。世界人均年水产品消费量自20世纪60年代开始持续增加。2013年，水产品在全球人口动物蛋白摄入量中的占比约为17%，在所有蛋白质总摄入量中的占比为6.7%。海洋渔业是目前人们获取高质量蛋白质、维生素和微量元素的重要来源。2014年全球捕捞渔业总产量为9 340万 t，其中8 150万 t来自海洋。除了动物性蛋白外，许多大型海藻（如海带、紫菜、石花菜）也被人们作为食品食用，特别是在很多地处热带的发展中国家沿海地区，海藻是重要的食物来源。

海洋生物多样性为海洋农业提供了丰富的遗传资源。例如，海洋生物遗传多样性在增产、抗病害等方面发挥重要作用。海洋野生生物的抗性（抗病性、抗盐性和抗压性等）比淡水物种要强得多，把物种抗性基因引入驯化或养殖种，能大幅度提高渔业生产力水平。

海洋生物多样性在防治各种病害方面有重要作用。海洋生态系统的食物网中各营养级上的生物都是相互制约的，任何物种都不可能无限增长。因此，在海洋生物多样性丰富的地区，一般不易发生灾难性鱼病现象。

海洋生物多样性为海洋农业提供了宝贵的种质资源，海水养殖首先需要进行人工育苗。在尚未突破育苗技术前，养殖品种（包括鱼类、贝类与大型藻类等）均来自海洋中的天然苗种。人工育苗技术成功后，依靠养殖品种开展人工育苗进行大规模养殖。

海洋生物多样性对人类健康至关重要。大部分的药品都来自植物和动物，超过3 000种抗生素源于微生物。目前我国已成功地以海底泥以及藻类、乌鱼墨、海参、带鱼鳞、鲨鱼软骨等海洋生物相关原料制成新型抗菌抗病毒类药、抗肿瘤药物以及作用于心脑血管系统和消化、泌尿系统的药物。此外，从海绵、珊瑚、海鞘、海藻等海洋生物中提取的抗病毒活性物质有望成为新的抗人类免疫缺陷病毒（HIV）药物。海洋生物毒素，如河豚毒素、海葵毒素等可制成高效的神经系统药物和心血管系统药物。据介绍，由于海洋生物资源量的有限和活性物质含量的低微，直接对海洋资源进行产业化开发受到限制。运用海洋生物工程技术，利用海洋生物中含量极微、活性极强的物质研发出自然界从未有过的化合物是早出、快出特效药的新途径。

《中华海洋本草》

中国是世界上应用海洋药物治疗疾病最早的国家之一。历代医药本草典籍，如《神农本草经》《新修本草》《本草纲目》等，收载了数以千计以海洋药物为主体的方剂（含食疗方），收录的海洋本草药物有详细记载的达110种。在海洋本草的应用与研究中积累的大量文献资料，为现代海洋药物研究提供了极为重要的基础信息。中国现代海洋药物的研究与开发就是在此基础上，逐步发展、成熟起来的。

《中华海洋本草》（图26-3）是一部记录中国3 600年来海洋药物发展文明史并体现当代科学水平的海洋药物百科全书，融合了中医学、中药学等传统中医药理论和药物化学、药理学、生物学等现代科学和技术，集中体现了东方传统中医药理论的宏观认识，同时又体现了现代科学理论指导下的研究思路与方法，在合理继承传统的基础上，运用现代科学技术，对传统海洋本草进行科学诠释。《中华海洋本草》既具有鲜明的传统中医药特色，又反映了国际最新科学成就，对海洋药物学科的发展具有里程碑意义（王长云，2010）。

图26-3 中华海洋本草系列图书

（引自王长云，2010）

（三）海洋生物多样性的其他价值

海洋生物多样性还有休闲和生态旅游、科研和教育等服务于人类的功能。随着人们生活水平的提高，休闲和生态旅游逐渐成为迅速发展的行业。在许多发展中国家，旅游业的收入占国民收入的比例不断增高。海洋生态旅游的基础就是生物多样性，包括自然生态系统（珊瑚礁生态系统就是突出的例子）、海洋牧场、海洋自然保护区以及水族馆与海底世界等（图26-4）。这些生态旅游基地也是研究生物多样性保护的重点区域。

图26-4 海南省三亚市蜈支洲岛发展的滨海旅游项目

当前已经可以通过基因工程培育出符合人类需要的动植物，包括利用基因工程实现生长激素基因、抗冻蛋白基因和抗病基因的转移。例如在海洋生物方面，可以从快速生长的鱼类（白斑点狗鱼和大眼鲥鱼）分离出生长激素基因，将外源生长激素基因重组导入其他鱼的卵中，并整合到染色体上，使其在亲代和子代中表达，从而加快鱼类生长速度。基因工程在海洋生物中具有很广阔的应用前景（包括优良品种的培育、医治疾病以及药物开发等）。但是，生物技术改性活体的生产、转运和释放有可能对环境和生物多样性造成不可预测的危害，我们必须预先防范生物技术可能产生的各种风险。

除了上述价值外，生物多样性在美学、社会文化及历史等方面也具有相当大的价值。

第二节　海洋生物多样性丧失现状及原因

每个物种都是由一定数量的个体组成的，具有一定的遗传多样性，当其遗传多样性丧失到一定程度，就会威胁到该物种的存在；而每一个物种在一定的生态系统中占据相应的生态位，并且与其他物种相关联，一个物种的数量减少或灭绝，会导致其所在生态系统的失调，甚至导致该生态系统的彻底毁灭（如关键种的灭绝）。因此，生态系统多样性的丧失与物种多样性和遗传多样性的丧失密切相关（图26-5）。此外，当生态系统多样性受到损失时，也会加速物种多样性和遗传多样性的丧失（武正军，1994）。

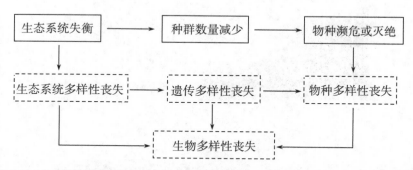

图26-5　生态系统多样性丧失、物种多样性丧失和遗传多样性丧失三者之间的关系

一、全球海洋生物多样性丧失状况

（一）海洋生物遗传多样性丧失

物种的遗传多样性水平和其群体遗传结构是长期进化的结果。种内遗传多样性或变异性愈丰富，物种对环境变化的适应能力愈强，其进化的潜力也就愈大，有助于保护物种和整个生态系统的多样性，或可以减慢由于适应和进化导致的灭绝过程。

目前对海洋生物的人工养殖或驯养，产生了众多适应不同海域的品种。在鱼类的人工繁殖过程中，已发现稀有基因丢失和等位基因频率改变导致的鱼类适应性、生长性能和繁殖能力下降等问题。许多鱼类在从野生状态被引种驯化为养殖品种的过程中，群体内和群体间的遗传多样性明显下降，养殖物种的耐受性和适应性降低，导致其对病虫害等不利环境的抗性逐渐减弱。除人工养殖外，已发生的物种灭绝和独特种群（包括具有重要商业价值的海洋鱼类）的消失造成这些物种和种群所含的独特基因多样性的丧失。这种丧失降低了系统的总体健康和适应能力，并使那些种群数量已降低至低水平的物种得到恢复的可能性也相应降低（世界资源研究所，2005）。

（二）海洋生物物种多样性丧失

过度捕捞、全球气候变化、外来物种入侵和社会发展等因素导致近海生态系统的生物多样性丧失，许多野生种群受到了严重的威胁，濒危、灭绝的物种数目显著增多。但由于海洋空间不像陆地那样方便近距离开展调查研究，对海洋生态系统缺乏全面的了解，海洋生物多样性没有得到有效保护。截至2023年，国际自然保护联盟（IUCN）列出的受威胁物种红色名录包括157 190个物种，其中44 016个物种濒临灭绝。本次IUCN红色名录调整了一些常见海洋生物的濒危等级，例如，将大西洋鲑鱼的受威胁等级从无危调整为近危，将南太平洋中部和东太平洋的绿海龟种群分别调整为濒危和易危状态。傅秀梅（2009）的研究表明，我国海洋药用生物的物种多样性、资源量显著减少，分布区域显著缩小，濒危珍稀物种种群数量骤减，资源衰退趋势令人担忧，现有海洋药用生物的濒危状况十分严峻。调查显示，中国海洋药用生物被列为濒危或保护物种的情况见表26-1。其中，极危9种，国家一级保护野生动物10种（赵淑江，2015）。

表26-1　中国海洋药用生物被列为濒危或保护物种的情况

海洋生物	药用数	CR	EN	VU	NT	I	II
藻类	190	0	5	0	0	0	0
维管束植物	82	0	1	2	0	0	0
海绵动物	9	0	0	0	0	0	0
刺胞动物	117	0	9	40	0	5	0
环节动物	14	0	0	0	0	0	0
软体动物	480	0	14	0	0	1	3
节肢动物	125	0	9	1	0	0	0

海洋生物	药用数	CR	EN	VU	NT	I	II
棘皮动物	99	0	25	0	0	0	0
鱼类	477	1	42	32	0	2	5
爬行动物	19	4	0	5	0	0	4
鸟类	27	0	2	4	3	2	7
哺乳动物	28	4	5	4	2	0	25

注：CR. 极危；EN. 濒危；VU. 易危；NT. 近危；I. 国家一级保护野生动物；II. 国家二级保护野生动物。

数据引自傅秀梅等，2009。

（三）海洋生态系统多样性降低

生态系统的多样性是生物多样性的外在形式。生态系统发生剧烈变化时也会加速生物种类多样性和基因多样性的丧失。根据2022年《中国海洋生态环境状况公报》，对24个典型海洋生态系统（包括河口、海湾、滩涂湿地、珊瑚礁、红树林和海草床）开展的健康状况监测结果显示，其中17个呈亚健康状态。监测的河口生态系统全部呈亚健康状态，部分河口海水富营养化严重；个别河口贝类生物体内石油烃残留水平偏高；多数河口浮游植物和浮游动物密度高于正常范围，鱼卵和仔稚鱼密度过低。监测的8个海湾生态系统均呈亚健康状态。个别海湾海水富营养化严重；海洋生物质量总体良好，个别海湾贝类生物体内铅残留水平偏高；多数海湾浮游动物生物量低于正常范围，鱼卵和幼稚鱼密度过低，大型底栖生物密度和生物量高于正常范围。监测的4个珊瑚礁生态系统均呈健康状态，与往年相比，得到了明显的恢复。雷州半岛西南沿岸珊瑚礁活珊瑚盖度较为稳定；广西北海活珊瑚种类数较上年有所增加，硬珊瑚补充量显著增加；海南东海岸活珊瑚种类数较上年有所增加；西沙珊瑚礁活珊瑚种类数较上年有所增加，珊瑚礁鱼类种类丰富。

面临白化危机的珊瑚礁

全球珊瑚礁覆盖面积仅占世界海床面积的0.1%～0.5%，但珊瑚礁是海洋环境中生物多样性最高、物种最丰富的生态系统，已被发现的生物总数占海洋生物总数的30%。因此，珊瑚礁也被称为"海洋中的热带雨林"（夏景全，2019）。

珊瑚礁生态系统拥有高生物多样性和高资源生产力，同时也非常脆弱。1970年以来，随着大气二氧化碳浓度不断上升及全球气温和海温不断上升，珊瑚白化逐步变得普遍和严重，珊瑚礁受到的偶尔干扰逐步转变为持续性干扰，破坏力和恢复力之间的平衡发生转变。世界上最著名的珊瑚礁——澳大利亚的大堡礁受海水持续升温的影响，在2016—2017年发生了严重的珊瑚白化事件。2016年的海水升温造成了大堡礁北部约67%的珊瑚死亡（图26-6）。全球珊瑚礁监测网络和美国世界资源研究所认为：人类活动和气候变化已经导致珊瑚礁全球性衰退；受到中等以及以上破坏程度的珊瑚礁已经达到全球珊瑚礁面积的54%，其中19%为"有效失去"；而受到人类活动中等及以上威胁程度的珊瑚礁则达到全球珊瑚礁面积的61%，若加上全球气候变化威胁，则该比例上升到75%。

图26-6 大气二氧化碳浓度和温度升高对大堡礁珊瑚礁的影响

（引自Hoegh-Guldberg，2007）

我国的情况同样严重。1984年以前我国珊瑚礁生态系统还处于良好状态，珊瑚覆盖率高于70%；1990年以后珊瑚礁面积减少了约80%，其中，西沙群岛珊瑚覆盖率从2006年的65%以上下降到2007年的50%左右，从2008年开始，下降趋势更加明显，至2009年已低于10%。海南岛沿岸珊瑚礁自20世纪50年代以来破坏率已达80%，珊瑚覆盖率也显著下降。其中，海南三亚鹿回头81种造礁石珊瑚中，有30种已经发生区域性灭绝（龙丽娟，2019）。

二、海洋生物多样性丧失的原因

生物多样性的丧失通常起因于环境变化。当环境变得不利时，一个种群可以通过发展去适应变化了的环境，或者迁移到环境更有利的地区。当一个物种通过进化或迁移的方式与不利环境斗争失败时，该物种势必趋于灭绝。虽然自然因素会导致海洋生物多样性的丧失，如全球气候变化和自然灾害都会导致海洋生物多样性的丧失，但是人类活动造成的如过度捕捞、海洋环境污染、海洋建设开发、外来物种入侵等，往往是海洋生物多样性丧失的主要原因。

（一）过度捕捞

过度捕捞是指人类的捕鱼活动导致海洋中生存的某种鱼类种群不足以繁殖并补充种群数量。现代渔业捕获的海洋生物已经超过生态系统能够平衡弥补的数量，使渔业生态系统乃至整个海洋生态系统发生退化。过度捕捞直接导致某些渔业生物种群数量下降甚至物种灭绝，生物多样性降低，生物群落物种组成简单。近年来，我国海洋捕捞船只和吨位的急剧增加，捕捞手段日益增多，已经造成渔业资源急剧衰减或枯竭，许多优质品种无法再形成渔汛。而且，浪费性捕捞和副渔获物使得许多珍稀海洋生物遭受巨大破坏，底层拖网、毒鱼或炸鱼等非法捕捞作业方式严重影响了海洋生态环境。

（二）海水养殖

海水养殖主要通过3条途径引起近岸海域生物多样性降低：海水养殖生物的逃逸造成遗传污染，危害生物遗传多样性；海水养殖生物或携带的病原生物危害本地野生物种，造成物种多样性降低；养殖池塘的建设和养殖废水的排放影响周边海区生境和生物，造成生物多样性丧失（图26-7）。

图26-7　大量未经处理的养殖池塘废水直接排放，严重污染了海洋环境
（南方网记者吴明拍摄）

海洋养殖业在我国有悠久的历史，为我国国民经济做出了重要贡献。20世纪80年代以来，我国大力发展近海养殖业，如滩涂养殖、网箱养殖和筏式养殖藻类和贝类。但大规模近海养殖和养殖业发展过快造成了水产品品质的下降。只重视经济效益，忽视了对养殖对象生理、病理的研究和优良品种的选育，使养殖对象过度近亲繁殖、高密度养殖，造成体质和抗病能力下降；过度的饵料投放也引起了周围海域水环境的污染，养殖品种流入大海与野生品种交配又引起了野生亲体体质的下降；此外，引进养殖种类的逃逸，可能使当地的生态系统更为脆弱，养殖病害频发。

（三）海洋污染物

导致海洋生物多样性丧失的海洋污染物的来源有很多：大陆径流、垃圾倾倒、陆源排污、化学品泄漏、大气沉降等。海洋污染物既可以对海洋生物产生致死或严重的毒性效应，也可以影响其正常繁殖或导致基因突变。海洋污染引起的海洋环境变化，可以使生物之间及生物和非生物之间的相互关系被打破，某些物种因失去制约机制而大量繁殖，有时会造成很大的危害。特别是某些致灾藻类暴发性繁殖引起的海洋生态灾害，使海水严重缺氧，进而引起大量海洋生物死亡。

（四）海洋建设开发

海洋建设开发活动和城市扩张建设日益增多，直接或间接造成自然岸线改变，海岸侵蚀加重，典型海洋生态系统和重要栖息地不断丧失，海洋生物群落结构发生改变，优质海洋生物资源衰竭，海洋生物多样性持续下降，等等。例如，围填海活动是世界沿海国家和地区开发利用海洋空间资源的主要途径，也是引起滨海湿地及近岸生物多样性丧失的最直接的人为干扰因素。许多滨海地区的旅游业建设开发盲目、不合理，不但造成旅游资源的破坏和消失，还会致使珊瑚和贝类等海洋生物资源衰退，滨海生态平衡受到严重干扰。近年来，由于人工建筑物增加等，某些种类的水母在一些海域大量出现，形成异常的大规模水母暴发现象，严重影响了近海海洋渔业和海洋生态系统的健康（图26-8）。

图26-8 沿海建筑提高水母幼体成功固着率，导致沿海水母暴发

（五）生物入侵

本地生物多样性所面对的一个主要威胁就是入侵种所造成的生物入侵。在海洋生态系统中，船舶压舱水排放和引入养殖种类，是外来物种入侵的主要途径。压舱水的排放和依附船身的生物，会引入有害水生生物，包括细菌和病毒。同时，一些外来养殖物种的引入也会侵占本地物种的生存环境，使本地物种大量死亡，而环境污染与生境破坏等因素也可能会为外来物种提供有利条件。例如，福建海域发现一种原产南美洲的沙筛贝（*Mytilopsissallei*），它占据了海岸基岩及养殖设施的表面，不仅使得当地的附着生物全部消失，还因争夺饵料使人工养殖的各种贝类产量下降。

第三节　海洋生物多样性保护

一、海洋生物多样性保护的目的及研究内容

（一）海洋生物多样性保护的目的

海洋生物多样性保护的任务是通过对遗传多样性、物种、种群、群落和生态系统的研究，分析海洋生物生存、维持和灭绝机制及相关因素，提出有效的海洋生物多样性保护措施，减缓或遏止生物多样性的丧失，减少和防止濒危物种的灭绝，保证人类对海洋生物资源的可持续利用，实现人类社会的可持续发展。因此，海洋生物多样性保护的目的有2个：① 研究人类对海洋生物多样性的影响；② 研究防止海洋物种灭绝的有效途径。

（二）海洋生物多样性保护的研究内容

（1）探明全球海洋生物多样性的现状，包括遗传多样性、物种多样性和生态系统多样性等不同层次上的多样性，并在此基础上，确定保护海洋生物多样性的热点和重点地区。

（2）研究人类干扰与物种相互关系，探讨物种的濒危机制，从物种生存的生物学机制和外部生态环境着手，探讨物种灭绝的可预防性。

（3）开展种群生存力分析，进行濒危种类的划分和调查，预测和防止可能发生的灭绝。

（4）探索海洋生物多样性和生态系统结构、功能间的相互关系，分析物种消失对生物群落和生态系统的深远影响，特别是对海洋生态系统结构和功能的影响。

（5）在最小生存种群确定的基础上，探索就地保护、迁地保护的方法，提出针对不同物种的保护措施。

（6）采用生物技术等现代技术手段促进保护生物学的开展，例如应用基因工程技术解决小种群中繁殖退化和基因多态性丧失的问题。

（7）制定海洋生物多样性保护的法律法规，开展生物多样性保护与持续利用的宣传教育，提高公众的生物多样性保护意识。

二、海洋生物多样性保护的对策

（一）开展海洋生物多样性的调查和编目

物种数量及其分布情况是评价和保护生物多样性的基础。海洋生物多样性调查和

编目有其特殊性和困难性，表现在：生物的分布受海流和潮汐影响巨大；极端海洋环境下，生物采获不易，获得样品和数据的重复性差（汪松，2000）。从20世纪中期开始，我国就致力于海洋资源普查活动。1950年，中国科学院水生生物研究所第一次系统地展开了全国近海海域生物种类和资源的调查活动；1958年，在全国范围内展开了海洋综合调查和渔业资源调查活动。随着先进科学方法和研究技术的发展，海洋生物多样性调查向很多未知的生境和领域推进。例如，中国科学院深海科学与工程研究所的研究人员于2016—2021年通过"深海勇士"号载人深潜器，在南海、西北太平洋等海域采集了深海蛇尾样品，对其进行了形态学和分子系统学研究，鉴定出4个目7个科15个属共36种深海蛇尾（Nethupul，2022）。其中包括7个新物种，研究人员分别对其进行了描述和命名（2个新物种以"深海勇士"号命名），有15个物种在南海或西北太平洋海域属于首次被发现（新记录种），为进一步理解南海和西北太平洋的深海蛇尾生物多样性提供了重要数据（图26-9）。

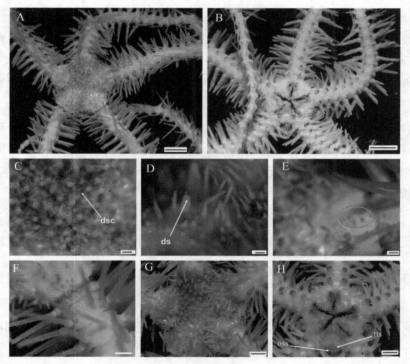

A. 标本的背面；B. 标本的腹面；C. 体盘鳞片颗粒状凸起；D-F. 各种大小的盘棘刺；

G. 体盘背面；H. 体盘腹面。

ds. 棘疣；dsc. 盘鳞；oss. 口棘；tts. 透明表皮。

比例尺：A-B=2 mm；C-E=200 μm；F=500 μm；G-H=1 mm。

图26-9 "深海勇士"号发现并命名的蛇尾新物种*Ophiopristis shenhaiyongshii* sp. nov., holotype

（引自Nethupul, 2022）

国际海洋生物多样性调查

海洋生物多样性是全球生物多样性的重要组成部分。海洋中存在许多未探知的领域和未描述的海洋生物种类。相对于陆地生态系统，人们对海洋生态系统及其生物多样性知之甚少，科研投入也远远不够。20世纪以来已有多项国际计划开展了对海洋生物多样性的研究，如国际生物多样性科学计划（DIVERSITAS）、水循环生物学计划（BAHC）和国际海洋生物普查计划（CoML）等。其中，CoML是一项对海洋生物多样性、物种的分布和丰富程度进行评估和解释的国际性研究计划，实施周期是2000—2010年，在同类国际合作计划中是规模最大、调查面积最广、花费最多的一项。

共有来自80多个国家的约2 700名科学家、670个研究机构参与了CoML，进行了540次调查，累计海上调查时间约9 000 d。CoML调查的区域从热带到极地，涵盖全球所有海洋领域，调查对象为包括从微生物到鲸在内的几乎所有海洋动物。根据调查的结果，将已知海洋物种的数量从大约23万种增加到近25万种，同时发现了6 000多个潜在的新物种，并完成了其中1 200多个的详细介绍。CoML从基因、物种和种群3个层面建立了海洋生物多样性的研究体系，记录了全球海洋生物的种类、数量及其分布情况，某些海洋生物过去、现在的栖息地，以及未来可能出现的地方。CoML的研究范围很广，研究内容主要有现场调查、种群历史以及种群预测等。我国于2004年成立CoML中国学术委员会，不仅促进了中国海洋生物多样性研究的发展，也加快了与国际水平的接轨。

（二）进行生物多样性的长期动态监测

进行生物多样性监测有利于对不同地区生物多样性和自然资源的保护与持续利用做出科学的管理决策。生物多样性的动态监测工作始于20世纪80年代初，主要是美国的一些研究机构在南美洲开展的若干生物多样性动态监测项目。这些监测项目在不同类型和不同区域的热带雨林设立固定监测样地，组成监测网络。近年来，某些国际组织，如国际生物科学联合会、环境问题科学委员会和联合国教科文组织等，正在积极努力筹建世界生物多样性研究网络，开展"生物多样性的编目和监测"国际合作计划，为全球生物多样性的保护与持续利用提供基本的科学依据。在海洋生物多样性监测方面，已形成了由海洋生物多样性观察网（MBON）、全球海洋观测系统生物生态专家组（GOOS）和海洋生物地理信息系统（OBIS）一体化的全球海洋生物多样性监测网络（Benson，2018）。

我国的一些海洋科研机构已建立了若干海洋生态环境监测台站，如对大连湾、胶州湾、厦门附近等海域都进行了定期的海域生态监测。以自然资源部为组织单位的全国海洋生态环境监测网络正在建设之中，该监测网络将在我国管辖海域有典型生态系统的海区设立监测点，常年定期监测这些海区的生态系统状况，包括物种组成及分布、生物量、受人类活动影响程度等多项指标（马程琳，2003）。

（三）提倡建立海洋保护区

保护海洋生物多样性最好的策略是建立海洋保护区（张士璀，2017）。海洋保护区包括实施全面保护的自然保护区、局部或临时保护的其他保护区，如季节性禁渔区、特定物种捕捞限制区、禁止采矿区和禁止倾废区。我国的海洋保护区分为海洋自然保护区和海洋特别保护区两大类型，其中海洋特别保护区是具有中国特色的一类海洋生物多样性保护区。

1. 海洋自然保护区

海洋自然保护区是指以海洋自然环境和资源保护为目的，依法把包括保护对象在内的一定面积的海岸、河口、岛屿、湿地或海域划分出来，进行特殊保护和管理的区域。我国海洋自然保护区的建设始于1963年在渤海海域建立蛇岛海洋自然保护区。1988年，正式启动海洋自然保护区计划。至2022年，我国共建立各类海洋保护区250余处，面积达1 200万hm^2，约占我国管辖海域总面积的4.1%。其中，由海洋部门主管的国家级海洋自然保护区14处，保护对象涵盖珊瑚礁、红树林、滨海湿地、海湾、海岛等典型海洋生态系统。

海洋自然保护区可根据自然环境、自然资源状况和保护需要划为核心区、缓冲区、实验区。核心区内，除管理部门批准进行的调查观测和科学研究活动外，禁止其他一切可能对保护区造成危害或不良影响的活动。缓冲区内，在保护对象不遭人为破坏和污染的前提下，经该保护区管理机构批准，可在限定时间和范围内适当进行渔业生产、旅游观光、科学研究、教学实习等活动。实验区内，在该保护区管理机构统一规划和指导下，可有计划地进行适度开发活动。

按照海洋自然保护区的主要保护对象，可以将海洋自然保护区分为3个类别16个类型（表26-2）。

表26-2　海洋自然保护区类型划分

类别	类型
海洋和海岸自然生态系统	河口生态系统
	潮间带生态系统
	盐沼（咸水、半咸水）生态系统
	红树林生态系统
	海湾生态系统
	海草床生态系统
	珊瑚礁生态系统
	上升流生态系统
	大陆架生态系统
	岛屿生态系统
海洋生物物种	海洋珍稀、濒危生物物种
	海洋经济生物物种
海洋自然遗迹和非生物资源	海洋地质遗址
	海洋古生物遗迹
	海洋自然景观
	海洋非生物资源

引自陈克亮等，2018。

2. 海洋特别保护区

　　海洋特别保护区是指具有特殊地理条件、生态系统、生物与非生物资源及满足海洋资源利用特殊要求，需要采取有效保护措施和科学利用方式予以特殊管理的区域。设立海洋特别保护区不排斥对海洋的开发利用，而是在保护下的开发利用，其目的在于科学、合理、持续地利用区域内的海洋生物资源，并求得最佳的综合效益，强调开发利用与自然保护协调一致。海洋特别保护区主要保护重要水产资源、药用资源及濒危物种，消除和减少人为的不利影响，着重保护、恢复、发展、引种、繁殖生物资源，以保存生物物种的多样性（傅秀梅，2009）。

　　根据海洋特别保护区的地理区位、资源环境状况、海洋开发利用现状和社会经济发展的需要，将海洋特别保护区分为海洋特殊地理条件保护区、海洋生态保护区、海洋公园、海洋资源保护区等类型。在具有重要海洋权益价值、特殊海洋水文动力条件的海域和海岛建立海洋特殊地理条件保护区；在珍稀濒危物种自然分布区、典型生态系统集中分布区及其他生态敏感脆弱区或生态修复区建立海洋生态保护区，从而保护海洋生物多样性和生态系统服务功能；在特殊海洋生态景观、历史文化遗迹、独特地质地貌景观及其周边海域建立海洋公园，从而保护海洋生态与历史文化价值，发挥其生态旅游功能；在重要海洋生物资源、矿产资源、油气资源及海洋能等资源开发预留区域，海洋生态产业区及各类海洋资源开发协调区建立海洋资源保护区，旨在促进海洋资源可持续利用。

全球著名的海洋保护区

虽然全球海洋保护区已经超过5 000处，但是由于大多面积比较小，仅有约1%的海洋环境以保护区的形式加以保护。世界上3处主要的海洋保护区为澳大利亚大堡礁海洋公园、夏威夷西北岛自然遗址、凤凰群岛保护区，其面积总和超过世界海洋保护区总面积的1/2。其中基里巴斯的凤凰群岛保护区是世界上面积最大、受人类影响最小的海洋保护区，主要保护地球上仅存的未受人类干扰的珊瑚群岛（图26-10）。

图26-10 凤凰群岛海洋保护区

本章小结

生物多样性是指栖息于一定环境的所有动植物和微生物物种所拥有的全部基因以及它们与生存环境所组成的生态系统的总称，主要包括遗传多样性、物种多样性和生态系统多样性3个层次。

虽然自然因素如全球气候变化和自然灾害会导致海洋生物多样性的丧失，但是人类活动造成的如过度捕捞、海洋环境污染、海洋建设开发、外来物种入侵等，往往是海洋生物多样性丧失的主要原因。

建立海洋保护区是保护海洋生物多样性的有效途径。海洋保护区包括实施全面保护的自然保护区、局部或临时保护的其他保护区等。我国的海洋保护区分为海洋自然保护区和海洋特别保护区两大类型，其中海洋特别保护区是具有中国特色的一类海洋生物多样性保护区。

思考题

（1）简要说明生物多样性的层次和它们之间的相互关系。

（2）简述生态系统多样性丧失、物种多样性丧失和遗传多样性丧失三者之间的关系。

（3）简要说明海洋生物多样性丧失的主要原因有哪些。

（4）简述保护海洋生物多样性常用的几种对策。

拓展阅读

陈灵芝，马克平. 生物多样性科学：原理与实践［M］. 上海：上海科学技术出版社，2001.

陈清潮. 中国海洋生物多样性的保护［M］. 北京：中国林业出版社，2006.

Black K D. Marine Ecology: Processes, Systems, and Impacts, Williams［M］. New York: Oxford University Press, 2011.

Primack R B，马克平，蒋志刚. 保护生物学［M］. 北京：科学出版社，2014.

第二十七章　海洋生态恢复

人类对海洋的开发和利用往往会对海洋生态系统造成不同程度的破坏，突出表现在生境受损、生态系统退化和海洋环境污染等方面。在海洋生态系统受到破坏日益明显的情况下，其恢复已经成为公众、政府、学术界共同关注的焦点。海洋生态恢复是我国建设生态文明、改善海洋环境的一项重大举措。在本章中分别介绍海洋生态恢复的定义及理论基础、海洋生态恢复的一般过程以及海洋生态恢复的典型案例。

第一节　海洋生态恢复的定义及理论基础

一、海洋生态恢复的定义

海洋生态恢复是指在恢复生态学的理论指导下，针对某一退化海洋生态系统的修复，或是某一生态恢复工程，按照恢复计划确定的目标，通过生物和工程技术的手段，切断、削弱生境或生态系统退化的主要影响因子，促使生境质量好转及退化生态系统恢复健康的过程。根据国内外有关研究内容与发展趋势，海洋生态恢复包括生境恢复、生物恢复、生态系统恢复和生态景观恢复四方面内容（李永祺等，2016）。

对海洋生态恢复内涵的理解，需要重视以下几方面：① 因为海洋环境、海洋生态系统（结构、组成和功能）与陆地环境、陆地生态系统有明显区别，所以海洋生态恢复有其特征。② 海洋生态系统根据其地理位置、区域、气候、海流、物理、化学、生物、地质等条件，又可分为许多各具特色的生态系统，如海湾生态系统、河口生态系统、潮间带生态系统等。不同生态系统各具特点，系统退化的原因各异。因此，生态恢复成功与否，既要注意共性问题，又要重视特殊性，加强针对性。③ 海洋生态恢复，一般应重视以自然恢复为主，以人工修复为辅。④ 海洋生态恢复需要纳入海洋综合管理的工作内容，管理工作（包括跟踪监测）应贯穿整个恢复过程。⑤ 由于海洋的流动性、海洋环境的复杂性和多变性，以及海洋生态系统退化往往具有潜在性和海洋生态系统受到破坏后恢复的艰巨性，加之迄今我们的知识不足，必须在生态恢复的实践中不断充实、发展海洋生态恢复的理论和技术。

二、海洋生态恢复的理论基础

进行海洋生态恢复，需要遵从生态学的基本理论，包括自我设计理论与人为设计理论、限制因子原理、种群生态学理论、群落生态学理论和生态系统生态学理论。其中，自我设计和人为设计理论是从恢复生态学中产生的理论，在生态恢复实践中得到广泛应用。种群生态学理论、群落生态学理论和生态系统生态学理论涉及利比希最小因子定律、谢尔福德耐受定律、阿利氏规律、种间关系原理、生态位理论、生态演替理论、边缘效应理论等基础生态学理论（图27-1），这些在基础理论篇中已做详尽解释，本章主要介绍自我设计理论与人为设计理论。

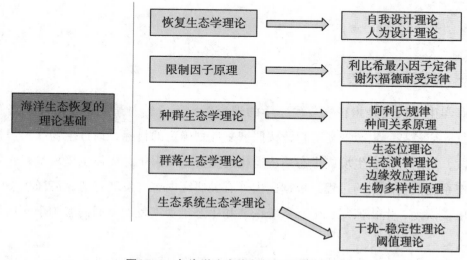

图27-1　与海洋生态恢复相关的典型理论

自我设计理论认为只要有足够的时间，随着时间的进程，退化生态系统将根据环境条件合理地组织自己并会最终改变其组分。人为设计理论认为，通过工程方法和生物重建可以直接恢复退化生态系统，恢复的类型可能是多样的。这两种理论的不同点在于人为设计理论把恢复放在个体或种群层次上考虑，可能会有多种恢复结果；而自我设计理论把恢复放在生态系统层次考虑，恢复的结果是出现完全由环境决定的生物群落。

第二节　海洋生态恢复的一般过程

在本章第一节中，介绍了海洋生态恢复的定义及理论基础。在本节中，将重点介绍海洋生态恢复的一般过程，主要包括背景资料收集、退化生态系统诊断、海洋生态恢复实施原则、海洋生态恢复实施过程管理原则、成效评估及管理（陈彬等，2012；李永祺等，2016）。

一、背景资料收集

背景资料收集是整个海洋生态恢复工作的基础，完善的前期资料收集可以为后续具体工作的实施打下良好的基础。在资料收集过程中须遵循的基本原则：① 全面性。在时间尺度上，一般至少需要两个时期，即干扰前（或历史的）、干扰后（或当前的）的数据。尽量收集拟恢复的生境、生物、生态系统的调查、监测资料，收集当地或区域的经济、社会资料，以及政府制定的有关经济、社会发展规划。生态调查与资料收集的具体内容需根据生态系统类型、生态退化类型、生态恢复目标等确定（毋瑾超等，2013）。② 系统性。根据需要，按照预先设计，分门别类加以收集，避免杂乱无章、繁乱无序。系统地进行资料收集，做深入分析，有利于海洋生态系统恢复与优化的设计。③ 有效性。要重视资料的质量，保证其可靠、准确。

二、退化生态系统诊断

退化生态系统是一类病态的生态系统，指在一定时空背景下，在自然因素、人为因素，或者二者共同作用下，生态系统要素和生态系统整体发生了不利于人类和其他生物生存的量变和质变（章家恩等，1998）。对退化生态系统的诊断工作往往较难进行，这是因为生态系统退化的原因往往既有自然因素，又有人类活动的干扰因素，这两大因素又互相叠加，很难区分。它们对海洋生态系统的干扰、压力与效应之间的关系又大多是非线性且具有时滞效应的，不是立即应答的关系。要制定退化生态系统的恢复方案，首先要根据恢复对象的退化状态、程度、原因进行诊断。

（一）生态系统退化诊断流程

生态系统退化程度的诊断有以下几个环节：诊断对象的选定、诊断参照系统的确定、诊断途径的确定、诊断方案的确定、诊断指标（体系）的确定。

（二）生态系统受损过程分析

由于干扰因素和生态系统对干扰的抗性差异，在外界的干扰（压力）下，生态系统的受损过程也有多种形式。

（1）突发性受损：海洋生态系统受到突发性的强烈干扰，受损程度严重，受损后靠自然恢复时间长。如严重的石油泄漏、海啸等。

（2）跃变式受损：海洋生态系统最初受到干扰时，并未出现明显的损伤，但随着干扰的持续，达到或超过某种阈值，则系统呈现明显受损状态。这时，生态系统的抵抗力明显降低，恢复的代价明显加大。如重金属污染、持久性有机污染物污染。

（3）渐变式受损：干扰强度较均衡，强度不大但持续，对海洋生态系统的影响主要是累积性的。如海域的富营养化、全球气候变化对珊瑚礁的影响。

（4）间断式受损：指生态系统因周期性干扰而受到损害。干扰停止后，生态系统能逐渐恢复。例如，每年夏季洪水季节大量淡水注入海洋，对河口生态系统的影响。

（三）退化生态系统诊断的标准

生态系统受到损伤后，原有的动态平衡被打破，导致系统的结构、组分及功能发生变化，具体表现为结构趋于简单化、生产能力降低、种间关系发生变化、功能弱化。由于生态系统类型具有多样性，所以不同类型生态系统的诊断、评价标准也各异。例如，对于海湾生态系统而言，王文海等（2011）认为可以从水质指标、海湾面积减少速率及终极海湾面积指标、海湾滩涂存有率和天然岸线保有率指标、海水交换指标、生物种群变化率指标以及海湾富营养化程度等方面分析海湾的健康状况；对于河口生态系统而言，主要关注非生物环境指标、生物指标、对人类的影响指标三大类。

三、海洋生态恢复实施原则

（一）生态恢复目标确定原则

生态恢复目标的确定，要综合考虑科学、经济、社会的需求，要有可操作性和可实现性。目标应明确、易懂，可分层次和阶段，但各层次、阶段要有紧密相关性和连续性，尽可能定量化，且可考核。

生态恢复目标的确定有以下5点基本要求：① 实现生态系统的地表基底稳定性，因为地表基底（地质、地貌）是生态系统发育与存在的基础和载体；② 提高物种组成的多样性；③ 恢复生物群落，提高生态系统的生产力和自我维持能力，从而增强生态系统的服务功能；④ 停止有害的人为干扰活动，减少或控制环境污染；⑤ 增加视觉和美学享受（郭一羽等，2006）。

（二）生态恢复措施制定原则

（1）确定适宜的时空尺度。空间尺度应考量恢复对象的生境、系统，尽可能保证范围较大。时间尺度应考虑在短时间内能看到生态恢复的效果。对于水产增殖放流、海藻场的恢复，三年内即能看到效果。而对于珊瑚礁生态系统的修复、海域富营养化的治理、海域低氧区的改善，以及沉积物、重金属和石油污染的清理，乃至互花米草的消除，都很难在短期内见到明显的效果。

（2）根据生态系统受损的程度，采取不同的恢复模式。Platt等（1977）提出了退化生态系统恢复遵循的两种模式：一种是生态系统受损不超过负荷且可逆，在压力和干扰消除后，可以自然恢复；另一种是生态系统受损超负荷且不可逆，靠自然力已很难或不可能恢复到初始状态，则必须人为干预，帮助恢复（图27-2）。

图27-2 受损生态系统恢复的两种模式

（引自Platt等，1977）

四、海洋生态恢复实施过程管理原则

海洋生态恢复的实施过程中应遵循以下管理原则：

（1）生物材料的选定应以当地或相同海区的种类为主，要注意季节性、新鲜度；若引用外地物种，要注意外地物种的适应性并防止其成为入侵物种。

（2）非生物材料的选定也应以"就地取材、因地制宜"为主，用生态型材料，防止因使用的工程材料造成海域污染。

（3）需委托工程施工单位承包的恢复工程，如人工鱼礁礁体的制造、潜堤的建筑、海岸景观的恢复等，应选择有资质的工程单位，并向其提出工程的施工方法、作业程序、施工进度、工程材料的质量要求以及对生态和环境的要求等。

（4）实施阶段应该保护海域的生态，防止对海域造成新的污染和生态破坏。如需施工，在施工过程中，应当加强施工的管理和生态监测，以便及时发现问题，并及时研究和处置。

五、成效评估及管理

国际生态恢复学会提出了8条判定恢复是否成功的标准：① 修复后与参考生态系统具有相似的物种多样性和群落结构；② 存在本地物种（土著种）；③ 存在能够维持生态系统长期稳定的功能群体；④ 恢复后的物理环境可为物种繁殖提供适宜的生境；⑤ 恢复后的生态系统功能正常；⑥ 恢复后的生态系统对于大范围的生态景观整合是合适的；⑦ 对生态系统健康存在的潜在危险均已消除或减弱；⑧ 具备抵抗自然干扰及适度的人为干扰的能力（宋永昌等，2007）。

生态工程实现恢复后，应该进一步加强监控。海洋生态系统是不断变化的、动态的系统，只有通过持续监控，了解恢复区域的最新情况，才能更好地实现生态系统的管理。

第三节 海洋生态恢复实践

海洋生态恢复重在实践、应用，其主要目的是恢复已受损害的海洋生境、生物资源、生态系统。同时，海洋生态恢复实践，也是对海洋生态学理论的科学检验。本节选取海洋生态恢复经典范例"小黑山岛海藻场恢复"进一步介绍海洋生态恢复的过程。

一、背景介绍

小黑山岛位于山东省烟台市，中心地理坐标为37°57′43″N ~ 37°58′44″N，120°38′21″E ~ 120°39′12″E。小黑山岛地处渤海，距南长山岛7 km，东与庙岛相邻，西与大黑山岛相邻，南北长约1.9 km，东西宽约1.2 km，岛陆面积约1.29 km²，人口稀少。东部和南部潮间带多平缓开阔，为砾石潮间带；西部和北部岸峭水深，为岩礁潮间带。整个海域盐度为21.9~31.5，北部盐度高于南部。常年平均水温为12.3℃。最高水温出现在8月，达23.8℃；最低水温出现在1月，达1.4℃。水温夏季南部高于北部，冬季北部高于南部。海水透明度北部高于南部。该岛历史上潮间带海藻丰富，近些年由于近岸海洋环境的恶化以及大型海藻的无序采收，海藻场严重衰退，呈现出一定程度的荒漠化，是渤海海藻场现状的典型代表。选择此地进行生态恢复实践对重建型海藻场生态工程具有示范意义。

二、资料收集

在恢复工作开始前，对小黑山岛周边的生态环境背景进行了全面系统的了解。一是在2009年对小黑山岛的大型底栖海藻物种多样性及丰富度进行了现场调查，二是掌握了1991年小黑山岛大型海藻现场分布情况。根据前期资料收集情况，对小黑山岛相关海域生态环境现状有了基本了解。

三、退化生态系统诊断

对小黑山岛生态环境现状进行诊断，经过诊断得到如下结论：

小黑山岛潮间带大型底栖海藻种类季节交替现象明显，物种数夏季明显多于其他3个季节。4个季节藻类群落的共有种为12种，分别是绿藻门的孔石莼和肠浒苔，褐藻门的鼠尾藻，红藻门的日本异管藻（*Heterosiphonia japonica*）、珊瑚藻、海萝、角叉菜（*Chondrus ocellatus*）、石花菜、叉枝伊谷草（*Ahnfeltia furcellata*）、拟鸡毛菜（*Pterocladiella capillacea*）和单条胶黏藻（*Dumontia simplex*），以及被子植物门的大叶藻。

小黑山岛1991年11月采得大型底栖海藻37种，2009年10月采得23种，其中甘紫菜、三叉仙菜、顶群藻、凹顶藻等消失，新出现了蜈蚣藻等红藻。小黑山岛1991年11月样方鲜重生物量平均值为1 090 g/m²，2009年10月样方鲜重生物量平均值为266.2 g/m²。时隔20年，小黑山岛的海藻种类组成发生了变化，物种多样性和生物量明显降低，部分海藻场已经消失。小黑山岛潮间带底栖海藻群落遭到了极大的破坏，加强潮间带海藻场的维护与恢复海藻场势在必行。

四、小黑山岛海藻场恢复实施过程

海洋生态恢复的实施，主要包括前期准备、实施、验收3个阶段。小黑山岛海藻场恢复工作的前期准备，主要是进行建群种的选择和生境营造及基底整治。前期明确了建群种为鼠尾藻,并采用礁岩筑槽法完成了海藻场重建前的基底整治工作。在具体实施阶段,主要进行了种藻获取与移植播种、鼠尾藻幼植体的培育、幼植体撒播、监测观察和海藻场养护。在验收阶段,主要进行技术、财务阶段的验收,具体恢复过程如下。

(一)建群种的选择

经综合比较分析,选择鼠尾藻为海藻场恢复建群种。选择理由如下:

(1)鼠尾藻生态幅广,适应能力强。鼠尾藻是小黑山岛潮间带的优势种,容易建立种群。

(2)鼠尾藻具有性生殖和营养生殖两种生殖方式,局部区域建群后,其幼殖体可以通过水流的作用进行长距离的空间拓展。

(3)鼠尾藻经济价值高,在水产养殖、医药、保健及化工等方面具有许多用途。

(4)鼠尾藻的人工养殖已经形成规模,能够获得大量恢复材料。

(5)鼠尾藻的生理学和生态学研究已经具备一定基础。

(二)生境营造和基底整治

2010年5月,对小黑山岛海藻场进行了重建。根据现场调查,对恢复目标区域进行生境整治,以满足大型海藻附着生长的基本要求。海藻场人工生境的营造采用礁岩筑槽法。使用高标号水泥构筑槽坝,低潮期间将水泥注入模具内,即时操作,即时凝固。根据现场情况,充分利用地形、地貌,沿潮汐垂直方向筑槽(图27-3)。槽高5~10 cm,槽坝间距30 cm或60 cm。筑槽时尽量清除平板礁上自然附着的牡蛎与藤壶,防止日后沟槽断裂。

A. 生境营造前;B. 生境营造后。

图27-3 小黑山岛海藻场生境营造前后图片

(引自李永祺等,2016)

　　鼠尾藻是代表性的潮间带褐藻，主要生长于潮间带的石沼或岩礁上，在低潮时可长时间处于干露状态，全年可见，快速生长期在每年的3—7月。鼠尾藻形似鼠尾，呈暗褐色，藻体长度一般为3~50 cm。我国不同海区的鼠尾藻藻体长度存在一定的差异，生长在南海海区的鼠尾藻藻体长度远大于生长在黄、渤海海区的鼠尾藻。鼠尾藻的固着器通常为扁平盘状或圆锥状，固着器上生长圆柱形主干，主干粗短，有明显的叶状体。主干顶端生长出数条长短不一的初生枝，幼期的初生枝被螺旋状重叠的鳞片叶覆盖，次生枝从鳞片叶腋间生出。鼠尾藻幼叶呈浅绿色，鳞片状；成体叶状体呈深褐色，丝状，通常为斜楔形，边缘全缘或有粗锯齿。成体有气囊，气囊呈窄纺锤形，顶端尖，具有膨大的囊部和长短不等的囊柄（图27-4）。

　　鼠尾藻是典型的雌雄异株大型海藻。幼苗期雌雄株在形态学上极其相似，生殖期雌雄个体可通过生殖托形态差异进行区分。雌性个体的生殖托短而粗，长3~5 mm，主生殖托和次生殖托之间无明显差别；雄性个体的生殖托长而细，长10~15 mm，主生殖托明显大于次生殖托。鼠尾藻生活史无世代交替，只有孢子体世代，无配子体世代。其生殖方式有两种：有性生殖和营养生殖。自然种群的扩散（补充/繁衍）以多年生固着器新生藻体的营养繁殖方式为主，以有性繁殖方式为辅，藻体成熟后释放精子和卵。受精后的孢子体自然沉降在底质上或者附着在岩石上，经萌发形成新藻体（臧宇，2019）。

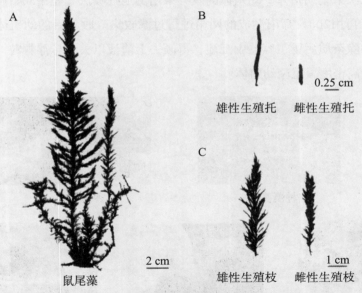

A. 鼠尾藻完整藻体外观形态；B. 鼠尾藻雄性、雌性生殖托外观形态；

C. 鼠尾藻雄性、雌性生殖枝外观形态。

图27-4　鼠尾藻形态结构

（引自臧宇，2019）

（三）种藻获取与移植播种

根据分析比较，采用鼠尾藻幼殖体直接播撒法进行海藻场恢复。获得幼殖体所需的种藻来源于浙江省温州市洞头区的养殖群体。洞头区是我国鼠尾藻的主要养殖地区，养殖技术成熟，养殖面积大，鼠尾藻产量高，供应稳定。洞头鼠尾藻养殖群体个体大，绝对生殖力高，不但容易获得，而且避免了大量采集种藻对自然资源的破坏。洞头鼠尾藻养殖群体成熟时间在6月初，此时北方海水温度为15℃左右，正适合鼠尾藻幼殖体生长。

鼠尾藻种藻成熟的标志为生殖托膨大，表面出现颗粒状突起或明显的生殖窝。2010年5月底至6月初，在养殖群体集中成熟时采集种藻1 t左右，置于泡沫箱中，由冷藏车运送至育苗场。

（四）鼠尾藻幼殖体的培育

种藻运到后立即转入育苗场进行培养和幼殖体采集。鼠尾藻幼殖体的培育过程如图27-5所示。将成熟种藻（生物量500～1 000 g/m²）置于室内育苗池中充气悬浮培养，定时换水并随时调节光照和水温，保证环境条件适合鼠尾藻幼殖体的放散。定时取样观察幼殖体生长发育状态。待幼殖体达到一定密度时，将放散后的种藻转移至另一育苗池。转移前轻柔搅动种藻，使附着在生殖托表面的幼殖体脱落。转移后的种藻继续蓄养，二次采集幼殖体。幼殖体的收集采用倒池虹吸法。先用80目筛绢滤除体积较大的杂质，再用200目筛绢制成的网箱进行过滤收集。收集后的幼殖体用流动海水反复冲洗，去除杂质后置于容器中沉淀，再倾去上清液以去除悬浮颗粒。如此反复数次，浓缩得到高密度鼠尾藻幼殖体。

种藻蓄养　　　　　　　　　　种藻倒池

显微下的幼殖体　　　　浓缩的幼殖体　　　　虹吸收集幼殖体

图27-5　鼠尾藻幼殖体培育过程

（引自李永祺等，2016）

（五）鼠尾藻幼殖体的撒播

2010年7月先后进行了3次幼殖体的撒播（图27-6）。

图27-6　幼殖体的撒播

（引自李永祺等，2016）

收集到的幼殖体经短时间充气培养，然后运至海藻场恢复地点，于当日进行撒播，以提高成活率。撒播前对沟槽进行冲洗，去除泥沙与其他沉积物，同时使沟槽内积累一定量的海水，以利于幼殖体附着生长。撒播前充分搅匀，以1万～5万株/m²的密度将幼殖体撒播至沟槽内。注意撒播均匀，防止区域密度过高影响日后生长。

（六）监测观察

播种后每周观察记录鼠尾藻附着和生长情况，同时进行照相与录像。

播种1 d后，基质上出现固着生长的鼠尾藻幼殖体。体长约3 mm。

播种3 d后，固着生长的鼠尾藻幼殖体逐渐形成规模。

播种18 d后，鼠尾藻继续生长，大多数出现分蘖，鼠尾藻生物量逐渐占据优势。

播种43 d后，鼠尾藻个体继续增大，出现三分蘖。

播种45 d后，鼠尾藻藻体由枝状体转变为叶状体。

播种67 d后，大部分鼠尾藻出现侧枝。

播种79 d后，鼠尾藻生长迅速，侧枝长达到30 mm，鼠尾藻优势种群已经形成（图27-7）。

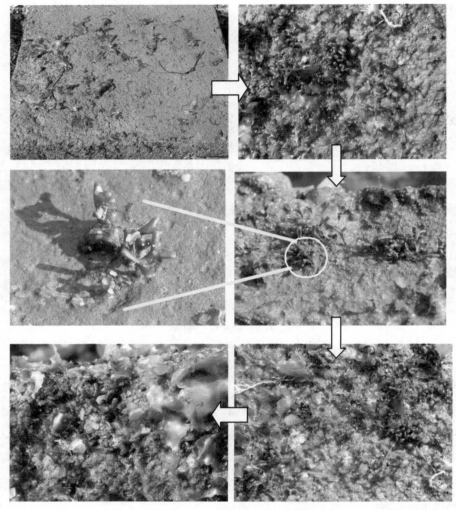

图27-7 鼠尾藻幼殖体的生长

（引自李永祺等，2016）

（七）海藻场的养护

在幼殖体撒播后，每天进行养护，包括遮阴网覆盖、施肥、杂藻处理、泥沙冲刷等（图27-8）。撒播后幼殖体面临两大威胁：潮汐、海流会将尚未附着的幼殖体携带至深海区域，使其无法附着生长，造成幼殖体的流失；而干露、高温则会造成幼殖体的大量死亡。播种后及时使用遮阴网覆盖，可以有效解决上述问题，是鼠尾藻幼殖体顺利附着生长的关键环节。

施肥

冲沙

遮阴

图27-8 幼殖体的养护管理

（引自李永祺等，2016）

在幼殖体撒播一周内，将化肥溶液洒在幼殖体固着的岩礁上。幼殖体前期的快速生长非常重要。其前期的快速生长不仅增强了附着能力，也可在一定程度上避免被沉积物掩埋。及时施用肥料对提高幼殖体存活率也具有重要的意义。

海浪水流携带的泥沙容易在沟槽内沉积，影响鼠尾藻幼殖体的附着和生长，因此需要及时冲洗沟槽中的泥沙，但力度不宜过大，防止刚附着的幼植体被冲刷掉。

为防止人为活动对恢复工作的干扰破坏，还建立了相应的管理队伍，对恢复区域进行管理。

（八）技术、财务验收及成效评估

对恢复工作进行技术验收，包括施工品质的验收及设计成效的验收，并进行后续监测与评估；对财务的验收包括财务经费的支付、开支结算。经过3个月的海藻场恢复工作，小黑山岛海藻场的重建初见成效，恢复前后对比效果非常明显，之前无藻类生长的平板礁沟槽内已经形成以鼠尾藻为优势种群的潮间带海藻场（图27-9）。

图27-9　小黑山岛恢复区恢复后

（引自李永祺等，2016）

本章小结

　　人类的开发会对海洋生态系统造成不同程度的破坏，其恢复成为公众、政府、学术界共同的焦点。在本章的第一节，介绍了海洋生态系统的定义和理论基础。海洋生态恢复是指针对某一类型退化海洋生态系统的修复，或是某一生态恢复工程，是海洋恢复生态学的具体实例。进行海洋生态恢复，需要遵从海洋恢复生态学的基本理论，包括自我与人为设计理论、限制因子原理、种群生态学理论、群落生态学理论和生态系统生态学理论。其中，自我与人为设计理论是从恢复生态学中产生的理论。第二节介绍了海洋生态恢复的一般过程，包括背景资料收集、退化生态系统诊断、海洋生态恢复实施原则、海洋生态恢复实施过程管理原则、成效评估及管理。第三节为海洋生态恢复实践，选取小黑山岛海藻场恢复作为经典范例，首先介绍了小黑山岛海藻场恢复工作的背景，然后从资料收集、退化生态系统诊断、恢复实施过程、成效评估几方面详细介绍了小黑山岛海藻场恢复的全过程。

思考题

（1）海洋生态恢复的定义是什么?

（2）海洋生态恢复包括哪些理论? 其中哪两个理论直接来源于恢复生态学? 详细介绍这两个理论。

（3）结合小黑山岛海藻场生态恢复的案例，阐述海洋生态恢复工作的一般过程。

拓展阅读

陈彬，俞炜炜.海洋生态恢复理论与实践［M］.北京：海洋出版社，2012.

李永祺，唐学玺.海洋恢复生态学［M］.青岛：中国海洋大学出版社，2016.

第二十八章 海洋生态系统服务

人们开发和利用海洋的过程主要就是利用海洋生态系统提供的各种服务的过程，因此，生态系统服务的内涵也随着人们对生态系统的认识的加深而逐渐发展。对海洋生态系统服务的研究，不仅能够调节、指导各类海洋开发活动，而且可以从海洋生态系统的实际出发，在人类开发利用海洋的同时，保护海洋生态系统。

第一节 海洋生态系统服务的概念与功能

一、海洋生态系统服务的概念

生态系统服务概念的提出至今已有40多年的历史。1981年，E. R. Ehrlich和A. H. Ehrlich在《灭绝：物种消失的原因和后果》一书中首次提出了"生态系统服务"这一概念。在这之后，生态系统服务的概念也逐渐为人们所接受。特别是1997年Costanza等的研究结果在《自然》杂志发表，引发了全世界对生态系统服务的关注。联合国在2001年启动了千年生态系统评估项目，把生态系统服务研究推上了一个新的高度。

千年生态系统评估

千年生态系统评估（Millennium Ecosystem Assessment，MA）是由联合国前秘书长科菲·安南于2000年呼吁，2001年正式启动的。它是世界上第一个针对全球陆地和水生生态系统开展的多尺度、综合性评估项目。其宗旨是针对生态系统变化与人类福祉间的关系，通过整合现有的生态学和其他学科的数据、资料和知识，为决策者、学者和公众提供有关信息，提高生态系统管理水平，以保证社会经济的可持续发展。全世界1 360多名专家参与了千年生态系统评估的工作，对全世界生态系统及其提供的服务功能（如洁净水、食物、林产品、洪水控制和自然资源）的状况与趋势进行了最新的科学评估，并提出了恢复、保护或改善生态系统可持续利用状况的各种对策。评估结果包含在5份技术报告和6份综合报告中。千年生态系统评估的主要结果为："在过去50年中，人类改变生态系统的速度和广度超过了人类历史上的任何时期，主要是为了满足人们对食物、淡水、木材、纤维和燃料日益快速增长的需求。这已导致地球生物多样性出现了显著变化，且绝大部分是不可逆转的丧失。"

人类对生态系统造成的改变，使人类福祉和经济发展得到了实质性的进展，但是这些进展的代价是不断升级的诸多生态系统服务功能的退化，是非线性变化风险的增加，是某些人群贫困程度的加剧。这些问题如果得不到解决，将极大地减少人类子孙后代从生态系统中所获得的惠益。

生态系统服务功能的退化在21世纪上半叶可能会严重恶化，并且将阻碍联合国千年发展目标的实现。在千年生态系统评估设定的部分情景中，在扭转生态系统退化局面的同时，又要满足人类不断增长的对生态系统服务需求这一挑战。这需要我们在政策、机制和实施方式方面进行重大转变，而这些转变工作都尚未开展。我们有很多对策方案，可以通过减少不利的、得失不均衡的状况，或通过与其他生态系统服务之间形成有利的协同作用，来保护或改善某些特定的生态系统服务。

海洋生态系统服务包括人们已经获得的服务和系统潜在提供的服务。图28-1中虚线箭头表示潜在服务的产生过程和实现途径，其可能和已知的途径相同，也可能存在未知的过程，但是其物质基础和服务对象均未发生改变。这其中的物质基础包括海洋生物组分和非生物组分。海洋生物群落的组成和数量的变化、海洋非生物环境的改变都影响着海洋生态系统服务的种类和质量。没有生物组分参与的海洋过程所提供的服务不归为海洋生态系统的服务。例如，海洋对人类提供的航运服务，由于没有生物组分参与，不能称为海洋生态系统服务，但属于海洋的服务。此外，单纯由海洋环境要素之间的相互作用产生的功能也不属于海洋生态系统服务。例如，就气候变化的影响而言，海洋表层3 m所含的热量就相当于整个大气层所含热量的总和（宋金明等，2008），可通过海气的热交换对气候产影响，但由于没有和生物发生联系，故不能算作海洋生态系统服务。

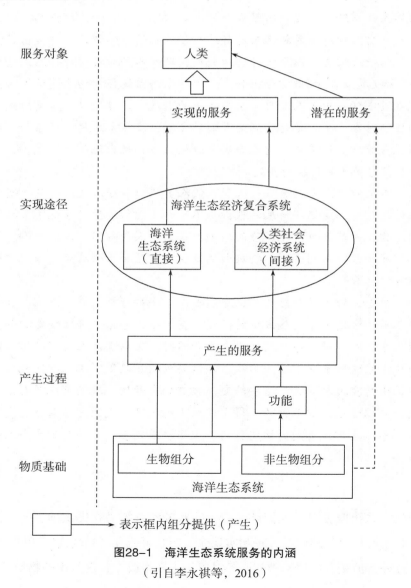

图28-1　海洋生态系统服务的内涵

（引自李永祺等，2016）

海洋生态系统服务是通过海洋生态系统和海洋生态经济复合系统来实现的（图28-1椭圆中的内容）。有些服务如气候调节服务和氧气生产服务，直接由海洋生态系统产生并发挥作用，它们的产生过程就是其实现过程。另外一些服务，如食品生产服务和教育科研服务，如果没有人类社会经济系统参与，那么这些服务就是通过海洋生态经济复合系统间接实现的。

综上所述，海洋生态系统服务是以人类为服务对象，以海洋生态系统自身为服务产生的物质基础，由生物组分、系统本身、系统功能产生，通过海洋生态系统和海洋生态经济复合系统实现的人类所能获得的各种惠益。同时我们应该注意到，这些惠益包括人们已经获得的服务和海洋生态系统潜在提供的服务两部分。潜在提供的服务，其产生过程和实现途径可能是我们已知的，也可能是目前我们所未知的。但可以明确的是其物质基础仍然是海洋生态系统自身，服务对象依然是人类。

二、海洋生态系统服务功能

海洋一直以来都是人类最重要的自然资源之一。海洋生态系统具有为人类提供食品、提供初级生产和次级生产资源、提供生物多样性资源的重要作用，海洋在全球物质循环和能量流动中的作用越来越被人们所重视（Costanza，1999）。国际地圈生物圈计划（International Geosphere-Biosphere Programme，IGBP）初步揭示海洋在大气气体和气候调节、水循环、营养元素循环、废气物处理中扮演重要的角色。如图28-2所示，将海洋生态系统服务功能分为供给服务、调节服务、文化服务和支持服务4大类，共计15项，并对每一项给出了相对明确的定义性描述。

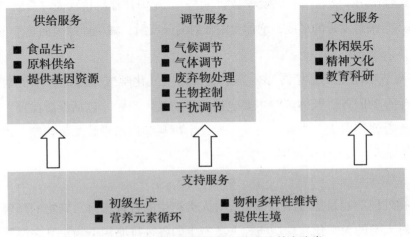

图28-2　海洋生态系统服务功能的基本分类

（引自李永祺等，2016）

（一）供给服务

1. 食品生产

食品生产是指海洋生态系统为人类提供可食用产品的服务。据统计，人类消费的动物性蛋白中约有16%由海洋渔业提供（FAO，2004），这相当于海洋初级生产力的8%，而且集中在上升流区和浅海陆架（Ryther，1969）。

2. 原料供给

原料供给是指海洋生态系统为人类提供工业生产性原料、医药用材料、装饰观赏材料等产品的服务。工业生产性原料包括非直接食用的可食性海产品、化工生产中的可食和不可食用的海产生物原料及其他工业原料；医药用材料包括海洋天然药物、可以从中提取特定药物成分的海产原料，以及作为医药用添加剂的海产原料（如以甲壳类生物为原料提取几丁质）；装饰观赏材料包括贝壳装饰品、珊瑚装饰品、建筑装饰材料等。

3. 提供基因资源

提供基因资源是指海洋动物、植物、微生物所蕴含的已利用的和具有开发利用潜力的遗传基因资源。该项服务不仅包括已被人类利用的海洋基因资源所带来的效用，更侧重于海洋生态系统具备的为人类提供后备的具有开发利用潜力的遗传资源的能力。

（二）调节服务

1. 气候调节

气候调节功能是指海洋生态系统通过一系列生物参与的生态过程来调节全球及地区温度、降水等气候的服务。这一服务主要体现在两个方面：一是通过海洋生物泵和初级生产者的光合作用，吸收二氧化碳等温室气体；二是海洋浮游植物通过释放二甲硫化物$[(CH_3)_2S]$来触发云的形成，增加太阳辐射的云反射，减少地球表面热量吸收。

2. 气体调节

气体调节功能主要是指海洋生态系统维持空气化学成分稳定、维护空气质量以适宜人类生存的服务。气体调节主要包括海洋初级生产者（包括浮游微藻、大型海藻等）通过光合作用向大气中释放氧气，通过生物泵等作用吸收二氧化碳，维持臭氧层稳定，调节硫化物（SO_x）水平，等等。

3. 废弃物处理

废弃物处理功能是指海洋生态系统对人类产生的各种排海污染物的降解、吸收和转化，即对人类的无害化处理功能。人类产生的各种排海污染物按其来源可分为两大类：一类是陆源污染物，主要包括生活污水、工业废水、有害气体的大气沉降；另一类是非陆源的污染物，主要包括养殖废水、船只产生的生活污水、垃圾、石油及其他有害化合物。

4. 生物控制

生物控制功能是指通过生物种群的营养动力学机制，海洋生态系统所提供的控制有害生物、维持系统平衡和降低相关灾害损失的服务。各营养级生物之间的相互作用既是产生这一服务的基础，也是这一服务实现的主要途径。孙军等（2004）的研究发现在自然海区中，浮游动物的摄食不但控制或延缓了浮游植物水华或赤潮的发生，而且可以控制浮游植物群落的演替方向，从而控制赤潮的类型，进而影响赤潮的消长过程。

5. 干扰调节

干扰调节功能是指海洋生态系统提供对人类生存环境波动的响应、调节服务。例如，红树林和珊瑚礁都能减轻风暴潮和台风对海岸的侵蚀等。

（三）文化服务

1. 休闲娱乐

休闲娱乐功能是指海洋生态系统向人类提供旅游休闲资源的服务。海洋生态系统及其景观以其独有的特点向人类展示了大自然的另一种美。已经被人类开发利用的休闲娱乐服务包括各种海边（上）垂钓、观光、潜水、渔家乐等。

2. 精神文化

精神文化功能是指海洋生态系统通过其外在景观和内在组成部分给人类提供精神文化载体及资源的非商业性用途服务。这一功能可以分为两大部分：第一，海洋生态系统可以给人类在艺术、文学、标志（图、商标等）、建筑、广告等方面提供灵感及素材。例如图28-3所示为中国海洋大学校徽，它们的设计思路都来源于海洋中的海浪形状。第二，海洋生态系统能够使人们形成特有的生活习俗、文化传统、社会关系等。例如，我国沿海地区盛行的妈祖文化就是靠海而生、依海而兴的。

图28-3　以海浪为设计主体的
中国海洋大学校徽

3. 教育科研

教育科研服务是指海洋生态系统为人类科学研究和教育提供素材、场所及其他资源的服务。人类通过对海洋生态系统运行过程、组分等的调查、研究及预测，能够丰富自身的知识，为教育提供资源，更好地谋求自身发展。

（四）支持服务

1. 初级生产

初级生产功能是指海洋生态系统固定外在能量（太阳能、化学能及其他能量），制造有机物，为系统的正常运转和功能的正常发挥提供初始能量来源和物质基础的服务。

2. 营养元素循环

营养元素循环服务是指海洋生态系统对营养元素的储存、循环、转化和吸收。这一服务主要包括两个方面：一是指碳、氮、硅等营养元素在海洋环境和生物体之间的循环，为海洋生态系统的正常运转和功能发挥提供服务；二是指海洋生态系统的营养元素循环是全球生物地球化学循环的重要组成部分，为生物圈的物质循环和能量流动提供服务。

3. 物种多样性维持

物种多样性维持是指海洋生态系统通过其组分与生态过程维持物种多样性水平的服务。这一服务主要包括海洋生态系统维持自身物种组成、数量的稳定，为系统内物质循环和能量流动提供生物载体，并对其他服务的供给提供支撑。

4. 提供生境

提供生境是指海洋生态系统为定居和迁徙种群提供生境的服务，也包括为人类提供居所。例如，盐沼、海藻（草）床、红树林、珊瑚礁等为其他海洋生物提供了丰富的异质性生存空间和多样化的庇护场所。只占海洋面积0.2%的珊瑚礁为1/3的海洋鱼类和其他大量生物提供了栖息地（图28-4）。

图28-4　珊瑚礁、海草场为其他海洋生物提供了生存空间和庇护场所

三、海洋生态系统服务价值的计量方法

不同的学科、文化观念、哲学观点与思想学派对生态系统的重要性或"价值"的认识与表达各不相同（Goulder等，1997）。海洋生态系统服务评估的重要目的是了解海洋生态系统的变化对人类的影响。开展经济价值评估的目的是可以利用共同的度

量体系比较海洋生态系统提供的各种服务（MA，2003）。

（一）海洋生态系统服务价值的构成

在考虑生态系统服务的效用价值时，通常以总经济价值概念（total economic value，TEV）来建立价值框架（Pearce等，1993）。根据这一概念，海洋生态系统服务的总经济价值可以分为使用价值（use value）和非使用价值（non-use value），非使用价值通常也称为存在价值（existence value）、保存价值（conservation value）、被动使用价值（passive use value）。存在价值是人们对海洋生态系统及其服务存在状态的认同，这种存在的状态也会使人们得到满足，从而产生价值。需要注意的是评估这一价值最为困难，也最具争议。海洋生态系统服务价值的分类及描述见表28-1。

表28-1　海洋生态系统服务价值的分类及描述

使用价值	是指人类为了满足消费或生产目的而使用的海洋生态系统服务的价值，它包括有形的服务与无形的服务	直接使用价值：一些海洋生态系统服务可以被人类直接使用。根据使用目的的不同，可以分为两种情况：一种是为了满足人们消耗性目的；另一种则是为了满足人们非消耗性目的。直接使用价值主要对应于海洋生态系统的供给服务和文化服务。这些服务包括人们正在利用的和潜在利用的，其中潜在利用的服务包括当代可以实现的和未来实现的两类
		间接使用价值：许多海洋生态系统服务被用作生产人们使用的最终产品与服务的中间投入。此外，还有一些生态系统服务对人们享受其他最终的消费性愉悦产品具有间接的促进作用
		选择价值：对于许多海洋生态系统服务，人们可能还没有从它们当中获得任何效用，但是在为人类保存未来使用这些服务的选择机会方面，它们仍然具有价值。换句话说，一些服务可能现在对人类来说没有任何价值，但未来人们可能会从这些服务中获得价值
非使用价值	是指人们对生态系统及其服务的存在所确定的价值，即使永远也不会利用这些生态系统及其服务	生态价值：是从纯自然科学角度对生态系统及其服务具有的价值的一种表述。这一价值体现在生态系统具体的生态过程、功能和组分之中
		社会文化价值：对于许多人来讲，海洋生态系统与他们心中根深蒂固的历史、民族、伦理、宗教及精神价值是密切相关的
		内在价值：生态系统及其服务的内在价值概念是建立在不同的文化和宗教的基础之上的。内在价值体现在人们对内心世界的感悟，对自然界各种事物的体会

海洋生态系统服务价值的经济学评估方法主要可分为直接市场评估、间接市场评估、意愿调查评估、群体价值评估和成果参照5种（图28-5）。

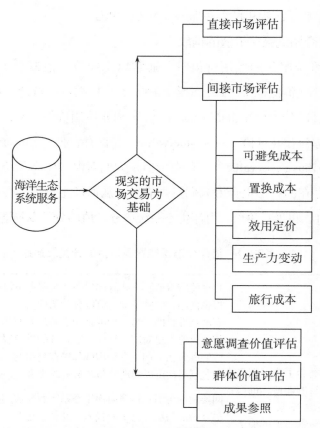

图28-5 海洋生态系统服务价值的经济学评估方法
（引自李永祺等，2016）

（二）海洋生态系统服务价值的评估方法

基于服务的真实市场交易，评估海洋生态系统服务的价值可以使用直接市场评估和间接市场评估。当海洋生态系统服务的市场交易完全不存在时，对其价值进行评估可以采用意愿调查价值评估和群体价值评估。

1. 直接市场评估

直接市场评估是根据海洋生态系统服务在现实市场交易中的价格对其价值进行估算。它利用标准的经济学技术方法，基于消费者在不同的市场价格下所购买的服务的数量，以及生产者所供给的服务的数量，来估算服务的消费者剩余和生产者剩余（彭本荣等，2006），这两者之和就是海洋生态系统服务的价值。只有那些私有化的和可以在有效市场上进行交易的海洋生态系统服务才可以使用这种方法。

2. 间接市场评估

间接市场评估是利用实际观测到的市场数据来间接地计算海洋生态系统服务的价

值。其主要方法如表28-2所示。

表28-2　间接市场评估的主要方法

间接市场评估的主要方法	解释	举例
可避免成本	海洋生态系统服务的存在能够使人类社会避免因缺少这些服务而蒙受损失	珊瑚礁、红树林对海岸的保护服务可以避免沿岸人员、财产受损失
置换成本	某些海洋生态系统服务可以通过人工系统或其他服务来替代，对这些服务的价值可以采用重置这些服务的成本来估算	人工修建海堤可以全部或部分替代红树林等的海岸保护服务，对这一服务的价值可以采用修建人工海提的费用来代替
效用定价	又称为内定价法、资产价值法，是指海洋生态系统服务的价值能够被反映在人们为相关产品买单的价格上	能够欣赏沿海风景的房屋价格通常比内陆相同的房屋价格要贵，这样，滨海景观的价值就内含在房屋的价格中
生产力变动	将海洋生态系统服务作为中间投入，用其对最终市场交易的产品和服务的贡献来评估服务的价值	海洋环境的改善使渔获量增加，从而可以用增加的渔获量价值来反映相关海洋生态系统服务的价值
旅行成本	通过计算人们参观利用海洋生态系统及其服务付出的费用（旅行费用），对该服务进行估价	人们滨海旅行花费时间和金钱就是在购买生态系统的休闲娱乐服务

本表改自王其翔，2009。

3. 意愿调查价值评估

意愿调查价值评估又称条件价值评估。它是一种典型的陈述偏好评估方法，是在假想市场情况下，直接调查和询问人们对某一环境效益改善或资源保护措施的支付意愿（willing to pay，WTP）或者对环境或资源质量损失的接受赔偿意愿（willing to accept compensation，WTA），来估计环境效益改善或环境质量损失的经济价值（张志强等，2003）。据获取数据的途径不同，意愿调查价值评估可细分为投标博弈法、比较博弈法、无费用选择法、优先评价法和德尔菲法（李金昌等，1999）。

4. 群体价值评估

作为对生态系统服务评估的另一种尝试，群体价值评估越来越受到人们的关注（Jacobs，1997；Sagoff，1998；Wilson等，2002）。这种方法来源于社会和政治理论，它基于民主协商，并假定公共决策应该是公开辩论的结果，而不是对个人偏好分别计量的集合。与意愿调查价值评估相似，群体价值评估的实施也是通过使用假设的情景和支付工具。所不同的是它的价值诱探过程（value elicitation）不是通过私自的询问，而是通过群组讨论达成共识（MA，2003）。有许多海洋生态系统服务属于公共服务，对这些服务的决策会影响很多人。因此许多学者认为评估这些服务的价值不能基于个人偏好的集合，而应基于公共辩论，得到的价值应该是群体（社会）支付意愿或群体（社会）接受意愿，通过这种方法得出的结果可以带来更好的社会公平和政治合法结果（Wilson等，2002）。

5. 成果参照

成果参照是应用已完成的其他区域的研究结果，来评估将要研究区域的生态系统服务价值。成果参照法通常是在评估工作所需费用较大，或时间较短而无法进行原创性评估的情况下，所采用的一种替代评估方法。成果参照方法节省费用，节约时间，但其合理性也颇具争议。一般认为满足以下条件，该方法可以提供有效的和可靠的估算结果。这些条件包括3个方面：在得到估算结果的地点和需要应用估算结果的地点，被评估的服务必须一致；受到影响的人群必须具有一致的特征；用来参照的原始结果必须是可靠的（MA，2003）。

第二节　海洋生态补偿内涵与实施

一、海洋生态补偿内涵

生态补偿，在国际上通常称为"生态服务付费"（payment for environmental service，PES）或"生态效益付费"（payment for ecological benefit，PEB）。通常，研究者们对生态补偿内涵的理解主要是从生态学、经济学以及法学这3个研究视角进行的。有学者认为海洋生态补偿是为了实现海洋生态环境保护和海洋资源的可持续利用，以海洋生态保护成本、机会成本、海洋生态系统服务价值为依据，运用政府手段和市场手段来协调各利益相关者之间利益关系的一项公共制度（曲艳敏等，2014）。为了保护海洋环境，我国也在1982年颁布实施了《中华人民共和国海洋环境保护法》，从而建立了健全的海洋生态保护补偿制度（李国平等，2018）。

（一）海洋生态补偿内容

海洋生态补偿具体包括：① 由海洋生态系统服务受益者向因保护生态环境而放弃发展机会的海洋生态系统服务提供者提供的补偿；② 由海洋生态环境破坏者向受

害者提供的补偿。其中的利益相关者主要包括政府、渔民、沿岸企业、沿岸居民等。海洋利益相关者在海洋开发和保护过程中存在很多矛盾。生态补偿是协调海洋利益相关者之间的利益关系，促进海洋可持续发展的极其重要的措施。海洋生态补偿通过财政、税费等手段调节政府、渔民、沿岸企业、沿岸居民等利益相关者的经济利益关系，有利于促进人海关系和谐，确保海岸带可持续发展（郑伟等，2011）。

（二）海洋生态补偿的类型

根据海洋生态补偿发生的缘由，可将其分为：① 事故性生态破坏补偿，即由于突发性事故（如溢油）造成生态环境破坏，由破坏者向受害者提供的补偿。② 海洋工程生态补偿，即由于海洋工程造成生态环境破坏而给予的生态补偿。③ 跨区域间生态补偿，即不同区域之间由于共同或相关联资源的开发利用相互影响产生的区域利益改变，如海洋开发活动对其他海区的影响。④ 区域开发生态补偿，即由于区域开发模式的改变造成当地利益相关者生态、经济和社会利益的改变，如保护区的设立使当地居民放弃部分开发活动而造成的损失。相应地，从海洋生态补偿者与被补偿者之间的关系、补偿标准、补偿方式等不同角度也可对其分类。

二、海洋生态补偿实施

（一）海洋生态补偿的原则

在海洋生态补偿中应遵循以下原则：① PGP（provider gets principle）原则，为提供者补偿。例如，在海洋保护区的建立过程中，保护区沿岸的居民为了保护区的建立就要放弃其在保护区的开发活动，如养殖或捕捞活动，根据PGP原则，这些居民应该获得一定的补偿。② BPP（beneficiary pays principle）原则，让受益者付费。如海洋保护区的游客由于享用了保护区生态系统服务而给予保护者的补偿。③ DPP（destroyer pays principle）原则，让破坏者补偿。人类的开发活动（如围填海、海洋油气开发等）一定程度上破坏了海洋生态系统的结构和功能，开发者也应根据其造成的生态损失进行补偿。

（二）海洋生态补偿的标准

海洋生态补偿标准的确定是构建海洋生态补偿机制的关键问题。海洋生态系统服务价值、海洋开发的机会成本和恢复治理成本的评估，是确定海洋生态补偿标准的科学依据。海洋生态补偿的最低标准为海洋开发的机会成本或恢复治理成本，最高标准为海洋生态系统服务价值。此外，合理的海洋生态补偿标准应是历史的、动态的和相对的。应综合考虑不同时期、不同区域的生态需求、支付意愿、支付能力等各种因素，确定补偿主客体都能接受的，又能增进整体社会福利的补偿标准。

（三）海洋生态补偿的方式

按照补偿实施主体和运行机制，海洋生态补偿分为政府补偿和市场补偿两大类。政府补偿的主要方式是财政转移支付、生态友好型的税费政策、生态补偿基金等。政府补偿的政策方向性强、目标明确，但存在体制不灵活、管理成本高、财政压力大等问题。市场补偿包括产权交易市场、一对一贸易和生态标记等。市场补偿的方式灵活、管理运行成本低，但也存在补偿难度大、盲目性和短期性等问题。根据我国的实际情况，政府补偿是比较容易启动的方式。

三、海洋生态补偿的案例——渤海湾溢油事件的处理

渤海湾"蓬莱19-3"油田是迄今为止我国建成的最大的海上油气田，覆盖面积约3 200 km²，油层平均厚度为150 m左右。油田由中国海洋石油集团有限公司和美国康菲石油公司合作开发，康菲石油公司担任作业者，其中中国海洋石油集团有限公司拥有油气田51%的权益，而康菲石油公司担任作业者，拥有剩余49%的权益，开发过程受国家海洋局等的严格监督和直接指导。2011年6月4日和6月17日，渤海湾"蓬莱19-3"油田相继发生两起溢油事故，先后约有700桶（115 m³）石油溢出漂到海面，2 600桶

图28-6 海监船在"蓬莱19-3"油田附近海域展开监测
（新华社记者张旭东摄）

（416.45 m³）矿物油基泥浆泄漏并沉积到海床，造成油田周边及其西北部面积约6 200 km²的海域海水污染，面积约1 600 km²的沉积物污染，给渤海海洋生态和渔业生产造成了严重影响（图28-6）。

2012年4月，国家海洋局发布"蓬莱19-3"油田溢油事故海洋生态环境损害评估结果，溢油事故造成海洋生态损害的价值为16.83亿元，主要包括海洋生态服务功能损失、海洋环境容量损失、海洋生物种群恢复费用等（国家海洋局，2011；杨建强等，2011；国家海洋局，2012）。

此次渤海湾溢油事故损害评估，采用了破坏者补偿以及政府补偿的主要方式。国家海洋局依据《中华人民共和国海洋环境保护法》有关规定，仅能对康菲石油公司做出罚款20万元人民币的行政处罚。由于没有司法介入，因而没有依据《刑法》规定的

重大环境污染事故罪追究责任方的刑事责任。最终，此次溢油事故以国家海洋局索赔16.83亿元海洋生态损害赔偿款、农业部索赔13.5亿元渔业资源赔偿款而结束。渤海湾"蓬莱19-3"油田溢油事故造成的生态损失、事故调查中的诟病、索赔过程中的曲折、赔偿结果存在的争议都折射出了当时我国海洋生态补偿制度的不健全，需要进一步完善（宫小伟，2013）。

本章小结

海洋生态系统服务是以人类为服务对象，以海洋生态系统自身为服务产生的物质基础，由生物组分、系统本身、系统功能产生，通过海洋生态系统和海洋生态经济复合系统实现的人类所能获得的各种惠益。海洋生态系统服务功能分为供给服务、调节服务、文化服务和支持服务。海洋生态系统服务的实现途径有海洋生态系统和海洋生态经济复合系统。海洋生态补偿是为了实现海洋生态环境保护和海洋资源的可持续利用，以海洋生态保护成本、机会成本、海洋生态系统服务价值为依据，运用政府手段和市场手段来协调各利益相关者之间利益关系的一项公共制度。海洋生态补偿的类型包括事故性生态破坏补偿、海洋工程生态补偿、跨区域间生态补偿以及区域开发生态补偿。

思考题

（1）什么是海洋生态系统服务？它是如何产生与实现的？

（2）海洋生态系统服务与海洋生态系统功能的区别是什么？

（3）举例说明日常生活中我们享受到的海洋生态系统服务。

（4）2010年的墨西哥湾漏油事件中，美国政府是如何制定生态补偿政策的？

拓展阅读

欧阳志云，李文华. 生态系统服务功能内涵与研究进展［M］. 北京：气象出版社，2002.

彭本荣，洪华生. 海岸带生态系统服务价值评估理论与应用研究［M］. 北京：海洋出版社，2006.

千年生态系统评估网站，网址：http：//www.millenniumassessment.org.

王其翔，唐学玺. 海洋生态系统服务的内涵与分类［J］. 海洋环境科学，2010，29（1）：131-138.

Gretchen C D. Nature's Services: societal dependence on natural ecosystems［M］. Washington D.C.: Island Press, 1997.

第二十九章　海洋生态系统管理

　　20世纪中后期以来，全球生态系统承受着人类社会高速发展带来的一系列环境问题。"全球气候变化""生物多样性丧失""陆地水域和海洋污染"等词汇越来越多地出现在新闻报道和公众的讨论话题中。生态系统所承受的压力已经影响到人类生活的各个方面，对人类社会的可持续发展构成了极大的威胁。传统的资源管理方式越来越体现出其局限性和滞后性。在全球范围内，如何科学、合理、有效地管理生态系统和自然资源，保护生物多样性，维持生物圈的良好结构和功能以及全球经济的可持续发展，成为人类社会面临的共同问题。生态系统管理的产生与发展即是应对这一问题的有益探索。

第一节　海洋生态系统管理的概念、原则与行动框架

　　在全球范围内，政府部门和保护组织都在不断敦促资源管理者逐渐拓宽他们传统的理念，在强调最大物质生产以及服务时，也要重视生物多样性和生态系统过程的保护（Richmondetal，2006；Levin等，2008；Koonz等，2008）。

一、生态系统管理的概念及特殊性

（一）生态系统管理的概念

目前对生态系统管理还没有形成统一的概念，不同的研究者从不同方面对生态系

统管理进行了界定（见插文）。其中，1996年美国生态学会对这一概念的阐述最具有代表性。《美国生态学会关于生态系统管理的科学基础报告》中指出，生态系统管理是一项由明确目标驱动，依靠政策、法律等的实施，能够基于对维持生态系统组成、结构和功能密切关联的生态相互作用与生态过程的最佳认识开展监测和研究，并据此进行可适时调整的管理活动。基于海洋生态系统的管理称之为海洋生态系统管理。

生态系统管理的一些定义

生态系统管理是把复杂的生态学、环境学和资源科学的有关知识融合为一体，在充分认识生态系统组成、结构与生态过程的基本关系和作用规律，生态系统的时空动态特征，生态系统结构和功能与多样性相互关系的基础上，利用生态系统中的物种和种群间的共生相克关系、物质的循环再生原理、结构功能与生态学过程的协调原则以及系统工程的动态最优化思想和方法，通过实施对生态系统的管理行动，以维持生态系统的良好动态运行，获得生态系统的产品（食物、纤维和能源）与环境服务功能产出（资源更新和生存环境）的最佳组合和长期可持续性（于贵瑞，2001）。

生态系统管理是对自然生态系统和人工生态系统的组分、结构、功能及服务生产过程进行维护或修复，从而实现可持续目标的一种途径（MA，2003；张永民等，2009）。

生态系统管理是基于对生态系统组成、结构和功能过程的最佳理解，在一定的时空尺度范围内将人类价值和社会经济条件整合到生态系统经营中，以恢复或维持生态系统的整体性和可持续性（任海等，2000）。

生态系统管理是在充分认识生态系统整体性、复杂性和动态性的前提下，以持续地获得期望的生态系统服务为目标，依据对关键生态过程和重要生态因子长期监测的结果而进行的管理活动（廖利平等，1999）。

生态系统管理是利用生态学、经济学、社会学和管理学原理，来长期经营管理生态系统，以生产、恢复或维持生态系统的整体性和所期望的状态、产品、价值和服务（Overbay，1992）。

生态系统管理是以长期地保护自然生态系统的整体性为目标，将复杂的社会、政治以及价值观念与生态科学相融合的一种生态管理方式（Grumbine，1994）。

由此可见，生态系统管理是一个包括众多利益相关者的大尺度管理系统，以保护生态系统组分和过程为目标，突出生态学原理对其他相关学科的指导作用，重视生态系统的监测评估，充分考虑利益相关者的协调，能够根据生态系统的变化评估管理绩效，调整管理措施，以实现生态系统的永续利用。

（二）海洋生态系统管理特殊性

由于海洋的流动性与连续性、生态系统类型的多样性、海洋生态过程的关联性以及人类利用海洋的复杂性，海洋生态系统管理具有显著的特点与特殊性，主要体现在以下三方面。

（1）海洋生态系统自身具有极高的复杂性。海洋生态系统自身的运行及其发挥的功能几乎影响到地球的每一个角落。海洋表层的浮游植物与大型藻类转化太阳能，启动海洋生态系统的运行。各种游泳生物、底栖生物通过复杂的食物网进行物质循环和能量流动。海水和沉积物中的营养元素随各种洋流在海洋的表层和底层进行水平和垂直扩散。海洋生态系统管理就是在这一背景下展开的应对复杂系统的管理。

（2）多样化的人类活动已渗透到海洋生态系统的各个层面。海洋生态系统管理的重要内容之一，是对各种海洋开发利用活动进行管理。主要的涉海人类活动包括港口航运、渔业资源利用与养护、矿产资源开发、滨海旅游、科学研究、填海造地、海洋能利用等。从海洋水平空间来看，近岸海域由于交通便捷、开发利用成本较低等因素，成为人类涉海活动的密集分布区，其中港口航运、渔业资源利用与养护和填海造地等是利用程度较高的人类活动。从海洋垂直空间来看，位于水体中层与底层的渔业资源开发程度较大。对于海洋生物来说，人类活动对游泳生物与底栖生物的利用程度明显高于对浮游生物的利用程度。

（3）与海洋相关的各种边界交错重叠。海洋的流动性与开放性给海洋生态系统管理带来了巨大的挑战。海洋的边界往往具有动态性和不确定性特征。在海洋管理中，为了应对这一动态特征，往往人为规定边界。这里的"边界"除了包含海洋环境的边界之外，还包括海洋权益、海洋法律的边界。以海岸区域为例，在这一狭窄区域分布着红树林、海草场、珊瑚礁、盐沼等重要生境，其自然边界往往相互交错。在海洋权益方面，海岸带区域既有私人机构控制的区域，又存在政府主导控制的部分，部分区域还存在国际权益重叠。这些权益属性均存在不同程度的差异。重叠交错的各种边界要求海洋生态系统管理要处理好复杂的权属，协调好利益相关方。

二、海洋生态管理的原则与行动框架

（一）海洋生态系统管理的原则

1996年6月在伦敦召开的研讨会上，提出了10条生态系统管理原则，包括5条指导性原则和5条操作性原则。指导性原则为：管理目标是社会的抉择；生态系统的管理必须考虑人的因素；生态系统必须在自然的分界内管理；管理必须认识到变化是必然的；生态系统管理必须在适当的尺度内进行，包括保护必须利用的各级保护区。操作性原则为：生态系统管理需要从全球考虑，从局部着手；生态系统管理必须寻求维持或加强生态系统的结构与功能；决策者应当以源于科学的适当工具为指导；生态系统管理者必须谨慎行事；多学科交叉的途径是必要的。

（二）海洋生态系统管理的行动框架

海洋生态系统管理作为一种新兴的海洋管理模式，与生态系统管理类似（王晓静，2014）。海洋生态系统管理致力于实现海洋经济的可持续发展，促进海洋生态系统服务，解决人类在开发利用海洋的经济活动中的各种冲突和矛盾，让我们更加深入地了解海洋栖息地与人类活动之间的动态关系。特别是随着人类干预自然活动范围的扩大，自然生态系统面临着更强的变化性和不确定性（沈国英等，2010；石洪华等，2012）。适应性管理（adaptive management）提供了一种新的途径：采用一种交互作用过程，将生态系统知识、监测与评估整合，不断调整和改进决策和手段，允许管理者对不确定性过程的管理保持灵活性与适应性（图29-1）。简单地说，适应性管理就是"在游泳中学习游泳"（Waters等，1990）。

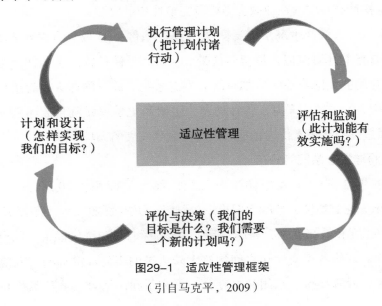

图29-1 适应性管理框架

（引自马克平，2009）

第二节　大海洋生态系统的概念及管理实施

一、大海洋生态系统的概念与分布

近20年来，随着陆地资源的日益减少，人们越来越重视海洋资源的开发利用。其中既包括生物和非生物资源，也包括海洋空间资源（如海运）。就海洋生物资源的管理而言，主要有两方面的管理内容。一是对世界海洋生物资源复杂体系寻求新的管理模式，也就是管理重点应该放在单个生物种类上还是应该放在区域化管理方面。如果管理重点趋向后者，那么，就涉及选择有生物保护意义的生态区域。二是需要进行国际间的区域性合作，因此提出了大海洋生态系统（large marine ecosystem，LME）的概念（范志杰等，1994）。

（一）大海洋生态系统的一般概念

1984年，美国生物学家谢尔曼和海洋地理学家亚历山大首次提出了大海洋生态系统的概念，并做了以下定义：① 世界海洋各专属经济区内面积大于或等于20万km^2的大海域；② 具有独特的海深及海洋学和生产力特征；③ 生物种群之间存在适宜的生长、繁殖、摄食及营养关系；④ 此种海区受控于污染、人类捕食、海洋环境等共同要素的作用，生物种群和群落在地域上维持着完整性和系统性。

从理论上讲，大海洋生态系统要符合3个基本条件：① 要具有大陆架浅海水域的大渔场；② 要有上升海流把大量营养盐带入上层，浮游植物产生的初级生产力高；③ 四周有半封闭的大陆或岛屿，如黄海大生态系统、波罗的海大生态系统、地中海大生态系统等。在这些系统内，各种物理、生物和化学单元既自成体系，又相互作用；营养盐通过食物链正常传递，组成大自然自我发展的循环。

（二）大海洋生态系统的分布

目前全世界共有64个大海洋生态系统，最小的面积为20万km^2，最大的面积达300万km^2，它们均位于专属经济区或专属捕鱼区内（图29-2）。我国海域位于亚洲大陆东侧的中纬度和低纬度带，跨越热带、亚热带和温带3个气候带，除台湾东岸濒临西太平洋外，其他各海与大洋之间均有大陆边缘的半岛或群岛断续间隔，基本属于封闭性海区。近海环流、水团和温度分布形成了我国海域具有区域性特征的生态系统，分别构成了南中国海、东中国海、黄海和黑潮海流4个大海洋生态系统。

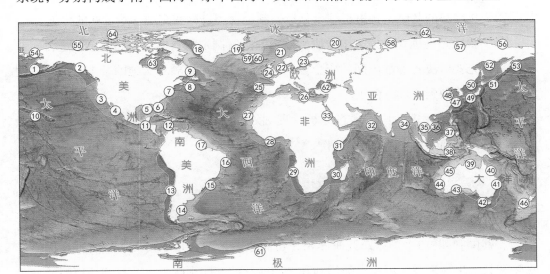

图29-2　全球64个大海洋生态系统的分布

（重绘自NOAA网站）

二、大海洋生态系统管理的目标与一般过程

（一）大海洋生态系统管理的目标

大海洋生态系统管理的基本目标（第一个管理目标）是持续利用海洋生物资源，尤其是有商业价值的生物资源。这些资源的波动受环境条件、污染状况和过度捕捞的影响。为了达到持续开发利用的目的，就要制定切实可行的防范措施，如限制捕捞量、增大渔网网眼、划定禁渔区和禁渔期等。这些措施时常得不到很好的贯彻执行，如美国东北大陆架大海洋生态系统的措施虽然已在美国得到执行，但难以控制外国渔船的捕捞，渔业产量仍连续下降，有些种类早已濒临灭绝。相反，南极是最成功的大海洋生态系统管理区，在大规模捕捞该海域渔业资源之前，国际社会就共同签署了《保护南极海洋生物资源公约》，并派科学家长期监测该区域生物量的动态变化，使该区域资源得到持续利用。大海洋生态系统管理规划的第二个管理目标是保护已衰退的某种渔业资源，使其有生息机会。第三个管理目标是增加渔民的收入。

（二）大海洋生态系统管理的一般过程

大海洋生态系统管理的一般过程包括4个阶段，不同阶段具有其不同的宗旨和功能。

第一阶段是收集数据，评价历史资料，做出科学的判断。该阶段从项目立项开始，一直到项目实施时结束。监测的时间越长、站位越密，得出的评价结论越可靠。目前已对29个大海洋生态系统进行了资料收集和评价工作。

第二阶段是规划阶段。应用第一阶段获得的各种科学信息，在预测该系统生态现状及其变化趋势的基础上，进行综合分析，制定管理目标和实现这些目标的措施。

第三阶段是管理计划的实施阶段。按第二阶段制定的具体目标和措施，进行实地操作。首先要解决各参加国间的资金分派问题，这是项目顺利实施的基本保证，协调机构应尽可能做到合理、公正。

第四阶段是反馈阶段。通过分析管理规划和实施行动的结果，适时提出调整意见。该阶段穿插于整个项目执行期。

三、黄海大海洋生态系统研究计划

作为中国大陆和朝鲜半岛之间的一个半封闭性浅海，黄海大海洋生态系统沿岸有中国、韩国和朝鲜3个国家。几千年来，黄海生态系统为东亚人民的文明进步提供了食物和其他生活来源。但在人类活动和全球变化的共同影响下，黄海的环境问题日益突出，其中许多是人类活动引起的跨界问题。为此，中韩两国联合申请了黄海大海洋生态系统项目，旨在实现以生态系统为基础的黄海大海洋生态系统及其流域的环境可持续性，即减轻发展对环境产生的胁迫，把黄海这样一个污染严重、城市化和工业化程度高的半封闭陆架海变成能够可持续性发展的大海洋生态系统。

（一）黄海大海洋生态系统所面临的问题

近年来的海洋环境监测结果表明，黄海海域污染范围较大，且在人类活动频繁的滨海旅游度假区和海水浴场，粪大肠菌群的超标率接近50%，存在健康风险。同时，近岸海域的富营养化现象主要发生在河口、近岸大中城市邻近海域和部分海水养殖密集区，其中鸭绿江口和大连近岸海域、胶州湾海域、苏北沿岸海域等的富营养化现象较严重。这也使得黄海许多渔业资源的生物量明显下降、个体变小（图29-3）、性成熟提前，优势鱼种不断更替。经济价值较高的大型底层鱼类资源已逐渐被一些价值较低的小型中上层鱼类所取代，资源总体质量下降。

图29-3　近海捕捞渔获出现"小型化"趋势

黄海大海洋生态系统面临严重的生态退化

黄海大海洋生态系统的退化表现为生物群落结构变化、生境破坏、生物多样性降低、赤潮、水母旺发、大型藻类藻华等。

近年来的调查资料显示，黄海大海洋生态系统中的各种生物类群的生物量和种类组成均在发生显著变化。浮游植物和浮游动物的种类多样性呈下降趋势；渔获物有向个体小、年龄结构简单、营养级低和价值低转变的趋势；生态系统结构的稳定性有所下降。黄海近岸和近海的生境破坏现象较为严重。过去几十年，黄海沿岸围垦了大片滩涂和部分港湾等浅海湿地，使原有湿地属性改变甚至彻底丧失，破坏了海洋生境的多样性和完整性；河口和近岸海域的污染物负荷居高不下，造成许多重要的浅海湿地环境质量下降；一些地方近岸和浅海养殖规模急剧扩增，占据了部分生物的洄游通道和产卵场等重要栖息地。

过度开发和外来生物入侵也是黄海面临的突出问题。一些过去产量很大的重要经济种、特有种，由于严重过度开发采捕，已成为濒危和近危种。另外，部分外来海洋生物已入侵黄海并造成了严重的生态灾害，如互花米草入侵江苏等地的潮间带，改变原有群落，并给滩涂养殖等生产活动造成了损失。船舶压舱水、外来养殖品种引入等是外来生物进入黄海的重要途径。

黄海赤潮发生次数、面积和引起的经济损失有增大趋势，新赤潮种类和有毒赤潮种类不断增加。据历史资料与《中国海洋环境质量公报》，自1972年以来，黄海共发生了104次赤潮，其中2000—2007年的赤潮次数达54次，超过总记录数的1/2。2004年与2005年黄海均发生13次赤潮，是历史最高的年记录。赤潮多发生在富营养化程度较高、水交换能力差的海域，如河口区、半封闭式海湾及部分养殖区等。中肋骨条藻、夜光虫和红色中缢虫是黄海的主要赤潮生物，亚历山大藻和链状裸甲藻等有毒种类形成的赤潮也时有发生。

黄海近年来水母旺发越来越频繁，成为一种亟待解决的海洋生态灾害。旺发水母主要为口冠水母、霞水母、海月水母等利用价值低的大型种类，发生时间一般在10月。水母旺发造成许多严重后果：大量消耗浮游生物，甚至直接摄食鱼卵和仔稚鱼，改变生态系统结构和功能；恶化水质，造成水体缺氧；堵塞和破坏渔网；蜇伤游客，影响滨海旅游业；

阻塞取水管道，影响一些海水利用设施的正常使用；等等。

大型海藻藻华（绿潮）是黄海近几年新出现的一种生态灾害。2008年5—8月在黄海发生的浒苔绿潮是迄今我国发生面积和影响最大的一次，不但影响了海洋生态环境，而且给海洋渔业、滨海旅游业等造成了巨大损失。（来源：朱明远，2013）

（二）黄海大海洋生态系统策略的实施及预期目标

黄海大海洋生态系统策略实施主要遵循以下原则。

1. 以生态系统承载力为基础的原则

黄海大海洋生态系统向人类提供各种供给、调节、文化和支持服务，满足人类的物质和文化需求。因此以保护黄海生态环境，维持和改善黄海大海洋生态系统服务功能为目标的环境战略应基于黄海大海洋生态系统的承载力，一切从实际出发。

2. 陆海统筹、以海定陆的原则

黄海沿岸地区人口不断增长，经济高速发展，由此产生的陆域水资源、水环境条件恶化，引发黄海服务功能显著下降，可持续利用能力加速丧失，陆海一体的环境保护压力日益增大。因此，急需陆海统筹，以黄海生态和环境保护为目标实现从陆源污水和固体废弃物处理到海水污染控制、湿地保护和水生生态修复等的统筹协调，以及加速实现海陆一体的综合环境监测和监管体系。

3. 利益相关者参与的原则

与黄海生态环境保护工作相关的主要部门和各利益相关方全程参与策略行动计划的编制和决策，形成黄海环境保护的合力。

4. 制度创新原则

建立行动计划实施的组织机构，探索建立生态补偿机制、高风险污染源有效监管制度、非环境友好技术的淘汰制度、污染物入海总量控制制度，建立和完善工程建设项目监督管理制度，建立对黄海海洋环境保护项目的激励政策。

5. 示范带动原则

以重点海洋环境保护工程和项目为先导，推动黄海海洋生态环境保护措施的科技支撑和创新研究，创建海洋经济和环境和谐发展的示范模式，为全面推进黄海海洋生态环境的保护、修复和养护提供示范引导。

研究计划实施的预期成果体现在4个方面：① 进一步改善黄海大海洋生态系统供给服务功能；② 进一步改善黄海大海洋生态系统调节服务功能；③ 进一步改善黄海

大海洋生态系统文化服务功能；④进一步改善黄海大海洋生态系统支持服务功能。

本章小结

生态系统管理是一个包括众多利益相关者的大尺度管理系统，以保护生态系统组分和过程为目标，突出生态学原理与其他相关学科的指导作用，重视生态系统的监测评估，充分考虑利益相关者的协调，能够根据生态系统的变化评估管理绩效，调整管理措施，以实现生态系统的永续利用。大海洋生态系统是一个新的海洋资源保护、管理的概念。大海洋生态系统管理的特点是由过去的开发型向管理型转变，从单种到多种资源并向生态系统的水平发展。中韩两国联合申请的黄海大海洋生态系统项目，旨在实现以生态系统为基础的黄海大海洋生态系统及其流域的环境可持续性，即减轻发展对环境产生的胁迫，把黄海这样一个污染严重、城市化和工业化程度高的半封闭陆架海变成能够可持续性发展的大海洋生态系统。

思考题

（1）什么是生态系统管理？它与传统的自然资源管理有什么区别？

（2）海洋生态系统管理有哪些特殊性？它与陆地生态系统管理相比有何不同？

（3）世界上还存在哪些大海洋生态系统？对于这些大海洋生态系统实施了什么管理策略？

拓展阅读

蔡程瑛. 海岸带综合管理的原动力：东亚海域海岸带可持续发展的实践应用［M］.周秋麟，等译.北京：海洋出版社，2010.

黄海大海洋生态系统项目专家组. GEF/UNDP黄海大海洋生态系统项目［R］.中华人民共和国国家报告，1999.

黄良民.中国海洋资源与可持续发展［M］.北京：科学出版社，2007.

Cruz I, McLaughlin R J. Contrasting marine policies in the United States, Mexico, Cuba and the European Union: Searching for an integrated strategy for the Gulf of Mexico region［J］. Ocean & Coastal Management, 2008, 51（12）：826−838.

Hershman M J, Russell C W. Regional ocean governance in the United States: concept and reality［J］. Duke Environmental Law & Policy Forum, 2006, 15（2）：227−265.

参 考 文 献

安娜丽萨·贝尔塔，詹姆斯·苏密西，基特·M. 科瓦奇，2019. 海洋哺乳动物［M］. 刘伟，译. 北京：海洋出版社：187-200.

巴恩斯，休斯，1990. 海洋生态学导论［M］. 王珍如，等译. 北京：地质出版社.

蔡佳宸，2019. 铜藻金潮对有害藻华原因种和浮游动物影响的模拟研究［D］. 青岛：中国科学院海洋研究所.

曹婧，2011. 营养盐在东海赤潮高发区春夏季赤潮优势种演替过程的作用研究［D］. 青岛：中国海洋大学.

常杰，葛滢，2010. 生态学［M］. 北京：高等教育出版社.

陈彬，俞炜炜，2012. 海洋生态恢复理论与实践［M］. 北京：海洋出版社.

陈长胜，2003. 海洋生态系统动力学与模型［M］. 北京：高等教育出版社.

陈道海，钟炳辉，1999. 保护生物学［M］. 北京：中国林业出版社.

陈桂珠，王勇军，黄乔兰，1995. 深圳福田红树林鸟类自然保护区陆鸟生物多样性［J］. 生态科学（2）：105-108.

陈吉余，陈祥禄，杨启伦，1988. 上海海岸带和海涂资源综合调查报告［M］. 上海：上海科技出版社.

陈吉余，2000. 从事河口海岸研究五十五年论文选［M］. 上海：华东师范大学出版社.

陈克亮，黄海萍，张继伟，等，2018. 海洋保护区生态补偿标准评估技术与示范［M］. 北京：海洋出版社.

陈立奇，高众勇，詹力扬，等，2013. 极区海洋对全球气候变化的快速响应和反馈作用［J］. 应用海洋学学报，32（1）：138-144.

陈泮琴，黄耀，于贵瑞，等，2004. 地球系统碳循环［M］. 北京：科学出版社.

陈芃，汪金涛，陈新军，2016. 秘鲁鳀资源变动及与海洋环境要素的关系研究进展 ［J］.

海洋渔业，38（2）：206-216.

陈丕茂，舒黎明，袁华荣，等，2019. 国内外海洋牧场发展历程与定义分类概述［J］. 水产学报，43（9）：1851-1869.

陈清潮，章淑珍，1965. 黄海和东海的浮游桡足类 I. 哲水蚤目［J］. 海洋科学集刊，7：20-131.

陈清潮，章淑珍，朱长寿，1974. 黄海和东海的浮游桡足类 II. 剑水蚤目和猛水蚤目［J］. 海洋科学集刊，9：27-100.

陈新军，韩保平，刘必林，等，2013. 世界头足类资源及其渔业［M］. 北京：科学出版社：22-38.

陈映霞，1995. 红树林的环境生态效应［J］. 海洋环境科学，14（4）：51-56.

迟德富，孙凡，严善春，2005. 保护生物学［M］. 哈尔滨：东北林业大学出版社.

崔莹，2012. 基于稳定同位素和脂肪酸组成的中国近海生态系统物质流动研究［D］. 上海：华东师范大学.

戴祥，朱继业，窦贻俭，2001. 中外大河河口湿地保护与利用初探［J］. 环境科学与技术，24：11-14.

邓超冰，2002. 北部湾儒艮及海洋生物多样性［M］，南宁：广西科学技术出版社.

邓自发，安树青，智颖飚，等，2006. 外来种互花米草入侵模式与爆发机制［J］. 生态学报，26（8）：2678-2686.

丁耕芜，陈介康，1981. 海蜇的生活史［J］. 水产学报，5（2）：93-102.

丁兰平，黄冰心，谢艳齐，2011. 中国大型海藻的研究现状及其存在的问题［J］. 生物多样性，19（6）：798-804.

丁琪，2017. 全球海洋渔业资源可持续利用及脆弱性评价［D］. 上海：上海海洋大学.

董怡飞，2014. 多氯联苯对褐牙鲆（*Paralichthys olivaceus*）的甲状腺干扰效应研究［D］. 青岛：中国海洋大学.

杜飞雁，王雪辉，贾晓平，等，2013. 大亚湾海域浮游动物种类组成和优势种的季节变化［J］. 水产学报，37（8）：1213-1219.

范航清，邱广龙，石雅君，等，2011. 中国亚热带海草生理生态学研究［M］. 北京：科学出版社.

范航清，石雅君，邱广龙，2009. 中国海草植物［M］. 北京：海洋出版社.

范嘉松，张维，1987. 鄂西利川晚二叠世生物礁的纤维海绵和Tabulozoan［J］. 地质科学，4：326-333.

范志杰，曲传宇，1994. 大海洋生态系的管理［J］. 海洋通报（3）：71-76.

费修绠，鲍鹰，卢山，2000. 海藻栽培——传统方式及其改造［J］. 海洋与湖沼，31：575-580.

费修绠，鲍鹰，卢山. 海藻栽培——传统方式及其改造途径［J］. 海洋与湖沼，2000，31（5）：575-580.

付文超，2014. 基于海湾沉积物重金属有效态的文蛤生物标志物筛选与生态毒性评价［D］. 青岛：中国海洋大学.

傅秀梅，王长云，邵长伦，等，2009. 中国海洋药用生物濒危珍稀物种及其保护［J］. 中国海洋大学学报（自然科学版）（4）：174-183.

宫小伟，2013. 海洋生态补偿理论与管理政策研究［D］. 青岛：中国海洋大学.

龚婕，宋豫秦，陈少波，2009. 全球气候变化对浙江沿海红树林的影响［J］. 安徽农业科学，37（20）：440-442.

郭沛涌，沈焕庭，刘阿成，等，2003. 长江河口浮游动物的种类组成、群落结构及多样性［J］. 生态学报，23（5）：892-900.

郭一羽，李丽雪，2006. 海岸生态景观环境营造［M］. 台北：明文书局.

国家海洋局，1975. 海洋调查规范［M］. 北京：中国标准出版社.

国家海洋局极地专项办公室，2016. 南极周边海域磷虾等生物资源考察与评估［M］. 北京：海洋出版社.

韩秋影，尹相博，刘东艳，2014. 烟台养马岛潮间带大型海藻分布特征及环境影响因素［J］. 应用生态学报，25（12）：3655-3663.

何流禧，1989. 农业生态学［M］. 北京：五洲出版社.

洪华生，邱书院，阮五崎，等，1991. 闽南-台湾浅滩渔场上升流区生态系研究［M］. 北京：科学出版社.

胡奎伟，许柳雄，陈新军，2012. 海洋遥感在渔场分析中的研究进展［J］. 中国水产科学，19（6）：1079-1088.

胡顺鑫，2017. 海水酸化条件下米氏凯伦藻（*Karenia mikimotoi*）对环境因子的生理生态学响应研究［D］. 青岛：中国海洋大学.

胡祎，肖瑜，彭雪妍，2011. 海洋酸化研究进展［J］. 水科学与工程技术（1）：19-21.

华东师范大学，北京师范大学，复旦大学，等，1982. 动物生态学［M］. 北京：高等教育出版社.

华东师范大学等，1982. 动物生态学：下册［M］. 北京：高等教育出版社.

华尔，张志南，范士亮，等，2009. 利用小型底栖动物对沉积物重金属污染的评估［J］. 中国海洋大学学报（自然科学版），39（3）：429-436.

黄健生，贾晓平，2006. 国外海豚体内多氯联苯的研究进展与概况［J］. 南方水产（6）：66-71.

黄莉，2013. 外来物种入侵对海洋生态环境的影响及对策建议［J］. 海洋开发与管理，30（10）：86-88.

黄梦仪，2019. 基于Ecopath模型的大亚湾增殖种类生态容量评估［D］. 上海：上海海洋大学.

黄小平，江志坚，范航清，等，2016. 中国海草的"藻"名更改［J］. 海洋与湖沼，47（1）：290-294.

黄小平，江志坚，张景平，等，2018. 全球海草的中文命名［J］. 海洋学报（4）：127-133.

黄宗国，林茂，2012.《中国海洋物种和图集》［J］. 生物多样性，20（6）：787-787.

姬泓巍，徐环，辛惠榛，等，2002. 海水中溶解无机碳DIC的分析方法［J］. 海洋湖沼通报（4）：16-24.

贾芳丽，孙翠竹，李富云，等，2018. 海洋微塑料污染研究进展［J］. 海洋湖沼通报（2）：146-154.

江天久，佟蒙蒙，齐雨藻，2006. 赤潮的分类分级标准及预警色设置［J］. 生态学报，26（6）：2035-2040.

姜爽，2011. 两种多溴联苯醚对四种海洋微藻的毒性效应研究［D］. 青岛：中国海洋大学.

蒋志刚，马克平，2009. 保护生物学的现状、挑战和对策［J］. 生物多样性（2）：3-12.

焦念志，杨燕辉，2002. 中国原绿球藻研究［J］. 科学通报，47（7）：485-491.

李博，1990. 普通生态学［M］. 呼和浩特：内蒙古大学出版社.

李博，2000. 生态学［M］. 北京：高等教育出版社.

李道季，张经，黄大吉，等，2002. 长江口外氧的亏损［J］. 中国科学（D辑），32（8）：686-694.

李冠国，范振刚，2011. 海洋生态学［M］. 北京：高等教育出版社.

李国琛，2005. 全球气候变暖成因分析［J］. 自然灾害学报，14（5）：49.

李国平，刘生胜，2018. 中国生态补偿40年：政策演进与理论逻辑［J］. 西安交通大学学报（社会科学版），38（6）：101-112.

李恒，李美真，2006. 藻场的生态作用及人工藻场建设的现状［J］. 中国水产，372（11）：77-80.

李洪波，杨青，周峰，2012. 海洋微食物环研究新进展［J］. 海洋环境科学，31（6）：927-932.

李佳娜，2019. 贻贝中微塑料的污染特征及其与典型污染物的复合毒性效应［D］. 上海：华东师范大学.

李建华，2005. 环境科学与工程技术辞典［M］. 北京：中国环境出版社.

李金昌，姜文来，新乐山，等，1999. 生态价值论［M］. 重庆：重庆大学出版社.

李立，2010. 中国主要海湾生物区系分析［J］. 亚热带资源与环境学报，5（1）：15-20.

李庆芳，章家恩，刘金苓，等，2006. 红树林生态系统服务功能研究综述［J］. 生态科学，25（5）：472-475.

李文涛，张秀梅，2009. 海草场的生态功能［J］. 中国海洋大学学报，39（5）：933-939.

李艳，李瑞香，王宗灵，等，2005. 胶州湾浮游植物群落结构及其变化的初步研究［J］. 海洋科学进展，23（3）：328-334.

李永祺，丁美丽，1991. 海洋污染生物学［M］. 北京：海洋出版社.

李永祺，唐学玺，2016. 海洋恢复生态学［M］. 青岛：中国海洋大学出版社.

李永振，陈国宝，孙典荣，等，2002. 珠江口游泳生物组成的多元统计分析［J］. 中国水产科学，9（4）：328-334.

李元跃，2006. 几种红树植物叶的解剖学研究［D］. 厦门：厦门大学.

李政禹，1999. 国际上持久性有机污染物的控制动向及其对策［J］. 现代化工，19（7）：5-9.

李志刚，李军，龚鹏博，等，2014. 珠江口淇澳岛红树林及毗邻生境昆虫群落多样性［J］. 环境昆虫学报，36（5）：672-678.

李志刚，刘智深，朱林伟，2016. 一种激光雷达测量海洋光学参数的新方法［J］. 应用光学，37（1）：142-146.

李忠义，林群，李娇，等，2019. 中国海洋牧场研究现状与发展［J］. 水产学报，43（9）：1870-1880.

林鹏，陈德海，肖向明，等，1984. 海滩盐度对两种红树叶的碳水化合物和含氮化合物含量的影响［J］. 海洋学报（中文版）（6）：851-855.

林鹏，傅勤，1995. 中国红树林环境生态及经济利用［M］. 北京：高等教育出版社.

林鹏，1997. 中国红树林生态系［M］. 北京：科学出版社.

林鹏，2003. 中国红树林湿地与生态工程的几个问题［J］//中国工程科学，5（6）：33-38.

林鹏，2001. 中国红树林研究进展［J］. 厦门大学学报（自然科学版），40（2）：592-603.

林燕妮，2022. 颗石藻的分离鉴定及对海洋酸化与高光的生理响应［D］. 烟台：烟台大学.

林勇，樊景凤，温泉，等，2016. 生态红线划分的理论和技术［J］. 生态学报，36（5）：1244-1252.

林育真，付荣恕，2011. 生态学［M］. 北京：科学出版社.

刘长建，杜岩，2011. 全球气候变暖下的海洋［J］. 百科知识（3）：19-22.

刘超，崔旺来，朱正涛，等，2018. 海岛生态红线划定技术方法［J］. 生态学报，38（23）：8564-8572.

刘春涛，刘秀洋，王璐，2009. 辽河河口生态系统健康评价初步研究［J］. 海洋开发与管理，26（3）：43-48.

刘瑞玉，2012. 中国海洋生物名录［M］. 北京：科学出版社.

刘思俭，2001.我国江蓠的种类和人工栽培［J］.湛江海洋大学学报，21（3）：71-79.

刘涛，2016.大型海藻实验技术［M］.北京：海洋出版社：173.

刘玉，李适宇，董燕红，等，2001.珠江口伶仃水道浮游生物及底栖动物群落特征分析［J］.中山大学学报（自然科学版），S2：114-118.

龙丽娟，杨芳芳，韦章良，2019.珊瑚礁生态系统修复研究进展［J］.热带海洋学报，38（6）：1-8.

卢昌义，郑逢中，林鹏九，1988.龙江口秋茄红树林群落的掉落物［J］.厦门大学学报（自然科学版），27（4）：459-463.

陆健健，2003.河口生态学［M］.北京：海洋出版社.

陆健健，1996.中国滨海湿地的分类［J］.环境导报，1：1-2.

吕炳全，孙志国，1997.海洋环境与地质［M］.上海：同济大学出版社.

罗秉征，1993.海洋生态学［J］.地球科学进展，8（5）：94-96.

马程琳，邹记兴，2003.我国的海洋生物多样性及其保护［J］.海洋湖沼通报（2）：41-47.

马军英，翟世奎，1996.冲绳海槽伊平屋海底热液活动区的生物群［J］.海洋科学，20（2）：30-34.

马树森，1981.海洋放射性污染简述［J］.海洋科技资料（2）：78-88.

〔美〕奥德姆（Odum E P），巴雷特（Barrett G W），2009.生态学基础［M］.5版.陆健健，王伟，王天惠，译.北京：高等教育出版社.

〔美〕伯塔（Berta A）苏密西（Sumich J L）科瓦奇（Kovacs K M），2019.海洋哺乳动物（上、下册）［M］.刘伟，译.北京：海洋出版社.

〔美〕格雷（Gray J S），1987.海洋沉积物生态学［M］.阎铁，等译.北京：海洋出版社.

〔美〕卡斯特罗（Castro P），休伯（Huber M E.），2011.海洋生物学［M］.6版.茅云翔，等译.北京：北京大学出版社：161-215.

〔美〕尼贝肯（Nybakken J W），1991，海洋生物学：生态学探讨［M］.林光恒，李和平，译.北京：海洋出版社.

缪绅裕，2000.广东湛江红树林保护区植物群落生态研究［J］.广州师院学报（自然科学版），21（3）：65-69.

牟剑锋，陶翠花，丁晓辉，等，2013.中国沿岸海域海龟的种类和分布的初步调查［J］.应用海洋学学报，32（2）：238-294.

穆希岩，罗建波，黄瑛，等，2015.持久性有机污染物对鱼类生态毒性研究进展［J］.安徽农业科学，43（33）：125-132.

倪国江，韩立民，2008.世界海洋科学研究进展与前景展望［J］.太平洋学报（12）：78-84.

宁修仁，刘子琳，蔡昱明，1999. 象山港潮滩底栖微型藻类现存量和初级生产力 [J]. 海洋学报，21（3）：98-105.

宁修仁，孙松，2005. 海湾生态系统观测方法 [M]. 北京：中国环境科学出版社.

潘金华，江鑫，赛珊，等，2012. 海草场生态系统及其修复研究进展 [J]. 生态学报，32（19）：6223-6232.

潘雪，茅云翔，王俊皓，等，2020. UV-B紫外辐射对条斑紫菜生理生化的影响 [J]. 渔业科学进展，41（3）：125-132.

彭本荣，洪华生，2006. 海岸带生态系统服务价值评估：理论与应用研究 [M]. 北京：海洋出版社.

彭晓彤，周怀阳，唐松，等，2007. 热液管状蠕虫的早期矿化机制及微生物在矿化过程中的作用 [J]. 科学通报，2（23）：2759-2767.

齐钟彦，郝仁林，1965. 海南岛的几种多孔螅 [J]. 动物学报，17（2）：184-188.

邱勇，王源勇，谢聿原，等，2019. 福建漳江口红树林底质环境因子对底栖微藻初级生产力的影响 [J]. 应用海洋学学报，38（1）：53-61.

曲长凤，宋金明，李宁，2014. 水母旺发的诱因及对海洋环境的影响 [J]. 应用生态学报，25（12）：3701-3712.

曲艳敏，张文亮，王群山，等，2014. 海洋生态补偿的研究进展与实践 [J]. 海洋开发与管理（4）：103-106.

尚玉昌，2002. 普通生态学 [M]. 2版. 北京：北京大学出版社.

邵魁双，巩宁，曲翊，等，2019. 陆源排污对邻近海域底栖海藻群落的影响 [J]. 海洋学报，41（8）：106-114.

沈忱，2012. 苯并 [α] 芘对海洋微藻毒性和生理的研究 [D]. 青岛：中国海洋大学.

沈国英，2010. 海洋生态学 [M]. 3版. 北京：科学出版社.

沈国英，黄凌风，郭丰，等，2016. 海洋生态学 [M]. 北京：科学出版社.

沈萍萍，齐雨藻，欧林坚，2018. 中国沿海球形棕囊藻（*Phaeocystis globosa*）的分类、分布及其藻华 [J]. 海洋科学，42（10）：146-162.

石洪华，丁德文，郑伟，等，2012. 海岸带复合生态系统评价、模拟与调控关键技术及其应用 [M]. 北京：海洋出版社.

世界资源研究所，2005. 生态系统与人类福祉：生物多样性综合报告：千年生态系统评估 [M]. 北京：中国环境科学出版社.

帅莉，邵丽艳，杨永亮，2008. DDT及其衍生物对2种单胞藻的毒性效应 [J]. 生态环境（3）：891-897.

宋金明，1999. 维持南沙珊瑚礁生态系统高生产力的新观点——拟流网理论 [J]. 海洋科学集刊，41：79-83.

宋金明，徐永福，胡维平，等，2008.中国近海与湖泊碳的生物地球化学［M］.北京：中国环境科学出版社.

宋伦，毕相东，2015.渤海海洋生态灾害及应急处置［M］.沈阳：辽宁科学技术出版社.

孙建璋，逄少军，陈万东，2008.中国南麂列岛铜藻*Sargassum horneri*实地生态学的初步研究［J］.南方水产，4（3）：58-63.

孙军，林茂，陈孟仙，等，2016.全球气候变化下的海洋生物多样性［J］.生物多样性，24（7）：737-738.

孙军，刘东艳，2005.2000年秋季渤海的网采浮游植物群落［J］.海洋学报，27（3）：124-133.

孙军，刘东艳，王宗灵，等，2004.浮游动物摄食在赤潮生消过程中的作用［J］.生态学报，24（7）：1514-1522.

孙丽，2006.生态学基础［M］.天津：南开大学出版社.

孙儒泳，1992.动物生态学原理［M］.2版.北京：北京师范大学出版社.

孙儒泳，2002.基础生态学［M］.北京：高等教育出版社.

孙松，李超伦，程方平，等，2015.中国近海常见浮游动物图集［M］.北京：海洋出版社.

孙松，2015.中国近海常见浮游动物图集［M］.北京：海洋出版社.

孙田力，2017.海水酸化对紫贻贝生理生态学影响的研究及基于能量代谢作用机制的初步探讨［D］.青岛：中国海洋大学.

孙晓，2018.黄海绿潮和叶绿素a浓度的遥感时空分异及两者响应机制［D］.烟台：鲁东大学.

孙效文，徐鹏，2011.水产基因组技术与研究进展［M］.北京：海洋出版社.

谭娟，沈新勇，李清泉，2009.海洋碳循环与全球气候变化相互反馈的研究进展［J］.气象研究与应用（1）：35-38.

汤坤贤，袁东星，林泗彬，等，2003.江蓠对赤潮消亡及主要水质指标的影响［J］.海洋环境科学，22（2）：24-27.

唐启升，苏纪兰，2000.中国海洋生态系统动力学研究：Ⅰ 关键科学问题与研究发展战略［M］.北京：科学出版社.

唐启升，2019.渔业资源增殖、海洋牧场、增殖渔业及其发展定位［J］.中国水产：28-29.

唐启升，张晓雯，叶乃好，等，2010.绿潮研究现状与问题［J］.中国科学基金，1（1）：5-9.

唐学玺，2016.海洋恢复生态学［M］.青岛：中国海洋大学出版社.

唐学玺，王斌，高翔，等，2019.海洋生态灾害学［M］.北京：海洋出版社.

万祎，胡建英，安立会，等，2005.利用稳定氮和碳同位素分析渤海湾食物网主要生物种的营养层次［J］.科学通报（7）：708-712.

汪松，解焱，2000.生物多样性保护的基础工作——生物编目［J］.野生动物（4）：4-5.

王斌，2007.南极衣藻*Chlamydomonas* sp. L4叶绿体生理生化特性及其低温适应性的研究［D］.青岛：国家海洋局第一海洋研究所.

王长云，2010.中华海洋本草［J］.中国海洋药物，29（3）：61-62.

王传远，贺世杰，李延太，等，2009.中国海洋溢油污染现状及其生态影响研究［J］.海洋科学，33（6）：57-60.

王国宏，2002.再论生物多样性与生态系统的稳定性［J］.生物多样性，10（1）：126-134.

王辉，王兆毅，朱学明，2012.日本福岛放射性污染物在北太平洋海水中的输运模拟与预测［J］.科学通报（22）：73-80.

王建艳，于志刚，甄毓，等，2012.环境因子对海月水母生长发育影响的研究进展［J］.应用生态学报，23（11）：3207-3217.

王静，郭睿，杨袁筱月，等，2019.中国海龟受威胁现状和保护建议［J］.野生动物学报，40（4）：1070-1082.

王卿，2007.长江口盐沼植物群落分布动态及互花米草入侵的影响［D］.上海：复旦大学.

王蕊，黄文雯，吴佳俊，等，2019.剧毒卡尔藻与东海原甲藻间的化感作用研究［J］.海洋与湖沼，50（4）：858-863.

王睿照，张志南，2003.海洋底栖生物粒径谱的研究［J］.海洋湖沼通报（4）：62-69.

王腾飞，蒋霞敏，王稼瑞，等，2013.渔山列岛潮间带大型海藻的分布特征［J］.海洋环境科学，32（6）：836-840.

王铁杆，周化斌，张永普，等，2015.岩相潮间带大型底栖生物多样性对铜藻藻场的响应［J］.上海海洋大学学报，24（3）：403-413.

王彤，胡献刚，周启星，2018.环境中微塑料的迁移分布、生物效应及分析方法的研究进展［J］.科学通报，63（4）：385-395.

王文卿，王瑁，2007.中国红树林［M］.北京：科学出版社.

王小龙，2006.海岛生态系统风险评价方法及应用研究［D］.青岛：国家海洋局第一海洋研究所.

王晓静，2014.海洋生态系统管理：概念、政策与面临的问题［J］.海洋开发与管理，31（7）：30-34.

王新刚，孙松，2002.粒径谱理论在海洋生态学研究中的应用［J］.海洋科学，26（4）：36-39.

王修林，李克强，石晓勇，2006.胶州湾主要化学污染物海洋环境容量：中国近海海域污染物排海总量控制理论与应用［M］.北京：科学出版社.

王修林，王辉，范德江，2008.中国海洋科学发展战略研究［M］.北京：海洋出版社：27-28.

王雪莹，2020. 偏远地区海鸟生物传输作用对氮、磷和重金属元素生物地球化学循环的影响［D］.安徽：中国科技大学.

王永川，黄良民，李少芬，1983. 温度对几种海藻的光合作用及其分布的影响［J］.热带海洋，2（1）：55-60.

王友绍，2011. 海洋生态系统多样性研究［J］.中国科学院院刊，26（2）：184-189.

王云龙，2000. 近岸海域海水富营养化的成因与影响［J］.山东环境（6）：34-35.

王肇鼎，练健生，胡建兴，等，2003. 大亚湾生态环境的退化现状与特征［J］.生态科学，22（4）：313-320.

王宗灵，傅明珠，肖洁，等，2018. 黄海浒苔绿潮研究进展［J］.海洋学报，40（2）：1-13.

魏俊峰，戴民汉，洪华生，等，2009. 海洋中胶体的分布与微形貌特征［J］.海洋科学，33（3）：76-79.

魏曼曼，陈新华，周洪波，2012. 深海热液喷口微生物群落研究进展［J］.海洋科学，6（6）：113-121.

毋瑾超，仲崇峻，程杰，等，2013. 海岛生态修复与环境保护［M］.北京：海洋出版社.

吴金山，王亚沉，2018. 植物资源的多维度应用与保护研究［M］.北京：中国原子能出版社.

吴立新，2020. 气候变暖背景下全球平均海洋环流在加速［J］.中国科学：地球科学，50（7）：1021-1022.

吴桑云，王文海，2000. 海湾分类系统研究［J］.海洋学报，22（4）：83-89.

吴亚萍，2010. 硅藻对海洋酸化及UV辐射的生理学响应［D］.厦门：厦门大学.

武正军，1994. 生物多样性丧失原因及保护对策初探［C］//生物多样性研究进展——首届全国生物多样性保护与持续利用研讨会论文集，1990-09-15，中国北京.

夏景全，任瑜潇，陈煜，等，2019. 珊瑚礁生态修复技术进展［J］.海南热带海洋学院学报，26（5）：23-33.

徐奎栋，蔡厚才，史本泽，等，2017. 南麂列岛海洋生物多样性纵览［J］.大自然（6）：4-9.

徐耀飞，阮爱东，刘皓，2017. 海洋低氧环境下氮循环研究进展［J］.四川环境（3）：162-165.

徐兆礼，2011. 中国近海浮游动物多样性研究的过去和未来［J］.生物多样性，19（6）：635-645.

杨德渐，孙世春，2005. 海洋无脊椎动物学［M］.2版.青岛：中国海洋大学出版社.

杨光，徐士霞，陈炳耀，等，2018. 中国海兽研究进展［J］.兽类学报，38（6）：572-585.

杨纪明，1994. 海洋生态学的发展趋势［J］.海洋科学（1）：16-19.

杨建强，廖国祥，张爱君，2011. 海洋溢油生态损害快速预评估技术研究［M］. 北京：海洋出版社.

杨堃峰，2006. 蒽、多氯联苯、三丁基氧化锡对坛紫菜生长发育的影响［D］. 青岛：中国海洋大学.

杨永亮，李悦，潘静，2004. 海洋碳循环系统——开放的复杂巨系统的特点［J］. 复杂系统与复杂性科学，1（1）：74-83.

杨宇峰，宋金明，林小涛，等，2005. 大型海藻栽培及其在近海环境的生态作用［J］. 海洋环境科学，24（3）：77-79.

杨展，李希圣，黄伟雄，1992. 地理学大辞典［M］. 安徽：安徽人民出版社.

杨宗岱，吴宝铃，1984. 青岛近海的海草场及其附生生物［J］. 海洋科学进展，2（2）：56-67.

姚翠鸾，George N S，2015. 海洋暖化对海洋生物的影响［J］. 科学通报，60（9）：805-816.

尹毅，林鹏，1993. 红海榄红树林的氮、磷积累和生物循环［J］. 生态学报，13（3）：221-227.

于贵瑞，2001. 生态系统管理学的概念框架及其生态学基础［J］. 应用生态学报，12（5）：787-794.

臧宇，2019. 潮间带大型海藻鼠尾藻（*Sargassum thunbergii*）对UV-B辐射的响应特征和机制研究［D］. 青岛：中国海洋大学.

曾雷，陈国宝，李纯厚，等，2019. 大亚湾湾口游泳生物群落季节异质特征与生态效应分析［J］. 南方水产科学，15（3）：22-32.

曾晓起，朴成华，姜伟，等，2004. 胶州湾及其邻近水域渔业生物多样性的调查研究［J］. 中国海洋大学学报，34（6）：997-982.

张朝晖，周骏，吕吉斌，等，2007. 海洋生态系统服务的内涵与特点［J］. 海洋环境科学，26（3）：259-263.

张衡，叶锦玉，张瑛瑛，等，2018. 长江口东滩湿地不同盐沼植被样地内浮游植物群落结构的差异［J］. 海洋渔业，40（3）：297-308.

张健，李佳芮，杨璐，等，2019. 中国滨海湿地现状和问题及管理对策建议［J］. 环境与可持续发展，5：127-129.

张金屯，吴冬丽，张斌，2013. 北京地区几种重点保护植物生存群落生态学研究［M］. 北京：中国科学技术出版社.

张士璀，何建国，孙世春，2017. 海洋生物学［M］. 青岛：中国海洋大学出版社.

张晓华，2016. 海洋微生物学［M］. 北京：科学出版社.

张孝羲，1985. 昆虫生态及预测预报［M］. 2版. 北京：中国农业出版社.

张绪良，丰爱平，隋玉柱，等，2006. 胶州湾海岸湿地的维管束植物区系特征及保护［J］. 生态学杂志，25（7）：822-827.

张绪良，谷东起，付炳中，等，2008. 胶州湾滨海湿地的水禽多样性特征及保护［J］. 海洋湖沼通报（3）：99-109.

张义浩，李文顺，2008. 浙江沿海大型底栖海藻分布区域与资源特征研究［J］. 渔业经济研究，2：8-14.

张永民，2007. 生态系统与人类福祉：评估框架［M］. 北京：中国环境科学出版社.

张有份，2000. 海洋赤潮知识100问［M］. 北京：海洋出版社.

张志强，徐中民，程国栋，2003. 条件价值评估法的发展与应用［J］. 地球科学进展，18（3）：454-463.

章家恩，徐琪，1999. 恢复生态学研究的一些基本问题探讨［J］. 应用生态学报，10（1）：109-113.

章守宇，刘书荣，周曦杰，等，2019. 大型海藻生境的生态功能及其在海洋牧场应用中的探讨［J］. 水产学报，43（9）：1-11，2004-2014.

章守宇，孙宏超，2007. 海藻场生态系统及其工程学研究进展［J］. 应用生态学报，18（7）：1647-1653.

赵焕庭，1998. 中国现代珊瑚礁研究［J］. 世界科技研究与发展，20（4）：98-105.

赵淑江，吕宝强，李汝伟，等，2015. 物种灭绝背景下东海渔业资源衰退原因分析［J］. 中国科学：地球科学，45（11）：1628-1640.

赵淑江，吕宝强，王萍，等，2011. 海洋环境学［M］. 北京：海洋出版社.

赵苑，赵丽，董逸，2017. 海洋浮游微食物网生物在海洋颗粒形成和沉降中的作用［J］. 海洋科学集刊（52）：22-34.

郑凤英，邱广龙，范航清，等，2013. 中国海草的多样性、分布及保护［J］. 生物多样性，21（5）：517-526.

郑伟，徐元，石洪华，等，2011. 海洋生态补偿理论及技术体系初步构建［J］. 海洋环境科学，30（6）：877-880.

郑玉晗，2018. 大型海藻养殖区域的遥感监测及其环境效益评估［D］. 杭州：浙江大学.

郑元甲，洪万树，张其永，2013. 中国主要海洋底层鱼类生物学研究的回顾与展望［J］. 水产学报，37（1）：151-160.

中国首次北极科学考察队，2000. 中国首次北极科学考察报告［M］. 北京：海洋出版社.

中华人民共和国国家质量监督检验检疫总局，中国国家标准化管理委员会，1975. 海洋调查规范第6部分：海洋生物调查：GB/T 12763.6—2007［S］. 北京：中国标准出版社.

钟晓青，黄玉源，张宏达，等，1999. 大亚湾红树林群落结构及初级生产力数量参数研究［J］. 林业科学，35（2）：26-30.

周林滨，谭烨辉，黄良民，2010. 水生生物粒径谱/生物量谱研究进展［J］. 生态学报（12）：235-249.

周名江，朱明远，2006. "我国近海有害赤潮发生的生态学、海洋学机制及预测防治" 研究进展［J］. 应用生态学报，21（7）：673-679.

周秋麟，杨圣云，陈宝红，2005. 我国海洋生物物种多样性研究［J］. 科技导报（2）：14-18.

周秋麟，杨圣云，2006. 生物海洋学研究进展［J］. 厦门大学学报（自然科学版）（S2）：1-9.

周伟华，廖健祖，郭亚娟，等，2017. 溶解有机物的光降解及其对浮游细菌和浮游植物的影响［J］. 海洋科学（2）：136-144.

周伟男，2013. 硇洲岛岩礁带底栖生物的群落结构及大型海藻的碳汇作用［D］. 湛江：广东海洋大学.

周秀骥，罗超，李维亮，等，1995. 中国地区臭氧总量变化与青藏高原低值中心［J］. 科学通报（15）：54-56.

庄铁诚，林鹏，1993. 红树林凋落叶自然分解过程中土壤微生物的数量动态［J］. 厦门大学学报（自然科学版），32（3）：365-370.

左涛，王荣，王克，等，2004. 夏季南黄海浮游动物的垂直分布与昼夜垂直移动［J］. 生态学报，24（3）：524-530.

Abelson P, Hoering T, 1960. The biogeochemistry of the stable isotopes of carbon［J］. Carnegie Inst., Washington Year Book, 59: 158-165.

Agatz M, Asmus R M, Deventer B, 1999. Structural changes in the benthic diatom community along a eutrophication gradient on a tidal flat［J］. Helgoland Marine Research, 53: 92-101.

Aioi K, Mukai H, Koike I, et al., 1981. Growth and organic production of eelgrass (*Zostera marina* L.) in temperate waters of the pacific coast of Japan II. Growth analysis in winter［J］. Aquatic Botany, 10: 175-182.

Alfaro A C, 2018. Diet of Littoraria scabra, while vertically migrating on mangrove trees: gut content, fatty acid, and stable isotope analyses［J］. Estuarine, Coastal and Shelf Science, 79: 718-726.

Ali H, Khan E, 2019. Trophic transfer, bioaccumulation, and biomagnification of non-essential hazardous heavy metals and metalloids in food chains/webs—concepts and implications for wildlife and human health［J］. Human and Ecological Risk Assessment: An International Journal, 25（6）：1353-1376.

Alverra-Azcarate A, Ferreira J G, Nunes J P, 2003. Modelling eutrophication in mesotidal and macrotidal estuaries: the role of intertidal seaweeds［J］. Estuarine, Coastal and Shelf Science, 57（4）：715-724.

Anderson D M, Glibert P M, Burkholder J M, 2002. Harmful algal blooms and eutrophication: nutrient sources, composition, and consequences［J］. Estuaries, 25（4）: 704−726.

Andreae M O, Crutzen P J, 1997. Atmospheric aerosols: biogeochemical sources and role in atmospheric chemistry［J］. Science, 276（5315）: 1052−1058.

Andrew D B, 2010. Patterns of Diversity in Marine Phytoplankton［J］. Science, 327（19）: 1509−1511.

Arnosti C, 2011. Microbial extracellular enzymes and the marine carbon cycle［J］. Annual Review of Marine Science, 3: 401−425.

Aronson E L, Allison S D, Helliker B R, 2013. Environmental impacts on the diversity of methane-cycling microbes and their resultant function［J］. Frontiers in Microbiology, 4: 225.

Ascherson P, 1871. Die geophaphische Verbreitung der See-graser［J］. Petermanns Geographische Mitteilungen, 17: 241−248.

Attayde J L, Ripa J, 2008. The coupling between grazing and detritus food chains and the strength of trophic cascades across a gradient of nutrient enrichment［J］. Ecosystems, 11（6）: 980−990.

Azam F, Fenchel T, Field J, et al., 1983. The ecological role of water-column microbes in the sea［J］. Marine Ecology Progress Series, 10: 257−263.

Baker E T, German C R, Elderfield H, 2003. Hydrothermal plumes over spreading-center axes: global distributions and geological inferences. Seafloor hydrothermal systems: physical, chemical, biological, and geological interaction［M］. Washington D. C.: American Geophysical Union.

Bakun A, Weeks S J, 2008. The marine ecosystem off Peru: what are the secrets of its fishery productivity and what might its future hold?［J］. Progress in Oceanography, 79（2）: 290−299.

Barnes R S K, Hughes R N. An introduction to marine ecology［M］. Hoboken: John Wiley & Sons, 2009.

Barton A D, Dutkiewicz S, FLIERL G, et al., 2010. Patterns of Diversity in Marine Phytoplankton［J］. Science, 327（19）: 1509−1511.

Basiliko N, Henry K, Gupta V, et al., 2013. Controls on bacterial and archaeal community structure and greenhouse gas production in natural, mined, and restored canadian peatlands［J］. Frontiers in Microbiology, 4: 215.

Beaulieu S E, Baker E T, German C R, et al., 2013. An authoritative global database for active submarine hydrothermal vent fields［J］. Geochemistry Geophysics Geosystems, 14（11）: 4892−4905.

Behrenfeld M J, O'Malley R T, Siegel D A, et al., 2006. Climate-driven trends in contemporary ocean productivity［J］. Nature, 444（7120）: 752.

Beier S, Bertilsson S, 2013. Bacterial chitin degradation-mechanisms and ecophysiological strategies [J]. Frontiers in Microbiology, 4（4）: 149.

Beiras R, 2018. Marine pollution: sources, fate and effects of pollutants in coastal ecosystems [M]. Amsterdam: Elsevier.

Benke A, 2010. Secondary production [J]. Nature Education Knowledge, 1（8）: 1−5.

Benke A C, Wallace J B, 2011. Secondary production, quantitative food webs, and trophic position [J]. Nature Education Knowledge, 2（2）: 2.

Benson A, Brooks C M, Canonico G, et al., 2018. Integrated observations and informatics improve understanding of changing marine ecosystems [J]. Frontiers in Marine Science, 5: 428.

Benyoucef I, Blandin E, Lerouxel A, et al., 2014. Microphytobenthos interannual variations in north-European estuary（Loire estuary, France）detected by visible-infrared multispectral remote sensing [J]. Estuarine, Coastal and Shelf Science, 136: 43−52.

Bergh O, Borsheim K Y, Bratbak G, et al., 1989. High abundance of viruses found in aquatic environments [J]. Nature, 340: 467−468.

Berner R A, 2004. The phanerozoic carbon cycle: CO_2 and O_2 [M]. New York: Oxford University Press.

Biller S J, Berube P M, Lindell D, et al., 2015. Prochlorococcus: the structure and function of collective diversity [J]. Nature Reviews Microbiology, 13（1）: 13−27.

Bindoff N L, Cheung W W L, Kairo J G, et al., 2022. Changing ocean, marine ecosystems, and dependent communities [M]. London: Cambridge University Press.

Boetius A, 2005. Lost city life [J]. Science, 307（5714）: 1420−1422.

Borgå K, 2008. Bioaccumulation [M]//Encyclopedia of ecology. Amsterdam: Elsevier: 346−348.

Both C, Artemyev A V, Blaauw B, et al., 2004. Large-scale geographical variation confirms that climate change causes birds to lay earlier [J]. Proceedings of the Royal Society B: Biological Sciences, 271（1549）: 1657−1662.

Boudreau P R, Dickie L M, 1992. Biomass spectra of aquatic ecosystems in relation to fisheries yield [J]. Canadian Journal of Fisheries and Aquatic Sciences, 49（8）: 1528−1538.

Bouillon S, Borges A V, Castañeda-Moya E, et al., 2008. Mangrove production and carbon sinks: a revision of global budget estimates [J]. Global Biogeochemical Cycles, 22（2）: 1−12.

Bouillon S, Connolly R M, Lee S Y, 2008. Organic matter exchange and cycling in mangrove ecosystems: recent insights from stable isotope studies [J]. Journal of Sea Research, 59（1−2）: 44−58.

Boysen-Jensen P, 1919. Valuation of the Limfjord: I. Report of the Danish [J]. Biological

Station, 26: 1−24.

Brand C Race, 1995. Evolution and behavior: a life history perspective［J］. Personality and Individual Differences, 19（3）: 411−413.

Bratbak G, Thingstad F, Heldal M, 1994. Viruses and the microbial loop［J］. Microbial Ecology, 28（2）: 209−221.

Breitbart M, Bonnain C, Malki K, et al., 2018. Phage puppet masters of the marine microbial realm［J］. Nature Microbiology, 3（7）: 754−766.

Brzezinski M A, Nelsen D M, 1989. Seasonal changes in the silicon cycle with a Gulf Stream warm-core ring［J］. Deep Sea Research, 36（7）: 1009−1030.

Buchan A, González J M, Moran M A, 2005. Overview of the marine Roseobacter lineage［J］. Applied and Environmental Microbiology, 71（10）: 5665−5677.

Buchan A, LeCleir G R, Gulvik C A, et al., 2014. Master recyclers: features and functions of bacteria associated with phytoplankton blooms［J］. Nature Review Microbiology, 12（10）: 686−698.

Buitenhuis E T, Li W K W, Vaulot D, et al., 2012. Picophytoplankton biomass distribution in the global ocean［J］. Earth System Science Data, 4（1）: 37−46.

Burkholder J A M, Tomasko D A, Touchette B W, 2007. Seagrasses and eutrophication［J］. Journal of Experimental Marine Biology and Ecology, 350（1−2）: 46−72.

CAFF, 2017. State of the arctic marine biodiversity: key findings and advice for monitoring［R］. Conservation of Arctic Flora and Fauna International Secretariat, Akureyri, Iceland.

Cairns S D, 2007. Deep-water corals: an overview with special reference to diversity and distribution of deep-water scleractinian corals［J］. Bulletin of Marine Science, 81（3）: 311−322.

Caldeira K, Wickett M E, 2003. Anthropogenic carbon and ocean pH［J］. Nature, 425（6956）: 365−365.

Camargo J A, Alonso Á, 2006. Ecological and toxicological effects of inorganic nitrogen pollution in aquatic ecosystems: a global assessment［J］. Environment International, 32（6）: 831−849.

Canfield D E, Glazer A N, Falkowshi P G, et al., 2010. The evolution and future of Earth's nitrogen cycle［J］. Science, 330（6001）: 192−196.

Caraco N F, Cole J J, Likens G E, 1993. Sulfate control of phosphorus availability in lakes［J］. Hydrobiologia, 253: 275−280.

Carlson C A, Ducklow H W, 1995. Dissolved organic carbon in the upper ocean of central equatorial Pacific Ocean, 1992: Daily and finescale vertical variations［J］. Deep Sea Research Part Ⅱ Topical Studies in Oceanography, 42（2−3）: 639−656.

Caron D A, 1991. Grazing and utilization of chroococcoid cyanobacteria and heterotrophic bacteria by protozoa in laboratory cultures and a coastal plankton community [J]. Marine Ecology Progress Series, 76 (3): 205−217.

Castro P, 2008. Marine Biology [M]. 7th edition. New York: McGraw-Hill Highter Education.

Charlson R J, 2000. The atmosphere [M]. Amsterdam: Academic Press.

Chavez F P, Messié A, 2009. A comparison of eastern boundary upwelling ecosystem [J]. Progress in Oceanography, 83 (1): 80−96.

Chisholm Sallie W, 1992. *Prochlorococcus marinus* nov. gen. nov. sp.: an oxyphototrophic marine prokaryote containing divinyl chlorophyll a and b [J]. Archives of Microbiology, 157 (3): 297−300.

Chi Y, Liu D H, Xing W X, et al., 2021. Island ecosystem health in the context of human activities with different types and intensities [J]. Journal of Cleaner Production, 281: 125334.

Cloern J E, 1996. Phytoplankton bloom dynamics in coastal ecosystems: a review with some general lessons from sustained investigation of San Francisco Bay, California [J]. Reviews of Geophysics, 34 (2): 127−168.

Collos Y, Gagne C, Laabir M, et al., 2004. Nitrogenous nutrition of *Alexandrium catenella* (Dinophyceae) in cultures and in Thau lagoon, southern France [J]. Journal of Phycology, 40 (1): 96−103.

Conley D J, 2002. Terrestrial ecosystems and the global biogeochemical silica cycle [J]. Global Biogeochemical Cycles, 16 (4): 774−777.

Connelly D, Copley J T, Murton B J, et al., 2012. Hydrothermal vent fields and chemosynthetic biota on the world's deepest seafloor spreading centre [J]. Nature Communications, 10 (3): 620.

Connor P M, 1972. Acute toxicity of heavy metals to some marine larvae [J]. Marine Pollution Bulletin, 3 (12): 190−192.

Consalvey M, Paterson D M, Underwood G J C, 2004. The ups and downs of life in a benthic biofilm: Migration of benthic diatoms [J]. Diatom Research, 19 (2): 181−202.

Corlett H, Jones B, 2007. Epiphyte communities on *Thalassia testudinum* from Grand Cayman, British West Indies: their composition, structure, and contribution to lagoonal sediments [J]. Sedimentary Geology, 194 (3): 245−262.

Costanza R, d'Arge R, de Groot R, et al., 1997. The value of the world's ecosystem service and natural capital [J]. Nature, 387: 253−260.

Costanza R, 1999. The ecologica, economic, and social importance of the oceans [J]. Ecological Economics, 31: 199−213.

Dacey J W, King G M, Wakeham S G, 1987. Factors controlling emission of dimethylsulphide from salt marshes [J]. Nature, 330: 643−645.

Daley M E, Sykes B D, 2003. The role of side chain conformational flexibility in surface recognition by *Tenebrio molitor* antifreeze protein [J]. Protein Sci, 12 (7): 1323−1331.

Danovaro R, Snelgrove P V R, Tyler P, 2014. Challenging the paradigms of deep-sea ecology [J]. Trends in Ecology & Evolution, 29 (8): 465−475.

David A W, 2001. Utilization of coastal seagrass beds as nursery areas for economically important reef fish [C] //Proceedings of the coastal ecosystems and federal activities technical training symposium. Alabama, U.S.: 20−22.

Davies A J, Wisshak M, Orr J C, et al., 2008. Predicting suitable habitat for the cold-water reef framework-forming coral *Lophelia pertusa* (Scleractinia) [J]. Deep Sea Research Part I: Oceanographic Research Papers, 55 (8): 1048−1062.

D'Elia C, Sanders J, Boynton W, 1986. Nutrient enrichment studies in a coastal plain estuary: phytoplankton growth in large-scale, continuous cultures [J]. Canadian Journal of Fisheries and Aquatic Sciences, 43: 83−90.

DeLong E F, 1992. Archaea in coastal marine environments [J]. Proceedings of the National Academy of Sciences, 89 (12): 5685−5689.

Desbruyères D, Segonzac M, Bright M, 2006. Handbook of deep-sea hydrothermal vent fauna [M]. 2nd edition. Johann Wihelm klein-strasse 73: Biologie zentrum der Oberösterreichischen Landesmuseen.

De Vries, F T, Shade A, 2013. Control son soil microbial community stability under climate change [J]. Frontiers in Microbiology, 4: 265.

Diaz R J, Rosenberg R, 1995. Marine benthic hypoxia: a review of ecological effects and the behavioural responses of benthic macrofauna [J]. Oceanography and Marine Biology: Annual Review, 33: 245−303.

Dickinson R E, Cicerone R J, 1986. Future global warming from atmospheric trace gases [J]. Nature, 319: 109−115.

Dortch Q, Whitledge T, 1992. Does nitrogen or silicon limit phytoplankton production in the Mississippi River plume and nearby regions? [J]. Continental Shelf Research, 12 (11): 1293−1309.

Douglass A, Newman P, Solomon S, 2014. The Antarctic ozone hole: an update [J]. Physics Today, 67 (7): 42−48.

Dring M J, 1992. The biology of marine plants [M]. Cambridge: Cambridge University Press: 199.

Duarte C M, Chiscano C L, 1999. Seagrass biomass and production: a reassessment [J]. Aquatic botany, 65 (1−4): 159−174.

Duarte C M, 1991. Seagrass depth limits [J]. Aquatic botany, 40 (4): 363−377.

Duarte C M, 2002. The future of seagrass meadows [J]. Environmental Conservation, 29 (2):

192-206.

Dugdale R C, 1967. Nutrient limitation in the sea: dynamics, identification and significance ［J］. Limnology and Oceanography, 12（4）: 685-695.

Du G Y, Son M H, An S M, et al., 2010. Temporal variation in vertical distribution of microphytobenthos in intertidal sand flats on Nakdong River estuary, Korea ［J］. Estuarine, Coastal and Shelf Science, 86（1）: 62-70.

Du G Y, Son M H, Yun M, et al., 2009. Microphytobenthic biomass and species composition in intertidal flats of the Nakdong River estuary, Korea ［J］. Estuarine, Coastal and Shelf Science, 82（4）: 663-672.

Du G Y, Yan H M, Dupuy C, 2017. Microphytobenthos as an indicator of environmental quality status in intertidal flats: case study of coastal ecosystem in Pertuis Charentais, France ［J］. Estuarine, Coastal and Shelf Science, 196（7）: 217-226.

Du G Y, Zhao E Z, Liu C R, et al., 2019. Estimating areal carbon fixation of intertidal macroalgal community based on composition dynamics and laboratory measurements ［J］. Journal of Oceanology and Limnology, 37: 93-101.

Dupont C L, Rusch D B, Yooseph S, et al., 2012. Genomic insights to SAR86, an abundant and uncultivated marine bacterial lineage ［J］. The ISME Journal, 6（6）: 1186-1199.

Eby L A, Crowder L B, 2002. Hypoxia-based habitat compression in the Neuse River Estuary: context-dependent shifts in behavioral avoidance thresholds ［J］. Canadian Journal of Fisheries and Aquatic Sciences, 59（6）: 952-965.

Edmond J M, Von Damm K L, Mcduff R E, et al., 1982. Chemistry of hot spring on the East Pacific Rise and their effluent dispersal ［J］. Nature, 297: 187-191.

Eglinton G, Calvin M, 1967. Chemical fossils ［J］. Scientific American, 216（1）: 32-43.

El-Sayed S Z, 1977. Biological investigations of marine Antarctic systems and stocks （BIOMASS）［M］. London: Scott Polar Research Institute.

El-Sayed S Z, 2005. History and evolution of primary productivity studies of the Southern Ocean ［J］. Polar Biology, 28（6）: 423-438.

Engelen A H, Åberg P, Olsen J L, et al., 2005. Effects of wave exposure and depth on biomass, density and fertility of the fucoid seaweed *Sargassum polyceratium*（Phaeophyta, Sargassaceae）［J］. European Journal of Phycology, 40（2）: 149-158.

Engel M H, Macko S A, 1994. Organic geochemistry ［M］. New York: Plenum.

Erftemeijer P L A, Herman M J, 1994. Seasonal changes in environmental variables, biomass, production and nutrient contents in two contrasting tropical intertidal seagrass beds in South Sulawesi, Indonesia ［J］. Oecologia, 99（1-2）: 45-59.

Eriksen M, Lebreton L C M, Carson H S, et al., 2014. Plastic pollution in the world's oceans: more than 5 trillion plastic pieces weighing over 250,000 tons afloat at sea ［J］. PLoS ONE, 9（12）: e111913.

Eriksson B K, Bergström L, 2005. Local distribution patterns of macroalgae in relation to environmental variables in the northern Baltic Proper ［J］. Estuarine, Coastal and Shelf Science, 62 （1-2）: 109-117.

Evans P N, Boyd J A, Leu A O, et al.,2019. An evolving view of methane metabolism in the Archaea ［J］. Nature Reviews Microbiology,17: 219-232.

Falkowski P G, 2002. Rationalizing elemental ratios in unicellular algae ［J］. Journal of Phycology, 36（3-6）: 3-6.

Falkowski P, Scholes R J, Boyle E E A, et al., 2000. The global carbon cycle: a test of our knowledge of earth as a system ［J］. Science, 290（5490）: 291-296.

Falk-Petersen S, Mayzeud P, Kattner G, et al., 2009. Lipids and life strategy of Arctic Calanus ［J］, Marine Biology Research, 5（1）: 18-39.

FAO Fisheries Department, 2004. The state of world fisheries and aquaculture, 2004 ［M］. Rome: FAO.

Farman J C, Gardiner B G, Shanklin J D, 1985. Large losses of total ozone in Antarctica reveal seasonal ClO_x/NO_x interaction ［J］. Nature, 315（6016）: 207-210.

Ferdouse F, Holdt S L, Smith R, et al., 2018. The global status of seaweed production, trade and utilization ［R］. Rome: FAO: 115.

Flombaum P, Gallegos J L, Gordillo R A, et al., 2013. Present and future global distributions of the marine Cyanobacteria *Prochlorococcus* and *Synechococcus* ［J］. Proceedings of the National Academy of Sciences, 110（24）: 9824-9829.

Foley J A, DeFries R, Asner G R, et al., 2005. Global consequences of land use ［J］. Science, 309（5734）: 570-574.

Forster P, Ramaswamy V, Artaxo P, et al., 2007. Changes in atmospheric constituents and in radiative forcing ［R］//AR4 climate change 2007: the physical science basis. Gereva: IPCC: 129-234.

Fourqurean J W, Duarte C M, Kennedy H, et al., 2012. Seagrass ecosystems as a globally significant carbon stock ［J］. Nature Geoscience, 5（7）: 505-509.

Fréon P, Bouchon M, Mullon C, et al., 2008. Interdecadal variability of anchoveta abundance and overcapacity of the fishery in Peru ［J］. Progress in Oceanography, 79（2）: 401-412.

Fuhrman J A, Cram J A, Needham D M, 2015. Marine microbial community dynamics and their ecological interpretation ［J］. Nature Review Microbiology, 13: 133-146.

Fuhrman J A, 1999. Marine viruses and their biogeochemical and ecological effects ［J］.

Nature, 399（6736）: 541–548.

Fuhrman J A, McCallum K, Davis A A, 1992. Novel major archaebacterial group from marine plankton［J］. Nature（6365）, 356: 148–149.

Fuhrman J, 1980. Bacterioplankton secondary production estimates for coastal waters of British Columbia, Antarctica, and California［J］. Applied and Environmental. Microbiology, 39（6）: 1085–1095.

Furla P, Allem D M, Alcolm J, et al., 2005. The symbiotic an thozoan: a physiological chimera between alga and animal［J］. Integrative Comparative Biology, 45（4）: 595–604.

Galloway J N, Aber J D, Erisman J W, et al., 2003. The nitrogen cascade［J］. Bioscience, 53（4）: 341–356.

Gao K, 2011. Positive and negative effects of ocean acidification: physiological responses of algae［J］. Journal of Xiamen University（Natural Science）, 50（2）: 411–417.

Gasol J M, Kirchman D L, 2018. Microbial Ecology of the Oceans［M］. Hoboken: John Wiley & Sons.

Gattuso J P, Magnan A, Billé R, et al., 2015. Contrasting futures for ocean and society from different anthropogenic CO_2 emissions scenarios［J］. Science, 349（6243）: aac4722.

Gaughan D J, Potter I C, 1995. Composition, distribution and seasonal abundance of zooplankton in a shallow, seasonally closed estuary in temperate Australia［J］. Estuarine, Coastal and Shelf Science, 41（2）: 117–135.

Geng H, Belas R, 2010. Molecular mechanisms underlying roseobacter–phytoplankton symbioses［J］. Current Opinion in Biotechnology, 21（3）: 332–338.

Gerlach S A, 1971. On the importance of marine meiofaunafor benthos communities［J］. Oecologia, 6: 176–190.

Gina H, Vazquez P, Bashan Y, 2001. The role of sediment microorganisms in the productivity, conservation, and rehabilitation of mangrove ecosystems: an overview［J］. Biol Fertil Soils, 33: 265–278.

Giovannoni S J, Britschgi T B, Moyer C L, et al., 1990. Genetic diversity in Sargasso Sea bacterioplankton［J］. Nature, 345（6270）: 60–63.

Giovannoni S J, 2017. SAR11 bacteria: the most abundant plankton in the oceans［J］. Annual Review of Marine Science, 9: 231–255.

Giovannoni S J, Stingl U, 2005. Molecular diversity and ecology of microbial plankton［J］. Nature, 437（7057）: 343–348.

Giri C, Ochieng E, Tieszen L L, et al., 2010. Status and distribution of mangrove forests of the world using earth observation satellite data［J］. Global Ecology and Biogeography, 20（1）: 154–159.

Glibert P M, Harrison J, Heil C, et al., 2006. Escalating worldwide use of urea—a global change contributing to coastal eutrophication [J]. Biogeochemistry, 77 (3): 441–463.

Gobler C, Berry D, Dyhrman S, et al., 2011. Niche of harmful alga *Aureococcus anophagefferens* revealed through ecogenomics [J]. Proceedings of the National Academy of Sciences of the United States of America, 108 (11): 4352–4357.

Gobler C J, Renaghan M J, Buck N J, 2002. Impacts of nutrients and grazing mortality on the abundance of *Aureococcus anophagefferens* during a New York brown tide bloom [J]. Limnology and Oceanography, 47 (1): 129–141.

Gobler C J, Sunda W G, 2012. Ecosystem disruptive algal blooms of the brown tide species, *Aureococcus anophagefferens* and *Aureoumbra lagunensis* [J]. Harmful Algae, 14: 36–45.

Gold T, 1992. The deep, hot biosphere [J]. Proceedings of National Academy of Sciences, 89 (13): 6045–6049.

Goulder L, Kennedy D, 1997. Valuing ecosystem services: philosophic bases and emprical methods [M]//Daily G C. Nature's Services: Societal Dependence on Natural Ecosystems. Washington D. C.: Island Press.

Gray J S, 1992. Eutrophication in the sea [M]//Colombo G, Ferrari I, Ceccherelli V U, et al. Marine eutrophication and population dynamics: 25th European Marine Biology Symposium, Ferrara (Italy), 10–15 September 1990. Olsen & Olsen, Fredendsbog: 3–15.

Gray J S, 1981. The ecology of marine sediments: an introduction to the structure and function of benthic communities [M]. Cambridge: Cambridge University Press.

Gray J, Wu R, Ying Y, 2002. Effects of hypoxia and organic enrichment on the coastal marine environment [J]. Marine Ecology Progress, 238 (1): 249–279.

Gray V, 2007. Climate Change 2007: the physical science basis summary for policymakers [J]. Energy and Environment, 92 (1): 86–87.

Green D S, 2016. Effects of microplastics on European flat oysters, *Ostrea edulis* and their associated benthic communities [J]. Environmental pollution, 216: 95–103.

Green R E, Harley M, Miles L, et al., 2003. Global climate change and biodiversity [M]. Sandy: The RSPD.

Gregory A C, Zayed A A, Conceição-Neto N, et al., 2019. Marine DNA viral macro-and microdiversity from pole to pole [J]. Cell, 177 (5): 1109–1123.

Gutierrez M, Swartzman G, Bertrand A, et al., 2007. Anchovy (*Engraulis ringens*) and sardine (*Sardinops sagax*) spatial dynamics and aggregation patterns in the Humboldt Current ecosystem, Peru, from 1983–2003 [J]. Fisheries Oceanography, 16 (2): 155–168.

Haglund K, Pedersen M, 1993. Outdoor pond cultivation of the subtropical marine red alga

Gracilaria tenuistipitata in brackish water in Sweden. Growth, nutrient uptake, co-cultivation with rainbow trout and epiphyte control [J] . Journal of Applied Phycology, 5: 271−284.

Hagy J D, Walter R B, Carolyn W K, et al., 2004. Hypoxia in Chesapeake Bay, 1950−2001: Long-term change in relation to nutrient loading and river flow [J] . Estuaries and Coasts, 27 (4) : 634−658.

Hall S L, Fisher F M, 1985. Annual productivity and extracellular release of dissolved organic compounds by the epibenihic algal community of a brackish marsh [J] . Journal of Phycology, 21 (2) : 277−281.

Haslm S F I, Hopkins D W, 1996. Physical and biological effects of kelp (seaweed) added to soil [J] . Applied Soil Ecology, 3 (3) : 257−261.

Hays G C, Richardson A J, Robinson C, 2005. Climate change and marine plankton [J] . Trends in Ecology & Evolution, 20 (6) : 337−344.

Helly J J, Levin L A, 2004. Global distribution of naturally occurring marine hypoxia on continental margins [J] . DeepSea Research Part I: Oceanographic Research Papers, 51 (9) : 1159−1168.

Herndl G J, Weinbauer M G, 2003. Marine microbial food web structure and function [M] . Berlin: Springer: 265−277.

Heywood V H, 1993. Global Biodiversity Assessment [J] . Biodiversity Letters, 1 (6) : 193.

Hügler M, Sievert S M, 2011. Beyond the Calvin cycle: autotrophic carbon fixation in the ocean [J] . Annual Review of Marine Science, 3: 261−289.

Hoegh-Guldberg O, Mumby P J, Hooten A J, 2007. Coral reefs under rapid climate change and ocean acidification [J] . Science, 318 (5857) : 1737−1742.

Holbourn A, Henderson A S, MacLeod N, 2013. Atlas of benthic foraminifera [M] . New York: John Wiley & Sons.

Holguin G, 2001. The role of sediment microorganisms in the productivity, conservation, and rehabilitation of mangrove ecosystems: an overview [J] . Biology and fertility of soils, 33 (4) : 265−278.

Hoppema M, Goeyens L, 1999. Redfield behavior of carbon, nitrogen, and phosphorus depletions in Antarctic surface water [J] . Limnology and Oceanography, 44 (1) : 220−224.

Howell K L, Holt R D, Pulido E I, et al., 2011. When the species is also a habitat: comparing the predictively modeled distributions of *Lophelia pertusa* and the reef habitat it forms [J] . Biological Conservation, 144 (11) : 2 656−2 665.

Hu D, Wu L, Cai W, et al., 2015. Pacific western boundary currents and their roles in climate [J] . Nature, 522 (7556) : 299−308.

Hug L A, Baker B J, Anantharaman K, et al., 2016. A new view of the tree of life［J］. Nature Microbiology, 1: 16048.

Humborg C, Ittekkot V, Cociasu A, et al., 1997. Effect of Danube River dam on Black Sea biogeochemistry and ecosystem structure［J］. Nature, 386（6623）: 385−388.

Hu M H, Yang Y P, Xu C L, et al., 1990. Phosphate limitation of phytoplankton growth in the Changjiang Estuary［J］. Acta Oceanologica Sinica, 9（3）: 105−111.

Hutchings P A, 1986. Biological destruction of coral reefs［J］. Coral Reefs, 4: 239−252.

IPCC T A R, 2007. Climate change 2007: synthesis report. Contribution of working groups I, II and III to the fourth assessment report of the intergovernmental panel on climate change［M］. Geneva: IPCC: 95−212.

Isla E, Masque P, Palangues A, et al., 2002. Sediment accumulation rate and carbon bureal in the bottom sediment in a high productivity area: Gerlanche strait（Antarctica）［J］. Deep Sea Research Part II Topical Studies in Oceanography, 49（16）: 3275−3287.

Ivanova E P, López-Pérez M, Zabalos M, et al., 2015. Ecophysiological diversity of a novel member of the genus *Alteromonas*, and description of *Alteromonas mediterranea* sp. nov［J］. Antonie van Leeuwenhoek, 107（1）: 119−132.

Iverson S J, 2009. Tracing aquatic food webs using fatty acids: from qualitative indicators to quantitative determination［M］//Kainz M, Brett M T, Arts M T. Lipids in Aquatic Ecosystems. Berlin: Springer, New York.

Jacobs M, 1997. Eninvironmental valuation, deliberative democracy and pubic decision–making ［M］//Ethics and Environment. London: Rutledge.

Jeffries M J, 1997. Biodiversity and conservation［M］. London: Routledge.

Jennerjahn T C, Ittekkot V, 2002. Relevance of mangroves for the production and deposition of organic matter along tropical continental margins［J］. Naturwissenschaften, 89（1）: 23−30.

Johnson L L, Anulacion B F, Arkoosh M R, et al., 2013. Effects of legacy persistent organic pollutants（POPs）in fish—current and future challenges［M］. Amsterdam: Academic Press.

Kaiser M J, Attrill M J, Jennings S, et al., 2011. Marine ecology: processes, systems, and impacts ［M］. Oxford: Oxford University Press.

Kang J H, Huang H, Li W W, et al., 2018. Study of monthly variations in primary production and their relationships with environmental factors in the Daya Bay based on a general additive model［J］. Acta Oceanologica Sinica, 37（12）: 107−117.

Kappler U, Nouwens A S, 2013. Metabolic adaptation and trophic strategies of soil bacteria—C1-metabolism and sulfur chemolithotrophy in *Starkeya novella*［J］. Frontiers in Microbiology, 4: 304.

Karl D M, Jannasch H W, 1980. Deep-sea primary production at the Galápagos hydrothermal vents [J] . Science, 207（4437）: 1345−1347.

Karl D M, 2014. Microbially mediated transformations of phosphorus in the sea: new views of an old cycle [J] . Annual Review of Marine Science, 6: 279−337.

Karl D M, Tien G, Dore J, et al., 1993. Total dissolved nitrogen and phosphorus concentrations at US-JGOFS Station ALOHA: redfield reconciliation [J] . Marine Chemistry, 41（1−3）: 203−208.

Kathiresan K, rajendran N, 2005. Coastal mangrove forests mitigated tsunami [J] . Estuarine, Coastal and Shelf Science, 65（3）: 601−606.

Kauffman K M, Hussain F A, Yang J, et al., 2018. A major lineage of non-tailed dsDNA viruses as unrecognized killers of marine bacteria [J] . Nature, 554（690）: 118−122.

Kawamata S, Yoshimitsu S, Tanaka T, et al., 2011. Importance of sedimentation for survival of canopy-forming fucoid algae in urchin barrens [J] . Journal of Sea Research, 66（2）: 76−86.

Kennicutt Ⅱ M C, Brooks J M, Bidigare R R, et al., 1985. Vent-type taxa in a hydrocarbon seep region on the Louisiana slope [J] . Nature, 317: 351−353.

Kiene R P, Linn L J, 2000. The fate of dissolved dimethylsulfoniopropionate（DMSP） in seawater: tracer studies using 35S-DMSP [J] . Geochimica et Cosmochimica Acta, 64（16）: 2797−2810.

Kirkegaard J B, 1978. Production by polychaetes on the Dogger Bank in the North Sea [J] . Meddelelser fra Danmarks Fiskeri-og Havundersøgelser, 7: 497−509.

Kirkman H, Cook I H, Reid D D, 1982. Biomass and growth of *Zostera capricorni* aschers. in port hacking, NSW, Australia [J] . Aquatic Botany, 12: 57−67.

Knittel K, Wegener G, Boetius A, 2019. Anaerobic methane oxidizers [M] //McGenity T J Microbial communities utilizing hydrocarbons and lipids: members, metagenomics and ecophysiology. Berlin: Springer.

Komatsu T, Tatsukawa K, 1999. Seaweed beds and fisheries resource [J] . Kaiyo Monthly, 29: 494−499.

Kooijman S, Andersen T, Kooi B W, 2004. Dynamic energy budget representations of stoichiometric constraints on population dynamics [J] . Ecology, 85（5）: 1230−1243.

Koontz T M, Beodine J, 2008. Implementing ecosystem management in public agencieslessons from the US Bureau of Land Management and the Forest Service [J] . Conservation Biology, 22（1）: 60−69.

Koschinsky A, Garbe-Schnberg D, Sander S, et al., 2008. Hydrothermal venting at pressure-temperature conditions above the critical point of seawater, 5°S on the Mid-Atlantic Ridge [J] . Geology, 36（8）: 615−618.

Kramer K J M, 1990. Effects of increased solar UV-B radiation on coastal marine ecosystems:

622

An overview［M］//Developments in hydrobiology. expected effects of climatic change on marine coastal ecosystems. Dordrecht: Sprivger.

Kreeger D A, Newell R I E, 2002. Trophic complexity between producers and invertebrate consumers in saltmarshes［M］//Weinstain M P, Kreeger D A. Concepts and controversies in tidal marsh ecology. Dordrecht: Kluwer Academie Publishers.

Kristensen E, Bouillon S, Dittmar T, et al., 2008. Organic carbon dynamics in mangrove ecosystems: a review［J］. Aquatic Botany, 89（2）: 201−219.

Kromkamp J C, Brouwere J F C, Blanchard G F, et al., 2006. Functioning of MPBs in estuaries ［M］. Amsterdam: Royal Netherlands Academy of Arts and Sciences.

Kromkamp J C, Brouwer J F C, Blanchard G F, et al., 2006. Functioning of microphytobenthos in estuaries: proceedings of the colloquium, Amsterdam, 21−23 August 2003［C］. Amsterdam: Royal Netherlands Academy of Arts and Sciences: 262.

Kudela R M, Cochlan W P, 2000. Nitrogen and carbon uptake kinetics and the influence of irradiance for a red tide bloom off southern California［J］. Aquatic Microbial Ecology, 21（1）: 31−47.

Kuo J, den Hartog C, 2000. Seagrasses: a profile of an ecological group［J］. Biologia Marina Mediterranea, 7（2）: 3−17.

Kuypers M M M, Marchant H K, Kartal B, 2018. The microbial nitrogen-cycling network［J］. Nature Review Microbiology, 16: 263−276.

Laffoly D, Grimsditch G, 2009. The management of natural coastal carbon sinks［M］. Gland: IUCN.

Lalli C, Parsons T R, 1997. Biological oceanography: an introduction［M］. 2nd edition. Amsterdam: Elsevier.

Laloux G, 2020. Shedding light on the cell biology of the predatory bacterium *Bdellovibrio bacteriovorus*［J］. Frontiers in Microbiology, 10: 3136.

Lancelot C, Billen G, Sournia A, et al., 1987. Phaeocystis blooms and nutrient enrichment in the continental coastal zones of the North Sea［J］. Ambio, 16（1）: 38−41.

Lange-Bertalot H, Krammer K, 2002. Diatoms of Europe: diatoms of the European Inland Waters and Comparable Habitats［M］. Cymbella: Gantner Publishing: 103.

Lehnherr I, 2014. Methylmercury biogeochemistry: a review with special reference to Arctic aquatic ecosystems［J］. Environmental Reviews, 22（3）: 229−243.

Les D H, Cleland M A, Waycott M, 1997. Phylogenetic studies in Alismatidae. II. Evolution of marine angiosperms（seagrasses）and hydrophily［J］. Systematic Botany, 22: 443−463.

Levine S, 1980. Several measures of trophic structure applicable to complex food webs［J］.

Journal of Theoretical Biology, 83（2）: 195−207.

Levin S A, Lubchenco J, 2008. Resilience, robustness, and marine ecosystem-based management ［J］. Bioscience, 58（1）: 27−32.

Li D D, Lerman A, Mackenzie F T, 2011. Human perturbations on the global biogeochemical cycles of coupled Si–C and responses of terrestrial processes and the coastal ocean ［J］. Applied geochemistry, 26: S289−S291.

Liu F, Liu X F, Wang Y, et al., 2018. Insights on the *Sargassum horneri* golden tides in the Yellow Sea inferred from morphological and molecular data ［J］. Limnology and Oceanography, 63（4）: 1762−1773.

Liu H B, Buskey E J, 2000. The exopolymer secretions（EPS）layer surrounding *Aureoumbra lagunensis* cells affects growth, grazing, and behavior of protozoa ［J］. Limnology and Oceanography, 45（5）: 1187−1191.

Lizotte M P, 2001. The contributions of sea ice algae to Antarctic marine primary production ［J］, American Zoologist, 41（1）: 57−73.

Lollar B S, 2004. Life's chemical kitchen ［J］. Science, 304（5673）: 972−973.

Longhurst A R, 1971. The Clupepod researchs of tropical seas ［J］. Oceanography and Marine Biology（9）: 349−385.

Lonsdale P, 1977. Clustering of suspension-feeding macrobenthos near abyssal hydrothermal vents at oceanic spreading centers ［J］. Deep Sea Research, 24（9）: 857−863.

López-García P, López-López A, Moreira D, et al., 2001. Diversity of freeliving prokaryotes from a deep-sea site at the Antarctic Polar Front ［J］. Fems Microbiology Ecology, 36（2−3）: 193−202.

Lucas L V, Cloern J E, 2002. Effects of tidal shallowing and deepening on phytoplankton production dynamics: A modeling study ［J］. Estuaries, 25（4）: 497−507.

Lutz R A, Kennish M J, 1993. Ecology of deep-sea hydrothermal vent communities: a review ［J］. Reviews of Geophysics, 31（3）: 211−242.

MacIntyre H L, Geider R J, Miller D C, 1996. Microphytobenthos: The ecological role of the "Secret Garden" of unvegetated, shallow-water marine habitats. I. Distribution, abundance and primary production ［J］. Estuaries, 19（2）: 186−201.

Malone T C, Ducklow H W, Peele E R, et al., 1991. Picoplankton carbon flux in Chesapeake Bay ［J］. Marine Ecology Progress Series, 78: 11−22.

Malone T, 1971. The relative importance of nanoplankton and netplankton as primary producers in tropical oceanic and neritic phytoplankton communities ［J］. Limnology and Oceanography, 16（4）: 633−639.

Mann K H, 1988. Production and use of detritus in various freshwater, estuarine, and coastal marine ecosystems ［J］. Limnology and Oceanography, 33（4）: 910−930.

Manson F J, Loneragan N R, Skilleter G A, et al., 2005. An evaluation of the evidence for linkages between mangroves and fisheries: a synthesis of the literature and identification of research directions ［J］. Oceanography and Marine Biology: an Annual Review, 43: 483−513.

Marchant H J, Murphy E J, 1994. Interactions at the base of the Antarctic food web ［M］. Southern Ocean Ecology: the BIOMASS Perspective. Cambridge: Cambridge University Press: 267−285.

Marshall N B, 1953. Egg size in Arctic, Antarctic and deep-sea fishes ［J］. Evolution: 328−341.

Marsili L, D'Agostino A, Bucalossi D, et al, 2004. Theoretical models to evaluate hazard due to organochlorine compounds（OCs）in Mediterranean striped dolphin（*Stenella coeruleoalba*）［J］. Chemosphere, 56（8）: 791−801.

Martin J H, 1990. Glacial-interglacial CO_2 change: the iron hypothesis ［J］. Plaeoceanography（5）: 1−13.

McAllister S M, Moore R M, Gartman A, et al., 2019. The Fe（Ⅱ）-oxidizing *Zetaproteobacteria*: Historical, ecological and genomic perspectives ［J］. FEMS Microbiology Ecology, 95（4）: fiz015.

Mckenzie R L, Aucamp P J, Bais A F, et al., 2003. Environmental effects of ozone depletion and its interactions with climate change: 2002 assessment ［J］. Photochemical & Photobiological Sciences, 2（1）: 1−30.

McLusky D S, 1989. The Estuarine Ecosystem ［M］. 2nd edition. Bishopbriggs: Blackie and Son Ltd.; New York: Chapman & Hall.

Meulepas R J W, Stams A J M, Lens P N L, 2010. Biotechnological aspects of sulfate reduction with methane as electron donor ［J］. Reviews in Environmental Science and Bio Technology, 9: 59−78.

Meysman F J R, 2018. Cable bacteria take a new breath using long-distance electricity ［J］. Trends in Microbiology, 26（5）: 411−422.

Moberg F, Folke C, 1999. Ecological goods and services of coral reef ecosystems ［J］. Ecological Economics, 29（2）: 215−233.

Moncreiff C A, Sullivan M J, Daehnick A, 1992. Primary production dynamics in seagrass beds of Mississippi Sound: the contributions of seagrass epiphytic algae, sand microflora, and phytoplankton ［J］. Marine ecology progress series, 87（1−2）: 161−171.

Mongillo T M, Ylitalo G M, Rhodes L D, et al., 2016. Exposure to a mixture of toxic chemicals: Implications for the health of endangered southern resident killer whales ［M］. America: U. S. Department of commerce.

Montecino V, Lange C B, 2009. The Humboldt Current System: ecosystem components and processes, fisheries and sediment studies ［J］. Progress in Oceanography, 83（1）: 65−79.

Moore J C, Berlow E L, Coleman D C, et al., 2004. Detritus, trophic dynamics and biodiversity ［J］. Ecology letters, 7（7）: 584−600.

Moorhead D L, Rinkes Z L, Sinsabaugh R L, et al., 2013. Dynamic relationships between microbial biomass, respiration, inorganic nutrients and enzyme activities: informing enzyme-based decomposition models ［J］. Frontiers in microbiology, 4: 223.

Mostajir B, Demers S, Mora S D, et al., 1999. Experimental test of the effect of Ultraviolet-B radiation in a planktonic community ［J］. Limnology and Oceanography, 44（3）: 586−596.

Mußmann M, Pjevac P, Krüger K, et al., 2017. Genomic repertoire of the Woeseiaceae/JTB255, cosmopolitan and abundant core members of microbial communities in marine sediments ［J］. ISME Journal, 11: 1276−1281.

Murphy K R, Kaamanek E A, Chen C, 2017. Diversity and biogeography of larval and juvenile notothenioid fishes in McMurdo Sound, Antarctica ［J］. Polar Biology, 40（1）: 161−176.

Na Kao Ka, Kouchi N, Aioi K, 2003. Seasonal dynamics of *Zostera caulescens*: relative importance of flowering shoots to net production ［J］. Aquatic Botany（77）: 277−293.

National Snow and Ice Data Center, 2018. Arctic sea ice maximum at second lowest in the satellite record ［EB/OL］.［2023−12−26］http: //nsidc.org/arcticseaicenews/.

Nethupul H, Stöhr S, Zhang H, 2022a. New species, redescriptions and new records of deep-sea brittle stars（Echinodermata: Ophiuroidea）from the South China Sea, an integrated morphological and molecular approach ［J］. European Journal of Taxonomy, 810（1）: 1−95.

Nethupul H, Stöhr S, Zhang H, 2022b. Order Euryalida（Echinodermata, Ophiuroidea）, new species and new records from the South China Sea and the Northwest Pacific seamounts ［J］. ZooKeys, 1090: 161.

Nielsen S L, Sand-Jensen K, Borum J, et al., 2002. Phytoplankton, nutrients, and transparency in Danish coastal waters ［J］. Estuaries, 25（5）: 930−937.

Nixon S W, Granger S L, Nowicki B L, 1995. An assessment of the annual mass balance of carbon, nitrogen, and phosphorus in Narragansett Bay ［J］. Biogeochemistry, 31（1）: 15−61.

Noone K J, Sumaila U R, Diaz R J, 2013. Managing ocean environments in a changing climate: sustainability and economic perspectives ［M］. Beijing: Newnes.

Nunoura T, Takaki Y, Hirai M, et al., 2015. Hadal biosphere: Insight into the microbial ecosystem in the deepest ocean on Earth ［J］. Proceedings of the National Academy of Sciences, 112（11）: 1230−1236.

O'Donohue M J H, Dennison W C, 1997. Phytoplankton productivity response to nutrient concentrations, light availability and temperature along an Australian estuarine gradient［J］. Estuaries, 20（3）: 521-533.

Oliveros-Ramos R, Peña C, 2011. Modeling and analysis of the recruitment of Peruvian anchovy （*Engraulis ringens*）between 1961 and 2009［J］. Ciencias Marinas, 37（4B）: 659-674.

Oppenheim D R, 1991. Seasonal changes in epipelic diatoms along an intertidal shore, Berrow Flats, Somerset［J］. Journal of the Marine Biological Association of the United Kingdom, 71（3）: 579-596.

Orellana L H, Ben Francis T, Krüger K, et al., 2019. Niche differentiation among annually recurrent coastal Marine Group II *Euryarchaeota*［J］. ISME Journal, 13（12）: 3024-3036.

Orr J C, Fabry V J, Aumont O, et al., 2005. Anthropogenic ocean acidification over the twenty-first century and its impact on calcifying organisms［J］. Nature, 437（7059）: 681-686.

Oviatt C, Lane P, French III F, et al., 1989. Phytoplankton species and abundance in response to eutrophication in coastal marine mesocosms［J］. Journal of Plankton Research, 11（6）: 1223-1244.

Paerl H W, 1997. Coastal eutrophication and harmful algal blooms: importance of atmospheric deposition and groundwater as "new" nitrogen and other nutrient sources［J］. Limnology and Oceanography, 42（5 part 2）: 1154-1165.

Palacios S L, Zimmerman R C, 2007. Response of eelgrass *Zostera marina* to CO_2 enrichment: Possible impacts of climate change and potential for remediation of coastal habitats［J］. Marine Ecology Progress Series, 344: 1-13.

Palma D, Mecozzi R, 2007. Heavy metals mobilization from harbour sediments using EDTA and citric acid as chelating agents［J］. Journal of Hazardous Materials, 147（3）: 768-775.

Paterson A W, Whitfield A K, 1997. Astable carbon isotope study of the food-web in a Freshwater-deprived South African estuary, with particular emphasis on the ichthyofauna［J］. Estuarine, Coastal and Shelf Science, 45（6）: 705-715.

Pearce D W, Warford J W, 1993. World without endaeconomics, environment and sustainable development［M］. Oxford: Oxford University Press.

Perez Llorens J L, Devisscher P, Nienhuis P H, et al., 1993. Light-dependent uptake, translocation and foliar release of phosphorus by the intertidal seagrass *Zostera noltii* Hornem［J］. Journal of Experiment Marine Biology and Ecolog, 166（2）: 165-174.

Pollard P C, Kogure K, 1993. The role of epiphytic and epibenthic algal productivity in a tropical seagrass, *Syringodium isoetifolium*（Aschers.）Dandy, community［J］. Australian Journal of Marine and Freshwater Research, 44（1）: 141-154.

Popek E, 2018. Sampling and analysis of environmental chemical pollutants［M］. 2nd edition.

Amsterdam: Elsevier.

Qiao H M, Liu W W, Zhang Y H, et al., 2019. Genetic admixture accelerates invasion via provisioning rapid adaptive evolution［J］. Molecular ecology, 28（17）: 4012−4027.

Ragueneau O, Chauvaud L, Moriceau B, et al., 2005. Biodeposition by an invasive suspension feeder impacts the biogeochemical cycle of Si in a coastal ecosystem（Bay of Brest, France）［J］. Biogeochemistry, 75（1）: 19−41.

Rail C, 1998. Algal responses to enchanced uhraviolet-B radiation: proceedings of the india national science academy（Part B）［J］. Biological Science, 64（2）: 125.

Ratnarajah L, Bowie A, 2016. Nutrient cycling: are Antarctic krill a previously overlooked source in the marine iron cycle?［J］. Current Biology, 26（19）: 884−887.

Raymond J A, Knight C A, 2003. Ice binding, recrystallization inhibition and cryoprotective properties of ice-active substances associated with Antarctic sea ice diatoms［J］. Cryobiology, 46（2）: 174−181.

Rebecca L, 2017. Arctic Report Card: extreme fall warmth drove near-record annual temperatures ［EB/OL］.（2017−12−12）［2023−12−26］https: //www.climate.gov/news-features/featured-images/2017-arctic-report-card-extreme-fall-warmth-drove-near-record-annual.

Redfield A C, Ketchum B H, Kichards F A, 1963. The influence of organisms on the composition of seawater［J］. The Sea, 2: 26−77.

Redfield A C, 1960. The biological control of chemical factors in the environment［J］. Science Progress（11）: 150−170.

Reed D C, Harrison J A, 2016. Linking nutrient loading and oxygen in the coastal ocean: a new global scale model［J］. Global Biogeochemical Cycles, 30（3）: 447−459.

Renaud M, 1986. Hypoxia in Louisiana coastal waters during 1983: implications for fisheries. ［J］Fishery Bulletin, 84（1）: 19−26.

Richmond R H, Rongo T, Golbuu Y, et al., 2007. Watersheds and coral reefs: conservation science, policy, and implementation［J］. Vioscience, 57（7）: 598−607.

Riebesell U, 2004. Effects of CO_2 enrichment on marine phytoplankton［J］. Journal of Oceanography, 60（4）: 719−729.

Riebesell U, Revill A T, Holdsworth D G, et al., 2000. The effects of varying CO_2 concentration on lipid composition and carbon isotope fractionation in *Emiliania huxleyi*［J］. Geochimica et Cosmochimica Acta, 64（24）: 4179−4192.

Riedel G F, Sanders J G, Breitburg D L, 2003. Seasonal variability in response of estuarine phytoplankton communities to stress: linkages between toxic trace elements and nutrient enrichment ［J］. Estuaries, 26（2）: 323−338.

Riesberg L H, Swensen S M, 1996. Conservation genetics of endangered island plants［J］. Conservation Genetics: Case Histories from Nature: 305-334.

Rinkes Z L, Sinsabaugh R L, Moorhead D L, et al., 2013. Field and lab conditions alter microbial enzyme and biomass dynamics driving decomposition of the same leaf litter［J］. Frontiers in Microbiology, 4: 260.

Rinnan R, Gierth D, Bilde M, et al., 2013. Off-season biogenic volatile organic compound emissions from heath mesocosms: responses to vegetation cutting［J］. Frontiers in Microbiology, 4: 224.

Rivera M, Scrosati R, 2006. Population dynamics of *Sargassum lapazeanum*（Fucales, Phaeophyta）from the Gulf of California, Mexico［J］. Phycologia, 45: 178-189.

Roberts J M, Wheeler A, Freiwald A, et al., 2009. Cold water corals: the biology and geology of deep-sea coral habitats［M］. Cambridge: Cambridge University Press.

Roberts J M, Wheeler A J, Freiwald A, 2006. Reefs of the deep: the biology and geology of cold-water coral ecosystems［J］. Science, 312: 543-547.

Robertson A I, Alongi D M, 1992. Tropical mangrove ecosystems［M］. Washington: American Geophysical Union.

Robertson A I, 1979. The relationship between annual production: biomass ratios and lifespans for marine macrobenthos［J］. Oecologia, 38（2）: 193-202.

Robinson L F, Adkins J F, Frank N, et al., 2014. The geochemistry of deep-sea coral skeletons: a review of vital effects and applications for palaeoceanography［J］. Deep Sea Research Part Ⅱ: Topical Studies in Oceanography, 99: 184-198.

Ronnback P, 1999. The ecological basis for economic value of seafood production supported by mangrove ecosystems［J］. Ecological Economics, 29（2）: 235-252.

Rost B, Riebesell U, Burkhardt S, et al., 2003. Carbon acquisition of bloom-forming marine phytoplankton［J］. Limnology and Oceanography, 48（1）: 55-67.

Rougeie F, Fagerstrom J A, Andrie C, 1992. Geotherm alendo-upw elling: a solution to the reef nutrient paradox［J］. Continental Shelf Research, 12（7/8）: 785-798.

Rther H, 1969. Photosynthesis and fish production in the sea［J］. Science, 1: 72-76.

Ruth L, 2006. Gambling in the deep sea［J］. Embo Reports, 7（1）: 17-21.

Rygg B, 1986. Heavy-metal pollution and log-normal distribution of individuals among species in benthic communities［J］. Marine Pollution Bulletin, 17（1）: 31-36.

Sagoff M, 1998. Aggregation and deliberation in valuing environmental public goods: a look beyond contingent valuation［J］. Ecological Economics, 24: 213-230.

Salazar G, Sunagawa S, 2017. Marine microbial diversity［J］. Current Biology, 27: 489-494.

Santoro A E, Richter R A, Dupont C L, 2019. Planktonic marine Archaea［J］. Annual Review of Marine Science, 11: 131−158.

Sanudo-Wilhelmy S A, Kustka A B, Gobler C J, et al., 2001. Phosphorus limitation of nitrogen fixation by *Trichodesmium* in the central Atlantic Ocean［J］. Nature, 411（6833）: 66−69.

Scanlan D J, Ostrowski M, Mazard S, et al., 2009. Ecological genomics of marine picocyanobacteria［J］. Microbiology and Molecular Biology Reviews, 73（2）: 249−299.

Scholin C A, Gulland F, Doucette G J, et al., 2000. Mortality of sea lions along the central California coast linked to a toxic diatom bloom［J］. Nature, 403（6765）: 80−84.

Schuenhoff A, Shpigel M, Lupatsch I, 2003. A semi-recirculating integrated system for the culture of fish and seaweed［J］. Aquaculture, 221: 167−181.

Shafer D, Bergstrom P, 2010. An introduction to a special issue on large-scale submerged aquatic vegetation restoration research in the Chesapeake Bay: 2003−2008［J］. Restoration Ecology, 18（4）: 481−489.

Sheldon R W, Parsons T R, 1967. A continuous size spectrum for particulate matter in the sea［J］. Journal of the Fisheries Board of Canada, 24（5）: 909−915.

Sheldon R W, Prakash A, Sutcliffe Jr W H, 1972. The size distribution of particles in the ocean?［J］. Limnology and Oceanography, 17（3）: 327−340.

Shelford V E, 1931. Some concepts of bioecology［J］. Ecology, 12（3）: 455−467.

Shi M Y, Xiao S L, 2018. Characteristics of phytoplankton assemblages in the southern Yellow Sea, China［J］. Marine Pollution Bulletin, 135: 562−568.

Short F T, Carruthers T, Dennison W, 2007. Global seagrass distribution and diversity: a bioregional model［J］. Journal of Experimental Marine Biology and Ecology, 350（1）: 3−20.

Short F T, Polidoro B, Livingstone S R, et al., 2011. Extinction risk assessment of the world's seagrass species［J］. Biological Conservation, 144: 1961−1971.

Sieburth J M, Smetacek V, Lenz J, 1978. Pelagic ecosystem structure: heterotrophic compartments of the plankton and their relationship to plankton size fractions［J］. Limnology and Oceanography, 23（6）: 1256−1263.

Siegel V, 2005. Distribution and population dynamics of *Euphausia superba*: Summary of recent findings［J］. Polar Biology, 29（1）: 1−22.

Siegenthaler U, Sarmiento J I, 1993. Atmospheric carbon dioxide and the ocean［J］. Nature, 365: 199−125.

Skyllingstad E D, Denbo D W, 2001. Turbulence beneath sea ice and leads: a couple sea ice/large eddy simulation study［J］. Journal of Geophysical Resexch, 106: 2477−2497.

Smith D J, Underwood G J C, 1998. Exopolymer production by intertidal epipelic diatoms［J］.

Limnology and Oceanography, 43（7）：1578-1591.

Smith J E, Price N, 2011. Carbonate chemistry on remote coral reefs: natural variability and biological responses［J］. Science, 4（11）：7-11.

Smith J V, 1981. Marine macrophytes as a global carbon sink［J］. Science, 211（4484）：838-840.

Spalding M D, Blasco F, Field C D, 1997. World mangrove atlas［M］. Okinawa: International Society for Mangrove Ecosystems: 178.

Spellman F R, 2018. The science of water: concepts and applications, Third Edition［M］. CRC press.

Sprules W G, Munawar M, 1986. Plankton size spectra in relation to ecosystem productivity, size, and perturbation［J］. Canadian Journal of Fisheries and Aquatic Sciences, 43（9）：1789-1794.

Steele J H, 1974. The structure of marine ecosystems［M］. Cambridge: Harvard University Press.

Steidinger K A, Baden D G, 1984. Toxic marine dinoflagellates［M］. New York: Academic Press.

Sterner R W, Elser J J, 2002. Ecological stoichiometry: biology of elements from molecules to the biosphere［J］. Journal of Plankton Research, 25: 1183.

Stingl U, Desiderio R A, Cho J C, et al., 2007. The SAR92 clade: an abundant coastal clade of culturable marine bacteria possessing proteorhodopsin［J］. Applied and Environmental Microbiology, 73（7）：2290-2296.

Stocks K I, Clark M R, Rowden A A, et al., 2012. CenSeam, an internationalprogram on seamounts within the census of marine life: achievements and lessons learned［J］. PloS ONE, 7（2）：e32031.

Stramma L, Johnson G C, Sprintall J, 2008. Expanding oxygen-minimum zones in the Tropical Oceans［J］. Science, 320（5876）：655-658.

Suess E, 1980. Particulate organic carbon flux in the ocean-surface productivity and oxygen utilization［J］. Nature, 288: 260-263.

Sullivan M J, Moncreiff C A, 1988. Primary production of edaphic algal communities in a Mississippi salt marshi［J］. Journal of Phycology, 24（1）：49-58.

Sunagawa S, Coelho L P, Chaffron S, et al., 2015. Structure and function of the global ocean microbiome［J］. Science, 348: 1261359.

Sundquist E T, 1993. The global carbon dioxide budget［J］. Science, 259（5097）：934-941.

Suttle C A, 2005. Viruses in the sea［J］. Nature, 437: 356-361.

Sutula M, Bianchi T S, McKee B A, 2004. Effect of seasonal sediment storage in the lower

Mississippi River on the flux of reactive particulate phosphorus to the Gulf of Mexico [J]. Limnology and Oceanography, 49（6）: 2223−2235.

Sverdrup H U, 1953. On conditions for the vernal blooming of phytoplankton [J]. IGES Journal of Marine Science, 18（6）: 287−295.

Syvitski J P M, Vörösmarty C J, Kettner A J, et al., 2005. Impact of humans on the flux of terrestrial sediment to the global coastal ocean [J]. Science, 308（5720）: 376−380.

Tanaka T, Ota Y, 2015. Reviving the Seto Inland Sea, Japan: applying the principles of Satoumi for marine ranching project in Okayama [M] //Proceedings of the 15th FrenchJapanese Oceanography Symposium. Tokyo: Springer: 291−294.

Tayler J C, Harding W R, Archibald C G, 2004. A methods manual for the collection, preparation and analysis of diatom samples [R]. Helderberg: DH Environmental Consulting: 50.

Thomas H, 2004. Response to comment on "enhanced open ocean storage of CO_2 from shelf sea pumping" [J]. Science, 306: 1477d.

Thompson P A, 1998. Spatial and temporal patterns of factors influencing phytoplankton in a salt wedge estuary, the Swan River, Western Australia [J]. Estuaries, 21（4）: 801−817.

Thomson B C, Ostle N J, McNamara N P, et al., 2013. Plant soil interactions alter carbon cycling in an upland grassland soil [J]. Frontiers in Microbiology, 4: 253.

Thornburg C T, Zabriskie T M, McPhail K L, 2010. Deep-sea hydrothermal vent: potential hot spots for natural products discovery? [J]. Journal of Natural Products, 73: 489−499.

Thume K, Gebser B, Chen L, et al., 2018. The metabolite dimethylsulfoxonium propionate extends the marine organosulfur cycle [J]. Nature, 563（7731）: 412−415.

Tian W, Chipperfield M, Huang Q, 2008. Effects of the Tibetan Plateau on total column ozone distribution [J]. Tellus B: Chemical and Physical Meteorology, 60（4）: 622−635.

Tivey M K, 1991. Hydrothermal vent systems [J]. Oceanus, 34（4）: 68−74.

Troell M, Ronnback P, Halling C, 1999. Ecological engineering in aquaculture: use of seaweeds for removing nutrients from intensive mariculture [J]. Journal of Applied Phycology, 11: 89−97.

Tseng C K, 1983. Common Seaweeds of China [M]. Beijing: Science Press.

Tsurumi M, 2003. Diversity at hydrothermal vents [J]. Global Ecology and Biogeography, 12（3）: 181−190.

Tunnicliffe V, Fowler C M R, Mcarthur A G, 1996. Plate tectonic history and hot vent biogeography [J]. Geological Society London Special Publications, 118（1）: 225−238.

Tuominen L, Anne H, Kuparinen J, et al., 1998. Spatial and temporal variability of denitrification in the sediments of the northern Baltic Proper [J]. Marine Ecology Progress, 172（8）: 13−24.

Turner R D, Lutz R A, 1984. Growth and distribution of mollusks at deep-sea vents and seeps

［J］. Oceanus, 27: 55−62.

Turner R E, Rabalais N N, Swenson E M, et al., 2005. Summer hypoxia in the northern Gulf of Mexico and its prediction from 1978 to 1995［J］. Marine Environmental Research, 59（3）: 65−77.

Uchida T, 1993. The life cycle of *Sargassum horneri*（Phaeophyta）in laboratory culture［J］. Journal of Phycology, 29: 231−235.

Underwood G J C, Kromkamp J, 1999. Primary production by phytoplankton and microphytobenthos in estuaries［J］. Advances in Ecological Research, 29: 93−153.

Underwood G J C, Philips J, Saunders K, 1998. Distribution of estuarine benthic diatom species along salinity and nutrient gradients［J］. European Journal of Phycology, 33: 173−183.

Valiela I, 2015. Marine Ecological Processes［M］. 3rd ed. New York: Springer-Verlag.

Van Cappellen P, Dixit S, van Beusekom J, 2002. Biogenic silica dissolution in the oceans: reconciling experimental and field-based dissolution rates［J］. Global Biogeochemical Cycles, 16（4）:（23−1）−（23−10）.

Van Cappellen P, Ingall E D, 1996. Redox stabilization of the atmosphere and oceans by phosphorus-limited marine productivity［J］. Science, 271（5248）: 493−496.

Van Dover C L, 2000. The ecology of deep-sea hydrothermal vents［M］. Princeton, New Jersey: Princeton University Press.

Vezzulli L, Brettar I, Pezzati E, et al., 2012. Long-term effects of ocean warming on the prokaryotic community: evidence from the vibrios［J］. The ISME Journal, 6: 21−30.

Vincent W F, 1988. Microbial ecosystems of Antarctica［M］. Cambridge: Cambridge University Press.

Vitousek P M, Aber J D, Howarth R W, et al., 1997. Human alteration of the global nitrogen cycle: sources and consequences［J］. Ecological applications, 7（3）: 737−750.

Walker D I, Kendrick G A, McComb A J, 2006. Decline and recovery of seagrass ecosystems—the dynamics of change［M］//Larkum A W D, Orth R J, Duarte C M. Seagrasses: biology ecology and conservation. Dordrecht: Springer: 551−565.

Wang K, Shen Y, Yang Y, et al., 2019. Morphology and genome of a snailfish from the Mariana Trench provide insights into deep-sea adaptation［J］. Nature ecology & evolution, 3（5）: 823.

Wang X, Cheng H, Che H, et al., 2017. Modern dust aerosol availability in northwestern China［J］. Scientific Reports, 7（1）: 8741.

Wang X, Zhang Z, Mammola S, et al., 2021. Exploring ecological specialization in pipefish using genomic, morphometric and ecological evidence［J］. Diversity and Distributions, 27（8）: 1393−1406.

Wassmann P, 2015. Overarching perspectives of contemporary and future ecosystems in the Arctic Ocean [J] . Progress in Oceanography, 139（14）: 1−12.

Waters C J, Holling S, 1990. Large-scale management experiments and learning by doing [J] . Ecology, 71（6）: 2060−2068.

Waters J M, 2008. Marine biogeographical disjunction in temperate Australia: historical landbridge, contemporary currents, or both? [J] . Diversiyt and Distributions. 14（4）: 692−700.

Waycott M, Duarte C M, Carruthers T J B, et al., 2009. Accelerating loss of seagrasses across the globe threatens coastal ecosystems [J] . Proceedings of the National Academy of Sciences, 106: 12377−12381.

Wenning R J, Martello L, 2014. "POPs in marine and freshwater environments" in environmental forensics for persistent organic pollutants [M] . Amsterdam: Elsevier: 357−390.

Weydmann A, Walczowski W, Carstensen J, et al., 2018. Warming of Subarctic waters accelerates development of a key marine zooplankton Calanus finmarchicus [J] . Global Change Biology, 24（1）: 172−183.

White H K, Hsing P Y, Cho W, et al, 2012. Impact of the Deepwater Horizon oil spill on a deep-water coral community in the Gulf of Mexico [J] . Proceedings of the National Academy of Sciences, 109（50）: 20303−20308.

Whitehouse M J, Atkinson A, Rees A P, 2011. Close coupling between ammonium uptake by phytoplankton and excretion by Antarctic krill, *Euphausia superba* [J] . Deep Sea Research I , 58（7）: 725−732.

Wilson M A, Howarth R, 2002. Discourse-based valuation of ecosystem services: establishing fair outcomesthrough group deliberation [J] . Ecological Economics, 41（3）: 431−443.

Wilson R J, Banas N S, Heath M R, et al., 2016. Projected impacts of 21st century climate change on diapause in *Calanus finmarchicus* [J] . Global Change Biology, 22（10）: 3332−3340.

Xavier J C, Brandt A, Ropert-Coudert Y, et al., 2016. Future challenges in Southern Ocean ecology research [J] . Frontiers in Marine Science, 3: 94.

Yakimov M M, Timmis K N, Golyshin P N, 2007. Obligate oil-degrading marine bacteria [J] . Current Opinion in Biotechnology, 18（3）: 257−266.

Yang S, Liu X S, 2018. Characteristics of phytoplankton assemblages in the southern Yellow Sea, China [J] . Marine Pollution Bulletin, 135: 562−568.

Ye Z, Xu Y, 2003. Climate characteristics of ozone over Tibetan Plateau [J] . Journal of Geophysical Research: Atmospheres, 108: 4654.

Yonge C M, 1959. Marine ecology [J] . Nature, 183（4659）: 420−421.

Zafirakou A, Themeli S, Tsami E, et al., 2018. Multi-criteria analysis of different approaches to protect the marine and coastal environment from oil spills [J]. Journal of Marine Science and Engineering, 6 (4): 125.

Zedler J B, 1980. Algal mat productivity: comparisons in a saltmarsh [J]. Estuaries, 3 (2): 122-131.

Zehr J P, Kudela R M, 2011. Nitrogen cycle of the open ocean: From genes to ecosystems [J]. Annual Review of Marine Science, 3: 197-225.

Zeleke J, Sheng Q, Wang J G, et al., 2013. Effects of Spartina alterniflora invasion on the communities of methanogens and sulfate-reducing bacteria in estuarine marsh sediments [J]. Frontiers in Microbiology, 4: 243.

Zhang X, Lin H, Wang X, et al., 2018. Significance of Vibrio species in the marine organic carbon cycle—A review [J]. Science China Earth Science, 61: 1357-1368.

Zhang Y, Sievert S M, 2014. Pan-genome analyses identify lineage-and niche-specific markers of evolution and adaptation in *Epsilonproteobacteria* [J]. Frontiers in Microbiology, 5: 110.

Zhao Y, Tang X, Quigg A, et al, 2019. The toxic mechanisms of BDE-47 to the marine diatom *Thalassiosira pseudonana*-a study based on multiple physiological processes [J]. Aquatic Toxicology, 212: 20-27.

Zhao Y, Wang Y, Li Y, et al, 2017. Response of photosynthesis and the antioxidant defense system of two microalgal species (*Alexandrium minutum* and *Dunaliella salina*) to the toxicity of BDE-47 [J]. Marine Pollution Bulletin, 124 (1): 459-469.

Zhou J, He Q, Hemme C L, et al., 2011. How sulphate-reducing microorganisms cope with stress: lessons from systems biology [J]. Nature Review Microbiology, 9 (6): 452-466.

Zinger L, Amaral-Zettler L A, Fuhrman J A, et al., 2011. Global patterns of bacterial beta-diversity in seafloor and seawater ecosystems [J]. PLoS ONE, 6 (9): e24570.